JN121117

工事担任者

第1級デジタル通信標準テキスト

第2版

リックテレコム

はしがき

電気通信事業法第71条により、電気通信役務の利用者は、端末設備等を電気通信事業者の電気通信設備に接続するときは、工事担任者に、その工事担任者資格者証の種類に応じ、これに係る工事を行わせ、または実地に監督させなければならないとされています。工事担任者資格のうち、「第1級デジタル通信」では、デジタル回線(ISDN回線を除く)に端末設備等を接続するための工事の実施と監督ができます。

本書は、工事担任者「第1級デジタル通信」の資格取得を目指す受験者のためのテキストです。

本書は、各科目の主要内容を押さえることはもとより、試験に合格するためのエッセンスを抽出し、効率良く学習できるように工夫しています。具体的には、以下の特長を持っています。

1　ひとめでわかる重要事項

本文の中で特に押さえておきたい語句や公式などを色表示しています。これにより重要な事柄がひとめでわかり、学習しやすい仕組みになっています。

2　豊富な図表

のべ数百点に及ぶ図や表を用いてわかりやすく解説しています。これにより直感的にさまざまな原理や技術内容、法制度を理解することができます。

3　実力がつく「理解度チェック」と「演習問題」

本書では、理解度を確認できる「理解度チェック」を掲載するとともに、実際の試験で出題された問題等を厳選し、「演習問題」として各章末に掲載しています。問題を解くことで、より確かな実力が身につきます。

本書は、2021年3月の発行以来ご好評をいただいてまいりました『工事担任者 第1級デジタル通信標準テキスト』の改訂版です。初版の発行から今日に至る間に、JIS規格(日本産業規格)等の大幅な改定があり、また、試験の出題傾向も少しずつ変化してきました。本書では、これまでの実績をふまえ、さらに最新の情報を盛り込んでいます。

受験者の皆さんが、本書を有効に活用することにより、合格への栄冠を獲得されることをお祈りいたします。

2023年2月

編者しるす

本書では、本文の欄外にアイコンを付記しています。各アイコンの意味は次のとおりです。

用語解説	用語の意味を示しています。
補足	本文をより深く理解するうえで、知っておいた方が良い事柄を示しています。
注意	特に間違えやすい点を示しています。

受験の手引き

工事担任者資格試験(以下、「試験」と表記)は、一般財団法人日本データ通信協会が総務大臣の指定を受けて実施する。

1 試験種別

総務省令(工事担任者規則)で定められている資格者証の種類に対応して、第1級アナログ通信、第2級アナログ通信、第1級デジタル通信、第2級デジタル通信、総合通信の5種別がある。また、令和3年度から3年間は、旧資格制度のAI第2種およびDD第2種の試験も行われることになっている。

2 試験の実施方法

試験は毎年少なくとも1回は行われることが工事担任者規則で定められている。試験には、年2回行われる「定期試験」と、通年で行われる「CBT方式の試験」がある。

●定期試験

定期試験は、決められた日に受験者が比較的大きな会場に集合し、マークシート方式の筆記により行われる試験で、原則として、第1級アナログ通信、第1級デジタル通信、総合通信、AI第2種、DD第2種の受験者が対象となっている。

定期試験の実施時期、場所、申請の受付期間等については、一般財団法人日本データ通信協会電気通信国家試験センター(以下、「国家試験センター」と表記)のホームページにて公示される。

国家試験センターのホームページは次のとおり。

https://www.dekyo.or.jp/shiken

●CBT方式の試験

CBT方式の試験は、受験者が受験日時を選択してテストセンターに個別に出向き、コンピュータを操作して解答する方法で行われる試験である。対象となるのは、第2級アナログ通信および第2級デジタル通信の受験者である。

本書は、第1級デジタル通信用の受験対策書なので、以降は**定期試験について説明**していく。

3 試験申請

試験申請は、インターネットを使用して行う。定期試験の試験申請の流れは、以下のようになる。

① 国家試験センターのホームページにアクセスする。

② 「電気通信の工事担任者」のボタン(「詳しくはこちら」と書かれた右側の円)を選び、工事担任者試験の案内サイトにアクセスする。

③ 「工事担任者定期試験」のメニューから「試験申請」を選び、定期試験申請サイトにアクセスする。

④ マイページにログインする。マイページを作成したことがない場合は、指示に従って新たにマイページアカウントを登録し、所定の情報を設定する。1つのアカウントでCBT試験、定期試験、全科目免除の各申請が行えるので、以降は、試験種別や試験方法等にかかわらずこのアカウントを使用する。

⑤ マイページ上で指示に従い試験を申し込む。なお、既に所有している資格者証と同等または下位の資格種別の申込みはできない。

⑥ 所定の払込期限まで(試験申込みから3日以内)に指定された方法で試験手数料を払い込む。

4 受験票

受験票は試験の日の2週間前までに発送される。受験票を受け取ったら、記載されている試験種別、試験科目、試験会場および試験日時(集合時刻)を確認する。

また、氏名および生年月日を記入し、所定の様式(無帽、正面、上三分身、無背景、白枠無し、縦30mm×横24mm)の写真(試験前6か月以内に撮影したもの)をはがれないように貼付する。写真の裏面には氏名と生年月日を記入しておく。

5 試験時間

第1級デジタル通信の試験時間は、1科目につき40分である。3科目受験の場合は120分であり、その時間内での各科目への時間配分は自由である。

6 試験当日

試験当日の主な注意点は、以下のとおり。

① 試験場には必ず受験票を持参する。受験票を忘れたり、受験票に写真を貼っていない場合は、受験できなくなる。

② 試験室には受験票に印字されている集合時刻までに入り、自分の受験番号と一致する番号の席をさがして速やかに着席する。

③ 着席したら受験票を机上に置いて待機する。受験票は後で係員の指示に従い提出することになる。

④ 机上には、受験票のほか、鉛筆、シャープペンシル、消しゴム、アナログ式時計(液晶表示機能のないもの)を置くことができる。携帯電話やスマートフォンは電源を切って鞄などに収納し、机の上に置かないようにする。

⑤ 試験開始直前になると、係員から問題冊子と解答用紙(マークシート)が配布される。試験開始の合図があるまで、問題冊子を開いてはいけない。また、注意事項の説明があるので、話をよく聞くようにする。

⑥ 解答用紙への記入には、鉛筆またはシャープペンシルを使用し、マークするにあたっては、問題冊子の表紙に示されている「記入例」にならって、枠内を濃く塗りつぶすこと。ボールペンや万年筆で記入した答案は機械で読み取れないため採点されないので注意する。また、訂正する場合は、プラスチック消しゴムで完全に消してから訂正する。

⑦ 退室する場合は、係員の指示により解答用紙を提出する。問題冊子は持ち帰ることができる。

⑧ 不正行為が発見された場合または係員の指示に従わない場合は、退場を命じられることがある。この場合、採点から除外され受験が無効になる。

7 合格基準

「電気通信技術の基礎」「端末設備の接続のための技術及び理論」「端末設備の接続に関する法規」の3科目についてそれぞれ合否を判定し、3科目とも合格または試験免除になった場合にその種別の試験に合格したことになる。合格基準は、各科目とも、100点満点で60点以上となっている。

試験に不合格になっても、合格した科目がある場合には、その科目について次回以降の試験で免除申請をすることができる。ただし、科目合格には有効期限があり、免除が適用されるのはその科目に合格した試験の実施日の翌月から3年以内に行われる試験となっている。

8 試験結果の通知

試験結果(合否)は、試験の3週間後に「試験結果通知書」により受験者本人に通知される。また、マイページでも確認することができる。

9 資格者証の交付

試験に合格した後、資格者証の交付を受けようとする場合は、「資格者証交付申請書」を入手し、必要事項を記入のうえ、所定金額の収入印紙(国の収入印紙。都道府県の収入証紙は不可。)を貼付して、受験地(全科目免除者は住所地)を管轄する地方総合通信局または沖縄総合通信事務所に提出する。交付申請は、試験に合格した日から3か月以内に行うこと。

目次

第Ⅱ編 端末設備の接続のための技術及び理論 ・・・・・・・・・・・・・・・・・・・ 149

第1章 端末設備の技術

第2章 ネットワークの技術

第3章 情報セキュリティの技術

第４章 有線電気通信法、有線電気通信設備令

第５章 不正アクセス禁止法、電子署名法

第Ⅰ編

電気通信技術の基礎

第0章 予備知識

本章では、「電気通信技術の基礎」科目を学習するにあたって必須の知識である、量記号と単位および単位の接頭辞(せっとうじ)、三角関数と三平方の定理、対数とデシベル、アナログとデジタルといった基本的な事柄について簡単に説明する。

1 量の表し方

1 量記号と単位

工事担任者試験に出てくる量を表す記号には、表1・1に示すようなものがある。

表1・1　主な量記号と単位

量記号	用途	単位 記号	単位 読み方
B	磁束密度	T	テスラ
C	静電容量	F	ファラド
d	距離	m	メートル
E	電池の起電力	V	ボルト
e	交流電圧の瞬時値	V	ボルト
F	力	N	ニュートン
f	周波数	Hz	ヘルツ
H	磁界の強さ	A/m	アンペア毎メートル
I	直流電流、交流電流の実効値	A	アンペア
i	交流電流の瞬時値	A	アンペア
j	虚数単位($j^2=-1$)		
L	自己インダクタンス	H	ヘンリー
l	長さ	m	メートル
M	相互インダクタンス	H	ヘンリー
m	磁極の強さ	Wb	ウェーバ
m	質量	kg	キログラム
N	コイルの巻数		
n	回転速度	min^{-1}	毎分
P	有効電力	W	ワット
Q	電荷	C	クーロン
Q	無効電力	var	バール
R	抵抗	Ω	オーム
r	半径	m	メートル
S	面積	m^2	平方メートル
S	皮相電力	VA	ボルトアンペア
t	時間	s	秒
V	直流電圧、交流電圧の実効値	V	ボルト
W	エネルギー	J	ジュール
X	リアクタンス	Ω	オーム
Y	アドミッタンス	S	ジーメンス
Z	インピーダンス	Ω	オーム

量記号	読み方	用途	単位 記号	単位 読み方
ε	イプシロン	誘電率	F/m	ファラド毎メートル
θ	シータ	位相角	rad	ラジアン
μ	ミュー	透磁率	H/m	ヘンリー毎メートル
π	パイ	円周率(3.14)		
ρ	ロー	抵抗率	Ω・m	オーム・メートル
σ	シグマ	導電率	S/m	ジーメンス毎メートル
τ	タウ	時定数	s	秒
Φ	ファイ	磁束	Wb	ウェーバ
φ	ファイ	位相角	rad	ラジアン
ω	オメガ	角速度、角周波数	rad/s	ラジアン毎秒

2 接頭辞

一口に電圧と言っても、扱う対象によって数値が大きく異なることがあり、たとえば、単層の乾電池の電圧が1.2～1.5〔V〕程度であるのに対して、雷の電圧は落雷時には2,000,000～1,000,000,000〔V〕にもなるといわれる。表示する数値が大きくなりすぎたり小さくなりすぎたりすると、そのままでは比較や計算などの処理が難しくなる。このため、単位の直前に表1・2に示すような接頭辞を付けることで適宜調整し、桁(けた)数を減らす等により見やすくしたり、考えやすくしたりするのが一般的である。

各接頭辞の相互の関係は、k（キロ）＝接頭辞なしの10^3倍（1,000倍）、M（メガ）＝kの10^3倍（1,000倍）、G（ギガ）＝Mの10^3倍（1,000倍）、あるいは、m（ミリ）＝接頭辞なしの10^3分の1（1,000分の1）、μ（マイクロ）＝mの10^3分の1（1,000分の1）などのようになる。

接頭辞を利用すれば、たとえば「周波数が5,350,000,000〔Hz（ヘルツ）〕の電磁波の波長はおよそ0.056036〔m（メートル）〕である」と同じ意味のことを、「周波数が5.35〔GHz（ギガヘルツ）〕の電磁波の波長はおよそ56.036〔mm（ミリメートル）〕である」と表現することができ、数値の取扱いが比較的楽になる。

表1・2　主な接頭辞

記号	読み方	意味	
p	ピコ	1,000,000,000,000分の1（10^{12}分の1＝10^{-12}倍）	nの1,000分の1（10^{-3}倍）
n	ナノ	1,000,000,000分の1（10^9分の1＝10^{-9}倍）	μの1,000分の1（10^{-3}倍）
μ	マイクロ	1,000,000分の1（10^6分の1＝10^{-6}倍）	mの1,000分の1（10^{-3}倍）
m	ミリ	1,000分の1（10^3分の1＝10^{-3}倍）	
k	キロ	1,000倍（10^3倍）	
M	メガ	1,000,000倍（10^6倍）	kの1,000倍（10^3倍）
G	ギガ	1,000,000,000倍（10^9倍）	Mの1,000倍（10^3倍）
T	テラ	1,000,000,000,000倍（10^{12}倍）	Gの1,000倍（10^3倍）

2 三角関数と三平方の定理

三角関数および三平方の定理（ピタゴラスの定理）は、交流回路の問題を解くのに欠かせない知識である。

1 三角関数

三角関数は、直角三角形の辺の長さの比により定義される。

三角形の内角(ないかく)の和は180〔°〕であるから、直角三角形の角の大きさは、1つが直角（90〔°〕）であり、あとの2つは90〔°〕未満の鋭(えい)角である。次頁の図2・1に示すように、直角と向き合う辺を斜辺(しゃへん)、三角関数に与える角の大きさがθ（$0<\theta<90$〔°〕）であるとき大きさθの角と向き合う辺を対辺(たいへん)、残りの1辺を隣辺(りんぺん)といい、三角関数は次のように表される。

$$\cos\theta = \frac{隣辺}{斜辺}$$

$$\sin\theta = \frac{対辺}{斜辺}$$

補足

90〔°〕未満の角を鋭角、90〔°〕の角を直角、90〔°〕を超え180〔°〕未満の角を鈍角という。

$$\tan\theta = \frac{\text{対辺}}{\text{隣辺}} = \frac{\dfrac{\text{対辺}}{\text{斜辺}}}{\dfrac{\text{隣辺}}{\text{斜辺}}} = \frac{\sin\theta}{\cos\theta}$$

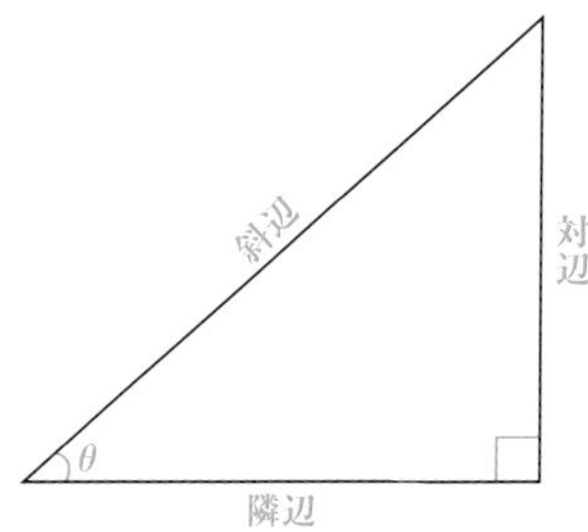

図2・1　直角三角形の各辺の呼称

> **補足**
> 三角関数は、直角三角形のある頂点における内角の角度と辺の長さの比の関係を表したものである。cos（コサイン）は隣辺の長さが斜辺の長さの何倍か、sin（サイン）は対辺の長さが斜辺の長さの何倍か、tan（タンジェント）は対辺の長さが隣辺の長さの何倍か、をそれぞれ表している。
> すなわち、図2・1における各辺の長さの比は、
> 斜辺：隣辺：対辺
> 　$=1:\cos\theta:\sin\theta$
> となる。

2　ピタゴラスの三平方の定理

ピタゴラスの三平方の定理は、図2・1のような直角三角形における3辺の長さの関係を表したもので、

$$(\text{斜辺})^2=(\text{隣辺})^2+(\text{対辺})^2$$

の関係が成り立つとしている。

抵抗、コイル、コンデンサからなる回路に交流電圧を加えると、抵抗を流れる電流の位相は電圧と同じ位相になる。また、コイルを流れる電流は電圧より位相が90°遅れ、コンデンサを流れる電流は電圧より位相が90°進む性質がある。これらのことから、電圧や電流、電力、電流の流れにくさを表す値が、抵抗、コイル、コンデンサの間でどのような関係になるかを考えるときに、ピタゴラスの三平方の定理を適用することができる。

たとえば、抵抗、コイル、コンデンサの直列回路において、回路を流れる交流電流の大きさをI〔A〕、抵抗を流れる交流電流の大きさをI_R〔A〕、コイルを流れる交流電流の大きさをI_L〔A〕、コンデンサを流れる交流電流の大きさをI_C〔A〕とすれば、これらの関係は図2・2のようになる。これを式で表すと、ピタゴラスの三平方の定理「$(\text{斜辺})^2=(\text{隣辺})^2+(\text{対辺})^2$」より

$$I^2=I_R^2+(I_L-I_C)^2$$

となり、I_R、I_L、I_Cの値がわかっていれば、Iは両辺の平方根（へいほうこん）をとって

$$I=\sqrt{I_R^2+(I_L-I_C)^2}\ \text{〔A〕}$$

で求められる。

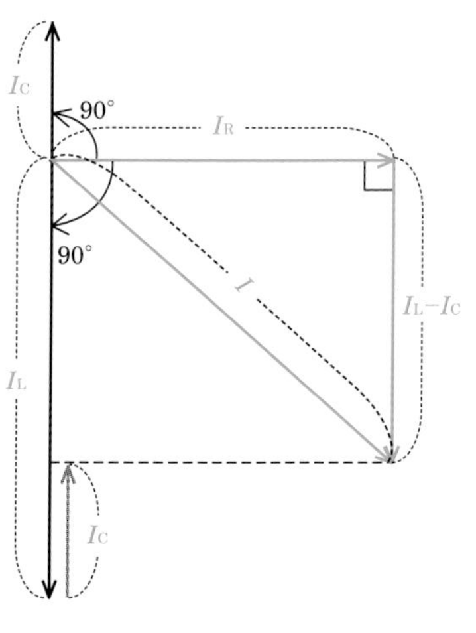

図2・2　各電流の大きさと方向

> **補足**
> 先ほどの三角関数で表した直角三角形の辺の長さの比から、IとI_Rのなす角をθとすれば、
> 　$I_R=I\cos\theta$
> 　$I_L-I_C=I\sin\theta$
> と表すこともできる。なお、このときのθを位相差といい、交流における時間的位置の差を角度で表したものである。

工事担任者試験やその他の電気関係の試験では、電卓の使用が禁止さ

れていることがあるが、その場合、筆算で簡単に平方根を求められるように、

$I_R : I_L - I_C : I = 3 : 4 : 5$　あるいは　$I_R : I_L - I_C : I = 4 : 3 : 5$

の比率になるように調整されていることが多い。すなわち、$3^2 + 4^2 = 25$、$5^2 = 25$ から、$3^2 + 4^2 = 5^2$ となることを利用して平方根を求めればよい。

ここで、たとえば、$I_R = 16$〔A〕、$I_L = 20$〔A〕、$I_C = 8$〔A〕なら、

$$I = \sqrt{16^2 + (20 - 8)^2} = \sqrt{16^2 + 12^2}\text{〔A〕}$$

であるが、$\sqrt{\ }$ の中を「$(4^2 + 3^2) \times n^2$」（n は実数）の形にもっていくことができれば、電卓を使わずに $\sqrt{\ }$ を簡単にはずすことができる。上式の例では、16も12も4の倍数だから $16 = 4 \times 4$、$12 = 3 \times 4$ であり、これらを2乗したものは

$$16^2 = (4 \times 4)^2 = 4^2 \times 4^2$$

$$12^2 = (3 \times 4)^2 = 3^2 \times 4^2$$

となる。すなわち、16^2 と 12^2 は共通因数（きょうつういんすう）4^2 で括り（くくり）出すことができ、

$$16^2 + 12^2 = 4^2 \times 4^2 + 3^2 \times 4^2 = (4^2 + 3^2) \times 4^2$$

のように、「$(4^2 + 3^2) \times n^2$」の形になる。さらに、先ほどの $4^2 + 3^2 = 5^2$ から、「$(4^2 + 3^2) \times n^2$」は「$5^2 \times n^2$」になるので、I〔A〕の値が

$$I = \sqrt{16^2 + 12^2} = \sqrt{(4^2 + 3^2) \times 4^2} = \sqrt{5^2 \times 4^2} = \sqrt{(5 \times 4)^2} = \sqrt{20^2} = 20\text{〔A〕}$$

のように求められる。

なお、3：4：5の比率だけでなく、5：12：13などの比率で出題されることがあるが、考え方は同じであり、「$(5^2 + 12^2) \times n^2 = 13^2 \times n^2$」の形に持ち込むことができれば、簡単に平方根を求められる。

補足

$\sqrt{\ }$ のはずし方には、次のように $\sqrt{\ }$ の中の値を素数（2、3、5、7、11、13、17、…）の小さい方から順に割り算していき（割り切れないときは次の素数で割り算する）、素数の2乗の積の形にする方法もある。

```
2) 324
2) 162
3)  81
3)  27
3)   9
3)   3
     1
```

$$\therefore\ \sqrt{324} = \sqrt{2^2 \times 3^2 \times 3^2} = \sqrt{(2 \times 3 \times 3)^2} = \sqrt{18^2} = 18$$

3 比例と反比例

1 比例

変数（値を変えられる数）x と y があり、a を定数（値が変わらない数）としたとき、

$$y = ax$$

の等式が成り立つとすれば、y は比例定数 a で x に**比例する**という。

この場合、たとえば、x の値が2倍になれば y の値も2倍になり、x の値が3分の1になれば y の値も3分の1になる。

2 反比例

また、x と y の積の値が常に a で一定

$$xy = a \quad \text{すなわち} \quad y = \frac{a}{x}$$

の等式が成り立つとすれば、y は比例定数 a で x に**反比例する**という。

この場合、たとえば、x の値が2倍になれば y の値は2分の1になり、x の値が3分の1になれば y の値は3倍になる。

3 n乗に比例・n乗に反比例

さらに、nという数があり、$y = ax^n$が成り立つ場合はyはxのn乗に比例するといい、$y = \frac{a}{x^n}$が成り立つ場合はyはxのn乗に反比例するという。

4 対数とデシベル

1 対数とは

対数(たいすう)とは、ある数yがあり、それを数aの冪乗(べきじょう)として表わした式$y = a^x$（ただし$a > 0$かつ$a \neq 1$）の冪指数xのことである。この対数xは、対数関数logを用いて、**$x = log_a y$**のように表現される。これは、yがaの何乗であるかを表す式である。aを対数の底といい、電気通信工学の計算では通常、$a = 10$としている。底が10の対数を**常用対数**という。

電気通信工学分野で対数を用いる利点は、ある箇所におけるエネルギーの大きさと、他のある箇所におけるエネルギーの大きさの比を、掛け算や割り算ではなく、足し算や引き算で計算できることである。こうすることで、取り扱う数値の桁数が必要以上に多くならずに済む。

補足

数aをx回掛けた数は、式a^xで表され、このときaを底、xを冪指数（または単に指数）という。

補足

数学では底を$e \fallingdotseq 2.718$とした自然対数を用いることが多いが、工学では一般に常用対数を用いる。

2 対数による電力、電圧、電流の表し方

たとえば、回路網(かいろもう)上のある箇所における電力をP_1、他のある箇所における電力をP_2としたとき、P_2に対するP_1の比率$\frac{P_1}{P_2}$を対数で表すと、

$$log_{10}\frac{P_1}{P_2}〔B〕$$

のようになる。ここで、$P_1 = 10^{x1}$、$P_2 = 10^{x2}$とすれば、

$$\frac{P_1}{P_2} = \frac{10^{x1}}{10^{x2}} = 10^{x1-x2}$$

より、

$$log_{10}\frac{P_1}{P_2} = log_{10}10^{x1-x2} = x_1 - x_2 = log_{10}P_1 - log_{10}P_2〔B〕$$

が成り立つ。このときの単位〔B〕（ベル）を用いると、実用上不便なことから、扱いやすい数値にするために、10分の1を表す接頭辞d（デシ）を付けた**〔dB〕（デシベル）**を単位として表すことが一般的である。

$$log_{10}\frac{P_1}{P_2}〔B〕= 10log_{10}\frac{P_1}{P_2}〔dB〕$$

ここで、**電力の比をデシベルで表すときはlogの前に10を付ける**のに対して、

補足

冪乗の計算

$a^0 = 1$

$a^m \times a^n = a^{m+n}$

$\frac{a^m}{a^n} = a^{m-n}$

$(a^m)^n = a^{m \times n}$

$a^m \times b^m = (a \times b)^m$

補足

対数の性質（常用対数）

$log_{10}10^a = a$

$log_{10}10 = log_{10}10^1 = 1$

$log_{10}1 = log_{10}10^0 = 0$

$log_{10}\frac{1}{10^a} = log_{10}10^{-a} = -a$

$log_{10}xy = log_{10}x + log_{10}y$

$log_{10}\frac{x}{y} = log_{10}x - log_{10}y$

$log_{10}\frac{x}{y} = -log_{10}\frac{y}{x}$

$log_{10}x^m = m\,log_{10}x$

電圧および電流の比をデシベルで表すときにはlogの前に20を付けることに注意する必要がある。10ではなく20になる理由は、以下の計算により説明できる。

電力Pを電圧Vと抵抗Rで表すと $P=\dfrac{V^2}{R}$ になり、電流Iと抵抗Rで表すと $P=I^2R$ になることから、それぞれ

$$10log_{10}\frac{P_1}{P_2}=10log_{10}\frac{\frac{V_1^{\ 2}}{R}}{\frac{V_2^{\ 2}}{R}}=10log_{10}\frac{V_1^{\ 2}}{V_2^{\ 2}}=10log_{10}\left(\frac{V_1}{V_2}\right)^2$$

$$=10\times 2log_{10}\frac{V_1}{V_2}=20log_{10}\frac{V_1}{V_2}\text{〔dB〕}$$

$$10log_{10}\frac{P_1}{P_2}=10log_{10}\frac{I_1^{\ 2}R}{I_2^{\ 2}R}=10log_{10}\frac{I_1^{\ 2}}{I_2^{\ 2}}=10log_{10}\left(\frac{I_1}{I_2}\right)^2$$

$$=10\times 2log_{10}\frac{I_1}{I_2}=20log_{10}\frac{I_1}{I_2}\text{〔dB〕}$$

のようになるので、**電圧比および電流比のデシベル表示では、logの前に20を付ける**ことになる。

5 アナログとデジタル

情報を電気通信回線で伝送する場合、アナログ信号として伝送する方法と、デジタル信号として伝送する方法がある。

一般に、アナログ信号も、デジタル信号も、実際にメタリックケーブルや光ファイバなどの伝送線路に送出するためには、それぞれの線路特性に合った波形に変換する必要がある。この変換作業は、**変調**(へんちょう)といわれる。

1 アナログ

アナログとは、情報を**連続的**な量の変化として取り扱うことである。人の声などの音声は連続的に変化するのでアナログである。電話をはじめとする電気通信は、デジタル伝送技術が実用化されるまではすべてアナログ信号による伝送であった。

2 デジタル

デジタルとは、あらゆる情報を"1"と"0"の2値からなる**離散的**(りさんてき)な数値で表現し、取り扱うことである。そして、この"1"と"0"の2値状態をパルスと呼ばれる矩形波(くけいは)の電気信号のONとOFFに対応させたものが、ベースバンド信号といわれる最も基本的なデジタル信号である。

第1章 電気回路

本章では、静電気や電磁作用など電気にまつわる諸現象に関する事柄や、直流回路・交流回路の計算、交流電力、電気計測などについて説明する。

1 電流、電圧、電力

1 電流

図1・1のように正電荷を持つ物質と負電荷を持つ物質を導体で接続すると、両電荷間には吸引力が働き、負の電荷の担い手である電子が正の電荷を持つ物体に向かって流れる。この現象を電流が流れるといい、電流の方向は、電子の移動の方向と反対方向と定められている。

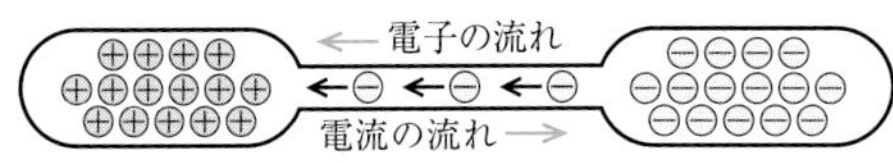

図1・1　電子と電流

電流の大きさは、単位時間内に導体内の任意の断面を通過する電荷の量で表す。記号はIを用いて、単位は〔A〕(アンペア)である。

t秒間にQ〔C〕(クーロン)の電荷が通過するとき、

$$I = \frac{Q}{t}\text{〔A〕}$$

と表し、断面を通過する電荷が時間とともに変化する場合は、

$$i = \frac{\Delta q}{\Delta t}\text{〔A〕}\quad(\Delta q\text{：電荷の増分}\quad \Delta t\text{：時間の増分})$$

と表される。

つまり1〔A〕とは、1秒間に1〔C〕の電荷が通過するときの電流の大きさである。

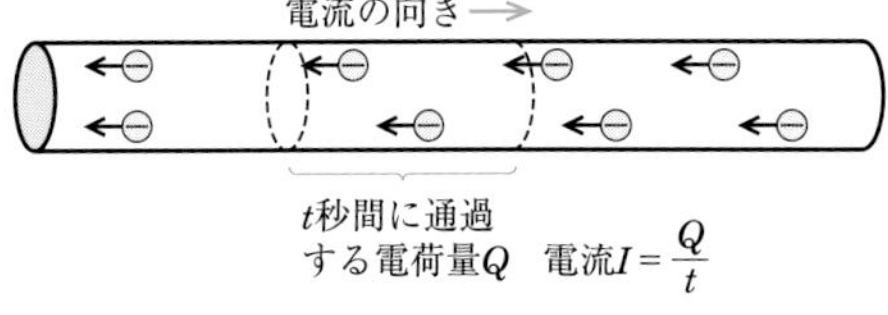

図1・2　電流

補足
電流を流し続けるためには、電池や発電機などの電源と、電流のエネルギーを消費して光や熱、動力などに変換する負荷を、導線により環状に接続した回路(電気回路)を形成する必要がある。

補足
たとえば、ある断面を5秒間に2クーロンの電荷が通過したときに流れる電流Iの大きさは、次のようになる。

$I = \frac{Q}{t} = \frac{2}{5} = 0.4$〔A〕

なお、1〔A〕(アンペア)＝1,000〔mA〕(ミリアンペア)なので、0.4〔A〕＝400〔mA〕となる。

2 電圧

回路中の2点間の電位の差を**電位差**または**電圧**という。電位とは無限遠点(基準点)から＋1〔C〕の電荷を運んでくるのに要する仕事と定められている。記号はV(またはE)を用いて、単位は〔V〕(ボルト)である。

電位差を発生させる力を**起電力**といい、起電力を発生し、電流を流す元になるものを電源という。

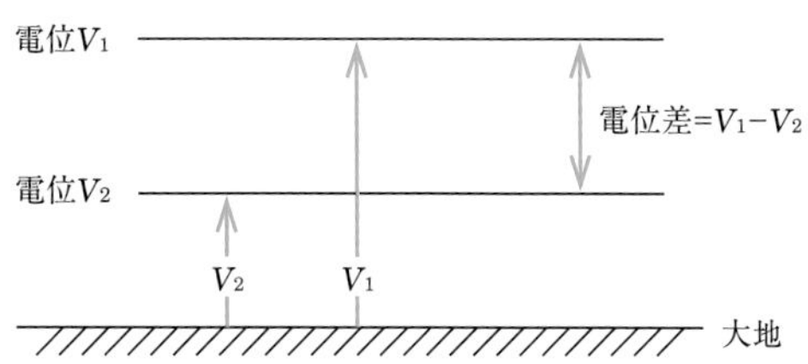

図1・3　電圧

3 電力

電気が単位時間に行う仕事の量を**電力**といい「**電圧×電流**」で求められる。記号はPを用い、単位は〔W〕(ワット)である。

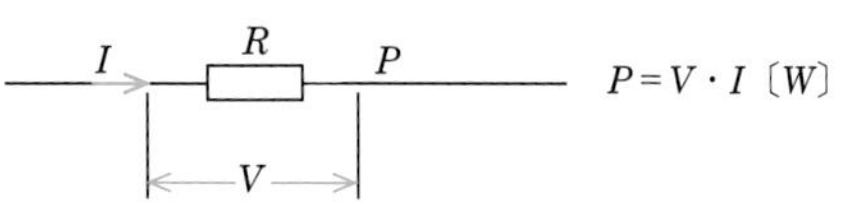

図1・4　消費電力P

図1・4の回路において、抵抗Rで消費される電力(消費電力)は、

$$P=V\cdot I〔W〕$$

で示される。

また、**オームの法則**$V=I\cdot R$、$I=\dfrac{V}{R}$より次のようになる。

$$P=I^2\cdot R〔W〕=\frac{V^2}{R}〔W〕$$

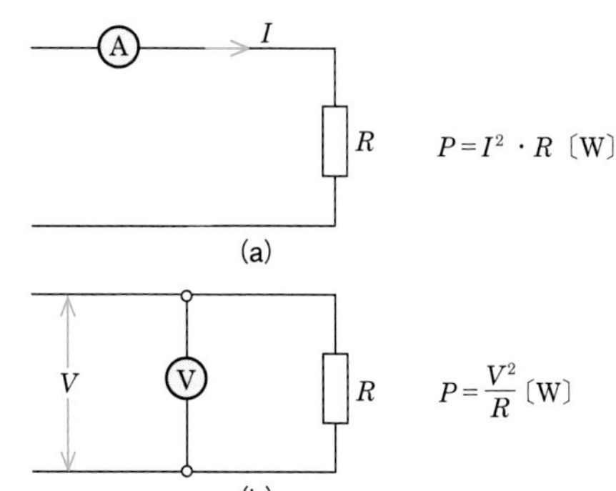

図1・5　抵抗と電力

4 電力量

電力P〔W〕と時間t〔h〕またはt〔s〕の積を**電力量**Wといい、単位は〔Ws〕(ワット秒)(＝〔J〕)で表す。大きな電力量を表すものとしては、〔Wh〕(ワット時)や〔kWh〕(キロワット時)がよく用いられる。電力量Wは次式のように表される。

$$W=P\cdot t=I^2\cdot R\cdot t〔Ws〕$$

なお、電力量は、すべて熱エネルギーに変換できるが、このとき発生する熱を**ジュール熱**という。

用語解説

オームの法則
電気回路に流れる電流Iは、加えた電圧Eに比例し、抵抗Rに反比例する。これをオームの法則といい、$I=\dfrac{E}{R}$、$E=I\cdot R$、$R=\dfrac{E}{I}$で表される。21頁参照。

補足

たとえば2キロオームの電気抵抗に100ミリアンペアの電流を流したとき、消費される電力Pの大きさは、次のようになる。

$P=I^2R$
$=(100\times10^{-3})^2\times2\times10^3$
$=(10^{-1})^2\times2\times10^3$
$=10^{-2}\times2\times10^3$
$=10\times2=20$〔W〕

※ここでは、
$100=10\times10=10^2$
$10^2\times10^{-3}=10^{2+(-3)}$
$=10^{2-3}=10^{-1}$
$(10^{-1})^2=10^{-1\times2}=10^{-2}$
$10^{-2}\times10^3=10^{-2+3}=10^1$
$=10$
となることに注意する。

補足

1〔Wh〕＝1〔W〕×3,600〔s〕
＝3,600〔Ws〕
(＝3,600〔J〕)

2 電気抵抗とオームの法則

1 電気抵抗

●導線の電気抵抗

図2・1(a)の長さl〔m〕、抵抗がR〔Ω〕(オーム)の導線を、2倍の長さ$2l$〔m〕にすると、抵抗は図2・1(b)のように$2R$〔Ω〕(元の2倍)になる。また、長さは$2l$でも、その断面積を2倍の$2S$〔m^2〕にすると抵抗は図2・1(c)のように元の値R〔Ω〕になる。

つまり、導線の電気抵抗は、長さに比例し、断面積に反比例することがわかる。これを式で示すと、

$$R=\rho\cdot\frac{l}{S}〔\Omega〕$$

となる。なお、比例定数ρ(ロー)は抵抗率で、物質固有の値である。

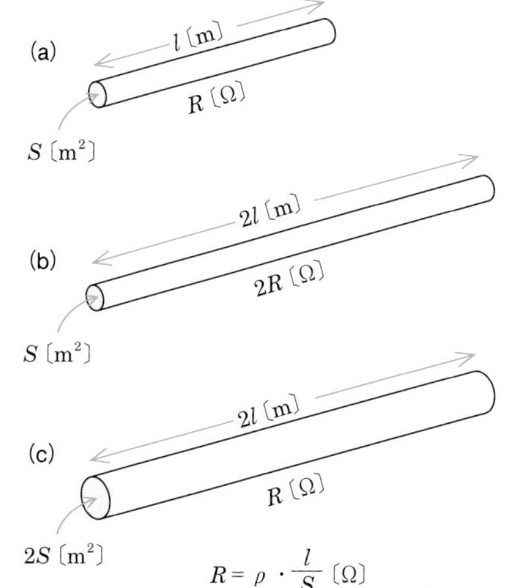

図2・1　導体の電気抵抗

注意

導線の電気抵抗は、長さに比例し、断面積に反比例する。

●抵抗率と導電率

異なる物質の抵抗を比較するときは大きさと形を一定にする必要がある。このように物質固有の抵抗を表すのに図2・2のような1m^3の立方体を考え、そのときの抵抗値を抵抗率と定義している。いま、その抵抗値がρ〔Ω〕であるとすれば、mを後に付けて**抵抗率**ρ〔Ω・m〕(オームメートル)とし、電流の流れにくさを表している。

また、抵抗率ρに対して、その逆数をとったものを**導電率**σといい、

$$\sigma=\frac{1}{\rho}$$

で表され、単位は〔S/m〕(S：ジーメンス)を用いる。導電率のσは、長さl＝1〔m〕、断面積S＝1〔m^2〕の導線の**コンダクタンス**である。コンダクタンスGは、電気抵抗Rの逆数で、

$$G=\frac{1}{R}〔S〕$$

と表され、電流の流れやすさを表す。

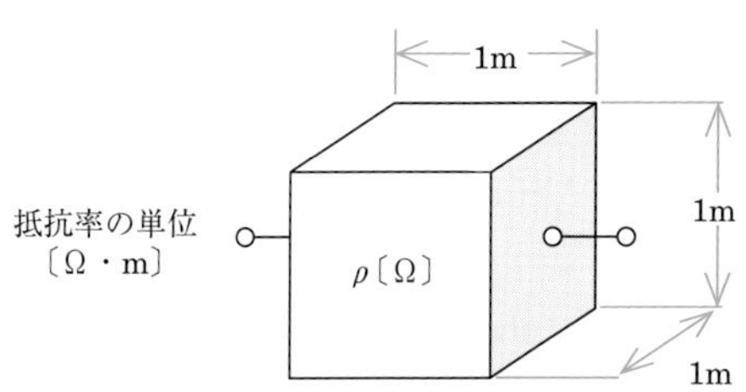

図2・2　抵抗率

●導体、半導体、絶縁体

金属類は電気をよく通す導体、ガラスやゴムなどは絶縁体、そして、これらの中間にあるのが半導体である。金属導体は、温度が上がると抵抗値も増加するが、このことを**抵抗の温度係数が正**であるという。これに対して、**半導体の温度係数は負**であり、温度が上がると抵抗値は減少する。これは、半導体の特徴の1つとなっている。

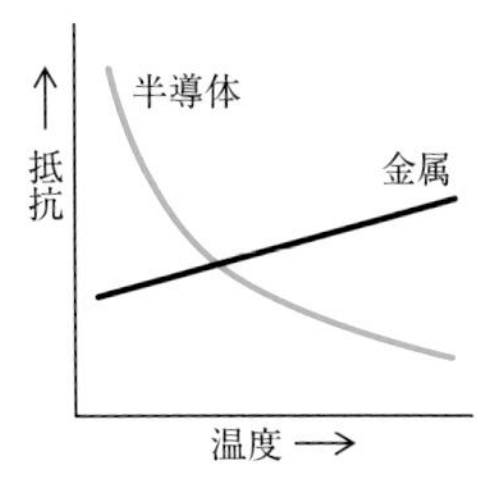

図2・3　抵抗の温度変化

用語解説

抵抗の温度係数
ある温度における抵抗値を基準として、温度が1℃上昇するごとに抵抗が増加または減少する割合。

2 オームの法則

図2・4の電気回路に流れる電流I〔A〕は、加えた電圧E〔V〕に比例し、抵抗R〔Ω〕に反比例する。これを式で示すと、

$$I = \frac{E}{R} \text{〔A〕}$$

となり、これを**オームの法則**という。

また、上の式より、

$$E = I \cdot R \text{〔V〕}$$

$$R = \frac{E}{I} \text{〔Ω〕}$$

が成り立つ。

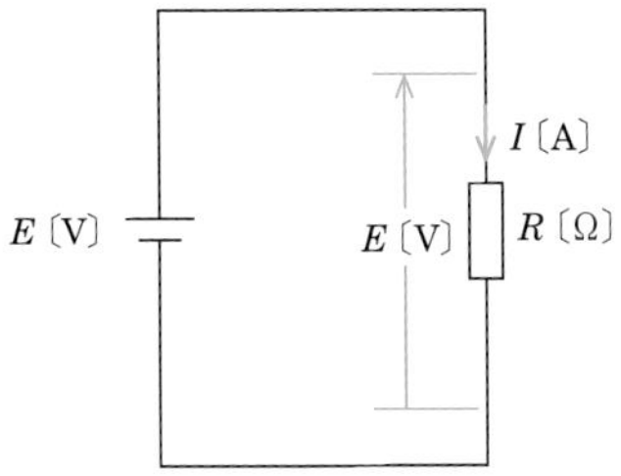

E〔V〕　I〔A〕　E〔V〕　R〔Ω〕

$$I = \frac{E}{R} \text{〔A〕}$$

$$E = I \cdot R \text{〔V〕}$$

$$R = \frac{E}{I} \text{〔Ω〕}$$

図2・4　オームの法則

補足

・電池（直流電圧源）の図記号

長い線は正（＋）極、短い線は負（－）極を表す。

・電気抵抗の図記号

たとえば、3〔kΩ〕の抵抗器の端子間に36〔V〕の電圧を加えたときに流れる電流Iは、

$$I = \frac{36\text{〔V〕}}{3 \times 10^{3}\text{〔Ω〕}} = \frac{36}{3} \times 10^{-3} = 12 \times 10^{-3}\text{〔A〕} = 12\text{〔mA〕}$$

となる。なお、1〔kΩ〕= 1,000〔Ω〕、1〔A〕= 1,000〔mA〕である。

理解度チェック

問1　導線の電気抵抗は、長さに［（ア）］し、断面積に［（イ）］する。
　① 比例　② 反比例

問2　［（ウ）］は、電流の流れやすさを表したものである。
　① インダクタンス　② リアクタンス　③ コンダクタンス

問3　一般に、金属などの導体の温度が上昇したとき、その抵抗値は［（エ）］する。
　① 変わらない　② 増加する　③ 減少する

答　（ア）①（イ）②（ウ）③（エ）②

3 合成抵抗

1 抵抗の直列接続

複数の抵抗を接続して電気的に同じ働きをする1つの抵抗に置き換えたものを**合成抵抗**という。

図3・1のようにR_1、R_2、R_3の抵抗を直列（ちょくれつ）に接続し、それぞれの抵抗の両端に生じる電圧（電圧降下または抵抗降下という）をE_1、E_2、E_3とすると、

$$E = E_1 + E_2 + E_3 = I(R_1 + R_2 + R_3)$$

$$\therefore \quad \frac{E}{I} = R_1 + R_2 + R_3 = R_S〔\Omega〕$$

よって、直列接続の合成抵抗は個々の抵抗の**和**となる。

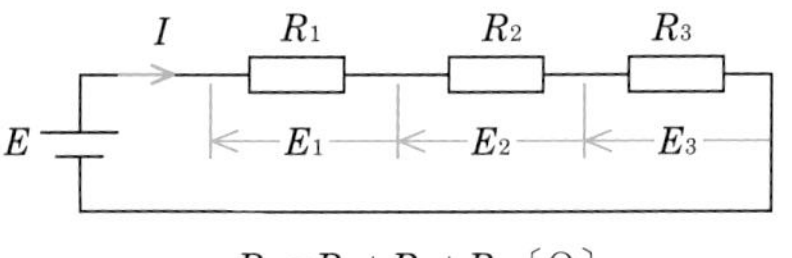

$$R_S = R_1 + R_2 + R_3〔\Omega〕$$

図3・1　直列接続

2 抵抗の並列接続

図3・2のようにR_1、R_2、R_3の抵抗を並列（へいれつ）に接続し、それぞれの電流をI_1、I_2、I_3とすると、

$$I = I_1 + I_2 + I_3 = E\left(\frac{1}{R_1} + \frac{1}{R_2} + \frac{1}{R_3}\right)$$

$$\therefore \quad R_P = \frac{1}{\frac{1}{R_1} + \frac{1}{R_2} + \frac{1}{R_3}}〔\Omega〕$$

よって、並列接続の合成抵抗は個々の抵抗の**逆数の和の逆数**となる。

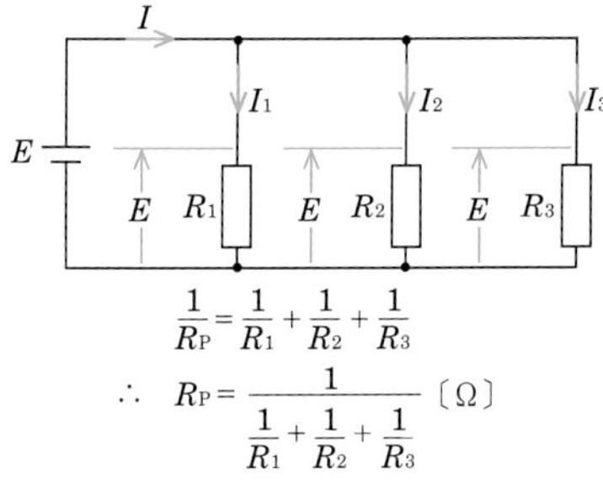

$$\frac{1}{R_P} = \frac{1}{R_1} + \frac{1}{R_2} + \frac{1}{R_3}$$

$$\therefore \quad R_P = \frac{1}{\frac{1}{R_1} + \frac{1}{R_2} + \frac{1}{R_3}}〔\Omega〕$$

図3・2　並列接続

図3・3の直並列接続の場合は、並列合成抵抗を先に求めてからR₁との直列合成抵抗の計算を行う。

$$R_t = R_1 + \frac{R_2 \cdot R_3}{R_2 + R_3}〔\Omega〕$$

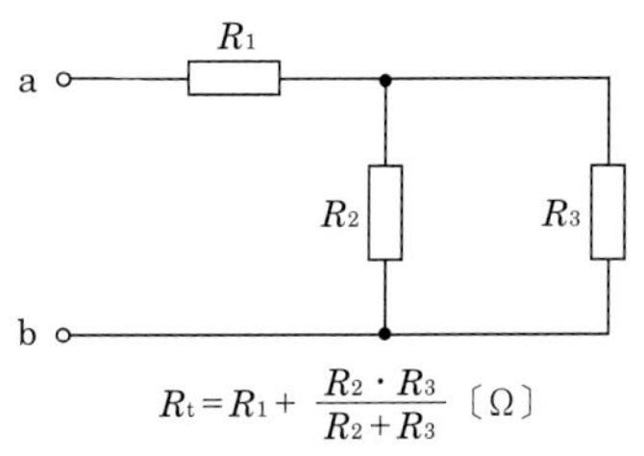

$$R_t = R_1 + \frac{R_2 \cdot R_3}{R_2 + R_3}〔\Omega〕$$

図3・3　直並列接続

例題

図3・4に示す回路において、端子a－b間の合成抵抗を求める。

この回路は図3・5のように書き変えることができる。それぞれの接続点をc、d、e、fとし、各端子間の合成抵抗を順次求めて、端子a－b間の合成抵抗を求める。

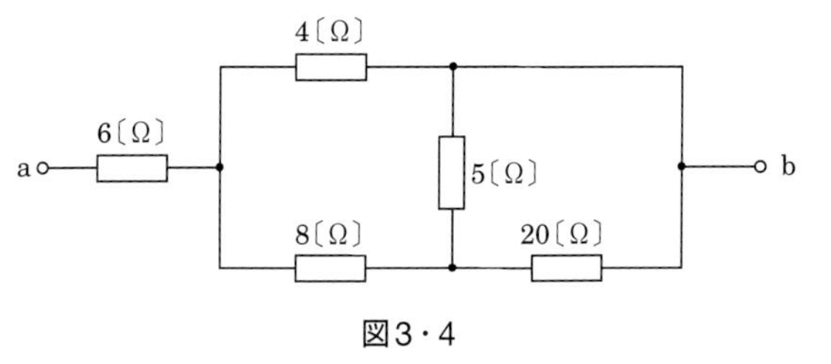

図3・4

補足

たとえば1キロオームの抵抗と5キロオームの抵抗を直列に接続したときの合成抵抗R_Sは、次のようになる。

$$R_S = 1 \times 10^3 + 5 \times 10^3 = 6 \times 10^3〔\Omega〕 = 6〔k\Omega〕$$

図3・1のような直列接続の場合、R_1、R_2、R_3のいずれにも同じ大きさの電流Iが流れる。

補足

たとえば1キロオームの抵抗R_1と4キロオームの抵抗R_2を並列に接続したときの合成抵抗R_Pは、次のようになる。

$$R_P = \frac{1}{\frac{1}{R_1} + \frac{1}{R_2}} = \frac{1 \times R_1R_2}{\left(\frac{1}{R_1} + \frac{1}{R_2}\right) \times R_1R_2} = \frac{R_1R_2}{\frac{R_1R_2}{R_1} + \frac{R_1R_2}{R_2}} = \frac{R_1R_2}{R_2 + R_1}$$

$$= \frac{1 \times 10^3 \times 4 \times 10^3}{4 \times 10^3 + 1 \times 10^3} = \frac{4 \times 10^6}{5 \times 10^3} = 0.8 \times 10^3 = 800〔\Omega〕$$

図3・2のような並列接続の場合、R_1、R_2、R_3のいずれにも同じ大きさの電圧Eが加わる。

抵抗を直列に接続した場合の合成抵抗は、各抵抗の値の和となる。一方、並列に接続した場合の合成抵抗は、各抵抗の値の逆数の和の逆数となる。

端子d－e間の合成抵抗R_{de}は、

$$R_{de}=\frac{20\times5}{20+5}=\frac{100}{25}=4〔\Omega〕$$

端子c－e間の合成抵抗R_{ce}は、

$$R_{ce}=8+4=12〔\Omega〕$$

端子c－f間の合成抵抗R_{cf}は、

$$R_{cf}=\frac{12\times4}{12+4}=\frac{48}{16}=3〔\Omega〕$$

したがって、端子a－b間の合成抵抗R_{ab}は、

$$R_{ab}=6+3=9〔\Omega〕$$

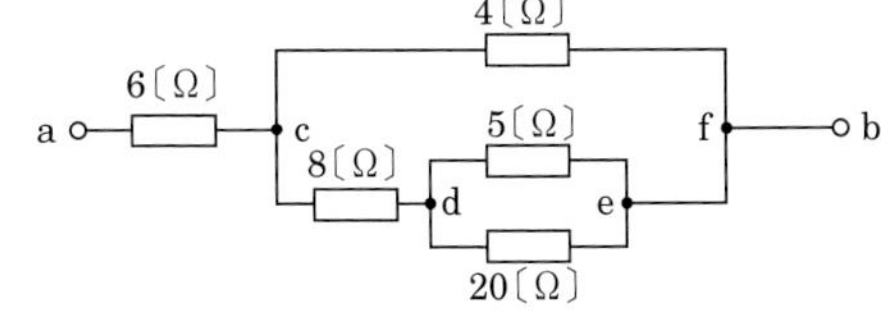

図3・5

補足

図3・5の端子d－e間のように、**2つの抵抗**が並列に接続されている部分の合成抵抗を求めるときは、計算テクニックとして「和分の積」を用いる。いま、R_1とR_2の2つの抵抗が並列に接続された回路があるとすれば、その合成抵抗R_Pは、分数の分母をR_1とR_2の和、分子をR_1とR_2の積として、次式で表される。

$$R_P=\frac{R_1\cdot R_2}{R_1+R_2}$$

3 電圧の分圧

図3・6のように2つの抵抗R_1、R_2の両端電圧をそれぞれE_1、E_2とすると、回路に流れる電流は、

$$I=\frac{E}{R_1+R_2}〔\mathrm{A}〕$$

なので、

$$E_1=R_1\cdot I=\frac{R_1}{R_1+R_2}\cdot E〔\mathrm{V}〕$$

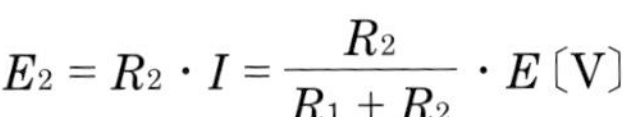

$$E_2=R_2\cdot I=\frac{R_2}{R_1+R_2}\cdot E〔\mathrm{V}〕$$

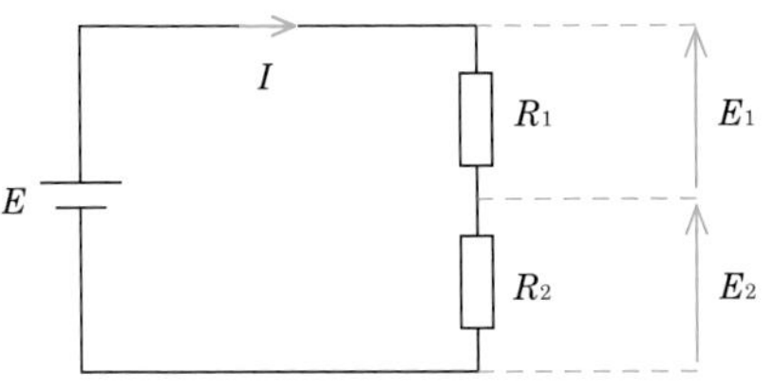

図3・6　電圧の分圧

となり、各抵抗に加わる電圧の大きさの比は、それぞれの抵抗の抵抗値の比に等しくなる（$E_1:E_2=R_1:R_2$）。これは回路に加えた電圧EがR_1、R_2によって分圧されたことを意味する。これを抵抗による**電圧の分圧**という。

4 電流の分流

図3・7のように2つの抵抗R_1、R_2を並列に接続したときの各抵抗に流れる電流I_1、I_2は、

$$E=\frac{R_1\cdot R_2}{R_1+R_2}\cdot I〔\mathrm{V}〕$$

なので、

$$I_1=\frac{E}{R_1}=\frac{R_2}{R_1+R_2}\cdot I〔\mathrm{V}〕$$

$$I_2=\frac{E}{R_2}=\frac{R_1}{R_1+R_2}\cdot I〔\mathrm{V}〕$$

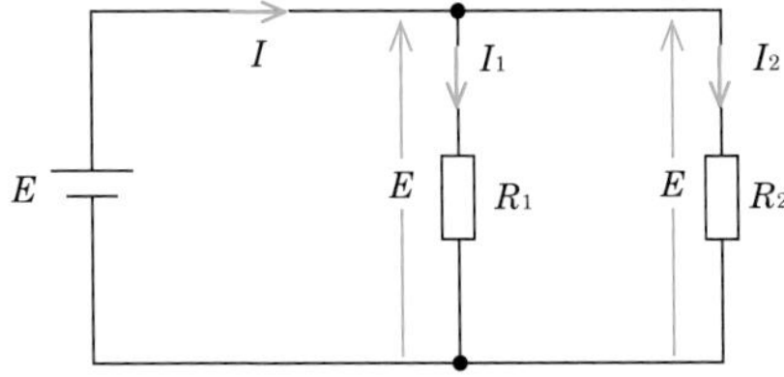

図3・7　電流の分流

となり、各抵抗を流れる電流の大きさの比は、それぞれの抵抗の抵抗値の逆数の比に等しくなる$\left(I_1:I_2=\frac{1}{R_1}:\frac{1}{R_2}\right)$。これは回路に流れる電流$I$が、抵抗$R_1$、$R_2$によって分流されたことを意味する。これを抵抗による**電流の分流**という。

4 キルヒホッフの法則

1 キルヒホッフの法則

電気回路が複雑になると回路が網の目のようになるが、このような回路を回路網という。複数の電源を持つ回路網はオームの法則だけでは解けないため、キルヒホッフの法則が使われる。

●キルヒホッフの第1法則

回路の任意の接続点において、その点に流れ込む総電流と流れ出る総電流は互いに等しい。図4・1において、I_1は接続点に流れ込む電流であり、I_2およびI_3は接続点から流れ出る電流であるから、次式が成り立つ。

$$I_1 = I_2 + I_3$$

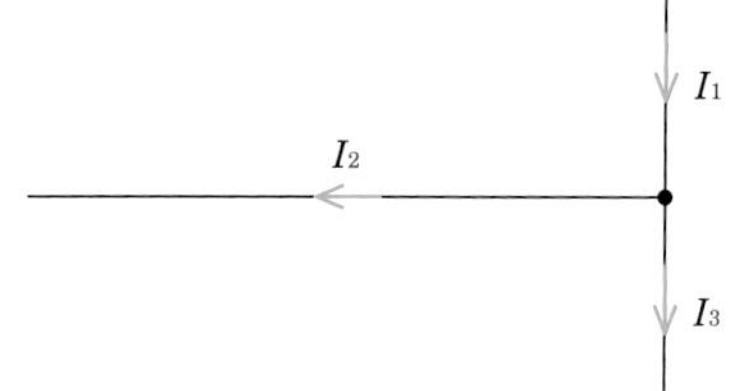

図4・1　キルヒホッフの第1法則

補足

次の図において電流I_1は、130＋30＝160〔mA〕となる。

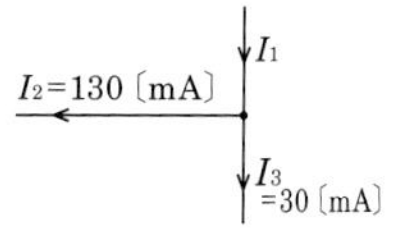

●キルヒホッフの第2法則

1つの閉回路において起電力の総和は、電圧降下の総和に等しい。

図4・2において、破線の矢印の方向を正とすると次式が成り立つ。

$$E_1 - E_2 = I_1R_1 + I_2R_2$$

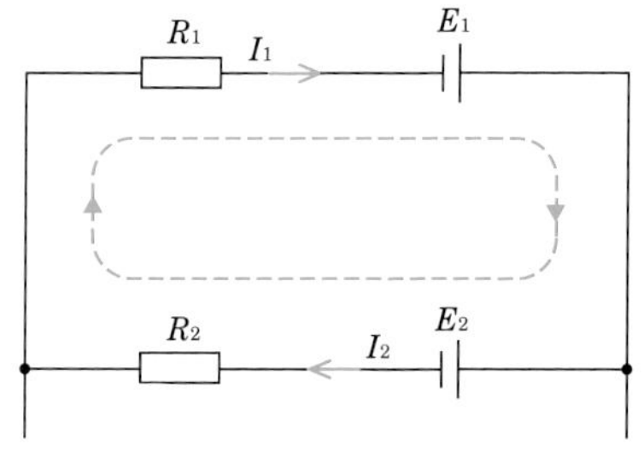

図4・2　キルヒホッフの第2法則

用語解説

閉回路

図4・2の破線のように、始点と終点が同じ点となる回路を閉回路という。複数の電源を持つ回路網の問題では、キルヒホッフの法則を用いて閉回路ごとに方程式を立て、連立方程式の解を求める。

たとえば、図4・3については、

$$I_a(R_1 + R_2) + I_bR_2 = E_1$$

$$I_b(R_2 + R_3) + I_aR_2 = E_2$$

のようになる。いま、$R_1 = 4$〔Ω〕、$R_2 = 6$〔Ω〕、$R_3 = 3$〔Ω〕、$E_1 = 8$〔V〕、$E_2 = 3$〔V〕とすれば、

$$I_a(4 + 6) + I_b \times 6 = 8 \quad \cdots\cdots①$$

$$I_b(6 + 3) + I_a \times 6 = 3 \quad \cdots\cdots②$$

ここで、式①×3－式②×2より、

$I_a = 1$〔A〕、$I_b = -\dfrac{1}{3}$〔A〕となり、次のようになる。

$$I_1 = I_a = 1〔A〕$$

$$I_2 = I_a + I_b = \frac{2}{3}〔A〕$$

$$I_3 = I_b = -\frac{1}{3}〔A〕$$

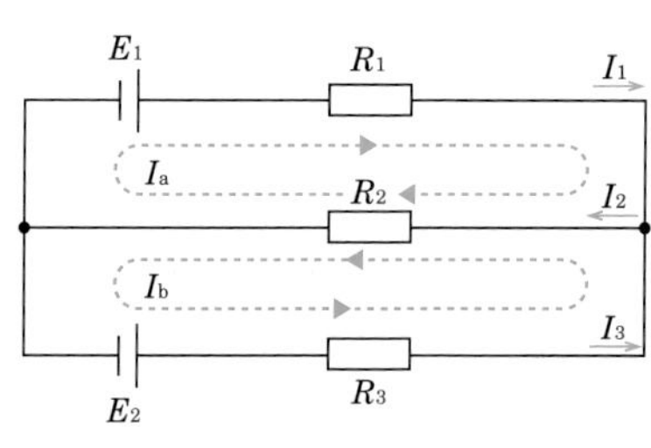

図4・3

例題

図4・4に示す回路において、電流I_1、I_2、およびI_3の値を求める。まず、接続点Dにキルヒホッフの第1法則を適用すると、次式のようになる。

$$I_1 + I_2 + I_3 = 0 \quad \cdots\cdots ①$$

次に、閉回路ABGFとCDGFにキルヒホッフの第2法則を適用すると、次式が得られる。

$$\left.\begin{aligned} E_1 &= R_1I_1 - R_3I_3 \\ E_2 &= R_2I_2 - R_3I_3 \end{aligned}\right\} \cdots\cdots ②$$

①より、$I_3 = -I_1 - I_2$なので、これを②に代入して整理すると、

$$\left.\begin{aligned} E_1 &= (R_1 + R_3)I_1 + R_3I_2 \\ E_2 &= R_3I_1 + (R_2 + R_3)I_2 \end{aligned}\right\} \cdots\cdots ③$$

ここで③に、与えられた数値をそれぞれ代入すると、

$$64 = 7I_1 + 2I_2$$

$$40 = 2I_1 + 6I_2$$

この連立方程式を解くと、$I_1 = 8$〔A〕、$I_2 = 4$〔A〕。また、①より、$I_3 = -I_1 - I_2 = -8 - 4 = -12$〔A〕となる。

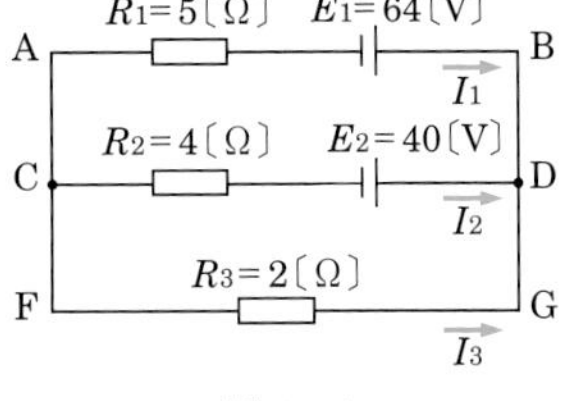

図4・4

注意

左記の例題においてI_3は負の数となるが、これは仮定した方向とは逆の方向に流れる電流であることを意味している。

補足

左記の例題は、帆足・ミルマンの定理を用いて解くことも可能である。

帆足・ミルマンの定理は、並列に接続された回路の電圧を求めることができる。具体的にいうと例題の回路のB－A間の電圧Vは、

$$V = \frac{\dfrac{E_1}{R_1} + \dfrac{E_2}{R_2} + \dfrac{E_3}{R_3}}{\dfrac{1}{R_1} + \dfrac{1}{R_2} + \dfrac{1}{R_3}} \text{〔V〕}$$

で表すことができる。

なおEの向きが、仮定したVの向きと異なるときは、Eに－（マイナス）の符号を付けて負の値として計算する。

2 ブリッジ回路

図4・5のように、抵抗などの電気的素子4個を平行四辺形に接続した回路をブリッジ回路といい、抵抗値などの測定に用いられる。

たとえば、図4・6に示すように、固定抵抗器R_1、R_2、可変抵抗器R_4、および検流計Gを使用して、未知の抵抗R_Xを測定する方法がある。R_4を調整して検流計に電流が流れないようにすると、この状態ではC－D間の電位が等しいので、各抵抗の電圧降下の関係は次式のようになる。

$$I_1R_1 = I_2R_2 \quad \cdots\cdots ①$$

$$I_1R_X = I_2R_4 \quad \cdots\cdots ②$$

この①、②式から、抵抗R_Xは、

$$R_X = \frac{I_2}{I_1} \cdot R_4 = \frac{R_1}{R_2} \cdot R_4$$

となる。つまり、R_1、R_2、R_4の値からR_Xの値を求めることができる。このような電気抵抗を測定する装置をホイートストン・ブリッジという。

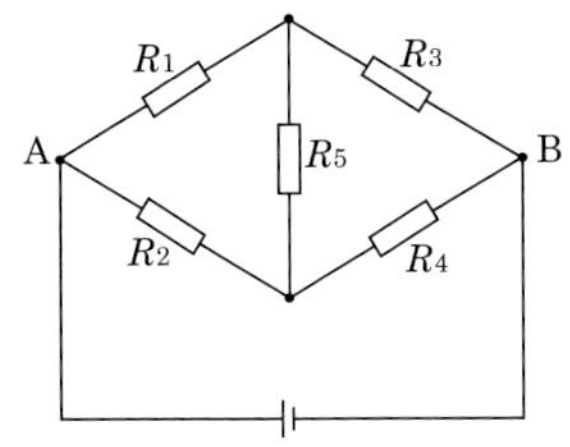

図4・5　ブリッジ回路

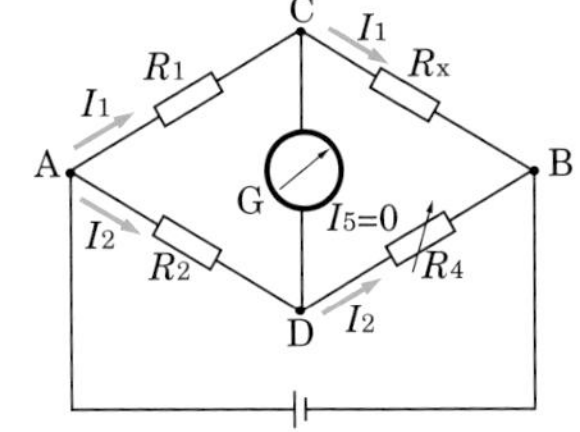

ブリッジが平衡する（$I_5=0$となる）ための条件は、

$R_2R_x=R_1R_4$

したがって、未知の抵抗R_xは

$$R_x = \frac{R_1}{R_2} \cdot R_4$$

図4・6　ホイートストン・ブリッジ

補足

①式より、

$$I_2 = \frac{R_1}{R_2} \cdot I_1 \quad \cdots\cdots ①'$$

②式より、

$$R_x = \frac{I_2}{I_1} \cdot R_4 \quad \cdots\cdots ②'$$

となり、①′式を②′式に代入すると、

$$R_x = \frac{I_2}{I_1} \cdot R_4 = \frac{\dfrac{R_1}{R_2} \cdot I_1}{I_1} \cdot R_4 = \frac{R_1}{R_2} \cdot R_4$$

が求められる。

5 静電誘導とコンデンサ

1 静電誘導

●静電誘導と帯電

布で摩擦して帯電させたガラス棒の先端を絶縁されている導体の一端に近づけると、図5・1のように導体のガラス棒に近い方にはガラス棒の電荷とは異なる電荷が現れ、反対側の端には同種の電荷が現れる。これは、同種の電荷どうしが反発し、異種の電荷どうしが引き合う性質を持ち、また、金属のような導体内では電荷が極めて移動しやすいために起こる。このような現象を静電誘導という。

用語解説

電荷
物体が帯電すると、正または負の電気的性質が生じる。帯電した電気を電荷という。電荷には正電荷と負電荷がある。

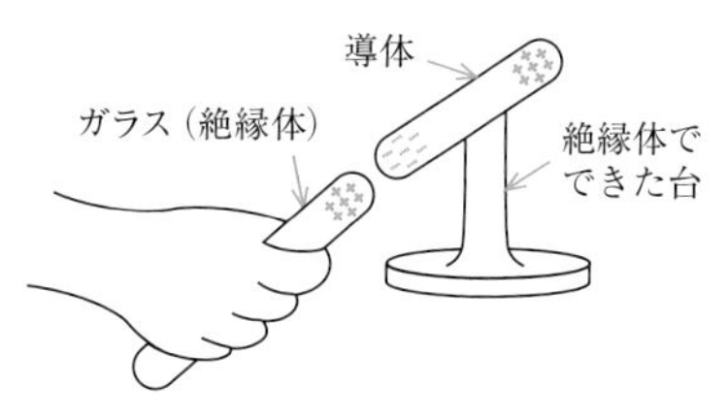

図5・1　静電誘導

物体は、正(＋)と負(－)の電荷を持っており、通常は図5・2(a)のように正負の電荷が同量で物体の電気的中性が保たれている。しかし、そのバランスが崩れると相手のいない電荷ができることになり、物体の電気的中性が破れる。このような図5・2(b)の状態を帯電という。

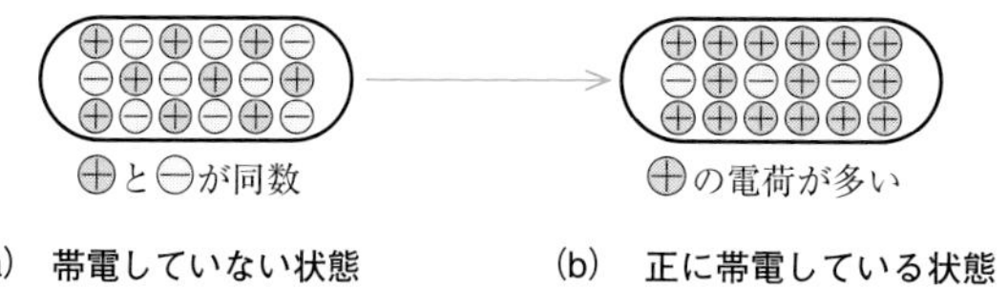

図5・2　帯電

●静電遮蔽(しゃへい)

図5・3(a)のように、$+Q$で帯電した物体Aを中空導体Bで覆うと、静電誘導によってBの内面にはAの電荷と異なる電荷($-Q$)が現れ、また、外面にはAと同種の電荷($+Q$)が発生する。次に、図5・3(b)のように中空導体Bを接地すると、Bの外面の電荷($+Q$)は大地に逃れ、Bの表面の電位は大地と等しい0電位となり、Aの影響がBの表面に現れなくなる。

このように中空導体Bでその内外を静電的に無関係な状態にすることを、静電遮蔽という。

帯電体Aの周囲を導体Bで覆う。そしてBを接地すると、Bの外部はAの電荷の影響を受けなくなる。これは、一般に、「静電遮蔽効果」と呼ばれている。

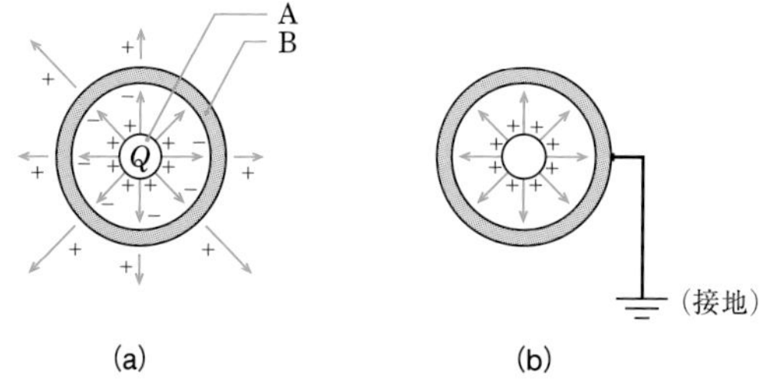

図5・3　静電遮蔽

●クーロンの法則

電荷どうしは、図5・4(a)のように引き合い、あるいは図5・4(b)のように反発し合っており、その電気力F〔N〕(ニュートン)は、互いの電荷量Q〔C〕(クーロン)の積$Q_1 \cdot Q_2$に比例し、距離r〔m〕の2乗に反比例する。これをクーロンの法則といい、次式で示される。

$$F = \frac{1}{4\pi\varepsilon} \cdot \frac{Q_1 \cdot Q_2}{r^2} \text{〔N〕}$$

ここで、ε(イプシロン)は誘電率と呼ばれ、$\varepsilon = \varepsilon_0 \cdot \varepsilon_r$〔F/m〕で示される物質固有の値である。また、$\varepsilon_0$は真空中の誘電率で、$\varepsilon_0 = 8.854 \times 10^{-12}$である。$\varepsilon_r$は、物質の比誘電率であり、空気などの気体では約1である。絶縁物の比誘電率の例を挙げると、ガラスが5〜16、酸化チタンが83〜183である。

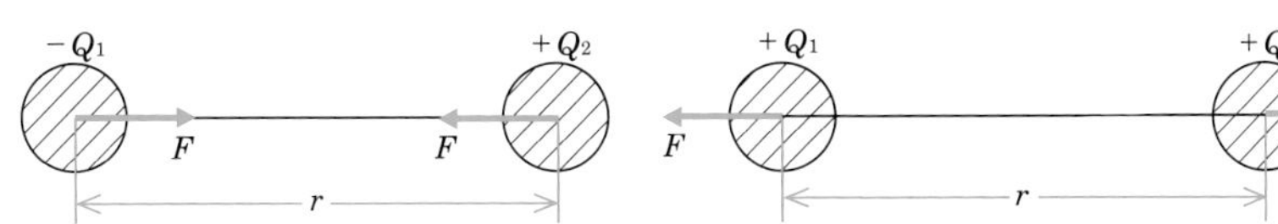

(a) 異種の電荷は引き合う　　(b) 同種の電荷は反発し合う

図5・4　クーロンの法則

> **用語解説**
>
> **ニュートン：N**
> 国際単位系(SI)において力の大きさを表すのに用いる単位。質量が1〔kg〕の物体に1〔m/s^2〕の加速度を生じさせる力を1〔N〕と定義している。
>
> **比誘電率**
> ある物質の誘電率εが、真空中の誘電率ε_0の何倍になるかを表したもの。

2 コンデンサ

図5・5のように2枚の導体板を向かい合わせて電圧を加えると、電源から電荷が流れ込み、導体板に蓄えられる。この現象を蓄電といい、この装置をコンデンサ(キャパシタ、蓄電器)という。

コンデンサに蓄えられる電荷Qは加えられた電圧E〔V〕に比例し、次式で示される。

$$Q = C \cdot E \text{〔C〕}$$

このとき、Cをコンデンサの静電容量(キャパシタンス)といい、単位は〔F〕(ファラド)で表す。Cの大きさは、導体板の対向面積Sに比例し、間隔dに反比例して、次式のように示される。

$$C = \varepsilon\frac{S}{d} = \varepsilon_0\varepsilon_r\frac{S}{d}$$

$$= C_0 \cdot \varepsilon_r \text{〔F〕}$$

C_0は真空中の静電容量を表す。導体板間に比誘電率ε_rの絶縁物(誘電体)を挿入すると、静電容量Cはε_r倍に増大する。

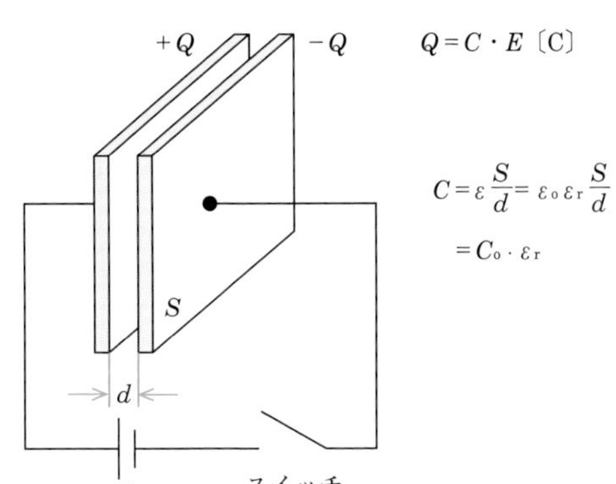

図5・5　コンデンサの原理

> **補足**
>
> 静電容量の単位として、〔F〕は実用的には大きすぎるため、その10^{-6}倍を示す〔μF〕(マイクロファラド)や10^{-12}倍を示す〔pF〕(ピコファラド)を用いることが多い。
> 10^{-6}〔F〕＝1〔μF〕
> 10^{-12}〔F〕＝10^{-6}〔μF〕＝1〔pF〕

6 合成静電容量

1 コンデンサの並列接続

コンデンサの接続方法には、並列接続と直列接続の2つの方法がある。接続されたコンデンサ全体の静電容量を**合成静電容量**という。

図6・1のようなコンデンサの並列回路において、静電容量がそれぞれC_1、C_2、C_3の3個のコンデンサを並列に接続し、回路の両端に電圧Eを加えると、各コンデンサに蓄えられる電荷は、

$$Q_1 = C_1 \cdot E$$

$$Q_2 = C_2 \cdot E$$

$$Q_3 = C_3 \cdot E$$

となり、この場合、Q_1、Q_2、Q_3の合計がQであるから、

$$Q = Q_1 + Q_2 + Q_3$$

$$C \cdot E = C_1 \cdot E + C_2 \cdot E + C_3 \cdot E$$

$$\therefore \quad C = C_1 + C_2 + C_3 \text{（}C\text{：合成静電容量）}$$

一般に、静電容量がそれぞれC_1、C_2、…、C_nのコンデンサを並列に接続したときの合成静電容量は、各静電容量の和、すなわち

$$C = C_1 + C_2 + \cdots + C_n \text{〔F〕}$$

となる。

補足
たとえば静電容量がそれぞれ3マイクロファラド、4マイクロファラド、5マイクロファラドという3つのコンデンサを並列に接続したときの合成静電容量Cは、次のようになる。
$C = 3 + 4 + 5 = 12$〔μF〕

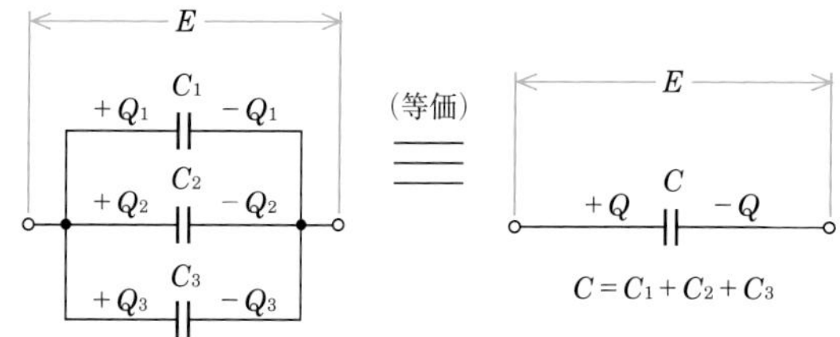

図6・1　コンデンサの並列接続

2 コンデンサの直列接続

図6・2のようなコンデンサの直列回路において、静電容量がそれぞれC_1、C_2、C_3の3個のコンデンサを直列に接続し、回路の両端に電圧Eを加えると、各コンデンサに加わる電圧は、

$$E_1 = \frac{Q}{C_1}、E_2 = \frac{Q}{C_2}、E_3 = \frac{Q}{C_3}$$

となり、E_1、E_2、E_3の合計がEであるから、

$$E = E_1 + E_2 + E_3$$

$$\frac{Q}{C} = \frac{Q}{C_1} + \frac{Q}{C_2} + \frac{Q}{C_3}$$

$$\frac{1}{C} = \frac{1}{C_1} + \frac{1}{C_2} + \frac{1}{C_3}$$

補足
たとえば静電容量が2マイクロファラドと3マイクロファラドのコンデンサを直列に接続したときの合成静電容量Cは、次のようになる。

$$C = \frac{1}{\frac{1}{2} + \frac{1}{3}} = \frac{2 \times 3}{2 + 3}$$

$$= \frac{6}{5} = 1.2 \text{〔μF〕}$$

$$\therefore\ C = \frac{1}{\frac{1}{C_1} + \frac{1}{C_2} + \frac{1}{C_3}}$$ （C：合成静電容量）

一般に、静電容量がそれぞれC_1、C_2、…、C_nのコンデンサを直列に接続したときの合成静電容量は、次式のように各静電容量の逆数の和の逆数になる。

$$C = \frac{1}{\frac{1}{C_1} + \frac{1}{C_2} + \frac{1}{C_3} + \cdots + \frac{1}{C_n}}\ 〔\mathrm{F}〕$$

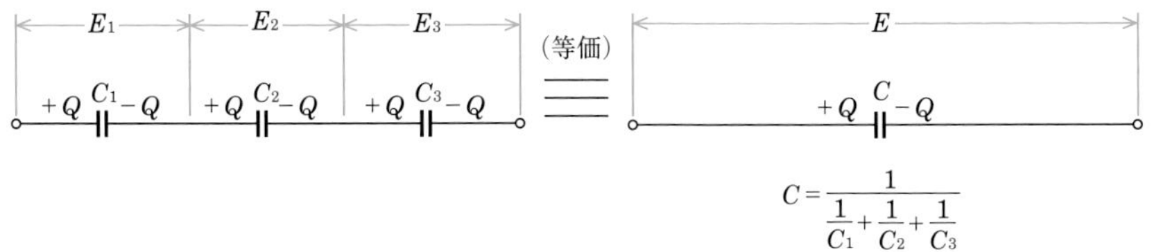

図6・2　コンデンサの直列接続

例題

図6・3に示す回路における端子a－b間の合成静電容量を求める。

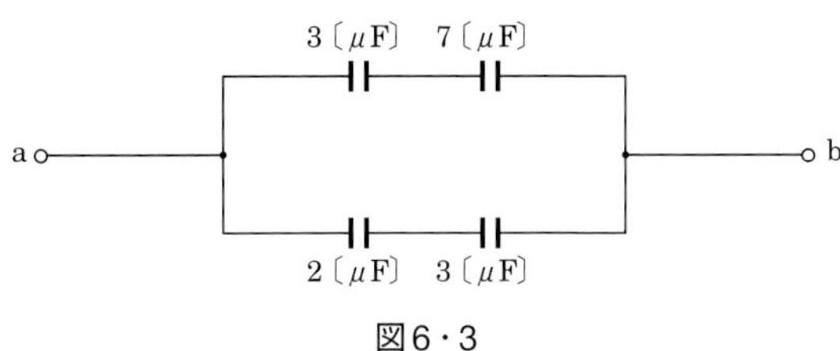

図6・3

図6・4において、C_1、C_2の直列合成静電容量をC_{12}、また、C_3、C_4の直列合成静電容量をC_{34}とすれば、これらの値は次のように計算できる。

$$\frac{1}{C_{12}} = \frac{1}{C_1} + \frac{1}{C_2} = \frac{1}{3} + \frac{1}{7} = \frac{1 \times 7}{3 \times 7} + \frac{1 \times 3}{7 \times 3} = \frac{7}{21} + \frac{3}{21} = \frac{10}{21}$$

$$\frac{1}{C_{34}} = \frac{1}{C_3} + \frac{1}{C_4} = \frac{1}{2} + \frac{1}{3} = \frac{1 \times 3}{2 \times 3} + \frac{1 \times 2}{3 \times 2} = \frac{3}{6} + \frac{2}{6} = \frac{5}{6}$$

$$\therefore\ C_{12} = \frac{21}{10} = 2.1〔\mu\mathrm{F}〕、C_{34} = \frac{6}{5} = 1.2〔\mu\mathrm{F}〕$$

ここで端子a－b間は、C_{12}とC_{34}の並列合成静電容量Cとなり、次式で求められる。

$$C = C_{12} + C_{34} = 2.1 + 1.2 = 3.3〔\mu\mathrm{F}〕$$

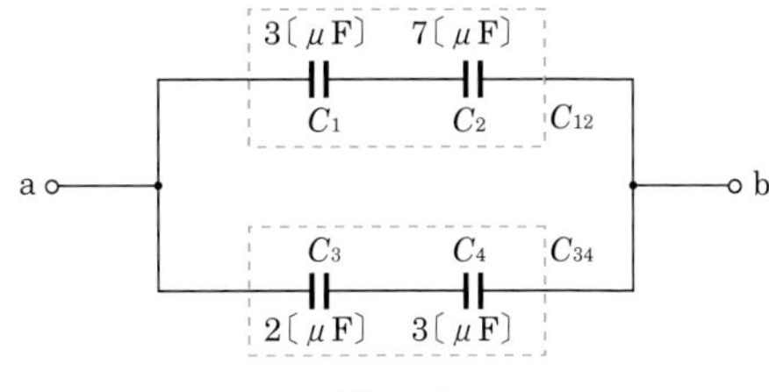

図6・4

7 電流と磁界

1 磁界

磁界とは磁気力が働く空間のことであり、磁界内に磁気量(磁極の強さともいう)が1〔Wb〕(ウェーバ)の正磁極(＋1Wb)を置いたとき、それに働く力と方向でその点の磁界の強さを表している。

真空中において、大きさm〔Wb〕の磁極からr〔m〕離れた点の磁界の強さH〔A/m〕(アンペア毎メートル)は、

$$H = \frac{m}{4\pi r^2 \mu_0} \fallingdotseq 6.33\times10^4\times\frac{m}{r^2}〔\mathrm{A/m}〕$$

となる。また、磁界H〔A/m〕の中に強さm〔Wb〕の磁極を置いたときに磁極の受ける力F〔N〕は次式で表される。

$$F = mH〔\mathrm{N}〕$$

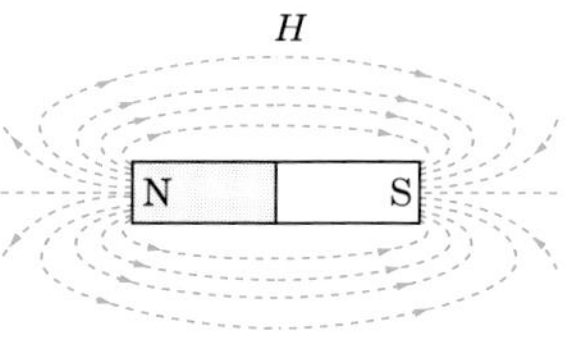

図7・1　磁界

補足
磁気は電気と非常に類似点が多い。たとえばクーロンの法則、電気回路と磁気回路、電流と磁束、電気抵抗と磁気抵抗、静電誘導と磁気誘導などである。

用語解説
磁極
磁力の最も強い極点。磁極の強さの単位には〔Wb〕(ウェーバ)を用いる。

2 磁力線と磁束

磁力線は、磁石の外部にできる磁界の様子を表したもので、N極から出てS極に入る。磁界中のある点における磁力線の方向は、その点での磁界の方向を示し、磁力線に垂直な単位面積当たりの磁力線の数(磁力線密度)は、磁界の強さH〔A/m〕を表している。

大きさが$+m$〔Wb〕の磁極からm本の磁気的な線が出ているとした仮想的な線を磁束という。磁束は、磁石の外部では磁力線と同じ経路でN極から出てS極に入るが、磁石の内部ではS極からN極に向かい、磁石の内部と外部を連続し環状になっている。また、磁束に垂直な単位面積(1〔㎡〕)当たりの磁束の数を磁束密度といい、量記号にBを使用し、単位には〔T〕(テスラ)を用いる。

3 透磁率

磁界の強さH〔A/m〕と磁束密度B〔T〕との間には、一定の物質内では一定の関係があり、次式で表される。

$$B = \mu H〔\mathrm{T}〕$$

ここで、μはその物質における磁束の通りやすさを表す係数で、その物質の透磁率といい、単位に〔H/m〕(ヘンリー毎メートル)を用いる。

また、真空の透磁率μ_0との比をとったものを比透磁率といい、μ_sで表す。

$$\mu_s = \frac{\mu}{\mu_0}$$

真空中における磁界の強さHと磁束密度Bの関係は、次式で表される。

$$B = \mu_0 H〔\mathrm{T}〕$$

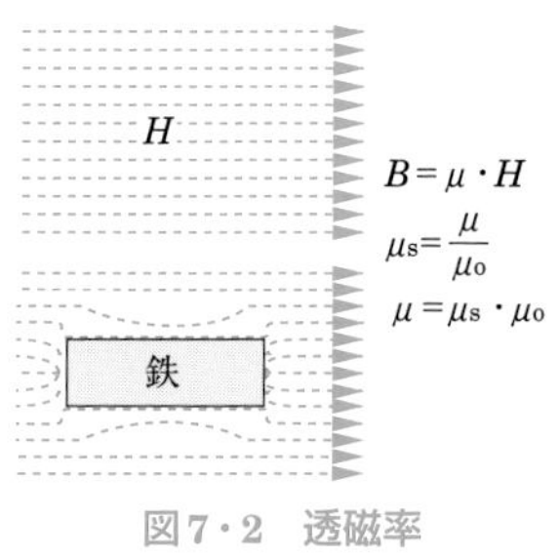

図7・2　透磁率

補足
透磁率μが大きい物質材料を「強磁性体」という。

4 右ねじの法則

直線状の導体に電流を流すと、そのまわりに磁界ができる。磁界は電流に垂直な平面内では、電流を中心とする同心円状にできており、ある点の磁界の方向は、その点を通る円周の接線方向である。電流をI〔A〕とすると、電流からr〔m〕の点の磁界の強さH〔A/m〕は次式のようになる。

$$H=\frac{I}{2\pi r}\text{〔A/m〕}$$

これをアンペアの法則という。

また、磁界の方向は、右ねじの進む方向に電流が流れているとすると、ねじの回転方向になる。これを右ねじの法則という。同様に、コイルの場合も、電流の向きと磁界の向きとの間には右ねじの関係が成り立っている(図7・3(c))。このときコイルの内部に発生する磁界の強さHはコイルの巻数Nと電流の大きさIの積NIに比例する。たとえば、長さ1〔m〕当たりN_0の巻数であるコイルにI_0〔A〕の電流を流すと、磁界の強さHは、

$$H=N_0\cdot I_0\text{〔A/m〕}$$

で表される。

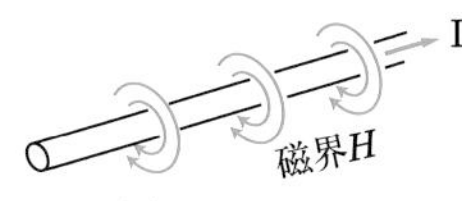

(a) 電流と磁界

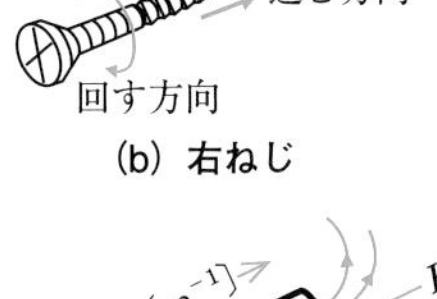

(b) 右ねじ

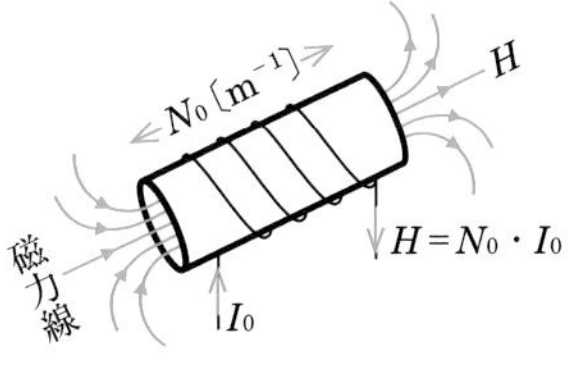

(c) コイルと磁界

図7・3 右ねじの法則

注意
磁界の強さは、コイルの巻数と電流の大きさの積に比例する。

5 起磁力と磁気回路

図7・4のように環状の鉄心を持つコイルに電流を流すと、鉄心中に磁束ϕ(ファイ)が通る。磁束の通路を磁気回路という。磁気回路に通る磁束の量は$N\cdot I$と断面積Sに比例し、長さlに反比例する。ここで、鉄心の透磁率をμとすると、

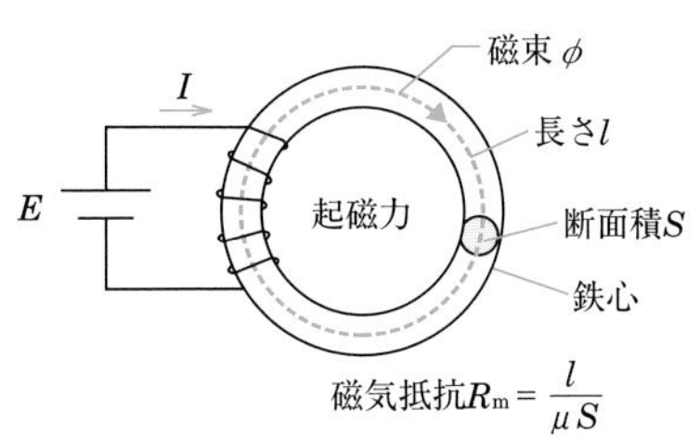

図7・4 磁気回路

$$\phi=\frac{\mu\cdot N\cdot I\cdot S}{l}=\frac{N\cdot I}{\dfrac{l}{\mu\cdot S}}=\frac{F_m}{R_m}\text{〔Wb〕}$$

ただし、$F_m=N\cdot I$、$R_m=\dfrac{l}{\mu\cdot S}$で、この式は電気回路におけるオームの法則

$$I=\frac{E}{R}$$

に対応する。起電力Eに相当する$F_m(=N\cdot I)$を起磁力といい、単位に〔A〕を用いる。また、$R_m\left(=\dfrac{l}{\mu\cdot S}\right)$〔A/Wb〕(アンペア毎ウェーバ)は抵抗$R$に相当し、

磁気抵抗(リラクタンス)という。

6 コイルと磁界

表面を絶縁した導線をらせん状に巻いたものをコイルという。また、このコイルを密接させて筒状にしたものをソレノイドコイルという。コイルに電流を流すと、1本の棒磁石のように両端にN、Sの磁極ができる。このコイルの中に鉄心などの強磁性体物質を入れると磁力が増大し、強力な磁石となる。このような磁石は電流によって磁力が発生することから電磁石と呼ばれる。

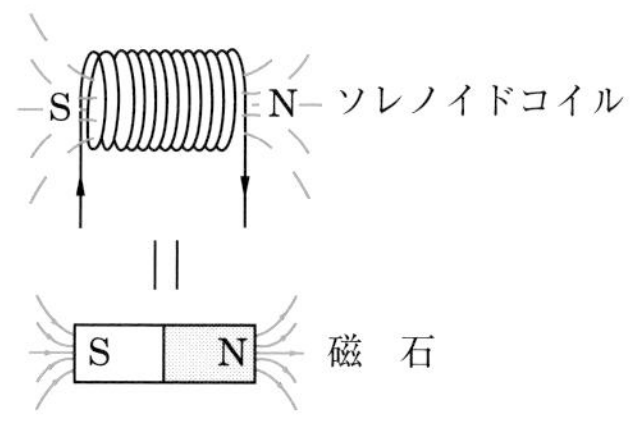

図7・5　コイルと磁界

7 フレミングの左手の法則

図7・6(a)のように磁石のN、S両極間に置いた電線に電流Iを流すと、磁石の磁力線と電流の作り出す磁力線がからみ合い、図7・6(b)のように導線に上向きの力が作用する。これを電磁力という。磁界、電流、電磁力のそれぞれの向きを図7・6(c)のように人さし指、中指、親指の関係に置き換えて示したものを、フレミングの左手の法則という。

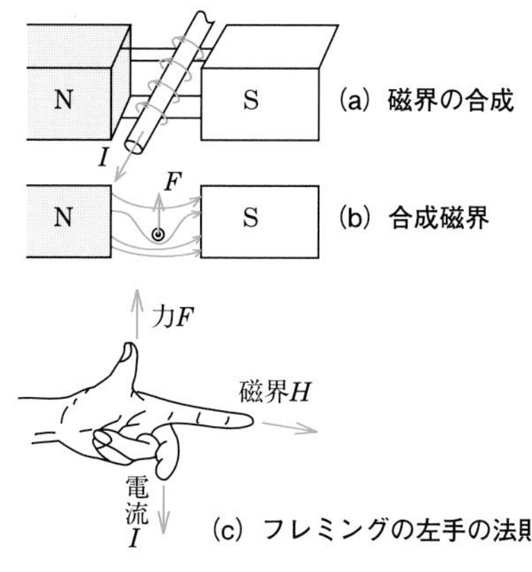

図7・6　電磁力

フレミングの左手の法則は、平行した電線にも適用される。図7・7のようにA、BにそれぞれI_a、I_bの電流が逆方向に流れるとき、I_bで作られる磁界H_bを人さし指にとると、フレミングの左手の法則によってAの導線に上向きの力F_a、Bの導線に下向きの力F_bが働き、その大きさは$F_a = F_b$である。この力を電流力といい、同方向の電流の間では引き合い、逆方向の電流の間では反発し合う力が発生する。

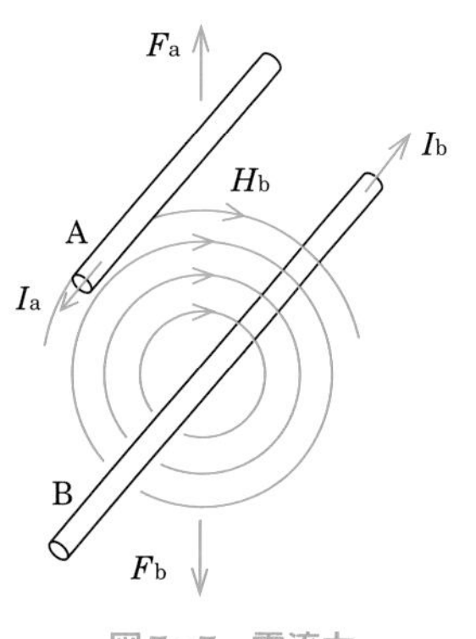

図7・7　電流力

平行な導線の電流の方向が同方向の場合は吸引力が働く。一方、電流の方向が異なる場合は、反発力が働く。

8 鉄の磁化と磁化曲線

鉄などの磁性材料を磁化する場合、外部から加える磁界の強さを0から次第に増加していくと鉄の内部磁束も次第に増加していく。外部磁界を増していくに従って磁束が増加していくことから、外部磁束の強さを磁化力ともいう。このときの外部磁界の強さと磁束密度との関係を示したものが***B*－*H*曲線**または磁化曲線といわれるものである。

磁束密度をB〔T〕、外部磁界の強さをH〔A/m〕、透磁率をμ〔H/m〕とすると、$B=\mu H$の関係があるが、磁性体では磁界の変化に対して透磁率は一定でないため、磁束の増加に伴う磁化の様子を表したグラフは図7・8のように曲線状になる。外部磁束が小さいうちは外部磁束が増加すると透磁率も大きくなるので磁束密度は急激に大きくなるが、ある程度のところまでいくと透磁率は増加しなくなりグラフは直線状になる。そして、さらに外部磁束を大きくすると透磁率は減少するようになって、ついには外部磁束を増加しても磁束密度は増加しなくなり、グラフは水平に近くなる。この現象を磁気飽和という。

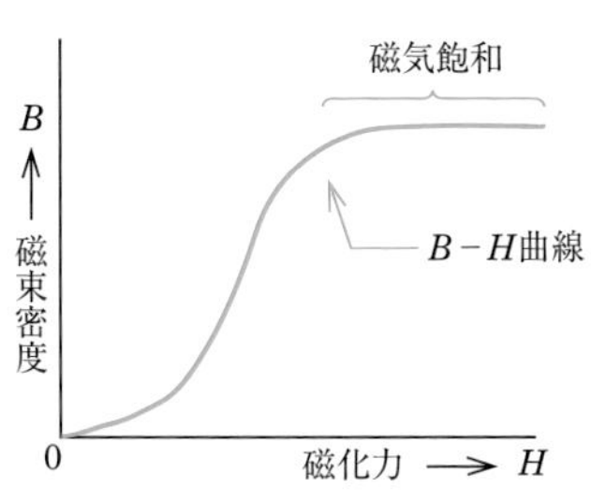

図7・8　鉄の磁化と磁化曲線

9 磁化エネルギー

磁性体が磁化されると、その物質にはエネルギーが蓄えられたことになる。このエネルギーを磁化エネルギーという。

磁化された磁性体の体積当たりの磁化エネルギーwは、磁束密度をB〔T〕、磁界の強さをH〔A/m〕、磁性体の透磁率をμ〔H/m〕とすると、次式で示される。

$$w=\frac{BH}{2}=\frac{\mu H^2}{2}=\frac{B^2}{2\mu}\ [\mathrm{J/m^3}]$$（ジュール毎立方メートル）

10 ヒステリシスループ

強磁性体の磁束密度は、外部磁界を増加させたときと、減少させたときとで、同じ曲線上で変化するわけではない。

磁性体を磁化し、$B-H$曲線の変化をみると、図7・9のように原点(0)から出発してa点で磁束密度Bの最大値に達する。

ここから磁化力Hを次第に減らしていくと、0からa点に向かう軌跡をたどらず、a点からb点、c点を経てBが最小値となるd点に達する。そして再びHを増加していくとd点からe点、f点を通り、a点に戻る。

これ以後は、Hの変化に伴いa→b→c→d→e→f→aの環状の経路を描く。このような経路をヒステリシスループという。

ここで、0－bは残留磁気の大きさを、また、0－cは保磁力を表す。なお、ヒステリシスループに囲まれた部分の面積はヒステリシス損失として熱になる損失を表している。

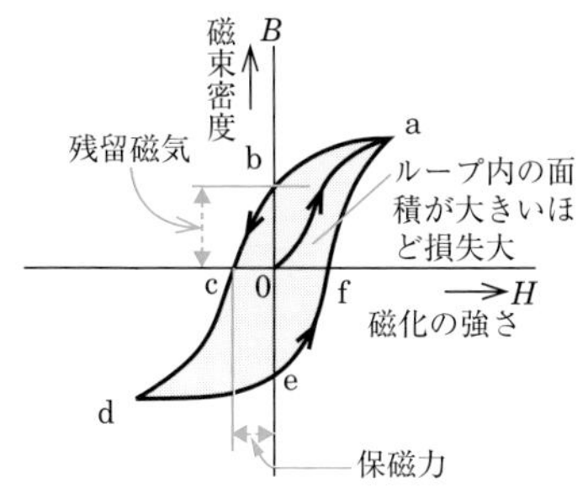

図7・9　ヒステリシスループ

補足
磁性体中の磁化力Hの方向を繰り返し周期的に変化させると、熱が発生してエネルギーの損失となる。これを「ヒステリシス損失」という。

8 電磁誘導

1 ファラデーの法則

図8・1のように、検流計Gを接続したコイルの中に磁石を抜いたり差したりすると検流計Gの指針が左右に振れる。このような現象を**電磁誘導**といい、発生した電圧を**誘導電圧**または**誘導起電力**という。

「誘導起電力の大きさは、コイルの巻数とコイルを貫いている磁束の時間的な変化の割合の積に比例する」が、これを電磁誘導に関する**ファラデーの法則**という。この実験で磁石の抜き差しを速くすると、磁束の時間的な変化の割合が大きくなるので指針の振れが大きくなり、遅くすると振れが小さくなる。

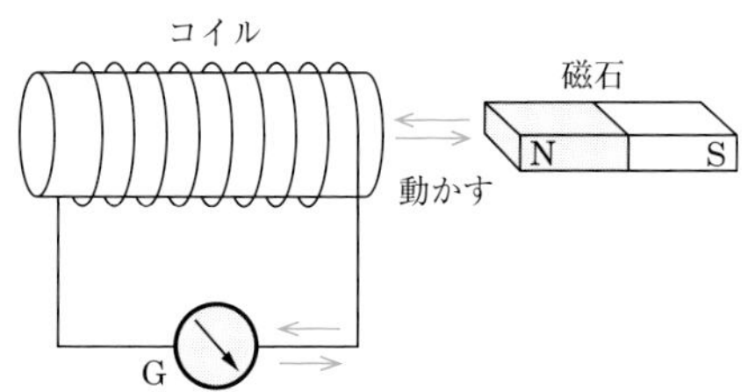

図8・1　電磁誘導

また、図8・2の回路でスイッチを入れるとコイルⅠに発生した磁束がコイルⅡを貫くので、コイルⅡに誘導起電力が発生し指針が一瞬振れる。次に、スイッチを切ると磁束が消滅するので指針が一瞬逆に振れる。なお、コイルの巻数を多くすると指針の振れも大きくなる。

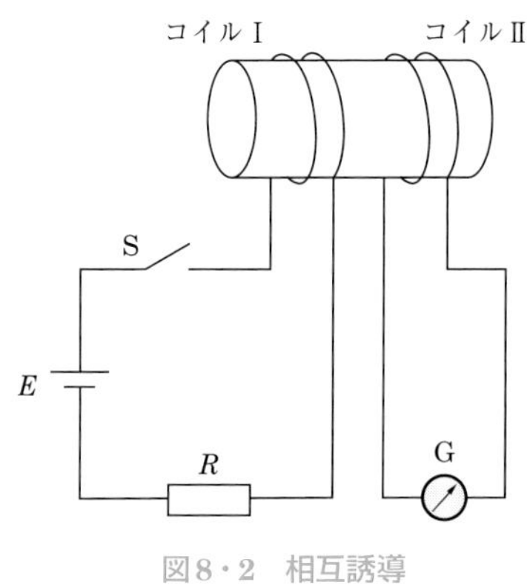

図8・2　相互誘導

2 レンツの法則

電磁誘導の現象は、電磁気エネルギーの慣性作用と考えるとわかりやすい。図8・3のように電磁気エネルギーの発生する方向を妨げようとすると、発生しようとする方向を継続する向きに力が生じる。このように、誘導起電力は、磁束の変化を妨げる方向に発生する。これを**レンツの法則**という。

巻数N回のコイルを貫いている磁束がΔt〔s〕間に$\Delta\phi$〔Wb〕だけ変化するときの誘導起電力e〔V〕は、ファラデーの法則とレンツの法則から次式で表される。

$$e = -N \cdot \frac{\Delta\phi}{\Delta t} \text{〔V〕}$$

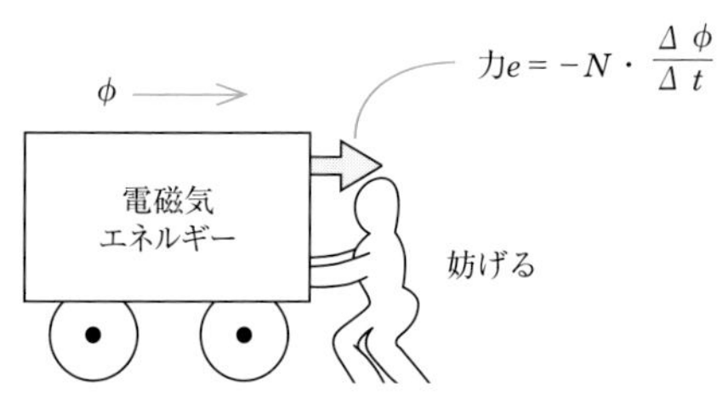

図8・3　電磁気エネルギーの慣性作用

補足
「Δ」は、ごく少量の変化を表す。デルタ。

3 フレミングの右手の法則

導線と磁束が交わっていて、磁束の数が変化すると、レンツの法則によってその変化を妨げる方向に起電力が発生する。また、一定の磁界の中で導線が動くと、やはり導線に起電力が発生する。

図8・4において、導線が下から上に動くと紙面の向こう側から手前の方へ起電力が生じる。この関係を示したものに図8・5の**フレミングの右手の法則**がある。前節でフレミングの左手の法則について述べたが、これは電動機(モータ)の原理に使われる法則である。一方、フレミングの右手の法則は発電機の原理に対応するものである。

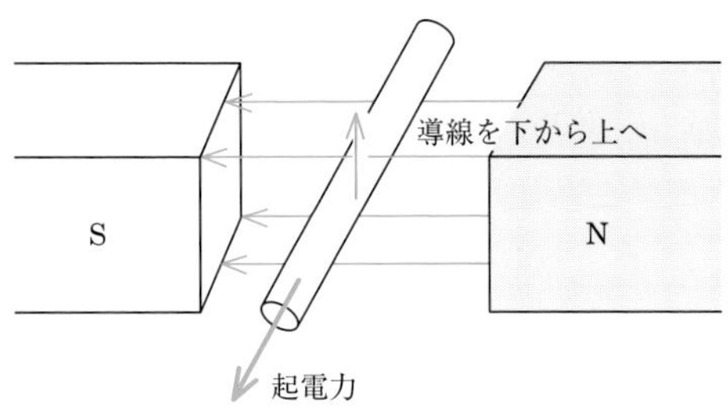

図8・4　起電力の向き

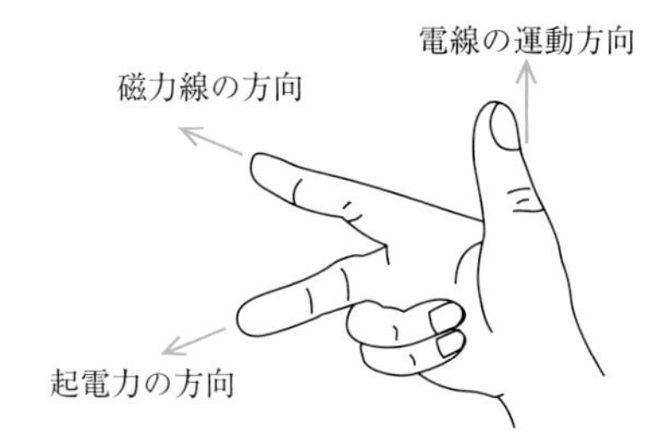

図8・5　フレミングの右手の法則

図8・6は電動機と発電機の原理図である。導線をループ状に巻いて、その両端を整流器に接続してある。

電動機の場合、a、bの端子へそれぞれ－、＋の電圧を加えると、フレミングの左手の法則によって左側の導体は上の方向へ、右側の導体は下の方向へ動きループは図のように右回りに回転する。

一方、発電機の場合、図のように右回りに回転を加えると、a、bそれぞれの端子へ－、＋の電圧を発生する。

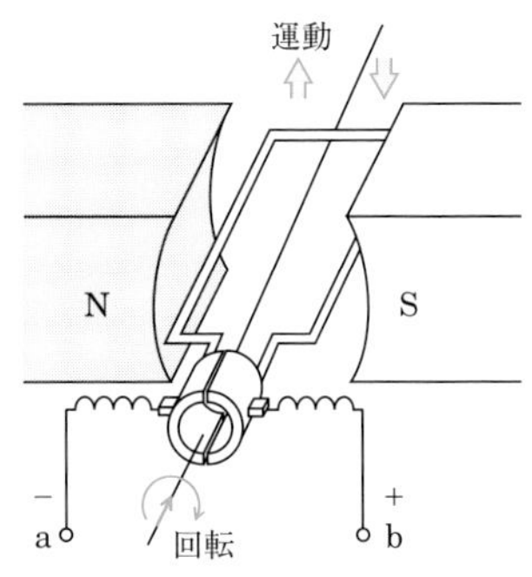

図8・6　電動機と発電機

理解度チェック

問1　コイル内に鎖交する磁束が変化すると、起電力が発生する。このような現象を［（ア）］という。
① 電磁誘導　② 磁気誘導　③ 静電誘導

問2　誘導起電力は、磁束の変化を［（イ）］方向に発生する。
① 妨げる　② 促す

答（ア）①（イ）①

9 自己誘導と相互誘導

1 自己誘導作用

図9・1に示す回路でスイッチを入／切したとき、電流はすぐに一定値とはならずに図9・2のように徐々に増加または減少していく。このような現象は、**自己誘導作用**による**過渡**（かと）**現象**と呼ばれる。

スイッチが入ってコイルに電流が流れると右ねじの法則に従った磁束が発生し、この磁束がコイルを貫く。電流が増加すると磁束も増加するが、磁束が増加すると、その磁束の増加を妨げる方向にコイル自身に起電力が発生する。これを自己誘導作用という。スイッチを切った瞬間は磁束の減少に逆らう起電力が発生する。このように、自己誘導作用による起電力は電流の増減に対して常に逆向きに発生するので、**逆起電力**と呼ばれる。

逆起電力の大きさe_Lは、電流の変化率$\dfrac{\Delta I}{\Delta t}$に比例し、

$$e_L = -L \cdot \frac{\Delta I}{\Delta t} \text{〔V〕}$$

で表される。ここで、比例定数Lを**自己インダクタンス**といい、単位は〔H〕(ヘンリー)である。

継電器(リレー)回路のようなLを含む回路では、電源を切るとき、この逆起電力によるアークが発生し接点を損傷するおそれがあるので、コンデンサを接点に並列に接続してスパークを防止することが多い。

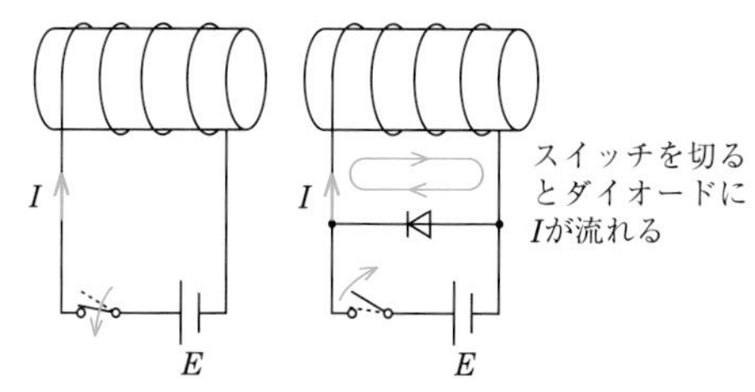

図9・1　自己誘導作用

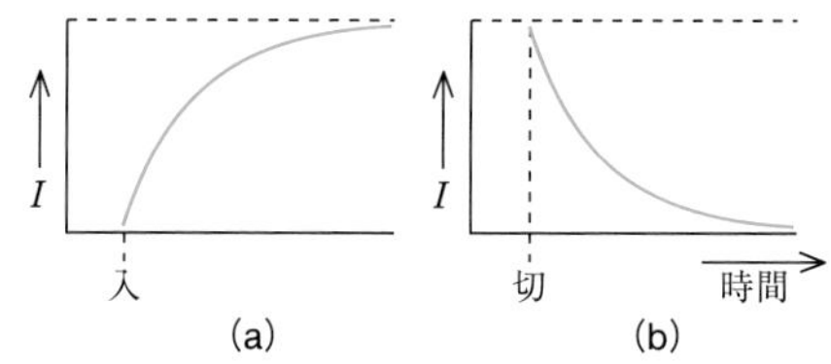

図9・2　自己誘導による過渡現象

2 相互誘導作用

2つのコイル間における誘導作用は**相互誘導作用**と呼ばれる。

図9・3において電流の変化率が$\dfrac{\Delta I}{\Delta t}$であると、図9・3(a)、(b)とも、互いに相手コイルに誘起する起電力e_Mは次式で表される。

$$e_M = -M \cdot \frac{\Delta I}{\Delta t} \text{〔V〕}$$

ここで、Mを**相互インダクタンス**と呼び、単位は〔H〕である。

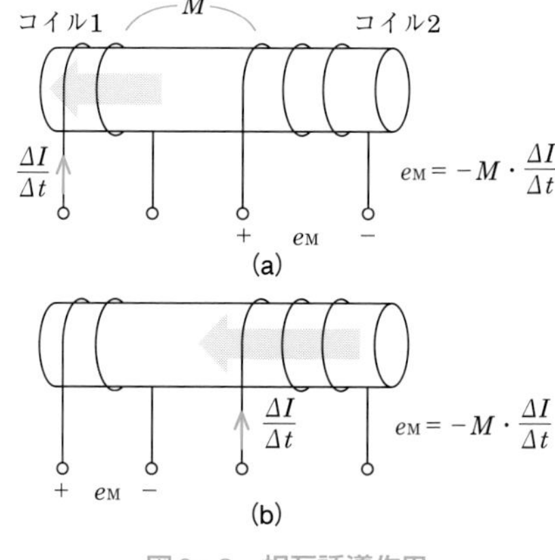

図9・3　相互誘導作用

補足

1〔H〕は、回路を流れる電流が毎秒1〔A〕の割合で変化したとき、自己の回路に1〔V〕の誘導起電力を生じるような自己インダクタンスである。

注意

自己インダクタンスL〔H〕のコイルに流れる電流を、t秒間に0〔A〕からI〔A〕まで一様な変化率で増加させたとすると、このときに生じる誘導起電力の大きさe〔V〕は、

$$e = \frac{LI}{t} \text{〔V〕}$$

である。また、このt秒間における電流の平均値は$\dfrac{I}{2}$〔A〕であるから、コイルに蓄えられる磁気エネルギーW〔J〕は次のようになる。

$$W = e \times \frac{I}{2} \times t$$
$$= \frac{LI}{t} \times \frac{I}{2} \times t$$
$$= \frac{1}{2} LI^2 \text{〔J〕}$$

補足

相互誘導作用を利用したものにトランス(変成器)がある。電気通信では、たとえばインピーダンスの異なる線路間での反射を抑制したり、ホームテレホンなどで外線と内線を直流的に分離したりするために用いられる。

3 合成インダクタンス

図9・4のようにA、Bの2つのコイルがあり、これらの自己インダクタンスをそれぞれL_A、L_B、両コイル間の相互インダクタンスをMとすると、2つのコイルを直列に接続したときの合成インダクタンスは次のようになる。

・両コイルで生じる磁束の向きが同じになるように接続した場合(和動接続)

$L = L_A + L_B + 2M$〔H〕

・両コイルで生じる磁束の向きが反対になるように接続した場合(差動接続)

$L = L_A + L_B - 2M$〔H〕

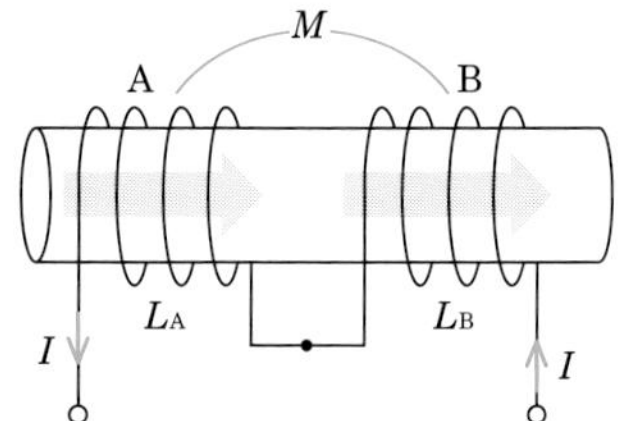

● 和動接続　$L = L_A + L_B + 2M$〔H〕

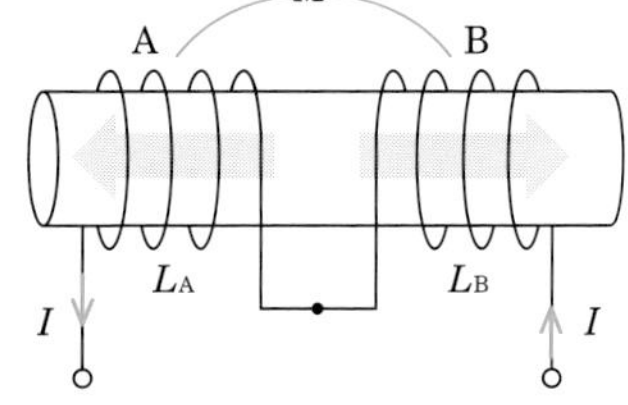

● 差動接続　$L = L_A + L_B - 2M$〔H〕

図9・4　合成インダクタンス

4 電磁結合

複数のコイルのうち、1つのコイルに電流または電圧などの変化が生じた場合、他のコイルに電磁誘導などの影響が表れる現象を電磁結合という。

いま、図9・5のように2つのコイルP、Sがあり、それぞれの自己インダクタンスをL_P、L_Sとし、それぞれのコイル間の相互インダクタンスをMとすると、

$M = \sqrt{L_P \cdot L_S}$〔H〕

となる。ただし、すべての磁束がコイルと鎖交(さこう)するわけではなく、漏れ磁束が生じるのでMは$\sqrt{L_P \cdot L_S}$よりも若干小さくなり、

$M = k\sqrt{L_P \cdot L_S}$〔H〕

となる。ここでkは両コイルの結合係数と呼ばれ、電磁結合の度合いを示す。$k = 1$のとき最も密な結合状態で、一般に$0 < k < 1$である。

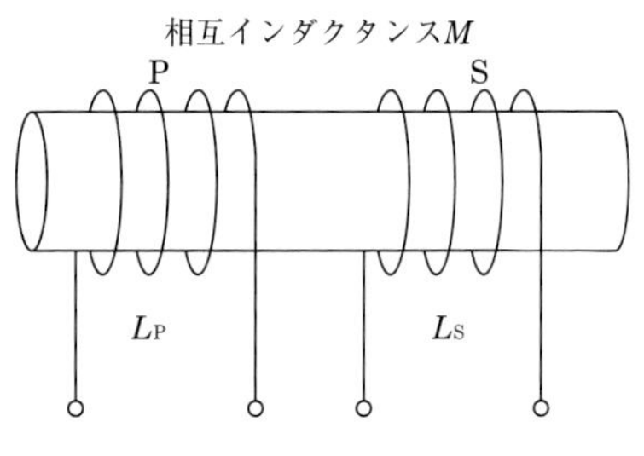

図9・5　電磁結合

理解度チェック

問1　回路を流れる電流が変化したとき、自己の回路に誘導起電力を生じる現象を（ア）誘導という。
① 自己　② 相互　③ 合成

答 (ア) ①

10 静電エネルギーと過渡現象

1 静電エネルギー

図10・1(a)の回路において、C〔F〕のコンデンサをE〔V〕まで充電すると、このとき蓄えられた電荷量Qは、

$Q = C \cdot E$〔C〕

となる。次に、スイッチを②に倒して、この電荷量を一定電流I〔A〕で放電するとt〔秒〕後には0〔C〕となる。そして、このとき、

$I \cdot t = Q = C \cdot E$

が成立し、また、この間のコンデンサCの端子電圧V_Cは図10・1(b)のようにE〔V〕から直線的に低下するので、その平均電圧は$\frac{E}{2}$となる。

したがって、この放電期間中の電力量つまり電気エネルギーW_Cは、

$$W_C = \frac{E}{2} \cdot I \cdot t$$

$$= \frac{1}{2} C \cdot E^2 \text{〔J〕} \quad \cdots\cdots ⓐ$$

となる。つまり、静電容量Cには式ⓐで与えられる電気エネルギーが蓄えられることになり、これを**静電エネルギー**という。

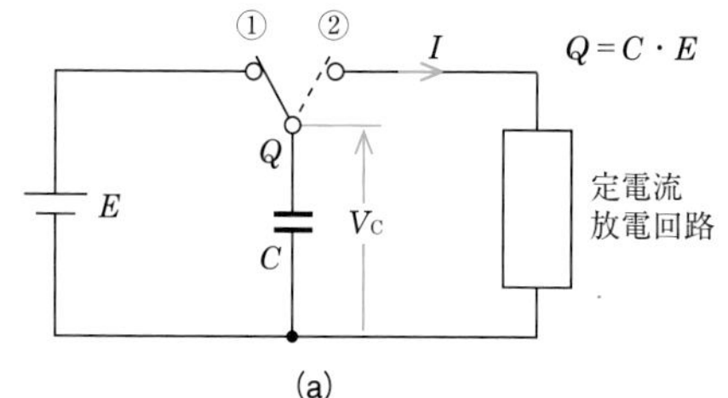

(a)

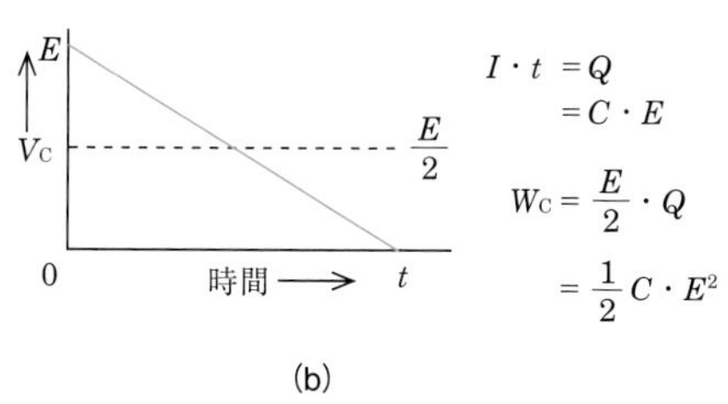

(b)

図10・1　静電エネルギー

補足

たとえば静電容量が4マイクロファラドのコンデンサに10ボルトの電圧を十分な時間印加したとき、このコンデンサに蓄えられる静電エネルギーWは、次のようになる。

$$W = \frac{1}{2} \times 4 \times 10^{-6} \times 10^2$$
$$= 2 \times 10^{-6} \times 10^2$$
$$= 2 \times 10^{-4} \text{〔J〕}$$

2 過渡現象

●CとRの回路

図10・2(a)のようにスイッチを①に倒して、抵抗R_iを通してコンデンサCを充電すると、Cの端子電圧V_Cは図10・2(b)の①のように徐々に上昇し、相当時間経過後にE〔V〕で一定となる。

このように電気回路が一定となる状態を**定常状態**といい、定常状態から次の定常状態に移る間の一時的に不定な状態となる現象を**過渡現象**という。

そして、この例のように充電時の過渡現象における端子電圧V_Cが加えた電圧Eの約63％になるまでの時間t_1を**時定数**（じていすう）という。また、この時間t_1は、スイッチを①に倒した瞬間における接線の延長が$V_C = E$〔V〕の線と交わるまでの時間であって、その値は次式のようにCとR_iの積で表される。

$$t_1 = C \cdot R_i \text{〔s〕}$$

補足

時定数は過渡現象の速さの目安となる。

次にスイッチを②にし、抵抗R_oを通して放電すると、Cの端子電圧V_Cは図10・2(b)の②のように徐々に低下し、相当時間経過後に0〔V〕で一定となる。

なお、放電時の過渡現象における時定数も、充電のときと同様に最初の端子電圧E〔V〕が63％減少(残り37％)する時間t_2をいう。これはスイッチを②に倒した瞬間における接線の延長線が時間軸と交わるまでの時間であって、充電時と同様に抵抗R_oとCの積で表される。

$$t_2 = C \cdot R_o \text{〔s〕}$$

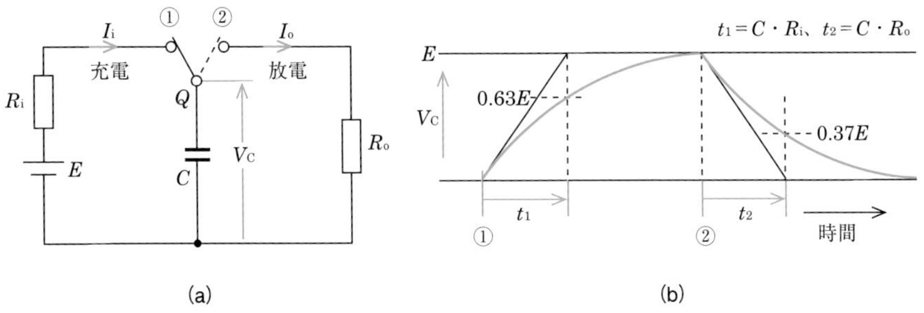

図10・2　CとRの過渡現象

●LとRの回路

図10・3の回路でスイッチを①へ倒すと、電流I_1は抵抗Rを通して流れ込み、図10・4(a)に示すように徐々に上昇して、相当時間経過後にI_1は$\dfrac{E}{R}$〔A〕となり一定となる。このときの時定数t_1は次式で示される。

$$t_1 = \frac{L}{R} \text{〔s〕}$$

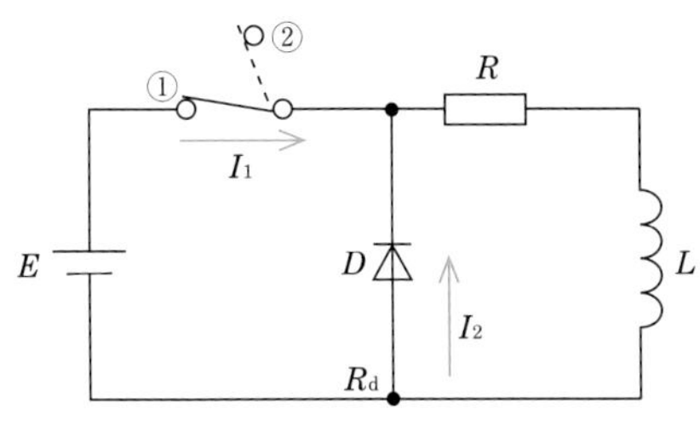

図10・3　LとRの過渡現象

次に、スイッチを②へ倒すと、インダクタンスLの誘導作用によって電流I_2はダイオードDおよび抵抗Rを通して流れ、相当時間経過後に0〔A〕となる。このとき、ダイオードDの順方向抵抗をR_dとすると時定数t_2は、

$$t_2 = \frac{L}{R + R_d} \text{〔s〕}$$

となる。

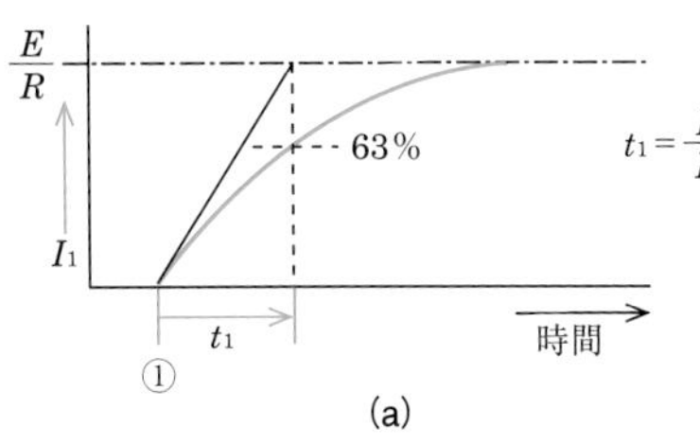

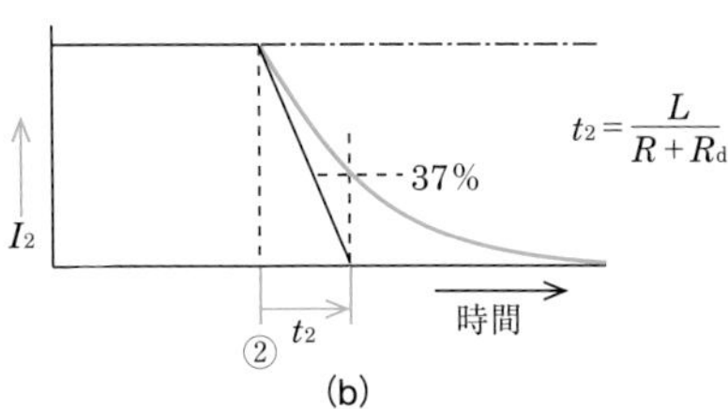

図10・4　LとRの時定数

11 交流の定義

1 周波数と基本波

図11・1(a)に示す電池から抵抗へ流れる電流は、図11・1(b)のように方向も大きさも一定である。このような電流を直流電流(DC：Direct Current)または単に直流という。

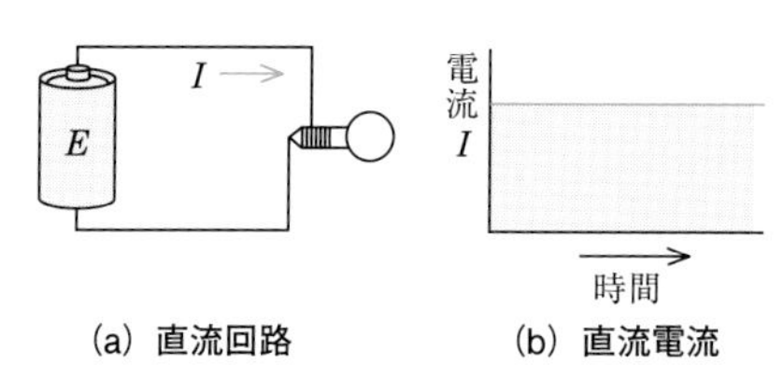

図11・1 直流

これに対し、図11・2(a)に示すような一般の家庭で使用されている電気を交流(AC：Alternating Current)という。交流回路は、図11・2(b)のように表され、㋡が交流電源の図記号である。交流は図11・2(c)に示すように、流れる方向と大きさが時間の経過とともに周期的に変化する。このとき、1秒間に変化する回数を周波数 f〔Hz〕(ヘルツ)という。また、このような波形を正弦波という。

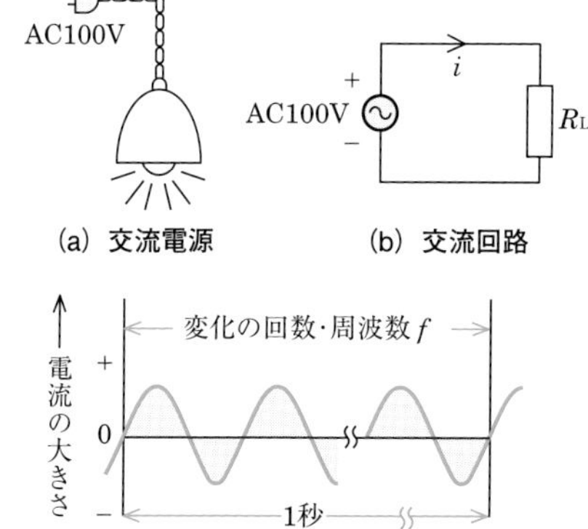

図11・2 交流

実際に扱う交流では、純粋な正弦波交流は少なく若干ひずんでいる。このような交流をひずみ波という。ひずみ波は最も低い周波数 f_0 の基本波と、この周波数 f_0 の2倍、3倍、n 倍の成分(高調波)が合成されたものとなっている。図11・3の実線は、点線の基本波 f_0 と第2高調波 $2f_0$ の成分を含んだひずみ波の例である。

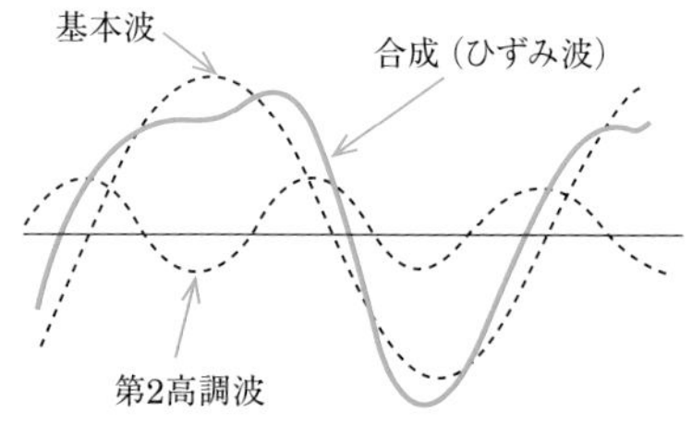

図11・3 ひずみ波

2 最大値

交流の大きさを表す値に、瞬時値、最大値、実効値、平均値がある。

一般に、交流電圧は次式で示され、これを時刻 t〔s〕における瞬時値という。

$$e = E_m \sin(2\pi f)t$$
$$= E_m \sin \omega t \text{〔V〕}$$

式中の $\omega(=2\pi f)$ を角周波数といい、単位に〔rad/s〕(ラジアン毎秒)を用いる。また、この式は図11・4で表され、図中の E_m〔V〕を交流電圧 e の最大値または振幅という。

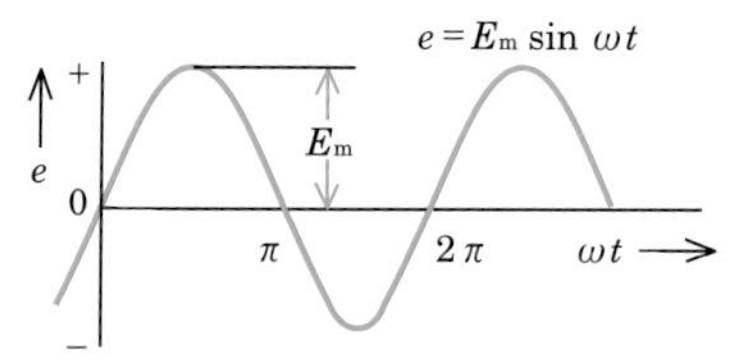

図11・4 交流電圧の最大値

用語解説

瞬時値
交流の任意の瞬時における値のこと。

角周波数
円運動または回転運動をするときの単位時間に変化する角の割合をいう。

ラジアン：rad
JIS Z 8000-3において、「円の半径に等しい長さの円弧を円周上に切り取るような、その円の2本の半径のなす角度」と説明されている。

3 実効値

交流の1周期にわたって、各瞬時値の2乗を平均し、平方根をとったものを交流の**実効値**という。いま、図11・5(a)と(b)の消費電力をそれぞれP_{ac}、P_{dc}とし、i^2の平均を$\overline{i^2}$で示すと、

$$P_{ac} = \overline{i^2}R$$

$$P_{dc} = I^2R$$

となる。そして、$P_{ac} = P_{dc}$とすると、

$$\overline{i^2}R = I^2R$$

よって、交流電流iの実効値Iは、次式のようになる。

$$I = \sqrt{\overline{i^2}}\,〔\mathrm{A}〕$$

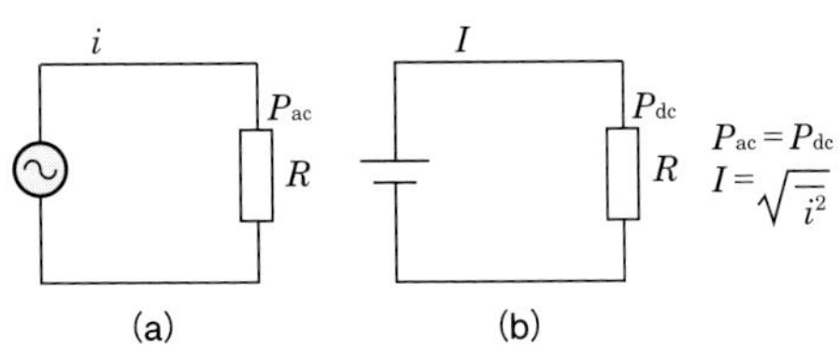

図11・5 実効値

ここで、$i = I_m \sin\omega t$とすると、上の式の関係は図11・6のようになる。これにより、実効値Iは最大値I_mの$\dfrac{1}{\sqrt{2}}$となり、次式のように表される。

$$I = \frac{I_m}{\sqrt{2}}\,〔\mathrm{A}〕$$

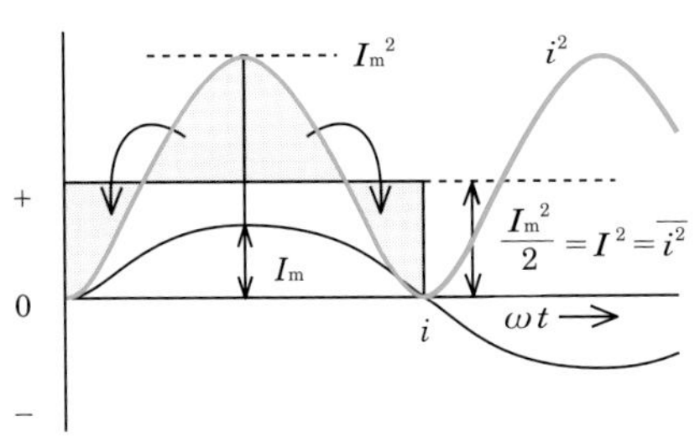

図11・6 i^2の平均

> **補足**
> 通常、交流の電圧や電流を表す場合は、実効値が用いられる。

4 平均値

図11・7の交流を単純に平均すると"0"となるので、交流の半周期についてこの図のように平均したものを交流の**平均値**I_a(あるいはI_{av})という。平均値I_aと最大値I_mの関係は、次式のようになる。

$$I_a = \frac{2I_m}{\pi}\,〔\mathrm{A}〕$$

なお、交流波形のひずみの度合いをみる目安に**波高率**(はこう)と**波形率**がある。波高率は最大値と実効値の比で表され、正弦波交流では約1.414となる。波形率は実効値と平均値の比で表され、正弦波交流では約1.11となる。

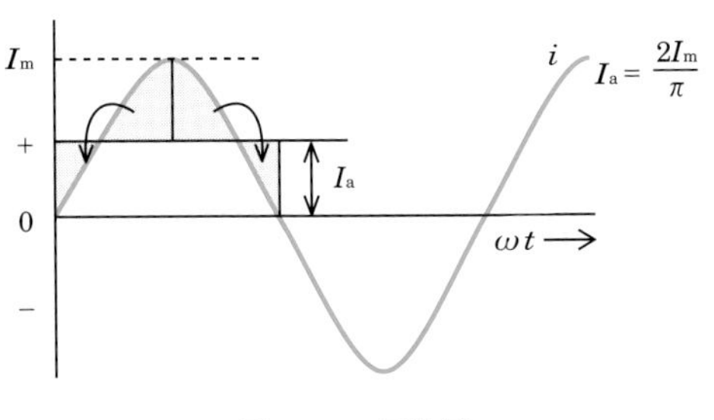

図11・7 平均値

> **補足**
> πは円周率といわれ、円の直径の長さに対する円周の長さの比を表す定数である。その値は約3.14となる。

理解度チェック

問1 正弦波交流において電流の実効値は、最大値の (ア) 倍になる。

① 2 ② $\dfrac{1}{\sqrt{2}}$ ③ $\dfrac{1}{\sqrt{3}}$

答 (ア) ②

12 交流の電力

1 位相差

図12・1(a)のように、周波数の等しい3種類の正弦波交流が、基準のiに対してi_1は進んで(左側に)、また、i_2は遅れて(右側に)変化している場合、それぞれの瞬時値を表す式は次のようになる。

$$i = \sqrt{2}I\sin\omega t\,[\mathrm{A}]$$

$$i_1 = \sqrt{2}I\sin(\omega t + \theta_1)\,[\mathrm{A}]$$

$$i_2 = \sqrt{2}I\sin(\omega t - \theta_2)\,[\mathrm{A}]$$

ここで、θ_1〔rad〕、θ_2〔rad〕を位相(いそう)といい、電気的な角度のずれを表す。

・位相の進み

i_1は基準のiよりθ_1だけ早く増減しているので、位相が進んでいるという。逆に、i_1からiをみればθ_1だけ遅れていることになる。

・位相の遅れ

i_2は基準のiよりθ_2だけ遅く増減しているので、位相が遅れているという。逆に、i_2からiをみればθ_2だけ進んでいることになる。

・位相差

2つの交流の位相のずれを位相差θといい、i_1、i_2では、次式のように表す。

$$\theta = (+\theta_1) - (-\theta_2) = \theta_1 + \theta_2\,[\mathrm{rad}]$$

・同相

2つの交流が同時に増減しているとき、時間的なずれがないので、位相差は0となる。これを同相(どうそう)という(図12・1(b))。

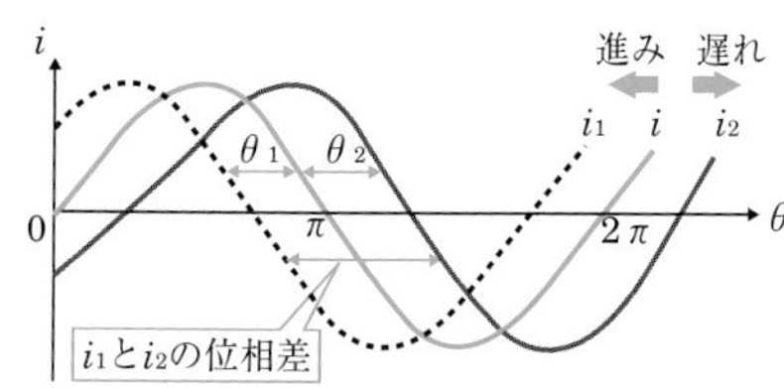

i_1はiに対してθ_1だけ位相が進んでいる。
i_2はiに対してθ_2だけ位相が遅れている。
i_1とi_2の位相差$= \theta_1 + \theta_2$

(a) 位相の進み・遅れ

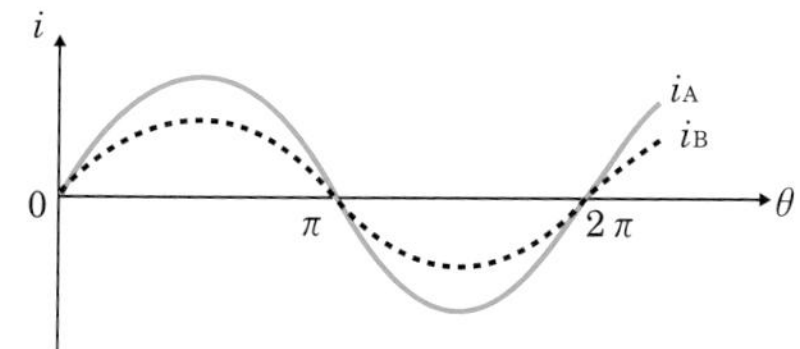

i_Aとi_Bは同相

(b) 同相

図12・1　位相差

2 力率

交流の電気回路(図12・2)に交流電圧計と交流電流計を接続すると、その読みは交流の実効値EとIを示す。しかし、その積は必ずしも交流の電力ではなく、電圧と電流に位相差があると、$E \cdot I$よりも小さくなる。

一般に、負荷で消費される交流の電力(有効電力)は、電圧の実効値Eと電流の実効値Iの積に1より小さい係数をかけたものとなる。この係数を力率(りきりつ)といい、eとiの位相差がθであるとき、力率$= \cos\theta$である。よって、

補足

正弦波交流回路において、電流と電圧の位相差を小さくすると、その回路の力率は大きくなる。

$$P = E \cdot I \times 力率 = E \cdot I \times \cos\theta$$

$$\therefore \quad \cos\theta = \frac{P}{E \cdot I}$$

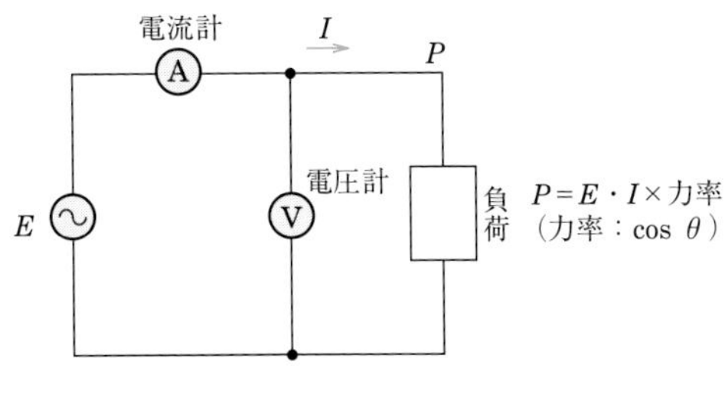

図12・2 力率

3 皮相電力

電圧の実効値Eと電流の実効値Iの積は、無効電力部分を含み、実際に負荷で消費される電力とは異なるため、これを**皮相電力**（ひそう）P_sと呼び、区別している。皮相電力P_sの単位は〔VA〕(ボルトアンペア)を用いる。

4 有効電力、無効電力

図12・2における電圧Eと電流Iを、図12・3のように位相差θを持つベクトル$\dot{E}$、$\dot{I}$で表すと、電流を電圧と同方向の成分($I\cos\theta$)と、直角方向の成分($I\sin\theta$)とに分けることができる。同方向成分の電圧と電流の積は**有効電力**Pとなり、これに対して直角方向成分の積は**無効電力**P_rと呼ばれ、単位は〔var〕(バール)が用いられる。

皮相電力$P_s = E \cdot I$〔VA〕

有効電力$P = E \cdot I \cdot \cos\theta$〔W〕

無効電力$P_r = E \cdot I \cdot \sin\theta$〔var〕

皮相電力P_s、有効電力P、無効電力P_rの関係は、図12・4のような直角三角形で表すことができる。これより、

$$P_s^2 = P_r^2 + P^2$$

$$\cos\theta = \frac{P}{\sqrt{P_r^2 + P^2}}$$

となる。なお、$\sin\theta$は**無効率**といわれ、力率($\cos\theta$)との関係を式で表すと、**$\sin^2\theta = 1 - \cos^2\theta$**となる。

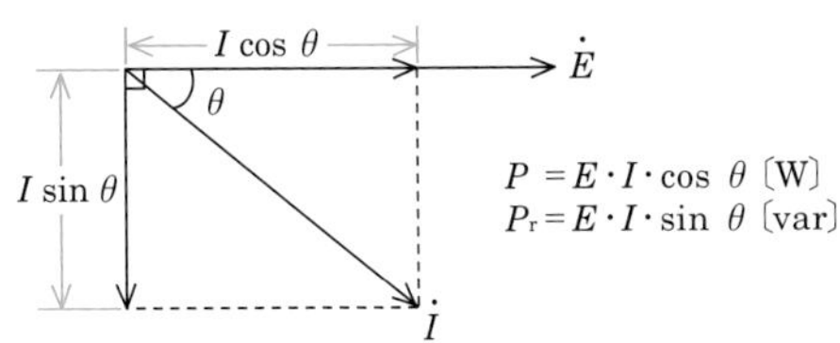

図12・3 ベクトル図

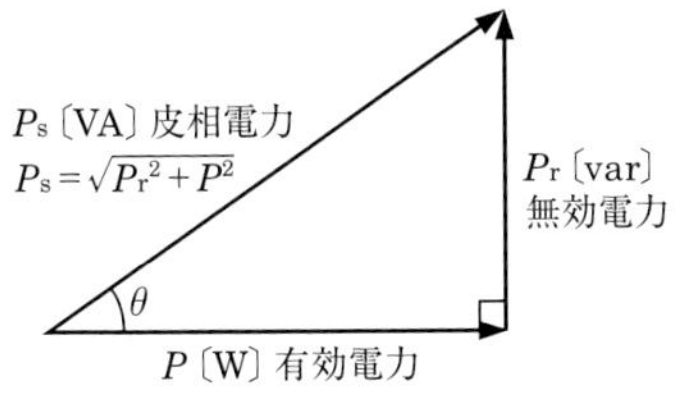

図12・4 電力の関係

補足

たとえば、ある交流負荷に100ボルトの正弦波交流電圧を加えたとき、200ミリアンペアの電流が流れ、16ワットの電力が消費されたとする。このときの負荷の力率$\cos\theta$は次のとおりである。

$$\cos\theta = \frac{P}{E \cdot I} = \frac{16}{100 \times 200 \times 10^{-3}} = \frac{16}{20} = 0.8$$

補足

ベクトルとは、向きと大きさを持つ量のことである。これに対して、大きさだけを持つ量をスカラーという。ベクトルを図示するときは、向きを矢印の向きで、大きさを矢印の長さで表す。また、式で表すときは、変数の上に・(ドット)または→を付けて表す。ベクトルの和は下図では$\dot{C} = \dot{A} + \dot{B}$のように表されるが、このとき、一般に、$\dot{C}$の長さは$\dot{A}$の長さと$\dot{B}$の長さの和とは等しくならない($\dot{A}$と$\dot{B}$が平行、または少なくともどちらか一方が大きさ0の場合を除く)。

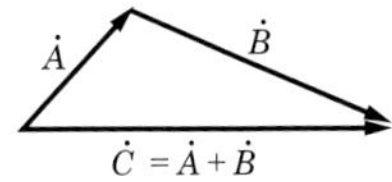

有効電力(P)＝皮相電力(P_s)×力率($\cos\theta$)

$$\therefore \quad 力率(\cos\theta) = \frac{有効電力(P)}{皮相電力(P_s)}$$

13 誘導性リアクタンスと容量性リアクタンス

1 誘導性リアクタンス

●誘導性リアクタンス

コイルの電気定数をインダクタンスLといい、単位に〔H〕(ヘンリー)を用いる。インダクタンスLに交流電流が流れると、レンツの法則により電流の流れ(変化)を妨げる逆起電力が生じる。インダクタンスの交流の流れを妨げる抵抗作用の力を誘導性リアクタンスといい、X_Lで表し、単位は〔Ω〕である。誘導性リアクタンスX_Lの大きさはL〔H〕と周波数f〔Hz〕に比例し、次式で表される。

$X_L = 2\pi f \cdot L = \omega \cdot L$〔Ω〕

図13・1の回路で実効値I〔A〕の電流がインダクタンスL〔H〕に流れると、Lの端子電圧の実効値E〔V〕は次式のようになる。

$E = X_L \cdot I$〔V〕

この形は、X_LをRに替えるとオームの法則と同じになる。

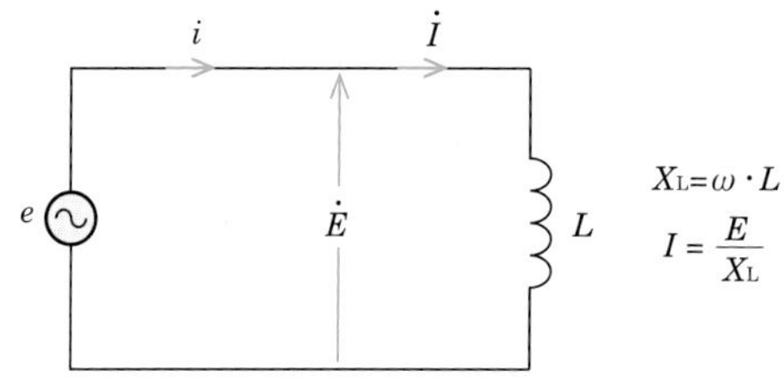

図13・1　コイルのみの回路

●電圧と電流の位相

図13・1のIとEの関係はオームの法則を適用できるが、位相は図13・2(a)のように電流が電圧よりも$\frac{\pi}{2}$〔rad〕(90°)遅れる$\left(=\text{電圧は電流よりも}\frac{\pi}{2}\text{〔rad〕進む}\right)$。このことをベクトル$\dot{I}$、$\dot{E}$で表すと図13・2(b)のようになる。

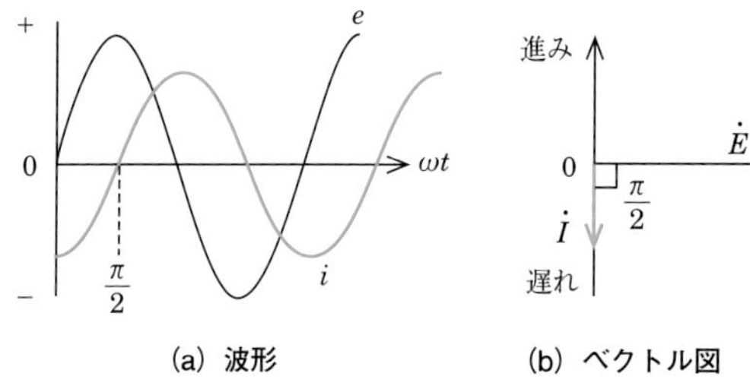

図13・2　コイルの電圧と電流の位相関係

注意

インダクタンスLにおける誘導性リアクタンスX_Lの大きさは、インダクタンスLに流れる交流電流の周波数に比例する。

補足

インダクタンスの図記号

2 容量性リアクタンス

●容量性リアクタンス

コンデンサの電気定数を静電容量Cといい、単位に〔F〕(ファラド)を用いる。コンデンサに直流電圧を接続すると、一瞬、充電電流が流れるが、コンデンサの電圧はすぐにコンデンサにかかる直流電圧と等しくなり電流は流れなくなる。

コンデンサに交流電圧eを加えると、充電と放電による交流電流iが流れ、電流の大きさIは静電容量Cと周波数fに比例する。

$$I = 2\pi f \cdot C \cdot E = \omega \cdot C \cdot E$$

ここで、$\omega \cdot C$の逆数を**容量性リアクタンス**X_Cといい、単位は〔Ω〕である。

$$X_C = \frac{1}{2\pi f \cdot C} = \frac{1}{\omega \cdot C}〔\Omega〕$$

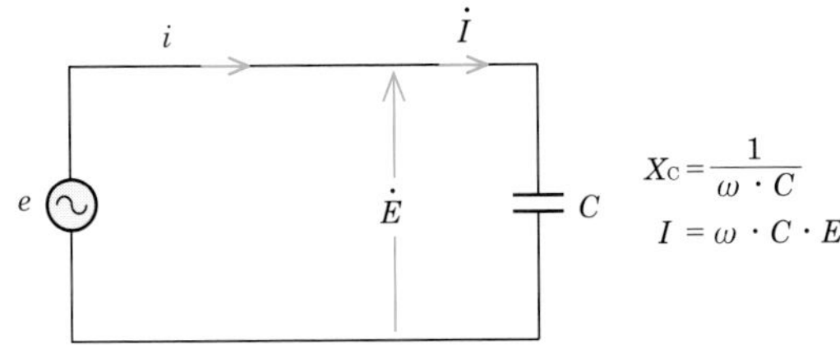

図13・3　コンデンサのみの回路

補足

コンデンサ（キャパシタンス）の図記号

●電圧と電流の位相

X_Cの形は、X_Lとちょうど逆であるが、電圧と電流の位相関係も逆になる。図13・3の回路の場合、図13・4(a)のように、電圧は電流よりも$\frac{\pi}{2}$〔rad〕(90°)遅れる$\left(=電流は電圧よりも\frac{\pi}{2}〔rad〕進む\right)$。また、電圧と電流の実効値、$\dot{E}$および$\dot{I}$のベクトル図は図13・4(b)のようになる。

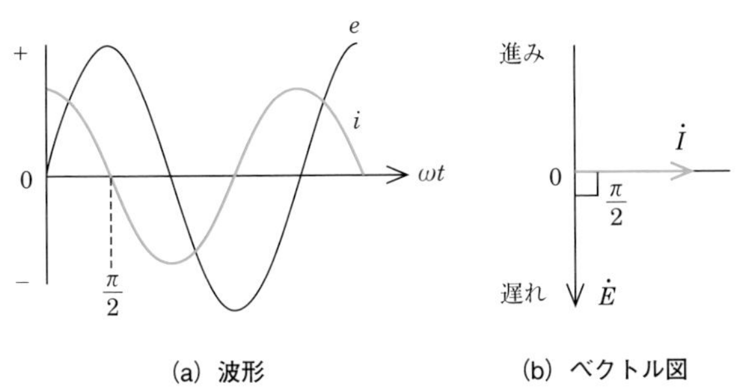

図13・4　コンデンサの電圧と電流の位相関係

注意

コイルに流れる電流は、加えられた電圧に比べて位相が90度遅れる。一方、コンデンサに流れる電流は、加えられた電圧に比べて位相が90度進む。

理解度チェック

問1　コイルにより生じるリアクタンスを［（ア）］リアクタンスという。コイルに流れる電流は、加えられた電圧に比べて位相が90度［（イ）］。

①誘導性　②容量性　③進む　④遅れる

問2　コンデンサにより生じるリアクタンスを［（ウ）］リアクタンスという。コンデンサに流れる電流は、加えられた電圧に比べて位相が90度［（エ）］。

①誘導性　②容量性　③進む　④遅れる

答（ア）①（イ）④（ウ）②（エ）③

14 *RLC* 直列回路

1 インピーダンス

交流回路において、インダクタンスLまたは静電容量Cにかかる電圧と流れる電流との比をリアクタンスX〔Ω〕という。また、リアクタンスXと抵抗Rが組み合わされた回路において交流電流の流れにくさを表すものをインピーダンスZ〔Ω〕といい、直流回路の抵抗に照応する。

図14・1に示す回路へ交流電圧E〔V〕を加えたとき、電流がI〔A〕流れたとすると、この回路のインピーダンスZ〔Ω〕は、次式で表される。

$$Z=\frac{E}{I}\text{〔Ω〕}$$

この式より、電圧E〔V〕、電流I〔A〕はそれぞれ次のように表される。

$$E=IZ\text{〔V〕、}I=\frac{E}{Z}\text{〔A〕}$$

これを交流回路のオームの法則という。

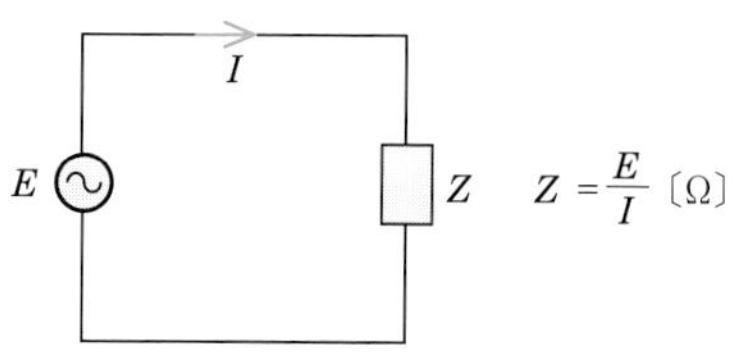

図14・1　インピーダンスZ

補足

交流電圧源の図記号

2 *RL* 直列回路、*RC* 直列回路

●*RL* 直列回路

図14・2の*RL*直列回路のベクトル図は、図14・3(a)のようになる。よって、

$$\dot{E}=\dot{E}_R+\dot{E}_L$$

また、図14・3(a)より、$\dot{E}$の大きさEは、

$$E=|\dot{E}|=\sqrt{E_R^2+E_L^2}\text{〔V〕}$$

となる。$E=I\cdot Z$、$E_R=I\cdot R$、$E_L=I\cdot X_L=I\cdot\omega L$であるから、$Z$、$R$、$X_L$の関係は、図14・3(b)のようになる。これをインピーダンス三角形という。なお、合成インピーダンス$\dot{Z}$の大きさZは、次式のように表される。

$$Z=\sqrt{R^2+X_L^2}$$
$$=\sqrt{R^2+(\omega L)^2}\text{〔Ω〕}$$

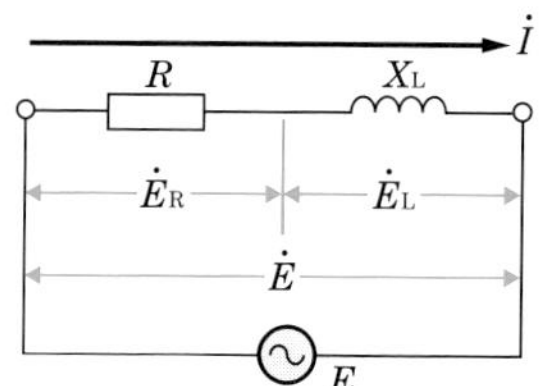

図14・2　*RL*直列回路

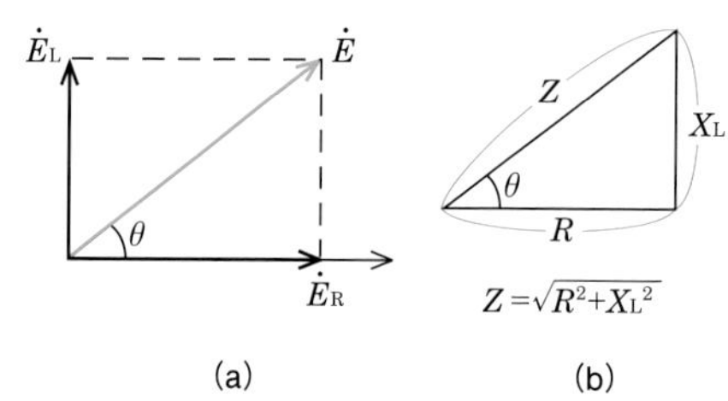

図14・3　*RL*直列回路のインピーダンス

補足

たとえば16オームの抵抗と12オームの誘導性リアクタンスを直列に接続した回路の合成インピーダンスの大きさZは、次のようになる。

$Z=\sqrt{16^2+12^2}$
$=\sqrt{4^2\times(4^2+3^2)}$
$=\sqrt{4^2\times5^2}$
$=4\times5=20$〔Ω〕

※直角三角形の代表的な辺の長さの比である3：4：5や5：12：13を利用すると簡単に$\sqrt{\ }$がはずれる出題が多い。

●*RC* 直列回路

図14・4の*RC*直列回路では、コンデンサの端子電圧$\dot{E}_C$は電流$\dot{I}$より90°遅れるので、ベクトル図は図14・5(a)、インピーダンス三角形は図14・5(b)のようになる。ただし、X_Cは静電容量Cのリアクタンスである。図14・5(b)より、合成インピーダンス$\dot{Z}$の大きさZは、次式で表される。

$$Z=\sqrt{R^2+X_C^2}=\sqrt{R^2+\left(\frac{1}{\omega C}\right)^2}\text{〔Ω〕}$$

補足

5オームの抵抗と容量性リアクタンスを直列に接続した回路の合成インピーダンスを測定したところ、13オームであった。このときの容量性リアクタンスX_Cは、次のようになる。

$13=\sqrt{5^2+X_C^2}$
$13^2=5^2+X_C^2$
$169=25+X_C^2$
$X_C^2=169-25=144$
$X_C=12$〔Ω〕

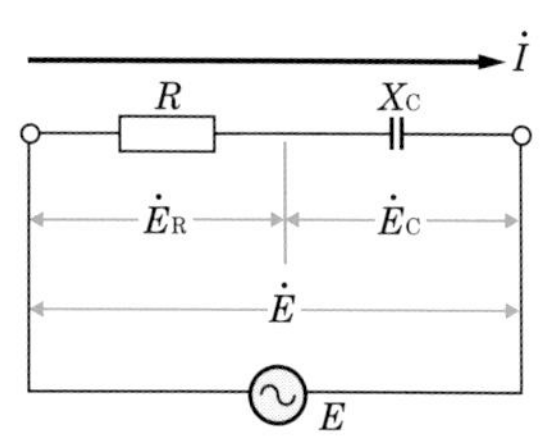

図14・4　*RC*直列回路

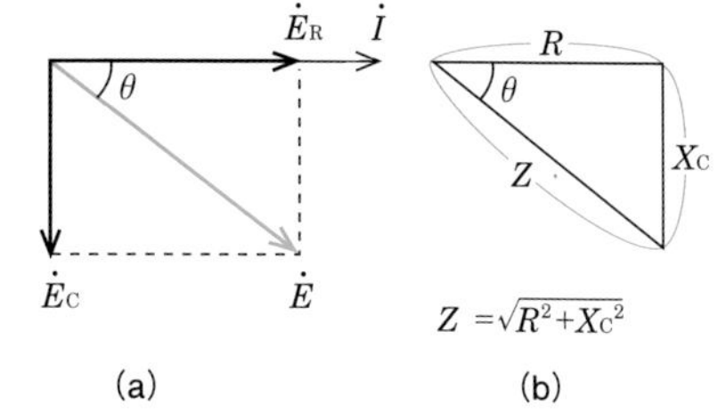

図14・5　*RC*直列回路のインピーダンス

3 *RLC*直列回路

図14・6の*RLC*直列回路に電流$\dot{I}$を流すと$\dot{E}_R$は$\dot{I}$と同相、$\dot{E}_L$は90°進み位相、$\dot{E}_C$は90°遅れ位相であるから、ベクトル図は図14・7(a)のようになる。よって、インピーダンス三角形は図14・7(b)のようになる。なお、この例は$\omega L>\dfrac{1}{\omega C}$のときのものである。$\omega L<\dfrac{1}{\omega C}$の場合は、$Z$のベクトルは水平軸よりも下向きとなる。しかし、どちらの場合でも合成インピーダンス$\dot{Z}$の大きさZは、

$$Z=\sqrt{R^2+X^2}=\sqrt{R^2+(X_L-X_C)^2}=\sqrt{R^2+\left(\omega L-\frac{1}{\omega C}\right)^2}\ 〔\Omega〕$$

となる。

補足

たとえば15オームの抵抗に45オームの誘導性リアクタンスと25オームの容量性リアクタンスを直列に接続した回路の合成インピーダンスの大きさZは、次のようになる。

$$\begin{aligned}Z&=\sqrt{15^2+(45-25)^2}\\&=\sqrt{15^2+20^2}\\&=\sqrt{5^2\times(3^2+4^2)}\\&=5\sqrt{3^2+4^2}\\&=5\sqrt{5^2}=5\times5\\&=25〔\Omega〕\end{aligned}$$

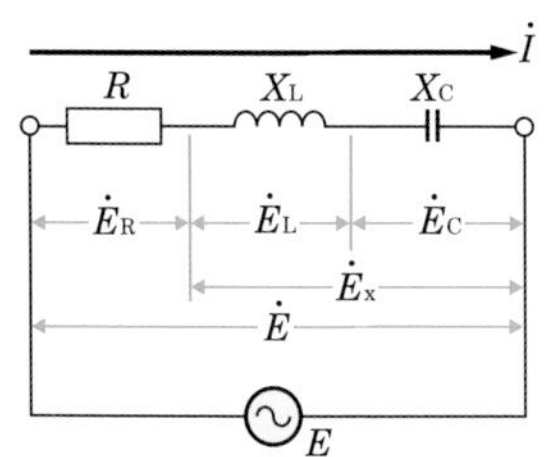

図14・6　*RLC*直列回路

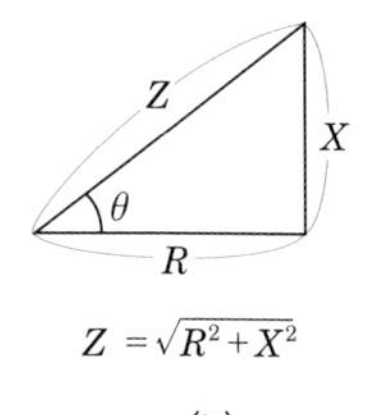

(a)　(b)

図14・7　*RLC*直列回路のインピーダンス

例題

図14・8に示す回路において、端子a－b間の合成インピーダンスが25〔Ω〕のときの、容量性リアクタンスX_Cを求める。

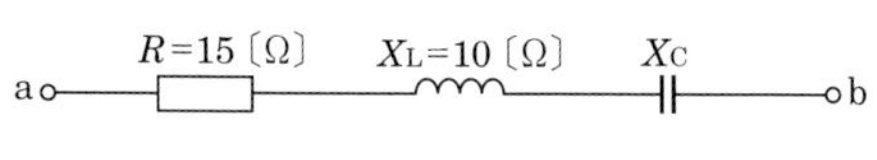

図14・8

図14・8の回路は、$R-L-C$直列回路だから、
端子a－b間の合成インピーダンスZ〔Ω〕は、

$$Z=\sqrt{R^2+(X_L-X_C)^2}$$

で表される。この式に題意より$Z=25$、$R=15$、$X_L=10$を代入すると、

$$25=\sqrt{15^2+(10-X_C)^2}$$
$$25^2=15^2+(10-X_C)^2$$
$$(10-X_C)^2=25^2-15^2$$
$$(10-X_C)^2=5^2\times(5^2-3^2)$$
$$(10-X_C)^2=5^2\times4^2$$
$$|10-X_C|=5\times4=20$$

ここで、$X_C\geqq0$だから、$X_C=30$〔Ω〕となる。

補足

$|10-X_C|$のように、| |の記号で数や式を挟んだ場合は、数や式の0からの「距離」を表す値となる。これを絶対値といい、0または正の値をとる。たとえば、0の絶対値$|0|$は0、3の絶対値$|3|$や－3の絶対値$|-3|$は3である。

15 *RLC* 並列回路

1 *RL* 並列回路、*RC* 並列回路

●*RL* 並列回路

図15・1(a)の*RL*並列回路のベクトル図は、図15・1(b)のようになる。よって、

$$\dot{I} = \dot{I}_R + \dot{I}_L$$

$\dot{I}$の大きさIは、

$$I = |\dot{I}| = \sqrt{I_R^2 + I_L^2}\ 〔\mathrm{A}〕$$

となる。また、

$$I = \frac{E}{Z}$$

$$I_R = \frac{E}{R}$$

$$I_L = \frac{E}{X_L}$$

である。

よって、合成インピーダンス$\dot{Z}$の大きさZは次式のように表される。

$$Z = \frac{E}{I} = \frac{1}{\sqrt{\left(\frac{1}{R}\right)^2 + \left(\frac{1}{X_L}\right)^2}}\ 〔\Omega〕$$

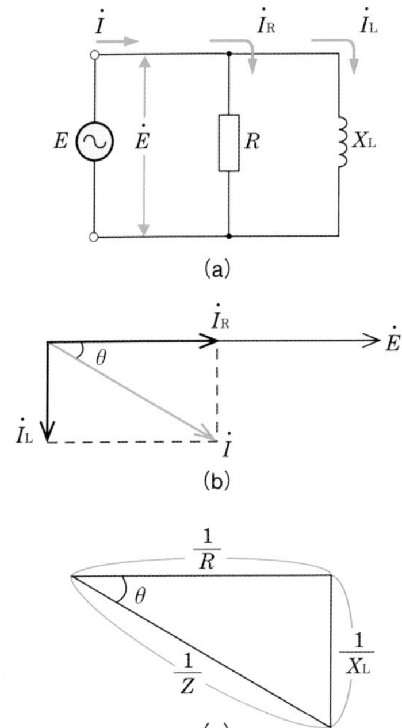

図15・1　*RL* 並列回路

補足

たとえば4オームの抵抗と3オームの誘導性リアクタンスを並列に接続した回路の合成インピーダンスの大きさZは、次のようになる。

$$Z = \frac{1}{\sqrt{\left(\frac{1}{4}\right)^2 + \left(\frac{1}{3}\right)^2}} = \frac{1}{\sqrt{\frac{1}{16} + \frac{1}{9}}} = \frac{1}{\sqrt{\frac{25}{144}}} = \frac{1}{\sqrt{\frac{5^2}{12^2}}} = \frac{1}{\frac{5}{12}} = \frac{12}{5} = 2.4\ 〔\Omega〕$$

●*RC* 並列回路

図15・2(a)の*RC*並列回路のベクトル図は、図15・2(b)のようになる。よって、

$$\dot{I} = \dot{I}_R + \dot{I}_C$$

$\dot{I}$の大きさIは、

$$I = |\dot{I}| = \sqrt{I_R^2 + I_C^2}\ 〔\mathrm{A}〕$$

となる。また、$I_R = \frac{E}{R}$、$I_C = \frac{E}{X_C}$であり、合成インピーダンス$\dot{Z}$の大きさZは次式のように表される。

$$Z = \frac{E}{I} = \frac{1}{\sqrt{\left(\frac{1}{R}\right)^2 + \left(\frac{1}{X_C}\right)^2}}\ 〔\Omega〕$$

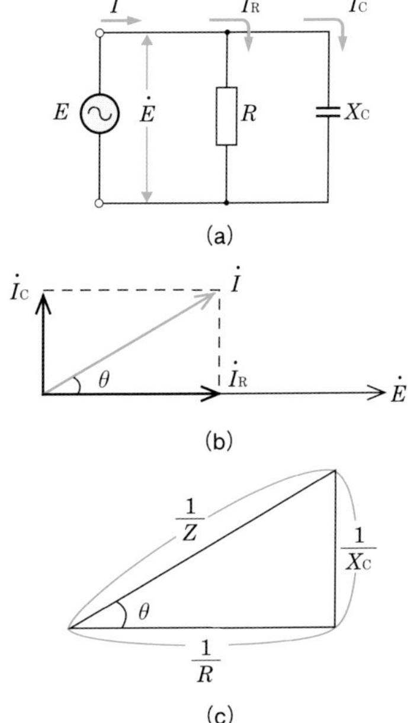

図15・2　*RC* 並列回路

補足

たとえば20オームの抵抗と15オームの容量性リアクタンスを並列に接続した回路の合成インピーダンスの大きさZは、次のようになる。

$$Z = \frac{1}{\sqrt{\left(\frac{1}{20}\right)^2 + \left(\frac{1}{15}\right)^2}} = \frac{1}{\sqrt{\frac{1}{400} + \frac{1}{225}}} = \frac{1}{\sqrt{\frac{25}{3600}}} = \frac{1}{\sqrt{\frac{5^2}{60^2}}} = \frac{1}{\frac{5}{60}} = \frac{60}{5} = 12\ 〔\Omega〕$$

2 *RLC* 並列回路

図15・3(a)の RLC 並列回路に電圧 $\dot{E}$ を加えると R、L、C にそれぞれ $\dot{I}_R$(同相)、$\dot{I}_L$(遅れ位相)、$\dot{I}_C$(進み位相)の電流が流れる。また、そのベクトル図は図15・3(b)のようになる。よって、$\dot{I}_R$、$\dot{I}_L$、$\dot{I}_C$ の合成電流 $\dot{I}$ の大きさ I は、次式のようになる。

$$I = |\dot{I}| = \sqrt{I_R^2 + (I_L - I_C)^2}\,〔A〕$$

$$I_R = \frac{E}{R}$$

$$I_L = \frac{E}{X_L}$$

$$I_C = \frac{E}{X_C}$$

であるから、

$$Z = \frac{E}{I} = \frac{1}{\sqrt{\left(\frac{1}{R}\right)^2 + \left(\frac{1}{X_L} - \frac{1}{X_C}\right)^2}}\,〔\Omega〕$$

となる。

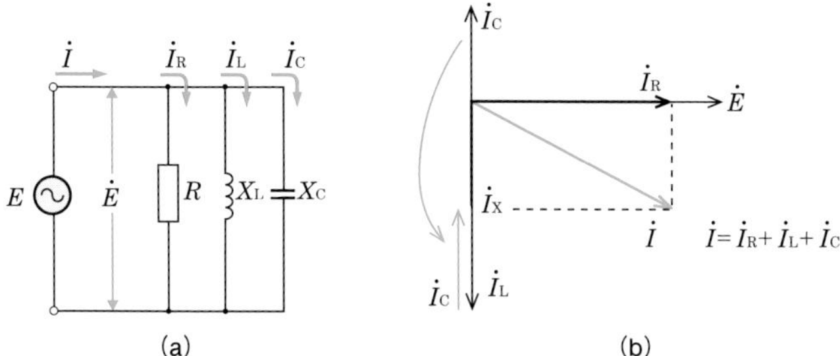

図15・3　*RLC* 並列回路

例題

図15・4に示す回路において、抵抗 R、コイル L、およびコンデンサ C に矢印のような電流が流れているときの全電流 I の値を求める。

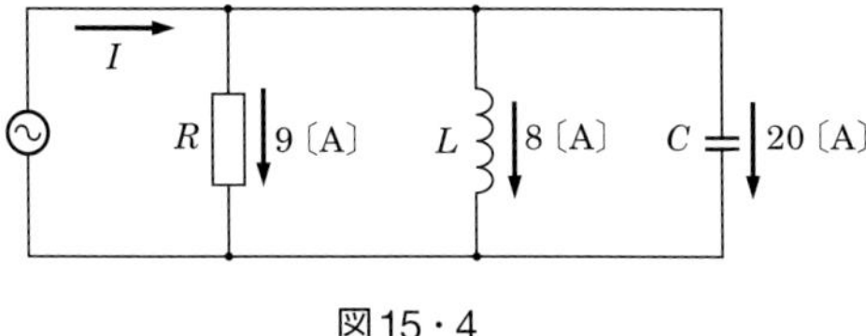

図15・4

抵抗 R を流れる電流 I_R は電源電圧 E と同相、コイル L を流れる電流 I_L は電源電圧 E に対して90°の遅れ位相、コンデンサ C を流れる電流 I_C は電源電圧 E に対して90°の進み位相になるから、それぞれの電流の関係をベクトル図で表すと、図15・3(b)のようになる。

したがって、図15・4の回路を流れる全電流 I は、

$$I = \sqrt{I_R^2 + (I_L - I_C)^2} = \sqrt{9^2 + (8-20)^2} = \sqrt{9^2 + (-12)^2} = \sqrt{9^2 + 12^2} = \sqrt{3^2 \times 3^2 + 3^2 \times 4^2}$$

$$= \sqrt{3^2 \times (3^2 + 4^2)} = \sqrt{3^2 \times 5^2} = 15〔A〕となる。$$

16 共振回路と交流ブリッジ

1 直列共振回路

図16・1のように、抵抗R、インダクタンス(コイル)L、およびコンデンサCを直列に接続した回路の合成インピーダンスZは次式で表される。

$$Z=\sqrt{R^2+(X_L-X_C)^2}$$

$$=\sqrt{R^2+\left(\omega L-\frac{1}{\omega C}\right)^2}\text{〔Ω〕}$$

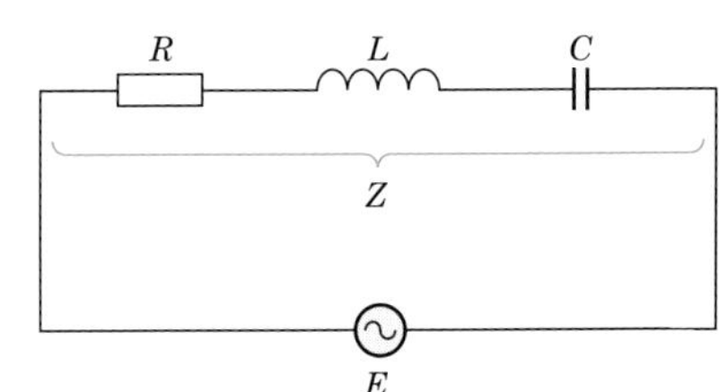

$$Z=\sqrt{R^2+\left(\omega L-\frac{1}{\omega C}\right)^2}$$

図16・1　直列回路のインピーダンス

ここで、電源の角周波数ωを変えたときのZの大きさは図16・2に示すようなカーブを描く。これを直列回路の共振曲線という。ここで、

$$\omega_0 L=\frac{1}{\omega_0 C}\quad\cdots\cdots①$$

の状態となったときの合成インピーダンスをZ_0とすると、

$$Z_0=\sqrt{R^2+0}=R\text{〔Ω〕}$$

となり、インピーダンスは最小のR〔Ω〕となる。また、このときの周波数f_0を共振周波数という。共振周波数f_0は式①を変形して、$\omega_0=2\pi f_0$より、

$$f_0=\frac{1}{2\pi\sqrt{LC}}\text{〔Hz〕}\quad\cdots\cdots②$$

となる。

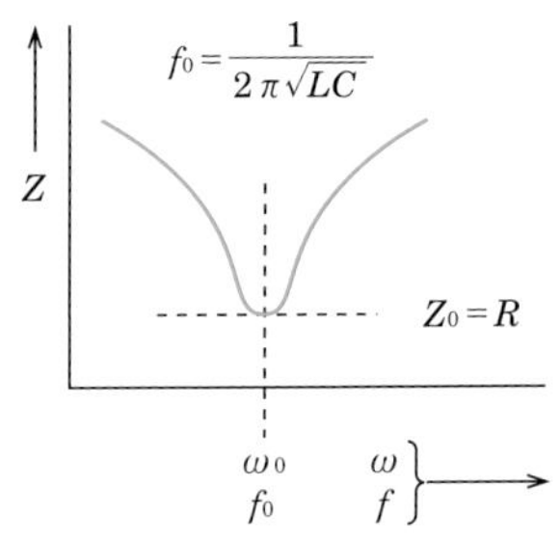

図16・2　直列回路の共振曲線

用語解説

共振
回路に、ある周波数の交流電流が流れたとき、誘導性リアクタンスと容量性リアクタンスが互いに打ち消しあってリアクタンス成分が0になる現象をいう。

注意

$Z=\sqrt{R^2+\left(\omega L-\frac{1}{\omega C}\right)^2}$の式において回路が共振する条件は、

$$\omega_0 L=\frac{1}{\omega_0 C}$$

である。
このときのω_0〔rad/s〕を共振角周波数という。ω_0と共振周波数f_0〔Hz〕との間には$\omega_0=2\pi f_0$の関係があるので、回路が共振する条件式を

$$2\pi f_0 L=\frac{1}{2\pi f_0 C}$$

と書くこともある。

2 並列共振回路

図16・3に示す抵抗R、インダクタンスL、およびコンデンサCの並列接続回路のアドミッタンスY(インピーダンスZの逆数)は次式で表される。

$$Y=\frac{1}{Z}=\sqrt{\left(\frac{1}{R}\right)^2+\left(\frac{1}{X_L}-\frac{1}{X_C}\right)^2}$$

$$=\sqrt{\left(\frac{1}{R}\right)^2+\left(\frac{1}{\omega L}-\omega C\right)^2}\text{〔S〕}\quad\cdots\cdots③$$

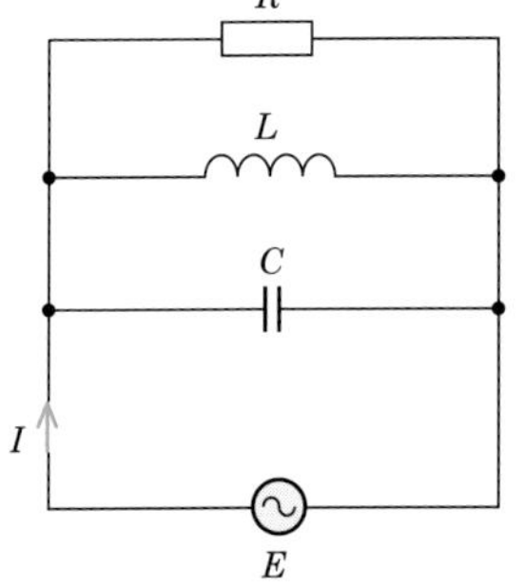

$$Y=\frac{1}{Z}=\sqrt{\left(\frac{1}{R}\right)^2+\left(\frac{1}{\omega L}-\omega C\right)^2}$$

図16・3　並列回路のアドミッタンス

ここで、角周波数ωを変えたときのYの共振曲線は図16・4(a)のようになり、また、Zの共振曲線は図16・4(b)のようになる。

式③において、

$$\frac{1}{\omega_0 L}=\omega_0 C$$

の状態となったときYが最小(インピーダンス

注意

左の式において回路が共振する条件は、

$$\frac{1}{\omega_0 L}=\omega_0 C$$

である。

Zは最大)となり、次式で示される。

$$Y_0 = \frac{1}{R} \text{〔S〕}$$

なお、共振周波数f_0は式②から、

$$f_0 = \frac{1}{2\pi\sqrt{LC}} \text{〔Hz〕}$$

となる。

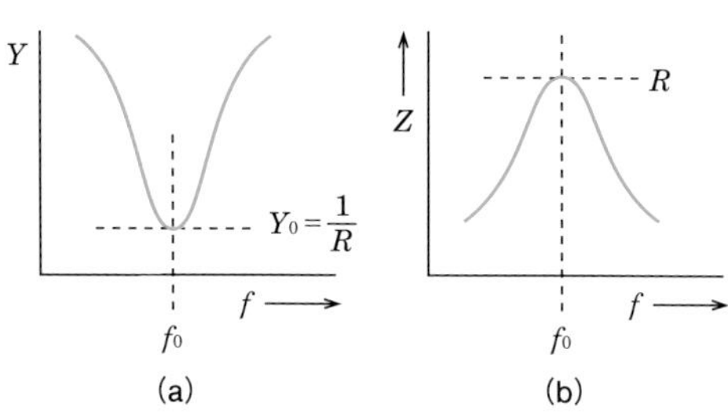

図16・4　並列回路の共振曲線

3 交流ブリッジ

図16・5に示す交流ブリッジにおいて検流計Dに流れる電流が0(ゼロ)となるとき、ブリッジが平衡したという。ブリッジの平衡条件は次の比例式で与えられる。

$$\dot{Z}_1 : \dot{Z}_2 = \dot{Z}_3 : \dot{Z}_4$$

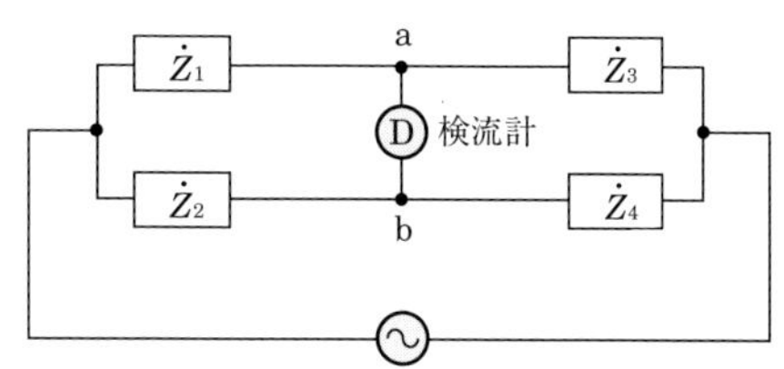

図16・5　交流ブリッジ

なお、図16・6のように抵抗とリアクタンスを含む回路では、抵抗とリアクタンスがそれぞれ別々に平衡することが必要で、次の比例式が平衡条件式となる。

$$R_1 : R_2 = R_3 : R_4$$
$$= \omega L_1 : \omega L_2$$
$$= L_1 : L_2$$

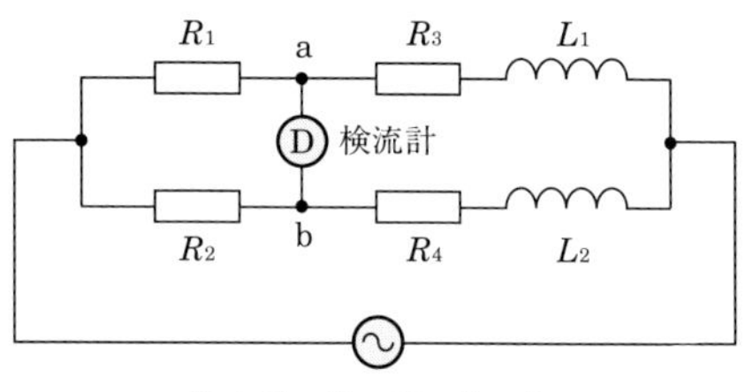

図16・6　平衡条件

理解度チェック

問1　抵抗RとインダクタンスLおよびコンデンサCを直列に接続した回路の共振周波数fは、$f =$ (ア) の式で表される。

① $\dfrac{R}{2\pi\sqrt{LC}}$　② $\dfrac{1}{2\pi\sqrt{LC}}$　③ $\dfrac{R}{2\pi LC}$

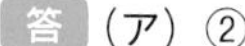
答 (ア) ②

演習問題

問1

図－1に示す回路において、端子a－b間の電圧は、 (ア) ボルトである。ただし、電池の内部抵抗は無視するものとする。

[① 12　② 14　③ 15　④ 16　⑤ 18]

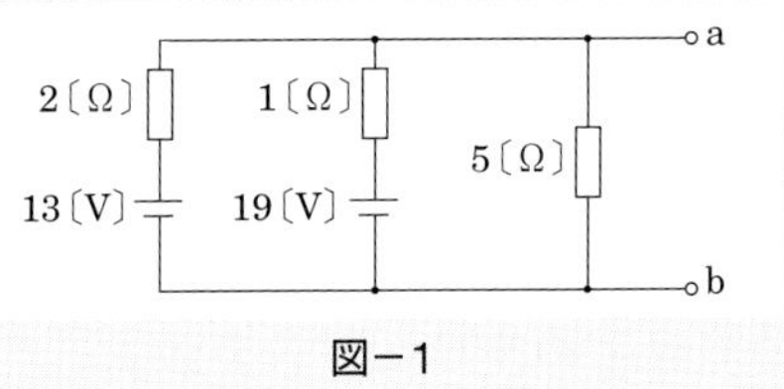

図－1

解説

設問の図－1において、電流I_1〔A〕、I_2〔A〕を仮定し、回路内を図－2のように流れているとすると、キルヒホッフの法則より次の連立方程式が成り立つ。

$I = I_1 + I_2$　…………ⓐ

$E_1 = R_1 I_1 + R_3 I$　……ⓑ

$E_2 = R_2 I_2 + R_3 I$　……ⓒ

ここで、設問文より$E_1 = 13$〔V〕、$E_2 = 19$〔V〕、$R_1 = 2$〔Ω〕、$R_2 = 1$〔Ω〕、$R_3 = 5$〔Ω〕なので、ⓑ、ⓒ式はそれぞれⓓ、ⓔ式のようになる。

$13 = 2I_1 + 5I$　………ⓓ

$19 = \ \ I_2 + 5I$　………ⓔ

ⓓ＋2×ⓔを計算すると、

$$\begin{array}{rl} & 13 = 2I_1 \quad + 5I \\ +) & 38 = 2I_2 \quad + 10I \\ \hline & 51 = 2(I_1 + I_2) + 15I \end{array}$$

これとⓐ式より、

$51 = 2I + 15I = 17I$

$\therefore\ I = 3$〔A〕

したがって、端子a－b間の電圧V_{ab}〔V〕は、

$V_{ab} = R_3 I = 5 \times 3 = \mathbf{15}$〔V〕

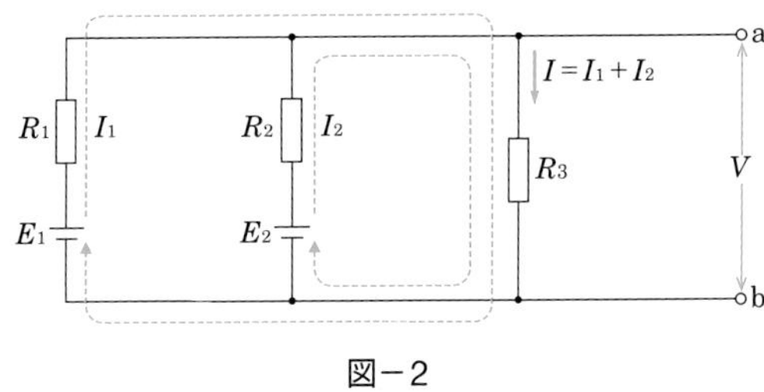

図－2

【答（ア）③】

問2

図－3に示す回路において、端子a－b間の合成インピーダンスが10オームであるとき、容量性リアクタンスX_Cは、 (イ) オームである。

[①10　② 11　③ 12　④ 13　⑤ 14]

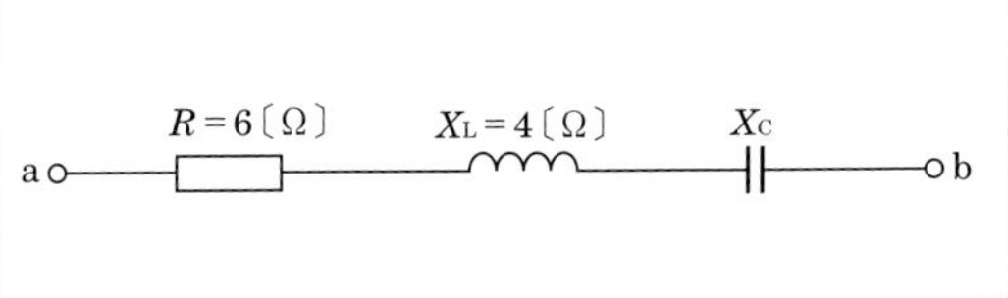

図－3

解説

設問の図－3の回路は$R - L - C$直列回路であり、端子a－b間の合成インピーダンスZ〔Ω〕は、

$Z = \sqrt{R^2 + (X_L - X_C)^2}$〔Ω〕

で表される。この式に$Z = 10$〔Ω〕、$R = 6$〔Ω〕、$X_L = 4$〔Ω〕を代入すると、

$10 = \sqrt{6^2 + (4 - X_C)^2}$

となり、さらに両辺を2乗してX_Cについて整理すると、

$10^2 = 6^2 + (4 - X_C)^2$　　$\therefore\ (4 - X_C)^2 = 10^2 - 6^2 = 100 - 36 = 64 = 8^2$

$\therefore\ |4 - X_C| = 8$

$\therefore\ 4 - X_C = 8$　または　$4 - X_C = -8$　　$\therefore\ X_C = -4$　または　$X_C = 12$

となる。ここで、$X_C \geqq 0$なので、容量性リアクタンスの大きさは、$X_C = \mathbf{12}$〔Ω〕である。

【答（イ）③】

問3

平行板コンデンサにおいて、二つの電極板の面積をそれぞれ4倍、電極板の間隔を2倍にすると、このコンデンサの静電容量は、（ウ）倍となる。ただし、電極板間の誘電体の誘電率は変わらないものとする。

［① $\frac{1}{2}$　② 2　③ 3　④ 4　⑤ 8］

解説

平行板コンデンサの2つの電極板間の静電容量は、電極板の面積に比例し、電極板間の間隔(距離)に反比例する。ここで、電極板の面積をS〔m^2〕、電極板の間隔をd〔m〕、電極板間の誘電体の誘電率をε〔F／m〕とすると、コンデンサの静電容量C〔F〕は次の式で表される。

$$C = \varepsilon \cdot \frac{S}{d}〔F〕$$

したがって、電極板の面積を4倍にし、間隔を2倍にしたときの静電容量C'〔F〕は、

$$C' = \varepsilon \cdot \frac{4S}{2d} = \frac{4}{2} \cdot \varepsilon \cdot \frac{S}{d} = 2 \cdot \varepsilon \cdot \frac{S}{d} = 2C〔F〕$$

となる。よって、静電容量は**2**倍になる。

【答（ウ）②】

問4

直流電流Iアンペアが流れる直線導体から半径rメートルの円周上の点において、その電流によって生ずる磁界の強さHは、（エ）アンペア／メートルである。

［① $\frac{I}{\pi r}$　② $\frac{I}{2\pi r}$　③ $\frac{rI}{2\pi}$　④ $\frac{2\pi I}{r}$　⑤ $\frac{I}{r}$］

解説

直線状の導体に電流を流すと、その周りに磁界ができる。磁界は、電流に垂直な平面内では電流を中心とする同心円状にでき、ある点における磁界の方向は、その点を通る円周の接線方向となる。いま、I〔A〕の直流電流が流れているとすると、その電流からr〔m〕離れた点における磁界の大きさH〔A／m〕は次のように表される。

$$H = \frac{\boldsymbol{I}}{\boldsymbol{2\pi r}}〔A／m〕$$

【答（エ）②】

問5

正弦波交流回路において、有効電力をPワット、無効電力をQバールとするとき、皮相電力は、（オ）ボルトアンペアである。

［① $P+Q$　② $(\sqrt{P}+\sqrt{Q})^2$　③ $\sqrt{P^2+Q^2}$　④ $P-Q$　⑤ $(\sqrt{P}-\sqrt{Q})^2$］

解説

交流回路において、交流電圧をE、交流電流をI、EとIの位相差をθとすると、有効電力P、無効電力Q、皮相電力Sは、図－4のような関係になる。

有効電力$P = E \cdot I\cos\theta$〔W〕
無効電力$Q = E \cdot I\sin\theta$〔var〕
皮相電力$S = E \cdot I$〔V・A〕

よって、三平方の定理から、

$$S^2 = P^2 + Q^2 \qquad \therefore \quad S = \sqrt{\boldsymbol{P^2+Q^2}}〔V・A〕$$

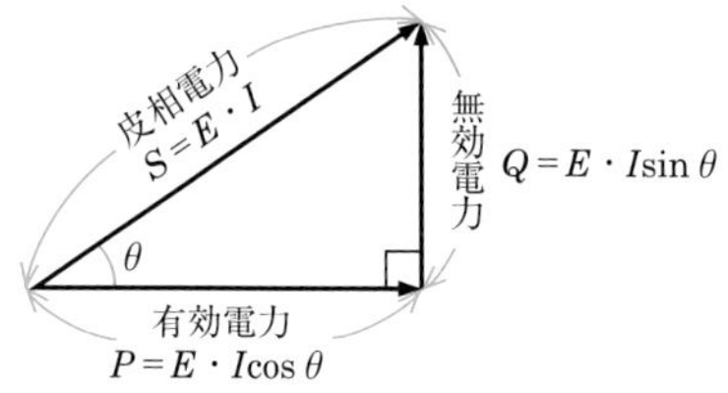

図－4　各電力の関係

【答（オ）③】

第2章 電子回路

電話機や各種端末装置では、半導体集積回路(IC：Integrated Circuit)や各種制御回路が使用されている。本章では、これら電子回路を構成している基本的な素子について、その構造や動作原理を解説する。

1 半導体の基礎

1 半導体とは

物質には、金属や電解液のように電気を通しやすい物質と、ゴムやガラスのように電気をほとんど通さない物質がある。電気を通しやすい物質を**導体**、通しにくい物質を**絶縁体**という。ゲルマニウム(Ge)やシリコン(Si)は**半導体**と呼ばれる物質で、抵抗率でみると導体と絶縁体の中間に位置する。

補足
半導体にごく微量の不純物を混入させ、熱や光などの外部からのエネルギーを与えると抵抗率が大きく変化する。この性質を利用して、半導体はダイオードをはじめとした電子部品の材料として使われている。

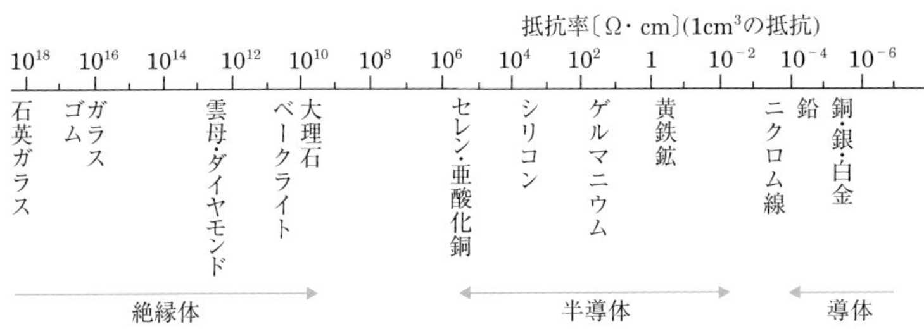

図1・1 物質の抵抗率

半導体は、次のような性質を持つ。

●負の温度係数

金属は一般に、温度が上昇すると抵抗値も増加する(正の温度係数)。これに対し半導体は、温度が上昇すると抵抗値が減少する(負の温度係数)。この性質を利用したものに**サーミスタ**がある。サーミスタはわずかな温度変化で抵抗値が著しく変化する(温度係数の絶対値が大きい)ため、温度センサや電子回路の温度補償用として使われている。

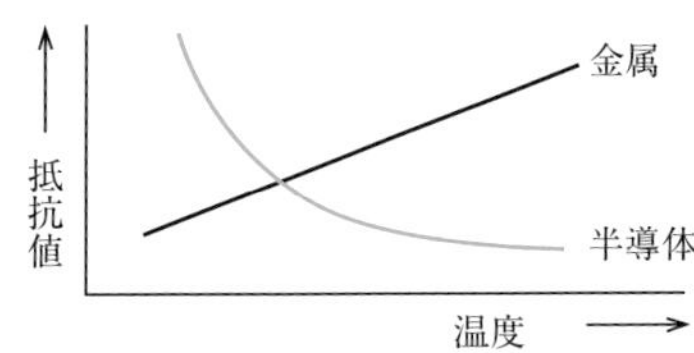

図1・2 負の温度特性

●整流効果

異種の半導体を接合すると、電圧をかける方向によって電流が流れたり流れなかったりする。これを整流効果といい、交流を直流に変換する整流器に利用されている。

●光電効果

半導体には、光の変化に反応して抵抗値が変化する性質がある。これを応用したものに、ホトダイオードなどの受光素子がある。

●熱電効果

異種の半導体を接合し、その接合面の温度を変化させると、電流が発生する。

2 価電子と共有結合

原子の構造は、中心部の原子核と原子核を周回する電子から形成されている。電子は原子核のまわりをさまざまな軌道で周回しているが、このうち最も外側の軌道を周回する電子を価電子といい、この価電子が原子間の結合に関与している。

真性半導体は、4個の価電子を持った原子(これを4価の原子という)、たとえばゲルマニウム(Ge)やシリコン(Si)などの単結晶である。真性半導体では、隣接する4つの原子が互いに1個ずつ電子を出し合って共有する、いわゆる共有結合をしているが、この状態では、自由に動き回る自由電子がないため絶縁体となる。

ここで、真性半導体の温度を上げると原子が振動し、一部の電子が共有結合から離れて動き回るようになる。このため、真性半導体は低い温度では絶縁体であるが、温度が高くなると電流が流れるようになる。

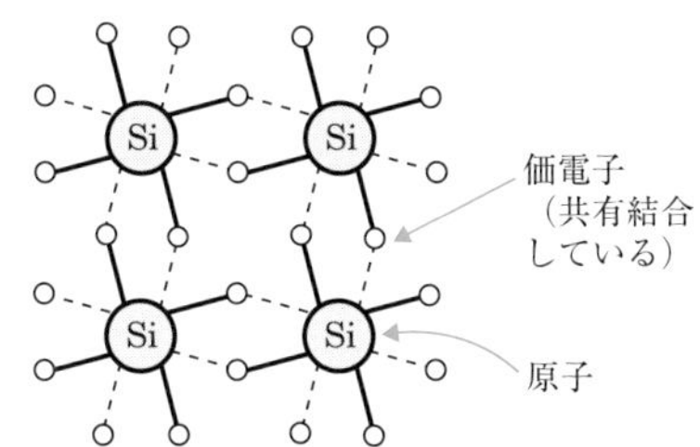

最も外側の軌道を周回する電子を価電子といい、
隣接する原子どうしで共有結合されている。

図1・3　価電子と共有結合

3 半導体の種類

●n形半導体

4価の原子の純粋な結晶である真性半導体に、不純物原子として5価の原子、たとえばリン(P)をわずかに加えると、不純物原子は4価の原子の中で共有結合を行うようになる。しかし、不純物原子は5個の価電子を有するので4価の原子と共有結合すると価電子が1つ余る。この余った価電子が自由に動き回る自由電子となり電気伝導の担い手(キャリア)となる。

このように不純物の混入により自由電子が多数存在する半導体を、n(Negative)形半導体という。

補足

原子核のまわりを回っている電子はエネルギーを持ち、各電子のエネルギー状態は原子の種類によって固有のものになるが、このエネルギー状態のとり方をエネルギー準位という。電子が周回する軌道(殻)はこのエネルギー準位で決まり、殻と殻の間は電子が存在できない。そして、原子どうしが接近すると、電子は他の原子の原子核の影響をも受けるため、エネルギー準位は幅を持つようになり、エネルギー帯(エネルギーバンド)となる。
エネルギー帯には、電子が入ることのできる許容帯と、許容帯間にあり電子が存在できない禁制帯(エネルギーギャップ)との2種類の領域がある。
許容帯はさらに、電子が詰まっていて自由に動くことのできない充満帯と、電子が動くことができる伝導帯に分類される。充満帯のうち、最もエネルギーの高い最外殻の充満帯を価電子帯といい、この領域は、価電子といわれる原子の化学的性質を決定する電子で満たされている。
通常の半導体は結晶として存在しており、半導体結晶に光や熱などのエネルギーを与えてやると、価電子が価電子帯から禁制帯を飛び越えて伝導帯に移動し、電気伝導に寄与するようになる。

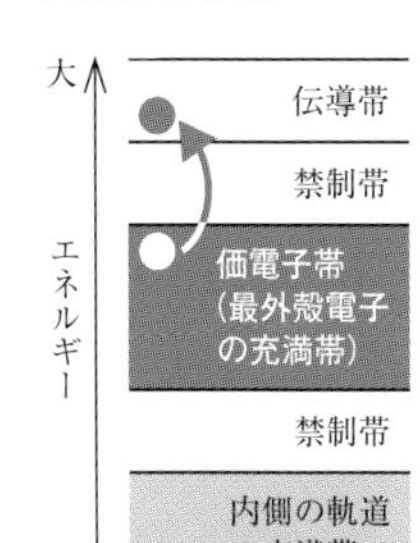

● p形半導体

真性半導体中に不純物原子として3価の原子、たとえばインジウム(In)をわずかに加えると、共有結合するために価電子が1つ不足し正孔(せいこう)(ホール)が生じる。正孔は電子がない穴であるため、電気的には正電荷を持つ粒とみなすことができ、正孔も自由電子と同様に電気伝導の担い手(キャリア)となる。

このように不純物の混入により正孔が多数存在する半導体を、p(Positive)形半導体という。

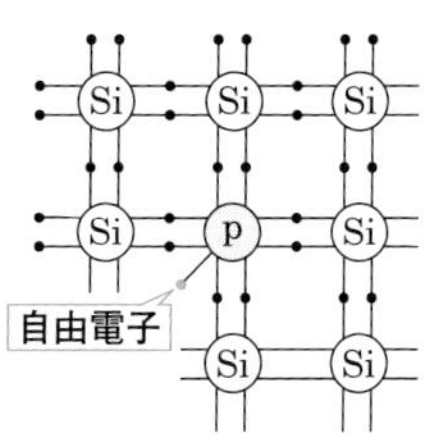

図1・4　n形半導体

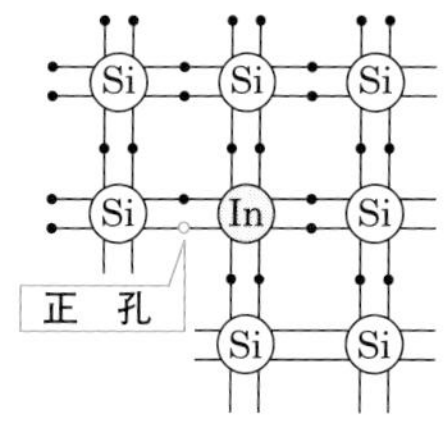

図1・5　p形半導体

4 多数キャリアと少数キャリア

電荷を持っていて、それが移動することにより電流を流す働きをするものをキャリアという。半導体中にもともと多数存在しているキャリアを多数キャリアといい、わずかながら存在するキャリアを少数キャリアという。

n形半導体の多数キャリアは自由電子、少数キャリアは正孔である。一方、p形半導体の多数キャリアは正孔、少数キャリアは自由電子である。

n形半導体の不純物を、「価電子の提供者」という意味でドナー(donor)といい、真性半導体にこれを加えると自由電子が生じる。また、p形半導体の不純物を、「価電子を受け取る者」という意味でアクセプタ(acceptor)といい、真性半導体にこれを加えると正孔が生じる。

表1・1　多数キャリアと少数キャリア

	n形半導体	p形半導体
混入する不純物	リン(P)、ひ素(As)、アンチモン(Sb)	ホウ素(B)、ガリウム(Ga)、インジウム(In)
不純物の原子価	5価	3価
多数キャリア(電気伝導の担い手)	自由電子	正孔
少数キャリア	正孔	自由電子

補足

半導体中のキャリア(自由電子または正孔)に濃度差があると、キャリアは均一の濃度になろうとして濃度の高い方から濃度の低い方に移動する。この現象を「拡散」という。また、半導体に電界を加えたとき、キャリア(正孔または自由電子)が電界の力を受けて移動する現象があり、これを「ドリフト」という。

p形半導体の多数キャリアである正孔を形成する不純物は「アクセプタ」、また、n形半導体の多数キャリアである自由電子を形成する不純物は「ドナー」とそれぞれ呼ばれている。

理解度チェック

問1　p形半導体の多数キャリアは、［(ア)］である。
　① イオン　② 正孔　③ 自由電子

問2　半導体では温度が上昇したとき、一般に、その電気抵抗は［(イ)］。
　① 増大する　② 変化しない　③ 減少する

答 (ア) ② (イ) ③

2 ダイオード

1 pn接合の整流作用

p形の半導体結晶とn形の半導体結晶を接合(せつごう)させることを**pn接合**といい、pn接合によってできた半導体をpn接合半導体という。p形半導体とn形半導体を接合させると、その接合面付近では、拡散現象により、p形半導体内のキャリア(主に正孔)はn形半導体に移動し、n形半導体内のキャリア(主に自由電子)はp形半導体に移動する。そして、拡散したそれぞれのキャリアが移動先にあるキャリアと結合して消滅し、**空乏層**(くうぼう)といわれる正孔も自由電子も存在しない領域が生じる。この結果、空乏層内において、p形半導体内の接合面付近に負の電荷が、n形半導体内の接合面付近に正の電荷が現れる。これにより、p形半導体とn形半導体の接合面付近には、キャリアの移動を妨げる電界がn形半導体からp形半導体の方向に生じる。

このpn接合半導体の両端に電極を取り付け、電極間に電圧を加えたとき、電圧の極性によって電流が流れる場合と流れない場合がある。このような性質を**整流作用**という。電極間に加える電圧の極性には、順方向と逆方向がある。

●順方向電圧

p形半導体側がプラス、n形半導体側がマイナスになるように電圧を印加した場合、n形半導体内にある自由電子はp形半導体に接続されたプラス電極に、また、p形半導体内にある正孔はn形半導体に接続されたマイナス電極に引き寄せられ、互いに接合面を越えて相手領域に入り、混ざり合う方向に移動する。この結果、空乏層の幅は狭くなり、全体としてはプラス電極からマイナス電極に向かう電流が流れる。この方向の電圧を**順方向電圧**という。

●逆方向電圧

p形半導体側がマイナス、n形半導体側がプラスになるように電圧を印加した場合、p形半導体内にある正孔はp形半導体に接続されたマイナス電極に引き寄せられ、また、n形半導体内にある自由電子はn形半導体に接続されたプラス電極に引き寄せられる。この結果、空乏層の幅が広がり、電流が流れない状態になる。この方向の電圧を**逆方向電圧**という。

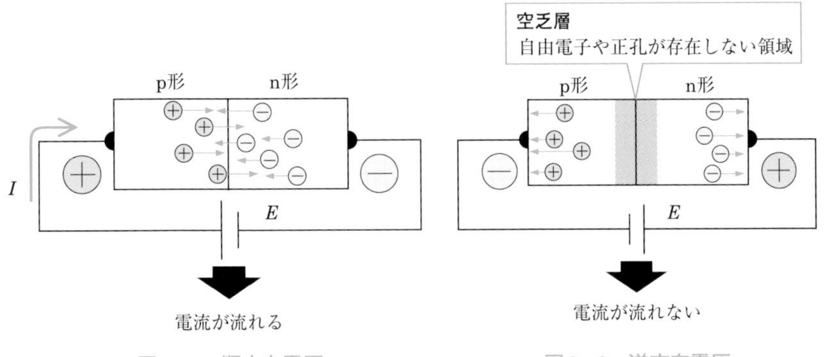

図2・1　順方向電圧　　図2・2　逆方向電圧

用語解説

接合
直接触れ合ってつなぎ合わされた状態のこと。

補足

pn接合の半導体に順方向の電圧を加えると、n側の自由電子およびp側の正孔は、それぞれp側、n側に注入され、少数キャリアとして結晶内を拡散する。そして、拡散したそれぞれのキャリアは、最終的には移動先の多数キャリアと再結合する。

2 pn接合ダイオード

1組のpn接合に電極を接続した素子で整流特性を持つものをpn接合ダイオード（pnダイオード）という。ダイオードとは2つの電極を持つ電子デバイスをいうが、今日、単にダイオードといえば、このpn接合ダイオードのことを指している。pn接合ダイオードでは、p形半導体に接続された電極を**アノード**(A)といい、n形半導体に接続された電極を**カソード**(K)という。電流は順方向の電圧（**順方向バイアス電圧**）をかけたときのみアノードからカソードに向かって流れ、逆方向の電圧（**逆方向バイアス電圧**）をかけたときは電流は流れない。すなわち、pn接合ダイオードは、順方向電圧に対しては抵抗値が低く、逆方向電圧に対しては抵抗値が高くなる。

このような整流作用を利用して、pn接合ダイオードは、**電源整流回路**（交流－直流変換）などに用いられている。また、電流が流れる方向をスイッチのオン（導通）、流れない方向をスイッチのオフ（遮断）とした**スイッチング素子**としても利用される。

pn接合ダイオードの半導体材料には、シリコン(Si)やゲルマニウム(Ge)などがあるが、一般には**シリコン**が用いられる。シリコンダイオードは他のpn接合型ダイオードと比較して高耐圧が容易に得られ、逆方向の漏れが小さく、許容温度が高いなどの特徴を有している。

ダイオードは加える電圧の大きさにより、順方向電流（抵抗）が変化する特性を持つ。これを「順方向特性」という。

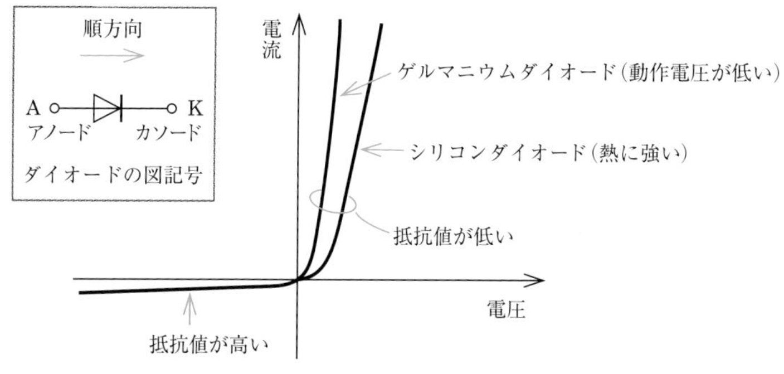

図2・3　シリコンダイオードとゲルマニウムダイオードの比較

3 ダイオードの種類

●定電圧ダイオード

定電圧ダイオードは、**ツェナーダイオード**ともいわれ、広い電流範囲でダイオードに加わる電圧を一定に保持する半導体素子である。

定電圧ダイオードの電圧－電流特性は、順方向バイアス電圧を加えた場合には、一般のダイオードと同様に順方向電流が流れる。

一方、pn接合に逆方向電圧を加え、その電圧を徐々に高くしていくと、ある大きさの電圧までは流れる電流は極めて小さいが、電圧が一定以上になると電流値が急激に大きくなる。そして、その後は端子電圧が一定に保たれる。この現象を**降伏現象**といい、電流が急激に増加する境界となる電圧（図2・4中の

補足

ダイオードには、これらの他、光ファイバ通信で用いられる発光ダイオードやホトダイオードなどさまざまな種類がある。

定電圧ダイオードは、逆方向電圧がある一定値を超えると逆方向電流が急激に増大する降伏現象を示す素子であり、「ツェナーダイオード」ともいわれる。

V_Z)をツェナー降伏電圧という。ツェナーダイオードは、この降伏現象により、定電圧回路に使用されている。

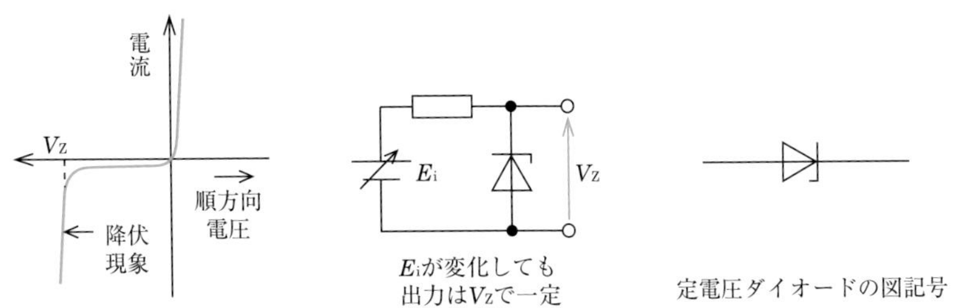

図2・4　定電圧ダイオード

●可変容量ダイオード

可変容量ダイオードは、コンデンサの働きをするダイオードで、pn接合に加える逆方向電圧を制御することにより、静電容量を変化させることができる。

空乏層の幅は、pn接合に加える逆方向電圧により変化し、逆方向電圧が大きくなると広くなる。可変容量ダイオードが空乏層を利用すると、逆方向電圧によって静電容量を変化させるコンデンサになる。

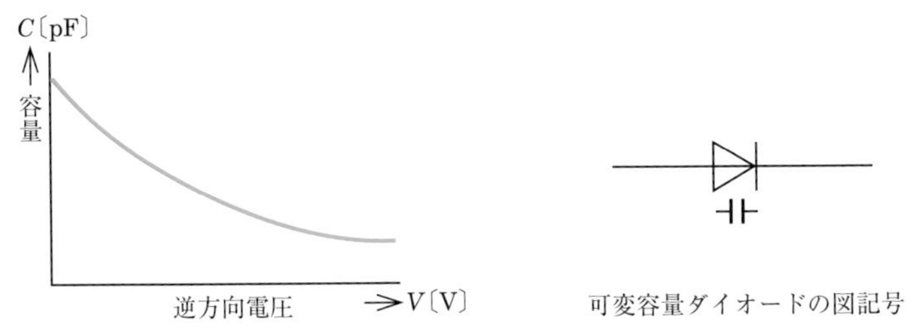

図2・5　可変容量ダイオード

理解度チェック

問1　ダイオードが主体となっている回路は、（ア）である。
① 増幅回路　② 電源整流回路　③ 発振回路

問2　pn接合は、整流作用を有し、（イ）半導体側に負の電圧を加えたときに電流が流れ、その逆の電圧を加えたときは、電流は流れにくい。
① n形　② p形　③ 真性

問3　pn接合の接合面付近には、電子などのキャリアが存在しない（ウ）層といわれる領域がある。
① 空乏　② 絶縁　③ 伝導

問4　定電圧ダイオードは、（エ）に加えた電圧がある値を超えると急激に電流が増加する降伏現象を生じ、広い電流範囲で電圧を一定に保つ特性を有する。
① 順方向　② 逆方向

問5　可変容量ダイオードは、（オ）電圧の大きさにより、静電容量が変化する。
① 順方向に加える　② 逆方向に加える

答 (ア) ② (イ) ① (ウ) ① (エ) ② (オ) ②

3 ダイオード回路

1 整流回路

整流回路は交流信号を直流信号に変換する回路である。ダイオードを用いた整流回路には図3・1の**半波整流回路**(はんぱ)と図3・2の**全波整流回路**(ぜんぱ)がある。半波整流回路は、入力波形のうち、正または負のいずれか片方の側をカットする。これに対し全波整流回路は、負側の波形を反転させることにより入力波形すべてを正の波形にして出力するものである。

なお、図3・2のようにダイオードを4個使用した全波整流回路を**ブリッジ整流回路**という。

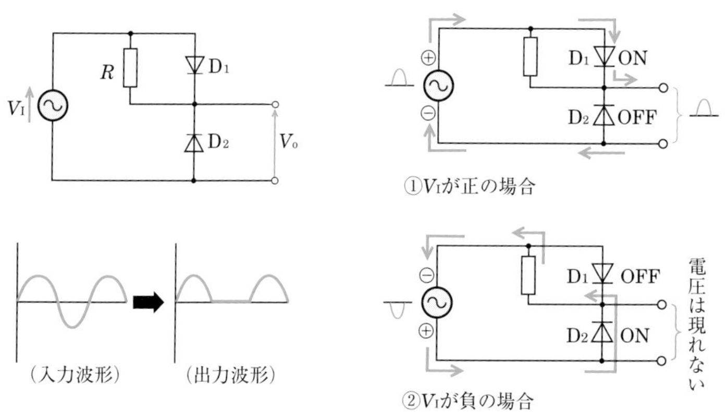

図3・1　半波整流回路

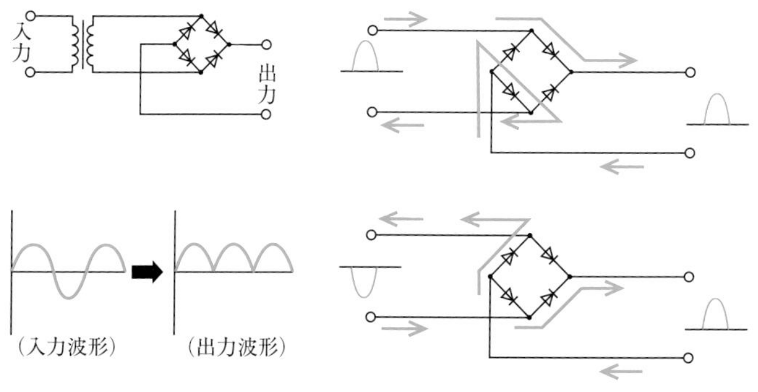

図3・2　全波整流回路

2 波形整形回路

波形整形回路は、入力波形の一部を切り取り、残った部分を出力する回路である。波形整形回路には、波形操作の違いにより**クリッパ**や**スライサ**などの種類がある。

●クリッパ

任意の入力波形に対して、ある特定の基準電圧以上または以下の部分を取り出したり、取り除いたりする波形整形回路を総称してクリッパという。クリッパには、基準電圧以上を取り出すベースクリッパと基準電圧以下を取り出すピーククリッパがある。

・ベースクリッパ

基準電圧以上を取り出すもので、基準電圧以下の入力波形を切り取る。

表3・1内の図①の直列形ベースクリッパ回路において、入力電圧をV_I、出力電圧をV_Oとすると、V_Iが基準電圧Eより小さい($V_I<E$)ときは、ダイオードのカソード(K)側の電位が高いので、ダイオードはOFF(遮断)になり、V_OにはEの電圧のみが出力される(図②)。

反対にV_Iが基準電圧Eより大きい($V_I>E$)ときは、ダイオードのアノード(A)側の電位が高いので、ダイオードはON(導通)となり、V_OにはV_Iの電圧が出力される(図②)。

・ピーククリッパ(リミッタ)

基準電圧以下を取り出し、基準電圧以上の入力波形を切り取る回路をピーククリッパまたはリミッタという。表3・1内の図③の並列形ピーククリッパ回路において、入力電圧をV_I、出力電圧をV_Oとする。V_Iが基準電圧Eより小さい($V_I<E$)とき、電位はアノード(A)側よりもカソード(K)側の方が高いので、ダイオードはOFFとなり、入力波形はそのまま出力される(図④)。

反対にV_Iが基準電圧Eより大きい($V_I>E$)ときは、カソード(K)側の電位はEと同じなのでアノード(A)側の方が電位が高くなり、ダイオードはONとなる。このとき出力端子V_Oには、入力波形に関係なく電圧Eが出力される(図④)。

表3・1　クリッパ

<table>
<tr><th rowspan="2"></th><th colspan="2">回路構成</th><th rowspan="2">出力波形
(正弦波交流が入力の場合)</th></tr>
<tr><th>並列形</th><th>直列形</th></tr>
<tr><td rowspan="2">ベースクリッパ</td><td>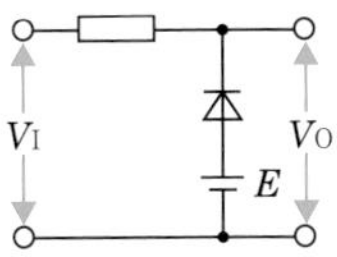</td><td>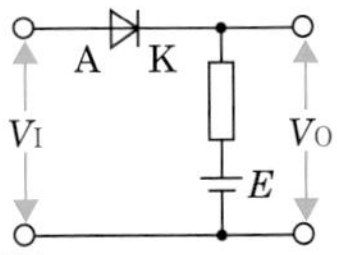図①</td><td>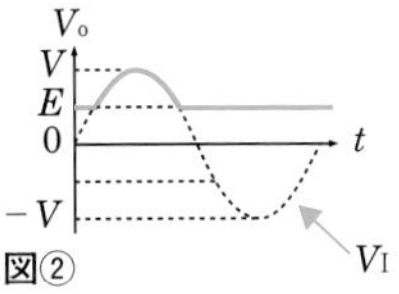図②</td></tr>
<tr><td>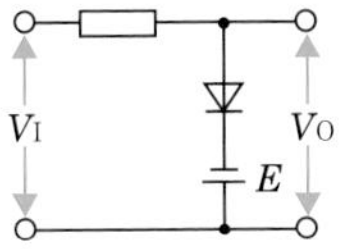</td><td>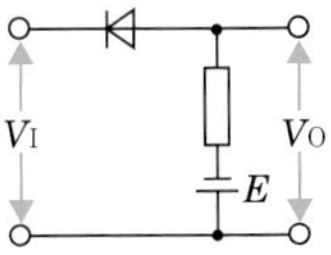</td><td>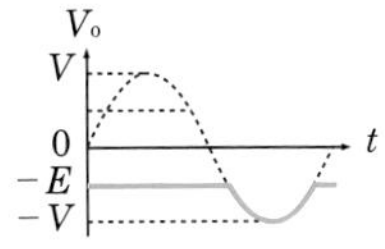</td></tr>
<tr><td rowspan="2">ピーククリッパ</td><td>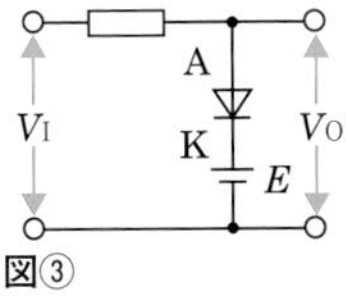図③</td><td>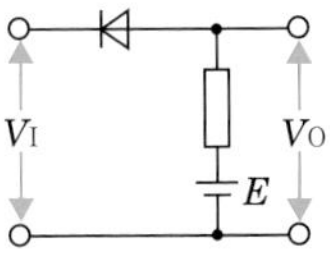</td><td>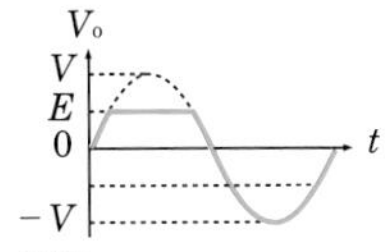図④</td></tr>
<tr><td>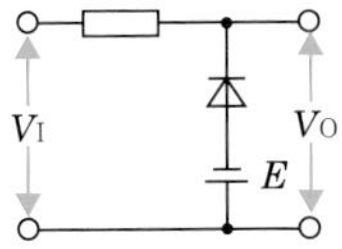</td><td>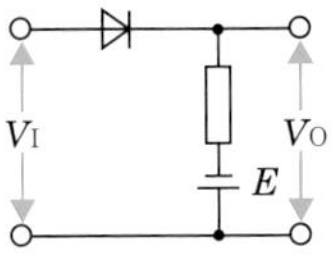</td><td>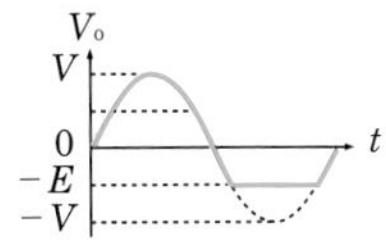</td></tr>
</table>

●スライサ

入力信号波形から、上の基準電圧以上と下の基準電圧以下を切り取り、中央部(上下の基準電圧の間に入る部分)の信号波形だけを取り出す回路を**スライサ**という。

図3・3では、ダイオードD_1のアノード(A)の電圧がE_u〔V〕を超えるとダイオードD_1が導通するので、出力V_0はE_u〔V〕で一定となる。また、ダイオードD_2のカソード(K)の電圧が$-E_l$〔V〕を下回ると、ダイオードD_2が導通するので、出力V_0は$-E_l$〔V〕で一定となる。

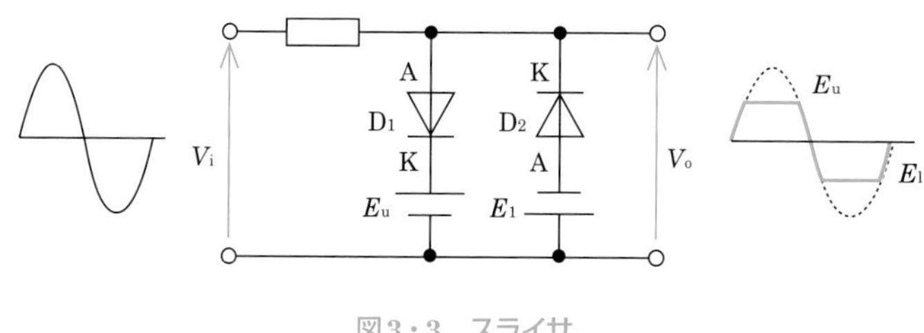

図3・3　スライサ

3 論理回路

論理回路は、ダイオードのスイッチング作用を利用して、AND回路やOR回路として動作させるものである。図3・4はOR回路として動作するものであり、2つの入力端子のV_1またはV_2のどちらか、あるいは両方に電圧が加えられるとダイオードを通して抵抗Rに電流が流れ、出力端子に電圧が発生する。

一方、入力端子の両方が0〔V〕であると抵抗には電流が流れないため、出力端子も0〔V〕となり電圧は発生しない。したがって、「電圧あり」を“1”、「電圧なし」を“0”とすると、この回路は論理回路のOR回路に相当することになる。

一方、図3・5の回路では、両方の入力端子に電圧が加えられたときのみ出力端子に電圧が発生するので、これはAND回路として動作する。

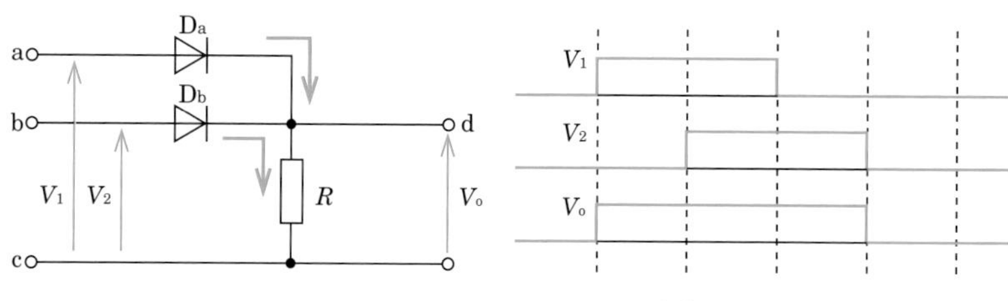

図3・4　論理回路(OR回路)

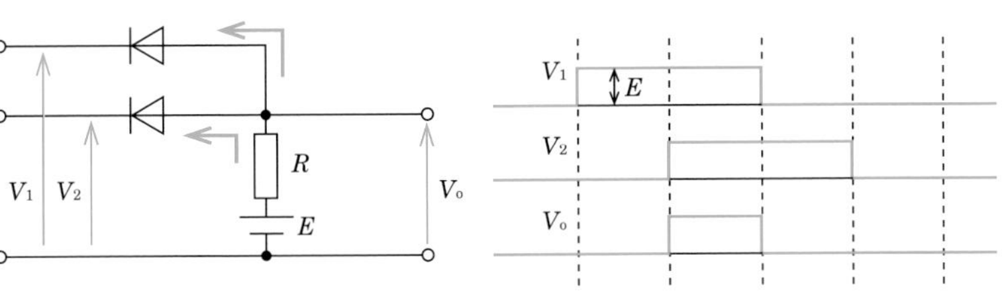

図3・5　論理回路（AND回路）

理解度チェック

問1　（ア）回路は、交流信号を直流信号に変換する回路である。
　① 整流　② 波形整形　③ 論理

問2　ダイオードの動作特性を利用して、入力波形のある設定値以上（または設定値以下）の部分を取り除く機能を持つ回路を（イ）という。
　① 負帰還回路　② クリッパ　③ ゲート回路

答　（ア）①（イ）②

4 トランジスタの動作原理

1 トランジスタの種類

トランジスタの構造は、表4・1のようにp形とn形の半導体を交互に三層に接合したもので、接合の違いにより**pnp形**と**npn形**の2種類がある。

いずれも電極は3つあり、中間層の電極を**ベース**(B：Base)、他の電極をそれぞれ**コレクタ**(C：Collector)、**エミッタ**(E：Emitter)と呼ぶ。

図記号では、エミッタの矢印の方向でpnp形かnpn形かを区別する。矢印の方向は電流が流れる方向を示し、矢印が内側を向いている場合はpnp形、矢印が外側を向いている場合はnpn形となる。

補足
JIS C 5600によれば、トランジスタとは、端子を3つ以上備えた半導体能動素子の一般的な名称であり、transfer resisterを縮めた造語とされている。電子と正孔がともに動作に関与するバイポーラ形と、電子か正孔のいずれか一方だけが動作に関与するユニポーラ形に大別することができる。

表4・1 トランジスタの構造と図記号

pnp形		npn形	
構造	図記号	構造	図記号
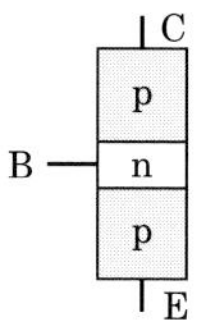 C p B n p E	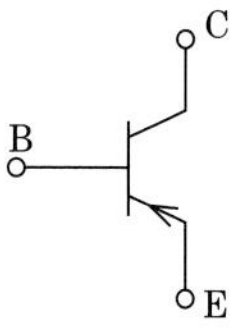 C B E	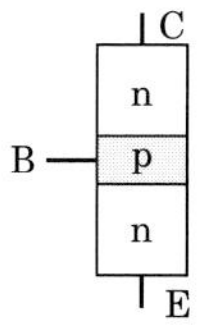 C n B p n E	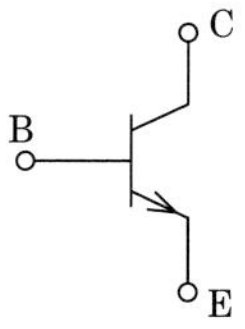 C B E

2 トランジスタの動作原理(npn形トランジスタの場合)

トランジスタの動作原理をnpn形を例にとって説明する。

① まず、エミッタ－ベース間にベース電極(p形半導体)が(＋)、エミッタ電極(n形半導体)が(－)になるように電圧を加える。これはpn接合に対して順方向電圧を加えている状態であるから、エミッタ電流I_Eが流れる。
I_Eを運ぶ多数キャリアは、エミッタからベースに注入される自由電子である。ベースからエミッタに注入される正孔もあるが、ベースに比べエミッタの不純物濃度をはるかに大きくしているため、この分は無視できる。

② 次に、コレクタ電極(n形半導体)が(＋)、ベース電極(p形半導体)が(－)になるように電圧を加える。
今度はpn接合に逆方向電圧を加えた状態になるので、コレクタ－ベース接合面の空乏層が大きくなり電流は流れない。

③ さらに、npn形トランジスタのエミッタ－ベース間に**順方向電圧**を、コレクタ－ベース間に**逆方向電圧**を同時に加える。
エミッタからベースに注入された自由電子はベース領域を拡散していく。そしてこの自由電子の一部は、ベース領域中の正孔と結合して消滅する。
ここで、トランジスタのベース層は数〔μm〕と非常に薄くつくられているため、大部分の自由電子がベース領域を通過してコレクタ領域に到達する。さらに自由電子はコレクタ－ベース間の空乏層がつくる高い電界に引き込まれてコレクタ電極に到達し、コレクタ電流I_Cとなる。

補足
pnp形トランジスタの場合は、自由電子を正孔に置き換えて考えればよい。

このとき、ベース領域中で結合して消滅する自由電子の量は全体の1%以下で、99%以上の自由電子はコレクタに到達する。

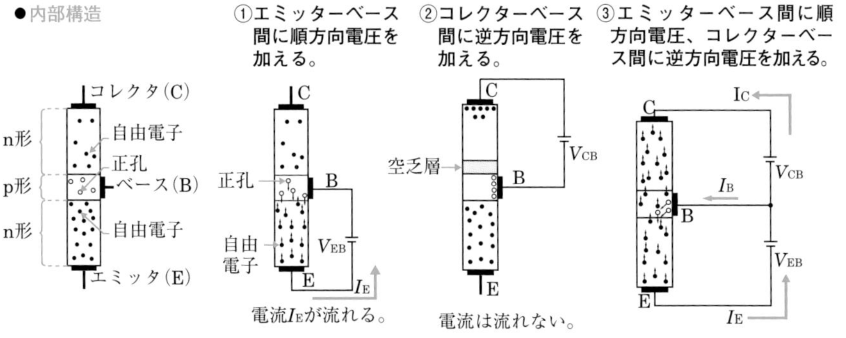

●内部構造

コレクタ(C)　n形　自由電子　正孔　p形　ベース(B)　n形　自由電子　エミッタ(E)

①エミッターベース間に順方向電圧を加える。

C　B　正孔　自由電子　V_{EB}　E　I_E

電流I_Eが流れる。

②コレクターベース間に逆方向電圧を加える。

C　V_{CB}　空乏層　B　E

電流は流れない。

③エミッターベース間に順方向電圧、コレクターベース間に逆方向電圧を加える。

C　I_C　V_{CB}　I_B　B　V_{EB}　E　I_E

図4・1　トランジスタの動作原理（npn形トランジスタの場合）

3 電流の関係

エミッタを流れる電流をI_E、ベースを流れる電流をI_B、コレクタを流れる電流をI_Cとすると、これらの間には次の関係がある。

$$I_E = I_B + I_C \text{〔A〕}$$

たとえば、ベース電流が30 μA (= 0.03mA)、コレクタ電流が2.77mAのとき、エミッタ電流は、

$$I_E = I_B + I_C = 0.03 + 2.77 = 2.8 \text{〔mA〕}$$

となる。

一般に、ベース電流I_Bは数十〔μA〕～数百〔μA〕程度であるが、コレクタ電流は数〔mA〕～数十〔mA〕と大きな値になる。これは、小さなベース電流で大きなコレクタ電流を制御していることになる。ベース電流を入力、コレクタ電流を出力とした場合、トランジスタは**電流増幅**を行うことができる。

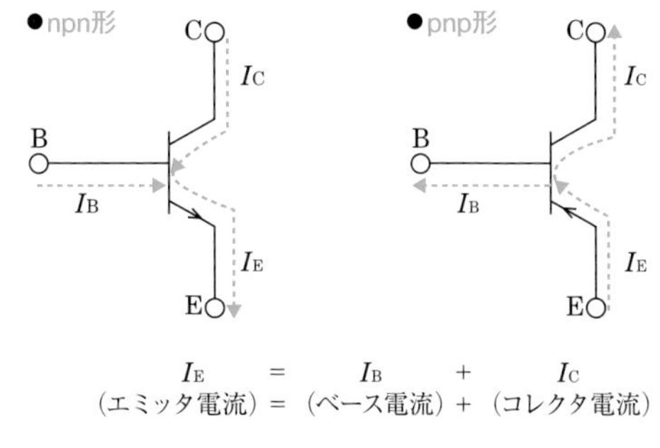

図4・2　電流の関係

理解度チェック

問1　トランジスタ回路を動作させるとき、ベースとエミッタ間のpn接合には （ア） の電圧を加える。
　① 順方向極性　② 逆方向極性

答 （ア）①

5 トランジスタの接地方式

1 接地方式

一般に、電子回路は入力側が2端子、出力側が2端子の計4端子で扱われる。トランジスタの電極は3つあるので、4端子回路とするためには、このうちの電極の1つを入出力共通の端子とする必要がある。この共通端子の選び方により、ベース接地、エミッタ接地、コレクタ接地の3種類の接地方式に大別される。

●ベース接地

電流利得は小さく、1以下である。入力インピーダンスが低く出力インピーダンスが高いので、多段接続をする際にはインピーダンス整合が必要となる。

この接地方式は電圧利得が大きく、高周波において極めて良好な特性を得られるので、高周波増幅回路として使用される。

●エミッタ接地

3つの接地方式の中で電力利得が最も大きい。このため、増幅回路に最も多く使用されている。

●コレクタ接地

一般に、エミッタホロワと呼ばれ、電力利得が最も小さい。ベース接地とは逆に入力インピーダンスが高く出力インピーダンスが低いので、高インピーダンスから低インピーダンスへのインピーダンス変換に使用される。

用語解説

利得(ゲイン)
電気回路の出力と入力の比のこと。次のように対数で表されることがある。

$$電圧利得=20\,log\frac{V_o}{V_i}$$

$$電流利得=20\,log\frac{I_o}{I_i}$$

$$電力利得=10\,log\frac{P_o}{P_i}$$

表5・1　トランジスタの接地方式

		ベース接地	エミッタ接地	コレクタ接地
回路図	npn	入力 出力 R_L	入力 出力 R_L	入力 出力 R_L
	pnp	入力 出力 R_L	入力 出力 R_L	入力 出力 R_L
入力インピーダンス		低	中	高
出力インピーダンス		高	中	低
電流利得		小(<1)	大	大
電圧利得		大(負荷抵抗が大きい場合)	中	小(ほぼ1)
電力利得		中	大	小
入力と出力の電圧位相		同　相	逆　相	同　相
用　　途		高周波増幅回路	増幅回路	インピーダンス変換回路

2 電流増幅率

●ベース接地の電流増幅率

ベース接地の回路では、エミッタを入力電極、コレクタを出力電極とし、コレクタ電流I_Cはエミッタ電流I_Eに制御される。このとき、I_Cの変化分ΔI_Cと、I_Eの変化分ΔI_Eの比をベース接地の電流増幅率といい、記号αで表す。

$$\alpha = \frac{\Delta I_C}{\Delta I_E} \quad \cdots\cdots①$$

●エミッタ接地の電流増幅率

エミッタ接地の回路では、ベースを入力電極、コレクタを出力電極としているので、コレクタ電流I_Cはベース電流I_Bに制御される。このとき、I_Cの変化分ΔI_Cと、I_Bの変化分ΔI_Bの比をエミッタ接地の電流増幅率といい、記号βで表す。

$$\beta = \frac{\Delta I_C}{\Delta I_B} \quad \cdots\cdots②$$

ここで、I_Eは、I_CとI_Bの和となるから、

$$\Delta I_E = \Delta I_C + \Delta I_B \quad \cdots\cdots③$$

式②に、式③および式①を代入して整理すると、

$$\beta = \frac{\Delta I_C}{\Delta I_B} = \frac{\Delta I_C}{\Delta I_E - \Delta I_C} = \frac{\dfrac{\Delta I_C}{\Delta I_E}}{1 - \dfrac{\Delta I_C}{\Delta I_E}} = \frac{\alpha}{1-\alpha}$$

となる。

たとえば、ベース接地形トランジスタ回路で、エミッタ電流I_Eが3〔mA〕、コレクタ電流I_Cが2.85〔mA〕のとき、このトランジスタ回路をエミッタ接地形とした場合の電流増幅率βは、次のようにして求められる。

$$\alpha = \frac{I_C}{I_E} = \frac{2.85}{3} = 0.95 \qquad \beta = \frac{\alpha}{1-\alpha} = \frac{0.95}{1-0.95} = 19$$

さらに詳しく！

電圧の方向

トランジスタの増幅回路では、入力信号とは別に、動作させるための電圧（電源）を外部から与える必要がある。

図5・1のようなエミッタ接地の増幅回路では、ベース電源V_{BB}とコレクタ電源V_{CC}により直流電圧を与えている。このとき、ベース－エミッタ間が順方向電圧、コレクタ－ベース（エミッタ）間が逆方向電圧となるように電源を接続する。

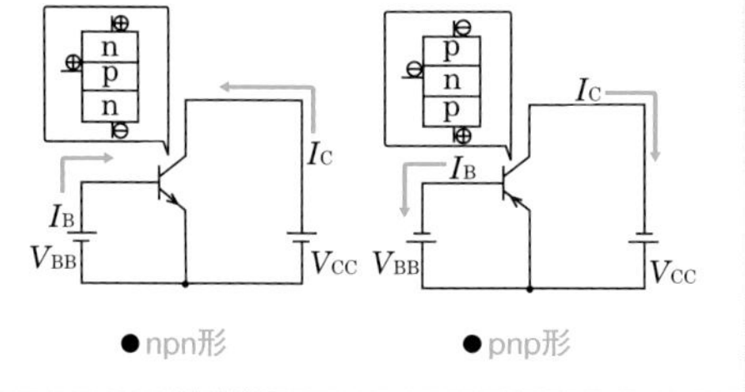

図5・1　電圧の方向

補足

増幅率を増幅度と呼ぶこともある。

注意

ベース接地の電流増幅率αは、h_{FB}（直流の場合）やh_{fb}（交流の場合）の記号で表されることもある。また、エミッタ接地の電流増幅率βは、h_{FE}（直流の場合）やh_{fe}（交流の場合）の記号で表されることもある。

6 トランジスタの静特性

トランジスタの特性を表すものとして、一般に静特性図が用いられる。**静特性**とは、トランジスタ単体の電気的特性(電圧－電流特性等)を示したもので、主にエミッタ接地のものが用いられる。トランジスタの静特性には、次の4種類がある。

●入力特性(I_B － V_{BE} 特性)

コレクタ－エミッタ間の電圧V_{CE}を一定に保ったときの、ベース電流I_Bとベース－エミッタ間電圧V_{BE}の関係を示したものである。この特性はダイオードの順方向特性と同様の曲線となる。

●出力特性(I_C － V_{CE} 特性)

ベース電流I_Bを一定に保ったときの、コレクタ電流I_Cとコレクタ－エミッタ間電圧V_{CE}との関係を示したものである。曲線の傾きが大きいほど出力インピーダンスは小さくなる。

この特性では、V_{CE}が0～1〔V〕の間ではI_Cが急激に増加するが、それ以降はV_{CE}が変化してもI_Cはほとんど変化しない。増幅作用には、この変化しない領域が必要である。

●電流伝達特性(I_C － I_B 特性)

コレクタ－エミッタ間電圧V_{CE}を一定に保ったときの、コレクタ電流I_Cとベース電流I_Bの関係を示したものである。特性曲線の傾きが**電流増幅率**を示す。この傾斜が大きいほど増幅率も大きくなる。

また、直流電流I_{CC}とI_{BB}の比を**直流電流増幅率**という。

●電圧帰還特性(V_{BE} － V_{CE} 特性)

ベース電流I_Bを一定に保ち、V_{CE}を変化させたときのV_{BE}との比を**電圧帰還率**という。

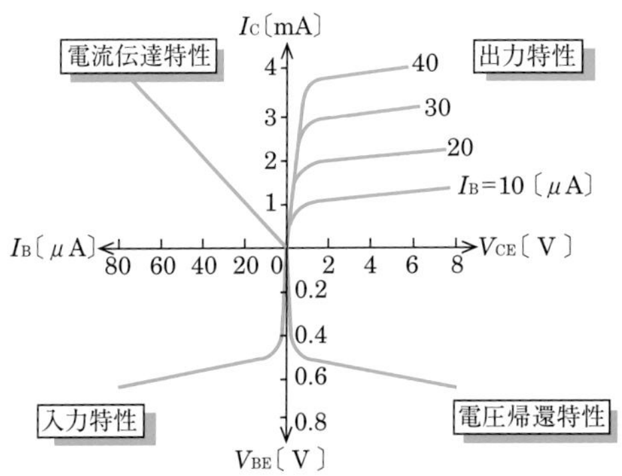

図6・1　トランジスタの静特性図

補足

トランジスタやダイオードなどの素子は、抵抗やコイルなどと異なり、加えた電圧に対して電流が比例しないため、非線形素子または非直線素子と呼ばれる。
非線形素子を含む回路では、オームの法則で電流・電圧を求めるのは困難なので、一般に特性曲線を用いて回路を解析する。

入力特性は、コレクターエミッタ間の電圧を一定に保ったときの、ベース電流とベースーエミッタ間の電圧の関係を示したものである。
また、出力特性は、ベース電流を一定に保ったときの、コレクタ電流とコレクターエミッタ間の電圧の関係を示したものである。

7 トランジスタの増幅回路

1 増幅回路の原理

トランジスタの増幅回路(ぞうふく)は、一般に図7・1のような構成で用いられ、入力側の小さなベース電流i_Bにより出力側で大きなコレクタ電流i_Cを得る。

入力信号e_iを入力するとき、e_iは交流信号なので、電圧が正のときはベース－エミッタ間が順方向電圧となるが、電圧が負のときは逆方向電圧となりトランジスタが動作しなくなる。そこで、常にベース電圧が正となるように入力信号e_iに一定の直流電圧(ベースバイアス電圧V_{BB})を加える必要がある。

増幅されたコレクタ電流I_Cを出力電圧信号として取り出すために、負荷抵抗R_Lを接続し、R_Lの両端の電圧降下を利用してe_oを出力として取り出す。入力信号が大きいときはコレクタ電流も大きく、R_Lでの電圧降下も大きくなるため、出力電圧e_oは小さくなる。したがって、出力電圧の波形は入力信号と位相が180度反転すなわち逆相となっている。

図中のコンデンサCを結合コンデンサ(カップリングコンデンサ)といい、直流信号成分を阻止し、交流信号成分のみを取り出している。

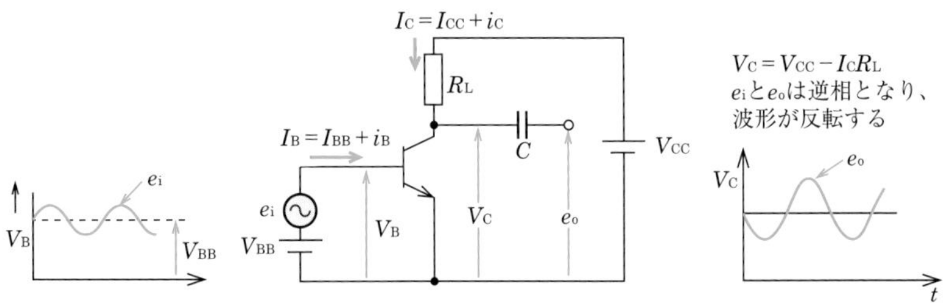

図7・1 増幅回路

> **注意**
> トランジスタ回路において、一般に、負荷抵抗に生じた出力をコンデンサを介して次段へ伝えることにより増幅度を上げていく回路は、CR結合増幅回路またはRC結合増幅回路と呼ばれている。

2 動作点

V_{BB}によってI_{BB}が決まる点P_Bをベース電流I_Bの動作点という(図7・2(a))。また、I_{BB}によってI_{CC}が決まる点P_Cをコレクタ電流I_Cの動作点という(図7・2(b))。この動作点P_B、P_Cを中心にI_B、I_Cが変化する。

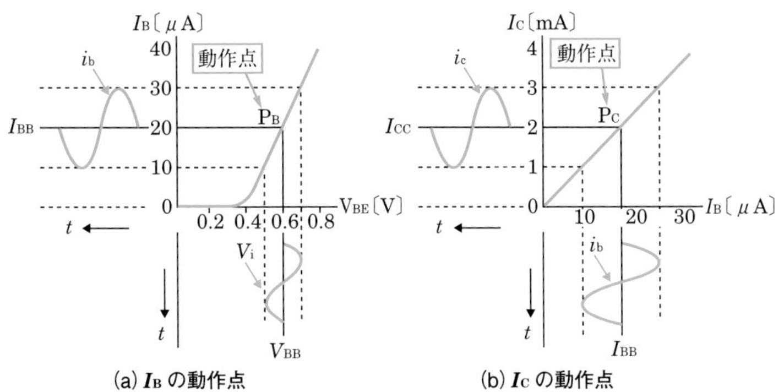

図7・2 動作点

> **補足**
> 増幅をひずみなく行うためには、$I_B - V_{BE}$特性曲線の直線部分に動作点がくるよう、V_{BB}を設定する必要がある。

3 負荷線

トランジスタに負荷抵抗R_Lを接続したときのコレクタ電流I_Cとコレクタ－エミッタ電圧V_{CE}の関係を示した直線を**負荷線**といい、$V_{CE}-I_C$特性曲線上に引く。

いま、図7・3(a)の増幅回路においてコレクタ電流I_Cを0〔A〕から増加させていくと$I_C=\dfrac{V_{CC}}{R_1}$〔A〕で最大となる。一方、コレクタ電圧V_{CE}は、この間V_{CC}〔V〕から0〔V〕に変化するので、I_CとV_{CC}の関係は1本の直線、すなわち負荷線で表される。たとえば、$R_1=2$〔kΩ〕、$V_{CC}=8$〔V〕とすると、負荷線は8〔V〕と4〔mA〕を結ぶ図7・3(b)に示される直線となる。

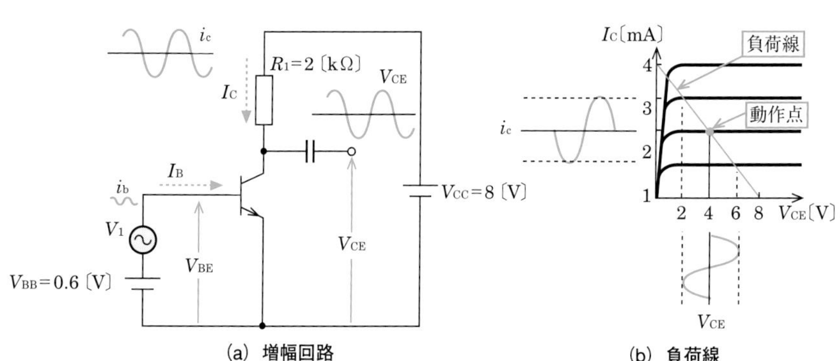

図7・3　増幅回路と負荷線

4 増幅度

入力信号に対する出力信号の変化の度合いを**増幅度**といい、増幅回路において、**電流増幅度**、**電圧増幅度**、および**電力増幅度**が次のように定義されている。

なお、増幅度を表す量記号にはAを用いる。

・電流増幅度$A_i=\dfrac{i_o}{i_i}$（i_o：出力電流、i_i：入力電流）

・電圧増幅度$A_e=\dfrac{e_o}{e_i}$（e_o：出力電圧、e_i：入力電圧）

・電力増幅度$A_p=\dfrac{p_o}{p_i}$（p_o：出力電力、p_i：入力電力）

$=A_i\cdot A_e$

理解度チェック

問1　入力信号に対する出力信号の変化の度合いを［（ア）］といい、その量記号としてAを用いる。

① 増幅度　② 負荷　③ 力率

答（ア）①

8 トランジスタのバイアス回路

基礎 第2章

1 バイアス回路

一般にトランジスタを正常に動作させるには、

ベースB〜エミッタE間　……順方向電圧

ベースB〜コレクタC間　……逆方向電圧

となるように2つの直流電源V_{BB}、V_{CC}が必要である。このような動作点の設定を行うための直流電圧をバイアス電圧といい、バイアス電圧をトランジスタの各端子に印加するための回路をバイアス回路という。バイアス回路では、回路の工夫により1つの電源から複数のバイアス電圧をつくりだすのが一般的である。

バイアス回路の代表的なものには、固定バイアス回路、電流帰還バイアス回路、自己(電圧帰還)バイアス回路、組合せバイアス回路がある。

注意

トランジスタ回路で出力信号を取り出す場合には、バイアス回路に影響を及ぼすことがないように、コンデンサを通して交流分のみを取り出す方法がある。

補足

トランジスタ回路にバイアス電圧を与える方法には、2電源方式と1電源方式がある。

2電源方式は、ベース電源とコレクタ電源の2つの電源によりバイアスを与える方式である。電源を2つ用意する必要があるため、大電力の増幅回路以外では用いられていない。

これに対し1電源方式は、バイアス電源をコレクタ電源のみで供給する方式であり、一般に、この方式が多く用いられている。

2 各種バイアス回路

●固定バイアス回路

図8・1のトランジスタ回路は、バイアス電圧が出力にかかわらず一定であることから、固定バイアス回路といわれる。この回路では、電源電圧V_{CC}の電圧を抵抗R_bで降圧して、バイアス電圧V_{BE}を得る。バイアス電圧V_{BE}は、

$$V_{BE} = V_{CC} - R_b \cdot I_B \text{〔V〕}$$

となり、ベースバイアス抵抗R_bは、

$$R_b = \frac{V_{CC} - V_{BE}}{I_B} \text{〔Ω〕}$$

となる。

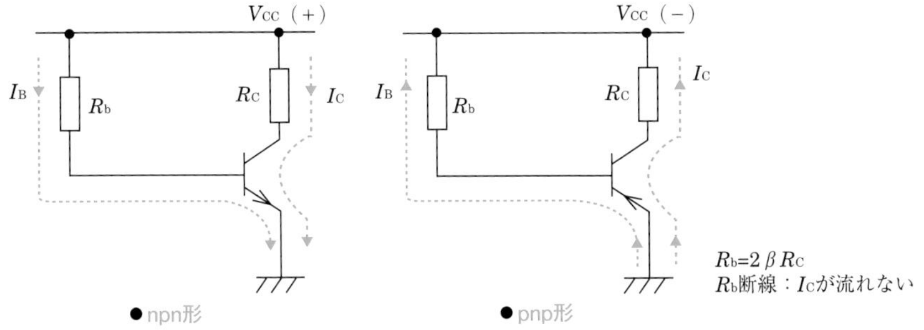

図8・1　固定バイアス回路

この回路でR_bが断線するとI_Cが流れなくなり、R_Cの電圧降下が0となる。そのため、コレクタ電圧は電源電圧V_{CC}と同じになり、npn形では上昇($+V_{CC}$)し、pnp形では低下($-V_{CC}$)する。固定バイアス回路は、構成が簡単であるが周囲の温度に対して安定性が良くない。

温度変化に対して安定を図る方法として図8・2のようにベースB－エミッタ

E間に温度補償用ダイオードDを接続する。

温度が上昇するとダイオードDの内部抵抗が下がり、順方向電圧が減少する。したがって、ベースB－エミッタE間の電圧が下がり、コレクタ電圧は減少する。

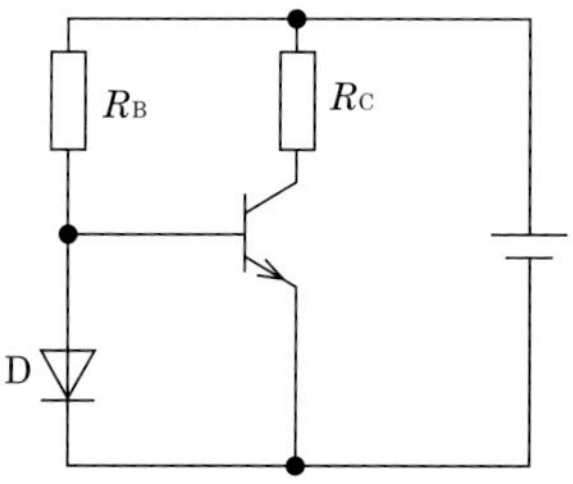

図8・2　温度補償用ダイオード

●電流帰還バイアス回路

図8・3は電流帰還バイアス回路であり、構成が複雑であるが、安定性が高くトランジスタを取り替えたり温度が変化しても動作はあまり変動しないという特長がある。

図中の抵抗R_a、R_bはブリーダ抵抗といわれ、ベースとアースの間の電圧を安定化させる働きをする。これらにより電源電圧V_{CC}を分圧したR_aの両端電圧とエミッタ抵抗R_Eによる電圧降下分(R_Eの両端電圧)との差によりV_{BE}を得る回路である。R_Eはコレクタ電流I_Cを安定化させる働きをする。また、R_Eによる抑制作用が生じ利得が低下してしまうため、バイパスコンデンサC_Eを挿入することにより交流的にエミッタ－アース間のインピーダンスを小さくして交流信号に対する抑制作用を防止し、利得を大きくしている。

補足
電流帰還バイアス回路は、各種バイアス回路の中で最もよく用いられている。

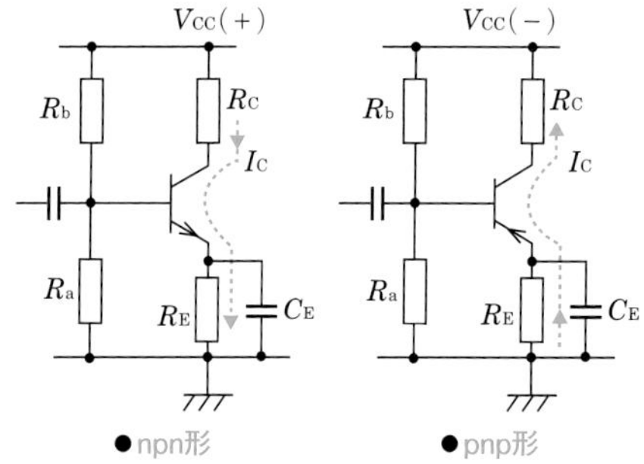

$$V_{CC}\frac{R_a}{R_a+R_b} \fallingdotseq R_E I_E \fallingdotseq R_E I_C$$

R_a断　線：I_Cが増加する
R_b断　線：I_Cが流れない
R_C断　線：I_Cが流れない
R_E断　線：I_Cが流れない
C_Eショート：I_Cが増加する

図8・3　電流帰還バイアス回路

右頁の図8・5において、V_{BE}は次式のように表される。

$$V_{BE} = V_A - I_E \cdot R_E$$
$$= V_A - (I_B + I_C)R_E$$

ここで、I_Cが増加しようとすると、$I_E \cdot R_E$が増加し、V_{BE}が減少する。したがって、I_Bが減少し、I_Cの増加が抑えられるため安定する。

図8・3のエミッタ接地方式において、R_aが断線するとベース－エミッタ間の順方向電圧が増加するので、コレクタ電流I_Cが増加する。また、R_bが断線するとベース－エミッタ間の順方向電圧がなくなるのでコレクタ電流I_Cは流れなくなる。さらに、バイパスコンデンサC_Eがショート(短絡)するとI_Cが増加する。

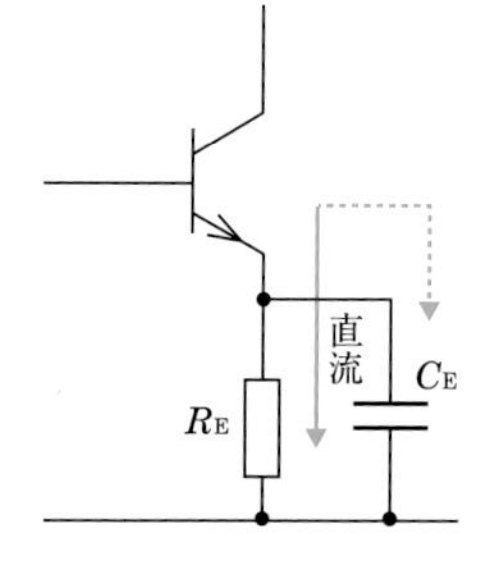

図8・4　バイパスコンデンサ

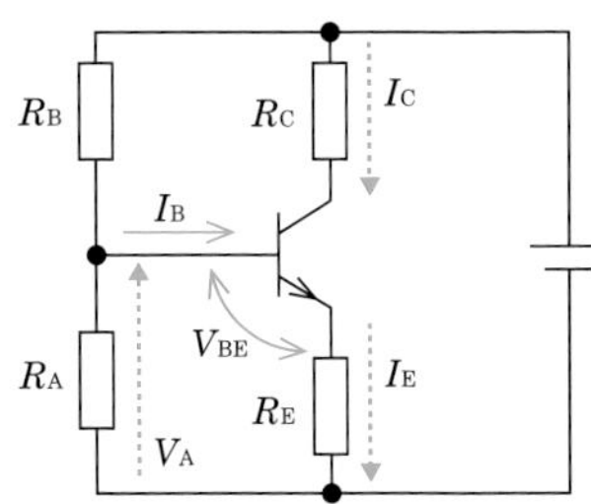

図8・5　電流帰還バイアス回路

次に、図8・6はpnp形エミッタ接地の電流帰還バイアス回路で、電源電圧の極性が逆になっている。また、R_Eが断線するとI_EもI_Cも流れないので、電極E、B、Cの各電圧は次のようになる。

$$V_b = V_{EE}\frac{R_b}{R_a + R_b}\text{〔V〕}$$

$V_C = 0$〔V〕………低下する

なお、このときR_aの端子電圧V_aは、

$$V_a = V_{EE}\frac{R_a}{R_a + R_b}\text{〔V〕}$$

であるが、この電圧は正常動作時のR_Eの電圧降下にほぼ等しい。ベースバイアス電圧V_{EB}は、抵抗R_a、R_bの電源電圧V_{EE}の分圧V_aと、R_Eの電圧降下$R_E \cdot I_C$の差が約0.6〔V〕となって正常に動作する。また、C_Eがショートすると、V_Eの電圧が上昇するのでI_Cが増加しV_Cが上昇する。

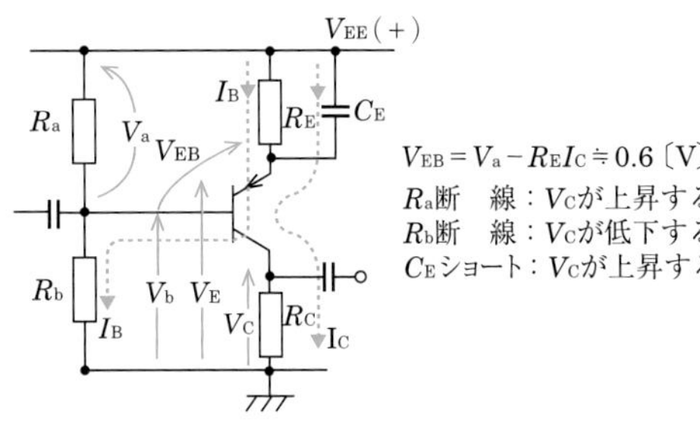

図8・6　pnp形電流帰還バイアス回路

図8・7は、npn形トランジスタのエミッタホロワ(コレクタ接地方式)である。図において、各部電極の電圧と故障の関係は表8・1のようになる。

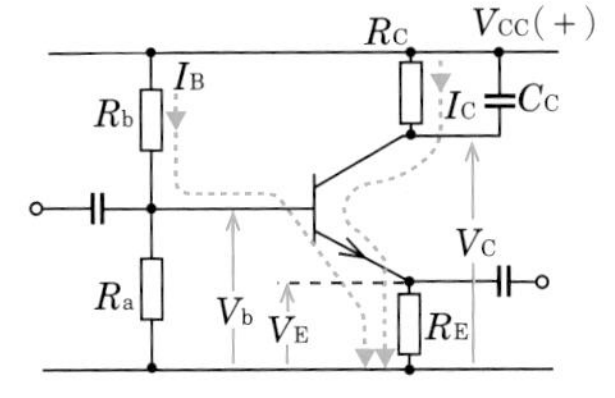

図8・7　npn形エミッタホロワ回路

表8・1　各部電極の電圧と故障の関係

故障の原因	V_C	V_E	V_b
R_a断線	低下	上昇	上昇
R_b断線	上昇	低下	低下
R_C断線	低下	低下	－
R_E断線	上昇	－	－

●自己（電圧帰還）バイアス回路

図8・8は自己バイアス回路であり、コレクターエミッタ間の電圧V_{CE}を抵抗R_Bで降圧してV_{BE}を得る回路である。バイアス電圧V_{BE}は、

$$V_{BE} = V_{CE} - R_B \cdot I_B \text{〔V〕}$$

となる。

自己バイアス回路は、温度が上昇するとコレクタ電流I_Cが増加し、R_Cの電圧降下$R_C \cdot (I_B + I_C)$が大きくなる。また、それに伴いV_{CE}が減少し、V_{BE}も減少する。したがって、I_Bが減少することにより自動的にI_Cの増加を抑制する働きをする。

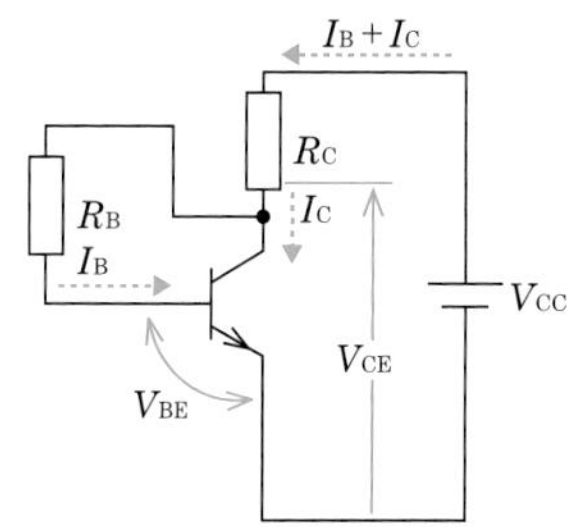

図8・8　自己（電圧帰還）バイアス回路

●組合せバイアス回路

図8・9は組合せバイアス回路であり、自己バイアス回路と電流帰還バイアス回路を組み合わせたものである。コレクタ電圧V_CをR_A、R_Bで分圧し、R_Aの両端電圧V_Aを得ることによりバイアス電圧V_{BE}を得ている。

$$V_{BE} = V_A - R_E I_E$$

組合せバイアス回路は、温度変化に対して安定性が高い。

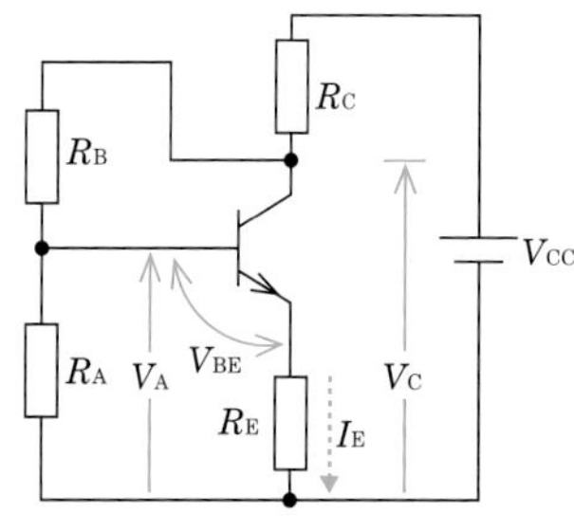

図8・9　組合せバイアス回路

理解度チェック

問1　バイアス回路は、トランジスタ等の動作点の設定を行うために必要な［（ア）］を供給する回路である。

① 交流電流　② 直流電流　③ バイパス信号

答 （ア）②

9 トランジスタのスイッチング動作

図9・1のようなエミッタ接地のトランジスタ回路において、ベース電流を大きくしていくとコレクタ電流I_Cも増加するが、ベース電流をいくら増加させてもI_Cは$\dfrac{V_{CC}}{R_L}$以上には大きくならない。この状態を**飽和状態**という。飽和状態のときは、コレクターエミッタ間の電圧は、ほぼ0〔V〕となる。

図9・1(a)の回路において、ベースへの入力電圧が0〔V〕のときはI_Cが流れないため、コレクターエミッタ間は切断状態と等価になる。一方、図9・1(b)のように、ベースに十分大きい電圧の信号を入力すると、トランジスタは飽和状態に入り、コレクターエミッタ間の出力電圧はほぼ0〔V〕となる。すなわち、コレクターエミッタ間が短絡された状態と等価になる。

これは、ベースの入力信号の「あり」「なし」により、トランジスタのコレクターエミッタ間をON、OFFさせることと同じ作用となる。トランジスタが飽和状態に入ったとき、**スイッチング**作用がONとして動作する。

注意

トランジスタがOFFの状態でも、電流が全く流れないわけではなく、実際には微小な電流が流れる。つまり、$I_C \fallingdotseq 0$となる。この電流を「コレクタ遮断(しゃだん)電流」という。

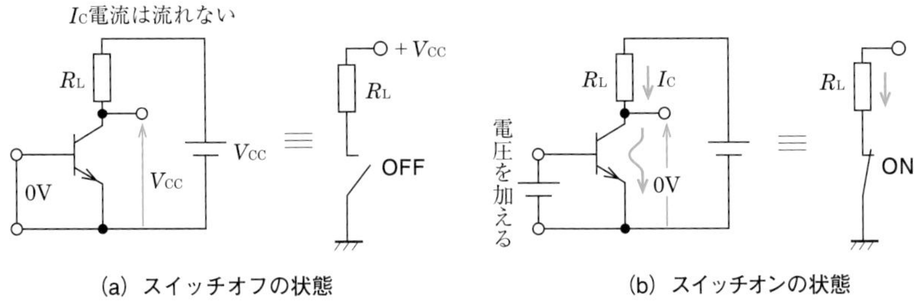

図9・1　スイッチング回路

理解度チェック

問1　上に示す図9・1(a)の回路において、ベースへの入力電圧が0ボルトのときはI_Cが （ア） ため、コレクターエミッタ間は切断状態と等価となる。

① 流れる　② 流れない

答 (ア) ②

10 電源回路、帰還回路

1 平滑回路

図10・1は、直流電源回路の基本構成を示したものである。正負に変化する交流電圧は、整流回路によって正または負の片方の電圧を取り出すことができるが、そのままでは直流成分の他に「リプル」と呼ばれる高調波成分が多く含まれている。このため、整流回路の後段に平滑回路(へいかつ)を設けて整流回路の出力のうちリプル成分を除去し、直流成分のみが出力されるようにしている。

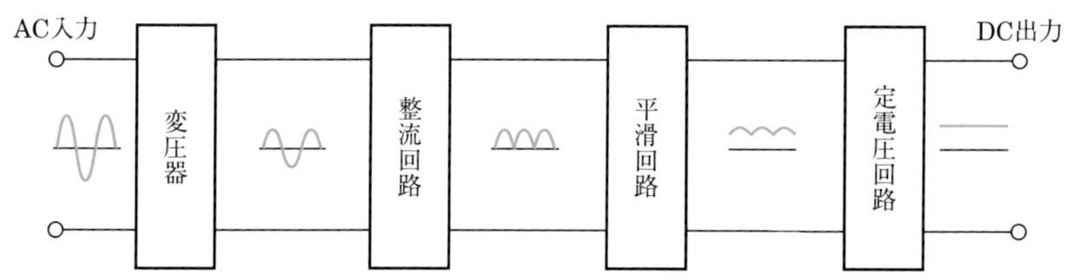

図10・1　直流電源回路の基本構成

平滑回路には、図10・2(a)のようなコンデンサ入力形と図10・2(b)のようなチョーク入力形がある。また、これらを組み合わせたπ形回路(図10・2(c))もある。コンデンサ入力形はチョーク入力形よりも高い電圧が得られ、また、リプル率および電圧変動率が大きいといった特徴がある。

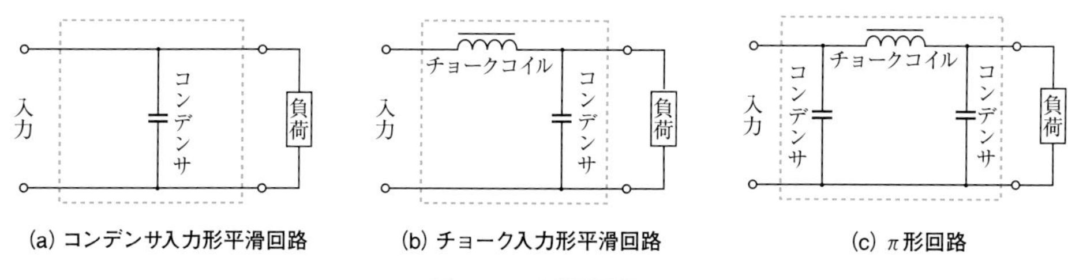

図10・2　平滑回路

2 直流安定化電源回路

電子回路で用いられる電源は、電源電圧が安定していることが求められる。しかし、整流回路を平滑しただけでは、負荷に流れる電流を大きくすると出力電圧が低下したり、交流電源の入力電圧が変化すると出力電圧も変化する。そこで、電圧を安定化する回路が必要になる。

右頁に示す図10・3は直流安定化電源回路の例である。この回路は、電源電圧V_Iの変動および負荷の変動があっても出力電圧を一定に保ち、出力電圧も可変である。その動作原理は、出力電圧の一部を検出して基準電圧と比較し、出力電圧の変動分を増幅して制御信号として、出力電圧の変動を調整する。

図10・3において、Tr_2はエミッタが定電圧ダイオードD_Zの降伏電圧V_Zで固定され、ベースには出力電圧V_Oが可変抵抗R_Vで分圧されたV_2が加わっている。

補足

直流安定化電源回路には直列形と並列形がある。

【直列形】
- 長所：回路効率が良い。電圧調整範囲が広い。
- 短所：過負荷や短絡に対する保護性が小さい。

【並列形】
- 長所：回路構成が簡単。過負荷や短絡に比較的強い。
- 短所：回路効率が良くない。出力電圧の範囲が狭い。

いま出力電圧V_Oが低下したとすると、V_2が低下→I_{C2}が減少→V_{B1}が上昇→T_{r1}の電圧降下V_{CE}が減少→出力電圧V_Oが上昇、復旧する。

また、V_Oが増加した場合は、これと逆の動作で出力電圧V_Oは回復する。

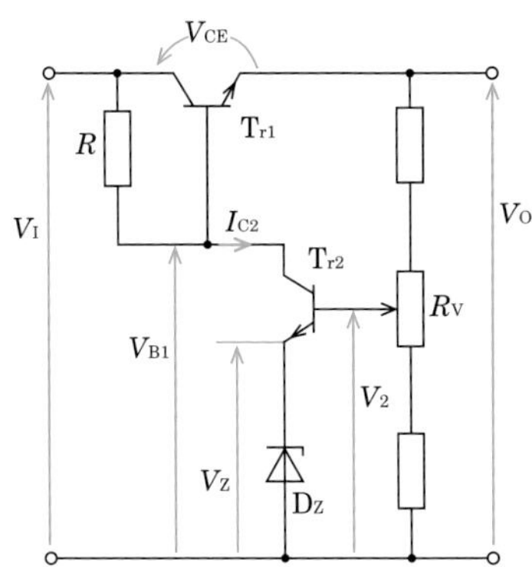

図10・3　直流安定化電源回路

3 帰還回路

増幅された信号の一部を入力側に戻すことを**帰還**(フィードバック)という。このとき、戻された信号の極性が入力信号と同位相であれば、これを**正帰還**と呼び、逆位相であれば**負帰還**と呼ぶ。

いま、図10・4(a)のように10倍の増幅器Aに$\frac{1}{20}$の正帰還回路を接続して入力へ1を加えると出力が20となり、見かけ上は20倍の増幅度となって、もとの増幅度Aより大きくなる。この見かけの増幅度を**正帰還後の増幅度**という。なお、正帰還を増加すると、回路は発振を起こすようになる。

補足
正帰還回路は、主に発振回路として使われている。

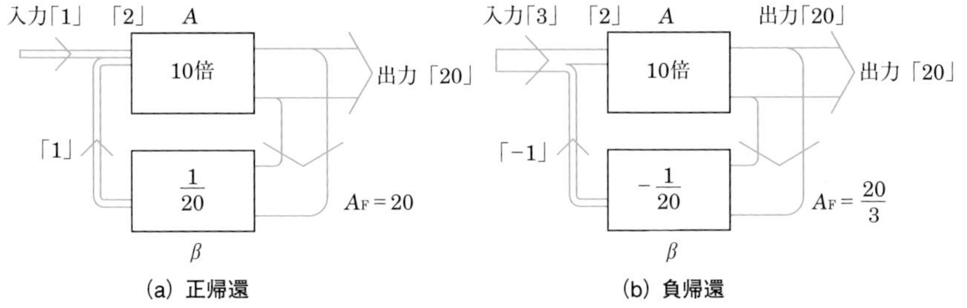

次に、図10・4(b)のように10倍の増幅器Aに$\frac{1}{20}$の負帰還回路を接続して入力へ3を加えると出力は20となり、見かけの増幅度は$\frac{20}{3}$となって、もとの増幅度Aより小さくなる。この見かけの増幅度を**負帰還後の増幅度**という。

負帰還によって増幅度が減少するが、ひずみ、周波数特性、安定性などは改善される。

入力「1」　「2」　A　10倍　出力「20」　「1」　$\frac{1}{20}$　$A_F = 20$　β

(a) 正帰還

入力「3」　「2」　A　出力「20」　10倍　出力「20」　「−1」　$-\frac{1}{20}$　$A_F = \frac{20}{3}$　β

(b) 負帰還

図10・4　帰還回路

4 負帰還回路

図10・5は標準的な**負帰還回路**の方式で電圧帰還直列入力形と呼ばれる回路である。図において、V_S、V_F、V_I、V_Oの関係は次のようになる。

$$V_S = V_I + V_F$$

$$V_O = AV_I$$

$$V_F = \beta V_O$$

ここで、Aは負帰還をかけないときの増幅器の電圧増幅度であり、βは帰還電圧V_Fの割合を示す帰還率である。

負帰還後の電圧増幅度をA_Fとすると、

$$A_F = \frac{V_O}{V_S} = \frac{V_O}{V_I + V_F} = \frac{AV_I}{V_I + \beta AV_I} = \frac{A}{1 + \beta A}$$

となる。ここで、前頁の図10・4(b)の例から、$A = 10$、$\beta = \dfrac{1}{20}$なので、

$$A_F = \frac{10}{1.5} = \frac{20}{3}$$

となる。

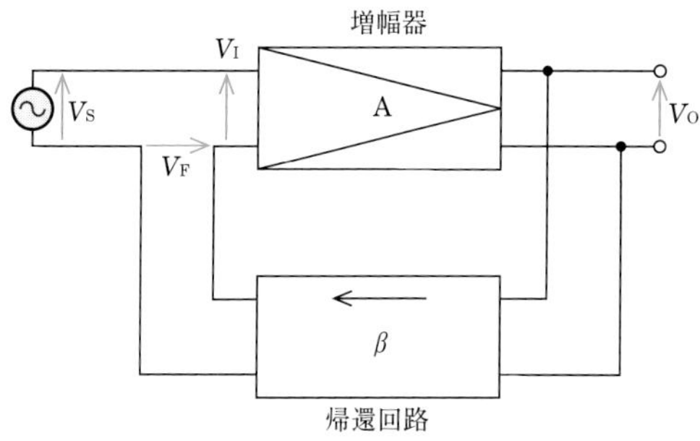

$V_S = V_I + V_F$、$V_O = AV_I$、$V_F = \beta V_O$

$$A_F = \frac{A}{1 + \beta A}$$

図10・5　負帰還回路

理解度チェック

問1　増幅された信号の一部を取り出して入力側に戻すことを帰還といい、戻された信号の極性が入力信号と同位相であれば、これを［（ア）］と呼び、逆位相であれば［（イ）］と呼ぶ。

① 正帰還　② 負帰還　③ 増幅度

答 （ア）①（イ）②

11 電界効果トランジスタ(FET)

1 電界効果トランジスタ(FET)の特徴

一般にトランジスタといえば、**バイポーラ形トランジスタ**のことを指す。これは、電子と正孔の2つのキャリアで動作するトランジスタである。

これに対し、**電界効果トランジスタ**(**FET**:Field Effect Transistor)は、動作に寄与するキャリアが1つなので**ユニポーラ形トランジスタ**と呼ばれている。FETは**ドレイン**(D)、**ゲート**(G)、**ソース**(S)の3つの電極を持ち、ゲートに加えた電圧で電界を作り、その電界を変化させることで出力電流を制御する。このような素子を**電圧制御素子**という。

FETは、バイポーラ形トランジスタに比べて入力抵抗が高い(10^8〜10^{13} Ω)、入力電流が不要であるため消費電力が少ない、等の長所がある。

補足
バイポーラ(bi-polar)とは、2つの極という意味であるが、これは電子と正孔の2極性のキャリアで動作することから付けられた名前である。

2 FETの動作原理

n形半導体の両端にドレイン(D)電極とソース(S)電極を接続し、ドレイン電極に正電圧を加える。この状態でドレイン電極の電圧を変化させていくと、ドレイン−ソース間電圧V_{DS}とドレイン電流I_Dの関係は定抵抗性を示す。

次に、このn形半導体に、電流の流れる方向に対して垂直になるようにp形半導体を両側から接合する。このp形半導体に電極を接続したものがゲート(G)である。

このゲートに逆方向電圧を加えるとn形領域のpn接合面に**空乏層**が生じる。空乏層はキャリアが存在しない部分なので、空乏層が大きくなればドレインからソースに向かって流れるドレイン電流の通路(**チャネル**)の幅が狭められる。さらにゲート電圧を高くしていくと、チャネルを流れる電流は減少し、ついに電流は0(ゼロ)になる。この0になる点を**カットオフ点**という。

このようにFETは、ゲート電圧を変化させることによってドレイン電流を制御する。

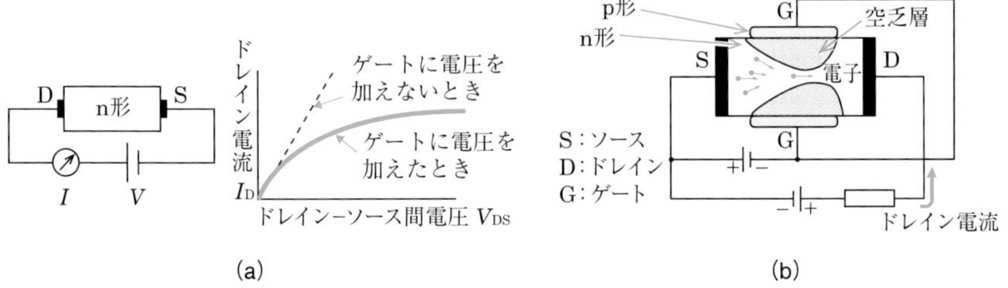

図11・1 FETの動作原理

3 構造による分類

FETは構造および制御の違いにより、**接合型**と**MOS型**に分類される。接合型FETとMOS型FETにはそれぞれ**nチャネル形**と**pチャネル形**があり、電流の通路となる半導体がn形半導体のものをnチャネル形といい、p形半導体のものをpチャネル形という。nチャネル形の電圧の与え方は、ソースを接地してドレインに正、ゲートに負の電圧を印加する。また、pチャネル形ではドレインに負、ゲートに正の電圧を印加する。

●接合型FET

ゲート電極にp形またはn形の半導体を直接接合したFETである。pn接合に生じる空乏層の厚さにより電流を制御する。MOS型FETに比べて低周波の雑音特性や過電圧に対する安定性に優れ、静電気による影響も少ない。

●MOS型FET（MOSFET）

MOS（Metal Oxide Semiconductor）型FETは絶縁ゲートとも呼ばれ、ゲート電極と半導体との間に0.1 μm程度の薄い酸化被膜層を挟んで絶縁したFETである。

nチャネル形のMOS型FETでは、ドレインおよびゲートに正電圧、ソースに負電圧を加えると、p形のシリコンの表面部分が逆の形に反転して薄いn形の層ができ、このn形層がチャネルとなる。そして、ゲートに加えた電圧の大きさによってチャネルの厚さを変化させ、電流を制御する。

同様に、pチャネル形の場合はドレインとゲートに負、ソースに正の電圧を加えると、n形シリコンの表面部分が逆の形に反転し、薄いp形の層ができる。

MOS型FETは接合型FETと比較すると、ゲート電極がドレインやソースから絶縁されているため、入力インピーダンスが高く、また、消費電力が少ない。さらに、製法が容易で構造が単純なため、2次元平面上に微小な素子を作ることも容易である。このことから、MOS型FETは、集積回路の構成要素として広く用いられている。

表11・1　接合型FET

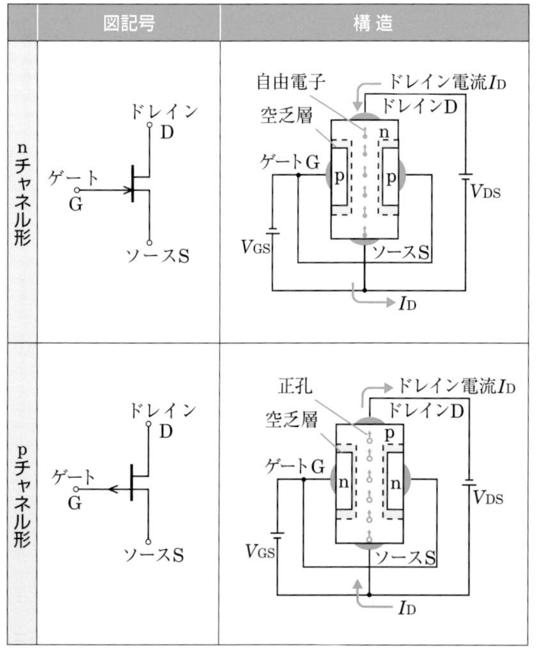

表11・2　MOS型FET

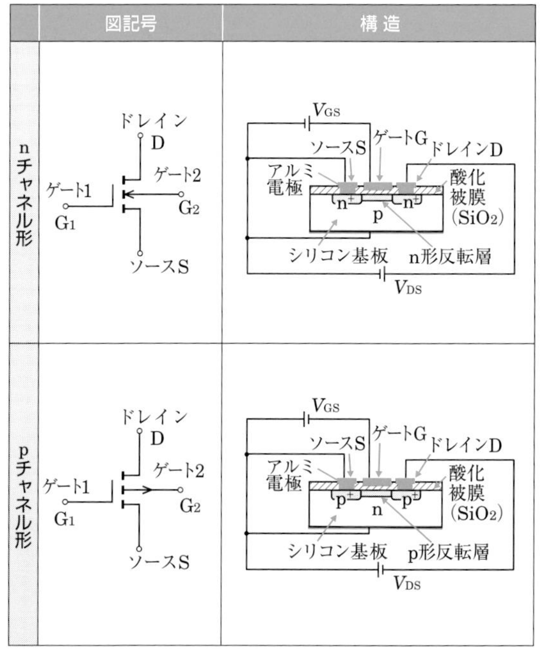

12 半導体集積回路(IC)

1 半導体集積回路(IC)

集積回路は一般にIC(Integrated Circuit)と呼ばれ、半導体基板中あるいは表面上に分離不能な状態で、トランジスタ、ダイオード、抵抗およびコンデンサなどの回路素子を複数個接続して、高密度に実装した回路である。

抵抗およびコンデンサは受動素子である。抵抗は半導体表面上の不純物拡散層や不純物注入層、または絶縁膜状の多結晶半導体膜などで形成される。また、コンデンサはpn接合あるいはMOS構造でつくられる。

集積度により**LSI**や**超LSI(VLSI)**、**ULSI**などの呼び方があるが、最近では区別して呼ぶことは一般的でなくなりつつある。

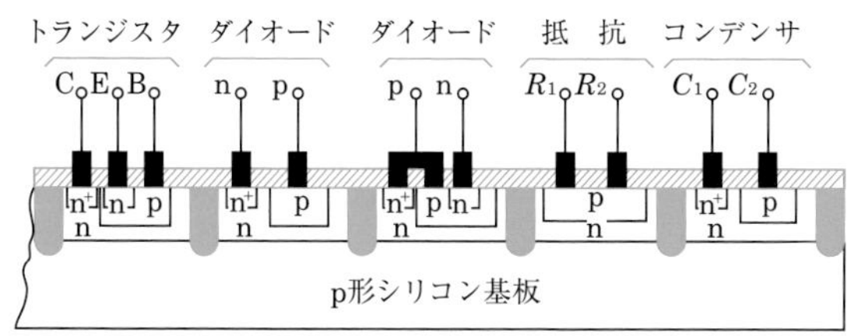

図12・1　集積回路の構成例

2 製造方法による分類

●半導体集積回路(モノリシックIC)

シリコンやガリウムひ素(GaAs)の基板上に多数のpn接合をつくり、このpn接合の組合せによってトランジスタやダイオードなどの回路素子を構成している。

半導体集積回路は、これに用いられる半導体素子のトランジスタの動作原理から、**バイポーラ形IC**と**MOS形IC**に分類できる。

なお、MOS形ICを改良し、動作速度を高めたものとして**C－MOS形IC**があり、図12・2のようにpチャネル形FETとnチャネル形FETを接続した形で構成されている。C－MOS形ICは比較的、消費電力が小さく、動作速度も速い。また、広い電源電圧範囲で使用が可能であり、雑音余裕度(信号電圧に対してどれくらいの雑音電圧まで動作に影響を及ぼさないか)が大きい等の特徴がある。

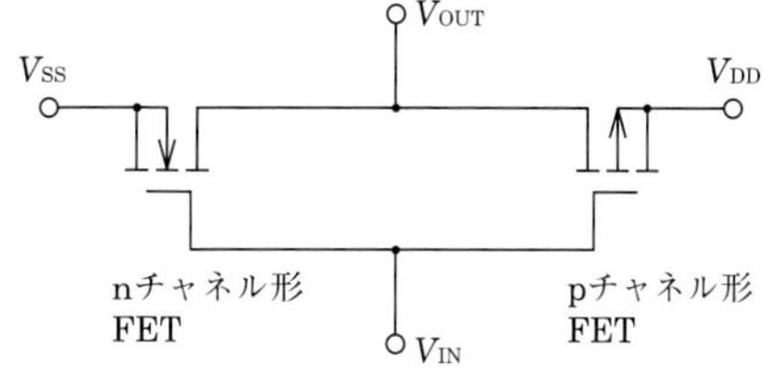

図12・2　C－MOS形ICの構成

補足

素子をIC化することにより、次のような利点が得られる。

- 高密度に集積しているので小型・軽量化が可能。
- ハンダ付け部分がないので信頼性が高い。
- 動作電流が小さいので消費電力が少ない。
- 大量生産により、生産コストを安くできる。

用語解説

LSI、超LSI(VLSI)、ULSI

素子数が1チップ当たり数千～数万個程度のものはLSI、10万個を超えるものは超LSI(VLSI)、1,000万個を超えるものはULSIと呼ばれている。しかし現在、このような区別はなくなりつつある。

注意

半導体集積回路には、さまざまな分類方法がある。たとえば、回路の方式で分類すると、アナログICとデジタルICに大別される。

補足

バイポーラ形ICは動作領域の違いにより、さらに、飽和形ICと不飽和形ICに分類される。

●膜集積回路（膜IC）

ガラスやセラミック製の基板上に抵抗やコンデンサなどの素子を構成したもので、モノリシックICに比べて抵抗値や精度の高い抵抗を容易に作成できる。しかし、トランジスタなどの能動素子をつくることは困難である。

補足
膜集積回路は膜の厚さおよび製法から、さらに、厚膜ICと薄膜ICに分類される。

●混成集積回路（ハイブリッドIC）

モノリシックICと膜ICの長所を組み合わせた回路であり、膜IC上にモノリシックIC、トランジスタなどを直接取り付けてIC化したものである。

膜ICでは困難であった能動素子のIC化や、大電力で動作する回路の実現が可能である。

3 記憶素子

一般にメモリと呼ばれ、情報の一時的な記憶やプログラムの格納を行う。電子化電話機や各種端末の回路にも多く使用されている。

●**RAM（Random Access Memory）**

随時読み書き可能なメモリをいう。CPUと連携して各種の演算処理を行う際に必要である。RAMは通常、電源がOFFになるとメモリの内容が消去されてしまうため、一般に揮発性メモリとも呼ばれている。

RAMは、記憶保持動作が不要なSRAM（Static RAM）と、記憶保持動作が必要なDRAM（Dynamic RAM）に分類される。DRAMは、メモリセルの構造上、電源ON時でも一定時間経過するとデータが消失してしまうため、データの消失前に一定時間ごとに再書込みを行う必要がある（この再書込み動作をリフレッシュという）。

補足
一般に、SRAMはキャッシュメモリに、また、DRAMはメインメモリ（主記憶装置）に利用される。

●**ROM（Read Only Memory）**

製造時に情報を記録しておき、以後は書換えができないようにした読出し専用のメモリをいう。変更の必要がない情報やプログラムを格納しておくのに用いる。RAMとは異なり、電源をOFFにしてもメモリの内容は保持される。PROMやEEPROMと区別するため、マスクROMとも呼ばれる。

●**PROM（Programmable ROM）**

機器に組み込む前にユーザが手元でデータの書き込みを行い、記憶内容の読出し専用のメモリとして使用するものをいう。データの書込みが1回だけ可能なワンタイムPROMと、データの書込みや消去が繰り返し可能なEPROMがある。

●**EPROM（Erasable PROM）**

紫外線の照射によりデータを消去し、再書込みが可能なPROMをいう。EPROMは、EEPROMと区別するため、一般にUV－EPROMと呼ばれる。

●**EEPROM（Electrically EPROM）**

データの電気的な書込みおよび消去が可能なメモリをいう。EEPROMではデータを書き換えるのにすべてのデータをいったん消去しなければならないが、これを改良してブロック単位の書換えができるようにしたものをフラッシュメモリという。

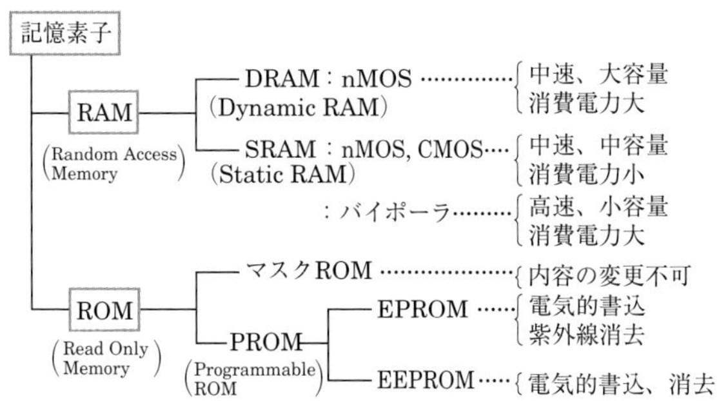

図12・3　記憶素子の種類

さらに詳しく！

DRAMの記憶素子

DRAMの記憶素子は、多数のメモリセルで構成されている。メモリセルは、図12・4のように1個のMOS形トランジスタと1個のキャパシタ（コンデンサに相当）が2本の信号線に接続された構成となっている。ワード線およびビット線の2本の信号線の電位の高低で制御することにより、1つのメモリセルで1ビットの情報を記憶する。

・メモリセルに"1"を記憶させるとき

ワード線の電位を"H"にしておき、ビット線の電位を"H"にする。この結果、キャパシタに電荷が蓄えられる。

・メモリセルに"0"を記憶させるとき

ワード線の電位を"H"にしておき、ビット線の電位を"L"にする。この結果、放電によりキャパシタの電荷がなくなる。

・データを読み出すとき

ワード線の電位を"H"にして、キャパシタから放電がありビット線の電位が上昇すれば"1"が記憶されていたと判定し、キャパシタからの放電がなくビット線の電位が上昇しないときは"0"が記憶されていたと判定する。

上記のように、DRAMではセルに記憶されているデータが"0"であるか"1"であるかの判定を、ワード線の電位を上げたときにキャパシタからの放電電流によりビット線の電位が上昇するかどうかで行っている。そのため、読出しを行う度にキャパシタから電荷が流出し、記憶内容が失われる。また、長時間放置すると漏れ電流によりキャパシタから電位が失われていく。

このような理由から、DRAMでは記憶保持のための再書込み動作、すなわちリフレッシュ動作が必要になる。

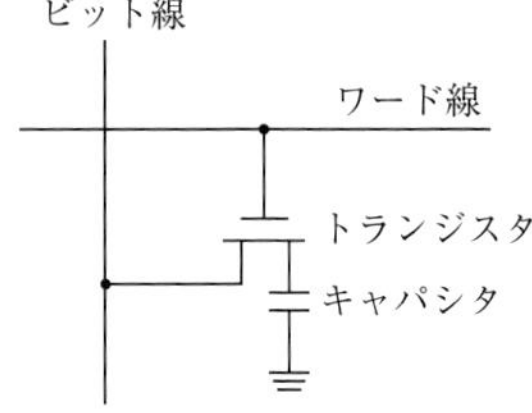

図12・4　メモリセルの構成

13 光ファイバ通信システムに用いる半導体素子

1 光ファイバ通信システム

光ファイバ通信システムにおいて、端末から送出された電気信号は、電気→光変換器で光の強弱の信号に変換されて光ファイバに送り込まれる。信号が受信側に到達すると、光→電気変換器により電気信号に戻され、各受信端末へ届けられる。

このように、光ファイバ通信システムでは、通信システムの入口および出口で電気信号と光信号を相互変換する必要があり、その変換には半導体素子が用いられている。

2 発光素子

電気信号を光信号に変換する素子で、発光ダイオード(LED)、半導体レーザダイオード(LD)、分布帰還型レーザダイオード(DFB－LD)などがある。

●発光ダイオード(LED：Light Emitting Diode)

p形半導体とn形半導体の間に極めて薄い活性層を挟み、境界をヘテロ接合(組成が異なる2種類の半導体間での接合状態)した構造となっており、pn接合に順方向の電流を流したとき光を発する。

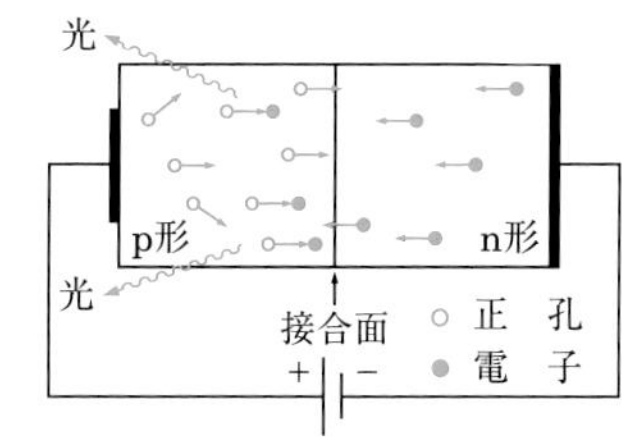

図13・1　発光の原理

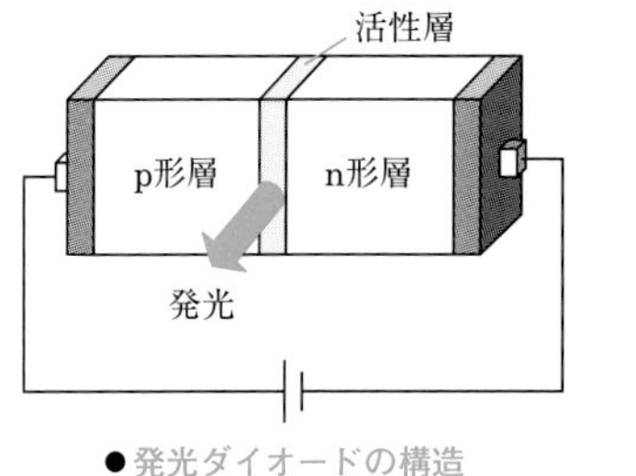

●発光ダイオードの構造

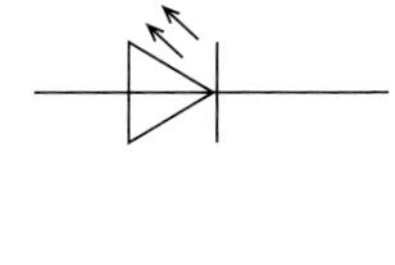

●発光ダイオードの図記号

図13・2　発光ダイオード

●半導体レーザダイオード(LD：Laser Diode)

p形半導体とn形半導体の間に極めて薄い活性層を挟み、光の波長の整数倍の長さに切断した両面を反射鏡とした構造になっている。活性層の間に閉じ込めた光を誘導放射により増幅し共鳴させることでレーザ発振を起こさせて、そのレーザ光の一部を放出する。

用語解説

分布帰還型レーザダイオード(DFB－LD)
活性層に沿って液状構造の回折格子を形成することにより、LDよりも発振スペクトラム幅を狭くし、高速な伝送を可能にした発光素子。

補足

発光ダイオードとホトトランジスタを向かい合わせ、光を介して信号伝達を行うものを「ホトカプラ」という。ホトカプラは、入力側と出力側を電気的に分離できるという特徴を持つ。

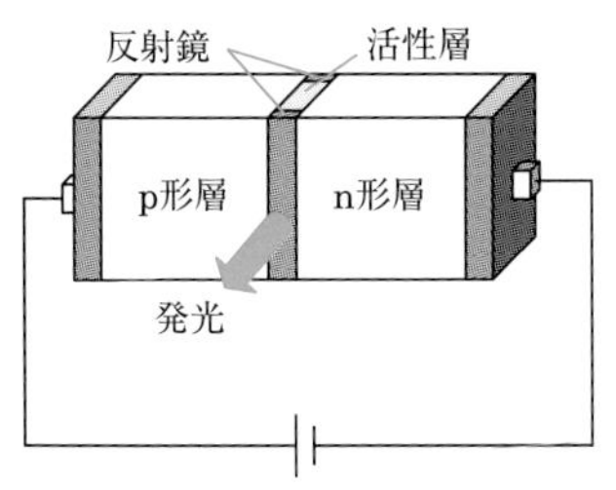

●半導体レーザダイオードの構造

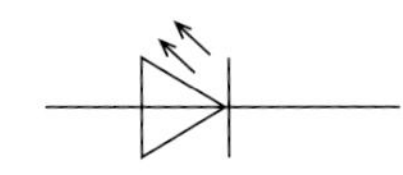

●半導体レーザダイオードの図記号

図13・3　半導体レーザダイオード

補足
半導体レーザダイオードの図記号は、一般に、発光ダイオードと同じものが用いられている。ただし、発光ダイオードと区別するため、図記号中に「LD」と別記することが多い。

3 受光素子

光信号を電気信号に変換する素子で、ホトダイオード(PD)、アバランシホトダイオード(APD)、ホトトランジスタなどがある。

●ホトダイオード(PD：Photo Diode)

逆方向電圧を加えたpn接合に光を照射すると、光のエネルギーによって少数キャリアがつくられ、逆方向電流が増加する。ホトダイオードとホトダイオードで生じた電荷を転送するCCD(Charge Coupled Devices)を組み合わせた画像入力用の装置をCCDセンサといい、デジタルカメラやファクシミリなどに用いられている。

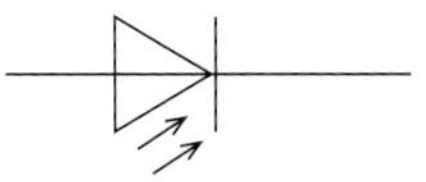

図13・4　ホトダイオードの図記号

ホトダイオードは一般に逆方向電圧で使用する。

●PINホトダイオード(PIN－PD：PIN－Photo Diode)

PDの一種で、真性半導体に近い半導体の層(i形層)を不純物濃度の高いp形層とn形層で挟んだ3層構造の受光素子である。応答速度が速いことから、通信システムに多く用いられている。アバランシホトダイオードのような電流増幅作用はないが、動作電圧は低い。

●アバランシホトダイオード(APD：Avalanche Photo Diode)

電子なだれ降伏現象を利用することによりPDよりも大きな電流を取り出すことができる受光素子である。一般に、pn接合のp形層の外側に不純物濃度の高いp形半導体を接合した構造をとる。ホトダイオードと同様の動作をするが、高速応答性に優れている。光によって発生した電子を半導体の接合部に存在する電子の山に勢いよく衝突させて、電子なだれ降伏現象を発生させることにより大きな電流を得ることができる。

用語解説
電子なだれ降伏現象
高電界により電子が加速され連鎖反応的に電流が増加する現象。
APDはpn接合に降伏電圧より少し低い逆バイアス電圧を印加して使用するが、このとき、光の照射により空乏層に発生した自由電子が電界中で加速されて原子と衝突し、電子を発生させる(衝突電離)。さらにこの電子が電界で加速されるので、衝突電離の過程は連鎖し、なだれ的に多量の電子が発生する(電子なだれ増倍効果)。この結果、降伏が起こり、急激に電流が流れる。

●ホトトランジスタ

光によってON/OFFの制御を行うことができるトランジスタである。エミッタ－コレクタ間に電圧を加えておき、コレクタ－ベース接合(CB接合)面に光を照射すると、ベース電流が流れてトランジスタが導通状態となり、コレクタ電流が流れる。トランジスタであるため増幅作用があり、ホトダイオードよりも光電変換効率が高い。

14 その他の半導体素子

●トンネルダイオード

通常のダイオードに比べてp形、n形の不純物濃度を極端に高くしたもので、トンネル効果と呼ばれる電圧－電流特性を持つ。

表14・1において、電圧が小さい範囲N→O→Pでは、導体の接合と同じ順方向特性を示すが、さらに順方向電圧を増加させていくと、P→Qの過程を経て一般のpn接合と同じ順方向特性に戻る。P→Qの特性を負性抵抗特性といい、高速性に優れているため、マイクロ波の発振素子や論理素子に使われている。

●サーミスタ

温度変化で電気抵抗が大きく変わる半導体素子であり、温度センサあるいはトランジスタの温度補償素子などに用いられている。サーミスタには、負の温度係数を持つ(温度が上昇すると抵抗が減少する)NTCサーミスタと、正の温度係数を持つ(温度が上昇すると抵抗が増加する)PTCサーミスタの2種類があり、それぞれに傍熱形と直熱形とがある。

●バリスタ

pn接合の順方向特性を双方向に持つ素子で、シリコンカーバイド(炭化けい素)を焼き固めて作られている。図14・1に示すようにバリスタは、電圧－電流特性が原点に対して対称となっていて、原点付近の低い電圧では高抵抗で、電圧がある値以上になると急激に抵抗値が下がり、電流が流れ出す性質を持っている。

この特性を利用して、電話機回路中の電気的衝撃音(クリック)防止回路や送話レベル、受話レベルの自動調整回路などに使用されている。

注意

バリスタは、印加電圧が一定の値を超えると、その抵抗値が低下して急激に電流が増大する非直線性を持つ素子である。一般に、電話機の衝撃性雑音の吸収回路などに用いられる。

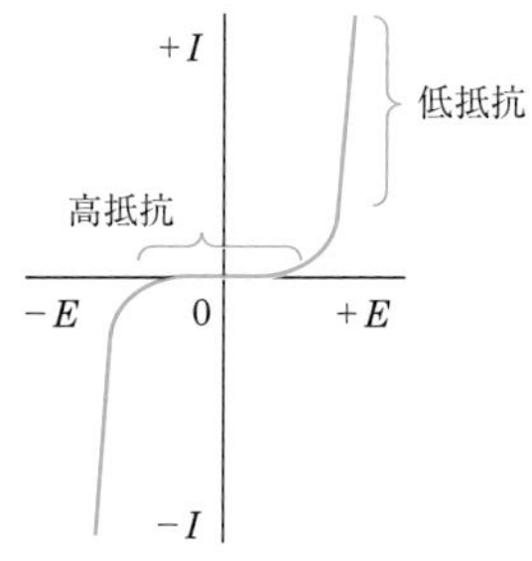

図14・1　バリスタ

●3極逆阻止サイリスタ

小さな電力で大きな電力を制御でき、スイッチング動作が速いなどの特徴を持つ素子である。p形半導体とn形半導体を交互に重ねて4層にし、端のp層にアノード(A)、反対側のn層にカソード(K)、途中のp層またはn層にゲート(G)という3つの端子を取り付けた構造になっている。現在はp層にゲート電極を取り付けたpゲート形のものが多く使用されている。

補足

サイリスタは、SCR(シリコン制御整流素子)とも呼ばれている。

pゲート形の3極逆素子サイリスタにおいて、アノード－カソード間に順方向(アノード側に＋、カソード側に－)の電圧を加えても、途中の接合部で阻止されるため電流は流れない(遮断(しゃだん)状態)が、ゲート－カソード間に順方向の電圧を加えるとアノード－カソード間に電流が流れる(導通状態)。いったんアノード－カソード間が導通状態になれば、ゲート－カソード間の電圧を0にしたり逆方向にかけたりしても、アノード－カソード間の電流は流れ続ける。再び遮断状態に戻すためには、アノード－カソード間の電圧を0または逆方向にする必要がある。

補足

回路を電流が流れない遮断(非導通)状態から電流が流れる導通状態にすることを**ターンオン**(turn on)といい、導通状態から遮断状態にすることを**ターンオフ**(turn off)という。

●トライアック

2個の3極逆阻止サイリスタを逆方向に並列に組み合わせたものと同じ動作をする素子で、3極逆阻止サイリスタの単方向性を双方向性にしたものとなっている。このことからトライアックは、**双方向サイリスタ**とも呼ばれている。

●GTO

ゲートに印加する電圧により、導通状態への切替え(ターンオン)と遮断状態への切替え(ターンオフ)ができるようにしたサイリスタである。

●npnアバランシトランジスタ

コレクタ接合での電子なだれ降伏現象を利用して電流増幅を行うトランジスタである。

表14・1　各種半導体素子

名称	トンネルダイオード	サーミスタ	バリスタ	トライアック
図記号	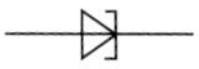	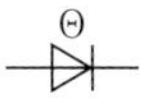	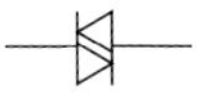	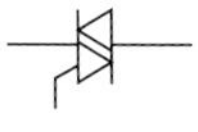
特徴	トンネル効果による負性抵抗を利用し、高周波発振素子、高速スイッチング素子などに利用される。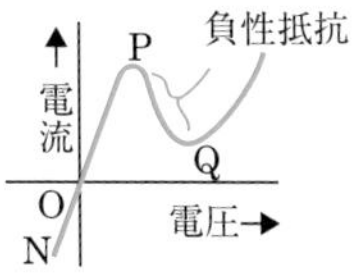	一般に負の温度係数(NTC)のものが使用され、温度センサや電子回路の温度補償に利用される。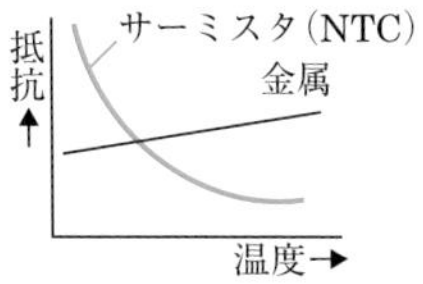	電圧－電流特性が点対称になる。過電圧の抑制、雑音の吸収を行う回路に利用される。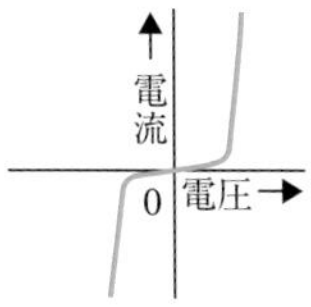	pn接合を5層構造にした素子で、ゲート(G)電流によりオン・オフの2つの安定した状態を制御する。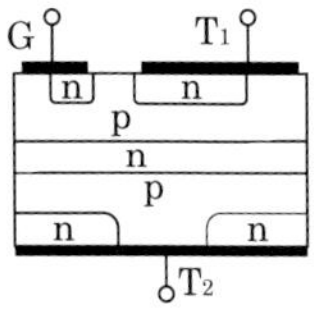

名称	3極逆阻止サイリスタ(nゲート)	3極逆阻止サイリスタ(pゲート)	npnアバランシトランジスタ
図記号	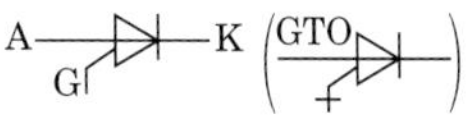	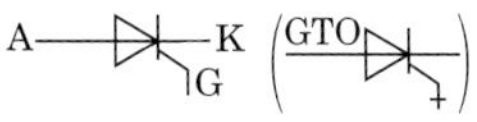	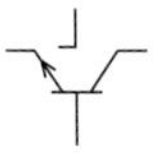
特徴	サイリスタは、pn接合の4層構造の素子でオン・オフの2つの安定状態を持つ。 ●nゲート　●pゲート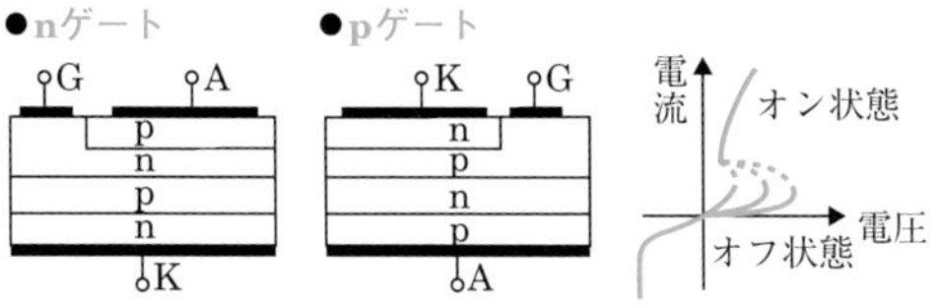		コレクタ接合での電子なだれ降伏現象を利用し、電流増幅を行うトランジスタ。

演習問題

問1

半導体について述べた次の二つの記述は、［（ア）］。

A　正孔が多数キャリアであるp形半導体と、自由電子が多数キャリアであるn形半導体は、いずれも真性半導体に不純物を加えて作られる。

B　p形半導体に含まれる不純物はドナーといわれ、n形半導体に含まれる不純物はアクセプタといわれる。

[① Aのみ正しい　② Bのみ正しい　③ AもBも正しい　④ AもBも正しくない]

解説

シリコン(Si)などの真性半導体結晶に不純物を加えると、結晶中の電子に過不足が生じ、その結果キャリアが発生し、電気伝導に寄与する。不純物としてひ素(As)などの5価の元素を加えた場合は自由電子の数が多い(つまり自由電子が多数キャリアである)n形半導体になり、このとき加えた不純物をドナーという。また、インジウム(In)などの3価の元素を加えると正孔の数が多い(つまり正孔が多数キャリアである)p形半導体となり、このとき加えた不純物をアクセプタという。よって、設問の記述は、**Aのみ正しい**。

【答（ア）①】

問2

図－1に示すトランジスタ増幅回路において、この回路のトランジスタの各特性が図－2及び図－3で示すものであるとき、コレクタ－エミッタ間の電圧V_{CE}は、［（イ）］ボルトとなる。ただし、抵抗R_1は100オーム、R_2は2.4キロオーム、抵抗R_3は3キロオームとする。

[① 2　② 4　③ 6　④ 8　⑤ 10]

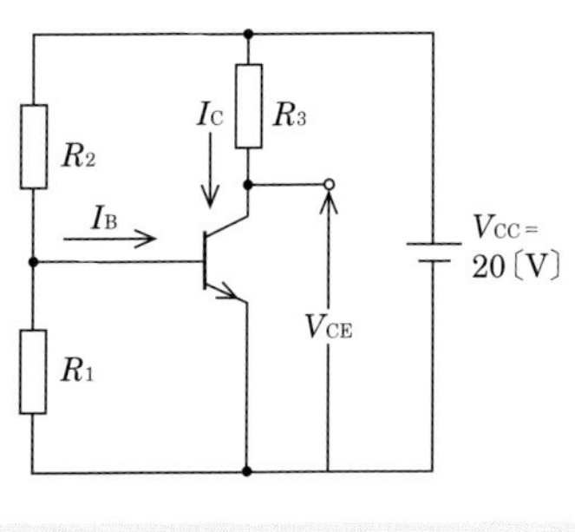

図－1

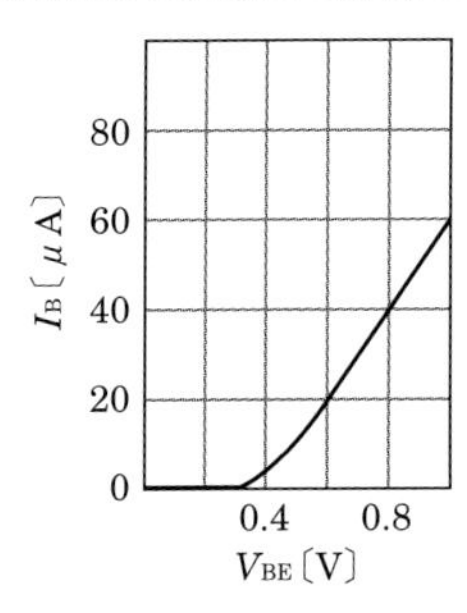

図－2

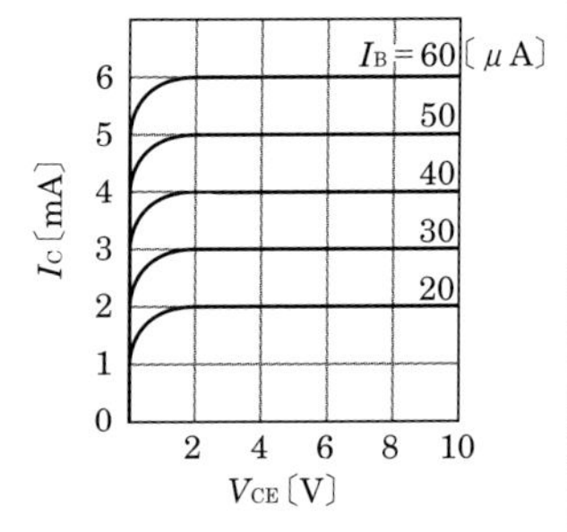

図－3

解説

図－1は電流帰還バイアス回路であり、図－4のように、V_{CC}を2つの抵抗R_1とR_2で分圧し、R_1とR_Eによる電圧降下V_{RE}によりベース－エミッタ間電圧V_{BE}を得る。

R_1の両端電圧V_1〔V〕は$V_1 = V_{BE} + V_{RE} = V_{BE} + I_E R_E$〔V〕であるが、図－1よりエミッタとアースの間に抵抗がないため、$R_E = 0$〔Ω〕であり、$V_1 = V_{BE}$〔V〕となる。ここで、$R_1 = 100$〔Ω〕、$R_2 = 2.4 \times 10^3$〔Ω〕であり、これらにより$V_{CC} = 20$〔V〕を分圧するから、V_1は次のようになる。

$$V_1 = \frac{R_1}{R_1 + R_2} \times V_{CC} = \frac{100}{100 + 2{,}400} \times 20 = 0.8〔V〕$$

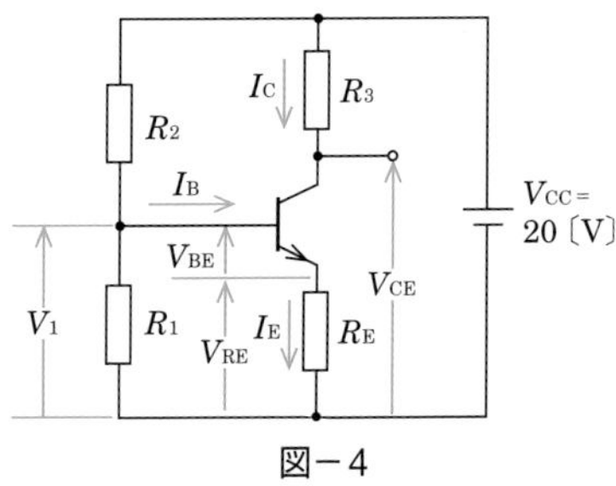

図－4

ここで$V_{BE}=V_1=0.8$〔V〕であるから、図－2を用いて$V_{BE}=0.8$〔V〕のときのベース電流I_B〔μA〕を求めると、$I_B=40$〔μA〕となる。また、図－3より、$I_B=40$〔μA〕のときのコレクタ電流I_C〔mA〕は、$I_C=4$〔mA〕である。これより、抵抗$R_3=3$〔kΩ〕の両端電圧は、$R_3I_C=3\times4=12$〔V〕となる。

よって、エミッターコレクタ間の電圧V_{CE}〔V〕は、

$V_{CE}=V_{CC}-R_3I_C=20-12=\mathbf{8}$〔V〕　【答（イ）④】

問3

回路素子について述べた次の二つの記述は、［（ウ）］。

A　バリスタは、印加電圧がある値を超えると、その抵抗値が急激に低下して電流が増大する非直線性の特性を持つ素子であり、電話機の衝撃性雑音の吸収回路などに用いられる。

B　可変容量ダイオードは、逆方向電圧の大きさにより、静電容量が変化する特性を持つ素子であり、周波数変調回路などに用いられる。

[① Aのみ正しい　② Bのみ正しい　③ AもBも正しい　④ AもBも正しくない]

解説

設問の記述は、**AもBも正しい**。

A　バリスタは、電圧－電流特性が非直線的な変化を示す非直線抵抗素子で、電圧がある一定値を超えると急激に抵抗値が低下し、電流が増加する。この特性を利用して、電話機の衝撃性雑音の吸収回路や、送話レベル、受話レベルの自動調整回路などに使用されている。したがって、記述は正しい。

B　ダイオードのpn接合面付近では、p形内部の正孔とn形内部の自由電子が拡散現象により相手領域に入り込み、自由電子と正孔が結合して消滅する。このため、pn接合面付近にキャリアの存在しない空乏層ができる。空乏層の幅はpn接合に加える逆方向電圧により変化し、逆方向電圧を大きくすると幅が広くなる。コンデンサの静電容量は電極間の間隔に反比例するので、この空乏層を利用して静電容量を変化させることにより可変容量コンデンサとして利用できる。したがって、記述は正しい。

【答（ウ）③】

問4

ダイオードを用いた波形整形回路において、入力信号波形から、上の基準電圧以上と下の基準電圧以下を切り取り、中央部(上下の基準電圧の間に入る部分)の信号波形だけを取り出す回路は、［（エ）］といわれる。

[① ピーククリッパ　② ベースクリッパ　③ スライサ　④ ドライバ　⑤ フリップフロップ]

解説

任意の入力波形に対して、ある特定の基準電圧レベルの上または下の部分を取り出したり、取り除いたりする波形整形回路を総称してクリッパという。また、入力信号波形から、上の基準電圧以上と下の基準電圧以下を切り取り、中央部の信号波形だけを取り出す回路を**スライサ**という。　【答（エ）③】

問5

接合型電界効果トランジスタは、半導体内部の多数キャリアの流れを、［（オ）］電極に加える電圧により制御する半導体素子である。

[① ドレイン　② ベース　③ ソース　④ ゲート]

解説

電界効果トランジスタ(FET)は、**ゲート**電極に加える電圧により空乏層の大きさを変化させ、ドレイン～ソース間において多数キャリアが流れるチャネルを制御する電圧制御形の半導体素子である。内部構造の違いにより接合型(JFET)とMOS型(MOSFET)に大別されるが、動作のさせ方はどちらも同じである。

【答（オ）④】

第3章 論理回路

コンピュータを構成するデジタル回路は、0と1の2値で表現される論理素子から成る。本章で解説する論理回路は、デジタル回路の基礎理論となるものである。

1 数値表現

1 数の表現方法

われわれは、コンサートの座席や住居の位置などを示す番号、時刻の前後や競技結果の優劣などを示す順番、物がいくつあるかを示す個数、人が何人いるかを示す人数、物体の大きさや重さなどを示す量、命題の真・偽を示す論理などを記述するとき、一般に、数を利用する。そうした数(値)を表現する方法には、10進数(しんすう)、2進数、8進数、16進数などさまざまなものがある。

補足
何進数の数値表現であるかを明確にするために、10進数を$(100)_{10}$、2進数を$(1100100)_2$のように表記することがある。

●10進数

現代人が日常生活に用いている数の表現は、一般に10進数である。10進数は基数(きすう)を10とし、1つの桁(けた)は0、1、2、3、4、5、6、7、8、9の10種類の文字(数字)を使って表される。2桁以上の10進数の場合、右から見て$n+1$桁目にある数字は、同じ数字がn桁目にある場合の10倍の数量を表す。

●2進数

2進数は、基数を2とし、1つの桁を0と1の2種類の数字で表す方法である。2桁以上の2進数の場合、右から見て$n+1$桁目にある数字は、同じ数字がn桁目にある場合の2倍の数量を表す。コンピュータなどのデジタル回路の内部処理は、一般に電圧の高・低などの2つの状態を用いて行われるので、それぞれの状態に2進数の0と1を割り当てることで数値による管理ができるようになる。

しかし、2進数は10進数などに比べて桁数が多くなりがちになるため、人間が目視した場合に桁を見誤りやすいという欠点がある。このことから、情報処理の分野では、2進数3桁の値を1桁で表現できる8進数や、2進数4桁の値を1桁で表現できる16進数を用いることが多い。

●8進数

8進数は、基数を8とし、1つの桁を0、1、2、3、4、5、6、7の8種類の数字で表現する方法である。2桁以上の8進数の場合、右から見て$n+1$桁目にある数字は、同じ数字がn桁目にある場合の8倍の数量を表す。2進数との相互変換が簡単にできる特長がある。

●16進数

16進数は、基数を16とし、1つの桁を0、1、2、3、4、5、6、7、8、9、A、B、C、D、E、Fの16種類の数字で表現する方法である。16種類の値を表すのに、われわれが普段使用している10進数の数字では足りないので、アルファベットの

A～Fの6文字を数字に使用している。2桁以上の16進数の場合、右から見て$n+1$桁目にある数字は、同じ数字がn桁目にある場合の16倍の数量を表す。16進数も2進数との相互変換は容易である。

2 基数変換

2進数と10進数は相互に変換することができる。たとえば、10進数の「2」は2進数では「10」であり、2進数の「11」は10進数では「3」である。2進数と10進数の相互変換方法をマスターすれば、2進数と8進数の相互変換と2進数と16進数の相互変換は簡単にできるので、10進数と8進数、10進数と16進数の相互変換もできることになる。

●10進数から2進数への変換

10進数の数を2進数に変換する場合は、10進数を2で割っていき、その余りを下から順に並べることにより求められる。たとえば、10進数の126を2進数に変換すると、次のようになる。

```
2 )126
2 ) 63 ── 余り0  ↑
2 ) 31 ── 余り1
2 ) 15 ── 余り1
2 )  7 ── 余り1
2 )  3 ── 余り1
     1 ── 余り1
```

126を2進数で表現すると1111110

図1・1　10進数から2進数への変換例

●2進数から10進数への変換

2進数の数を10進数に変換するには、2進数のそれぞれの桁に、下位から2^0、2^1、2^2、2^3、・・・、2^nを対応させ、これに2進数の各桁の数字(1または0)を掛けて総和を求める。たとえば、8桁の2進数10010001を10進数に変換すると、次のようになる。

$(1\ 0\ 0\ 1\ 0\ 0\ 0\ 1)_2 = 2^7\times1+2^6\times0+2^5\times0+2^4\times1+2^3\times0+2^2\times0+2^1\times0+2^0\times1$

↑ ↑ ↑ ↑ ↑ ↑ ↑ ↑　$=128+0+0+16+0+0+0+1$

2^7 2^6 2^5 2^4 2^3 2^2 2^1 2^0　$=145$

の の の の の の の の

位 位 位 位 位 位 位 位

図1・2　2進数から10進数への変換例

補足

2の累乗(冪(べき)ともいう)は、
$2^{16}=65{,}536$
$2^{10}=1{,}024$
$2^9=512$
$2^8=256$
$2^7=128$
$2^6=64$
$2^5=32$
$2^4=16$
$2^3=8$
$2^2=4$
$2^1=2$
$2^0=1$
となる。なお、0以外のどんな数でも0乗すると1になる(コンピュータの世界では$0^0=1$と定義することが多いが、0の0乗は一般に定義されない)。

●2進数と8進数の相互変換

2進数から8進数への変換では、次頁の図1・3のように最下位桁から3桁ずつ区切り、表1・1に従って変換する。8進数から2進数への変換では、表1・1に従い8進数の1桁を2進数の3桁に変換して(変換した結果が3桁に満たない場合は上位桁を0で埋める)そのまま並べればよい。

●2進数と16進数の相互変換

2進数から16進数への変換では、図1・4のように最下位桁から4桁ずつ区切り、表1・1に従って変換する。16進数から2進数への変換では、表1・1に従い16進数の1桁を2進数の4桁に変換して(変換した結果が4桁に満たない場合は上位桁を0で埋める)そのまま並べればよい。

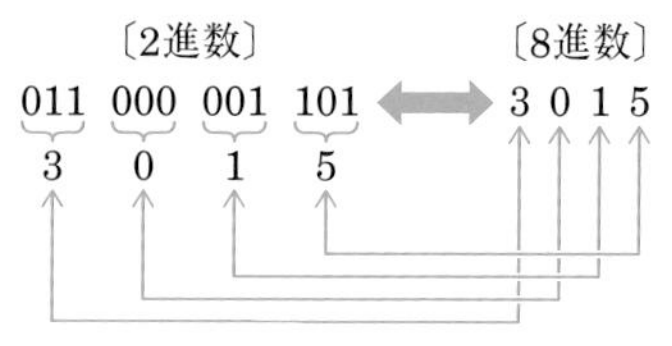

図1・3　2進数と8進数の相互変換例

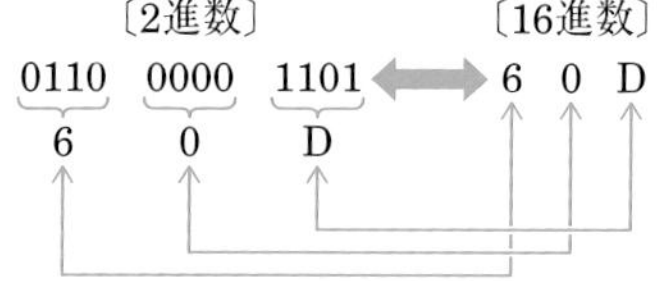

図1・4　2進数と16進数の相互変換例

表1・1　基数変換表

2進数	8進数	16進数	10進数
0	0	0	0
1	1	1	1
10	2	2	2
11	3	3	3
100	4	4	4
101	5	5	5
110	6	6	6
111	7	7	7
1000		8	8
1001		9	9
1010		A	10
1011		B	11
1100		C	12
1101		D	13
1110		E	14
1111		F	15

3　2進数の加算、乗算

●2進数の加算

10進数では、1と1を足し合わせると2になる(1 + 1 = 2)。しかし、2進数では1と1を足し合わせると桁が上がり、10となる(1 + 1 = 10)。したがって、2進数の加算は、最下位の桁の位置(右端)をそろえて、下位の桁から順に桁上がりを考慮しながら行う必要がある。

たとえば、8桁の2進数10011101と9桁の2進数101100110を足し合わせると、図1・5のようになる。

●2進数の乗算

10進数と同様に0 × 0 = 0、0 × 1 = 0、つまり0に何を掛けても0になる。また、1 × 1 = 1である。たとえば、6桁の2進数100011に5桁の2進数10101を掛けると、図1・6のようになる。

2進数では、1+1=10となる。
また、1+1+1=11である((1+1)+1=10+1=11)。

$$
\begin{array}{r}
10011101 \\
+)\ 101100110 \\
\hline
1000000011
\end{array}
$$

図1・5　2進数の加算例

$$
\begin{array}{r}
100011 \\
\times)\ \ 10101 \\
\hline
100011 \\
100011 \\
+)\ 100011 \\
\hline
1011011111
\end{array}
$$

図1・6　2進数の乗算例

表1・2に示す2進数のX_1〜X_3について、計算式(加算)$X_0 = X_1 + X_2 + X_3$からX_0を求め、2進数で表示してみる。

表1・2

2進数
$X_1 = 110111$
$X_2 = 1111001$
$X_3 = 10111001$

X_1〜X_3の最下位の桁の位置をそろえて次のように計算すると、$X_0 = 101101001$となる。

右肩の小さい数字は、ここでは累乗ではなく桁上がりしたことを忘れないように仮に記入したものである。

$$
\begin{array}{rll}
1\ 1\ 0\ 1\ 1\ 1 & \longleftarrow\cdots\cdots & X_1 \\
+)\ \ 1\ 1\ 1\ 1\ 0\ 0\ 1 & \longleftarrow\cdots\cdots & X_2 \\
\hline
1\ 0^1 1^1 1^1 0^1 0^1 0^1 0 & \cdots\cdots\longrightarrow & X_1+X_2 \\
+)\ 1\ 0\ 1\ 1\ 1\ 0\ 0\ 1 & \longleftarrow\cdots\cdots & X_3 \\
\hline
1\ 0\ 1^1 1^1 0\ 1\ 0\ 0\ 1 & \cdots\cdots\longrightarrow & X_1+X_2+X_3
\end{array}
$$

図1・7

理解度チェック

問1　2進数の$X_1 = 101111$と$X_2 = 101101$を用いて、計算式(加算)$X_0 = X_1 + X_2$からX_0を求め、これを16進数で表すと、［(ア)］になる。

① AC　② B4　③ 2D　④ 50　⑤ 5C

答 (ア) ⑤

2 論理回路の種類、論理式、ベン図

1 論理回路の種類

コンピュータなどでは2進数を用いており、電子スイッチのON/OFFを“1”と“0”の2つの数値に見立てて演算処理を行っている。この2値の演算を行う回路を論理回路といい、論理積(AND)回路、論理和(OR)回路、否定論理(NOT)回路、否定論理積(NAND)回路、否定論理和(NOR)回路、排他的論理和(EXOR)回路の6種類が代表的である。

●論理積(AND)回路

2個以上の入力端子と1個の出力端子を持ち、すべての入力端子に“1”が入力された場合のみ出力端子に“1”を出力し、入力端子の少なくとも1個の入力が“0”の場合は“0”を出力する。この回路の入力をAおよびB、出力をfとすると、論理式は$f = A \cdot B$で表される。

●論理和(OR)回路

2個以上の入力端子と1個の出力端子を持ち、入力端子の少なくとも1個に“1”が入力された場合に出力端子に“1”を出力し、すべての入力端子に“0”が入力された場合のみ“0”を出力する。この回路の入力をAおよびB、出力をfとすると、論理式は$f = A + B$で表される。

●否定論理(NOT)回路

1個の入力端子と1個の出力端子を持ち、入力端子に“0”が入力されたとき出力端子に“1”を、入力端子に“1”が入力されたとき出力端子に“0”を出力する。この回路の入力をA、出力をfとすると、論理式は$f = \overline{A}$で表される。

●否定論理積(NAND)回路

NAND回路はAND回路の出力をNOT回路で反転させたものである。したがって、すべての入力端子に“1”が入力された場合に出力端子に“0”を出力し、入力端子の少なくとも1個の入力が“0”の場合は“1”を出力する。この回路の入力をAおよびB、出力をfとすると、論理式は$f = \overline{A \cdot B}$で表される。

●否定論理和(NOR)回路

NOR回路はOR回路の出力をNOT回路で反転させたものである。したがって、入力端子の少なくとも1個に“1”が入力された場合に出力端子に“0”を出力し、すべての入力端子に“0”が入力された場合のみ“1”を出力する。この回路の入力をAおよびB、出力をfとすると、論理式は$f = \overline{A + B}$で表される。

●排他的論理和(EXOR)回路

2個の入力端子と1個の出力端子を持ち、一方の入力端子に“1”が入力され、もう一方の入力端子に“0”が入力された場合のみ出力端子に“1”を出力し、両方の入力端子の入力が同じ場合は“0”を出力する。この回路の入力をAおよびB、出力をfとすると、論理式は$f = A \cdot \overline{B} + \overline{A} \cdot B$で表される。

論理回路の動作を表にまとめたものを真理値表といい、数式で表現したもの

補足

コンピュータなどによる計算は、私達が日常行っている加算(足し算)、減算(引き算)、乗算(掛け算)、除算(割り算)などの算術計算とは異なり、計算対象も計算結果も真か偽の2通りの状態しかとらない(たとえば命題Aと命題Bがともに真ならばAかつBという命題は真であるなどの)2値論理による論理演算が基本である。そして、算術計算は、論理演算を行うさまざまな回路を組み合わせることで実現している。
このとき、人間の感覚に整合しやすいよう、真を“1”、偽を“0”のように数値で表示する場合が多い。

用語解説

論理式
ブール式ともいい、論理値の計算方法を定義している式である。演算子に算術計算と同じ+、・などの記号を用いることが多いが、算術計算と紛らわしいという理由で∧(AND)、∨(OR)、¬(NOT)、⊕(EXOR)などの記号を用いる場合もある。

補足

排他的論理和回路は、入・出力の関係から「不一致回路」ともいわれる。

を**論理式**という。表2・1は、論理回路を構成する論理素子の図記号とその真理値表、論理式などをまとめたものである。

なお、表中に示す**ベン図**は、集合の範囲や集合と集合の関係を視覚的に表現したものである。ベン図は、A、Bの2つの円またはA、B、Cの3つの円の組合せを用いて塗りつぶした部分の領域で論理式を示すことができる。

表2・1　各種論理素子

名　称	図記号(MIL規格)	ベン図	電子回路	A	B	f
論理積(AND)		$f=A\cdot B$		0	0	0
				0	1	0
				1	0	0
				1	1	1
論理和(OR)		$f=A+B$		0	0	0
				0	1	1
				1	0	1
				1	1	1
否定論理(NOT)		$f=\overline{A}$		0		1
				1		0
否定論理積(NAND)		$f=\overline{A\cdot B}$		0	0	1
				0	1	1
				1	0	1
				1	1	0
否定論理和(NOR)		$f=\overline{A+B}$		0	0	1
				0	1	0
				1	0	0
				1	1	0
排他的論理和(EXOR)		$f=A\cdot\overline{B}+\overline{A}\cdot B$		0	0	0
				0	1	1
				1	0	1
				1	1	0

補足

AND、OR、NOT、NAND、NOR、EXORなど、論理演算を行う回路の最小単位を**論理素子**といい、どんなに複雑な論理回路であっても、これらの論理素子を組み合わせてつくられたものと解釈することができる。また、AND素子、OR素子、NOT素子を組み合わせることであらゆる論理回路を表現できるため、この3種類の論理素子は特に基本論理素子と呼ばれている。

論理素子図記号は、慣例的に、表2・1のようなMIL(ANSI)規格で規定されているものが多く使用されているが、次のようなJIS(IEC)規格により規定されているものもある。

●AND

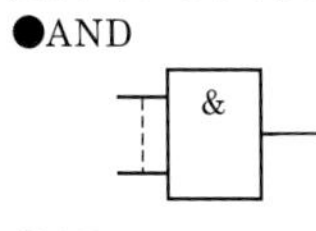

●OR

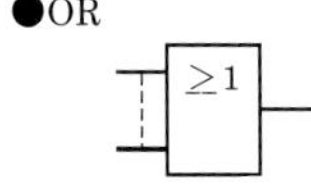

●NOT

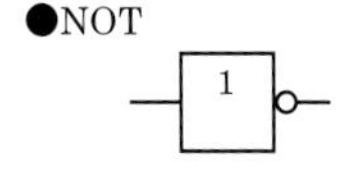

●EXOR

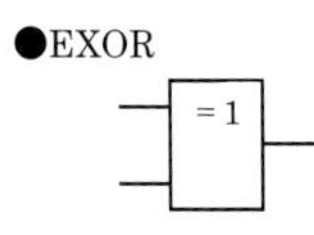

2　正論理と負論理

論理回路で扱うデータは、2値論理の“1”または“0”の組合せで表現される。この“1”と“0”を、電圧の高低やスイッチのON、OFFに対応させる方法として、**正論理**と**負論理**がある。

論理回路では、電圧が高い(H)状態を“1”、電圧が低い(L)状態を“0”に対応させたときを正論理、その逆にHを“0”、Lを“1”に対応させたときを負論理という。図2・1に示す論理回路は表2・2により、正論理で表すとAND回路になり、負論理で表すとOR回路になることがわかる。

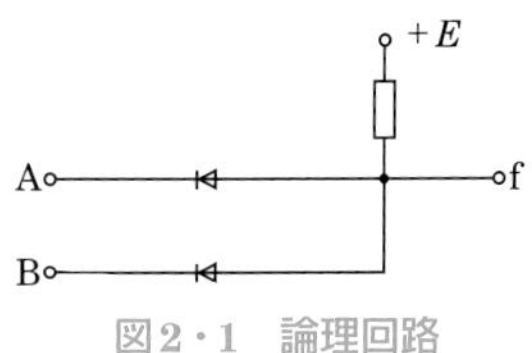

図2・1　論理回路

表2・2　正論理と負論理

回路動作			真理値表					
			正論理			負論理		
A	B	f	A	B	f	A	B	f
L	L	L	0	0	0	1	1	1
L	H	L	0	1	0	1	0	1
H	L	L	1	0	0	0	1	1
H	H	H	1	1	1	0	0	0

表2・3　正論理と負論理の対応一覧

論理ゲート	正論理	負論理
AND		
OR		
NOT		
NAND		
NOR		

注意

表2・3の図記号中の○は“0”を“1”に、“1”を“0”に反転することを表している。

3 論理式とベン図

論理式を視覚的に表す方法としてベン図が用いられる。ベン図は、論理式の論理入力を表すために、ある平面に円を描き、図2・2(a)のように円の内側を“1”、外側を“0”とするものである。このとき、図2・2(b)のように円内をAとすれば、円外はAの否定となり、$\overline{A}$で表す。

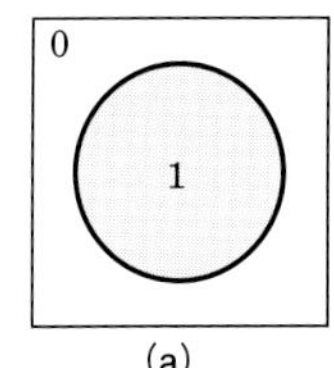

(a)

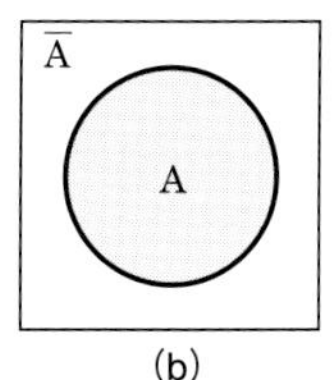

(b)

図2・2　ベン図

●3入力のベン図

図2・3は、3入力の論理和を示したものである。図2・3のうち(a)はA＋B＋C、(b)は$\overline{A}$＋B＋C、(c)は$\overline{A}$＋$\overline{B}$＋C、(d)は$\overline{A}$＋$\overline{B}$＋$\overline{C}$を表している。

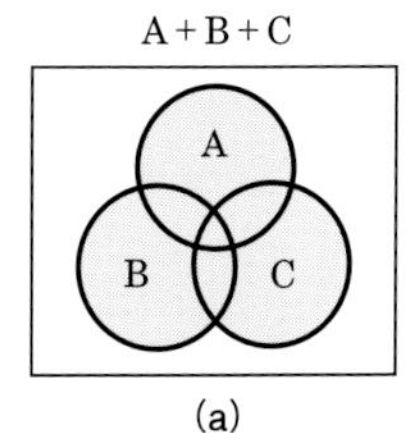

(a)

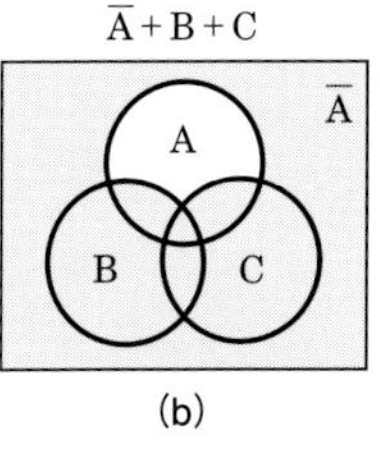

(b)

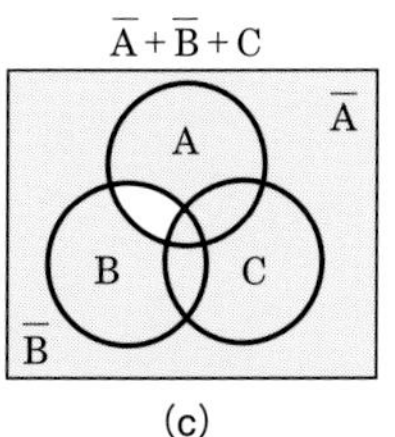

(c)

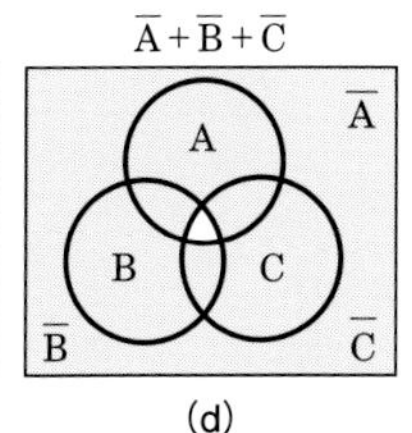

(d)

図2・3　3入力の論理和

また、図2・4は、3入力の論理積を示したものである。図2・4のうち(a)は

$\overline{A}\cdot\overline{B}\cdot\overline{C}$、(b)は$A\cdot\overline{B}\cdot\overline{C}$、(c)は$A\cdot B\cdot\overline{C}$、(d)は$A\cdot B\cdot C$を表している。

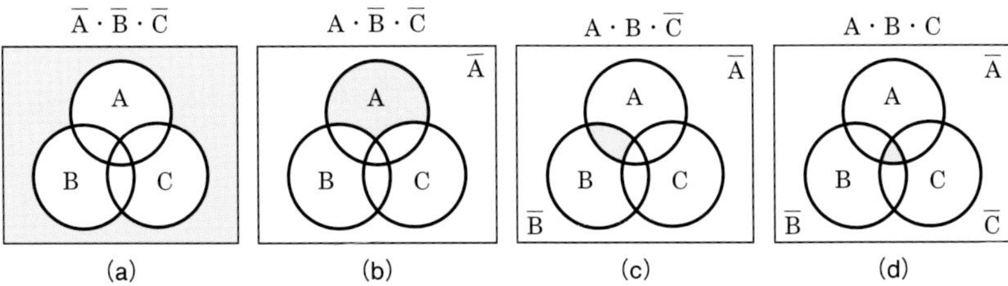

図2・4　3入力の論理積

図2・3と図2・4から、(a)～(d)はそれぞれ対応関係にあり、前項で説明した正論理と負論理の表、裏の関係を表していることになる。つまり、下に示す関係が得られる。

(a) $A+B+C$の否定　⇒　(a) $\overline{A}\cdot\overline{B}\cdot\overline{C}$
(b) $\overline{A}+B+C$の否定　⇒　(b) $A\cdot\overline{B}\cdot\overline{C}$
(c) $\overline{A}+\overline{B}+C$の否定　⇒　(c) $A\cdot B\cdot\overline{C}$
(d) $\overline{A}+\overline{B}+\overline{C}$の否定　⇒　(d) $A\cdot B\cdot C$

●積と和の混合したベン図

図2・5において円Aの網かけ部分は$A\cdot\overline{B}$を、円Bの網かけ部分は$\overline{A}\cdot B$を表しているので、論理式は$A\cdot\overline{B}+\overline{A}\cdot B$と表される。この論理式は**排他的論理和(EXOR)**といわれる。

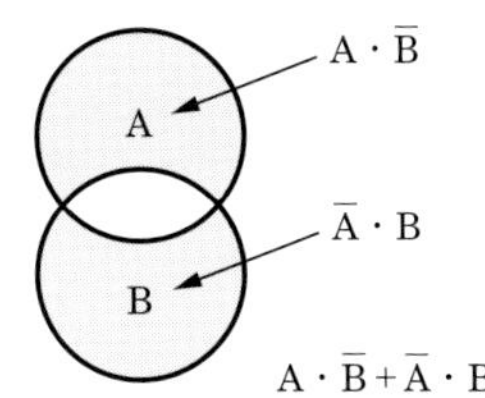

図2・5　排他的論理和(EXOR)

また、図2・6(a)の網かけ部分は、AとCの共通部分であるからAとCの論理積$A\cdot C$を表し、同様に図2・6(b)の網かけ部分は$B\cdot C$を表す。そして、図2・6(c)は図2・6(a)と図2・6(b)の論理和であるから、$A\cdot C+B\cdot C$を表す。

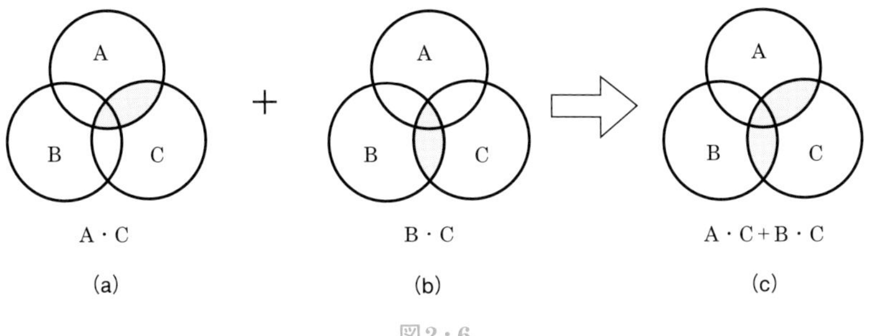

図2・6

3 論理代数(ブール代数)の法則

論理回路の組合せによって構成される回路を表現する場合、その変数や関数の値が"0"または"1"しかとらない代数が必要である。そこで**論理代数(ブール代数)**がよく用いられている。

論理回路を論理代数を使って表す際の基本公式を以下に示す。なお、論理代数は前節で述べたベン図とも密接な関わりを持つ。表3・1にベン図で表記した場合を示す。

- **交換の法則**：$A + B = B + A$　　$A \cdot B = B \cdot A$
- **結合の法則**：$A + (B + C) = (A + B) + C$
  $A \cdot (B \cdot C) = (A \cdot B) \cdot C$
- **分配の法則**：$A \cdot (B + C) = A \cdot B + A \cdot C$
- **恒等の法則**：$A + 1 = 1$　　$A + 0 = A$　　$A \cdot 1 = A$　　$A \cdot 0 = 0$
- **同一の法則**：$A + A = A$　　$A \cdot A = A$
- **補元の法則**：$A + \overline{A} = 1$　　$A \cdot \overline{A} = 0$
- **ド・モルガンの法則**：$\overline{A + B} = \overline{A} \cdot \overline{B}$　　$\overline{A \cdot B} = \overline{A} + \overline{B}$
- **復元の法則**：$\overline{\overline{A}} = A$
- **吸収の法則**：$A + A \cdot B = A$　　$A \cdot (A + B) = A$

表3・1　論理代数の諸法則

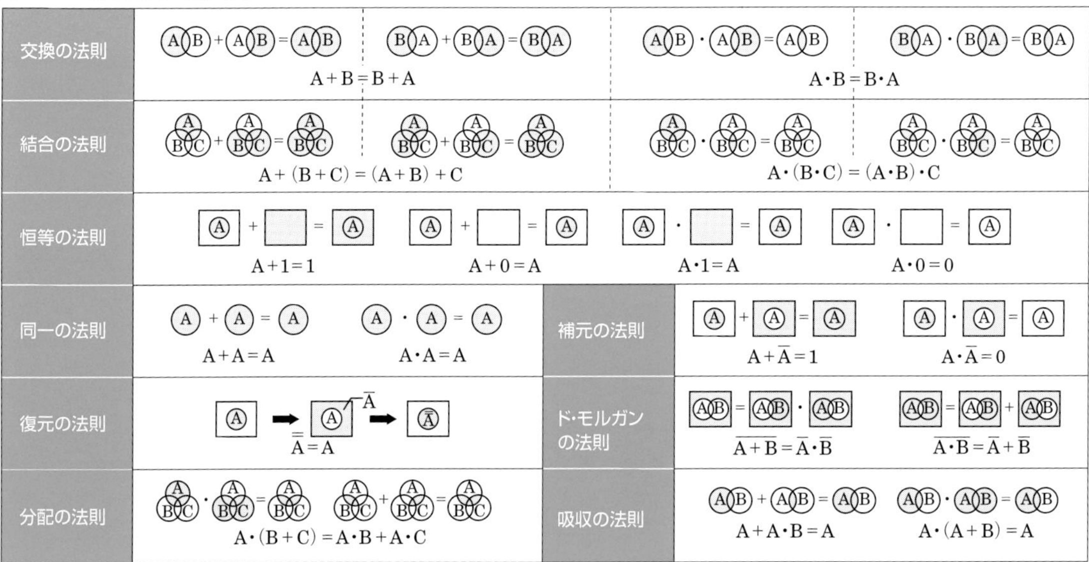

法則	式	法則	式
交換の法則	$A+B=B+A$　$A \cdot B=B \cdot A$		
結合の法則	$A+(B+C)=(A+B)+C$　$A \cdot (B \cdot C)=(A \cdot B) \cdot C$		
恒等の法則	$A+1=1$　$A+0=A$　$A \cdot 1=A$　$A \cdot 0=0$		
同一の法則	$A+A=A$　$A \cdot A=A$	補元の法則	$A+\overline{A}=1$　$A \cdot \overline{A}=0$
復元の法則	$\overline{\overline{A}}=A$	ド・モルガンの法則	$\overline{A+B}=\overline{A} \cdot \overline{B}$　$\overline{A \cdot B}=\overline{A}+\overline{B}$
分配の法則	$A \cdot (B+C)=A \cdot B+A \cdot C$	吸収の法則	$A+A \cdot B=A$　$A \cdot (A+B)=A$

理解度チェック

問1　次の論理関数Xは、ブール代数の公式等を利用して変形し、簡単にすると、［(ア)］になる。

$X = A \cdot (\overline{A} + B)$

①A　②B　③A・B

答 (ア) ③

4 組合せ論理回路

1 論理回路の動作と真理値表

図4・1の論理回路の真理値表は、2つの論理素子(AND、NAND)の動作の組合せとして表4・1のようになる。この真理値表の作り方を簡単に説明すると、まず、図中の点線囲みで示したように入力a、bの値の組合せに対する点d、および出力cの値を求め、次に、これを表4・1の真理値表にまとめる。

表4・1 真理値表

入力		出力
a	b	c
0	0	0
0	1	1
1	0	0
1	1	0

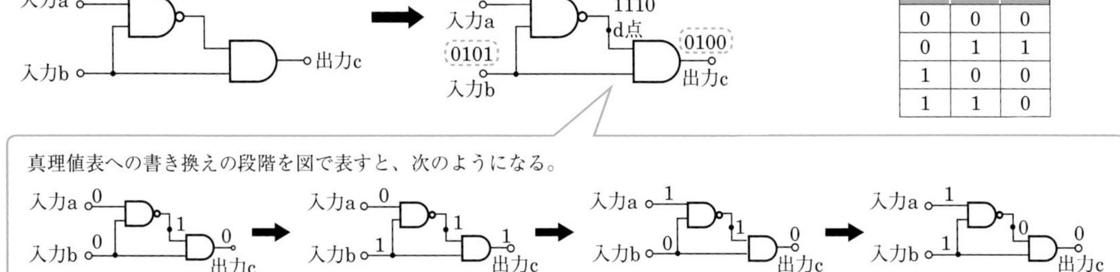

図4・1 論理回路の動作と真理値表

論理回路の動作と真理値表について理解を深めるために、次の例題を解いてみよう。

例題

図4・2の論理回路において、入力aおよび入力bに、図4・3に示す入力があるとする。この場合、図4・2の出力cは、図4・3の出力c1〜c3のうち、どれに該当するかを考えてみる。

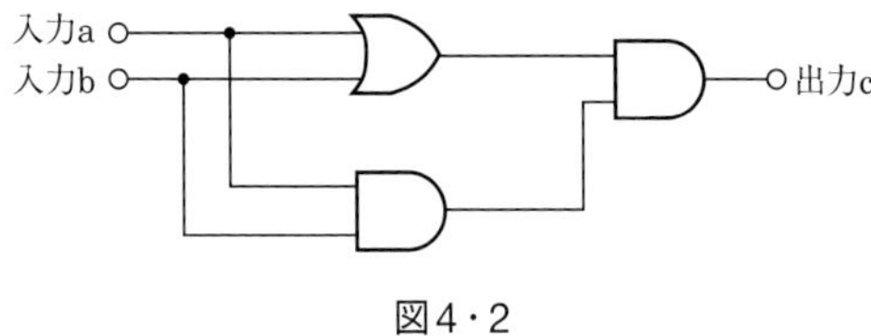

図4・2

図4・2の論理回路の入力aおよび入力bに、次頁に示す表4・2の真理値表の論理レベルを入力すると、回路中の各論理素子における論理レベルの変化は図4・4のようになり、出力cは0、0、0、1となる。

したがって、入力aの論理レベルと入力bの論理レベルがいずれも1のときのみ出力cの論理レベルが1となることから、表4・3より、図4・3中のc2が該当する。

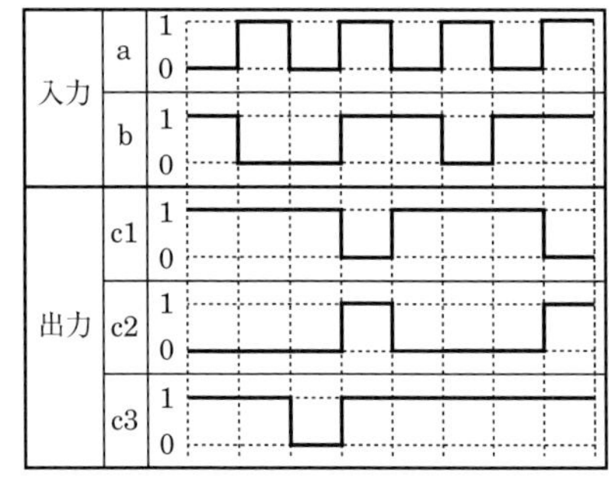

図4・3

表4・2　図4・2の論理回路の真理値表

入力	a	0	0	1	1
	b	0	1	0	1
出力	c	0	0	0	1

表4・3　図4・3の入力a及びbに対する論理回路の出力c

入力	a	0	1	0	1	0	1	0	1
	b	1	0	0	1	1	0	1	1
出力	c	0	0	0	1	0	0	0	1
		ⓧ	ⓨ						

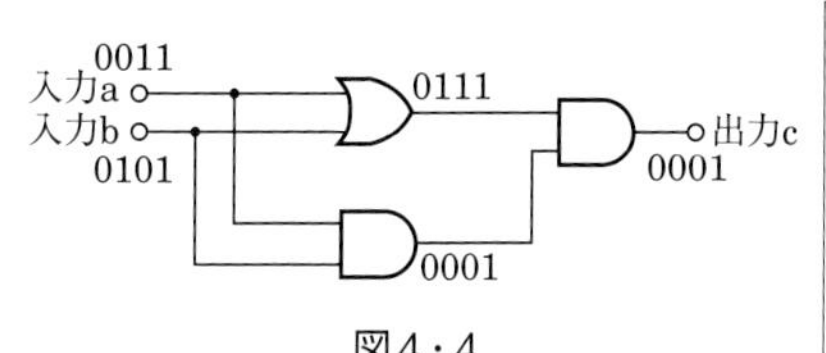

図4・4

表4・3は、設問の図4・3の入力a、bを順次入力したときの、出力cの論理レベルを示したものである。たとえば、図4・3の一番左側の列、すなわち入力aが0、入力bが1のとき、出力cは0となる(表4・3のⓧ参照)。また、図4・3の左から2番目の列、すなわち入力aが1、入力bが0のとき、出力cは0となる(表4・3のⓨ参照)。このように、図4・3の入力a、bを順次入力して出力cの値を求めると、cは、c2の波形すなわち00010001となる。

2 フリップフロップ回路

フリップフロップ回路は、1ビット("0"または"1")の情報を安定的に保持することができる回路であり、機能等によりR－S(リセットセット)形、T(トリガー)形、D(ディレイ)形などに分類される。

図4・5はR－S形フリップフロップ回路を示したものである。この回路の出力結果は、次のような仮定法を用いて求めることができる。つまり、入力レベルの値を0と仮定して出力レベルを求め、両者が一致したものを正しいとする方法である。

この方法で入力Sが1、Rが0の場合について考えてみる。いま、図4・5(a)のようにNAND回路1のSからの入力をS_1 ($=\overline{S}=0$)、他の入力をS_2とし、NAND回路2のRからの入力R_1 ($=\overline{R}=1$)、他の入力をR_2とする。

ここで、S_2の値を0と仮定すると、NAND回路1の入力は0、0となるので、出力Qは1となる。この出力はNAND回路2の入力R_2となるので、NAND回路2の入力は1、1となり、出力$\overline{Q}$は0となる。

次に、図4・5(b)のようにS_2が1と仮定すると、$Q=R_2=1$となるので、出力$\overline{Q}$は0となる。

両方の仮定による結果が同じになったので、Q、$\overline{Q}$の出力は1、0と断定することができる。また、Sが0、Rが1の場合についても同様にして出力結果0、1を得ることができる。

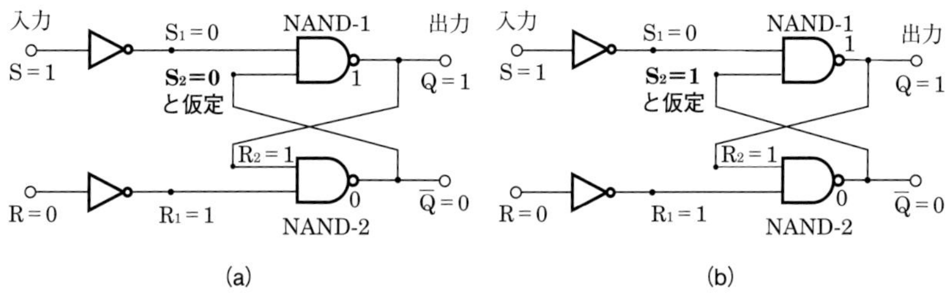

図4・5　R－S形フリップフロップ回路

3 組合せ論理回路の簡略化

多数の論理素子で構成されている論理回路において、ある入力に対して必要とする出力を得るための論理動作を調べると、より少ない素子数で簡略化できることがある。

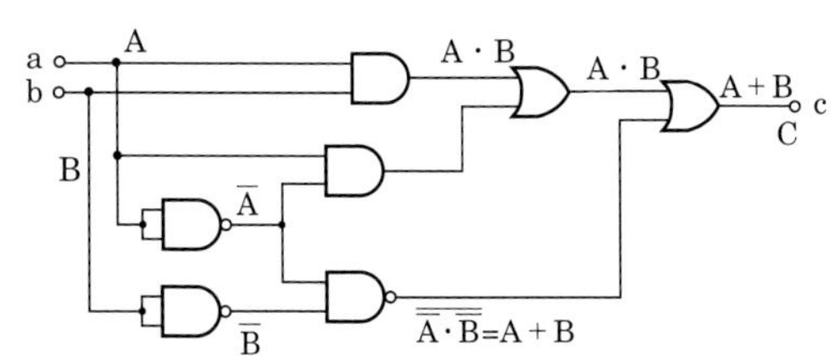

図4・6 論理回路の簡略化

図4・6に示す回路において、入力端子aの論理レベルをA、入力端子bの論理レベルをBとして図中の各部へ順次、論理式を記入すると、出力端子cの論理レベルCは次のようになる。

$$C = A \cdot B + (A + B)$$
$$= A + B$$

したがって、この回路の入力と出力の関係は、OR回路と等価であることがわかる。

例題

図4・7の論理回路は、入力aおよび入力bの論理レベルと出力cの論理レベルの関係から、どの回路に置き換えることができるかを考えてみる。

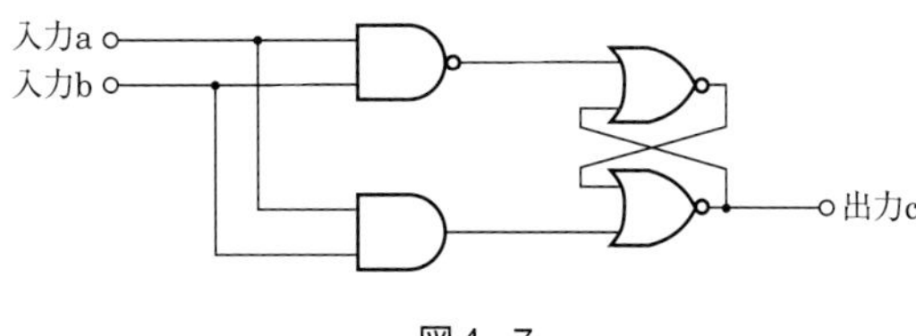

図4・7

図4・7の論理回路の入力aおよび入力bに表4・4の真理値表の論理レベルを入力すると、回路中の各論理素子における論理レベルの変化は、図4・8のようになる。

図4・8中のP点の論理レベルが不明であるが、NOR素子の入力の少なくとも1つが“1”のとき、出力が“0”となることを利用すれば、Q点の値は0、0、0、＊となることがわかる（＊印は“0”または“1”のいずれかを示す）。同様に、R点の論理レベルは、NOR素子の入力が0、0、0、1と0、0、0、＊なので1、1、1、0となり、これが出力cの論理レベルとなる。

したがって、図4・7の回路はNAND回路に置き換えることができる。

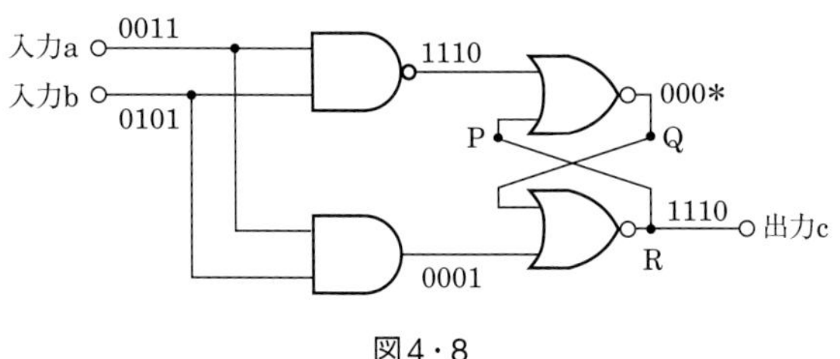

図4・8

表4・4

入力		出力
a	b	c
0	0	1
0	1	1
1	0	1
1	1	0

4 回路上の未知の論理素子

回路上の未知の論理素子を求めるには、まず、空欄になっている部分(＝未知の論理素子M)の入力と出力の関係が真理値表でどのようになるかを調べる。次に、その真理値表の動作に該当する論理素子を選択する。

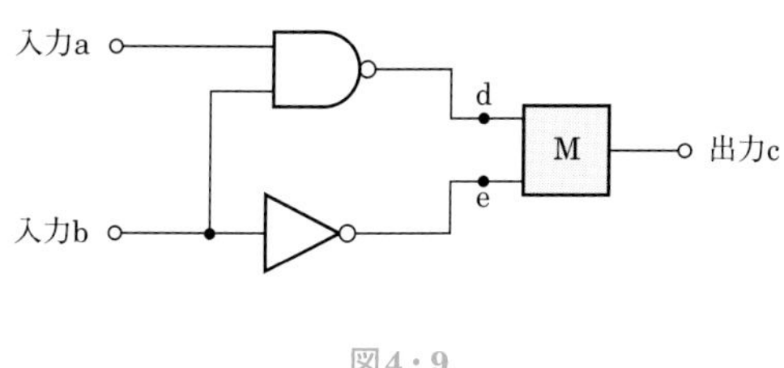

図4・9

表4・5

入力		出力
a	b	c
0	0	1
0	1	0
1	0	1
1	1	0

たとえば、図4・9の回路において未知の論理素子Mを求めるには、まず、入力a、bに対して、Mの入力d、eと出力cの関係を調べる。点dは入力a、bのNAND回路の出力であり、点eは入力bのNOT回路の出力となる。Mの入力と出力の関係から、Mに該当する論理素子を表4・7から選ぶと、AND回路となる。

表4・6

入力		Mの入力		出力
a	b	d	e	c
0	0	1	1	1
0	1	1	0	0
1	0	1	1	1
1	1	0	0	0

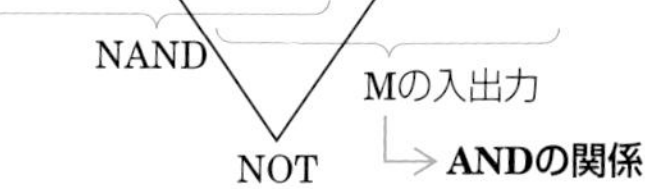

表4・7 各種論理素子の関係

入力		出力c			
a	b	OR	AND	NOR	NAND
0	0	0	0	1	1
0	1	1	0	0	1
1	0	1	0	0	1
1	1	1	1	0	0

理解度チェック

問1 2個以上の入力端子と1個の出力端子を持ち、すべての入力端子に1が入力された場合のみ出力端子に1を出力し、その他の場合は0を出力する回路は、 (ア) 回路である。この回路の入力をAおよびB、出力をfとすると、論理式はf＝ (イ) で表される。

① AND ② OR ③ NAND ④ NOR ⑤ $A \cdot B$ ⑥ $A+B$ ⑦ $\overline{A \cdot B}$ ⑧ $\overline{A+B}$

問2 2個以上の入力端子と1個の出力端子を持ち、入力端子の少なくとも1個に1が入力された場合に出力端子に1を出力し、すべての入力端子に0が入力された場合のみ0を出力する回路は、 (ウ) 回路である。この回路の入力をAおよびB、出力をfとすると、論理式はf＝ (エ) で表される。

① AND ② OR ③ NAND ④ NOR ⑤ $A \cdot B$ ⑥ $A+B$ ⑦ $\overline{A \cdot B}$ ⑧ $\overline{A+B}$

答 (ア) ① (イ) ⑤ (ウ) ② (エ) ⑥

演習問題

問1

表－1に示す2進数のX_1～X_3を用いて、計算式(加算)$X_0=X_1+X_2+X_3$からのX_0を求め、これを16進数で表すと、[（ア）]になる。

［① B9　② 169　③ 361　④ 551　⑤ B41］

表－1

2進数
X_1＝10111001
X_2＝ 1111001
X_3＝ 110111

解説

10進数が10で桁上がりするのと同じように、2進数では2で桁上がりする。したがって、表－1中のX_1～X_3の加算は、最下位桁の位置を揃えて右のように計算すればよい。なお、計算過程での右肩の小さい数字は、累乗ではなく桁上がりしたことを忘れないように仮に記入したものである。

$$
\begin{array}{rrl}
 & 1\,0\,1\,1\,1\,0\,0\,1 & \leftarrow\cdots\cdots X_1 \\
+) & 1\,1\,1\,1\,0\,0\,1 & \leftarrow\cdots\cdots X_2 \\
\hline
 & 1^1 0^1 0^1 1^1 1^1 1\,0\,0\,1^1 0 & \\
+) & 1\,1\,0\,1\,1\,1 & \leftarrow\cdots\cdots X_3 \\
\hline
 & 1\,0\,1^1 1^1 0\,1^1 0^1 0\,1 & \cdots\cdots\rightarrow X_0
\end{array}
$$

よって、X_0＝101101001となり、これを下位から4桁ずつ区切り、この4桁ごとに16進数に変換すると、最下位4桁1001は9、そのすぐ上位の4桁0110は6、最上位の桁1は1となるので、X_0の値を16進数で表すと、**169**になる。

【答（ア）②】

問2

図－1、図－2及び図－3に示すベン図において、A、B及びCが、それぞれの円の内部を表すとき、図－1、図－2及び図－3の斜線部分を示すそれぞれの論理式の論理積は、[（イ）]と表すことができる。

［① $A\cdot\overline{B}\cdot\overline{C}+A\cdot B\cdot C$　② $A\cdot\overline{B}+A\cdot C+B\cdot C$　③ $A\cdot\overline{C}$
④ $A\cdot\overline{B}\cdot\overline{C}$　⑤ $A\cdot\overline{B}\cdot\overline{C}+\overline{A}\cdot\overline{B}\cdot C+A\cdot B\cdot C$］

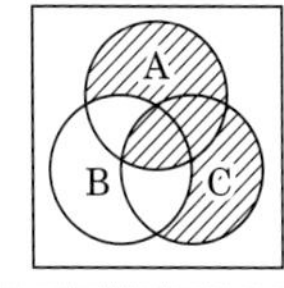

図－1

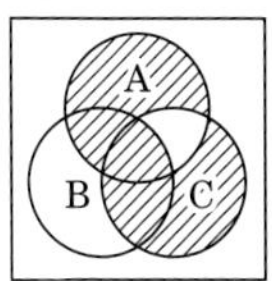

図－2

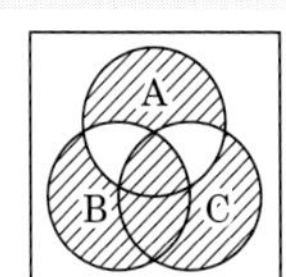

図－3

解説

設問の図－1～図－3のベン図を、図－4のように線で区切られたⓐ～ⓗの8つの領域に分けて考える。図－1～図－3の斜線部分の論理積は、図－1～図－3のいずれにおいても斜線部分となっている領域である。ⓐ～ⓗの領域について順次検討していくと、図－1～図－3の斜線部分の論理積は、図－4の塗りつぶした部分(ⓐ、ⓒ、ⓖ)になる。ⓐ、ⓒ、ⓖの各領域を論理式で表すと、ⓐが$A\cdot(\overline{B+C})$、ⓒが$A\cdot B\cdot C$、ⓖが$C\cdot(\overline{A+B})$で表されるから、図－4の塗りつぶした部分を表す論理式は、次式のようになる。

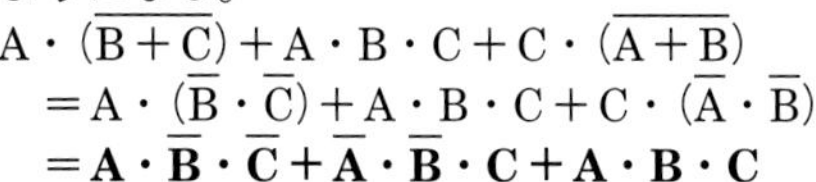

$$
\begin{aligned}
&A\cdot(\overline{B+C})+A\cdot B\cdot C+C\cdot(\overline{A+B})\\
&=A\cdot(\overline{B}\cdot\overline{C})+A\cdot B\cdot C+C\cdot(\overline{A}\cdot\overline{B})\\
&=\mathbf{A\cdot\overline{B}\cdot\overline{C}+\overline{A}\cdot\overline{B}\cdot C+A\cdot B\cdot C}
\end{aligned}
$$

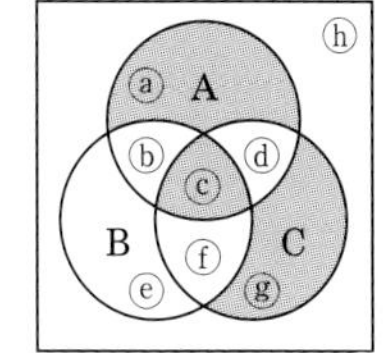

図－4　図－1～図－3の論理積

【答（イ）⑤】

問3

図－5に示す論理回路において、Mの論理素子が［（ウ）］であるとき、入力a及びbと出力cとの関係は、図－6で示される。

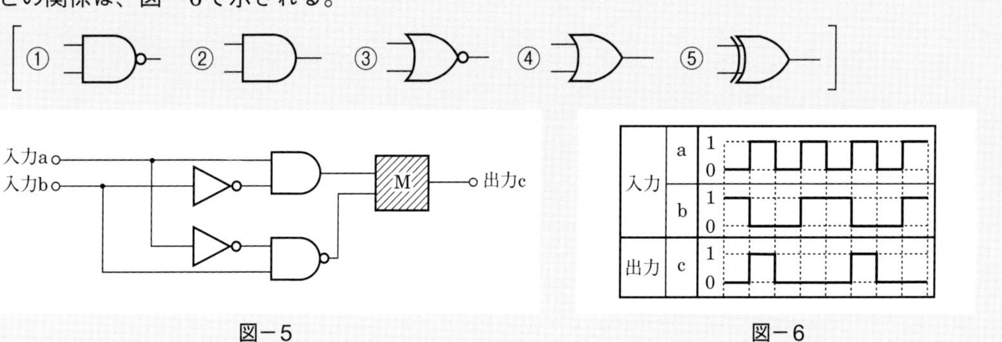

図－5　　図－6

解説

設問の図－6の入・出力の波形をみると、入力aは“0101”を、bは“1001”を、出力cは“0100”をそれぞれ2回繰り返している。これらの値を、図－5の論理回路の入力a、b、および出力cにあてはめると、入力xと入力yの両方の値が“1”のときに出力cは“1”であり、入力xと入力yの値の組合せがそれ以外のときに出力cは“0”であるから、図－5のMに該当する論理素子は、解答群中、②のANDであることがわかる。

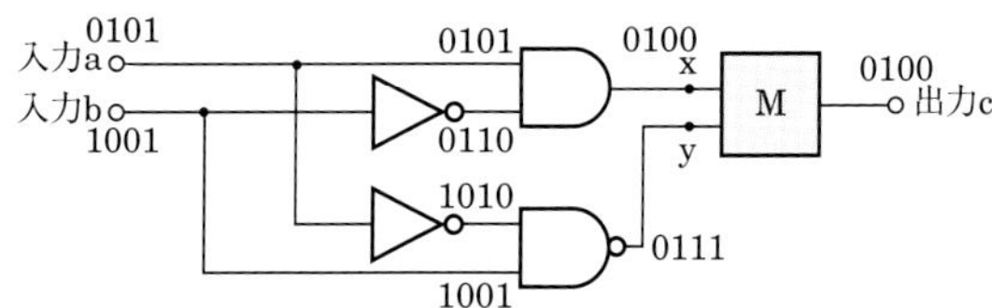

図−7　図−5の論理回路の各論理素子における論理レベルの変化

表－2

入力		出力c				
a	b	NAND	AND	NOR	OR	EXOR
0	0	1	0	1	0	0
0	1	1	0	0	1	1
1	0	1	0	0	1	1
1	1	0	1	0	1	0

表－3　Mの入出力

入力	x	0	1	0	0
	y	0	1	1	1
出力	c	0	1	0	0

【答（ウ）②】

問4

図－8に示す論理回路は、NORゲートによるフリップフロップ回路である。入力a及びbに図－9に示す入力がある場合、図－8の出力dは、図－9の出力のうち［（エ）］である。

［① d1　② d2　③ d3　④ d4　⑤ d5　⑥ d6］

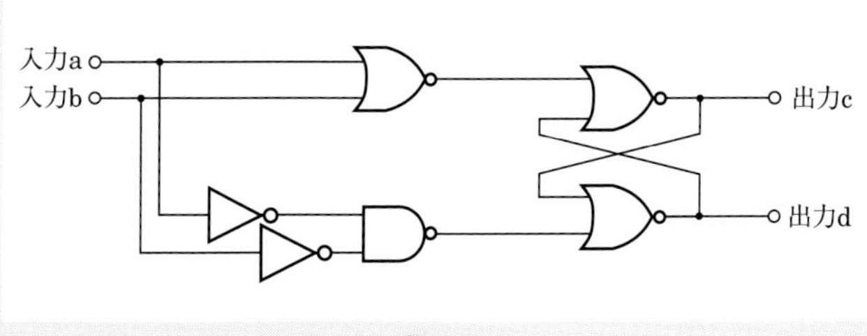

図－8

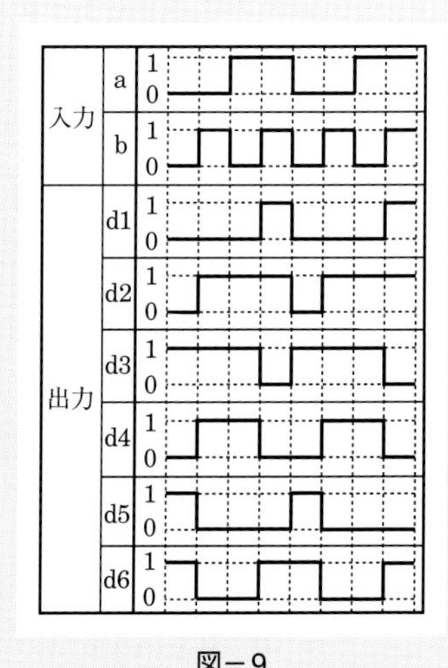

図－9

解説

図－9の入出力波形を見ると、入力aは“0011”を、bは“0101”をそれぞれ2回繰り返している。これらの値を図－8の論理回路の入力aおよびbにあてはめると、回路中の各論理素子における論理レベルの変化は、図－10のようになる。

計算途中でP点の論理レベルが不明なため出力dの論理レベルも不明であるが、NOR素子の入力のうち少なくとも1つが“1”のとき出力が“0”となり、すべての入力が“0”のとき出力が“1”となる性質を利用すると、Q点の論理レベルが0、＊、＊、＊（＊は0または1のどちらかの論理値をとるものとする）となることがわかる。これがP点の論理レベルと等しく、NOR素子の入力が0、＊、＊、＊と0、1、1、1なので、出力dの論理レベルは1、0、0、0で、入力aとbの論理レベルの少なくともどちらか一方が“1”のときに“0”となり、どちらも“0”のときには“1”となる。したがって、図－8の論理回路において入力aおよびbに図－9の入力がある場合、出力dの波形は、図－9の**d5**のようになる。

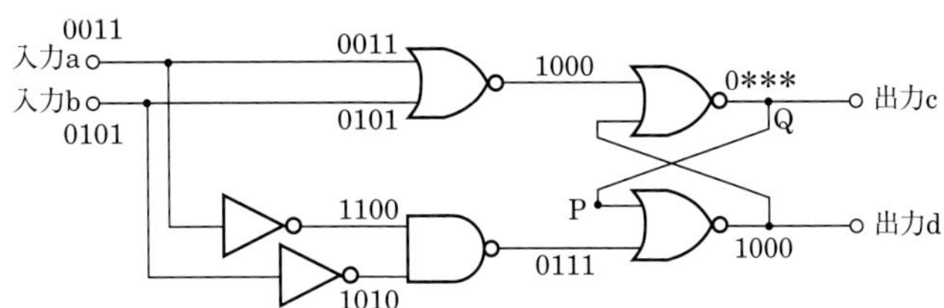

図－10　図－8の論理回路の各論理素子における論理レベルの変化

【答（エ）⑤】

問5

次の論理関数Xは、ブール代数の公式等を利用して変形し、簡単にすると、（オ）になる。

$$X=\overline{A}\cdot C+A\cdot C\cdot(\overline{A}\cdot B+B\cdot\overline{C}+\overline{A}\cdot\overline{B}+\overline{B}\cdot\overline{C})+A\cdot\overline{C}$$

［① $\overline{A+C}$　② $A+C$　③ $\overline{A\cdot C}$　④ $A\cdot C$　⑤ $A\cdot\overline{C}+\overline{A}\cdot C$］

解説

設問の論理関数をブール代数（論理代数）の公式等を用いて簡単にすると、次のようになる。

$$X=\overline{A}\cdot C+A\cdot C\cdot(\overline{A}\cdot B+B\cdot\overline{C}+\overline{A}\cdot\overline{B}+\overline{B}\cdot\overline{C})+A\cdot\overline{C}$$

$$=\overline{A}\cdot C+A\cdot C\cdot(\overline{A}\cdot B+\overline{A}\cdot\overline{B}+B\cdot\overline{C}+\overline{B}\cdot\overline{C})+A\cdot\overline{C}$$

〔交換の法則：$B\cdot\overline{C}+\overline{A}\cdot\overline{B}=\overline{A}\cdot\overline{B}+B\cdot\overline{C}$〕

$$=\overline{A}\cdot C+A\cdot C\cdot\{\overline{A}\cdot(B+\overline{B})+(B+\overline{B})\cdot\overline{C}\}+A\cdot\overline{C}$$ 〔分配の法則〕

$$=\overline{A}\cdot C+A\cdot C\cdot(\overline{A}\cdot 1+1\cdot\overline{C})+A\cdot\overline{C}$$ 〔補元の法則：$B+\overline{B}=1$〕

$$=\overline{A}\cdot C+A\cdot C\cdot(\overline{A}+\overline{C})+A\cdot\overline{C}$$ 〔恒等の法則：$\overline{A}\cdot 1=\overline{A}$、$1\cdot\overline{C}=\overline{C}$〕

$$=\overline{A}\cdot C+A\cdot C\cdot\overline{A}+A\cdot C\cdot\overline{C}+A\cdot\overline{C}$$ 〔分配の法則〕

$$=\overline{A}\cdot C+A\cdot\overline{A}\cdot C+A\cdot C\cdot\overline{C}+A\cdot\overline{C}$$ 〔交換の法則：$A\cdot C\cdot\overline{A}=A\cdot\overline{A}\cdot C$〕

$$=\overline{A}\cdot C+0\cdot C+A\cdot 0+A\cdot\overline{C}$$ 〔補元の法則：$A\cdot\overline{A}=0$、$C\cdot\overline{C}=0$〕

$$=\overline{A}\cdot C+0+0+A\cdot\overline{C}$$ 〔恒等の法則：$0\cdot C=0$、$A\cdot 0=0$〕

$$=\overline{A}\cdot C+A\cdot\overline{C}$$ 〔恒等の法則：$\overline{A}\cdot C+0+0=\overline{A}\cdot C$〕

$$=\mathbf{A\cdot\overline{C}+\overline{A}\cdot C}$$ 〔交換の法則：$\overline{A}\cdot C+A\cdot\overline{C}=A\cdot\overline{C}+\overline{A}\cdot C$〕

【答（オ）⑤】

第4章 伝送理論

本章では、電気通信回線の電気的特性をはじめ、伝送量の算出方法や、伝送品質に影響を与える反射、漏話、ひずみ、雑音、反響などの各種現象について解説する。

1 電気通信回線の伝送量

1 伝送量

電気通信回線には送信側と受信側があり、図1・1のように抵抗R、自己インダクタンスL、静電容量C、漏れコンダクタンスGで構成される4端子回路としてみることができる。この電気通信回線の送信側の電力P_1と受信側の電力P_2の比を伝送効率といい、次式で示される。

$$伝送効率 = \frac{受信側の電力}{送信側の電力} = \frac{P_2}{P_1} = \frac{V_2 \cdot I_2}{V_1 \cdot I_1}$$

また、伝送量は、次式のようにP_1とP_2の比の常用対数（じょうようたいすう）で表され、単位は〔dB〕(デシベル)を使用する。

$$伝送量 = 10\ log_{10}\frac{P_2}{P_1}〔dB〕 \cdots\cdots ①$$

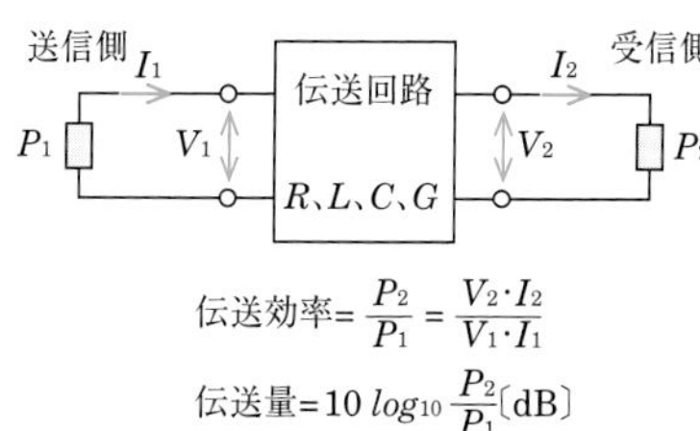

図1・1　電気通信回線の伝送量

なお、送信側のインピーダンスと受信側のインピーダンスが等しい場合は、伝送量を電圧または電流の比として表すことができる。

$$伝送量 = 10\ log_{10}\frac{P_2}{P_1} = 10\ log_{10}\left(\frac{V_2}{V_1}\right)^2 = 20\ log_{10}\frac{V_2}{V_1}〔dB〕$$

$$伝送量 = 10\ log_{10}\frac{P_2}{P_1} = 10\ log_{10}\left(\frac{I_2}{I_1}\right)^2 = 20\ log_{10}\frac{I_2}{I_1}〔dB〕$$

2 電力利得と伝送損失

式①において、図1・2のように$P_1 < P_2$であれば、伝送量は正の値となり、電気通信回線の電力利得（りとく）を表す。また、図1・3のように$P_1 > P_2$であれば伝送量は負の値となり、電気通信回線で伝送損失（減衰（げんすい））が生じることを意味する。

補足

伝送量を常用対数で表すことにより、伝送量の計算を比較的容易に行うことができる。具体的な計算方法は108頁を参照されたい。

補足

伝送量を表示する単位にベルではなくデシベル〔dB〕を用いるのは、ベル単位では値が小さくなってしまい直観的に使用しにくいからである。そこで、ベルに接頭辞として10分の1を表すデシ(d)を付して、表示される数値が10倍になるようにした。デシベル計算において、logの前に付ける数字は電力の場合は10で、電圧および電流の場合は20になるが、このことは、次の例から理解できる。

①$R=10$〔Ω〕の伝送回路の入力端に$V_1=100$〔V〕の電圧を加えたとき、

$V_1=100$〔V〕

$I_1=\frac{V_1}{R}=\frac{100}{10}=10$〔A〕

$P_1=V_1I_1=100\times10$
$=1,000$〔W〕

$$伝送量 = 10\ log_{10}\frac{P_2}{P_1}\begin{cases}(>0)\to 電力利得〔dB〕\\(<0)\to この絶対値が伝送損失の大きさ〔dB〕\end{cases}$$

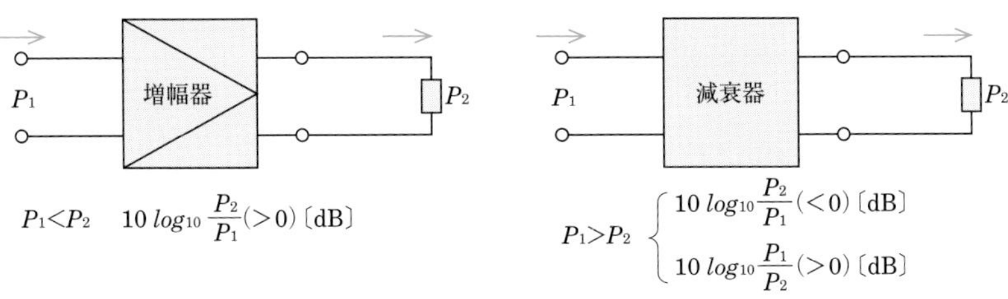

図1・2　電力利得　　　図1・3　伝送損失

このように伝送量の総合的計算にdBを用いると、利得は足し算、損失は引き算というように、比較的単純な計算で伝送量を求めることができる。

なお、単に伝送損失の大きさ（減衰量）だけを表す場合は、次式のように分子と分母（P_1とP_2）を逆にして、正の値で表す。

$$減衰量 = 10\ log_{10}\frac{P_1}{P_2}\ (>0)〔dB〕$$

3 相対レベルと絶対レベル

電気通信回線上の2点間の電力比をデシベルで表したものを**相対レベル**といい、単位は一般に、〔dBr〕が用いられる。また、**基準電力**に対する比較値を対数で表したものを**絶対レベル**といい、単位は相対レベルと区別するため〔dBm〕などを使用する。1mWを基準電力としたときの絶対レベルは次式で表される。

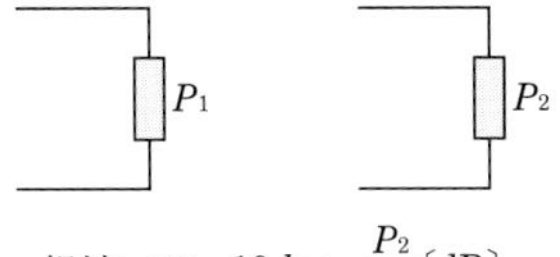

相対レベル$=10\ log_{10}\frac{P_2}{P_1}$〔dB〕

図1・4　相対レベル

$$絶対レベル = 10\ log_{10}\frac{P〔mW〕}{1〔mW〕}〔dBm〕$$

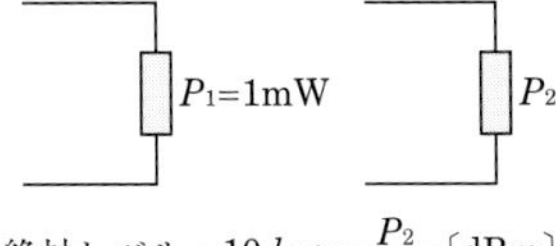

絶対レベル$=10\ log_{10}\frac{P_2}{10^{-3}}$〔dBm〕

図1・5　絶対レベル

たとえば、1Wの伝送電力は1,000mWであるから、1Wの絶対レベルは次式に示すように30dBmとなる。

$$1Wの絶対レベル = 10\ log_{10}\frac{1,000}{1}$$

$$= 10\ log_{10}10^3 = 10\times 3 = 30〔dBm〕$$

表1・1　（参考）常用対数

$1 = 10^0$	$log_{10}1 = 0$
$10 = 10^1$	$log_{10}10 = 1$
$100 = 10^2$	$log_{10}100 = 2$
$1000 = 10^3$	$log_{10}1000 = 3$
$\frac{1}{10} = 10^{-1}$	$log_{10}\frac{1}{10} = -1$
$\frac{1}{100} = 10^{-2}$	$log_{10}\frac{1}{100} = -2$
$\frac{1}{1000} = 10^{-3}$	$log_{10}\frac{1}{1000} = -3$

●早見表

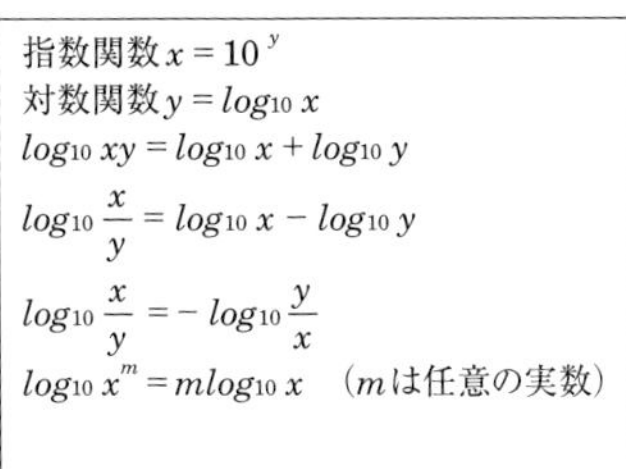

指数関数$x = 10^y$

対数関数$y = log_{10}x$

$log_{10}xy = log_{10}x + log_{10}y$

$log_{10}\frac{x}{y} = log_{10}x - log_{10}y$

$log_{10}\frac{x}{y} = -\ log_{10}\frac{y}{x}$

$log_{10}x^m = m\,log_{10}x$　（mは任意の実数）

●公式

②出力端に$V_2 = 50$〔V〕の電圧が生じた場合、

$V_2 = 50$〔V〕

$I_2 = \frac{V_2}{R} = \frac{50}{10} = 5$〔A〕

$P_2 = V_2I_2 = 50\times 5$

$= 250$〔W〕

となる。このとき、電圧で計算しても、電流で計算しても、電力で計算しても、伝送量〔dB〕は同じでなければならない。つまり、電圧で計算するときの係数をx、電流で計算するときの係数をy、電力で計算するときの係数をzとしたとき

$$x\,log_{10}\frac{V_1}{V_2} = y\,log_{10}\frac{I_1}{I_2} = z\,log_{10}\frac{P_1}{P_2}$$

が成り立たなければならない。ここで、

$$log_{10}\frac{V_1}{V_2} = log_{10}\frac{100}{50} = log_{10}2$$

$$log_{10}\frac{I_1}{I_2} = log_{10}\frac{10}{5} = log_{10}2$$

$$log_{10}\frac{P_1}{P_2} = log_{10}\frac{1,000}{250} = log_{10}4 = log_{10}2^2 = 2log_{10}2$$

だから、

$x : y : z = 20 : 20 : 10$

となる。

用語解説

基準電力

一般に、1mWを0dBの基準電力とする。この場合、絶対レベルの単位は〔dBm〕を用いる。なお、1Wを基準電力とする場合、絶対レベルの単位は〔dBW〕を用いる。

2 伝送量の計算

1 総合伝送量

電気通信回線の総合伝送量を求める場合は、デシベル〔dB〕で表示された増幅器の利得、減衰器や伝送損失による減衰量を加減算して求める。

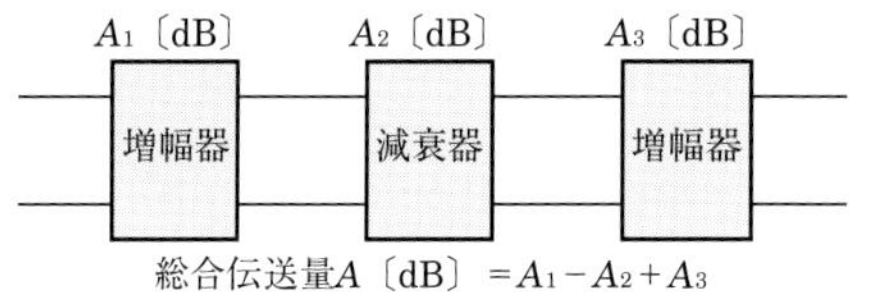

図2・1　総合伝送量

2 伝送損失

図2・2の電気通信回線において、伝送損失が1km当たりα〔dB〕のとき、長さL〔km〕における全体の伝送損失A〔dB〕は、

$$A = \alpha \times L \text{〔dB〕}$$

となる。たとえば、1km当たりの伝送損失が3dBの電気通信回線が10km設置されている場合、全体の伝送損失は、3〔dB/km〕× 10〔km〕= 30〔dB〕となる。

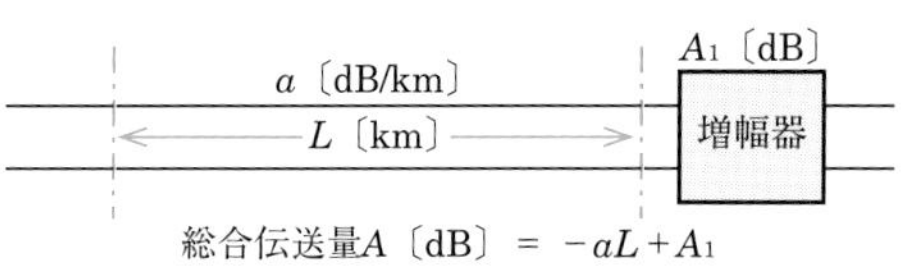

図2・2　伝送損失

3 電気通信回線と減衰器の構成

図2・3の電気通信回線における伝送損失は、α〔dB/km〕× L〔km〕= A〔dB〕である。また、減衰器の減衰量はB〔dB〕であるから、入出力間の全減衰量T〔dB〕は、

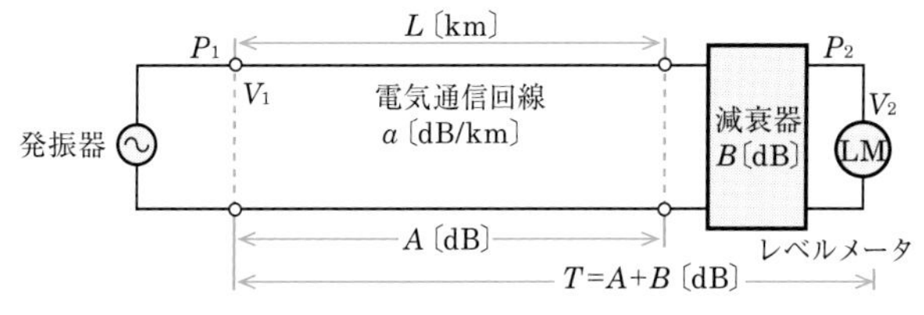

図2・3　電気通信回線と減衰器

$$T = A + B \text{〔dB〕} \quad \cdots\cdots①$$

となる。なお、電気通信回線への入力電力P_1、出力電力P_2がデシベルで表示される場合は、

$$P_2 = P_1 - (A + B) = P_1 - T \text{〔dBm〕} \quad \cdots\cdots②$$

あるいは、

$$P_1 = P_2 + T \text{〔dBm〕} \quad \cdots\cdots③$$

というように、単純な加減計算だけで求めることができる。

また、P_1、P_2がワットで表示されるときには、

$$T = 10 \log_{10} \frac{P_1}{P_2} \text{〔dB〕} \quad \cdots\cdots④$$

より、

用語解説

増幅器
入力信号の性質を変えることなくレベルだけを増幅させる器具で、線路抵抗により減衰した信号レベルを補償(損失を補うこと)するために挿入する。

減衰器(アッテネータ)
入力信号の性質を変えることなくレベルだけを減衰させて適切な範囲に調整するために挿入する器具。

用語解説

レベルメータ
信号の大きさを測定し、表示する装置。

$$log_{10}\frac{P_1}{P_2}=\frac{T}{10}$$

$$\therefore\ \frac{P_1}{P_2}=10^{T/10}\quad\cdots\cdots⑤$$

となり、P_1、P_2が求められる。

さらに、レベルメータは電圧計でもあることから、

$$T=20\ log_{10}\frac{V_1}{V_2}〔\mathrm{dB}〕\quad\cdots\cdots⑥$$

が成り立ち、この式から、

$$\frac{V_1}{V_2}=10^{T/20}\quad\cdots\cdots⑦$$

となり、V_1、V_2が求められる。

図2・4において、発振器の出力電圧が120〔mV〕、電圧計の読みが0.12〔mV〕のときの、減衰器の減衰量を求める。ただし、入出力各部のインピーダンスは等しく、整合しているものとする。

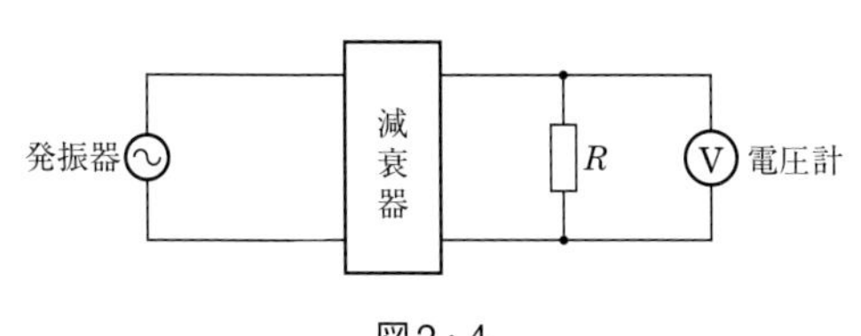

図2・4

減衰器における減衰量は、入力電圧(発振器の出力電圧)をV_I〔mV〕、出力電圧(電圧計の読み)をV_O〔mV〕とすると、次式で表される。

$$減衰量=-20\ log_{10}\frac{V_O}{V_I}〔\mathrm{dB}〕$$

ここで、$V_I=120$〔mV〕、$V_O=0.12$〔mV〕なので、

$$-20\ log_{10}\frac{0.12〔\mathrm{mV}〕}{120〔\mathrm{mV}〕}=-20\ log_{10}10^{-3}=(-20)\times(-3)=60〔\mathrm{dB}〕$$

となる。したがって、減衰器の減衰量は60〔dB〕である。

注意

$$log_{10}10^{-3}=-3log_{10}10$$
$$=-3\times1$$
$$=-3$$

4 電気通信回線と増幅器の構成

図2・5の場合は、図2・3の減衰量の代わりに増幅器の利得が加わるので、入出力間の全減衰量Tは、

$$T=A-B〔\mathrm{dB}〕$$

となる。ここで、$A>B$ならば信号は減衰し、前項の式①〜⑦がそのまま適用される。$A<B$の場合は、信号が増大し、次のようになる。

$$P_2=P_1+T〔\mathrm{dBm}〕$$

$$P_1=P_2-T〔\mathrm{dBm}〕$$

また、P_1、P_2がワットで表示されるときは、

$$T=10\ log_{10}\frac{P_2}{P_1}〔\mathrm{dB}〕$$

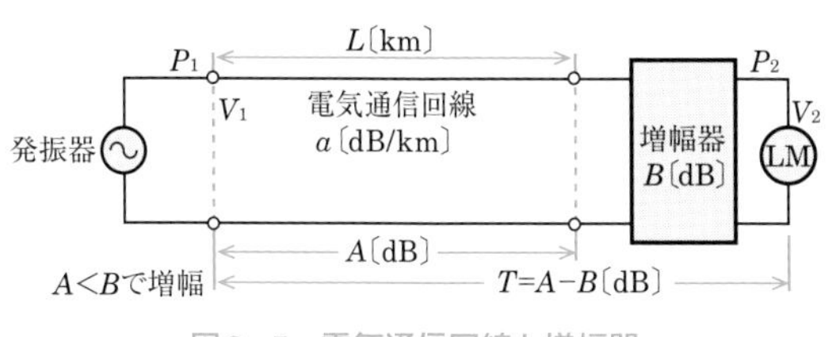

図2・5　電気通信回線と増幅器

補足

実際の電気通信回線では、図2・5のように、電気通信回線の伝送損失を補償するため、増幅器を挿入していることが多い。

$$\frac{P_2}{P_1} = 10^{T/10}$$

$$\frac{V_2}{V_1} = 10^{T/20}$$

図2・6において、電気通信回線1への入力電圧が45〔mV〕、電気通信回線1から電気通信回線2への遠端漏話減衰量が56〔dB〕のとき、電圧計の読みは、4.5〔mV〕である。この場合の増幅器の利得を求める。ただし、入出力各部のインピーダンスはすべて同一値で整合しているものとする。

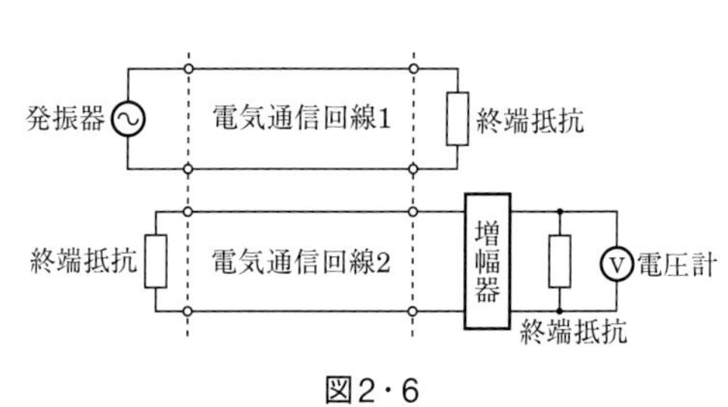

図2・6

図2・7において、電気通信回線1の入力電圧をV_1〔V〕、終端抵抗の両端に加わる電圧をV_2〔V〕とすると、総合漏話減衰量L〔dB〕は、

$$L = 20\,log_{10}\frac{4.5}{45} = 20\,log_{10}10^{-1} = -20〔dB〕$$

となる。

このLには遠端漏話減衰量と増幅器の利得Gが含まれており、遠端漏話減衰量が56〔dB〕であるから、G〔dB〕は、

$L = -56 + G = -20$　　　∴　$G = 36$〔dB〕

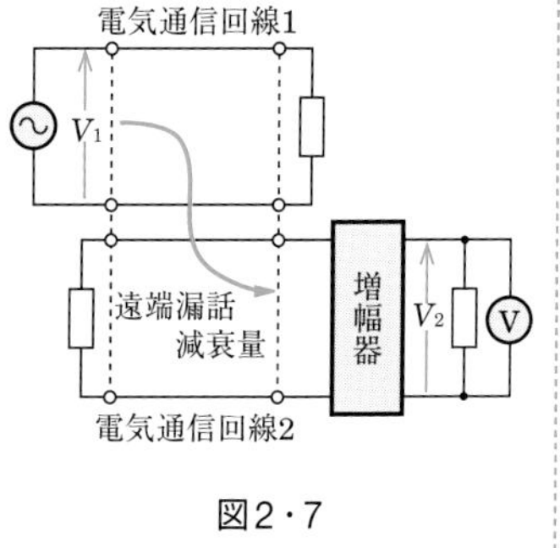

図2・7

$log_{10}10^{-1} = -1 log_{10}10$
$= -1 \times 1$
$= -1$

5 電気通信回線と変成器の構成

図2・8に示す電気通信回線において、変成器は理想的なものとし、各部のインピーダンスは整合しているものとする。各部の電圧をV_1、V_2、V_3としたとき、変成器における電圧V_2、V_3と巻線比の関係は、

$$\frac{V_2}{V_3} = \frac{n_2}{n_3}$$

となる。また、電気通信回線の伝送損失が1km当たりa〔dB〕のとき、長さL〔km〕における電気通信回線全体の伝送損失A〔dB〕は、

$$A = a \times L〔dB〕$$

となる。これにより、

$$A = 20\,log_{10}\frac{V_1}{V_2}〔dB〕$$

$$\frac{V_1}{V_2} = 10^{A/20}$$

$$V_1 = 10^{A/20} \cdot V_2$$

よって、V_1とV_2の関係式は、

用語解説

変成器
インピーダンスの異なる線路を接続した場合に接続点において生じる反射を少なくするために用いる器具。

$$V_1 = 10^{A/20} \cdot \frac{n_2}{n_3} V_3 〔\mathrm{V}〕$$

で示される。

また、この回線において、変成器は理想的なものであるから、巻線比に関係なく変成器の1次側の電力P_2と2次側の電力P_3は等しい。

よって、P_1とP_3の関係は、

$$P_1 = 10^{A/10} \cdot P_3$$

となる。

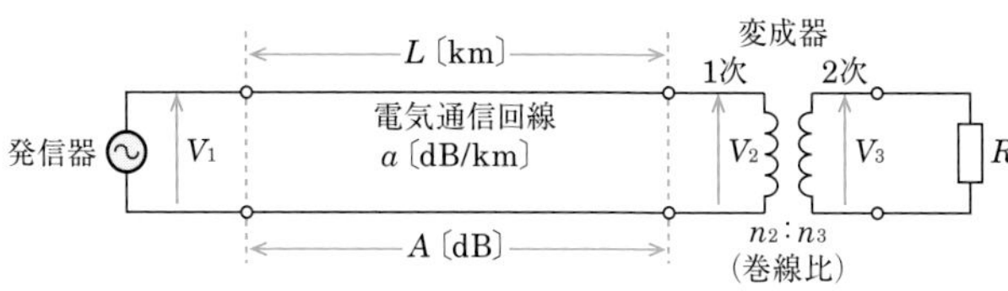

図2・8　電気通信回線と変成器

例題

図2・9において、電気通信回線の伝送損失が1km当たり0.8〔dB〕、増幅器の利得が36〔dB〕のとき、電圧計の読みは、650〔mV〕である。この場合の、電気通信回線への入力電圧を求める。ただし、変成器は理想的なものとし、電気通信回線および増幅器の入出力インピーダンスはすべて同一値で、各部は整合しているものとする。

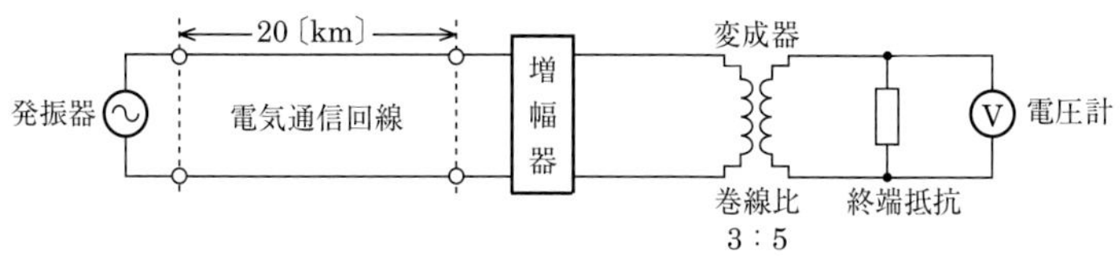

図2・9

図2・10のように、各部の電圧をV_1～V_4〔mV〕とする。変成器の1次側電圧と2次側電圧の比は巻線比に等しくなるから、

$$V_3 : V_4 = 3 : 5$$

である。よって、V_3は、

$$V_3 = \frac{3}{5} V_4 = \frac{3}{5} \times 650 = 390 〔\mathrm{mV}〕$$

また、この電気通信回線における伝送損失をL〔dB〕とすれば、

$$L = 0.8〔\mathrm{dB/km}〕\times 20〔\mathrm{km}〕= 16〔\mathrm{dB}〕$$

ここで、増幅器の利得をG〔dB〕とすると、発振器から変成器の1次側までの伝送量A〔dB〕は次式で表される。

$$A = 20 \log_{10} \frac{V_3}{V_1} = -L + G$$

$$20 \log_{10} \frac{390}{V_1} = -16 + 36 = 20$$

$$\log_{10} \frac{390}{V_1} = 1$$

$\therefore$　入力電圧$V_1 = 39$〔mV〕

図2・10

注意

$\log_{10} \frac{390}{V_1} = 1$ のとき、$V_1 \times 10^1 = 390$が成り立ち、$V_1 = 39$となる。

3 電気通信回線の電気的特性

1 特性インピーダンス

一様な線路が無限の長さに続いているとすると、伝送線路上では電圧と電流は遠くへ行くほど徐々に減衰していくが、電圧と電流の比$\dfrac{V}{I}$は図3・1(a)に示すように、どこでも一定となる。この比を線路の**特性インピーダンス**という。これは、送信側での信号入力点についても同様であることから、無限長の線路の入力インピーダンスは、その線路の特性インピーダンスと等しくなる。

伝送線路の特性は、使用される往復導体の単位長当たりの4つの定数(導体抵抗R、自己インダクタンスL、静電容量C、漏れコンダクタンスG)によって決まる。これらの定数を**1次定数**といい、1次定数が線路全体に均一に分布した回路を**分布定数回路**という。

分布定数回路は図3・1(b)に示す等価的な集中定数回路で表すことができる。ここで、R、L、C、Gは線路の単位長当たりの値であるが、この回路の任意の箇所におけるインピーダンスZ_0は次式で与えられる。

$$Z_0=\sqrt{\frac{R+j\omega L}{G+j\omega C}}\ 〔\Omega〕$$

Z_0は、この線路の特性インピーダンスである。

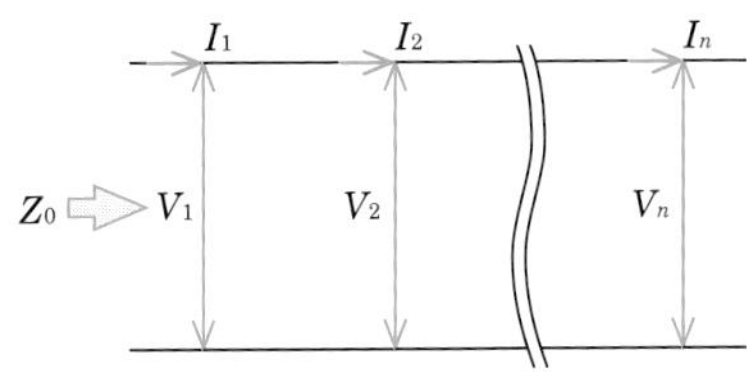

(a) 特性インピーダンスZ_0

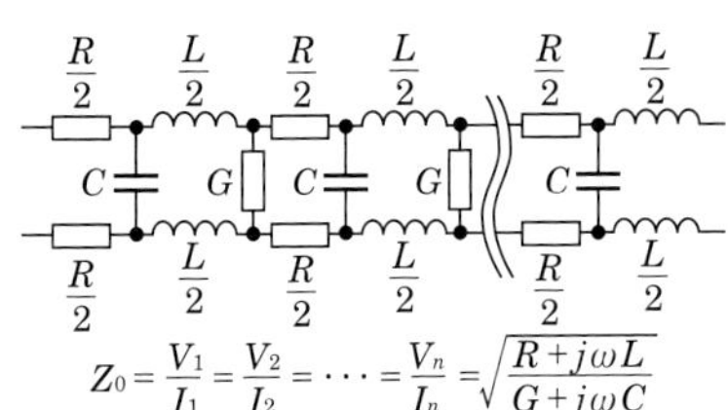

(b) 伝送線路の構成

図3・1 特性インピーダンス

補足

一様な線路において減衰量が最小になるのは、1次定数R、L、C、Gの間で次の関係が成立するときである。

$$\frac{L}{C}=\frac{R}{G}$$

なお、一般に、平衡対ケーブルでは

$$\frac{L}{C}<\frac{R}{G}$$

となっており、Lを大きくすると減衰量が減少し、Rを大きくすると伝送損失が増加する。

伝送損失がない一様な線路を特性インピーダンスで終端すると、電圧および電流の大きさは、線路上のどの点においても一様となる。

さらに詳しく!

1次定数と2次定数

伝送線路の特性は、伝搬定数γ、減衰定数α、位相定数β、特性インピーダンスZ_0で表すことができ、これらの定数を**2次定数**という。

2次定数は1次定数(導体抵抗R、自己インダクタンスL、静電容量C、漏れコンダクタンスG)を用いて表される。たとえば、長さ方向に一様な線路に沿った角周波数ω(＝$2\pi f$)〔rad/s〕の正弦波の伝搬を考えると、この線路の減衰定数αは次式のように表される。

$$\alpha=\sqrt{\frac{1}{2}\left\{\sqrt{(R^2+\omega^2L^2)(G^2+\omega^2C^2)}+(RG-\omega^2LC)\right\}}$$

また、位相定数βは次式のように表される。

$$\beta=\sqrt{\frac{1}{2}\left\{\sqrt{(R^2+\omega^2L^2)(G^2+\omega^2C^2)}-(RG-\omega^2LC)\right\}}$$

1次定数は線路に固有の値であるため、減衰定数α、位相定数βの値が角周波数ωにより変化することが上式からわかる。

$\omega=2\pi f$〔rad/s〕のfは信号の周波数〔Hz〕を表す。

2 インピーダンス整合

一様な線路では、信号の減衰は線路の損失特性のみによって生じる。これに対し、特性インピーダンスが異なる線路が接続されている場合は、接続点において反射現象による減衰が発生し、効率的な伝送ができなくなる。そこで、反射による減衰を最小限にするため、接続する線路のインピーダンスを合わせる必要がある。これを**インピーダンス整合**という。

具体的に説明すると、たとえば図3・2のように、出力インピーダンスZ_oの端末装置へZ_Lの負荷インピーダンスを接続したときの電力P_1は、次式のように表される。

$$P_1 = I^2 \cdot Z_L = \left(\frac{E_o}{Z_o + Z_L}\right)^2 \cdot Z_L$$

次に、Z_oに等しい負荷インピーダンスを接続すると電力P_0は、次式のようになる。

$$P_0 = \frac{{E_o}^2}{4Z_o}$$

上式で$Z_o = Z_L$のときをインピーダンス整合、P_0を有能電力(最大電力)という。また、P_0とP_1の比を**不整合損失**b_rといい、次式で示される。

$$b_r = 10\,log_{10}\frac{P_0}{P_1} = 10\,log_{10}\frac{(Z_o + Z_L)^2}{4Z_o \cdot Z_L}$$

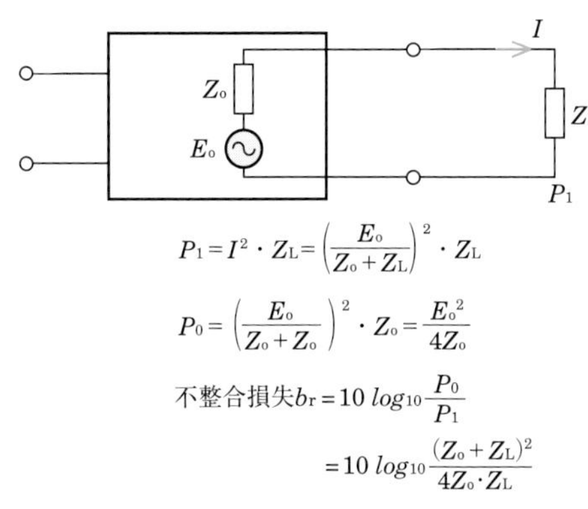

図3・2 不整合損失

伝送線路にインピーダンスの不整合があると、伝送損失が増大する。そのため、次頁の図3・3のように**変成器(トランス)**を用いたインピーダンス整合が行われる。変成器は、1次側のコイルと2次側のコイルとの間の相互誘導を利用して電力を伝えるものであり、2つのコイルの巻線比($n_1 : n_2$)により、電圧や電流、インピーダンスを変換することができる。

変成器のインピーダンスは巻線数の2乗に比例し、次式の関係で整合の条件が得られる。

$$\left(\frac{n_1}{n_2}\right)^2 = \frac{Z_1}{Z_2}$$

$\left(\frac{n_1}{n_2}\right)^2 = \frac{Z_1}{Z_2}$のとき、反射損失がゼロになる。

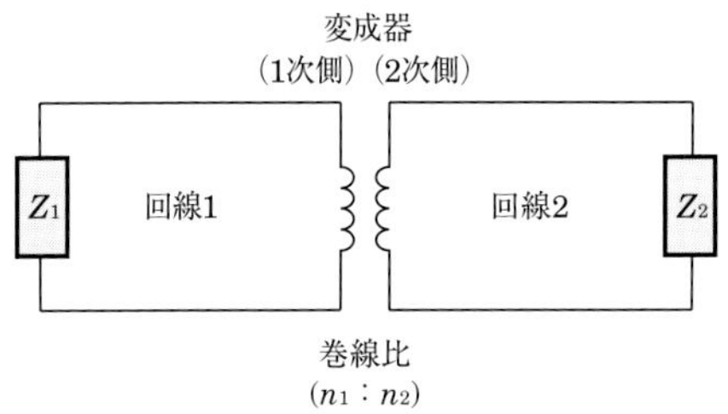

図3・3　変成器によるインピーダンス整合

インピーダンスの整合がとれている図3・4のような伝送路では電力、電圧、電流の伝送量は、次式のようにすべて等しくなる。

$$伝送量 = 10\,log_{10}\frac{P_2}{P_1}〔\mathrm{dB}〕\qquad（電力の伝送量）$$

$$= 20\,log_{10}\frac{V_2}{V_1}〔\mathrm{dB}〕\qquad（電圧の伝送量）$$

$$= 20\,log_{10}\frac{I_2}{I_1}〔\mathrm{dB}〕\qquad（電流の伝送量）$$

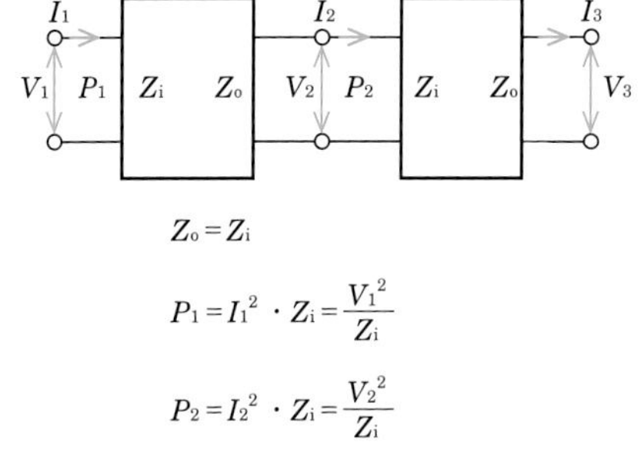

$$Z_o = Z_i$$

$$P_1 = I_1^2 \cdot Z_i = \frac{V_1^2}{Z_i}$$

$$P_2 = I_2^2 \cdot Z_i = \frac{V_2^2}{Z_i}$$

$$10\,log_{10}\frac{P_2}{P_1} = 20\,log_{10}\frac{V_2}{V_1} = 20\,log_{10}\frac{I_2}{I_1}〔\mathrm{dB}〕$$

図3・4　インピーダンス整合のとれた伝送量

理解度チェック

問1　［（ア）］線路における入力インピーダンスは、その線路の特性インピーダンスと等しくなる。
　① 無限長の　② 他端を開放した　③ 他端を短絡した

問2　長距離の線路を介して信号を伝送する場合、線路の特性インピーダンスに対する受端インピーダンスの比が［（イ）］のときに最も効率よく信号が伝送される。
　① $\frac{1}{2}$　② 1　③ $\sqrt{2}$

答　（ア）①（イ）②

4 反射

1 接続点における反射

図4・1のように特性インピーダンスが異なる線路Ⅰ、Ⅱを接続したとき、その接続点で**反射**という現象が生じる。このとき、進行してきた信号を**入射波**といい、接続点で折り返して信号の進行方向とは反対の方向へ戻っていく波を**反射波**、接続点をこえて進む波を**透過波**という。

補足
長距離の電気通信回線において反射が発生すると、送信信号が送信側に戻ってくる場合がある。この現象を反響（エコー）という。

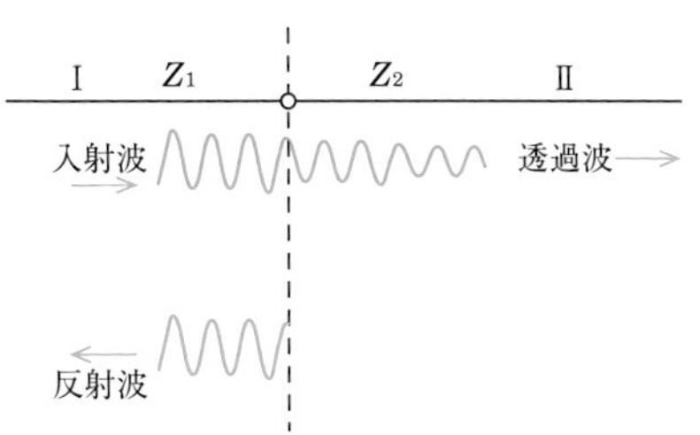

図4・1 接続点での反射

また、このような接続点が2箇所以上あると、図4・2のようにそれぞれの接続点において反射が生じ、1回の反射で生じた反射波は信号波と反対方向に進むが、この反射波がもう1回反射すると、入射波と同じ方向の反射波となる。つまり、偶数回の反射では送信側から受信側へ向かう。このような反射波を**伴流**または**続流**と呼んでいる。

なお、受信側から送信側へ進む反射波を**逆流**という。一般に、反射による損失を少なくするため接続点に変成器を挿入する。

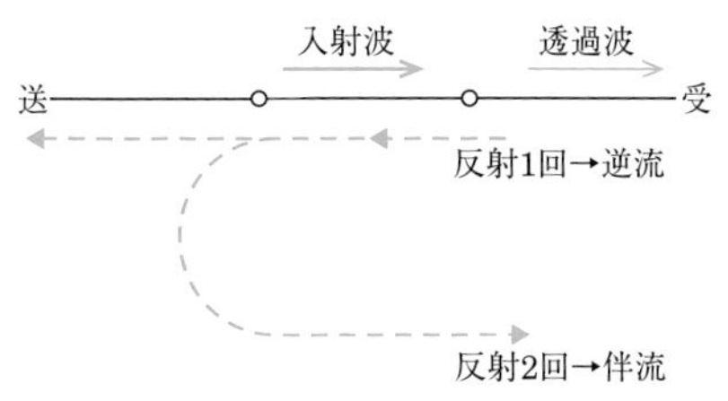

図4・2 逆流と伴流

2 反射係数

図4・3において、送信側の特性インピーダンスをZ_1、受信側の特性インピーダンスをZ_2とすると、

$$Z_1 = \frac{V_1}{I_1}〔\Omega〕$$

$$Z_2 = \frac{V_2}{I_2}〔\Omega〕$$

の関係が成り立つ。このため、Z_1とZ_2の線路Ⅰ、Ⅱを接続すると、その接続点を境として$\frac{V_1}{I_1} \neq \frac{V_2}{I_2}$となり、入射波は透過波と反射波に分かれることになる。反射波の電圧V_rと入射波の電圧V_1の比を**電圧反射係数**ρ_vといい、次式で示される。

$$\text{電圧反射係数}\ \rho_v = \frac{V_r}{V_1} = \frac{Z_2 - Z_1}{Z_2 + Z_1}$$

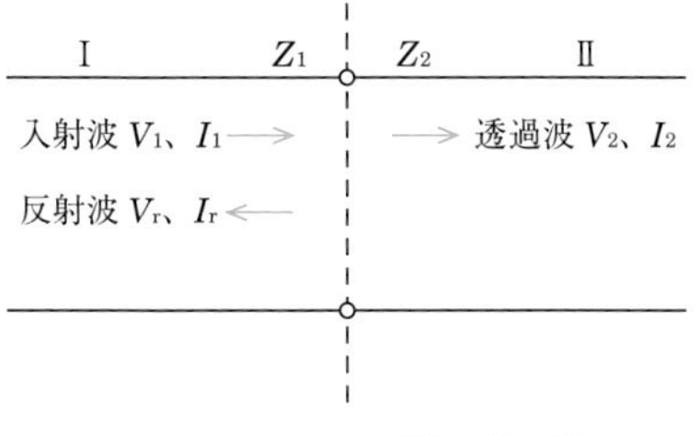

電圧反射係数 $\rho_v = \frac{V_r}{V_1} = \frac{Z_2 - Z_1}{Z_2 + Z_1}$

電流反射係数 $\rho_i = \frac{I_r}{I_1} = \frac{Z_1 - Z_2}{Z_1 + Z_2} = -\rho_v$

図4・3 電圧反射係数と電流反射係数

注意
反射係数を表すのに、通常はρ（ロー）やΓ（ガンマ）を用いるが、工事担任者試験では電圧反射係数の値をmとして出題している。

また、反射波の電流I_rと入射波の電流I_1の比を**電流反射係数**ρ_iといい、次式で示される。

$$\text{電流反射係数}\ \rho_i = \frac{I_r}{I_1} = \frac{Z_1 - Z_2}{Z_1 + Z_2} = -\left(\frac{Z_2 - Z_1}{Z_1 + Z_2}\right) = -\rho_v$$

電圧反射係数ρ_vは図4・4(a)に示すように、Z_2が短絡された場合は$Z_2 = 0$となるので、

$$Z_2\text{短絡時の}\ \rho_v = \frac{Z_2 - Z_1}{Z_2 + Z_1} = \frac{0 - Z_1}{0 + Z_1} = \frac{-Z_1}{Z_1} = -1$$

また、図4・4(b)に示すように、Z_2が開放された場合は$Z_2 = \infty$となるので、

$$Z_2\text{開放時の}\ \rho_v = \frac{\dfrac{Z_2 - Z_1}{Z_2}}{\dfrac{Z_2 + Z_1}{Z_2}} = \frac{1 - \dfrac{Z_1}{Z_2}}{1 + \dfrac{Z_1}{Z_2}} = \frac{1 - \dfrac{Z_1}{\infty}}{1 + \dfrac{Z_1}{\infty}} = \frac{1 - 0}{1 + 0} = \frac{1}{1} = 1$$

となり、電圧反射係数ρ_vは、出力側が短絡、開放で**−1〜+1**の値を持つことになる。

ここで、特性インピーダンスZ_1(送信側)、Z_2(受信側)と、反射係数ρ_v(またはρ_i)の関係は次のようになる。

・$Z_1 = Z_2$のとき$\rho_v = 0$($\rho_i = 0$)
　→ 反射なし(整合)
・$Z_2 = 0$(短絡)のとき$\rho_v = -1$($\rho_i = 1$)
　→ V_rはV_1に対して逆位相(I_rはI_1に対して同位相)
・$Z_2 = \infty$(開放)のとき$\rho_v = 1$($\rho_i = -1$)
　→ V_rはV_1に対して同位相(I_rはI_1に対して逆位相)

注意

送信側の特性インピーダンスと受信側の特性インピーダンスが等しい($Z_1 = Z_2$)とき、反射係数は0となり、反射波は発生しない。

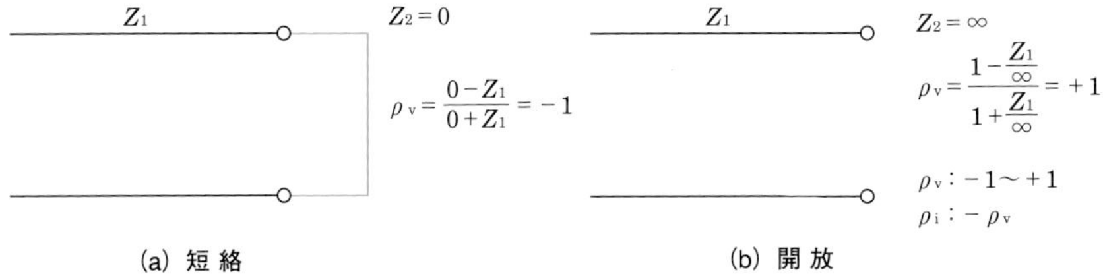

(a) 短 絡　　(b) 開 放

図4・4　短絡と開放

理解度チェック

問1　線路の接続点に向かって進行する信号波の接続点での電圧をV_Fとし、接続点で反射される信号波の電圧をV_Rとしたとき、接続点における電圧反射係数は、(ア)で表される。

① $\dfrac{V_F - V_R}{V_F}$　② $\dfrac{V_F}{V_R}$　③ $\dfrac{V_R}{V_F}$

答 (ア) ③

5 漏話

1 漏話の種類

2つの電気通信回線において、一方の回線の信号が他の回線に漏れる現象を**漏話**という。図5・1のように近接した電気通信回線で妨害を与える回線を**誘導回線**、妨害を受ける回線を**被誘導回線**という。

被誘導回線に現れる漏話のうち誘導回線の信号の伝送方向と同じ方向に生じる漏話を**遠端漏話**といい、反対方向に生じる漏話を**近端漏話**と呼んでいる。被誘導回線に誘起される漏話電力は近端側に近いほど大きいので、一般に遠端漏話より近端漏話の方の影響が大きい。

漏話の大きさは、**漏話減衰量**で表される。漏話減衰量とは、次式のように誘導回線の信号電力と漏話電力の比をdBで表示するものである。

> **補足**
> 漏話減衰量はその値が大きいほど良い。また、漏話電力は小さいほど良い。

$$\text{漏話減衰量} = 10\,log_{10}\frac{\text{信号電力（誘導回線）}}{\text{漏話電力（被誘導回線）}}\text{〔dB〕}$$

したがって、近端漏話減衰量および遠端漏話減衰量は、それぞれ次式で表される。

$$\text{近端漏話減衰量} = 10\,log_{10}\frac{P_1}{P_{2n}}\text{〔dB〕}$$

$$\text{遠端漏話減衰量} = 10\,log_{10}\frac{P_1}{P_{2f}}\text{〔dB〕}$$

また、漏話には、上記のような回線間の直接的な漏話の他に、増幅素子などの非直線性によって生じる漏話（**準漏話**）と第三の回線を経由して生じる漏話があり、これらを**間接漏話**と呼んでいる。

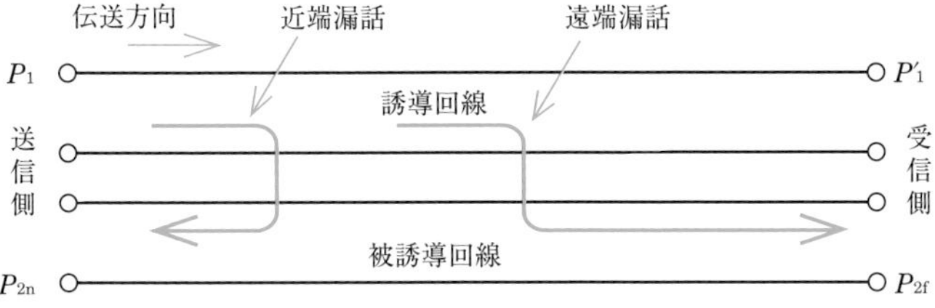

図5・1　近端漏話と遠端漏話

2 漏話の原因と対策

●平衡対ケーブルの漏話

平衡対ケーブルでは、**静電結合**や**電磁結合**による漏話が発生し、周波数が高くなると漏話が増大する。静電結合による漏話は、回線間に生じる静電容量を通して通話電流が他の回線に流れ込むために生じるものであり、一般に、誘導回線のインピーダンスに比例する。

一方、電磁結合による漏話は、回線により生じる磁力線が他の回線に交差するために発生し、一般に、誘導回線のインピーダンスに反比例する。

平衡対ケーブルでは、静電結合や電磁結合により漏話が発生する。
- 静電結合による漏話の大きさ
  ⇒誘導回線のインピーダンスに比例する。
- 電磁結合による漏話の大きさ
  ⇒誘導回線のインピーダンスに反比例する。

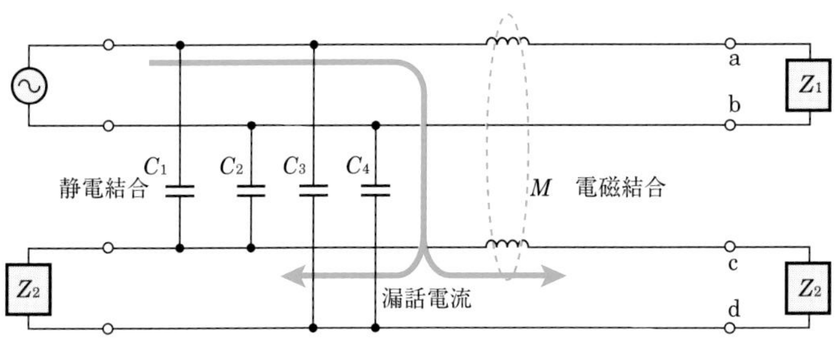

図5・2　静電結合と電磁結合

静電結合による漏話は、回線を構成する心線の**幾何学的配置の不均衡**によって生じる。図5・3(a)のように回線Ⅰ、Ⅱのそれぞれの対を構成する2本の心線が正方形の対角上に位置するように4本の心線を配置(星形(ほしがた)カッド)し、その心線相互間の静電容量をC_{14}、C_{42}、C_{23}、C_{31}とすると、図5・3(b)のようになる。ここで、$C_{14} = C_{42}$、$C_{23} = C_{31}$ならば、回線Ⅰの$+V$、$-V$から回線Ⅱへ誘起される起電力はそれぞれ打ち消し合って、漏話電圧が生じないことになる。

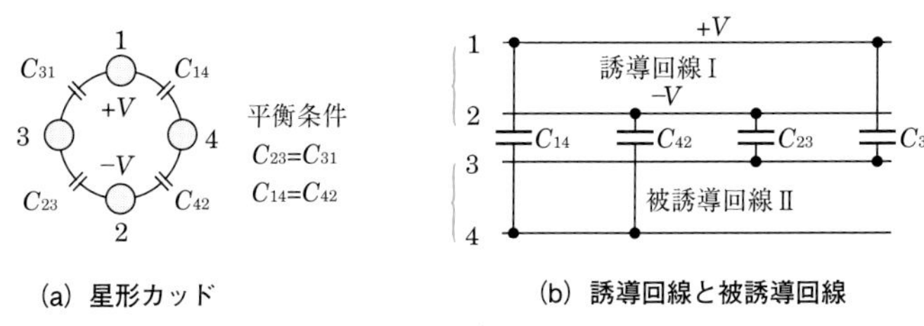

(a) 星形カッド　　(b) 誘導回線と被誘導回線

図5・3　星形カッドによる漏話の防止

電磁結合による漏話は、回線Ⅰの心線1、2に発生する磁力線が回線Ⅱの心線3、4と交差することによって生じる。ここで、回線Ⅰ、Ⅱの各2線が正方形の対角上に正しく配置されていると、図5・4のように磁力線は心線3、4と交差することがなく、漏話電圧は生じない。

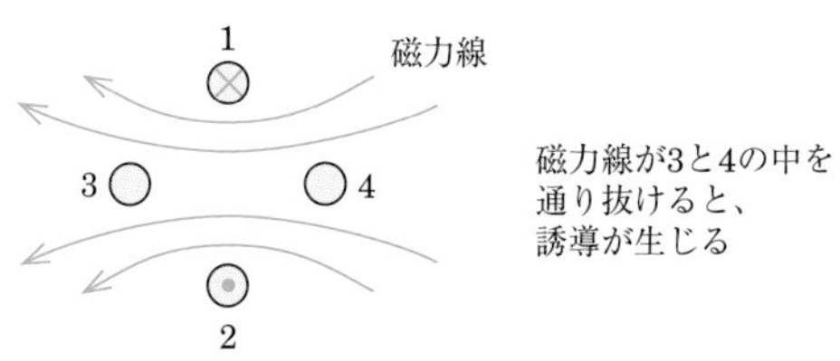

図5・4　電磁誘導

その他の漏話軽減策としては、図5・5のように、各心線を異なった間隔で撚(よ)り合わせる(交差させる)方法がある。この場合は、被誘導回線に誘導される電流がaとb'およびa'とbで打ち消し合うために、静電結合や電磁結合による漏話を軽減することができる。

補足
平衡対ケーブルはポリエチレンなどの絶縁物で被覆されているが、この絶縁物を通じても一部漏話電流が流れる。

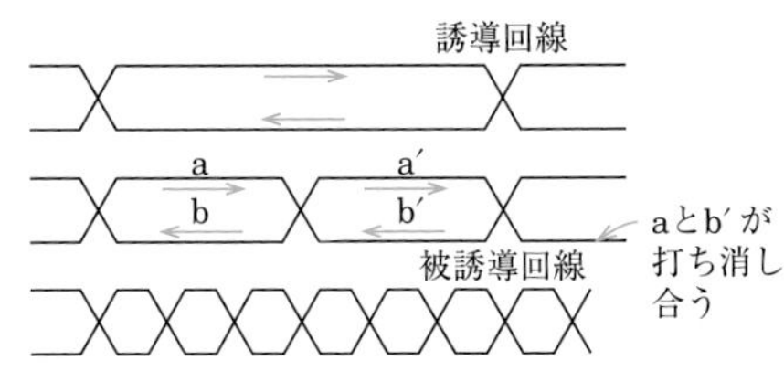

図5・5 撚(よ)りによる漏話の防止

●同軸ケーブルの漏話

同軸ケーブルは、円筒形の外部導体と中心の内部導体から成り、信号エネルギーは、内部導体と外部導体に囲まれた空間に閉じ込められて伝搬する。この外部導体による遮蔽(しゃへい)効果によって、同軸ケーブルでは、静電結合や電磁結合による漏話は生じない。また、高周波数帯域における伝送損失(減衰量)は平衡対ケーブルに比べて極めて小さい。この**伝送損失は周波数の平方根$\sqrt{f}$に比例する**ため、たとえば周波数が4倍になると、伝送損失は$\sqrt{4}$倍＝2倍になる。

さて、同軸ケーブルでは、図5・6(a)に示すように2本のケーブル1、2を密着させて設置したとき、AとBの2点においてケーブル1と2で閉回路ができ、ケーブル1の外部導体にI_1の信号電流が流れると、その分流電流I'_1がケーブル2の外部導体に流れる。このとき、導電的結合による漏話が生じる。ここで、一般に高周波電流は導体の表面に集中する(これを**表皮効果**(ひょうひ)という)ので、I'_1は図5・6(b)に示すような電流分布となり、実質的漏話分はI''_1となる。また、導電性は、周波数が低くなると表皮効果が減少するので大きくなる。したがって、周波数が低くなると漏話が増大する。

補足
光ファイバケーブルは、平衡対ケーブルや同軸ケーブル等のメタリックケーブルとは異なり、光信号がファイバの中に閉じ込められて伝送するため、漏話は生じない。

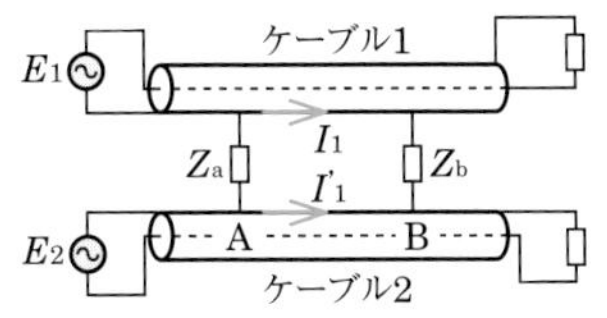

(a) Z_aとZ_bの導電結合でI'_1が混入

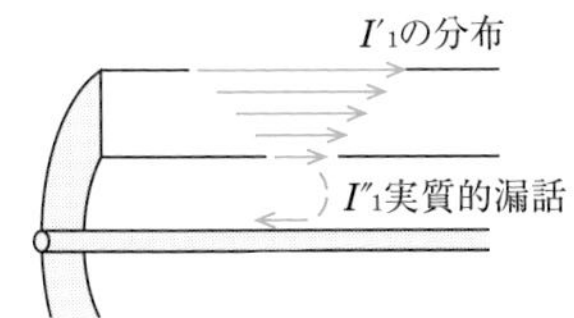

(b) 表皮効果による電流分布

図5・6 導電結合による漏話

理解度チェック

問1 平衡対ケーブルの漏話は、主として回線相互間の (ア) および相互インダクタンスによって生じる。
① 静電容量の減少 ② 絶縁抵抗 ③ 静電容量の不平衡

問2 同軸ケーブルは、高周波数帯において信号の周波数が4倍になると、その伝送損失が約 (イ) 倍になる。
① $\frac{1}{4}$ ② $\frac{1}{2}$ ③ 2

答 (ア) ③ (イ) ③

6 ひずみ、雑音、反響、SN比

1 ひずみの種類

入力側の信号が出力側へ正しく現れない現象を**ひずみ**という。伝送回路は、その減衰量が周波数とは無関係に一定で、かつ、位相変化が周波数に比例するとき、信号をひずみなく伝送できる。ひずみには、次のような種類がある。

●減衰ひずみ

電気通信回線の減衰量が周波数によって異なるために生じるひずみをいう。

●位相ひずみ

信号の伝搬時間が周波数によって異なるために生じるひずみをいい、遅延ひずみとも呼ばれている。信号は一般に、単一周波数ではなく無数の周波数成分で構成されているが、信号の伝搬時間が周波数によって異なると、送信側で同時に入力した信号が受信側では時間的にずれて到着するため、位相ひずみが生じる。

●非直線ひずみ

電気通信回線の入力と出力の信号電圧が比例関係(直線関係)にないために生じるひずみをいう。

補足

等化器(イコライザ)を電気通信回線に挿入することにより、ひずみを減少させることができる。

2 雑音の種類

通常の電気通信回線では、送信側で信号を入力しなくても受信側で何らかの信号が現れる。これを**雑音**といい、主に次のようなものがある。

●熱雑音

回路素子中で自由電子が熱運動をするために生じる雑音をいう。一般に、全周波数に対して一様に分布する白色雑音(ホワイトノイズ)である。自然界に存在し、原理的に避けることができないため、**基本雑音**とも呼ばれている。

●漏話雑音

漏話現象により生じる雑音をいう。

●誘導雑音

電力線など外部からの誘導作用によって生じる雑音をいう。

●相互変調雑音

多重信号が増幅器、フィルタなどの非直線素子を通る場合に他のチャネル信号との相互干渉から生じる雑音であり、**準漏話雑音**ともいう。

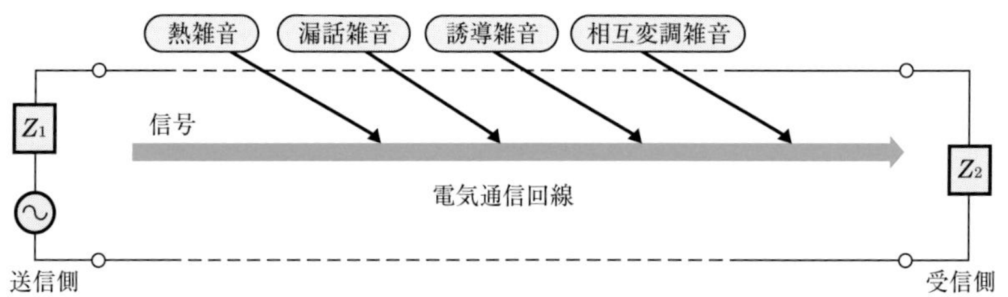

図6・1 雑音の種類

3 反響

4線式回線と2線式回線の接続点には、一般に、ハイブリッドコイルが挿入される。このハイブリッドコイルにおける線路側と平衡結線網とのインピーダンスの平衡が十分でないとき、4線式回線の一方の回線の信号が他方の回線に回り込み、**反響（エコー）**が起きる。

4 SN比

雑音の大きさを表すものとして、受信電力と雑音電力との相対レベルを用いる。これを**信号電力対雑音電力比（SN比）**という。一般に、受信側において常に雑音電力が発生しているため、受信信号だけの電力を測定することはできない。そのため、これらの相対レベルで雑音の大きさを表すことにしている。このSN比が大きいほど通話品質は良いといえる。

図6・2において、信号送出時の受信側の信号電力をP_S、無信号時の受信側の雑音電力をP_Nとすると、SN比は次式で示される。

$$SN比 = 10\log_{10}\frac{P_S}{P_N} = 10\log_{10}P_S - 10\log_{10}P_N \text{〔dB〕}$$

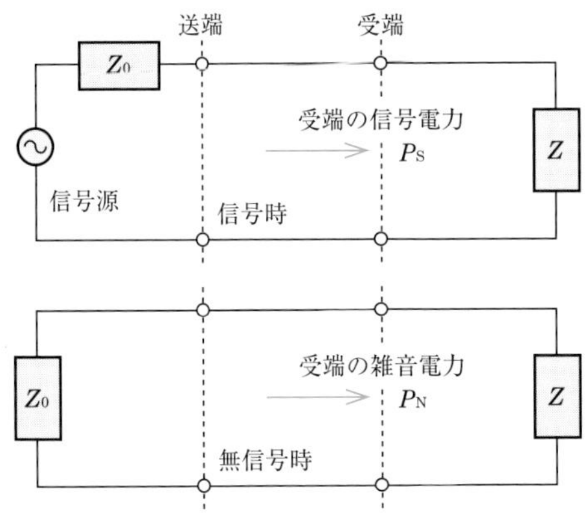

図6・2　信号電力対雑音電力比（SN比）

補足

SN比の"S"はSignal、"N"はNoiseの意。

注意

増幅回路などにおいて、入力側のSN比に比べて出力側のSN比がどの程度劣化しているかを表す尺度として、雑音指数（NF）が用いられる。

理解度チェック

問1　信号の忠実な伝送に妨害を与える要因を大別すると、ひずみと［（ア）］がある。
① 雑音　② 減衰量　③ 伝搬速度

問2　伝送回路の入力と出力の信号電圧が比例関係にないために生じる信号のひずみを［（イ）］ひずみという。
① 同期　② 位相　③ 非直線

問3　電気通信回線の信号電力対雑音電力比が大きいとき、通話品質は、［（ウ）］なる。
① 良く　② 一定に　③ 悪く

答（ア）①（イ）③（ウ）①

演習問題

問1

図−1において、電気通信回線への入力電力が［（ア）］ミリワット、その伝送損失が1キロメートル当たり0.8デシベル、増幅器の利得が24デシベルのとき、負荷抵抗Rで消費する電力は、80ミリワットである。ただし、変成器は理想的なものとし、入出力各部のインピーダンスは整合しているものとする。

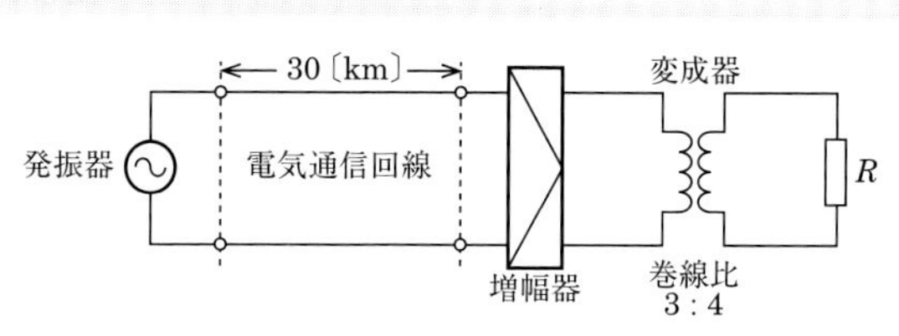

図−1

[① 16　② 45　③ 60　④ 80　⑤ 96]

解説

図−2のように、電気通信回線への入力電力をP_0〔mW〕、変成器の一次側の電力をP_1〔mW〕とし、線路の伝送損失をL〔dB〕、増幅器の利得をG〔dB〕とすると、発振器から変成器の一次側までの伝送量A〔dB〕は、次式で表される。

図−2

$$A = 10\,log_{10}\frac{P_1}{P_0} = -L + G\,〔dB〕$$

この式に、$L = 0.8$〔dB/km〕× 30〔km〕= 24〔dB〕、$G = 24$〔dB〕を代入して、伝送量Aの値を求めると次のようになる。

$$A = 10\,log_{10}\frac{P_1}{P_0} = -24 + 24 = 0\,〔dB〕$$

また、変成器は理想的なものであり、電力消費がないので、二次側の電力は一次側と同じP_1〔mW〕となり、$P_1 = 80$〔mW〕であるから、入力電力P_0〔mW〕は、

$$A = 10\,log_{10}\frac{80}{P_0} = 10\,(log_{10}80 - log_{10}P_0) = 0\,〔dB〕$$

$$\therefore\quad P_0 = \mathbf{80}\,〔mW〕$$

【答（ア）④】

問2

平衡対ケーブルが誘導回路から受ける電磁的結合による漏話の大きさは、一般に、誘導回線のインピーダンスに［（イ）］。

[① 関係しない　② 等しい　③ 比例する　④ 反比例する]

解説

漏話現象は通信回線間の電気的結合により、1つの回線（誘導回線）から他の回線（被誘導回線）に伝送信号が漏れて伝わる現象であり、その原因には、電磁的結合によるものと静電的結合によるものがある。

これらのうち電磁的結合は、図−3のように2つの回線間の相互誘導（相互インダクタンスM）による結合である。この相互インダクタンスMを一定とすれば、誘導回線のインピーダンスが小さいほど流れる電流が大きくなるので、被誘導回線に現れる誘導電流（漏話電流）は大きくなる。よって、誘導回線のインピーダンスと電磁的結合による漏話は**反比例する**。

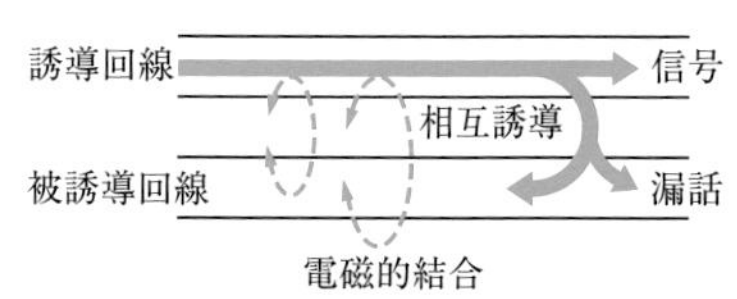

図−3　電磁的結合による漏話

【答（イ）④】

問3

図－4において、通信線路1の特性インピーダンスが576オーム、通信線路2の特性インピーダンスが900オームのとき、巻線比(n_1：n_2)が （ウ） の変成器を使うと線路の接続点における反射損失はゼロとなる。ただし、変成器は理想的なものとする。

[① 2：3　② 3：2　③ 3：5　④ 4：3　⑤ 4：5]

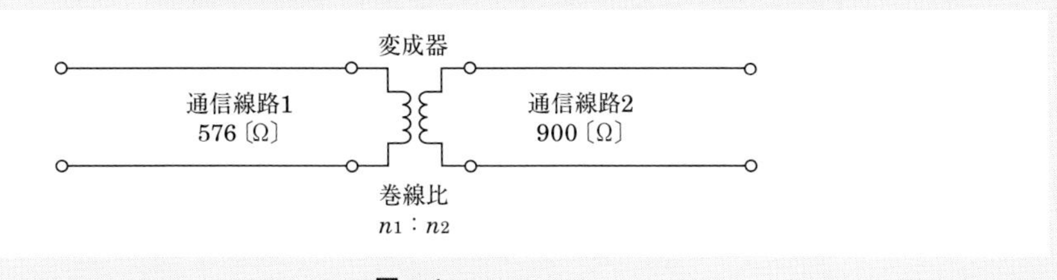

図－4

解説

設問の図－4において、変成器の巻線比をn_1：n_2とし、通信線路1のインピーダンスをZ_1、通信線路2のインピーダンスをZ_2としたとき、反射損失がゼロとなるためには、次式のようにインピーダンスを整合させればよい。

$$\frac{Z_1}{Z_2}=\left(\frac{n_1}{n_2}\right)^2$$

したがって、

$$\frac{n_1}{n_2}=\sqrt{\frac{Z_1}{Z_2}}=\sqrt{\frac{576}{900}}=\sqrt{\frac{16}{25}}=\frac{4}{5}$$

$\therefore\ n_1 : n_2 = \mathbf{4 : 5}$

【答（ウ）⑤】

問4

図－5に示すアナログ方式の伝送路において、受端のインピーダンスZに加わる信号電力が15ミリワットで、同じ伝送路の無信号時の雑音電力が0.0015ミリワットであるとき、この伝送路の受端におけるSN比は、 （エ） デシベルである。

[① 15　② 25　③ 40　④ 45　⑤ 50]

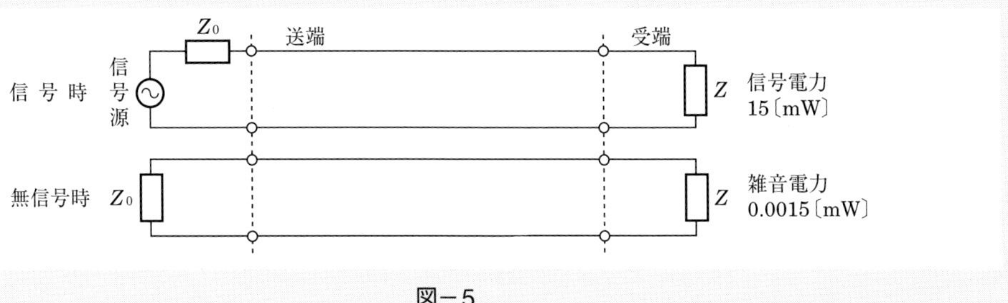

図－5

解説

設問の図－5において、受端のインピーダンスZに加わる信号時の信号電力をP_S〔mW〕、無信号時の雑音電力をP_N〔mW〕とすると、SN比(信号電力対雑音電力比)は、次式で表される。

$$SN比 = 10\,log_{10}\frac{P_S}{P_N}\ 〔dB〕$$

題意より、$P_S = 15$〔mW〕、$P_N = 0.0015$〔mW〕であるから、SN比は、

$$SN比 = 10\,log_{10}\frac{15〔mW〕}{0.0015〔mW〕} = 10\,log_{10}10^4 = 10\times 4\times log_{10}10 = 10\times 4\times 1 = \mathbf{40}〔dB〕$$

【答（エ）③】

第5章 伝送技術

電気通信のサービス品質は、利用者へのサービスの良さの度合いを示すものであり、電気通信設備を設計・管理するうえで1つの指針となるものである。本章では、デジタル通信網のサービス品質をはじめ、音声やデータを伝送する際に必要となる各種変調技術や、多重伝送技術、光ファイバ伝送技術などについて解説する。

1 デジタル通信網のサービス品質

1 デジタル通信網のサービス品質の概要

デジタル通信網のサービス品質(QoS：Quality of Service)は、次の3つに大別される。

●**接続品質**

情報伝達の迅速(じんそく)性を示すもので、**接続損失**と**接続遅延**(ちえん)の2つの要素から成る。

●**安定品質**

通信網の信頼性を示すもので、設備の故障や網(もう)の異常トラヒックが発生しても正常なサービスを維持できる度合いを表す。

●**伝送品質**

情報伝送の正確さを示すものであり、その内容については次項で詳しく解説する。

2 伝送品質と評価尺度

デジタル通信網における伝送品質の劣化要因には、符号誤り、ジッタ(パルスタイミングの10Hz以上の揺(ゆ)らぎ)・ワンダ(10Hz未満の揺らぎ)、伝送遅延などがある。これらのうち、符号誤りの影響が極めて大きく、ジッタの影響を無視できない高品質映像サービスを除けば、伝送品質はほとんど符号誤りのみで評価することができる。

符号誤りが伝送品質に与える影響は、その発生形態とサービス種別により異なる。この点を考慮して、いくつかの誤り評価尺度が利用されている。

従来、伝送品質は、「測定時間中に伝送された符号(ビット)の総数」に対する、「その時間中に誤って受信された符号の個数」の割合を表す**長時間平均符号誤り率**(***BER***：Bit Error Rate)のみで評価されてきた。しかし、*BER*は符号誤りの発生が偶発的で規則性のないランダム誤りの場合には適しているが、**フェージング**や部品劣化などが原因で発生するバースト誤りの場合には適していない。*BER*のこのような欠点を補う符号誤り評価尺度として、**符号誤り時間率*%SES***(percent Severely Errored Seconds)、***%DM***(percent Degraded Minutes)、***%ES***(percent Errored Seconds)などがITU－Tにより勧告されている。

用語解説

接続損失
利用者が希望する相手に接続されるまでに、被呼者の話中などに遭遇して呼損となること。

接続遅延
交換接続に要する時間のこと。

補足

デジタル通信における誤り訂正方式の1つに、送信側に再送を要求することなく受信側が単独で誤りを訂正する**FEC**(Forward Error Correction 前方誤り訂正)がある。

補足

符号誤りの発生形態には、時間的にランダム(偶発的)に発生する「ランダム誤り」と、短時間に集中して発生する「バースト誤り」の2種類がある。

用語解説

フェージング
伝送路における自然条件等の変化により、電波の受信電界強度が時間的に変動する現象。

●%*SES*

1秒ごとに平均符号誤り率を測定し、平均符号誤り率が1×10^{-3}を超える符号誤りの発生した秒の延べ時間が稼働時間に占める割合を、百分率(%)で表したものである。符号誤りがバースト的に発生するような伝送系の評価を行う場合の尺度に適している。

●%*DM*

1分ごとに平均符号誤り率を測定し、平均符号誤り率が1×10^{-6}を超える符号誤りの発生した分の延べ時間が稼働時間に占める割合を、百分率で表したものである。電話サービスなど、ある程度、符号誤りを許容できる伝送系の評価を行う場合の尺度に適している。

●%*ES*

1秒ごとに符号誤りの発生の有無を観測し、少なくとも1個以上の符号誤りが発生した秒の延べ時間が稼働時間に占める割合を、百分率で表したものである。データ通信サービスなど、少しの符号誤りも許容できないような伝送系の評価を行う場合の尺度に適している。

また、1秒ごとに符号誤りの発生の有無を観測し、符号誤りが発生しなかった秒の延べ時間が稼働時間に占める割合を百分率で表した**%*EFS***(percent Error Free Seconds)という指標もある。%*EFS*の値と%*ES*の値の合計値は100%で一定であり、%*EFS*の値が大きければ%*ES*の値が小さく、%*EFS*の値が小さければ%*ES*の値が大きくなる。

用語解説

JIS Z 8108に、次のような定義がある。

符号誤り
伝送や再生の過程でビット誤りが発生し、元の符号と異なった符号となること。

バースト誤り
2個以上の符号に連続して誤りが生じること。

測定時間が同じである場合、%*ES*の測定値は、常に%*SES*の測定値より大きい。

ある回線で符号誤りがバースト的に発生する場合には、符号誤りが発生しない場合と比較して、%*ES*の値が大きくなり、%*EFS*の値は小さくなる。

さらに詳しく!

*BER*等の値の求め方

伝送速度が64kbit/sの回線で、ある100秒間の誤り率を測定したところ、特定の2秒間に符号誤りが集中して、それぞれ58個と6個発生したとする。この場合の*BER*の値は、次の要領で求めることができる。

まず、伝送速度が64kbit/sの回線が100秒間に伝送する符号(ビット)の数は、$64 \times 10^3 \times 100 = 64 \times 10^5$〔個〕である。そして、このうち58+6=64〔個〕がエラービットであるから、*BER*の値は、

$$64 \div (64 \times 10^5) = 1 \times 10^{-5}$$

となる。

ちなみに、同じ条件下で%*ES*の値を求めると、次のようになる。

2〔秒〕÷100〔秒〕×100〔%〕=2〔%〕

理解度チェック

問1 デジタル伝送路における符号誤りの評価尺度の一つである (ア) は、測定時間中に伝送された符号(ビット)の総数に対する、その間に誤って受信された符号(ビット)の個数の割合を表したものである。

① %*SES* ② %*ES* ③ *BER*

答 (ア) ③

2 変調方式(I)　AM、FM、PM

1 変復調の原理

ケーブル等を介して信号を伝送する場合において、その特性や条件等を考慮し信号を伝送に適した形に変換することを変調といい、被変調波から元の信号波を分離させて取り出すことを復調という。

変調の方式には、振幅変調、角度変調、パルス変調がある。これらのうち角度変調はさらに周波数変調と位相変調に大別される。

注意

変調では、信号そのものを変化させるのではなく、電線や空間などの媒体上を伝わる搬送波(正弦波やパルス列など。キャリアともいう)の1つ以上の特性量を、伝送する信号の特性量に応じて変化させる。

2 振幅変調方式

振幅変調(AM：Amplitude Modulation)方式は、音声などの入力信号(f_S)に応じて、搬送波周波数(f_C)の振幅を変化させる変調方式である。

なお、図2・1(b)のようにデジタル信号を振幅変調する場合は、“1”、“0”に対応した2つの振幅に偏移するので、特に振幅偏移(へんい)変調(ASK：Amplitude Shift Keying)と呼んでいる。

補足

振幅変調方式は、占有帯域幅が狭くて済むが、雑音に対しては弱い。

補足

ASKのうち、符号ビットの“1”を搬送波あり、“0”を搬送波なし(変調率100%)で表す形式のものは、特にオンオフキーイングといわれる。

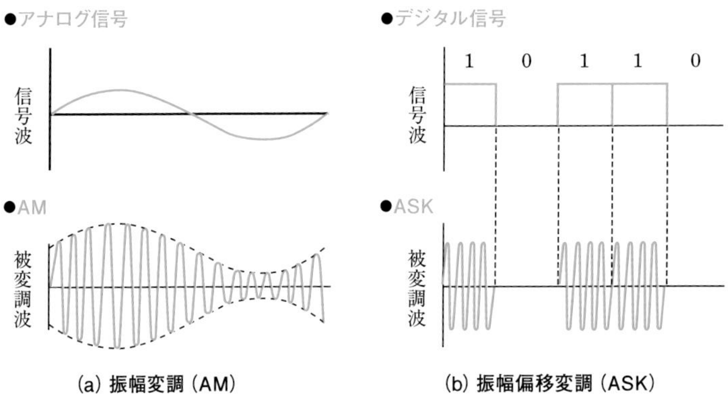

(a) 振幅変調(AM)　(b) 振幅偏移変調(ASK)

図2・1　振幅変調方式

●変調度

振幅がE_C、角周波数がωの搬送波を、振幅がE_S、角周波数がpの信号波で振幅変調すると、図2・2のような被変調波が現れる。

この被変調波eを表す式は、

$$e = (E_C + E_S \sin pt)\sin \omega t$$

$$= E_C\left(1 + \frac{E_S}{E_C}\sin pt\right)\sin \omega t$$

となる。この式において、E_SとE_Cの比を変調度といい、mで表す。

$$変調度 m = \frac{E_S}{E_C} = \frac{E_1 - E_2}{E_1 + E_2}$$

上式のE_1は、被変調波における振幅の最大値を、E_2は最小値をそれぞれ示している。

補足

E_SとE_Cの比を百分率で表すことも多い。百分率で表した場合は変調率といわれ、変調度との間に次の関係がある。

変調率＝変調度×100〔%〕

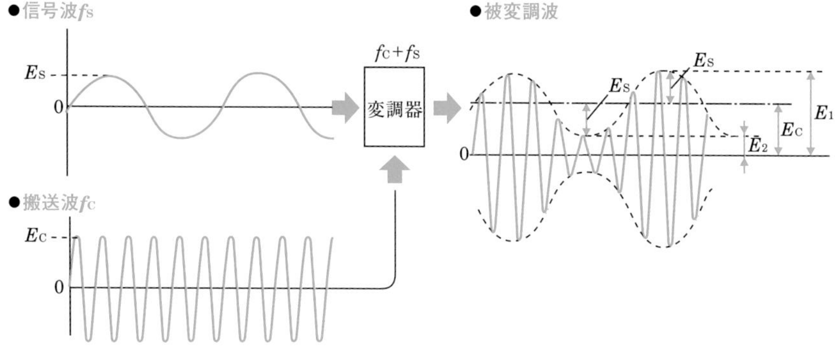

図2・2 変調度

●側波帯伝送

振幅変調を行った場合の周波数スペクトルは、図2・3のように搬送波周波数f_cの他に信号周波数f_sだけ上下にずれた側波帯(そくはたい)周波数が現れる。

> **用語解説**
> **周波数スペクトル**
> 信号の強度(振幅)を周波数分布で表したもの。

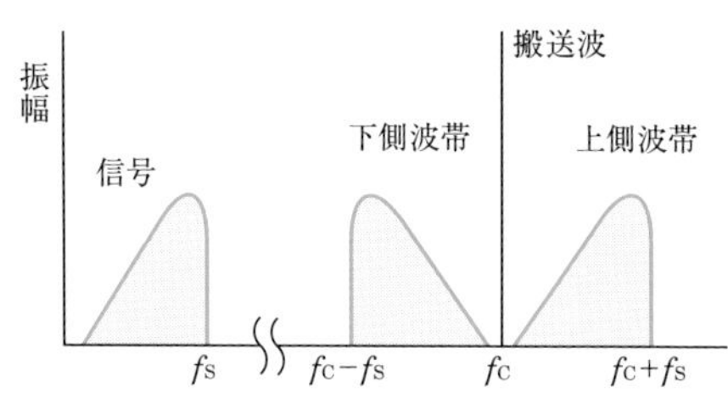

図2・3 周波数スペクトル

側波帯の伝送方式には、次の3つがある。

・**DSB(Double Side Band 両側波帯伝送)**

振幅変調で得られた上側波帯と下側波帯の信号成分をそのまま伝送する方式である。占有周波数帯域が信号波の最高周波数の2倍になる。

> **補足**
> 上側波帯と下側波帯には同一の情報が含まれている。

・**SSB(Single Side Band 単側波帯伝送)**

上側波帯または下側波帯のいずれか一方の側波帯をフィルタ(ろ波器)を通して取り出す方式である。DSB方式に比べて占有周波数帯域幅が半分で済み、音声信号の多重化伝送などで利用されている。

> **用語解説**
> **帯域**
> 情報を伝送するために利用する電波や電気信号の周波数の範囲をいう。また、帯域の上限と下限の差を帯域幅といい、帯域幅が大きいほど伝送できる情報が多くなる。なお、デジタル通信においても、慣例的に伝送ビットレート(1秒間に伝送できるビット数)を帯域と呼ぶことがある。

・**VSB(Vestigial Side Band 残留側波帯伝送)**

データ信号や画像信号のように直流成分を含む信号を伝送するためには、搬送波を中心に片方の側波帯をフィルタで斜めにカットし、直流成分も含めて伝送するVSB方式が用いられる。

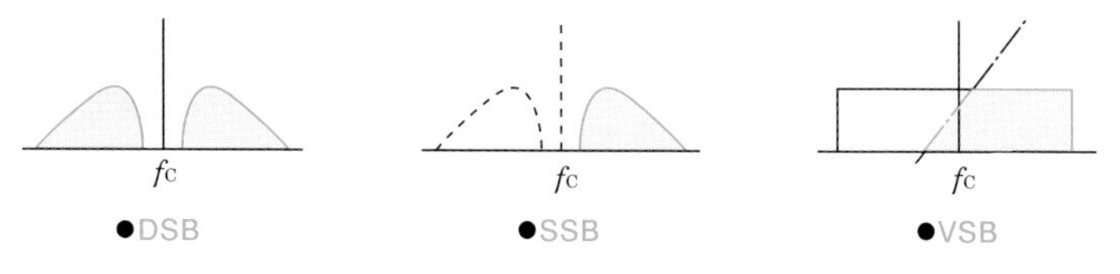

図2・4 側波帯の伝送方式

3 周波数変調方式

周波数変調(FM：Frequency Modulation)方式は、搬送波の周波数を、伝送する信号の振幅に応じて変化させる変調方式である。図2・5(b)のように伝送する信号がデジタル信号の場合は、周波数の異なる2つの搬送波を用い、それぞれを符号ビットの"1"と"0"に対応させて伝送する。この方式は、周波数を偏移させるので、特に**周波数偏移変調**(**FSK**：Frequency Shift Keying)と呼ばれている。FSKは、主に低速回線(1,200bit/s以下)の信号伝送に用いられる。

補足

周波数変調方式は、振幅変調方式に比べて周波数の伝送帯域が広くなるが、レベル変動や雑音による妨害に強い。
信号の雑音成分の多くは振幅性のものであるため、振幅が一定である周波数変調の信号は、受信側でリミッタ(振幅制限器)を通すことで雑音を除去できる。

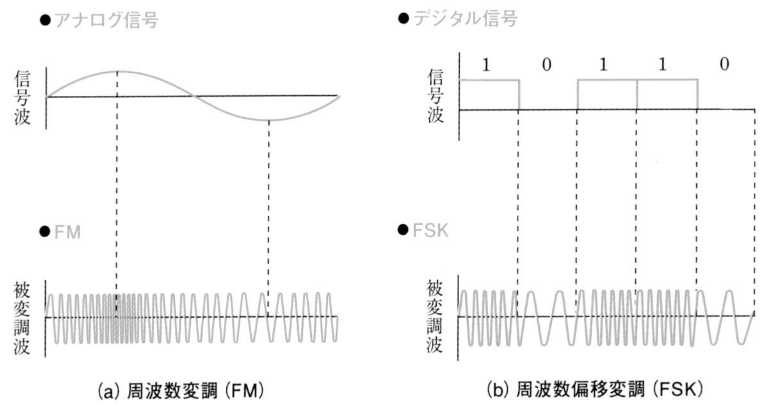

図2・5　周波数変調方式

4 位相変調方式

位相変調(PM：Phase Modulation)方式は、搬送波の位相を、伝送する信号の振幅に応じて変化させる変調方式である。図2・6(b)のように伝送する信号がデジタル信号の場合は、特に**PSK**(Phase Shift Keying 位相偏移変調)と呼ばれ、符号ビットの"1"と"0"を位相差に対応させる。

位相変調方式には、2値のベースバンド信号の値を2相の位相状態で表す**2相位相変調方式**と、4相以上の位相状態で表す**多値変調方式**がある。

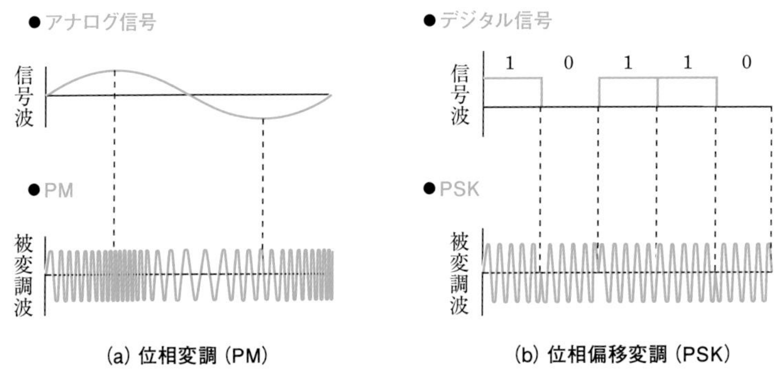

図2・6　位相変調方式

●2相位相変調方式

2相位相変調方式(BPSK)は、搬送波の2つの位相に"1"と"0"を対応させて変調するもので、"1"を0度に、"0"を180度に対応させている。

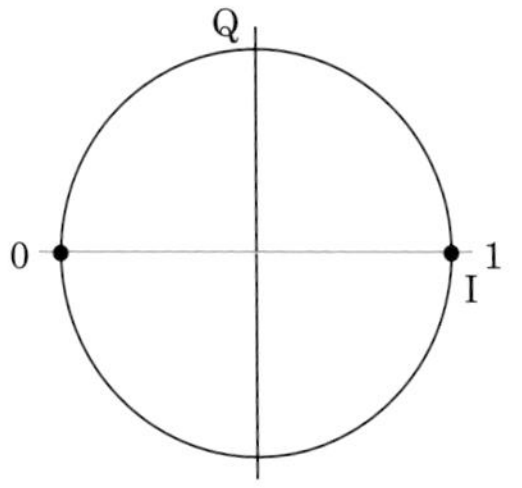

図2・7　BPSKの信号点配置

●多値変調方式

搬送波の位相を入力信号の変化に応じて90度間隔に4等分し、それぞれを"00"、"01"、"10"、"11"の2ビットの組合せに対応させるものを**4相位相変調方式**(QPSK)という。4相位相変調方式は、1シンボル(1回の変調)で2ビットの情報を伝送できるので、2相位相変調方式に比べ伝送容量は2倍となる。

また、搬送波の位相を入力信号の変化に応じて45度間隔に8等分し、8種類の情報を表現することを可能にしたものを**8相位相変調方式**(8－PSK)という。"1"と"0"で表現する2進数の組合せは$8 = 2^3$であるから、1シンボル当たりの情報量は3ビットとなり、それぞれの位相に"000"、"001"、"010"、"011"、"100"、"101"、"110"、"111"を対応させる。

このように8相位相変調方式は、1つの位相で3ビットの情報を伝送できるので、伝送容量は2相位相変調方式の3倍、4相位相変調方式の1.5倍となる。

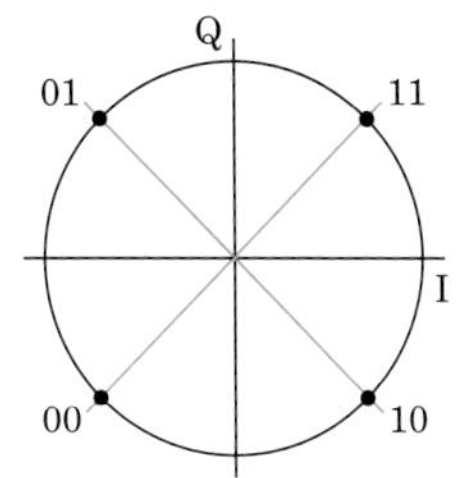

図2・8　QPSKの信号点配置

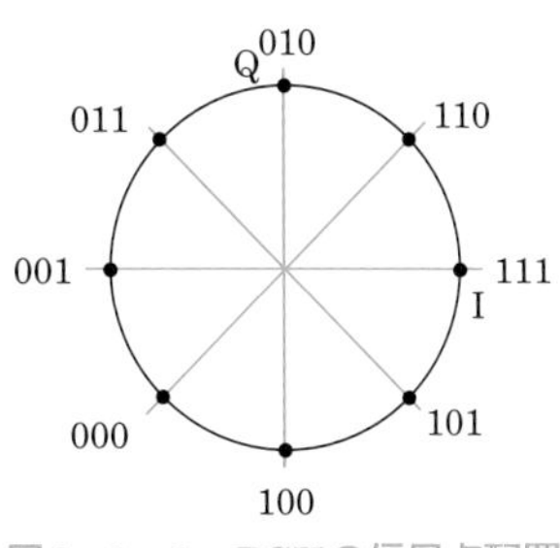

図2・9　8－PSKの信号点配置

補足
BPSKは主に1,200bit/s以下の低速のデータ伝送に利用されている。なお、2,400bit/s以上の伝送には多値変調方式が用いられる。

基礎 第5章

●直交振幅変調(QAM)

伝送容量を向上させる変調方式に、**直交振幅変調**(**QAM**：Quadrature Amplitude Modulation)または**振幅位相変調**(**APSK**：Amplitude Phase Shift Keying)と呼ばれるものがある。これは、直交する2つの搬送波をそれぞれASK変調し、合成させた多値変調方式で、振幅と位相の両方に情報を持たせている。現在、16QAM、64QAM、128QAM、256QAMなどが実用化され、ADSLのDMT信号のサブキャリアや無線LANのOFDM信号のサブキャリアなどの変調に利用されている。16QAMは1変調で4ビット、64QAMは1変調で6ビット、128QAMは1変調で7ビット、256QAMは1変調で8ビットの情報伝送が可能である。

理解度チェック

問1　デジタル信号の変調において、デジタルパルス信号の1と0に対応して正弦搬送波の位相を変化させる方式は、一般に、(ア)といわれる。
① ASK　② FSK　③ PSK

答　(ア)③

3 変調方式(Ⅱ)　パルス変調

1 パルス変調方式の種類

AM、FM、PMなどの変調方式では、搬送波に交流を使用しているが、パルス変調方式では、搬送波に方形(ほうけい)パルス列を使用して原信号をパルスの振幅や間隔、幅などに変調する。

図3・1にパルス変調方式の各波形を示す。

補足

パルス変調された信号をさらに符号化(2進コード化)したものがPCMである。

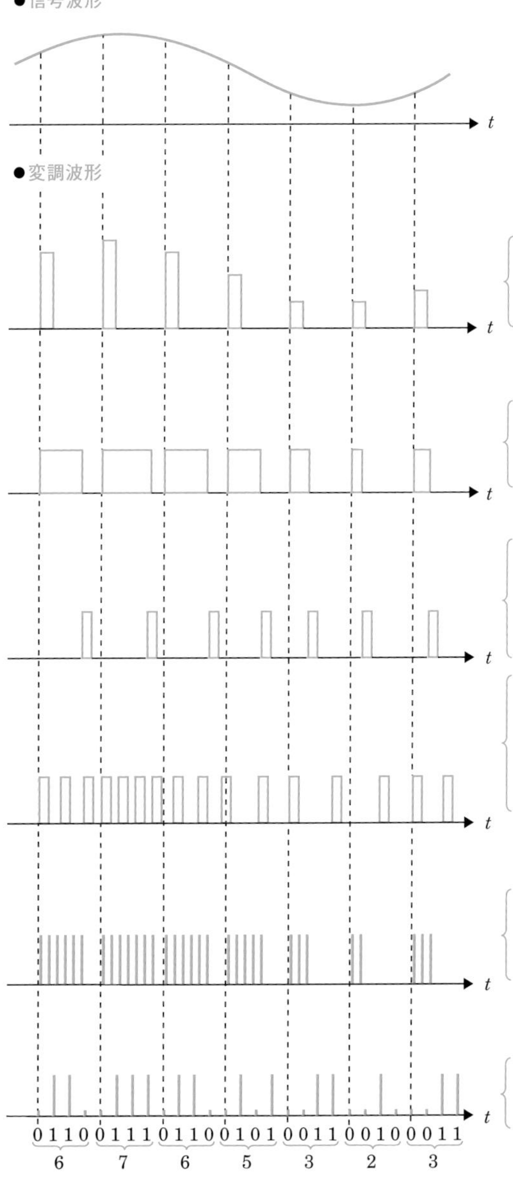

(a)～(d)は原信号を時間軸方向で離散化するが振幅は連続量で表現するのでアナログパルス変調といわれ、(e)および(f)はアナログパルス変調された信号にさらに量子化や符号化等を施し振幅も離散値で表現するのでデジタルパルス変調といわれる。

(a) パルス振幅変調 (PAM：Pulse Amplitude Modulation)

信号波形の振幅をパルスの振幅に対応させる方式。搬送波として一定周期、一定幅のパルスを使用し、原信号の振幅に比例してパルスの振幅を変化させる。

(b) パルス幅変調 (PWM：Pulse Width Modulation)

信号波形の振幅をパルスの幅に対応させる方式。搬送波として振幅および周波数が一定の連続する方形パルスを使用し、方形パルスの幅を入力信号の振幅に対応して変化させる。

(c) パルス位置変調 (PPM：Pulse Position Modulation)

信号波形の振幅をパルスの時間的位置に対応させる方式。原信号をPWM変換した後、その各出力パルスの立ち下がり点で、一定幅のパルスを得る。パルスの幅と振幅は一定であるが、位相や周波数が原信号の振幅に対応して変化する。

(d) パルス周波数変調 (PFM：Pulse Frequency Modulation)

信号波形の振幅をパルスの周波数(パルスとパルスの間隔)に対応させる方式。原信号をいったんFM信号に変換し、そのFM信号がある設定レベルになる度にパルスを発生させる。パルスの幅と振幅は一定であるが、パルスとパルスの間隔が原信号の振幅に対応して変化する。

(e) パルス数変調 (PNM：Pulse Number Modulation)

PWM信号と一定の短い周期のパルス(クロックパルス)の論理積(AND)をとる方式。単位時間内のパルス数が原信号の振幅に応じて変化する。

(f) パルス符号変調 (PCM：Pulse Code Modulation)

信号波形の振幅を標本化・量子化した後、1と0から成る2進符号に変換する方式。詳細は右頁を参照のこと。

図3・1　パルス変調方式の各波形

2 PCM伝送

PCM(Pulse Code Modulation)はパルス符号変調ともいい、アナログ信号の情報を"1"と"0"の2値符号に変換し、これをパルスに対応させて伝送する方式である。

> **補足**
> PCM伝送方式は*SN*比を損なうことなく長距離伝送を行うことができ、また、与えられた帯域幅に関して優れた*SN*比特性を持つ、半導体技術となじみやすい等の多くのメリットを有する。
> しかし、その一方でアナログ伝送方式に比べて広い周波数帯域幅を必要とする。

●PCM伝送の流れ

アナログ信号をデジタル信号に変換する場合、一般に、標本化→量子化→符号化という順で行われる。

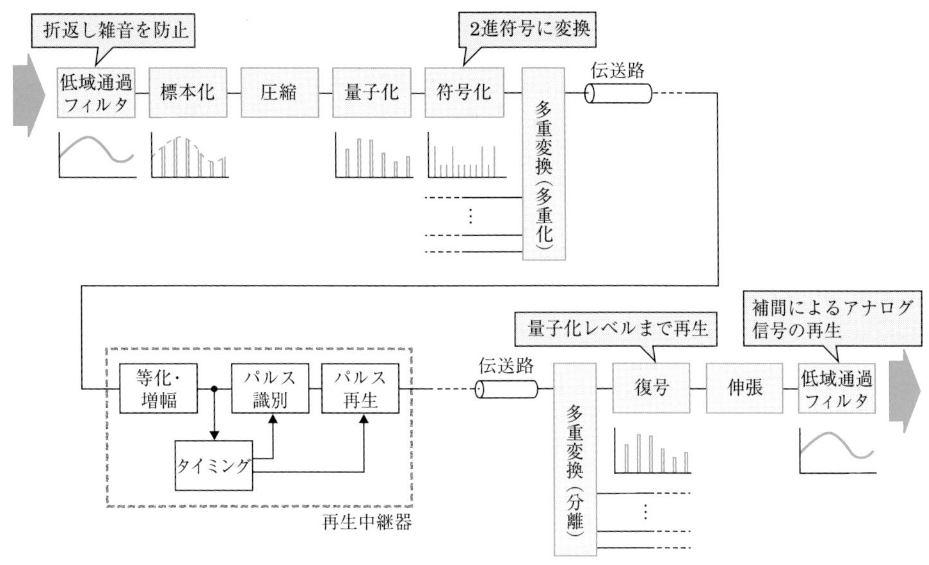

図3・2 PCM伝送

① 標本化(サンプリング)

時間的に連続しているアナログ信号の波形から、その振幅値をある一定の時間間隔で標本値として採取していく。この操作を標本化またはサンプリングという。

標本化する周波数f_sは、シャノンの標本化定理によると「入力信号に含まれている最高周波数f_hの2倍以上の周波数で標本化すれば、そのパルス列から元の信号を完全に再現できる。」とされている。たとえば、音声信号を標本化する場合、伝送に必要な最高周波数f_hは約4kHzである。したがって、標本化周波数f_sはその2倍の8kHzとなり、このときのサンプリング周期T_sは、$\frac{1}{8〔\mathrm{kHz}〕}=125〔\mu \mathrm{s}〕$となる。

> **用語解説**
> **標本化周波数**
> 1秒間当たりの標本化の回数で、単位はヘルツ〔Hz〕。
> **サンプリング周期**
> 標本化周波数の逆数で、1つの標本化から次の標本化までの時間を表す。PCM伝送方式でサンプリング周期を短くすると、原理的には、より高い周波数の信号の伝送が可能となる。

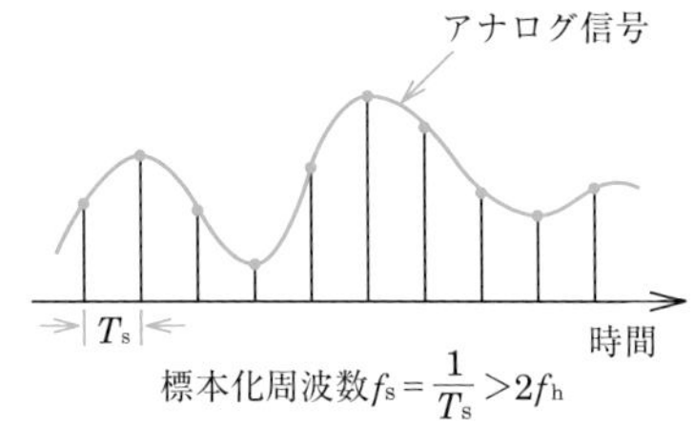

図3・3 標本化

標本化では、振幅を標本値に対応させたパルスを、サンプリング周期に対応した一定時間間隔で離散的に配置することにより、**PAM信号**に変換する。

② 量子化

次に、標本化により生成された時間的に離散的なPAM信号から、有限桁の離散的な近似値に変換する。この操作を**量子化**という。量子化では、一定間隔の目盛と識別レベル(小数点以下四捨五入など)により、入力された振幅に代表値を付与していく。このとき、入力信号レベルと出力レベルの関係が階段状のグラフで表されることから、**量子化ステップ**といわれる。また、段の幅(目盛間隔)を量子化ステップ幅、段の数(目盛の数)を量子化ステップ数という。

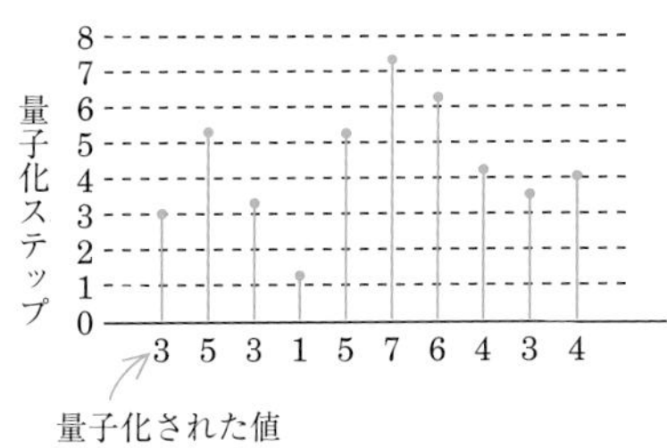

図3・4　量子化

③ 符号化

量子化によって得られた値を“1”と“0”の2進符号などに変換する操作を**符号化**という。符号化に必要なビット数は量子化ステップ数により異なり、2進符号の場合、量子化ステップ数が128個であれば7ビット($128 = 2^7$)、256個であれば8ビット($256 = 2^8$)が必要になる。

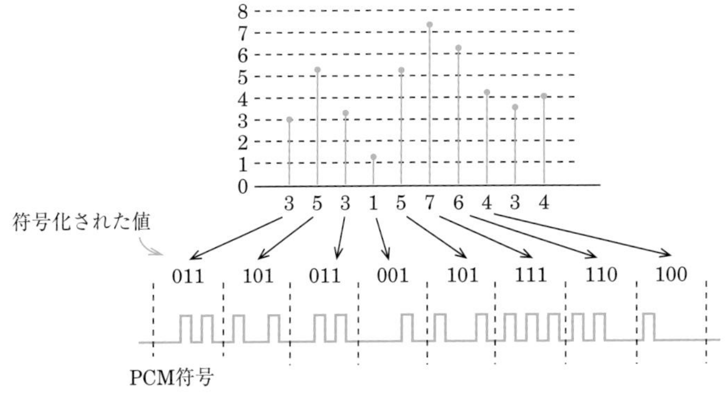

図3・5　符号化

④ 復号

デジタル伝送路より受け取ったパルス列を、受信側で逆の操作により元の信号(この場合はアナログ信号)に戻す。これを**復号**という。伝送路からの信号は、まず、復号器によって振幅のあるパルス列の信号に戻される。次に、この振幅のあるパルス列の信号は、伸張器によって元の標本化パルス列の信号(**PAM信**

補足

標本化で得られた標本値は、アナログ信号から抽出したものであり、正確に表現するには無限の桁数が必要になる。一方、符号化は値を2進数などで表現する操作であり、この操作を行う前に値を有限桁にしておかなければならない。

注意

量子化ステップが常に一定の大きさの場合、特に「直線量子化」と呼んでいる。直線量子化は、信号が小さいとSN比が悪化してしまうため、音声電話では一般に、入力振幅に応じて量子化ステップの大きさを変える「非直線量子化」が用いられている。

注意

PCM方式において、伝送されてきたパルス列を受信側で元の信号波形に復元する場合、原理的には、量子化レベルまで再生した信号を、標本化(サンプリング)周波数の$\frac{1}{2}$を遮断周波数とする低域通過フィルタに通せばよい。

号)に戻される。さらに、標本化周波数の$\frac{1}{2}$を遮断周波数とする低域通過フィルタによる**補間**操作で元の音声信号に復号され、出力信号となる。

●再生中継

PCM伝送ではパルス波形を伝送するので、伝送中に雑音などでパルス波形が変形した場合でも、伝送路中に挿入された再生中継器により、元の波形を完全に再生することができる。このため、伝送中に雑音やひずみが累積されて増加していくことはなく、レベル変動もほとんどない。

再生可能な信号レベルは、スレッショルドレベル(識別判定レベル)と呼ばれるしきい値(基準)で判断され、通常、雑音の振幅が信号の振幅の半分より小さければ再生に支障はない。

なお、この再生中継においては、タイミングパルスの間隔のふらつきや、共振回路の同調周波数のずれが一定でないために、タイミング抽出回路の出力振幅が変動する場合がある。この変動が、伝送するパルス列の時間軸上の位相変動、すなわちデジタルパルス列の時間的な**揺らぎ(ジッタ)**に変換され、伝送品質の劣化を招く。

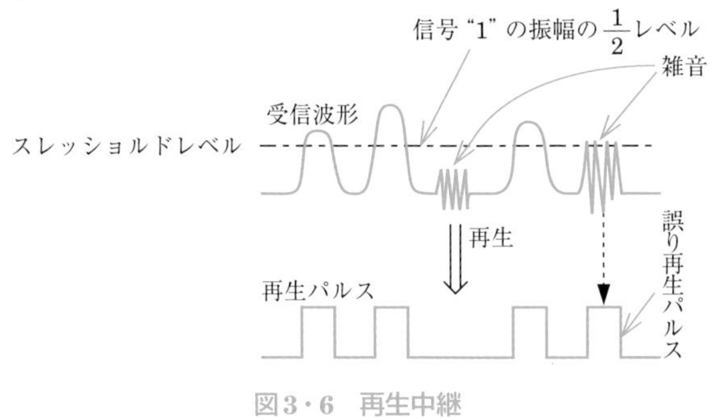

図3・6　再生中継

●符号化または復号の過程で発生する雑音

PCM方式でアナログ信号を符号化し、再びアナログ信号に復号するまでの過程において、さまざまな雑音が発生する。具体的には、表3・1に示すように**量子化雑音**、**折返し雑音**、**補間雑音**がある。

表3・1　符号化または復号の過程で発生する雑音

雑音の種類	説　明
量子化雑音	量子化の過程で発生する雑音。標本化によって得られたPAMパルスの振幅を離散的な数値に近似する過程で誤差が生じるために発生する。この量子化雑音の発生は避けることができないが、量子化ステップの幅を小さくすることにより軽減することができる。
折返し雑音	標本化の過程で発生する雑音。入力信号の最高周波数(f_h)が標本化周波数(f_s)の$\frac{1}{2}$以内に完全に帯域制限されていないために発生する。標本化前の入力信号の帯域制限が不十分な場合、$\frac{f_s}{2}$以上の信号スペクトルの成分が$\frac{f_s}{2}$を中心に折り返される。この折り返された信号スペクトルが復号の際に分離できないため、雑音となる。
補間雑音	復号の過程で発生する雑音。復号の補間ろ波の過程で、理想的な低域通過フィルタを用いることができないために発生する。標本化パルスの復号では、入力信号の最高周波数(f_h)以上を全く通過させせない低域通過フィルタで行うのが理想であるが、現実には不可能である。このため、高周波成分が混入して雑音となる。

用語解説

補間
離散的な信号の間を埋めて連続的な信号にすること。

補足
PCM伝送では、再生中継によって伝送路の信号劣化を少なくできるため、高品質な長距離伝送が可能となる。

注意
量子化雑音は、信号の伝送距離や中継区間数には依存しない。

補足
PCM方式では一般に、入力する音声信号の大小にかかわらず、伝送後の信号電力と量子化雑音電力との比をほぼ一定にするため、音声信号に対して圧縮および伸張の処理が行われる。

4 多重伝送方式と多元接続方式

1 多重伝送方式

多重伝送とは、1つの伝送路で複数の信号を同時に伝送することをいう。主に、中継区間における大容量伝送に利用され、設備コストの軽減のために用いられている。

伝送路の多重化方式には、1つの伝送路をいくつかの周波数帯域に分割して多重化する周波数分割多重(FDM)方式と、時間的に分割して多重化する時分割多重(TDM)方式がある。

●周波数分割多重(FDM：Frequency Division Multiplexing)方式

周波数分割多重(FDM)方式は、1つの伝送路で利用できる周波数帯域をいくつかの帯域に分割し、分割した各帯域をそれぞれ独立した伝送チャネルとして使用する。アナログ電話回線の場合、このチャネルは1通話路分として4kHzの帯域幅を持ち、次の①〜④の手順で多重化される。

①通話路－1の信号を搬送波周波数$f_1 = 12$〔kHz〕で変調する。変調された信号の周波数分布はf_1を中心とした8kHzのDSB(両側波帯)となる。

②このDSBを帯域通過フィルタ(BPF)に通し、4kHz幅のSSB(単側波帯)として取り出す。

③通話路－2の信号を、搬送波周波数を4kHz高くした$f_2 = 16$〔kHz〕で変調し、通話路－1と同様に帯域通過フィルタを通して4kHz幅のSSBを取り出す。このように、搬送波周波数を4kHzずつ上げ、各チャネルの信号を異なった周波数で変調していくことで、1つの伝送路の周波数帯域上に変調された信号を重複することなく順次配置する。

④受信側では、帯域通過フィルタによって各チャネルの周波数帯域に分離する。

補足
たとえば伝送路の伝送帯域幅が48kHzの場合、1チャネル4kHz帯域幅の音声信号を12チャネルに多重化することができる。

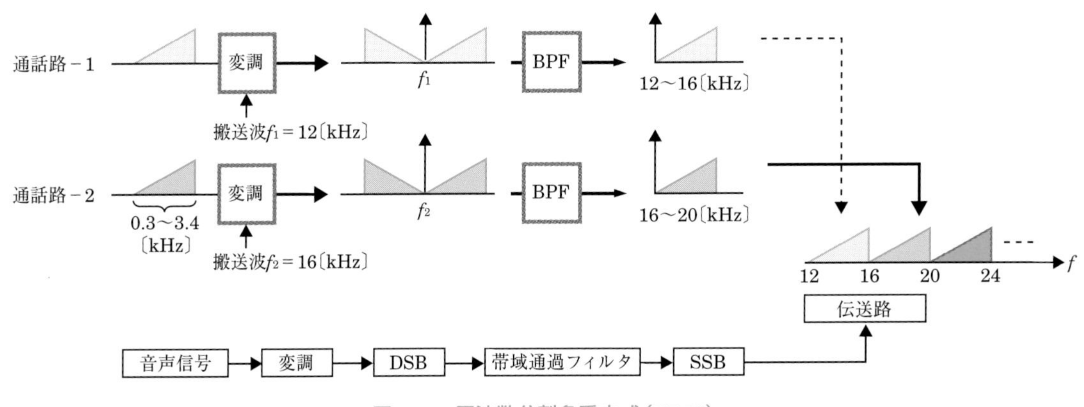

図4・1 周波数分割多重方式(FDM)

・直交周波数分割多重(OFDM：Orthogonal FDM)方式

通常のFDM方式は、1つの信号を1つのキャリアで伝送するシングルキャリア伝送方式である。これに対して、直交周波数分割多重(OFDM)方式は、信号を帯域の狭い多数のサブキャリアに分割して配置し、各サブキャリアを独立に伝送するマルチキャリア伝送方式に分類される。OFDM方式では、図4・2のように、あるサブキャリアの信号強度(振幅)が0になる周波数で隣のサブキャリアの振幅がピークとなり、さらにまたその隣のサブキャリアでは振幅が0になる…というように、隣り合うサブキャリアが直交する(位相差が90°になる)ようサブキャリアを配置することで、サブキャリアどうしの周波数間隔を密にできる。これにより、効率のよいマルチキャリア化が可能になる。

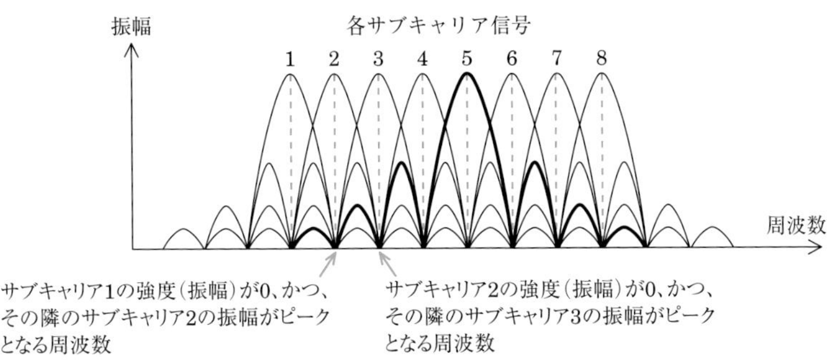

図4・2　直交周波数分割多重方式の例

●時分割多重(TDM：Time Division Multiplexing)方式

時分割多重(TDM)方式は、1つの伝送路を時間的に分割して複数の通信チャネルをつくりだし、各チャネル別にパルス信号の送り出しを時間的にずらして伝送する方式である。入力信号の各チャネルの信号をパルス変調しておき、伝送路へのパルス送出をCH_1、CH_2、CH_3の順で行う。このとき、タイムスロットといわれる信号の時間的な幅(周期)をチャネルの数が多くなるほど短くする必要があり、たとえば、パルスの繰り返し周期が等しいN個のPCM信号をTDMにより伝送するためには、最小限、多重化後のパルスの繰り返し周期を元の周期の$\frac{1}{N}$倍になるように変換する必要がある。

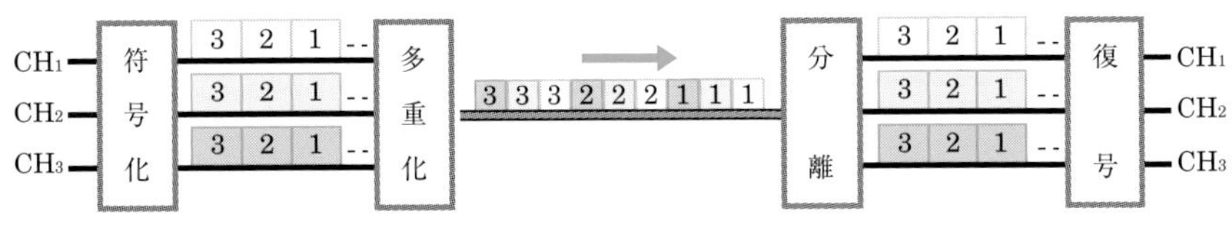

図4・3　時分割多重方式(TDM)

2　多元接続方式

多元接続(Multiple Access)方式は、多数のユーザ(端末)が1つの伝送路の容量を動的に利用するための技術である。その代表的なものとしては、符号分割多元接続(CDMA)方式、周波数分割多元接続(FDMA)方式、直交周波数分割多元接続(OFDMA)方式、時分割多元接続(TDMA)方式などがある。

補足
OFDMは、無線LAN、移動通信システム、地上デジタル放送などの高速データ通信に利用されている。

補足
たとえば無線LANでは、20MHz幅の1チャネルに312.5kHzのサブキャリアを63個配置する。

補足
多重伝送と多元接続は語感が似ているため混同されやすいが、意味はまったく異なる。多重伝送は1つの伝送路を分割して複数の伝送を同時に行うための技術であり、多元接続は通信のリソースを複数のユーザ(端末)が共同して利用するための技術である。

●符号分割多元接続(CDMA：Code Division Multiple Access)方式

複数のユーザが同一の周波数帯域で通信を行う方式。送信側では1次変調した後の信号を同一時間軸、同一周波数上でチャネルごとに異なる相互に直交した拡散符号を用いて周波数を拡散(スペクトル拡散)して送出する。受信側では、逆拡散により一致した拡散符号のチャネルのみを1次変調後の信号に戻す。

●周波数分割多元接続(FDMA：Frequency Division Multiple Access)方式

使用周波数帯域を特定の周波数帯域幅で分割して複数のチャネルを構成し、複数のユーザ(端末)が異なる周波数で通信を行う方式。

●直交周波数分割多元接続(OFDMA：Orthogonal FDMA)方式

複数のサブキャリアを周波数軸上に密に配置したサブキャリアの組をいくつもつくり、各ユーザ(端末)に割当てて通信を行う方式。

●時分割多元接続(TDMA：Time Division Multiple Access)方式

1つの無線周波数の使用時間を分割したタイムスロットを通信チャネルとして構成し、複数のユーザ(端末)が異なるタイムスロットで通信を行う方式。

理解度チェック

問1　複数の電話回線の音声信号を周波数分割多重方式により多重化するには、各電話回線の音声信号でそれぞれ異なった周波数の搬送波を［(ア)］する必要がある。

①コード化　②変調　③同調

問2　マルチキャリア変調方式の一種であり、異なる中心周波数をもつ複数のサブキャリアを直交させて配置することでサブキャリア間の周波数間隔を密にし、周波数の利用効率を高めたものは、［(イ)］変調といわれる。

①SCM　②TDM　③OFDM

問3　［(ウ)］方式は、各チャネル別にパルス信号の送出を時間的にずらして伝送することにより、伝送路を多重利用するものである。

①FDM　②SSB　③TDM

問4　各ユーザに異なる符号を割り当て、スペクトル拡散技術を用いて一つの伝送路を複数のユーザで共用する方式を［(エ)］という。

①CDMA　②CSMA　③FDMA

答 (ア)②(イ)③(ウ)③(エ)①

5 フィルタ

フィルタ(ろ波器)は、特定の範囲の周波数の信号を通過、あるいは阻止する(大きく減衰させる)回路素子であり、多重化装置や電気通信回線の接続点において、信号の分離・選択を目的として使用される。

フィルタは一般に、コンデンサとコイルを組み合わせた構成のLC回路であるが、抵抗やコンデンサ、演算増幅器で構成されたものもある。前者を受動フィルタ(パッシブフィルタ)といい、後者を能動フィルタ(アクティブフィルタ)という。能動フィルタはコイルを使用しないため、小型化、IC化が可能である。フィルタの種類を表5・1に示す。

注意

デジタル伝送系に用いられるフィルタは、加算器や乗算器などを用いて伝送符号の演算処理を行い、所要の周波数帯域の信号を抽出する。

表5・1 フィルタの種類

種類			機能	周波数特性	回路構成例
アナログ	受動	高域通過フィルタ (HPF:High Pass Filter)	特定の周波数以上の周波数の信号を通過させる。	出力 / f	
		低域通過フィルタ (LPF:Low Pass Filter)	特定の周波数以下の周波数の信号を通過させる。	出力 / f	
		帯域通過フィルタ (BPF:Band Pass Filter)	特定の周波数範囲の周波数の信号だけを通過させる。	出力 / f	
		帯域阻止フィルタ (BEF:Band Elimination Filter)	特定の周波数範囲の周波数の信号だけを大きく減衰させ、その他の周波数の信号は通過させる。	出力 / f	
	能動	アクティブフィルタとも呼ばれる。抵抗、コンデンサ、演算増幅器(OPアンプ)から構成され、帰還回路に周波数特性を持たせている。受動フィルタに比べ、減衰等が少ない。			
デジタル		加算器、乗算器、および遅延器で構成されている。アナログ信号をいったんデジタル信号に変換して演算処理を行うことにより特定の周波数帯域の信号を取り出し、これをアナログ信号に再変換する。フィルタの精度を上げるためには、アナログ信号をデジタル信号に変換するときに量子化ステップを小さくする必要がある。			

理解度チェック

問1 コイル、コンデンサなどの受動素子のみで構成されるフィルタは、一般に、(ア)フィルタと呼ばれている。

① 能動 ② パッシブ ③ アクティブ

問2 ある周波数以上のすべての周波数の信号を通過させ、その他の周波数の信号に対しては大きな減衰を与えるフィルタを(イ)通過フィルタという。

① 低域 ② 帯域 ③ 高域

答 (ア)② (イ)③

6 光ファイバ伝送方式

1 光ファイバ

平衡対ケーブルや同軸ケーブルが電気信号を伝送するのに対し、光ファイバは、光の点滅のパルス列を伝送する。

光ファイバは、石英ガラスやプラスチックなどの透明な材料で製造された心線で、図6・1のように、屈折率の大きい中心層(コア)と屈折率の小さい外層(クラッド)の2層構造になっている。光信号はコアの中に取り込まれると、コアとクラッドの境界で全反射を繰り返しながら進んでいく。

一般に、光ファイバを屋内に配線する場合は、図6・2のような光ファイバコードを用いる。コアとクラッドからなる光ファイバを樹脂でコーティングした部分を光ファイバ素線といい、これにナイロン繊維などで被覆(1次被覆)を施したものを光ファイバ心線という。さらに、光ファイバ心線に緩衝層と2次被覆を施したものが光ファイバコードである。

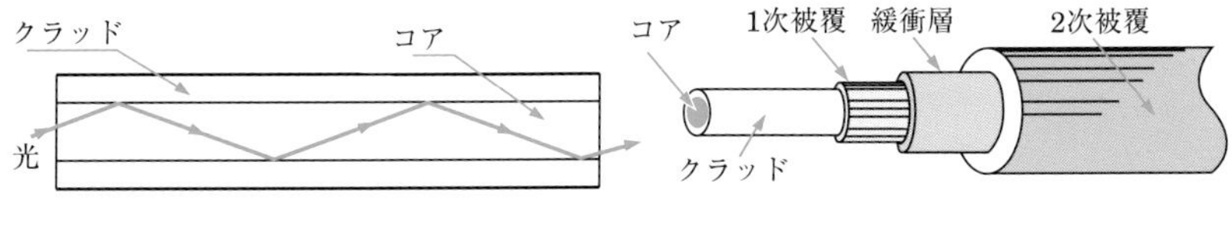

図6・1　光ファイバの原理　　図6・2　光ファイバコードの構造

光ファイバは伝送損失が小さく漏話も実用上無視できる。また、外部からの誘導の影響も受けにくい。

表6・1　光ファイバとメタリックケーブルの比較

比較項目＼伝送媒体の種類	光ファイバ	メタリックケーブル	
		平衡対ケーブル	同軸ケーブル
伝送損失	極めて小さい。	周波数が高くなると大きくなる。	高周波でも小さい。
大容量伝送	大容量伝送が可能。	適さない。	平衡対ケーブルよりも大容量の伝送が可能。
長距離伝送	極めて長い距離の伝送が可能。	適さない。	平衡対ケーブルよりも長距離の伝送が可能。
漏　話	漏話は無視できる。	静電結合や電磁結合により漏話が生じる。	導電結合により漏話が生じる。

2 光ファイバの種類と伝搬モード

光ファイバ内を伝搬する光の波長、コア径、屈折率などから、光の伝わり方の種類が決まる。これを伝搬モードと呼び、複数のモードの光を同時に伝搬できるマルチモード(多モード、MM)型と、1つのモードのみ伝搬できるシングルモード(単一モード、SM)型の2種類に大別される。

マルチモード型は、コアの屈折率分布の違いにより、さらにステップインデッ

補足

光ファイバのコアとクラッドの屈折率の違いを表すパラメータを「比屈折率差」という。コアの屈折率をn_1、クラッドの屈折率をn_2とすると、比屈折率差Δは、一般に、次式で近似される。

$$\Delta = \frac{n_1 - n_2}{n_1}$$

補足

電気通信事業者の光伝送路では、一般に、複数本の光ファイバ心線をテンションメンバや介在物などと一緒に1つのシースに納めた光ファイバケーブルを用いて配線する。

クス(SI)型とグレーデッドインデックス(GI)型に分けられる。ステップインデックス型ではコアとクラッドの屈折率分布が階段状に変化するのに対し、グレーデッドインデックス型では連続的に変化する。

表6・2からもわかるように、シングルモード型は、マルチモード型に比べてコア径が小さい。また、広帯域、低損失であるため、大容量・長距離伝送に適している。

表6・2　光ファイバの種類

	シングルモード(単一モード)型	マルチモード(多モード)型	
		ステップインデックス(SI)型	グレーデッドインデックス(GI)型
光信号の伝搬方法と屈折率分布	大← 屈折率	大← 屈折率	大← 屈折率
コア径	～10 μm	50～85 μm	
外　径	125 μm		
帯域幅	広い(10GHz・km程度)	狭い(100MHz・km程度)	やや広い(1GHz・km程度)
光の分散	小さい	大きい	中程度
光の損失	小さい	大きい	中程度

3 光ファイバ伝送方式

●光ファイバ伝送の原理

光ファイバ伝送では、電気信号を光信号に変換して伝送するため、電気から光への信号変換(E/O変換)を行う送信装置と、光から電気への信号変換(O/E変換)を行う受信器が必要である。これらの変換器は光コネクタにより光ファイバコード(ケーブル)と接続される。なお、光コネクタは光ファイバコード相互の接続にも用いられる。

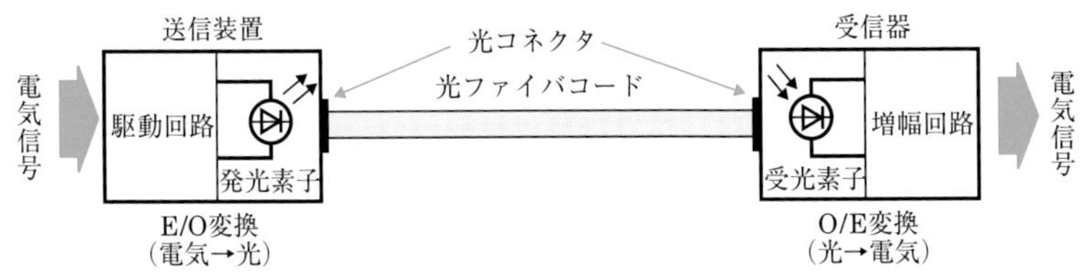

図6・3　光ファイバ伝送

補足

光源と光ファイバの結合効率を決定するパラメータの1つに開口数(NA：Numerical Aperture)があり、この値が大きいほど、光ファイバは多量の光源を受け入れることができる。
光源を光ファイバに入射するとき、光ファイバの開口数と同じ開口数のレンズを用いて集光を行うと最も効率が良い。

●送信装置

光ファイバ伝送システムにおける送信装置の主な機能は、発光素子により光を発生する発光機能と、光に情報信号を付与する変調機能である。

・発光機能

光源となる発光素子には、一般に、半導体レーザダイオード(LD：Laser Diode)や発光ダイオード(LED：Light Emitting Diode)が用いられている。

半導体レーザダイオードは、発光ダイオードよりも応答速度が速く、発光スペクトル幅が狭いため、高速・広帯域の伝送に適している。一方、発光ダイオードは、半導体レーザダイオードよりも変調可能帯域が狭くスペクトル幅が広いが、製造コストなどの面で優れているため、短距離系の光伝送システムで多く用いられている。

・変調機能

光ファイバ伝送では、一般に、安定した光の周波数や位相を得ることが難しいので、周波数変調や位相変調には向かない。このため、電気信号の強さに応じて光源の光の量を変化させる**強度変調（振幅変調）**が行われる。

強度変調には、**直接変調方式**と**外部変調方式**がある。直接変調方式は、発光ダイオードや半導体レーザダイオードなどに入力する電気信号の強弱によって光の強度を直接変調し、点滅させる。これに対し外部変調方式は、**電気光学効果（ポッケルス効果）**や**電界吸収効果**などを利用する光変調器を用いて、外部から変調を加えるもので、媒質に電界や音波などを印加して光の屈折率を変化させ、半導体レーザダイオードから出力した一定強度の光に対し透過・遮断の切替えを高速に行う。

補足

一般に、変調信号により搬送波の大きさを変化させる変調方式を「振幅変調方式」というが、この振幅変調のことを光変調方式では特に「強度変調」と呼んでいる。

用語解説

電気光学効果
物質に電圧を加え、その強度を変化させると、その物質における光の屈折率が変化する現象。

電界吸収効果
電界強度を変化させると、化合物半導体の光吸収係数の波長依存性が変化する現象。

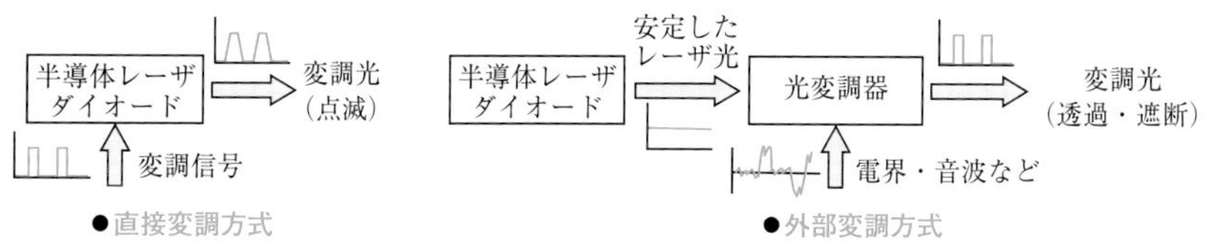

図6・4　強度変調

直接変調方式の場合、半導体レーザダイオードを数十GHz以上の高速で変調すると、キャリア密度が瞬時に変化して光の波長が変動する**波長チャーピング**により伝送特性が劣化してしまう。このため、データ伝送の高速・大容量化の進展とともに、外部変調方式が広く採用されるようになった。

●受信器

光ファイバ伝送システムにおける受信器は、光信号を電気信号に変換する機能を持つ。受光素子には、一般に、**ホトダイオード（PD**：Photo Diode）や**アバランシホトダイオード（APD**：Avalanche－Photo Diode）が用いられている。

ホトダイオードは、pn接合面に光が当たると光の吸収により電流が流れる現象を利用したものである。光ファイバ通信では、p形半導体とn形半導体の間にi（intrinsic：真正）層を挿入することで応答速度を改善した**PINホトダイオード（PIN－PD）**が使用される。また、アバランシホトダイオードは、電子なだれ降伏現象による光電流の内部増倍作用を利用するもので、ホトダイオードに比べて受光感度は優れているが、雑音が多く発生するなど不利な点もある。

●中継装置

中継装置は、光ファイバ伝送路で減衰した光信号を元の信号レベルにまで戻すための装置であり、**光再生中継器**や**線形中継器**などがある。

・光再生中継器

受信した信号パルスを、送信時と同じ波形に再生して伝送路に送出する装置である。減衰劣化した信号パルスを、パルスの有無が判定できる程度まで増幅する**等化増幅（Reshaping）機能**、パルスの有無を判定する時点を設定する**タイミング抽出（Retiming）機能**、等化増幅後の"0"、"1"を識別し、元の信号パルスを再生して伝送路に送出する**識別再生（Regenerating）機能**を持っている。なお、これらは英字の頭文字をとって**3R機能**と呼ばれている。

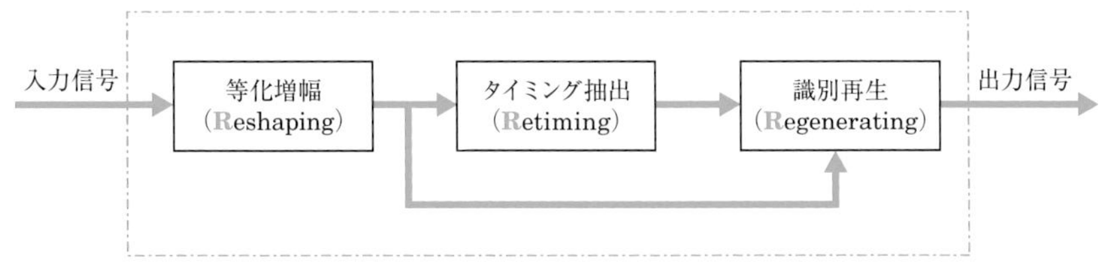

図6・5　光再生中継器

・線形中継器

先ほど述べた光再生中継器は、光信号をいったん電気信号に変換して電気領域で信号処理を行った後で再び光信号に変換するが、線形中継器は、光信号を電気信号に変換せず、光信号のまま直接増幅して中継を行う。

このように、線形中継器は増幅機能しか持っていないため、光ファイバの分散による波形劣化の増大など、伝送特性が劣化する欠点がある。しかし、その一方で、波長が異なる信号光の一括増幅が可能であり、かつ、光信号のまま直接増幅しているため伝送速度に制約されないことから、伝送路の**波長分割多重（WDM：Wavelength Division Multiplexing）**化に柔軟に対応することができる。

線形中継器には、増幅機能を実現するための増幅器として、**エルビウム添加光ファイバ増幅器（EDFA：Erbium Doped Fiber Amplifier）**が一般に広く用いられている。これは、コア部分の材料に微量のエルビウム（Er）などの希土類を添加した光ファイバに、信号光と励起光を同時に入射させ、励起光のエネルギーを使って光信号を増幅するものである。

次頁の図6・6（a）は、エルビウム添加光ファイバを入力側から励起する、前方励起形の光ファイバ増幅器の基本構成を示したものである。伝送用光ファイバを通ってきた光信号が光合波器で励起光源（LDなど）からの励起光と合成され、**光アイソレータ**を通ってエルビウム添加光ファイバに入射し、エルビウム添加光ファイバ中を進行しながら増幅されていく。そして、エルビウム添加光ファイバを通過した光信号は、さらに光アイソレータ、**ASEフィルタ**を通って、次の伝送用光ファイバに送られる。

また、図6・6（b）は、エルビウム添加光ファイバを出力側から励起する後方励起形の光ファイバ増幅器の基本構成を示したものである。伝送用光ファイバを通ってきた光信号は、エルビウム添加光ファイバを通過し、さらに光分波器、光アイソレータ、ASEフィルタを通って、次の伝送用光ファイバに送られる。

光再生中継器は、伝送途中で発生した雑音やひずみなどにより減衰劣化した信号波形を再生中継するために、等化増幅、タイミング抽出、および識別再生のいわゆる3R機能を持っている。
これに対し線形中継器は、増幅機能のみを持つ。

用語解説

波長分割多重（WDM）
光ファイバによる双方向多重伝送方式の1つ。波長の異なる光が互いに干渉しない性質を利用し、1心の光ファイバに波長の異なる複数の光信号を多重化して伝送する。

光アイソレータ
一方向には光を通すが逆の方向には光を通さない光学素子。光増幅器の反射による発振を防止する機能を持つ。

ASEフィルタ
エルビウム添加光ファイバ内で発生する自然放出光や吸収されなかった励起光を除去するフィルタ。

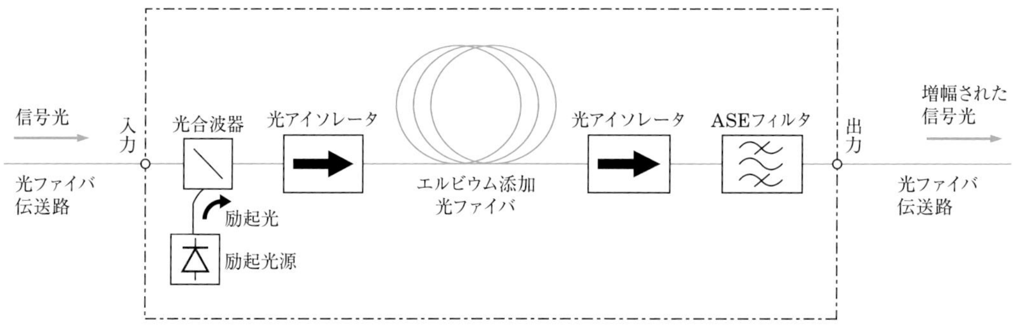

(a) 前方励起形EDFA

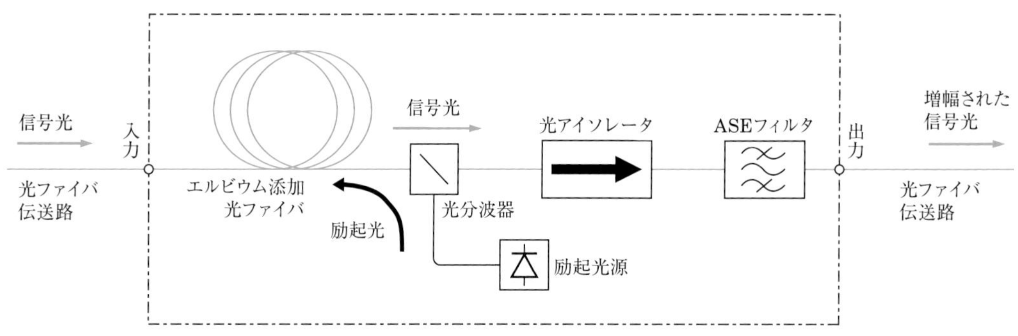

(b) 後方励起形EDFA

図6・6　光増幅器の基本構成例

4 光ファイバの伝送特性

●光損失

光ファイバの光損失とは、光ファイバを伝搬する光の強度がどれだけ減衰するかを示す尺度であり、光損失が小さければ、伝搬できる距離が長いことを意味する。光ファイバ固有の光損失には、**レイリー散乱損失**、**吸収損失**、**光ファイバの構造不均一による散乱損失**があり、一般に、レイリー散乱損失と吸収損失が全損失の大部分を占める。

・レイリー散乱損失

光ファイバを製造する過程での急激な冷却によって光ファイバ内に発生する、屈折率の微小な変化(揺(ゆ)らぎ)が原因で生じる。これは材料固有の損失であるため、避けることはできない。

・吸収損失

光ファイバの材料が光を吸収し、その光エネルギーが熱に変換されることによって生じる。光ファイバ内の不純物によるものと、光ファイバの材料特有のものがあり、後者の損失は取り除くことができないため、前者の損失をいかに小さくするかが重要となる。

・構造不均一による散乱損失

コアとクラッドの境界面での構造不完全、微小な曲がり、微結晶などによって引き起こされる光損失である。これは光ファイバの製造技術にかかわる損失であり、伝搬する光の波長に依存しない。

●分散

光ファイバに入射された光パルスが伝搬されていくにつれて、時間的に広がった波形になっていく現象を分散という。この分散現象は、発生要因別にモード分散、材料分散、構造分散の3つに分けることができる。なお、これらのうち材料分散と構造分散は、その大きさが光の波長に依存することから、波長分散とも呼ばれている。

注意

シングルモード光ファイバではモード分散は生じない。このためシングルモード光ファイバの伝送帯域は、主に材料分散と構造分散との和で表される波長分散によって制限される。

表6・3　光ファイバにおける分散現象の種類

種　類		説　明
モード分散		光の各伝搬モードの経路が異なるため到達時間に差が出てパルス幅が広がる現象。伝送帯域を制限する要因となっている。モード分散はマルチモード型のみに起こり、シングルモード型では起こらない。
波長分散	材料分散	光ファイバの材料が持つ屈折率は、光の波長によって異なった値をとる。これが原因でパルス波形に時間的な広がりが生じる現象。モード分散と同様に伝送帯域を制限する要因となる。
	構造分散	コアとクラッドの境界面で光が全反射を行う際、光の一部がクラッドへ漏れパルス幅が広がる現象。光の波長が長くなるほど光の漏れが大きくなる。

5 光アクセスネットワークの構成

光アクセスネットワークの構成は、シングルスター(SS：Single Star)構成法とダブルスター(DS：Double Star)構成法に大別される。

●シングルスター構成法

最も基本的な構成法であり、次頁の図6・7(a)のように光ファイバを各ユーザが占有する。

●ダブルスター構成法

光ファイバを複数のユーザが共用する構成法である。この構成法は、さらにアクティブダブルスター(ADS：Active Double Star)方式(図6・7(b))と、パッシブダブルスター(PDS：Passive Double Star)方式(図6・7(c))に分類される。

・ADS方式

ADS方式は、複数のユーザ回線からの電気信号を、設備センタとユーザ宅との間に設置されるRT(Remote Terminal)という多重化装置で多重化するとともに光信号を電気信号に変換し、RTから設備センタまでの光ファイバなどの設備を共用する方式である。

・PDS方式

PDS方式は、RTの代わりに光スプリッタ(光スターカプラ)という光受動素子を用いて、1本の光ファイバを数十本の光ファイバに分岐し、ポイント・ツー・マルチポイント(1対多)間で光信号と電気信号の変換を行うことなく送受信する方式である。なお、PDSは、NTTが技術開発を行うに当たって用いた名称であり、一般にはPON(Passive Optical Network)と呼ばれている。

補足

光スプリッタは、光信号を電気信号に変換することなく、光信号の合波・分波を行うデバイスである。

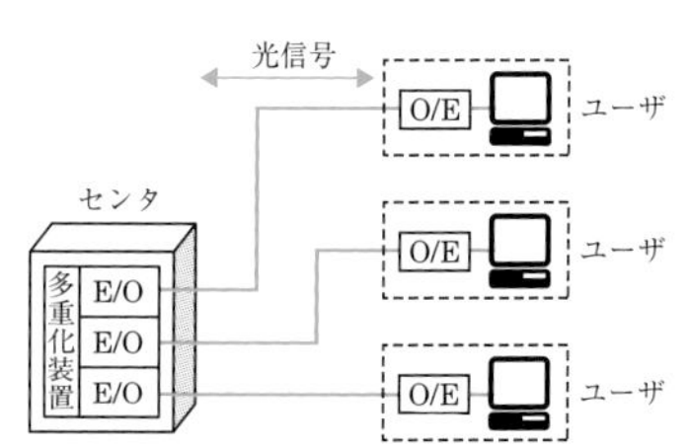

光ファイバをユーザが占有する。
（E/O：電気(Electrical)信号を光(Optical)信号に変換
O/E：光信号を電気信号に変換）

(a) シングルスター (SS) 構成

センタとRTの間は光ファイバを複数のユーザで共用。RTで光信号を電気信号に変換して、能動素子を使った多重化装置で分岐。

(b) アクティブダブルスター (ADS) 構成

センタと光スプリッタの間は複数のユーザで光ファイバを共用。受動素子を使って光信号のまま分岐。

(c) パッシブダブルスター (PDS) 構成

図6・7　光アクセスネットワークの構成

6 光アクセス網における双方向多重伝送方式

光アクセスネットワークにおいて双方向多重伝送を実現する方式として、**時間軸圧縮多重(TCM)**方式、**波長分割多重(WDM)**方式、**空間分割多重(SDM)**方式などが用いられている。

● TCM(Time Compression Multiplexing)方式

伝送パルス列を時間圧縮して2倍以上の速度にし、上り、下り信号を時間を分けて交互に伝送することにより、光ファイバ心線1心で双方向多重伝送を行えるようにした方式である。

補足
TCM方式は、ISDN基本アクセスの双方向伝送(ピンポン伝送方式)などに利用されている。

● WDM(Wavelength Division Multiplexing)方式

1心の光ファイバに複数の異なる波長の光信号を多重化して伝送する方式で、上り、下り方向それぞれに対し個別の波長を割り当てることにより、双方向多重伝送を行えるようにしたものである。送信側では、波長が異なる複数の光信号を光学処理によって多重化し、1つの光ビームに合成して1心の光ファイバ心線上に送出する。受信側では、波長の違いを利用して、光学処理により、元の複数の光信号に分離する。

WDM方式のうち、数十から数百の波長で高密度の多重化を行うものを**DWDM**(Dense WDM)という。DWDMは波長間隔が1nm(ナノメートル)程度と極めて狭いため、光源に使用するLDや各波長を分離するフィルタなどに高精度の部品を使用したり温度制御を行ったりする必要があり、コスト高となる。TTC標準では、波長分割システムで使用可能な光信号のスペクトル配置(スペクトルグリッド)を定めているが、DWDMのスペクトルグリッドは、スペクトルの中心を周波数で表現する周波数グリッドで規定され、12.5GHz、25GHz、50GHz、100GHzまたはそれ以上の周波数間隔とされている。

注意
DWDMは、CWDMと比較して、波長間隔を密にした多重化方式であり、一般に、長距離・大容量の伝送に用いられている。

これに対して、数波長から数十波長程度の低密度の多重化を行うものを**CWDM**(Coarse WDM)という。CWDMは、光源やフィルタの部品の精度要件が緩和されており、温度制御も不要なため、低コスト化が図れる。CWDMのスペクトルグリッドは、スペクトルの中心を波長で表現する波長グリッドで規定され、隣接波長との間隔は20nmとされている。

●**SDM(Space Division Multiplexing)方式**

上り、下り方向それぞれに対して個別に光ファイバを割り当てて双方向多重伝送を行う、最も単純な方式である。

7 伝送品質の劣化要因

光ファイバ通信において伝送品質が劣化する要因としては、**雑音**、**波形劣化**、**非線形光学効果**などがある。

●**雑音**

発光素子の入力電気信号自体に重畳している**発光源雑音**、光ファイバの波長分散や発光素子のスペクトルの時間的変動などにより発生する**モード分配雑音**、光信号の増幅に伴い自然放出光の一部が誘導放出により増幅されて発生する**ASE**(Amplified Spontaneous Emission)**雑音**、受光素子の中を流れる**暗電流**により生じる雑音、入力光信号の時間的な揺(ゆ)らぎによって生じる**ショット雑音**、入力光とは無関係に発生する**熱雑音**などがある。

●**波形劣化**

通信で用いられる光は、波長スペクトルに広がりを持ち、波長ごとに伝搬時間差がある。このため波長分散による波形劣化が生じる。

●**非線形光学効果**

光ファイバを伝搬する光のエネルギー密度が高くなると、光ファイバの材料の屈折率が変化する現象をいう。非線形光学効果には、**自己位相変調**や**四光波混合**などがある。自己位相変調は、光信号そのものの光強度に依存して光ファイバの屈折率が変化することにより、光信号スペクトルが広がる現象である。また、四光波混合は、異なる3つの波長の光が光ファイバ中に入射したときに新たな波長の光が生じる現象である。

補足

光ファイバ通信における伝送品質の劣化要因には、左記の他にも、光ファイバの経年劣化や、各種電気回路の調整誤差などがある。

補足

伝送される信号の振幅は時間の経過とともに遷移していく。この様子はオシロスコープを用いて横軸を時間軸、縦軸を振幅とした波形として表示できる。波形は一定ではなく、伝送路の状態に応じて刻々と変化していくので、デジタル伝送における信号劣化の度合いの評価に利用することができる。このとき、一般に、1～2周期ごとに切り出した画像を重ね合わせて図を作成するが、この図の波形に囲まれた部分の形が人間の眼に似ているため、**アイパターン**と呼ばれることが多い。
アイパターンよる評価では、波形に囲まれたアイ(眼)が開いて見えるほど信号劣化が少ないことになる。符号間干渉やエコーなどの影響が大きいと縦(振幅)方向の開きが狭くなり、ジッタなどの影響が大きいと横(時間軸)方向の開きが狭くなる。

理解度チェック

問1　光パルスは、光ファイバ内部を伝搬する間にその波形に時間的な広がりが生ずる。この現象は分散といわれ、［（ア）］分散、構造分散およびモード分散の三つがある。
① 材料　② 速度　③ ノイズ

問2　光アクセスネットワークの構成の一つで、設備センタとユーザ間に、光スプリッタなどの光受動素子を設け、光ファイバ心線の共用化を図ったネットワーク構成は、［（イ）］型といわれる。
① ADS　② PDS　③ SS

答 (ア) ①　(イ) ②

演習問題

問1

デジタル回線の伝送品質を評価する尺度の一つである［（ア）］は、1秒ごとに平均符号誤り率を測定し、平均符号誤り率が1×10^{-3}を超える符号誤りの発生した秒の延べ時間(秒)が、稼働時間(秒)に占める割合を百分率で示したものである。

[① *BER*　② %*ES*　③ %*EFS*　④ %*SES*]

解説

デジタル伝送系における符号誤り時間率(一定レベルの符号誤り率を超える符号誤りの発生時間が稼働時間に占める割合)を表す尺度には、%*ES*や%*SES*などがある。このうち**%*SES***(percent Severely Errored Seconds)は、1秒ごとに平均符号誤り率を測定し、平均符号誤り率が1×10^{-3}を超える符号誤りの発生した秒の延べ時間(秒)が稼働時間(秒)に占める割合を百分率で表したものである。【答(ア)④】

問2

デジタル変調方式について述べた次の二つの記述は、［（イ）］。

A　QPSKは、1シンボル当たり2ビットの情報を伝送できる多値変調方式である。

B　QAMは、位相が直交する二つの搬送波がそれぞれFSK変調された多値変調方式である。

[① Aのみ正しい　② Bのみ正しい　③ AもBも正しい　④ AもBも正しくない]

解説

設問の記述は、**Aのみ正しい**。

A　QPSK(Quadrature Phase Shift Keying)は、4つある位相のそれぞれに値(2進数の00、01、10、11)を割り当て、1シンボル(変調1回)当たり2ビットの情報を伝送できる。したがって、記述は正しい。

B　QAM(Quadrature Amplitude Modulation)は、位相が直交する2つの搬送波がそれぞれASK変調された多値変調方式である。したがって、記述は誤り。【答(イ)①】

問3

PCM伝送の受信側では、伝送されてきたパルス列から、サンプリング間隔で各パルス符号に対応するレベルの信号を生成し、サンプリング周波数の$\frac{1}{2}$を遮断周波数とする［（ウ）］フィルタを通して信号を再生している。

[① 低域通過　② 帯域通過　③ 帯域阻止　④ 高域通過]

解説

PCM伝送では、受信側で復号・伸張処理を経て再現された標本化パルスは、低域通過フィルタにより4kHz以上の周波数成分が取り除かれる。これは、送信側において最高周波数が約4kHzの音声信号をその2倍の8kHzの標本化周波数で標本化(サンプリング)しているためであり、**低域通過**フィルタに通すことにより元の信号を再現できる。【答(ウ)①】

問4

光ファイバ通信に用いられる光変調方式には、LEDやLDなどの光源を直接変調する方式と、外部変調器を用いて光の属性の一つである［（エ）］などを変化させる方式がある。

[① 反射率　② 強度　③ 伝搬速度　④ 伝搬モード　⑤ 符号長]

解説

光ファイバ通信は、発光ダイオードや半導体レーザダイオードなどで作り出された光を点滅させることでデジタル伝送を行っている。光を点滅(変調)させる方法には、直接変調方式と外部変調方式がある。

直接変調方式は、発光ダイオードや半導体レーザダイオードなどに入力する電気信号の強弱によって光の強度を直接変調し、点滅させる。これに対し、外部変調方式は、電気光学効果や音響光学効果を利用した光変調器を使用し、入力光の位相、**強度**、偏光面などを変化させて出力する。一般に、外部変調方式の方が高速・長距離伝送が可能である。

【答（エ）②】

問5

光増幅器を用いた光中継システムにおいて、光信号の増幅に伴い自然放出光の一部が増幅されて発生する［（オ）］雑音は、受信端における*SN*比の低下など、伝送特性劣化の要因となる。

[① ショット　② 暗電流　③ 熱　④ モード分配　⑤ ASE]

解説

光ファイバ通信の伝送品質が劣化する要因には、雑音や波形変化、光ファイバの経年劣化などがある。これらのうち雑音には、発光素子の入力電気信号自体に重畳している発光源雑音、光増幅器の自然放出光(**ASE**)雑音、受光素子に流れる暗電流による雑音、入力光信号の時間的なゆらぎによって生ずるショット雑音などがある。

【答（オ）⑤】

問6

WDMについて述べた次の二つの記述は、［（カ）］。

A　WDMは、各チャネル別にパルス信号の送出を時間的にずらして伝送することにより、伝送路を多重利用する方式である。

B　DWDMは、CWDMと比較して、波長間隔を密にした多重化方式であり、一般に、長距離及び大容量の伝送に用いられている。

[① Aのみ正しい　② Bのみ正しい　③ AもBも正しい　④ AもBも正しくない]

解説

設問の記述は、**Bのみ正しい**。

A　記述は、TDM(時分割多重)方式について説明したものであるので、誤り。

B　1心の光ファイバに波長の異なる複数の光信号を多重化して伝送する方式を、WDM(波長分割多重)方式という。WDM方式のうちCWDM(Coarse WDM)は、数波長～十波長程度の低密度な多重化により波長間隔を20nmと広くとっているため、波長フィルタや光源などへの制限が緩和され、安価な部品の使用や動作の安定化が図れる。これに対して、数十～数百波長の高密度の多重化を行って伝送するものをDWDM(Dense WDM)という。DWDMは波長間隔が1nm程度と極めて狭いため、光増幅器や分散補正器を使用することができ、長距離・大容量の伝送に適している。したがって、記述は正しい。

【答（カ）②】

第Ⅱ編

端末設備の接続のための技術及び理論

第1章　端末設備の技術

第2章　ネットワークの技術

第3章　情報セキュリティの技術

第4章　接続工事の技術及び施工管理

第1章 端末設備の技術

工事担任者には、企業等で使用される構内通信網(LAN)や、各種端末設備(IP電話機、IP－PBX等)に関する幅広い知識が求められる。本章では、ネットワークのブロードバンド化を支える端末設備の技術について解説する。

1 IP電話システムにおける各種端末

1 IP電話システムの概要

IP電話は、音声信号をデジタル処理してパケットと呼ばれる小さなデータ転送単位に分割し、IPネットワーク上で送受信することにより音声通話を実現する。通常、音声信号は電話網、データ信号はデータ網というように異なるネットワークが用いられるが、IP電話では、音声信号をパケット形式に変換することにより、1つのネットワーク(IPネットワーク)で通信を行うことができる。

ここでは、IP電話システムで用いられる各種端末を紹介する。

補足

IP電話サービスの電話番号体系には、従来の固定電話と同じ0AB～J番号のものと、050で始まるものがある。電話番号が050で始まるIP電話サービスは、通話料金が安いなどのメリットがあるが、発信場所を特定できないため、緊急通報番号である110/119/118へダイヤルしても、警察/消防/海上保安に接続することはできない。

2 IP電話機

IP電話システムに対応した電話機を**IP電話機**という。外見は従来のビジネスホンに似ているが、LANインタフェースにより内線接続する点で大きく異なっている。

IP電話で通話を開始する際には、IP－PBXなどのサーバを介して呼の確立が行われるが、その後の音声パケットのやりとりは、相手端末と直接(エンド・ツー・エンドで)行う。したがって、IP電話機はアナログ/デジタル変換、符号化/復号(CODEC)、IPパケット化などの基本機能に加え、エコーキャンセラや揺(ゆ)らぎ吸収バッファといった音声品質を確保する機能も実装している。

図1・1 IP電話機の外観例

3 IP－PBX

IP－PBX(IP－Private Branch eXchange)とは、電話網をIP化するためのシステムにおいて、音声通話や電話機の管理、交換機が行っていた呼制御などをすべてIP上で処理する電話交換システムである。一般に、通常のPBXにIP変換機能を実装したものを指し、既存のPBXの電話交換機能を継承して利用することができる。

IP－PBXは、装置に直接接続されたIP電話機だけでなく、LANに接続されたIP電話機も制御することができる。IP－PBXに直接接続されたIP電話機の場合は、機器固有の識別番号であるMACアドレスと電話番号などがIP－PBXに登録され、これらを変換することにより内線機能および外線機能を実現する。また、LANに接続されたIP電話機の場合は、IP電話機がLANに接続されたときにDHCP（Dynamic Host Configuration Protocol）サーバからIPアドレスを取得し、そのIPアドレスをIP－PBXに通知する。これによりLANに接続された IP電話機まで含めて内線化することができる。

IP－PBXには、専用のハードウェアを使用する「ハードウェアタイプ」と、汎用サーバにIP－PBX用のソフトウェアを導入する「ソフトウェアタイプ」がある。ソフトウェアタイプは、ハードウェアタイプと比較して新たな機能の追加や外部システムとの連携が容易である。また、1つの拠点にあるサーバからIPネットワークを介して他の離れた拠点にある電話機などを管理する**IPセントレックスシステム**を構築できるといった利点がある。

さて現在、ほとんどのIP－PBXは、代表的な呼制御プロトコルである**SIP**（Session Initiation Protocol）に対応しているため、IP－PBXといえば**SIPサーバシステム**を指していることが多い。SIPサーバシステムは、図1・2に示すように、**SIPサーバ**や**SIPアプリケーションサーバ**、IP電話機などの各種端末で構成され、LAN上に設置される。これらのうちシステムの核となるSIPサーバは、**本体サーバ**とも呼ばれ、一般に、**SIP基本機能（レジストラ、ロケーション、プロキシ、リダイレクト）**、**PBX機能**、および**アプリケーション連携機能**を持っている。

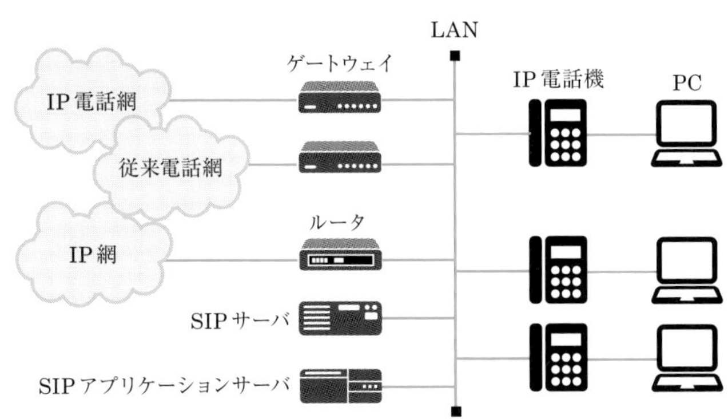

図1・2 SIPサーバシステム構築例

4 IPボタン電話装置

従来のボタン電話システムは、電話専用の配線で構築されてきた。外線側に公衆網や専用線を接続し、内線側では電話用配線でデジタル多機能電話機やアナログ電話機などを収容することで、内線間／拠点間の音声通信を実現していた。また、イーサネットなどのコンピュータネットワークは、電話専用の配線とは別に敷設されたLAN用配線（LANケーブル）によって構築され、相互通信、メール転送、インターネットアクセスなどを行っていた。このように従来のボタン電話システムでは、構内に2つの配線システムが共存していた。

補足

IP－PBXには、一般に、LANインタフェースを介して複数のIP電話機を接続する。

補足

近年はクラウド型PBXの利用が増えつつある。クラウドとは、事業者がインターネット等のネットワークを通じてサーバ、OS、ミドルウェア、アプリケーションといったリソースを物理的または仮想的にユーザに提供する形態をいう。クラウドのモデルは、事業者が管理するサービスの範囲によって、**IaaS**（Infrastructure as a Service）、**PaaS**（Platform as a Service）、**SaaS**（Software as a Service）の3つに大別される。事業者が管理する範囲は、IaaSではサーバやストレージといったハードウェアのみであり、PaaSではハードウェア、OS、ミドルウェア、SaaSではハードウェア、OS、ミドルウェア、アプリケーションである。

注意

SIP基本機能としては、ユーザエージェントクライアント（UAC）の登録を受け付ける**レジストラ**機能、受け付けたUACの位置を管理する**ロケーション**機能、UACからの発呼要求などのメッセージを転送する**プロキシ**機能、UACからのメッセージを再転送する必要がある場合にその転送先を通知する**リダイレクト**機能がある。

補足

IPボタン電話では、IPボタン電話主装置やIPボタン電話機を、LANケーブルやスイッチングハブなどのLAN環境を利用して収容する。そのため、従来は別々に敷設・運用されていたLAN用配線と電話用配線を一元化することができ、配線などのコスト削減が可能となる。

これに対して**IPボタン電話装置**は、外線側だけでなく内線側もIP化を実現できる装置であり、VoIPに対応している。従来のボタン電話機能を継承しつつ、**CTI**(Computer Telephony Integration)**機能**や**電話番号ルーティング機能**など、多様な機能を持つものもある。

> **用語解説**
> **CTI機能**
> コンピュータと電話を統合させる機能。

CTI機能を持つIPボタン電話装置では、CTIソフトウェアを用いて、IPボタン電話装置の主装置に接続されたPC上のデータを一元管理することができる。

また、電話番号ルーティング機能は、入力した電話番号によってIP電話サービスに接続することが可能かどうかをブロードバンドルータユニットが自動的に判別して適切に処理する機能をいい、表1・1のようなものがある。

なお、スライド発信機能を利用せず、IP網で許容されない電話番号を用いてIP網への発信信号が送出された場合には、発信が成功しなかった旨の信号(404 Not Found等)または発信は成功しなかったがISDN回線やアナログ電話回線などの代替サービスを利用可能である旨の信号(380 Alternative Service等)がIP網から返ってくる。代替サービスに切り替えたくない場合には、主制御ユニットに対し**切断メッセージ**を送信して直ちに呼を放棄する設定にしておくこともできる。

> **補足**
> IP網で許容されない電話番号には、「$00X_1X_2$」のような事業者識別番号(中継事業者や国際電話事業者等を指定するために付加する番号)などがある。

表1・1　電話番号ルーティング機能

機能名	説　明
スライド発信機能	フリーダイヤルやナビダイヤルなど、IP網の電話番号計画で許容されないことがあらかじめわかっている電話番号による発信操作をした場合、回線をIP電話からISDN回線やアナログ回線(PSTN)に自動的に切り替えて発信する機能。
IP電話サービス迂回発信機能	サーバに障害が発生しているなどIP電話サービスが利用不能な状態のとき、ISDN回線やアナログ回線に自動的に切り替えて発信する機能。
市外局番付加発信機能	市外局番を付けずに発信しても、あらかじめ設定しておいた市外局番を付加することにより市内通話と同じ感覚で発信操作を行えるようにする機能。

5 VoIPゲートウェイ

既存のアナログ電話機やPBXなどをIP電話で利用するためには、送信側で音声信号をIPパケットに変換し、受信側ではIPパケットを音声信号に変換する必要があるが、この処理を行うのが**VoIPゲートウェイ**である。

> **補足**
> 技術書によっては、IP網とアナログ電話網の間でプロトコル変換をしている装置がVoIPゲートウェイで、IP網とユーザのアナログ電話機の間でプロトコル変換をしている装置がVoIPアダプタであると説明している場合もある。

通話するうえでは音声品質が重要であるが、VoIPゲートウェイには、一定の音声品質を確保するための機能が実装されている。その1つに**揺**(ゆ)**らぎ吸収機能**がある。ネットワークの輻輳(ふくそう)などにより、パケットの伝送遅延時間がばらつき、受信側装置にデータが到着するタイミングが変動することがある。この現象を**揺らぎ**または**ジッタ**という。時間間隔が一定でない音声パケットからそのまま復号・再生すると、途切れや詰まりが生じて連続性の失われた音声となり、スムーズな会話が難しくなる。このため、受信側のVoIPゲートウェイでは、受信したパケットをいったんバッファ(一時的な保存場所)に格納した後、パケット間隔をそろえてから復号処理を行う。これにより連続した自然な聞き心地のよい音声を確保できる。この機能が**揺らぎ吸収機能**であり、パケットを格納するバッファを**揺らぎ吸収バッファ**または**ジッタバッファ**という。また、IP網の経路上でパケット損失が発生して音声品質が劣化することもあり、この場合、

> IP電話の音声品質に最も大きな影響を与える要因は、遅延である。ネットワークで発生する遅延には、端末間の伝送路の物理的な距離に比例して発生する遅延や、ルータなどにおける**キューイング**によって発生する遅延がある。なお、キューイングとは、ルータなどのネットワーク機器が受信パケットを送信する前にいったんバッファ(データを一時的に保存しておく領域)に蓄積することをいう。

受信側のVoIPゲートウェイにおいて、前後のデータから失われたデータを補間する**PLC**(Packet Loss Concealment)技術を用いて修復を行う。

6 VoIPアダプタ

VoIPアダプタは、VoIPゲートウェイ装置の一種で、ブロードバンドルータなどにIP電話機能を付加するために用いられる。これにより、IP電話機能内蔵のブロードバンドルータがなくても、既設のブロードバンドルータを使用してIP電話を導入することができる。図1・3に示すように、VoIPアダプタには一般にWANポートやLANポートなどの接続ポートが付いている。

補足
VoIPアダプタをWANに接続するには、モデムやブロードバンドルータを介する必要がある。そのため、WANポートは、UTPケーブルなどのLANケーブルを用いてモデムやブロードバンドルータに接続される。

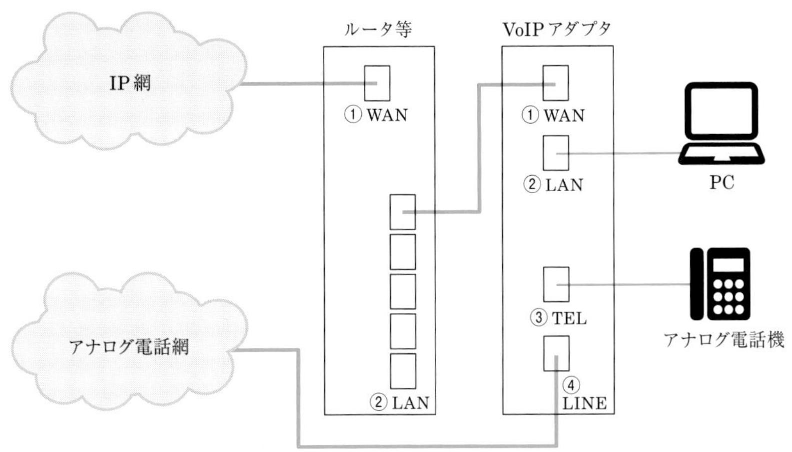

① WANポート
IPネットワークなどのWAN(広域通信網)に接続するためのポート。このポートには、LANケーブルを用いてモデムやブロードバンドルータを接続する。

② LANポート
LANに接続するためのポート。このポートには、LANケーブルを用いてPCやIP電話機などを接続する。

③ 電話機(TEL)ポート
電話用配線コードを用いて、従来のアナログ電話回線で使用されていたアナログ通信機器(2線式電話機、G3ファクシミリなど)を接続する。

④ 電話回線(LINE)ポート
電話用配線コードを用いて、従来のアナログ電話回線に接続されたモジュラジャックに接続する。

図1・3 VoIPアダプタの接続

理解度チェック

問1 SIPサーバは、ユーザエージェントクライアント(UAC)の登録を受け付けるレジストラ(Registrar)、受け付けたUACの位置を管理するロケーション(Location)サーバ、UACからの発呼要求などのメッセージを転送する (ア) サーバ、UACからのメッセージを再転送する必要がある場合に、その転送先を通知するリダイレクト(Redirect)サーバから構成される。

① DHCP ② プロトコル変換 ③ RADIUS ④ プロキシ ⑤ SIPアプリケーション

答 (ア) ④

2 LANの概要

1 LANの基本構成

LAN(Local Area Network)とは、オフィスや工場などの構内の限られた場所でデータ通信を行う構内通信網のことをいう。限られた場所での通信であるため、高速の通信網を容易に構築することができる。

LANの基本構成(LANトポロジ)には、代表的なものとしてスター型、バス型、およびリング型の3種類がある。

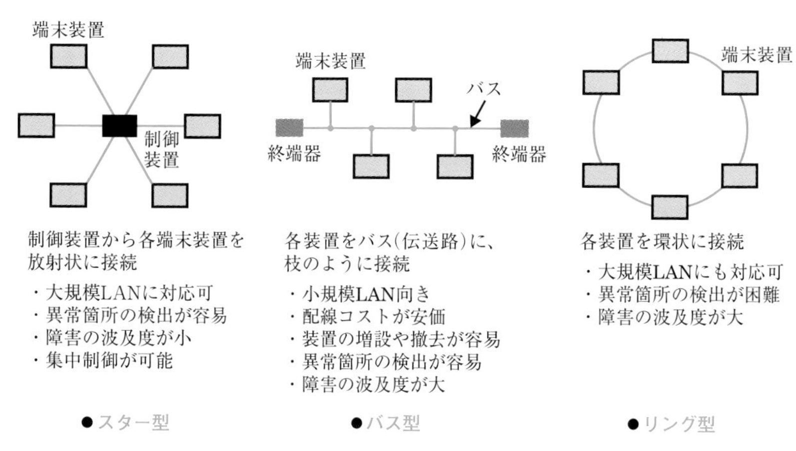

図2・1 LANのトポロジ

2 LANの種類と特徴

現在、多くの企業では、事業所や拠点内の通信を行うネットワークとしてLANが構築されている。現在主流となっているLANの種類には以下のようなものがある。

●イーサネットLAN

イーサネット(Ethernet)LANは、現在の企業ネットワークにおいて、最も多く採用されているLANの形態である。イーサネットの論理トポロジは基本的にはバス型であるが、物理的な接続形態には、1本の同軸ケーブルを複数のノード(クライアントPCやサーバなど)で共有するバス型と、制御装置を介してノードを接続するスター型がある。現在では、UTPケーブル(非シールド撚(よ)り対線ケーブル)を用いてスター型の接続形態をとるものが一般的である。

イーサネットは伝送速度が10Mbit/s、100Mbit/s、1Gbit/s、10Gbit/sなど多様なものが提供されている。

●無線LAN

無線LANは、ケーブルの代わりに電波を利用してデータの送受信を行うLANの形態である。配線の制約が少ないことから家庭内や企業内において普及してきている。その最大速度は、54Mbit/sや150Mbit/s、433Mbit/sなど、使用している規格により異なっている。

3 LANの規格

LANの規格にはさまざまなものがあるが、**IEEE**(Institute of Electrical and Electronic Engineers 電気電子学会)の**802委員会**が審議・作成しているものが標準的である。この規格は、OSI参照モデルのデータリンク層を2つの**副層(サブレイヤ)**に分けて標準化しているところに特色がある。

下位の副層は**MAC**(Media Access Control **媒体アクセス制御)副層**と呼ばれ、物理媒体へのアクセス方式の制御について規定している。また、上位の副層は、**LLC**(Logical Link Control **論理リンク制御)副層**と呼ばれ、フレームの送受信やレイヤ3(ネットワーク層)との接続部分について規定している。

用語解説

IEEE
電子部品や通信方式などの標準化を行っている組織。

補足

LLC副層は物理媒体に依存せず、各種の媒体アクセス方式に対して共通で使用するものとなっている。

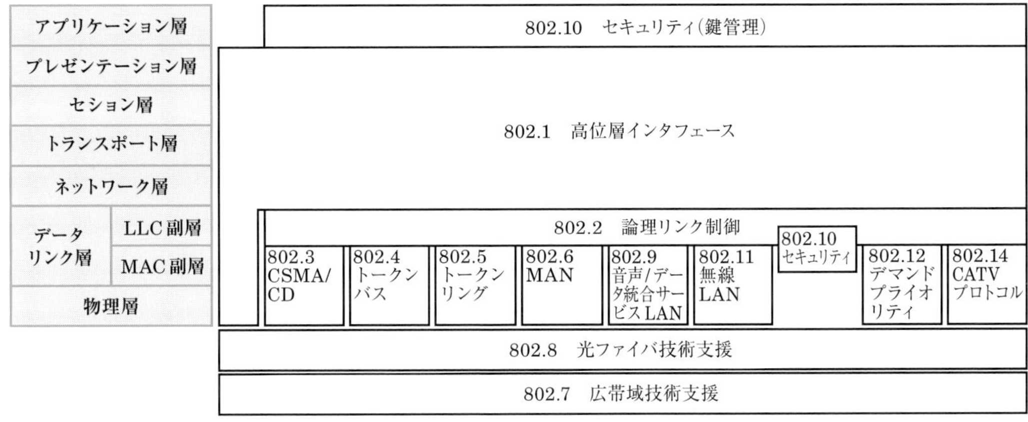

図2・2　LANの規格体系

●MAC副層のフレーム

ここでは、次頁の図2・3に示すIEEE802.3形式のMAC副層フレームについて説明する。物理ヘッダ(プリアンブルとフレーム開始デリミタ)を除いたフレーム長は、標準で64～1,518バイトとなる。また、VLANを構築する場合は、送信元アドレスと長さ／タイプの間に、タグ付きフレームであることを示す情報を格納する2バイトのTPID(Tag Protocol Identifier)フィールド、および、VLANの制御情報を格納する2バイトのTCI(Tag Control Information)フィールドを挿入するので、フレームサイズは68～1,522バイトとなる。

- **プリアンブル(PA：PreAmble)**
  同期をとるための固定ビットパターン("10101010"の繰り返し)。
- **フレーム開始デリミタ(SFD：Start Frame Delimiter)**
  プリアンブルの終わりを示す1バイトの固定ビットパターン("10101011")。
- **宛先アドレス(DA：Destination Address)**
  送信先のMACアドレス。6バイトで構成される。
- **送信元アドレス(SA：Source Address)**
  送信元のMACアドレス。6バイトで構成される。

補足

フレーム検査シーケンス(FCS)は、プリアンブルとフレーム開始デリミタで構成される物理ヘッダを除き、宛先アドレスからパディングまでのすべてを検査の対象にしている。物理ヘッダはハードウェアが受信時に取り除き、出力時に付与するものであり、装置の内部処理に関係しないため、検査の対象外となっている。

・長さ/タイプ(L/T：Length/Type)

2バイトで構成され、値が46～1,500(0x002E～0x05DC)の範囲であればLLCフレーム(上位レイヤ伝送単位)の長さ(バイト数)を表している。また、LLCフレームの最大の長さを超える1,536(0x0600)以上の値を用いてTCP/IPなどの上位プロトコルのIDを表す。

・パディング(PAD：Padding)

MACフレームの最小限のサイズを確保するために、LLCフレームの長さが46バイトに満たない場合に挿入する。

・フレーム検査シーケンス(FCS：Frame Check Sequence)

CRC(Cyclic Redundancy Check)値を設定して誤り符号を検出する。

用語解説

CRC
巡回冗長検査。連続して出現する誤り(バースト誤り)の検出が可能な誤り検出方式で、LANなどの伝送で使用される。

●MAC副層のフレーム

プリアンブル	フレーム開始デリミタ	宛先アドレス	送信元アドレス	長さ／タイプ	LLCフレーム	パディング	フレーム検査シーケンス(FCS)
7	1	6	6	2	46～1,500		4

単位：バイト

●LLC副層のフレーム

宛先サービスアクセス点アドレス	送信元サービスアクセス点アドレス	制御部	情報部
1	1	1または2	*M*(最大1,497)

単位：バイト

図2・3　フレームの仕様(IEEE802.3形式)

●LLC副層のフレーム

・**宛先サービスアクセス点アドレス**：7ビットの実アドレスと1ビットのアドレス種別(個別アドレスかグループアドレスか)指定ビットから成る。

・**送信元サービスアクセス点アドレス**：7ビットの実アドレスとコマンド／レスポンス識別ビットから成る。

・**制御部**：コマンドおよびレスポンス機能を指定するために用いる。順序番号を含まない場合は1バイト、含む場合は2バイトで構成される。

・**情報部**：長さは1バイトの整数(*M*)倍で、0の場合もある。*M*の範囲は使用する媒体アクセス制御手法に依存し、CSMA/CD方式では最大1,497となる。

●EthernetⅡフレーム

TCP/IPネットワーク体系では、ネットワークインタフェース層における情報転送に、IEEE802.3フレームではなく、図2・4のような構成の**EthernetⅡ形式(DIX仕様)**のフレームを採用している。IEEE802.3形式のフレームに類似しているが、一部仕様の異なるフィールドがある。IEEE802.3形式のプリアンブルとフレーム開始デリミタを合わせた部分に相当する部分は、単に「プリアンブル」と呼ばれ、「長さ／タイプ」は単に「タイプ」となっており、さらに、LLCフレームを格納する部分はデータを格納する部分となっている。

補足
ネットワーク層のプロトコルを表示するために、制御部の次にSNAPヘッダといわれる5バイトのフィールドを設けることがある。この場合、情報部のサイズは最大1,492バイトになる。

補足
Ethernetを開発したDEC、Intel、Xeroxの3社の頭文字をとってDIXと呼ばれている。

プリアンブル	宛先アドレス	送信元アドレス	タイプ	データ	FCS
8	6	6	2	46〜1,500	4

●プリアンブル(PA):(10101010 10101010 10101010 10101010 10101010 10101010 10101010 10101011)₂ 単位:バイト
●宛先アドレス(DA)、送信元アドレス(SA):IEEE802.3形式と同じ ●タイプ:0x0800(IPv4)、0x86dd(IPv6)など
●データ:上位レイヤのデータ(例:IPv6パケット) ●フレーム検査シーケンス(FCS):宛先アドレスからデータまでのCRC値

図2・4 イーサネットフレームの仕様(Ethernet Ⅱ形式)

4 イーサネットLANのMACアドレス

各ノードが持つイーサネットLANのインタフェースには、**MACアドレス**と呼ばれるレイヤ2下位副層のアドレスが割り当てられる。

MACアドレスは機器固有の識別番号であり、物理アドレスともいわれる。これを用いることで、ネットワークに接続される各ノードを特定することができる。MACアドレスは48ビット(6バイト)で構成されるが、このうち、先頭の**24ビット(3バイト)**はIEEEの管理下で各ベンダ(メーカ)を識別する値が割り当てられ、後半の**24ビット(3バイト)**は各ベンダが割り当てる値になっている。この各ベンダが割り当てるMACアドレスのことを**グローバルアドレス**と呼び、インタフェースごとに固有の値となる。

第4節以降で説明するイーサネットLANのMACアドレスには、複数の宛先ノードを示した**マルチキャストアドレス**が規定されている。このマルチキャストアドレスのうち、すべてのビットが1であるものを**ブロードキャストアドレス**といい、LAN上のすべてのノードに対してブロードキャスト(一斉同報)を行うときに使用する。なお、LAN上の1つのノードのみにデータを送信する場合は、マルチキャストアドレスではなく、**ユニキャストアドレス**を用いる。

MACアドレスの先頭の3バイトは、ベンダ識別子としてIEEEが管理・割当てを行っている。また、残りの3バイトは、製品識別子として重複しないよう各ベンダなどが独自に管理している。

補足

イーサネットLANでは、情報の送信順序は、1つのオクテット(連続した8ビットの固まり)内で最下位ビット(LSB)が先になり、最上位ビット(MSB)が後となる。これは、LSBファーストといわれる。

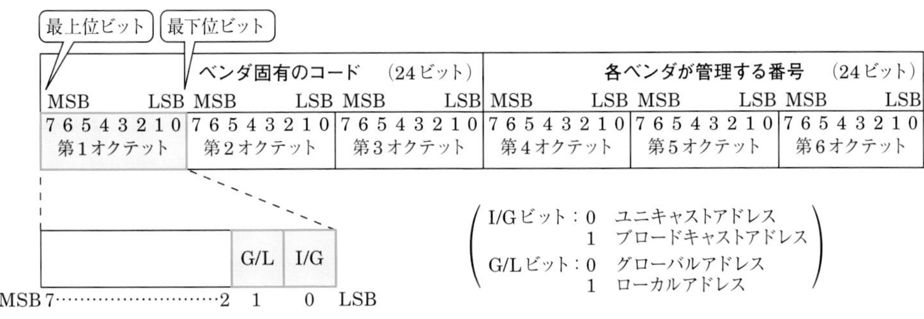

図2・5 MACアドレスの形式

理解度チェック

問1 ネットワークインタフェースカード(NIC)に固有に割り当てられた物理アドレスは、一般に、（ア）アドレスといわれ、6バイト長で構成され、先頭の3バイトはベンダ(メーカ)識別番号として、IEEEが管理、割当てを行っている。
① MAC ② 論理 ③ 有効

答 (ア) ①

3 LANの伝送媒体

1 同軸ケーブル

同軸ケーブルは、断面が円形の内部導体が中心にあり、周囲を絶縁体で囲み、さらにその周囲を筒状の導体で覆ったもので、LANの伝送媒体としては10BASE2や10BASE5のイーサネットにおけるバス配線に使用される。10BASE2では太さ5mmの細いケーブルが使用され、10BASE5では10mmの太いケーブルが使用されている。

補足
LANは有線LANと無線LANに大別されるが、本項では、これらのうち有線LANの伝送媒体について説明する。なお、無線LANでは、「電波」を伝送媒体として使用する。

2 ツイストペアケーブル

ツイストペアケーブルは、2本1組の銅線を螺旋(らせん)状に撚(よ)り合わせたもの(撚り対線)が4組束ねられてできている。銅線を撚り合わせることで、漏話や雑音(ノイズ)の発生を抑えることができる。

ツイストペアケーブルには、ノイズを遮断するためのシールド加工が施されているSTP(Shielded Twisted Pair)ケーブルと、シールドのないUTP(Unshielded Twisted Pair)ケーブルがある。

JIS X 5150－1規格やISO/IEC11801－1規格では、さらに撚り対ごとにシールドが施されているか否か、ケーブル全体を覆うシールドが施されているか否かにより細かく分類している。具体的には、撚り対だけにシールドが施されたものをU／FTP、撚り対にシールドが施されたうえにケーブル全体に編組シールドが施されたものをS／FTP、撚り対ごとのシールドはないがケーブル全体にフォイルシールドが施されたものをS／UTP、撚り対ごとのシールドはないがケーブル全体に編組シールドとフォイルシールドが施されたものをSF／UTPとしている。また、シールドのないものをU／UTPとしている。

これに対して、ANSI/TIA－568－C.2規格では、撚り対ごとであるかケーブル全体であるかにかかわらずシールドが施されているものをScTP(Screened Twisted Pair)と呼び、シールドのないものをUTPと呼んでいる。

補足
UTPケーブルは、家庭や事務室などでの通常の使用には全く問題がなく、柔軟性が高いため敷設しやすいことから、現在最も一般的に使用されている。一方、各種工作機械や電気溶接機、冷凍機械、レントゲン装置などのノイズ源がある環境での使用には、STPケーブルが適する。

補足
STPケーブルはJIS規格やISO/IEC規格などではFTP(Foiled Twisted Pair)ケーブルと呼ばれている。

●ツイストペアケーブルの伝送性能区分

ツイストペアケーブルは、伝送性能別にカテゴリ1からカテゴリ7Aまでに分けられている。このうち、現在のLANの主流であるイーサネットLANに適応している主なものを表3・1に掲げる。

表3・1　主なツイストペアケーブルの伝送性能区分

カテゴリ	最大周波数	主な用途	標準規格
5	100MHz	100BASE－TX	JIS X 5150－1、ANSI/TIA－568－A
5e	100MHz	1000BASE－T	ANSI/TIA－568－B.2
6	250MHz	1000BASE－TX	JIS X 5150－1、ANSI/TIA－568－B.2－1
6A	500MHz	10GBASE－T	ANSI/TIA－568－B.2－10
7	600MHz	10GBASE－T	JIS X 5150－1
7A	1,000MHz	CATVを含む様々な用途	JIS X 5150－1

補足
表3・1中、カテゴリ5eの「e」は、エンハンスト(enhanced；拡張された)という意味である。また、カテゴリ6Aおよび7Aの「A」はオーグメンテッド(Augmented；増補版の)という意味である(JISでは、「A」は下付き文字で記される)。

●UTPケーブルとPoE

UTPケーブルなどの平衡形のLANケーブルを利用してネットワーク機器に電力を供給する技術をPoE(Power over Ethernet)といい、2003年6月にIEEE802.3afとして標準化された。PoE対応機器は、電源を取りにくい場所にも設置でき、電力用の配線やその管理が不要になるなど多くの利点がある。

PoEで電力を供給する機器をPSE(Power Sourcing Equipment)、電力を受ける機器をPD(Powered Device)と呼ぶ。PSEは、接続された相手機器がPoE対応のPDであるかどうか、一定の電圧を短時間印加して判定を行う。そして、PoE対応のPDである場合にのみ電力を供給する。

2009年に標準化されたIEEE802.3atには、IEEE802.3afを受け継いだType1と、新たに制定されたType2がある。Type1の規定では、PSEは1ポート当たり直流44～57Vの範囲で最大15.4Wの電力をPDに供給することができ、PDの最大使用電力は直流37～57Vの範囲で12.95Wとされている。また、Type2の規定では、PSEの1ポート当たりの電力供給能力を拡張し、直流50～57Vの範囲で最大30Wとしている。

IEEE802.3at Type1の電力クラス0の規格では、PSEは1ポート当たり直流44～57Vの範囲で最大15.4Wの電力(最大350mAの電流)をPDに給電することができる。また、IEEE802.3at Type2では、PSEは1ポート当たり直流50～57Vの範囲で最大30Wの電力(最大600mAの電流)をPDに給電することができる。

表3・2 PoEの電力クラス

<table>
<tr><th rowspan="2">クラス</th><th rowspan="2" colspan="4">規格(タイプ)</th><th rowspan="2">用途</th><th rowspan="2">対応ケーブル</th><th rowspan="2">給電方法</th><th colspan="2">PSEの最大出力</th><th colspan="2">PDの最大使用</th><th rowspan="2">最大電流〔mA〕</th></tr>
<tr><th>電力〔W〕</th><th>電圧〔V〕</th><th>電力〔W〕</th><th>電圧〔V〕</th></tr>
<tr><td>0</td><td rowspan="4">1</td><td rowspan="5">2</td><td></td><td></td><td>デフォルト</td><td rowspan="4">カテゴリ3/5e以上</td><td rowspan="5">オルタナティブA、Bのどちらか一方</td><td>15.4</td><td rowspan="4">44～57</td><td>12.95</td><td rowspan="4">37～57</td><td rowspan="4">350</td></tr>
<tr><td>1</td><td rowspan="6">3</td><td></td><td>クオータパワー</td><td>4.0</td><td>3.84</td></tr>
<tr><td>2</td><td></td><td>ハーフパワー</td><td>7.0</td><td>6.49</td></tr>
<tr><td>3</td><td></td><td>フルパワー</td><td>15.4</td><td>12.95</td></tr>
<tr><td>4</td><td></td><td></td><td>PoE Plus</td><td rowspan="5">カテゴリ5e以上</td><td>30</td><td>50～57</td><td>25.5</td><td>42.5～57</td><td rowspan="3">600</td></tr>
<tr><td>5</td><td></td><td></td><td></td><td rowspan="4">PoE PlusPlus</td><td rowspan="4">4対すべてを用いる</td><td>45</td><td rowspan="4">52～57</td><td>40</td><td rowspan="4">51.1～57</td></tr>
<tr><td>6</td><td></td><td></td><td></td><td>60</td><td>51</td></tr>
<tr><td>7</td><td></td><td></td><td></td><td rowspan="2">4</td><td>75</td><td>62</td><td rowspan="2">960</td></tr>
<tr><td>8</td><td></td><td></td><td></td><td>90</td><td>71.3</td></tr>
</table>

※電力等の数値は1ポート当たりの値。

IEEE802.3atにおいて標準化されたPoEによる給電は、LANケーブルの4対(8心)のうち2対(4心)を用いて行われる。給電方式として、10BASE－Tまたは100BASE－TXにおける信号対である1・2番ペアおよび3・6番ペアを使用して給電するオルタナティブ(Alternative)A方式と、空き対(予備対)である4・5番ペアおよび7・8番ペアを使用して給電するオルタナティブB方式がある。

オルタナティブA、Bの区別は、1000BASE－TやIEEE802.3at Type2においても同様である。

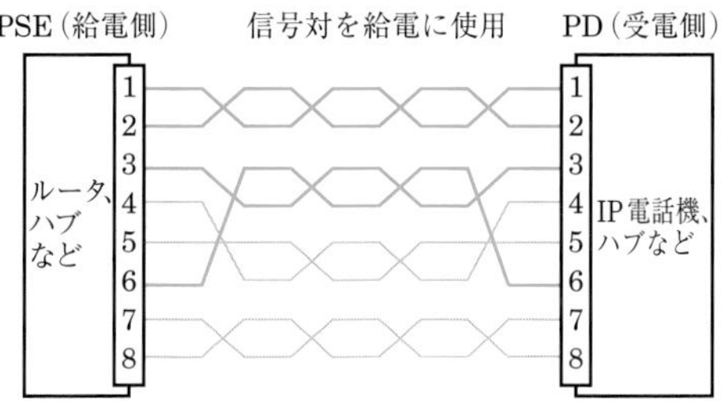

●オルタナティブA(Alternative A)方式

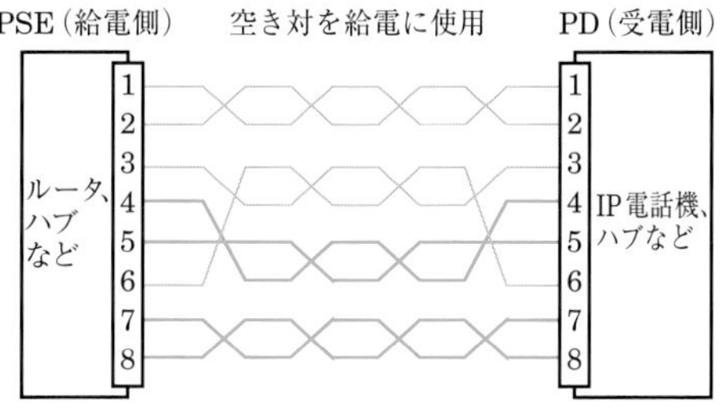

●オルタナティブB(Alternative B)方式

図3・1 PoEの給電方式(IEEE802.3at)

2018年に策定された**IEEE802.3bt**では、IEEE802.3atのType1およびType2をそのまま受け継ぎ、4対(8心)すべてを使用して最大60Wの電力供給を可能にしたType3と、最大90Wの電力供給を可能にしたType4が追加された。

3 光ファイバ

光ファイバは、レーザ光を通すガラスや樹脂の細い繊維でできている。光ファイバには、光が通るコア(中心部)が細い**シングルモード光ファイバ**(**SMF**：Single Mode Fiber)とコア部分が太い**マルチモード光ファイバ**(**MMF**：Multi Mode Fiber)の2種類がある。

SMFは、光を伝送する中核部分であるコアを小さくし、光信号を1つのモード(経路)による伝搬のみに抑えるものである。SMFでは、光信号がファイバ中を進んでいくうちにパワーを失っていくことによる減衰はあるものの、1つのモードしか使用しないため信号の到着時間の違いによるデータの喪失は発生しない。このため、SMFは長距離伝送や超高速伝送に適している。しかしその反面、高価であり、折り曲げにも弱いという欠点がある。

一方、MMFでは、光信号を伝搬するために複数のモードが存在する。いくつかの光信号が同時にファイバに送出されると、それぞれの光信号は各々別のモードを経由することになる。そして、異なったモードを経由した光信号は、到着時間も異なることになるため、光信号の分散(**モード分散**)が発生する。この光信号の分散は、データの喪失の要因となるため、MMFは長距離伝送や超高速伝送には不向きである。しかしその反面、比較的安価であり、折り曲げにも強いという利点がある。

補足
マルチモード光ファイバ(MMF)は、コアの屈折率分布の違いによりステップインデックス型とグレーデッドインデックス型に分けられる。

同軸ケーブル、ツイストペアケーブル、および光ファイバの外観を図3・2に示す。

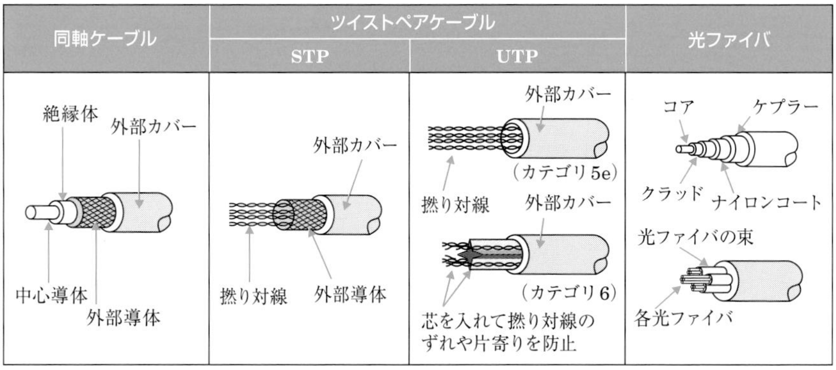

同軸ケーブル	ツイストペアケーブル		光ファイバ
	STP	UTP	
絶縁体 外部カバー 中心導体 外部導体	外部カバー 撚り対線 外部導体	外部カバー (カテゴリ5e) 撚り対線 外部カバー (カテゴリ6) 芯を入れて撚り対線のずれや片寄りを防止	コア ケブラー クラッド ナイロンコート 光ファイバの束 各光ファイバ

図3・2 LANケーブルの外観

4 イーサネットLAN

1 イーサネットLANの概要

イーサネット(Ethernet)LANは、現在、企業ネットワークにおいて最も普及しているLANの形態である。イーサネットの基本構成には、1本のケーブルを複数のノードで共有するバス型と、中心となる制御装置(集線装置)に各ノードを接続するスター型があり、現在ではスター型が一般的である。イーサネットLANは、1979年にXEROX、Intel、DECの3社が共同してイーサネット仕様を開発したのがはじまりである。その後、IEEE802委員会において、802.3ワーキンググループが仕様を策定し、IEEE802.3規格として標準化された。

当初、イーサネットLANの最大伝送速度は10Mbit/sであった。その後1990年代に入り、より高速なイーサネットLANとして、100Mbit/sのファストイーサネット(FE:Fast Ethernet)が開発された。さらに、1Gbit/sのギガビットイーサネット(GbE:Gigabit Ethernet)、10Gbit/sの10ギガビットイーサネットなどが登場している。

イーサネットLANでは、データを符号化したデジタル信号を変調せずにそのまま送受信する。このようなデータ伝送方式をベースバンド方式という。

2 イーサネット

イーサネットは10Mbit/sの伝送速度を提供するLAN規格であり、適応する伝送媒体(ケーブル等)により、次のような種類がある。

●10BASE2と10BASE5

10BASE2と10BASE5の接続形態は、両端に終端装置(ターミネータ)といわれる抵抗器を取り付けた1本の同軸ケーブルに複数の端末を接続するバス型である。伝送ケーブルの最大長は10BASE2では185mであるが、10BASE2に比べて太い同軸ケーブルが使用される10BASE5では500mとなる。

●10BASE－T

10BASE－Tは、撚り対線のLANケーブル(ツイストペアケーブル)を使用する。10BASE－Tでは、ケーブルを集線する機器(ハブ)を設置し、これにカテゴリ3以上のUTPケーブルを用いて端末をスター型に接続する。このとき、端末のLANカードからハブまでの最大ケーブル長は100mとされている。また、UTPケーブルの両端に使用されるコネクタ(MDI(Medium Dependent Interface)コネクタなど)には、一般に、RJ－45と呼ばれる8極8心のモジュラ式コネクタが用いられる。なお、10BASE－Tでは、10BASE2や10BASE5と異なり、個別の端末をネットワークに接続したり切り離したりしても、ネットワーク全体が通信不可能になることはない。

補足

イーサネットの種類を表す'xxBASEy'規格におけるBASEはベースバンド(Baseband)方式を意味している。
また、BASEの前に付いている数字は伝送速度を表し、BASEの後の英字はケーブルの種類(数字の場合はケーブルの最大長)を表す。たとえば10BASE－Tは、伝送速度が10Mbit/s、ケーブルの種類がツイストペアケーブルのイーサネットLANである。

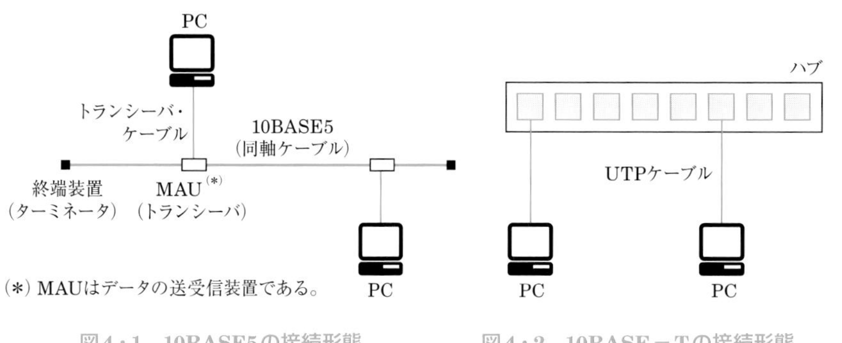

図4・1　10BASE5の接続形態　　図4・2　10BASE－Tの接続形態

●10BASE－FL

10BASE－FLは、マルチモード光ファイバ(MMF)を使用してLANを構成する。10BASE－Tと同様に、中心に光ファイバ対応のハブを設置し、スター型に接続する形態をとる。LAN配線に光ファイバを使用するため、配線の最大長は2kmと長くとれる。

表4・1　イーサネットの種類

伝送路規格		伝送速度	使用する伝送媒体	線路インピーダンス	最大延長距離	物理トポロジ
10BASE2	802.3	10Mbit/s	5mm径の同軸ケーブル	50Ω	185m	バス型
10BASE5	802.3	10Mbit/s	10mm径の同軸ケーブル(二重シールド)	50Ω	500m	バス型
10BASE－T	802.3i	10Mbit/s	カテゴリ3以上のUTPケーブル等	100Ω	100m	スター型
10BASE－FL	802.3j	10Mbit/s	マルチモード光ファイバ(MMF)	－	2km	スター型

3 ファストイーサネット

ファストイーサネットは100Mbit/sの伝送速度を提供するLAN規格であり、1995年にIEEE802.3uとして標準化された。中心にハブやLANスイッチを設置するスター型の接続形態をとり、適応する伝送媒体(ケーブル等)により次のような種類がある。

●100BASE－T4

100BASE－T4ではカテゴリ3以上のUTPケーブルが使用され、その最大長は100mである。10BASE－Tで使用されていたカテゴリ3のケーブルをそのまま使用することもできるが、その場合、4対の信号線を必要とする全二重伝送は行えなくなる。

●100BASE－TX

100BASE－TXではカテゴリ5e以上のUTPケーブルが使用され、100BASE－T4と同様、その最大長は100mである。100BASE－TX対応のLANスイッチは、ほとんどが10BASE－Tと互換性があり、10BASE－Tと100BASE－TXの端末を混在させて1つのLANセグメントを構成することができる。

●100BASE－FX

100BASE－FXでは主にマルチモード光ファイバ(MMF)が使用される。そ

注意

ANSI/TIA規格では既にカテゴリ5は廃止されているため、100BASE－TXでもカテゴリ5eのケーブルを用いる。

補足

100BASE－TXと100BASE－FXは全二重によるデータ伝送が実装されているため、データの送信と受信を同時に行うことができる。

の最大長は伝送モードにより異なり、半二重伝送の場合は最大400m、全二重伝送の場合は最大2kmである。

表4・2 ファストイーサネットの種類

伝送路規格		伝送速度	使用する伝送媒体	線路インピーダンス	最大延長距離	物理トポロジ
100BASE－T4	802.3u	100Mbit/s	カテゴリ3以上のUTPケーブル等	100Ω	100m	スター型
100BASE－TX	802.3u	100Mbit/s	カテゴリ5e以上のUTPケーブル等	100Ω	100m	スター型
100BASE－FX	802.3u	100Mbit/s	マルチモード光ファイバ(MMF)	－	400m(半二重) 2km(全二重)	スター型
			シングルモード光ファイバ(SMF)	－	20km	スター型

4 ギガビットイーサネット

近年の著しいトラヒックの増加に対応するため、伝送速度が1Gbit/s(1,000Mbit/s)のギガビットイーサネットが登場し、1998年にIEEE802.3zおよびIEEE802.3abとして標準化された。ギガビットイーサネットはスター型の接続形態をとり、使用する伝送媒体により次のような種類がある。

●1000BASE－CX

1000BASE－Xの1つである1000BASE－CXは、2心の同軸ケーブル、またはSTPケーブルを用いてLANを構成する。最大伝送距離は25mと短い。

●1000BASE－LXと1000BASE－SX

いずれもマルチモード光ファイバ(MMF)を使用するが、光波長の違いにより区別されている。1000BASE－LXでは、1,310nm(1.31μm帯)の長波長が使用され、1000BASE－SXでは850nm(0.85μm帯)の短波長が使用されている。この場合の最大伝送距離は550mである。なお、1000BASE－LXでは、シングルモード光ファイバ(SMF)を使用することも可能であり、この場合の最大伝送距離は5kmである。

●1000BASE－T

1000BASE－Tは、10BASE－Tや100BASE－TXと同様にUTPケーブルを用いてLANを構成し、その最大伝送距離は100mである。10BASE－Tや100BASE－TXと互換性のあるLANスイッチやLANカードも既に製品化されているため、今後の普及が見込まれる。

表4・3 ギガビットイーサネットの種類

伝送路規格		使用する伝送媒体
1000BASE－CX	802.3z	2心平衡型同軸ケーブルまたはSTPケーブル
1000BASE－LX	802.3z	マルチモード光ファイバ(MMF)またはシングルモード光ファイバ(SMF)
1000BASE－SX	802.3z	マルチモード光ファイバ(MMF)
1000BASE－T	802.3ab	カテゴリ5e以上のUTPケーブル等
(参考)1000BASE－TX	ANSI/TIA-854	カテゴリ6以上のUTPケーブル等

用語解説

1000BASE－X
1000BASE－CX、1000BASE－LX、および1000BASE－SXの総称。

1000BASE－Xのオートネゴシエーション機能(通信速度や通信モードを自動的に調整する機能)は、同じ方式間(SXどうし、LXどうしなど)だけを対象としている。異なる方式間(SXとLXなど)ではオートネゴシエーション機能は動作しない。

補足

10BASE－Tや100BASE－TXはUTPケーブルの2対の心線を使用するが、1000BASE－Tは、4対ある心線をすべて使用する。これにより、超高速データ伝送を実現している。

5 10ギガビットイーサネット

2002年にIEEE802.3aeとして標準化された10ギガビットイーサネット(10GbE)は、一般に、光ファイバを使用して10Gbit/sの伝送速度を実現する。

伝送媒体に光ファイバではなくメタリックケーブルを用いるものでは、同軸ケーブルを使用する10GBASE－CXが2004年2月にIEEE802.3akとして、また、カテゴリ6A/7のツイストペアケーブルを使用する10GBASE－Tが2006年6月にIEEE802.3anとして、それぞれ標準化された。

光ファイバを使用する10ギガビットイーサネットは、表4・4に示すように、LAN用の仕様だけでなくWAN用の仕様も標準化されている。WAN用の仕様は、高速WANにおいて最も普及しているSONET/SDH(Synchronous Optical NETwork/Synchronous Digital Hierarchy)技術の仕様に合わせることにより、イーサネットLANをそのままWANの世界に適用することを意図して標準化されている。

10ギガビットイーサネットは全二重伝送のみを実装している。そのため、半二重伝送でのアクセス制御に使用されているCSMA/CD機能は持っていない。

用語解説

SONET/SDH
光ファイバを用いた高速デジタル通信に関する国際規格。欧州ではSDH、米国ではSONETと呼ばれることが多い。

補足

この他、メーカの独自規格として、シングルモード光ファイバで最大伝送距離を80kmとしたものなどがある。

10GBASE-SRおよびSWは、標準的なマルチモード光ファイバを使用した場合の最大伝送距離は26m程度にしかならず、最大300mの伝送距離を実現するには新しいタイプのマルチモード光ファイバ(2,000MHz・km)を使用する必要がある。

表4・4 光ファイバを使用する10ギガビットイーサネット(10GbE)の種類

● LAN仕様

伝送路規格	使用する伝送媒体と波長帯域	最大伝送距離
10GBASE－LX4	マルチモード光ファイバ(MMF)またはシングルモード光ファイバ(SMF)で1,310nmの長波長を使用する。WWDM (Wide Wavelength Division Multiplexing：広通過帯域波長分割多重)の技術を用いて、10Gbit/sのデータを3.125Gbit/s×4の波長に分割して転送する。	10km(SMF使用時) 300m(MMF使用時)
10GBASE－SR	マルチモード光ファイバ(MMF)で850nmの短波長を使用する。	300m
10GBASE－LR	シングルモード光ファイバ(SMF)で1,310nmの長波長を使用する。	10km
10GBASE－ER	シングルモード光ファイバ(SMF)で1,550nmの超長波長を使用する。	40km

● WAN仕様

伝送路規格	使用する伝送媒体と波長帯域	最大伝送距離
10GBASE－SW	マルチモード光ファイバ(MMF)で850nmの短波長を使用する。	300m
10GBASE－LW	シングルモード光ファイバ(SMF)で1,310nmの長波長を使用する。	10km
10GBASE－EW	シングルモード光ファイバ(SMF)で1,550nmの超長波長を使用する。	40km

理解度チェック

問1 10ギガビットイーサネットの規格では、衝突検出機能のCSMA/CD方式はサポートされておらず、（ア）通信のみを行う。

① 単方向 ② 半二重 ③ 全二重

答 (ア) ③

5 無線LAN

1 無線LANの概要

無線LANは、ケーブルの代わりに、特定の周波数帯域の電波を使用してデータの送受信を行う方式のLANである。ケーブルによる配線が不要で、ノードの設置・移動の自由度が高い、といった利点を有している。

●無線LANの構成機器

無線LANは、**無線LANアダプタ**や**無線LANアクセスポイント**などで構成される。無線LANアダプタは、PCなどのノードに、無線LANへの接続機能を追加するための機器である。以前はPCにカード形の無線LANアダプタを挿入する方式が主流であったが、現在では、無線LANアダプタ機能が内蔵されているPCが増えてきている。また、無線LANアクセスポイントは、無線によりノード間の通信を中継する機器である。有線LANとの接続ポートを持つものが多く、無線LANと有線LANとの間を接続するブリッジ機器としても機能する。

●無線LANの通信形態

無線LANの通信形態には、無線LANアクセスポイントを介して通信する**インフラストラクチャモード**と、無線LANアクセスポイントを介さずに各ノードが直接通信する**アドホックモード**がある。アドホックモードを利用するには、通信を行うノードどうしで同一の識別子(**SSID**：Service Set Identifier)を設定しておく必要がある。なお、インフラストラクチャモードでは、SSIDを設定せずに利用することも可能であるが、それでは不特定の機器から接続(**ANY接続**)されることになりセキュリティ上問題があるため、通常は、無線LANアクセスポイントの設定でANY接続を拒否するようにしている。

2 無線LANの規格

無線LANの規格は、有線LANと同様にIEEE802委員会により定められている。次頁の表5・1に示すように、複数の標準規格(IEEE802.11)が制定されており、それぞれ使用周波数帯や最大伝送速度などが異なっている。

●IEEE802.11a

5GHz帯の周波数の電波を使用し、一次変調に64QAMを、二次変調にはマルチキャリア変調の一種である**OFDM**(Orthogonal Frequency Division Multiplexing 直交周波数分割多重)方式を採用している。最大伝送速度は**54Mbit/s**で最大伝送距離は約100mである。この方式は、電波の直進性が強いため、遮蔽(しゃへい)物の影響を受けやすい。また、伝送損失も大きく最大伝送距離が短くなるため、利用に際しては無線LANアクセスポイントの設置場所などについて配慮する必要がある。

●IEEE802.11b

2.4GHz帯(ISMバンド)の周波数の電波を使用し、プリアンブルは**DSSS**(Direct Sequence Spread Spectrum スペクトル直接拡散)方式、データ部は

補足

無線ネットワーク技術には、赤外線や電波を利用して数cmから数m程度の狭い範囲において機器間を接続し、データを送受信する**無線PAN**(Personal Area Network)もある。無線PANの代表例として、IEEE802.15.1に基本仕様が規定されている**Bluetooth** や、IEEE802.15.4に規定されている**ZigBee**などがある。ZigBeeは、IoT(Internet of Things)を実現するデバイスなどで利用されている規格で、日本国内では2.4GHz帯を使用して通信を行う。その通信速度は最大250kbit/sで、1つのネットワークに接続可能なノード数は最大65,535個である。また、無線PANとは対照的に見通し通信距離が数kmにも及ぶ**LPWA**(Low Power Wide Area)という技術もある。低周波数帯を利用するため電波が遠くまで届き、ごく短いメッセージを低頻度で送信するため電力消費が抑えらえ通常の電池でも年単位で稼働できるなどの利点がある。

補足

最大伝送速度および最大伝送距離はあくまでも理論値であり、現実には設置条件などにより大きく異なる。

用語解説

ISMバンド
2.4GHz帯等の周波数帯域。コードレス電話や医療機器、電子レンジなど、さまざまな用途で利用される免許不要の周波数帯域であるため、他の機器との混信や干渉が発生しやすい。そこで、ISMバンドを使用する無線LANには、スペクトル拡散変調方式を用いてこれらの影響を最小限に抑えているものがある。

DSSS方式を改良して高速化したCCK(Complementary Code Keying 相補符号変調)方式で変調している。最大伝送速度は11Mbit/sである。

●IEEE802.11g

2.4GHz帯の周波数の電波を使用し、一次変調に64QAM、二次変調にOFDM方式を用いている。最大伝送速度は54Mbit/sである。

●IEEE802.11n

2.4GHz帯および5GHz帯の周波数の電波を使用し、一次変調に64QAM、二次変調にOFDM方式を採用している。1つのデータを2～4のストリームに分割し最大4本の送受信アンテナを用いて空間多重伝送するMIMO(Multiple Input Multiple Output)や、複数の隣接無線チャネルを束ねて用いるチャネルボンディング、複数のフレームを1つに集約して伝送するフレームアグリゲーション、複数のフレームに対して確認応答信号を一括して送信するブロックACKなどにより、最大で600Mbit/sの伝送速度を実現する。

●IEEE802.11ac

5GHz帯の周波数の電波を使用し、一次変調は従来の64QAMに加えて256QAMも選択可能とし、二次変調にはOFDM方式を採用している。20MHz帯域幅のチャネルを4つ束ねた80MHz帯域幅のチャネルを必須とし、さらにこれを2つ束ねた160MHz帯域幅のチャネルを利用可能にするなどして、大容量化が図られている。また、電波の指向性(しこう)(強さが方向によって異なる性質)を高めて特定の方向のみ遠くに到達できるようにするビームフォーミング技術や、空間多重のストリーム数を最大8に増やし最大8本のアンテナを用いて無線LANアクセスポイントから端末への下り方向で複数の信号を同時に伝送するMU-MIMOなどの技術を用いて、6.93Gbit/sの最大伝送速度を実現した。

補足

さらに高速な無線LAN通信を実現する規格として、Wi-Fi6ともいわれる802.11axが登場している。802.11axは2.4GHz帯または5GHz帯の周波数の電波を使用し、変調方式として一次変調に1,024QAMが追加され、二次変調にOFDMAが採用された。MU-MIMOの双方向化や、他の端末が通信中でも与える影響が小さければ通信を許容するspatial reuse技術などにより、最大伝送速度は9.6Gbit/sとなっている。

表5・1　無線LANに関連する主なIEEE規格

IEEE規格	概　要	特徴・備考
802.11a	使用周波数帯が5.15GHz～5.25GHz(W52)、5.25GHz～5.35GHz(W53)、および5.47GHz～5.725GHz(W56)の無線LAN	・最大伝送速度：54Mbit/s ・変調方式：(一次)64QAM方式、(二次)OFDM方式 ・最大伝送距離：約100m
802.11b	使用周波数帯が2.4GHz(ISMバンド)の無線LAN	・最大伝送速度：11Mbit/s ・変調方式：(一次)CCK方式、(二次)DSSS方式 ・最大伝送距離：約100～300m
802.11g	使用周波数帯が2.4GHz(ISMバンド)の無線LAN	・最大伝送速度：54Mbit/s ・変調方式：(一次)64QAM方式、(二次)OFDM方式 ・最大伝送距離：約100～300m ・802.11bと互換性がある。
802.11n	使用周波数帯が2.4GHz(ISMバンド)、または、5.15GHz～5.25GHz(W52)、5.25GHz～5.35GHz(W53)、および5.47GHz～5.725GHz(W56)の無線LAN	・最大伝送速度：600Mbit/s ・変調方式：(一次)64QAM方式、(二次)OFDM方式 ・最大伝送距離：802.11a～gの2倍程度 ・MIMO、チャネルボンディング、フレームアグリゲーションなどにより従来規格との互換性を維持しながら高速・大容量化を実現する。
802.11ac	使用周波数帯が5.15GHz～5.25GHz(W52)、5.25GHz～5.35GHz(W53)、および5.47GHz～5.725GHz(W56)の無線LAN	・最大伝送速度：6.93Gbit/s ・変調方式：(一次)256QAM方式、(二次)OFDM方式 ・MU-MIMO等により超高速通信を実現。
802.11x	LANにおけるユーザ認証方式を規定	クライアント、LAN機器、RADIUSサーバが連携して認証を行う(有線LAN、無線LANともに適用される)。

6 LANの媒体アクセス制御方式

1 CSMA/CD方式（有線LANの媒体アクセス制御方式）

媒体アクセス制御（MAC：Media Access Control）方式とは、半二重通信方式のコンピュータネットワークにおいてデータ転送を行うための制御技術である。LANで使用される媒体アクセス制御方式としては、CSMA（Carrier Sense Multiple Access 搬送波感知多重アクセス）方式やトークン・パッシング（token passing）方式がよく知られているが、有線LANにおける事実上の標準として普及しているイーサネットLANでは、CSMA方式に衝突検出および再送信機能を付加した**CSMA/CD**（CSMA with Collision Detection **搬送波感知多重アクセス／衝突検出）方式**を利用している。

CSMA/CD方式では、データを送信したいノードは、LAN上の**キャリア**・シグナル（搬送波）を監視し、通信路が空いている状態かどうかを判断する（図6・1①）。空いている状態であれば、データ送信を開始する。このとき複数のノードが同時にデータを送信すると、信号の衝突（**コリジョン**）が起こり、伝送媒体上に異常な電気信号が発生する。この異常な電気信号により、データが破損する（②）。データを送信したいノードは衝突を検知すると、LAN上の各ノードに対して、データの送受信の中止を求める信号（**ジャム信号**）を送出する。そして、データの送信を中止し、一定の時間（**バックオフ時間**）が経過した後で再度送信を行う（③）。

このように、CSMA/CD方式では複数のノードが同時にデータ送信を行った場合は、データが破損する。イーサネットLANでは、多数のノードが同一のLAN上に存在すると、コリジョンによるパケットの衝突が多発するおそれがある。コリジョンが発生するとデータの転送効率が悪くなるため、**スループットの低下**を招くことになる。

① シグナルの監視

PC PC 監視 監視 シグナル

② パケットの衝突

PC PC データ送信 データ送信 パケットの衝突

③ データ送信

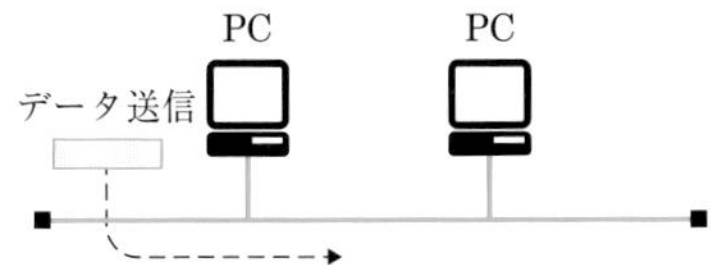

図6・1　CSMA/CD方式

用語解説

CSMA方式
端末が伝送媒体の使用状況を監視して、キャリアが検出されたとき送信を延期し、キャリアを検出中でないときに送信することにより、複数端末で同一の伝送媒体を共用する方式。

全二重通信では、信号の衝突が発生することはないためCSMA/CD方式によるアクセス制御は不要である。実際、最新の10ギガビットイーサネットでは、半二重通信をサポートしておらず全二重通信のみを行うので、CSMA/CD方式が標準規格から省かれている。

用語解説

バックオフ時間
パケットの衝突が発生した際に、各ノードが乱数をもとに算出する待ち時間のこと。

補足

CSMA/CD方式では、パケットの衝突を確実に検出できるように、最小フレーム長を規定し、これより短いフレーム（ショートフレーム）の送出を禁止している。

技術・理論 第1章

さらに詳しく！

イーサネットLANのフレーム構成

一般に、イーサネットLANでは、データ伝送にイーサネットⅡ(DIX)形式のフレームが使用される。イーサネットフレームは図6・2に示すように、**プリアンブル**フィールド、**宛先アドレス**フィールド、**送信元アドレス**フィールド、**タイプ**フィールド、**データ**フィールド、および**FCS**(Frame Check Sequence)フィールドで構成されている。

イーサネットでは、プリアンブルフィールドの8バイトを除いて、最小フレームサイズが64バイト、最大フレームサイズが1,518バイトと規定されている。ただし、実際に格納されるデータの最大長は、宛先アドレス、送信元アドレス、タイプ、FCSの各フィールドの長さを除いた、**1,500バイト**である。このフレームサイズの規定はファストイーサネットでも同じであるが、ギガビットイーサネットおよび10ギガビットイーサネットでは最小フレームサイズが512バイトと規定され、フレームサイズが512バイトに満たない場合はダミーデータを付加する。

①プリアンブル	②宛先アドレス	③送信元アドレス	④タイプ	⑤データ	⑥FCS
8バイト	6バイト	6バイト	2バイト	46～1,500バイト	4バイト

① プリアンブル (PA：PreAmble)
フレームの送信の開始を認識させ、同期をとるためのタイミング信号の役割を担っている。

② 宛先アドレス (DA：Destination Address)
宛先ノードのLANインタフェースのMACアドレスが入る。

③ 送信元アドレス (SA：Source Address)
送信元ノードのLANインタフェースのMACアドレスが入る。

④ タイプ (Type)
後続のデータに格納されているデータの上位層プロトコルを示したIDが設定される。たとえば、TCP/IPの場合は、IPv4を示す0x800などが入る。

⑤ データ (User Data)
上位レイヤのデータが格納される。TCP/IPの場合は、IPヘッダ以下のIPパケットが格納される。46バイトに満たない場合はパディング(PAD)で埋める。

⑥ FCS (フレーム検査シーケンス)
フレームの送信エラーを検出するためのフィールド。

図6・2　イーサネットLANのフレーム構成(EthernetⅡ形式)

補足

ギガビットイーサネットには、規定されている最大フレームサイズを超えるフレーム(ジャンボフレーム)にサイズを拡張できる規格がある。ただし、ジャンボフレームを使用するには、一連の通信に関わる経路上のすべての機器が、この拡張フレームに対応している必要がある。

補足

VLAN(IEEE802.1Q)を使用する場合は送信元アドレスとタイプの間に4バイトのVLANタグ(ID)が付加され、最大フレームサイズは1,522バイトとなる。

補足

EthernetⅡ形式のプリアンブルは最初の7バイトが"10101010"の繰り返し、最後の1バイトが"10101011"であり、実質的にIEEE802.3形式におけるPA＋SFDと同じである。

2 CSMA/CA方式(無線LANの媒体アクセス制御方式)

● CSMA/CA方式の仕組み

無線LANでは信号の送受信に電波を用いるので、衝突を検知することが困難である。IEEE802.11で規定される無線LANではアクセス制御方式として、他の無線端末が電波を送出していないかどうかを事前に確認する**CSMA/CA**(Carrier Sense Multiple Access with Collision Avoidance **搬送波感知多重アクセス／衝突回避**)**方式**を使用している。

この方式では、データを送信しようとする無線端末は、まず、他の無線端末から使用周波数帯の電波(**キャリア**)が送出されていないかどうかのチェック(**キャリアセンス**)を行う(図6・3の①)。そして、送出されていなければ、**IFS**(Inter－Frame Space フレーム間隔)**時間**と呼ばれる一定の時間が経過した後、さらに端末ごとに発生させた乱数に応じたランダムな時間(**バックオフタイム**)だけ待ち、他の無線端末からの電波の送出がないことを確認してからデータを送信する(②)。

データを正常に送信できたかどうかは、**ACK**(Acknowledgement)という応答

注意

CSMA/CA方式の無線LANにおいて、障害物などによって電波が到達せずキャリアセンスが有効に機能しない場合、データの衝突の頻度が増して、スループットが低下するおそれがある。

フレームによって確認する。具体的には、送信端末がアクセスポイント(AP)にデータを送信すると、APは正常に受信できたときACKを返す。このACKを受信することで、送信端末は、APにデータを正常に送信できたことを確認する。なお、送信端末がAPにデータを送信した後、一定時間が経ってもACKが送られてこなければ、通信が正常に行われなかったと判断してデータ再送信の手順に入る(③)。

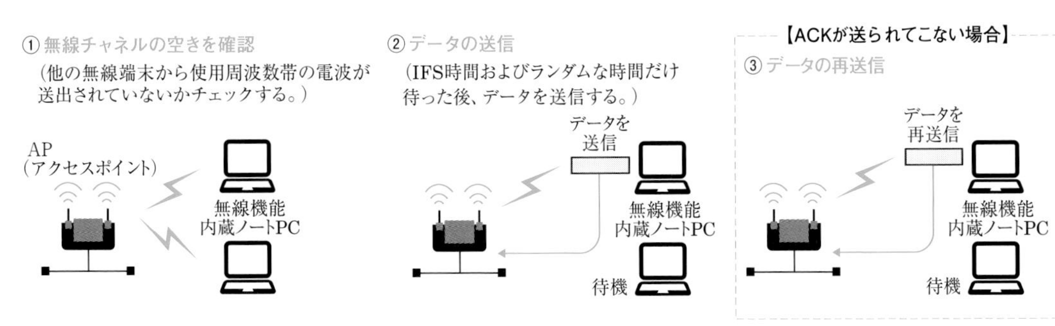

図6・3 CSMA/CA方式

●隠れ端末問題

同じアクセスポイント(AP)を利用する複数の無線端末が、互いに通信できないような場所に配置されている場合、CSMA/CA方式により衝突回避を行っていても、データの衝突が生じることがある。これは、データ送信中の無線端末の存在を認識できないことが原因であり、一般に、**隠れ端末問題**と呼ばれている。

たとえば図6・4では、無線端末STA1とSTA3の間に障害物があるためキャリアセンスが有効に機能していない。この場合、STA1やSTA2にとってSTA3が隠れ端末であり、STA3にとってはSTA1とSTA2が隠れ端末である。

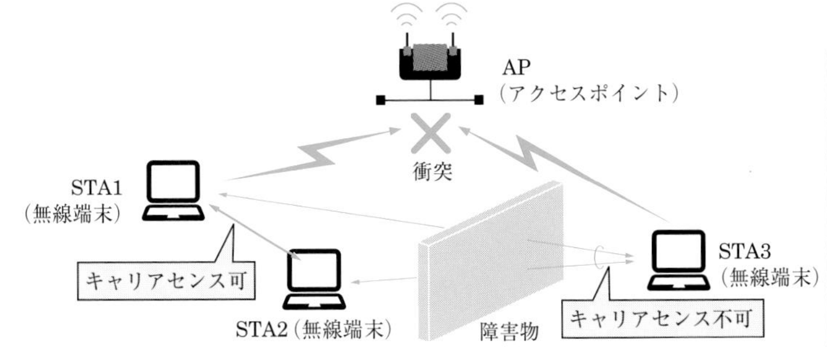

STA1からAPにデータを送信しているときに、STA1の存在を感知(キャリアセンス)できないSTA3がAPにデータを送信すると、そのAPにおいてデータの衝突が発生する。
このように隠れ端末(STA3にとってはSTA1が隠れ端末)が存在すると、キャリアセンスできないため、データの衝突が起こる頻度が増加し、**スループットが低下する**場合がある。

図6・4 隠れ端末

隠れ端末問題の解決策として、**RTS**(Request To Send)**信号**および**CTS**(Clear To Send)**信号**という2つの制御信号を用いて衝突を回避する方法がとられている。たとえば図6・4において、STA1は、データ通信に先立ち、RTS信号を送信してAPに送信要求を行う。RTS信号を受信したAPは、CTS信号を返送してSTA1にデータの送信を許可する旨を通知する。このCTS信号はSTA3も受信できるので、STA3は**NAV**(Network Allocation Vector)**時間**だけ送信を待つことにより衝突の防止を図ることができる。

> **補足**
> RTS信号およびCTS信号には、NAV時間という、アクセスポイントと送信要求をした無線端末との間の通信で伝送媒体を占有する時間の情報が含まれている。これらの制御信号を受信した他の無線端末はNAV時間の間、送信を停止する。

7 LAN構成機器(I)　集線装置

1 ハブ

ハブは、単体で1つのLANセグメントを構成する機器であり、機能的にはリピータと同一であるため、一般に、リピータハブとも呼ばれている。リピータハブは、スター型などのLANにおいて、LANに接続するノード(PCやサーバなど)の集線装置としての機能を持ち、OSI参照モデルにおけるレイヤ1(物理層)で動作する。LANに接続するノードは、LANケーブルによりリピータハブに接続され、リピータハブを介して相互に通信を行う。

リピータハブは主に10BASE－Tのイーサネット LANで使用されるが、より高速な100BASE－TXに対応した製品もある。

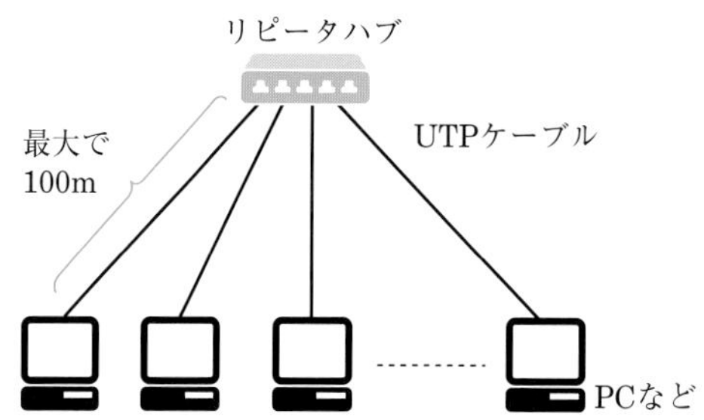

図7・1　10BASE－TのイーサネットLANにおけるハブの構成

LANに接続するノード数が多い、あるいはノードを接続する場所が点在している場合には、カスケード接続でLANを構成する。このカスケード接続により、ネットワーク全体に接続可能なノードの数を増やすことができる。ただし、フレーム送信時の信号の衝突を検出できるように、リピータハブをカスケード接続した多段構成の場合、1つのLANセグメントで、10BASE－Tでは最大4台まで、100BASE－TXでは最大2台までと、接続台数が制限されている。

(a) 10BASE－Tの場合

最大4台までのリピータハブを接続することができる。

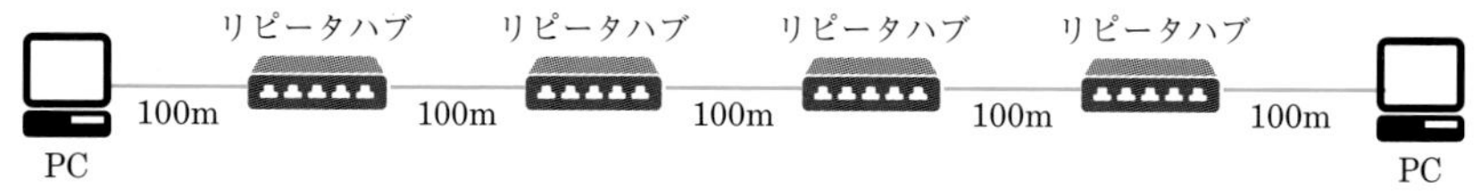

(b) 100BASE－TXの場合

最大2台までのクラス2リピータハブを接続することができる(クラス1はカスケード接続不可)。

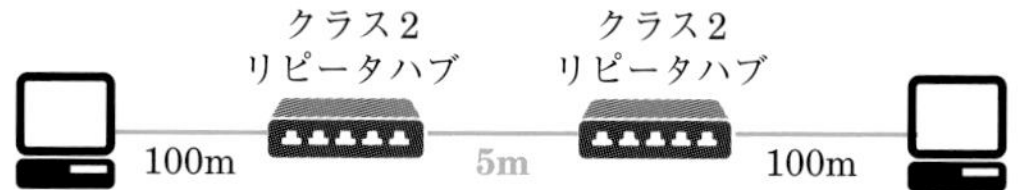

図7・2　リピータハブのカスケード接続

用語解説

カスケード接続
ハブどうしを接続すること。「多段接続」ともいう。カスケード(cascade)とは、段々になっている小さな滝のことである。

100BASE－TXなどのファストイーサネットに対応したリピータハブには、クラス1とクラス2のものがある。クラス1は信号をいったんデジタル化するため中継処理に要する遅延時間が大きく、カスケード接続が不可能である。これに対して、クラス2は信号をアンプ回路で増幅・整形するだけなので中継処理に要する遅延時間は比較的小さく、最大2台までのカスケード接続が可能である。

2 LANスイッチ

LANスイッチは、リピータハブと同様に単体で1つのLANセグメントを構成する機器であり、LANに接続するノードの集線装置としての機能を持つ。LANに接続するノードは、LANケーブルによりLANスイッチに接続され、LANスイッチを介して相互に通信を行う。LANスイッチは、スター型、カスケード型、および階層型のLANトポロジに対応することができる。

LANスイッチには、レイヤ2(データリンク層)の機能のみを持ち単一のネットワークアドレスを持つサブネットで用いられるレイヤ2スイッチ(スイッチングハブ、L2スイッチ)と、レイヤ2の機能に加えてレイヤ3(ネットワーク層)の経路選択制御機能、すなわちルーティング機能も持ち異なるネットワークアドレスを持つネットワークどうしを接続することができるレイヤ3スイッチ(L3スイッチ)がある。

LANスイッチは、受信したフレームの送信元MACアドレスを読み取り、アドレステーブルに登録されているかどうかを検索し、登録されていなければその送信元MACアドレスを登録する。このMACアドレス学習(ラーニング)処理を繰り返して、各ポートに接続されたノードの情報がアドレステーブルに保持される。そして、接続ノードからフレームを受信すると、アドレステーブルを検索して宛先MACアドレスに該当するポートを見つけ、そのポートのみにフレームを送信する。なお、アドレステーブルに宛先MACアドレスの登録情報がなければ、そのフレームを全ポートに転送する。

LANスイッチが宛先のノードにフレームを転送する方式には、ストアアンドフォワード方式、フラグメントフリー方式、およびカットアンドスルー方式がある。これらのうちストアアンドフォワード方式は、有効フレーム(フレームのうちPAとSFDで構成される物理ヘッダを除いた部分)の全体をメモリ上にストア(保存)し、誤り検査を行って異常がなければ転送する方式である。有効フレームの全域について誤り検査を行うため信頼性が高く、また、速度やフレーム形式が異なるLAN相互を接続できることから、今日のLANスイッチのフレーム転送方式の主流となっている。

補足

リピータハブは、受信したフレームを受信ポート以外のすべてのポートに転送するため、ノード数が増えるとフレームの衝突頻度が高くなり、ネットワークに負荷がかかってしまう。これに対しLANスイッチは、受信したフレームを解析して宛先MACアドレスを検出し、その宛先MACアドレスに該当するポートのみに転送する。これにより、ネットワークの負荷を軽減することができる。

表7・1 LANスイッチのフレーム転送方式

転送方式	説 明	誤り検査の範囲
ストアアンドフォワード方式	速度やフレーム形式が異なるLANどうしを接続することができる方式である。受信したフレームをDAからFCSまで読み取り、メモリ上にストア(格納)する。そして、誤り検査を行って異常がなければ転送する。	有効フレームの全域
フラグメントフリー方式	有効フレームの先頭からイーサネットLANの最小フレーム長である64バイトを読み込んだ時点で誤り検査を行い、異常がなければフレームを転送する。有効フレーム長が64バイトより短い場合は破損フレームとして破棄する。	有効フレームの先頭から64バイト
カットアンドスルー方式	受信したフレームの宛先MACアドレス(つまり、有効フレームの先頭から6バイトまで)を読み込んだ時点で、そのフレームを転送する。この方式は処理遅延は小さいがエラーフレームもそのまま転送してしまうため、不要なトラヒックが増加する。	宛先MACアドレスのみ

注意

3つの転送方式のうち、速度やフレーム形式の異なるLANどうしを接続することができるのは、ストアアンドフォワード方式のみである。

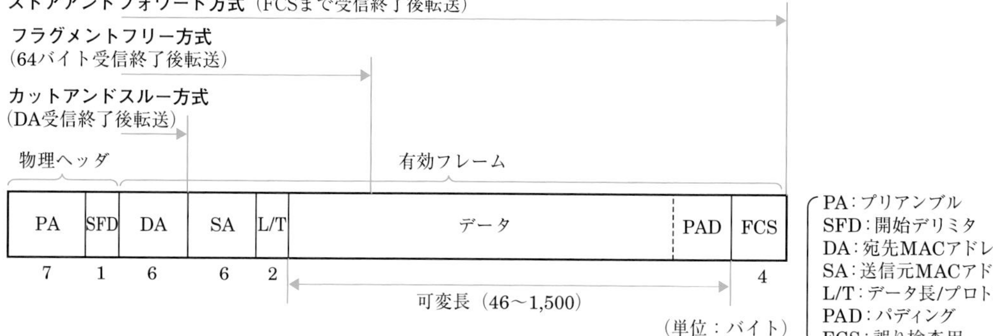

図7・3　LANスイッチのフレーム転送

さらに詳しく！

オートネゴシエーション（自動ネゴシエーション）

イーサネットLANの伝送速度として、10Mbit/sや100Mbit/sなどの異なる標準規格が定義されている。また、通信モードについても、半二重と全二重の規格がある。

オートネゴシエーション機能は、LANスイッチとLANアダプタ（NIC）の間で動作する機能であり、通信相手の機器の伝送速度や通信モードの違いを検知して、自分自身の設定を、相手機器の設定に合わせて自動的に切り替える。この機能を用いることにより、規格が異なるLAN機器どうしでも、最適な設定で通信を行うことが可能となる。

オートネゴシエーション機能を実装しているLANスイッチとLANアダプタを接続すると、双方の機器が互いにFLP（Fast Link Pulse）信号を送信する。このFLP信号には、それぞれの機器がサポートするイーサネットの種類に関する情報が含まれており、双方がサポートするイーサネットのうち、最も優先度の高いものをポート設定に採用する。

相手の機器がオートネゴシエーション機能に対応していなければ、FLP信号により伝送速度や通信モードを自動設定することはできない。

理解度チェック

問1　100BASE－TXでは、クラス2のリピータハブのカスケード接続は［（ア）］段までとなるように、リピータハブの設置および配線を行う必要がある。

①2　②4　③6

問2　スイッチングハブのフレーム転送方式におけるカットアンドスルー方式は、有効フレームの先頭から［（イ）］、そのフレームを転送する。

①6バイトまで読み取り、バッファリングせずに　②12バイトまで読み取り、バッファリングせずに
③48バイトまで読み取り、異常がなければ　④64バイトまで読み取り、異常がなければ
⑤FCSまで読み取り、バッファリングせずに

問3　LANスイッチのフレーム転送方式のうち、速度やフレーム形式が異なるLANどうしを接続できるのは、［（ウ）］方式である。

①カットアンドスルー　②フラグメントフリー　③ストアアンドフォワード

答（ア）①（イ）①（ウ）③

8 LAN構成機器(Ⅱ) LAN間接続装置

1 リピータ

リピータは、OSI参照モデルにおけるレイヤ1(物理層)に位置する通信機器であり、ケーブル上を流れる電気信号の増幅、整形および中継を行う。これにより、LANセグメントの距離を延長することができる。接続する通信機器間の距離が長く、LANケーブルで接続しただけでは信号が減衰してしまって通信が行えない場合などに、リピータを使用して信号を中継する。

なお、リピータを数多く経由すると、電気信号にひずみが発生して判別することが困難になったり、遅延が生じてフレームの衝突を検出できなくなったりするため、イーサネットLANでは、リピータの接続台数が3台程度に制限されている。

補足

LAN間接続装置は、LAN機器を1つのセグメント(大規模なネットワークを構成する個々のサブネットワーク)内で接続することが難しい場合などに用いられる。

2 ブリッジ

複数のLANセグメント間で、ルーティング機能を持たないプロトコルを使用して通信を行うためには、LANセグメント間をブリッジで接続する必要がある。

ブリッジは、レイヤ2(データリンク層)のMACアドレスを用いて、複数のLAN間でフレームを中継・転送する機器である。ブリッジは、接続されている端末のMACアドレスをアドレステーブル(MACアドレスと通信ポートの対応表)に登録しておき、到着したフレームの宛先MACアドレスとアドレステーブルに登録されているMACアドレスを照合した後、該当するポートのみにフレームを転送する。宛先のMACアドレスがアドレステーブルに登録されていない場合は、到着したポート以外の全ポートにフレームを転送する。このように、ブリッジは到着したフレームの宛先MACアドレスを見て、そのフレームを他のポートに転送するか否かを判断するフィルタリング機能を有している。

3 ルータ

ルータは、レイヤ3(ネットワーク層)に位置し、複数のネットワーク間を接続する機器である。その基本的な機能は、IPやIPXなどのようなレイヤ3プロトコルによるルーティング(経路選択制御)である。これにより、異なるネットワークアドレスを持つネットワークどうしの相互接続を行うことができる。

ルーティング機能を使ったレイヤ3レベルの中継処理は、WAN(Wide Area Network)を含む大規模なネットワーク環境から、LANだけで構築されるような中小規模のネットワーク環境まで、幅広く適用することができる。WAN環境への適用例としては、次頁の図8・1のように、企業ネットワーク内の別々に構築された事業所(拠点)ごとのネットワークをWANを介して相互に接続することなどが挙げられる。そして、LAN環境の適用例としては、図8・2のように異なるネットワークアドレスを持つネットワークどうしを接続する場合や、

用語解説

IPX
ノベル社のサーバ製品であるNetWareが使用するプロトコルのこと。レイヤ3(ネットワーク層)と同様のルーティング機能を持つ。

WAN
広域通信網。公衆回線や専用線を介して、本社～営業所間など地理的に離れた場所にあるLANどうしを接続した広域ネットワークをいう。

図8・3のようにLANスイッチでVLAN(仮想LAN)を構成するときにVLAN間を接続する場合などがある。

ルータは、数多くのプロトコルに対応するものとして開発され、専用線やATMなどのWAN用インタフェースを収容しているのが一般的である。このように複数のプロトコルに対応しているルータは、特にマルチプロトコルルータといわれる。

また、機種により対応プロトコルの違いはあるが、OSPF(Open Shortest Path First)やRIP(Routing Information Protocol)など、さまざまなルーティングプロトコルをサポートしている。さらに、パケットフィルタリングやIPsecなどによるセキュリティ対応、トラヒック種別ごとの優先制御機能を実装し、NetBEUIなどIP以外の通信プロトコルをIPにカプセル化してIPネットワーク上を転送する機能も提供する。

用語解説
VLAN
LANの物理的な接続構成とは別に、LANスイッチのポート単位や識別用のタグ情報などにより、論理的に独立したセグメントに分割したもの。

用語解説
カプセル化
あるプロトコル用の形式を持つパケットを、そのまま他のプロトコルのユーザデータ部としたパケットに組み立てること。

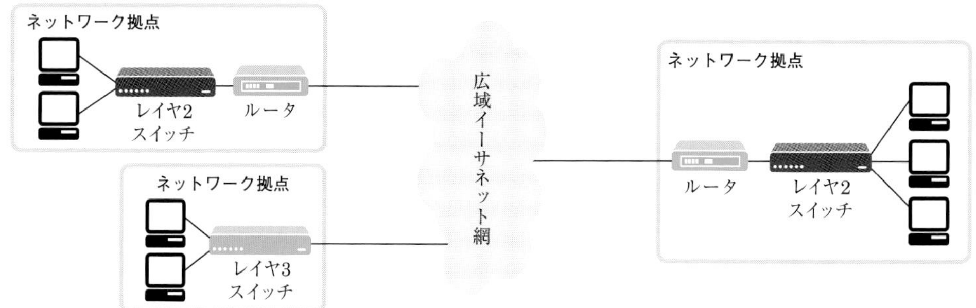

図8・1　LANの拠点間接続構成例

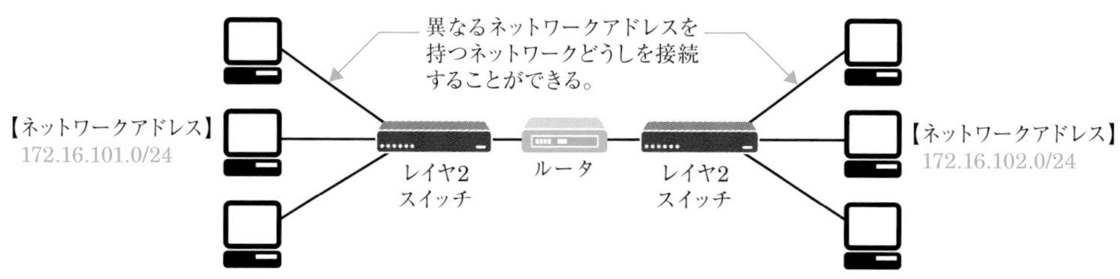

図8・2　ルータによるLAN間接続例

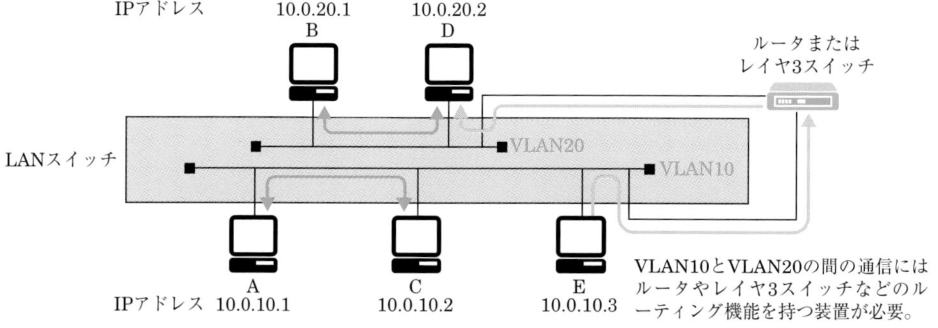

図8・3　VLAN構成

4 レイヤ3スイッチ

レイヤ3スイッチは**L3スイッチ**ともいい、レイヤ2スイッチ(L2スイッチ、スイッチングハブ)に、レイヤ3レベルのIPルーティングなどの機能を追加した機器である。レイヤ3スイッチには、MACアドレスに基づいて中継する**レイヤ2処理部**と、IPアドレスに基づいて中継する**レイヤ3処理部**がある。

レイヤ3スイッチとルータの大きな違いは、ルータがルーティング処理をソフトウェア主体で行っているのに対して、レイヤ3スイッチでは**ASIC**(Application Specific Integrated Circuit)と呼ばれる高速処理が可能なハードウェアにより行っている点である。

もともとは大学や企業内において異なるサブネットワークどうしを接続するものとして開発されたことから、初期の製品はイーサネットに特化し、利用できるレイヤ3プロトコルもIPのみであった。しかし、現在はルータとの機能差はほとんどなくなっているため、前頁の図8・3のように同一拠点内において複数のVLAN間の通信を行う場合には、レイヤ3スイッチを使用したルーティング構成をとることが多くなってきている。さらに、近年は、IP-VPNサービスや広域イーサネットサービスのような、LANインタフェースによる接続が可能な通信サービスが提供されるようになったため、同一拠点内での接続およびWAN経由による他拠点との接続には、同一機種で対応することが可能なレイヤ3スイッチの使用が増えている。

しかし、レイヤ3スイッチでは、ISDN回線やシリアル回線などのWAN接続インタフェースを収容できないことがあり、その場合にはルータが使用される。また、IP以外のプロトコルをIPにカプセル化する機能の他、トラヒックの優先制御や帯域制御などの特別の対応が求められる場合にも、ルータが使用されることがある。

用語解説

ASIC
特定の用途のために開発された集積回路のことをいう。ハードウェア処理が行われるため、通常、ソフトウェア処理よりも高速に処理できる。

理解度チェック

問1 イーサネットを構成する機器であるブリッジは、OSI参照モデルにおける （ア） で管理されているMACアドレスを用いて中継を行う。
① レイヤ1 ② レイヤ2 ③ レイヤ3 ④ レイヤ4

問2 WANやインターネットで用いられているルータは、異なるネットワークアドレスを持つLAN間を接続する機器である。OSI参照モデルの （イ） に該当する機器として、ルーティング機能を持っており、最適経路を判断してパケットの流れを制御する。
① 物理層 ② データリンク層 ③ ネットワーク層 ④ トランスポート層 ⑤ セション層

答 (ア) ② (イ) ③

9 GE－PONシステム

1 GE－PONシステム

1心の光ファイバを光スプリッタなどの受動素子を用いて分岐し、複数のユーザを収容する（1心の光ファイバを複数のユーザで共用する）光アクセスシステムをPON（Passive Optical Network）システムという。

PONシステムの1つに、ギガビットイーサネット技術を利用して通信を行うものがあり、これを**GE－PON**（Gigabit Ethernet PON）システムという。GE－PONシステムでは、LANで一般的に用いられている**イーサネットフレーム**を、そのままの形式で、上り、下りともに**最大1Gbit/s**の実効伝送速度（物理速度は最大1.25Gbit/s）で送受信することができる。GE－PONシステムは、電気通信事業者の設備センタに設置する**OLT**（Optical Line Terminal）とユーザ宅に設置する**ONU**（Optical Network Unit）、およびアクセス区間に設置され光信号を合・分波する**光スプリッタ**などで構成される。

ONUには、WAN側の配線を接続する**PONインタフェースポート**と、LAN側の配線を接続する**UNIポート**がある。PONインタフェースポートの仕様は、IEEE802.3ahの1000BASE－PX10または1000BASE－PX20に準拠している。一方、UNIポートには、1000BASE－Tや100BASE－TXなどで使用するRJ－45コネクタが用いられている。

補足

PONシステムは、データ転送の単位となるフレームの形式や伝送速度などにより、B－PON、G－PON、GE－PONなどに分類される。
GE－PONシステムの仕様は、IEEE802.3ahで規定されている。

ベストエフォート型の通信であり、1Gbit/sの帯域が保証されるわけではない。

補足

1000BASE－PX10は10kmまでの伝送距離に、1000BASE－PX20は20kmまでの伝送距離に対応したPONインタフェースの規格である。

2 GE－PONの伝送方式

GE－PONでは、双方向多重伝送が行われる。双方向多重伝送を実現する技術としては、上り信号と下り信号に異なる波長の光を割り当てる**WDM**（Wavelength Division Multiplexing 波長分割多重化）方式が採用されており、OLTからONU方向への下り信号には1.49 μm帯の、ONUからOLT方向への上り信号には1.31 μm帯の波長帯域が割り当てられている。

●下り方向の通信制御

下り方向の通信では、同一のフレームがブロードキャスト（放送形式）配信されてOLT配下のすべてのONUに到達する。このため、OLTは送信フレームごとに**LLID**（Logical Link IDentifier）といわれる識別子を図9・1のようにフレームのプリアンブル（PA：PreAmble）部に埋め込んでネットワークに送出する。

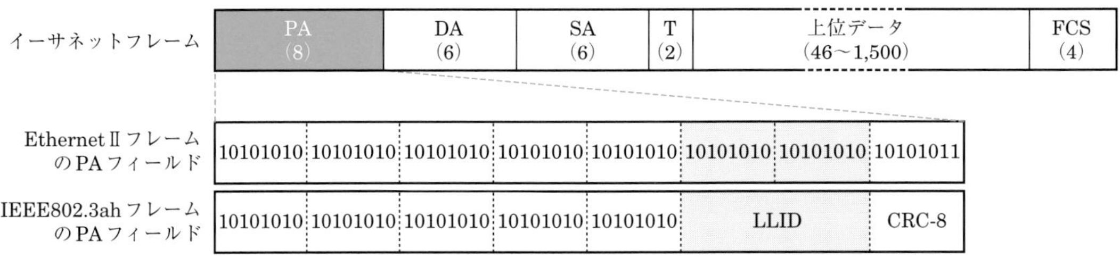

図9・1　LLIDの埋込み

OLTは、ONUがネットワークに接続されたときそれを発見して自動的に通信リンクを確立するP2MPディスカバリ機能を有するが、その際にOLTはLLIDを生成してONUに割り当てる。各ONUは、このLLIDにより自分宛のフレームであるか否かを判断し、自分宛のフレームのみを受信し、他のONU宛のフレームを破棄する。

●上り方向の通信制御

一方、上り方向の通信では、各ONUからの信号が合波されることから、OLTは配下のONUに対して送信許可を通知し、各ONUからの上り信号を時間的に分離することにより衝突を回避している。

また、上り帯域を使用していないONUに帯域が割り当てられる無駄をなくし、伝送帯域を有効利用するため、OLTは、DBA（Dynamic Bandwidth Allocation 動的帯域割当）アルゴリズムを搭載し、上りのトラヒック量に応じて柔軟に帯域を割り当てている。このDBAアルゴリズムを用いたDBA機能には、各ONUに対し使用帯域を動的に割り当てる上り帯域制御と、ONUが端末からの送信データを受信後OLTに送出するまでに発生する待ち時間を制御する遅延制御がある。

3 10G－EPON

IEEEにより標準化され、伝送単位にイーサネットフレームを用いるPONには、GE－PONのほかに、IEEE802.3avによる10G－EPON（10Gigabit Ethernet PON）がある。10G－EPONは、伝送路符号化方式に64B／66Bを用い、前方誤り訂正（FEC：Forward Error Correction）を必須とすること等により、上り・下りとも最大10Gbit/sの伝送速度を実現している。また、GE－PONを同一の光ファイバ上に共存させることができるため、GE－PONから移行するのに光ファイバを新たに敷設する必要がない。

補足

GE－PONのデータリンク層は、MAC副層、マルチポイントMACコントロール副層、OAM副層などから成る。
マルチポイントMACコントロール副層の機能には、大きく分けてP2MPディスカバリに関するものと、上り帯域制御に関するものがある。なお、上り帯域制御に使われるDBA機能は、IEEE802.3ahでは標準化の対象外となっている。

PONシステムにおいてOLTは、各ONUとの間の伝送時間をあらかじめ測定し、上り信号が衝突しない送出タイミングを算出して各ONUに通知する。この伝送時間の測定処理のことをレンジングという。

用語解説

64B／66B
データを64ビットごとに区切り、それぞれの先頭に2ビットの同期ヘッダを付加する符号化方式。

前方誤り訂正（FEC）
送信側でデータに誤り訂正用の符号を付加することで、受信側が送信側に問い合わせることなく自ら誤りを訂正する方式。

技術・理論 第1章

理解度チェック

問1 GE－PONシステムに用いられているONUには、UNIポートとPONインタフェースポートがある。UNIポートには、［（ア）］コネクタが用いられており、PONインタフェースポートの仕様はIEEE802.3ahで規定されている1000BASE－PX10または1000BASE－PX20に準拠している。
① RJ－11 ② FA（Field Assembly） ③ RS－232C ④ RJ－45 ⑤ PC（Physical Contact）

問2 GE－PONでは、OLTからの下り信号が放送形式で配下の全ONUに到達するため、各ONUは受信フレームの取捨選択をイーサネットフレームの［（イ）］に収容された論理リンク識別子を用いて行っている。
① 送信元アドレス ② 宛先アドレス ③ パディングビット
④ プリアンブル ⑤ フレームチェックシーケンス

問3 GE－PONでは、OLTが配下の各ONUに対して上り信号を［（ウ）］するため送信許可を通知し、各ONUからの上り信号は衝突することなく、光スプリッタで合波されてOLTに送信される。
① 波長ごとに分離 ② 位相ごとに合成 ③ 空間的に分離 ④ 偏波面ごとに合成 ⑤ 時間的に分離

答 （ア）④ （イ）④ （ウ）⑤

10 雷害・電磁障害対策

1 雷サージ

雷の放電などにより瞬間的に発生する異常高電圧・過電流を雷(らい)サージという。商用電源を使用している通信機器では、一般に、通信系の接地と電源系の接地が分離している。通信線に雷サージが誘起されると、保安器の接地抵抗Rによる地電位の上昇により電圧Eが宅内機器に印加される。電源線は柱上変圧器にて片線アースに接続されており、保安器アース点と柱上アース点とで電位差が生じ、その間をサージ電流が流れ込むことになる。

雷サージ電圧には、通信線の不平衡などにより通信線間に誘起される横サージ電圧と、通信線と大地との間に誘起される縦サージ電圧がある。

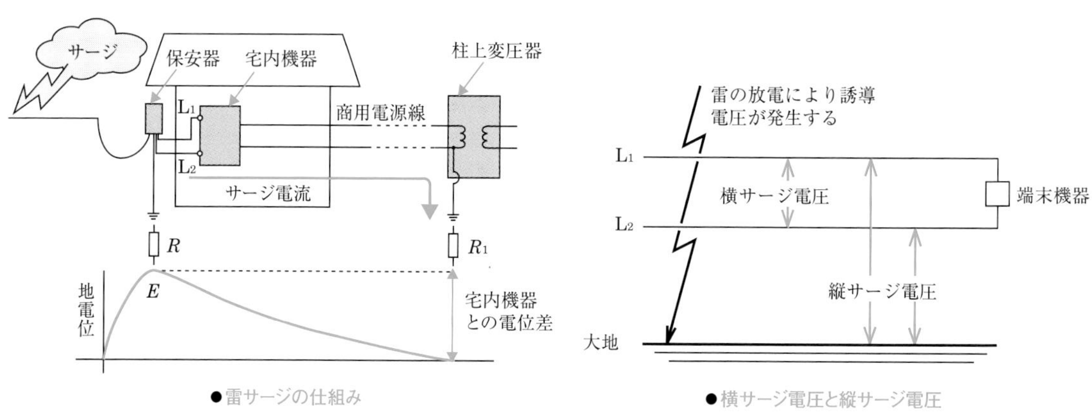

●雷サージの仕組み　●横サージ電圧と縦サージ電圧

図10・1　雷サージ

2 雷害対策

電気通信設備の雷害には、一般的に、落雷時の直撃雷電流が通信装置などに影響を与える直撃雷によるものと、落雷時の直撃雷電流で生じる電磁界によって、その付近にある通信ケーブルなどを通して通信装置などに影響を与える誘導雷によるものがある。

電気通信設備を設置している建造物にあっては、アンテナなどの屋外設備、通信線路設備、電源設備などからの雷サージの侵入経路が多数あることを念頭に置いて、適切な対策を講じる必要がある。雷防護対策としては、バイパス、等電位化、絶縁などが挙げられる。

・バイパス（サージ電流の迂(う)回）

雷サージが流入するおそれがある箇所に、1個以上の非線形素子を内蔵しているSPD（Surge Protective Device：サージ防護デバイス）を設置してサージ電流を分流する。

・等電位化

通信用接地、電力用接地の接地間の電位差をなくすために、等電位化を行う。

> **注意**
> 架空の光ファイバケーブルは、雷害によるテンションメンバ（抗張力体）からの放電により、光ファイバが損傷を受けることがある。そのため、テンションメンバを接地バーに連接して接地しなければならない。

等電位化を行うための方法として、すべての接地を環状に連接する**環状連接接地方式**がある。これは、各接地間に電位差が発生している時間が非常に短くて済むという利点がある。

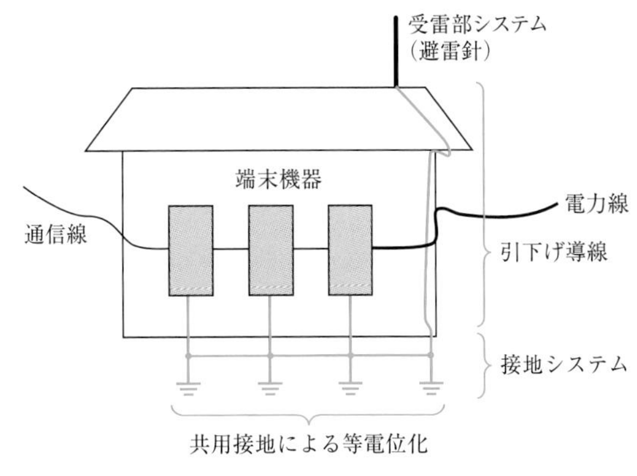

図10・2　等電位化

3 JIS A 4201:2003建築物等の雷保護

JIS A 4201:2003建築物等の雷保護では、雷保護システムの設計、施工にあたって適合しなければならない規格について定めている。

これによると、電気通信設備などの被保護物を雷の影響から保護するために使用するシステムを**雷保護システム**と呼んでいる。このシステムは、**外部雷保護システム**と、被保護物内において雷の電磁的影響を低減させるために外部雷保護システムに追加する**内部雷保護システム**に分けられている。

外部雷保護システムのうち、雷電流を受雷部システム(雷撃を受けるための部分)から接地システム(雷電流を大地へ流し拡散させるための部分)へ流すための導線は、**引下げ導線**と呼ばれている。また、内部雷保護システムのうち、雷電流によって離れた導電性部分間に発生する電位差を低減させるため、その部分間を直接導体またはサージ保護装置によって行う接続を、**等電位ボンディング**という。

なお、このJIS規格では、雷電流を大地へ流し、拡散させるための接地システムについて規定しているが、その中で、**接地極**には、1つまたは複数の**環状接地極**、垂直(または傾斜)接地極、放射状接地極または**基礎接地極**を使用しなければならないとされている。

用語解説

接地極
大地と直接電気的に接触し、雷電流を大地へ放流させるための接地システムの部分またはその集合。

環状接地極
大地面または大地面下に建築物などを取り巻き閉ループを構成する接地極。

基礎接地極
建築物などの鉄骨または鉄筋コンクリート基礎によって構成する接地極。

4 情報システム用接地

接地とボンディングは、原則として、電子機器および関連電気設備すべての接地極を共有する共有接地方式でなければならないとされる。

しかし、分電盤のアース幹線ごとに共有接地すると、情報システムが他の動力機器からのアース線を介して侵入するノイズにより悪影響を受けるおそれがある。また、電力システム用の接地が安全面への配慮から生じたものであるのに対して、情報システム用の接地はノイズ対策を目的としている。このため、電力システム用の接地基準をそのまま情報システムに適用すると、不具合が生じるおそれがある。

この対策として、JEITA（一般社団法人電子情報技術産業協会）によって「情報システム用接地に関するガイドライン」（JEITA ITR－1005）が定められた。このガイドラインによると、「情報システム用接地が動力機器等の接地と共用されていると、情報システムの安定稼働に影響を受ける可能性があるため、専用の接地極を推奨する。」とされている。

5 電磁障害（EMI）と電磁両立性（EMC）

近年、各種電気機器の電子化が進み、矩形波が使用されることが多くなった。矩形波からは高次の高調波が空間に放出されて電磁ノイズとなり、他の電子機器に妨害を与える。また、無線送信設備の送信電波が通話などの通信機能に妨害を与える問題も増加している。このように周辺装置から発生する電磁ノイズの影響（電磁妨害）によって、機器やシステムなどの性能が低下することを電磁障害（EMI：Electro Magnetic Interference）という。

通信機器や通信設備には、他の機器などに電磁妨害を与えないための対策と、電磁妨害が存在する環境でも性能が低下することなく動作できる能力が要求される。これらの対策と能力に対処すること、すなわち電磁両立性（EMC：Electro Magnetic Compatibility）を実現するために、次のような設計や施工がなされている。

・フェライトを用いたEMIフィルタの活用

フェライトは、酸化鉄を主成分とする磁性材料であり、絶縁効果や、数百MHz～数GHzという高周波の電磁妨害波に対する抑止効果がある。EMI対策には、このフェライトを用いたクランプフィルタやフェライトリングコアなどが用いられている。たとえばクランプフィルタは、図10・3に示すように、円筒を縦に2つに割ったような小さな部品を樹脂製のケースに収めたものであり、ケーブルを通すか、あるいは巻き付けてノイズ電流を抑制する。

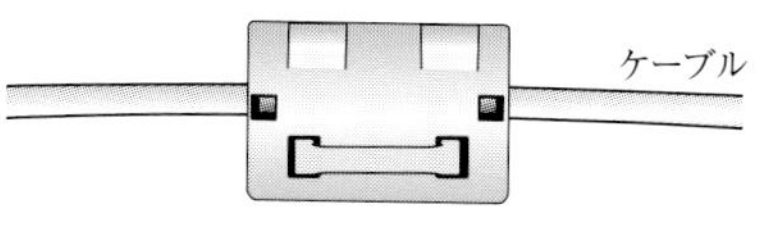

図10・3　クランプフィルタ

・電磁シールドの活用

接地されていない高導電率の金属で電子機器を完全に覆う方法である。外部誘導ノイズに対する既設端末設備のシールド（遮蔽）対策として用いられている。

・コモンモードチョークコイルの活用

屋内線などの通信線から通信機器に侵入し、通信に妨害を与える雑音には、さまざまな種類がある。このうち、電界・磁界により誘起される誘導雑音であって、通信線と大地との間に発生するものをコモンモードノイズ（同相ノイズ）という。コモンモードノイズ対策として、電源ライ

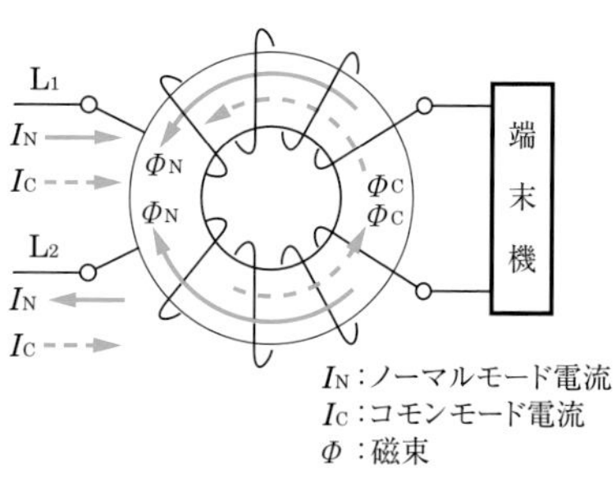

図10・4　コモンモードチョークコイル

注意
情報システム用の接地の主目的はノイズ対策であることから、電力システム用の接地との共用接地方式では、電力システムの動力機器からアース線を介して侵入するノイズの影響を受けやすい。そのため、情報システム専用の接地極を設けることが推奨されている。

補足
JIS C 60050－161：1997 EMCに関するIEV用語では、ある発生源から電磁エネルギーが放出する現象を「電磁エミッション」と規定している。

補足
フェライトリングコアは、フェライトを円筒状に焼き固めたもので、その中に複数対の電線を通して使用する。入出力間の浮遊容量が極めて小さいため高周波ノイズ対策には有効であるが、インダクタンスを大きくできないため低周波ノイズ対策には適さない。

補足
誘導雑音には、コモンモードノイズの他にも、通信線間に発生するノーマルモードノイズ（正相ノイズ）がある。

ンや信号ラインなど線路の末端にコモンモードチョークコイルを挿入する方法がある。これは、縦電流に対して大きなインピーダンスを生じさせるが、通話などの横電流に対してはインピーダンスが生じないように接続することにより、一種のローパスフィルタの役割を果たす。

6 VCCI技術基準

テレビ受像機やラジオなどの近くに、たとえばパーソナルコンピュータ(PC)やファクシミリ装置などを設置すると、その機器から空中に放射される高調波成分が雑音の原因となる場合がある。PCなどの情報技術装置はデジタル制御信号を用いているが、この信号は矩形波(くけいは)なので、高次の高調波が発生する。このため、高い周波数の電磁波が漏洩(ろうえい)し、空中に放射されて、放送電波の受信障害を引き起こすおそれがある。

このような漏洩電磁波への対策として、VCCI(情報処理装置等電波障害自主規制協議会)が自主規制として一定の基準(VCCI技術基準)を設けている。VCCIの会員企業はその基準に従い、装置の設計・製造・適合確認試験を行っている。VCCI技術基準では、情報技術装置をクラスAとクラスBの2種類に区分している。

・VCCIクラスA情報技術装置

クラスA情報技術装置の妨害許容値を満たすが、クラスB情報技術装置の妨害許容値を満たさないすべての情報技術装置をいう。

・VCCIクラスB情報技術装置

クラスB情報技術装置の妨害許容値を満たす装置をいう。主に家庭環境で使用されることを意図した装置であって、具体的には、PC、携帯用ワードプロセッサ、およびそれらに接続される周辺装置などが例として挙げられる。

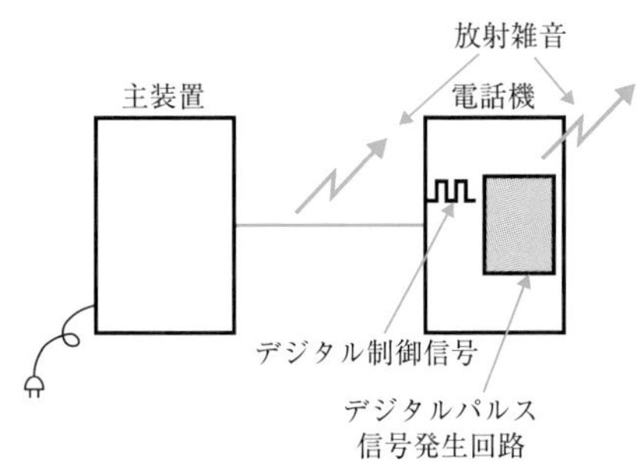

通信機器から信号の高調波成分が空中に放射される。

図10・5 放射雑音の発生

補足

VCCIクラスB情報技術装置には、左記に挙げたもの以外にも、次のような装置が含まれる。

・電気通信回線から電源を供給される電気通信端末装置

・組込み電池を電源として動作するポータブル装置のように、使用する場所が固定されていない装置

理解度チェック

問1 JIS C 5381－11：2014においてSPDは、サージ電圧を制限し、サージ電流を分流することを目的とした、1個以上の（ア）を内蔵しているデバイスとされている。

① リアクタンス ② コンデンサ ③ 線形素子 ④ 三端子素子 ⑤ 非線形素子

答 (ア) ⑤

演習問題

問1

企業向けSIPサーバシステムを用いたIP－PBXの一般的な構成において、SIPサーバの機能などについて述べた次の二つの記述は、（ア）。

A　SIPサーバシステムの核となるSIPサーバは、一般に、本体サーバともいわれ、SIP基本機能、PBX機能及びアプリケーション連携機能を持っている。

B　SIP通信を行うための構成要素として、プロキシサーバ、リダイレクトサーバ、レジストラなどがある。

［①Aのみ正しい　②Bのみ正しい　③AもBも正しい　④AもBも正しくない］

解説

設問の記述は、**AもBも正しい**。

A　SIPサーバは、通信および呼制御を行うサーバで、エンドポイントの位置特定、通信の要望の発信、セッションパラメータのネゴシエーション、確立されたセッションの解除といったSIP基本機能を持つ。さらに、PBX機能、アプリケーション連携機能など多くの機能が統合された製品もある。したがって、記述は正しい。

B　SIP通信を行うための構成要素には、SIP端末の代理としてセッションのリクエストやレスポンスのメッセージを中継するプロキシサーバ、リクエストメッセージをSIP端末に返して新たなリクエストを生成するよう促すリダイレクトサーバ、SIP端末の位置情報を登録するレジストラなどがある。したがって、記述は正しい。

【答（ア）③】

問2

IEEE802.3at Type2として標準化された、一般にPoE Plusといわれる規格では、PSEの1ポート当たり直流電圧50～57ボルトの範囲で最大（イ）を、PSEからPDに給電することができる。

［①350ミリアンペアの電流　②450ミリアンペアの電流　③600ミリアンペアの電流
④15.4ワットの電力　⑤68.4ワットの電力］

解説

PoEの仕様を標準化した規格の1つであるIEEE802.3at Type2では、PSEの1ポート当たりの出力電力が直流電圧50～57〔V〕の範囲で最大30〔W〕、PDの使用電力が直流電圧42.5～57〔V〕の範囲で最大25.5〔W〕、PSE～PD間を流れる最大**電流**が**600〔mA〕**となっている。

【答（イ）③】

問3

IEEE802.3aeにおいて標準化された（ウ）の仕様では、光源として1,550ナノメートルの超長波長帯が用いられ、LAN用の伝送媒体としてシングルモード光ファイバが使用される。

［①10GBASE－LR　②10GBASE－LW　③10GBASE－SR
④10GBASE－ER　⑤1000BASE－SX］

解説

IEEE802.3aeで標準化されたLAN用の規格には、10GBASE－LX4、10GBASE－SR、10GBASE－LR、10GBASE－ERの4種類がある。これらのうち10GBASE－LX4は、WWDM技術により1,310nm付近の異なる4波長を多重化して伝送するもので、伝送媒体にMMF（マルチモード光ファイバ）もSMF（シングルモード光ファイバ）も使用可能である。10GBASE－SRでは、MMFを用いて850nmの短波長帯で伝送する。10GBASE－LRでは、SMFを用いて1,310nmの長波長帯で伝送する。**10GBASE－ER**では、SMFを用いて1,550nmの超長波長帯で伝送する。【答（ウ）④】

問4

IEEE802.11標準の無線LANには、複数の送受信アンテナを用いて信号を空間多重伝送することにより、使用する周波数帯域幅を増やさずに伝送速度を高速化することができる技術である［（エ）］を用いる規格がある。

［① デュアルバンド対応　② MIMO　③ チャネルボンディング
④ フレームアグリゲーション　⑤ OFDM］

解説

無線LANの技術仕様は、IEEE802.11シリーズにより策定された規格が事実上の標準になっている。この規格を用いた無線LANの信号伝送において、送信側、受信側ともに複数のアンテナを用いて、それぞれのアンテナから同一周波数で異なるデータストリームを送信し、そのデータストリームを複数のアンテナで受信することで空間多重伝送を行う技術のことを、一般に、**MIMO**（Multiple Input Multiple Output）という。MIMOでは、理論上はアンテナ数に比例して伝送ビットレートを増やすことができ、使用する周波数帯域を増やさずに伝送速度の高速化を図れる。【答（エ）②】

問5

IEEE802.11において標準化された無線LANには、2.4GHz帯又は5GHz帯の周波数帯を利用し、OFDMといわれる［（オ）］変調方式を用いた規格がある。

［① 周波数ホッピング　② シングルキャリア　③ 直接拡散
④ スペクトル拡散　⑤ マルチキャリア］

解説

IEEE802.11シリーズでは、情報伝送に2.4GHz帯と5GHz帯のどちらかの帯域、もしくはその両方が用いられる。また、信号の二次変調方式として、初期のIEEE802.11およびIEEE802.11bではDSSS（Direct Sequence Spread Spectrum）を用いていたが、IEEE802.11a以降（a、g、n、acなど）はOFDM（Orthogonal Frequency Division Multiplexing）を用いている。OFDMは、高速な信号系列を複数のサブキャリアに分割して伝送する**マルチキャリア**変調方式の一種である。【答（オ）⑤】

問6

スイッチングハブのフレーム転送方式における［（カ）］方式では、有効フレームの先頭から宛先アドレスまでを受信した後、フレームが入力ポートで完全に受信される前に、フレームの転送を開始する。

［① カットアンドスルー　② フラグメントフリー　③ フラッディング
④ ストアアンドフォワード　⑤ バルク転送］

解説

スイッチングハブのフレーム転送方式には、有効フレームの先頭の宛先アドレスを受信した後フレームが入力ポートで完全に受信される前に転送を開始する**カットアンドスルー**方式、有効フレームの先頭から64バイトを受信して異常がなければ転送を開始するフラグメントフリー方式、有効フレームの先頭からFCSまでを受信して異常がなければ転送を開始するストアアンドフォワード方式の3種類がある。【答（カ）①】

ネットワークを構成する機器であるレイヤ3スイッチでは、RIPやOSPFといわれる （キ） プロトコルを用いることができる。

［① シグナリング　② トンネリング　③ データリンク制御
④ カプセリング　⑤ ルーティング］

解説

レイヤ3スイッチの経路制御(ルーティング)には、宛先ごとに固定的に設定された経路情報に従って行うスタティック(静的)ルーティングと、網の輻輳や故障など状態の変化に応じて経路情報を自動的に更新しながら行うダイナミック(動的)ルーティングがある。ダイナミックルーティングにおける経路情報の更新には、RIP (Routing Information Protocol)やOSPF (Open Shortest Path First)などの**ルーティング**プロトコルを用いる。

【答 (キ)⑤】

問8

GE－PONシステムで用いられているOLT及びONUの機能について述べた次の二つの記述は、 （ク） 。

A　各ONUからの上り信号は、光スプリッタで合波されOLTに送信されるため、OLTは、各ONUに対して信号が衝突しないよう送信許可を通知することにより、各ONUからの信号を波長ごとに分離して衝突を回避している。

B　OLTからの下り信号は、放送形式でOLT配下の全ONUに到達するため、各ONUは、受信フレームの取捨選択をイーサネットフレームのPA (PreAmble)に収容されたLLID (Logical Link ID)といわれる識別子を用いて行っている。

［① Aのみ正しい　② Bのみ正しい　③ AもBも正しい　④ AもBも正しくない］

解説

GE－PONシステムにおいて、各ONU (Optical Network Unit)からの上り通信では、OLT (Optical Line Terminal)から送信を許可されたONUだけが信号を送出できるようにし、信号を時間的に分離することで、衝突を回避している。また、OLTからの下り通信では、そのOLT配下のすべてのONUに対して同一の信号が送られるため、各ONUはイーサネットフレームのPAに埋め込まれたLLIDという識別子を用いて、その信号が自分宛であるかどうかを判断している。したがって、設問の記述は、**Bのみ正しい**。

【答 (ク)②】

問9

GE－PONシステムで用いられているOLTのマルチポイントMACコントロール副層の機能のうち、ONUがネットワークに接続されるとそのONUを自動的に発見し、通信リンクを自動的に確立する機能は （ケ） といわれる。

［① DHCP　② オートネゴシエーション　③ セルフラーニング
④ 帯域制御　⑤ P2MPディスカバリ］

解説

GE－PONのデータリンク層は、MAC副層、マルチポイントMACコントロール副層、OAM副層などから成る。これらのうちマルチポイントMACコントロール副層の機能は、P2MPディスカバリに関するものと、上り帯域制御に関するものに大別される。**P2MPディスカバリ**では、OLTは、ONUが接続されると、そのONUを自動的に発見し、ONUに論理リンク識別子(LLID)を付与して通信リンクを確立する。

【答 (ケ)⑤】

問10

電気通信設備に対する雷害には、落雷時の直撃雷電流が通信装置などに影響を与える直撃雷サージによるもの、落雷時の直撃雷電流によって生ずる （コ） によってその付近にある通信ケーブルなどを通して通信装置などに影響を与える誘導雷サージによるものなどがある。

[① 瞬断　② 熱線輪　③ 電磁界　④ 複流　⑤ 不平衡]

解説

電気通信設備に対する雷害には、雷電流が通信線を通じて装置に直接流れ込む直撃雷サージによるものや、落雷によって**電磁界**が発生し付近にあるケーブルなどに誘導電流が流れて装置などに影響を及ぼす誘導雷サージによるものなどがある。
【答（コ）③】

問11

商用電源を使用するネットワーク機器のノイズ対策に用いられるデバイスについて述べた次の二つの記述は、 （サ） 。

A　フェライトリングコアは、入出力間における浮遊容量が大きく、インダクタンスは小さいため、低周波域のノイズ対策に用いられる。

B　コモンモードチョークコイルは、コモンモード電流を阻止するインピーダンスを発生させることによりコモンモードノイズの発生を抑制するものであり、一般に、電源ラインや信号ラインに用いられる。

[① Aのみ正しい　② Bのみ正しい　③ AもBも正しい　④ AもBも正しくない]

解説

設問の記述は、**Bのみ正しい**。

A　フェライトリングコアは、フェライトを円筒状に焼き固めたもので、その中に複数対の電線を通して使用する。フェライトリングコアを用いたノイズ対策部品は、コモンモードチョークコイルに比べて入出力間の浮遊容量が極めて小さいため高周波域のノイズ対策には有効であるが、インダクタンスを大きくできないため低周波域のノイズ対策には適さない。したがって、記述は誤り。

B　コモンモードノイズ対策として、電源ラインや信号ラインなど線路の末端にコモンモードチョークコイルを挿入する方法がある。コモンモードチョークコイルは、コモンモード電流を阻止する誘導性リアクタンスによりインピーダンスを発生させてコモンモードノイズの発生を抑制する。したがって、記述は正しい。
【答（サ）②】

第2章 ネットワークの技術

本章では、データ通信の基礎技術から、光アクセスやメタリックアクセス、IP電話、IPネットワークといった各種ネットワーク技術まで幅広く解説する。

1 通信方式と伝送方式

1 通信方式

通信方式は大きく3つに分類される。送信側と受信側が決まっていて常に一方向だけの情報を伝送する単方向通信方式。双方向の通信はできるが、片方の端末が送信状態のとき他方の端末は受信状態となり、同時には双方向の通信を行うことができない半二重通信方式。そして、送信と受信それぞれの方向の通信回線を設定し、同時に双方向の通信を行えるようにした全二重通信方式である。

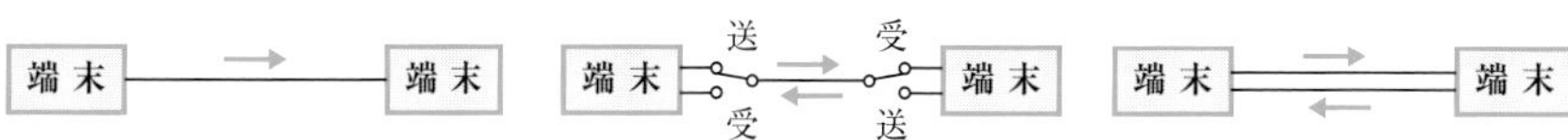

一方向のみの伝送を行う。　送・受を切り替えて双方向伝送を行う。　同時に双方向伝送が可能。

●単方向通信方式　●半二重通信方式　●全二重通信方式

図1・1　通信方式

> **補足**
> 全二重通信方式は、装置間で通信回線が2本必要となるため経済性は劣るが伝送効率が良い。そのため、コンピュータ相互間や通信制御装置相互間の通信に多く利用されている。

2 回線接続方式

回線接続方式には、2地点間を1本の通信回線で結び、1対1の関係で接続するポイント・ツー・ポイント接続方式と、1本の通信回線を各地点で分岐し、複数個の端末を接続するポイント・ツー・マルチポイント接続方式がある。

●ポイント・ツー・ポイント接続方式　●ポイント・ツー・マルチポイント接続方式

図1・2　回線接続方式

> **補足**
> ポイント・ツー・ポイント接続方式は、2地点間で伝送すべきデータ量が多い場合に効果的である。一方、ポイント・ツー・マルチポイント接続方式は、多数の端末と通信を行う場合に経済的である。

3 直列伝送方式と並列伝送方式

直列伝送方式とは、符号を構成するビットを、1ビットずつ順次直列的に伝送する方式である。この方式は1本の通信回線でデータを伝送することができるため、通常、長距離のデータ伝送に用いられる。

また、並列伝送方式とは、符号を構成する各ビットに1本ずつ通信回線を割り当て、同時に伝送する方式である。この方式は伝送効率が良く、多量のデータ伝送に適している。

> **補足**
> 直列伝送方式ではビット列の区切りを受信側に知らせるために同期をとる必要がある。また、並列伝送方式では通信回線の数が多くなり、コスト高となるため長距離伝送には適していない。

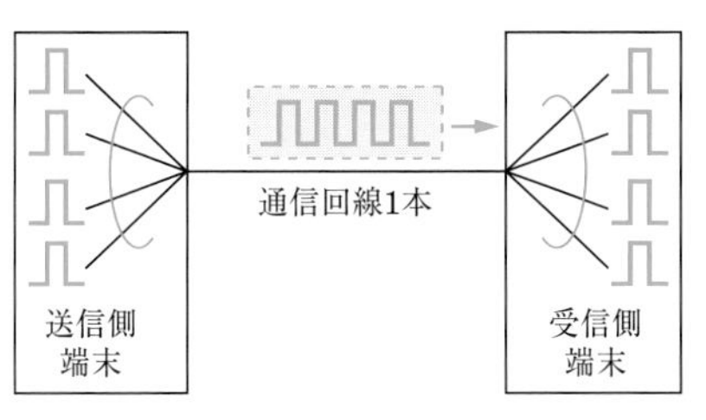

●直列伝送方式

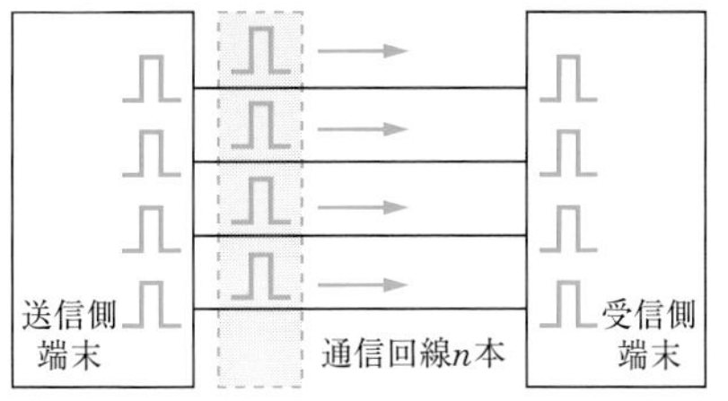

●並列伝送方式

図1・3 伝送方式

4 通信形態

コンピュータ通信には、コネクション型とコネクションレス型の2種類の方式がある。

●コネクション型通信

データを送信するとき、あらかじめ相手端末との間で論理的な通信路(リンクまたはコネクションという)を設定する通信方式である。呼の発生・終結のたびに相手端末との間で論理的な通信路を設定・解放するための手続きが必要になりオーバヘッドが増大するが、呼ごとに送達確認や順序制御、誤り発生時の再送制御などが可能であるため、信頼性が高い。

補足
オーバヘッドとは、ある処理を行う際に間接的に必要となる処理と、それによって生じる負荷のことをいう。オーバヘッドはできるだけ小さい方が望ましい。

●コネクションレス型通信

相手端末との間に論理的な通信路を設定せずに、相手の宛先情報(アドレス)を指定してデータを転送する通信方式である。相手端末の存在や状態を認識しないままデータを送信するので信頼性は劣るが、呼設定や解放の手続きが不要なため、高速通信が可能となる。

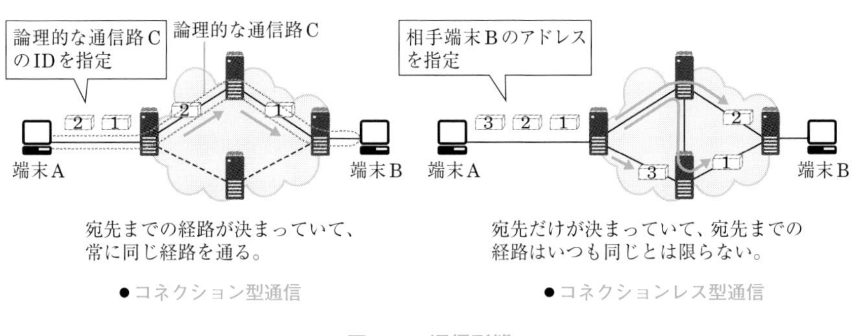

●コネクション型通信　●コネクションレス型通信

図1・4 通信形態

理解度チェック

問1 データ伝送において (ア) 通信方式では、送信と受信それぞれの方向の通信回線を設定し、同時に双方向の通信を行う。
① 単方向 ② 半二重 ③ 全二重

答 (ア) ③

2 デジタル伝送路符号化方式

デジタル信号を送受信するためには、伝送路の特性に合わせた符号形式に変換する必要がある。これを**符号化**といい、LANでは、さまざまなデジタル伝送路符号を使用している。

●RZ符号

“0”や“1”のビットに与えられたタイムスロットにパルスが占有する時間率のことを、パルス占有率という。RZ(Return to Zero)符号は、パルス占有率が100%未満であり、1パルスの周期中に必ずゼロ点に戻る符号である。

●NRZ符号

NRZ(Non-Return to Zero)符号は、パルス占有率が100%である。この符号は、送信データが“0”のときに低レベル、“1”のときに高レベルとする。なお、一般に光信号の伝送においては、出力が高レベルのときに発光、低レベルのときに非発光となる。

●NRZI符号

NRZI(Non-Return to Zero Inversion)符号も、NRZ符号と同様にパルス占有率が100%である。高レベルと低レベルの2つのレベルの変化で表す方式で、100BASE－FXでは送信データが“0”のときにはレベルを維持し、“1”のときにレベルを反転させる。また、USBなどのように、“0”のときにレベルを反転させ、“1”のときにレベルを維持するよう設計されたシステムもある。

●Manchester符号

Manchester(マンチェスタ)符号は、1ビットを2分割し、送信データが“0”のときビットの中央で高レベルから低レベルへ、送信データが“1”のときビットの中央で低レベルから高レベルへ反転させる方式である。

補足

Manchester符号の名称は、この符号化方式を開発したイギリスの大学名に由来する。

注意

100BASE－FXでは4B/5B、1000BASE－Tでは8B1Q4、10GBASE－SR/LR/ERでは64B/66Bが用いられている。

●1B/2B、4B/5B、8B/10B、64B/66B

Manchester符号のように、2値(Binary)の1ビットを2ビットに変換する方式のことを、1B/2Bという。同様に、4ビットのビット列を5ビットのコード体系に変換する方式を4B/5B、8ビットのビット列を10ビットのコード体系に変換する方式を8B/10B、64ビットのビット列を66ビットのコード体系に変換する方式を64B/66Bという。

●8B6T符号

8B6T(8 Binary 6 Ternary)符号は、2値(Binary)の8ビットのビット列を、高レベル(＋)、中レベル(0)、低レベル(－)の3値(Ternary)を組み合わせた6種の信号のコード体系に変換する。

●MLT－3符号

MLT－3(Multi Level Transmit-3 Levels)符号は、高レベル、中レベル、低レベルという3つのレベルの変化で表す方式である。送信データが“0”のときにはレベルは変化せず、“1”のときにレベルが変化する。

●8B1Q4符号

8B1Q4(8 Binary to 1 Quinary Quartet)符号は、2値(Binary)の8ビットの

ビット列を1つのシンボルに変換する。1つのシンボルは、4組(Quartet)の信号から成り、1組の信号は「－2」「－1」「0」「＋1」「＋2」の5値(Quinary)を組み合わせた信号である。

●4D－PAM5

PAM5(Pulse Amplitude Modulation 5 level 5値パルス振幅変調)は、5つのレベルを用いて表す方式である。また、4D－PAM5(4 Dimensional－PAM5 4次元PAM5)とは、4組5値のパルス振幅変調のことをいう。たとえば1000BASE－Tでは、8B1Q4で符号化した4組5値の信号を、4D－PAM5で4対を用いてそれぞれ同時に送信する。

表2・1 LANで使用される主なデジタル伝送路符号

符号化方式	符号波形									Ethernetでの適用例
	入力	1	0	0	1	0	1	0	1	
RZ	高レベル 低レベル									
NRZ	高レベル 低レベル									1000BASE－SX、 1000BASE－LX、 10GBASE－LX4
NRZI	高レベル 低レベル									100BASE－FX
Manchester (マンチェスタ)	高レベル 低レベル									10BASE5、 10BASE－T
MLT-3	高レベル 中レベル 低レベル									100BASE－TX、 100BASE－T4

理解度チェック

問1 10BASE－Tなどで用いられている、デジタル信号を送受信するための伝送路符号化方式のうち［(ア)］符号は、ビット値1のときはビットの中央で信号レベルを低レベルから高レベルへ、ビット値0のときはビットの中央で信号レベルを高レベルから低レベルへ反転させる符号である。
①NRZ ②NRZI ③MLT－3 ④Manchester

問2 デジタル信号を送受信するための伝送路符号化方式のうち［(イ)］符号は、ビット値0のときは信号レベルを変化させず、ビット値1が発生するごとに、信号レベルが0から高レベルへ、高レベルから0へ、または0から低レベルへ、低レベルから0へと、信号レベルを1段ずつ変化させる符号である。
①MLT－3 ②NRZI ③Manchester ④NRZ

答 (ア)④ (イ)①

3 IPネットワークの概要

1 IPネットワークとは

IPネットワークとは、IP（Internet Protocol）技術を基盤とした通信網の総称であり、目的や用途によって次のように大別することができる。

・インターネット(Internet)

世界中のネットワークが相互に接続された巨大で開かれたIPネットワークである。

・イントラネット(Intranet)

企業や団体など、組織の閉ざされた環境で利用することを目的としたIPネットワークである。WWWや電子メールなどの技術を導入することによって、さまざまな業務を効率的に行うことができる。イントラネットは、組織の情報通信基盤となっている。

・エクストラネット(Extranet)

イントラネットをさらに拡張したIPネットワークである。具体的には、複数の組織間で電子商取引（EC：Electronic Commerce）や電子データ交換（EDI：Electronic Data Interchange）などを行うために、それぞれのイントラネットを直接あるいはインターネット経由で、相互接続したネットワークである。

補足

左記に挙げた3つの他、IP電話サービスを提供するために構築されたIP電話網も、IPネットワークの1つである。

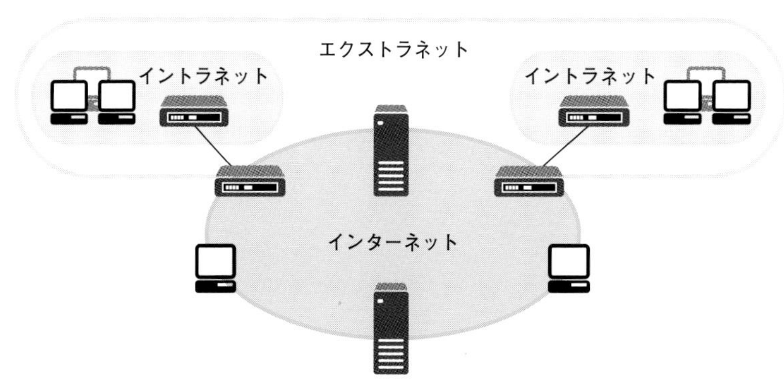

図3・1　IPネットワークの種類

2 IPパケット

IPネットワークで伝送されるデータユニットをIPパケットという。IPパケットは、制御情報であるIPヘッダと、転送するデータが格納されているデータフィールドとで構成される。

図3・2　IPパケット

用語解説

データユニット

通常のデータ通信では、デジタル符号化した一連のデータを、伝送しやすい大きさの断片に分割して転送する。この分割したデータの固まりを「データユニット」という。

データユニットは、データと制御情報（ヘッダ）とで構成され、OSI参照モデルのレイヤごとに次のような名称が付けられている。

・レイヤ4：「セグメント」
・レイヤ3：「パケット」（または「データグラム」）
・レイヤ2：「フレーム」

IPパケットの制御情報（ヘッダ）のフォーマットは、次のとおりである。IPには、アドレス空間が32ビットのIPv4（IPバージョン4）と、アドレス空間を128ビットに拡張したIPv6（IPバージョン6）があるが、ここでは、それぞれのフォーマットを示す。

0	4	8	16	24　31ビット
①バージョン（4ビット）	②ヘッダ長（4ビット）	③サービスタイプ（ToS）（8ビット）	④パケット長（16ビット）	
⑤識別子（16ビット）			⑥フラグ（3ビット）	⑦フラグメントオフセット（13ビット）
⑧生存時間（TTL）（8ビット）		⑨プロトコル（8ビット）	⑩ヘッダチェックサム（16ビット）	
⑪送信元IPアドレス（32ビット）				
⑫宛先IPアドレス（32ビット）				
⑬オプション				⑭パディング

①バージョン：IPのバージョン番号（IPv4は「4」）
②ヘッダ長：32ビットを単位としたヘッダ部分の長さ
③サービスタイプ（ToS（Type of Service））：パケット転送の優先度
④パケット長：IPパケットの全体の長さ（バイト単位）
⑤識別子、⑥フラグ、⑦フラグメントオフセット：いずれもパケットの分割と組み立てに関わる情報
⑧生存時間（TTL（Time To Live））：IPパケットの寿命（ルータを1台通過するたびにカウントダウンする）
⑨プロトコル：上位プロトコル（TCPは16進数で「06」、UDPは「11」、ICMPは「01」）
⑩ヘッダチェックサム：IPヘッダのエラーチェック
⑪送信元IPアドレス：送信元のIPアドレス
⑫宛先IPアドレス：宛先のIPアドレス
⑬オプション：レコードルート（ルートの追跡に使用）、タイムスタンプ（ラウンドトリップ遅延時間の計算に使用）、ソースルーティング（経路の指定に使用）などのオプションがある
⑭パディング：IPヘッダを4バイトの整数値に整える

図3・3　IPv4ヘッダのフォーマット

0	4	12	16	24　31ビット
①バージョン（4ビット）	②トラヒッククラス（8ビット）	③フローラベル（20ビット）		
④ペイロード長（16ビット）			⑤次ヘッダ（8ビット）	⑥ホップリミット（8ビット）
⑦送信元IPアドレス（128ビット）				
⑧宛先IPアドレス（128ビット）				

①バージョン：IPのバージョン番号（IPv6は「6」）
②トラヒッククラス：パケット転送の優先度
③フローラベル：QoSで使用するトラヒックフローに付けるタグ
④ペイロード長：ヘッダを含まないIPペイロードの長さ
⑤次ヘッダ：IPデータグラム内の次のヘッダ
⑥ホップリミット：通過可能なホップ数
⑦送信元IPアドレス：送信元のIPアドレス
⑧宛先IPアドレス：宛先のIPアドレス

図3・4　IPv6ヘッダのフォーマット

IPv4ヘッダが図3・3のようにオプションを含んだ可変長であるのに対して、IPv6ヘッダは、40バイト固定長の基本ヘッダと、オプション情報を格納する

補足

IPv4ヘッダのToS（Type of Service）フィールド（図3・3中の③）は、IP網におけるサービス品質（QoS：Quality of Service）制御のために定義されたが、ほとんど利用されることはなかった。そこで、IPv6とQoS制御の定義を統一するために、DSCP（DiffServ Code Point）を記述するためのDSフィールドとして、RFC2474で再定義された。DSCPでは、3ビットの優先順位と3ビットの廃棄レベルでIPパケットのクラス分けをする。残りの2ビットは将来の拡張のための予約であり現在未使用である。
また、IPv6では、トラヒッククラス（TC：Traffic Class）フィールド（図3・4中の②）をDSフィールドとして使用する。

補足

IPv6ヘッダは、IPv4ヘッダに比べて簡素な構造であるため、高速通信に対応できるようになっている。

注意

IPv6ヘッダのホップリミットは、IPv4ヘッダのTTLに相当するフィールドである。IPパケットがルータを通過するたびに、このフィールドの値が1ずつ減らされていき、値が“0”になった時点で中継ルータはそのパケットを破棄し、送信元にICMPv6の時間超過メッセージを送信する。

拡張ヘッダに分かれている。このため、IPネットワーク上でIPv6パケットを中継するルータは単純な構造の固定長ヘッダだけを用いて転送処理を行うことが可能になり、負荷が軽減されている。また、拡張ヘッダは次ヘッダフィールドにより識別され、数珠つなぎのようにいくつも付与できるため、将来の拡張に柔軟に対処できる。

3 TCP/IPの概要

通信を行うための取り決めや手順のことをプロトコルという。IPネットワークでは、IP(Internet Protocol)やTCP(Transmission Control Protocol)などのプロトコルを使用し、これらはTCP/IPと呼ばれている。

広義の「TCP/IP」は、インターネット標準の通信プロトコルの総称として用いられるが、その中核となるのがIPとTCPである。

●IP

IPは、他の通信プロトコルが使用する基盤となるインターネット層の通信プロトコルである。送受信データは、IPパケットのヘッダに宛先情報として設定されたIPアドレスに従い、ネットワークを経由して相手側のコンピュータに届けられる。

補足
TCP/IPプロトコル体系におけるインターネット層は、OSI参照モデルのネットワーク層(第3層)と若干の違いはあるがおおむね一致する。

IPは、通信相手のコンピュータに向けてパケットを転送する枠組みだけを提供し、パケットが相手にきちんと届いたかどうかを確認する仕組みを持たない、いわゆるコネクションレス型の通信プロトコルである。そのため、コンピュータ内の処理が少なくて済み、通信の高速化が実現できる。しかし、その一方で、パケット伝送の誤り制御機能や再送機能は持っていないため、これらの機能は、上位層のプロトコルに委(ゆだ)ねられている。

●TCPとUDP

IPネットワークで信頼性を高めたデータ通信を実現するためには、IPの上位(トランスポート層)プロトコルにTCPを使用する。

TCPは、送信するすべてのデータに対して一定時間内に確認応答を受信するようにしており、送達の確認ができなかったデータに関しては再送を行い、確実に相手にデータを届けることを保証する。具体的に説明すると、TCPは「コネクション」という通信路を相手のコンピュータとの間で設定し、このコネクションの開始や維持、終了を行う。そして、送受信データを含むパケットは、このコネクションを通って確実に相手先に届けられる。このようにTCPは、信頼性の高いコネクション型の通信プロトコルである。

補足
TCPを利用する上位プロトコルには、電子メールで使用されるSMTPやファイル転送で使用されるFTP、WWWの参照で使用されるHTTPなどがある。

IPとUDPはコネクションレス型、TCPはコネクション型の通信プロトコルである。
コネクション型は一般に、データ伝送の信頼性が高く、ファイル転送などに適するが、伝送するデータ以外に制御情報のやりとりが必要なため、オーバヘッドがコネクションレス型より増大する。

IPの上位プロトコルには、TCPの他にUDP(User Datagram Protocol)がある。UDPは、TCPとは異なりコネクションレス型のプロトコルであり、データの送達確認や再送は行わない。しかし、TCPに比べてコンピュータの処理負荷が少なく、高速で効率の良い通信を行うことができる。ネットワーク管理プロトコルの1つであるSNMP(Simple Network Management Protocol)やIPネットワーク上のホスト名とIPアドレスを対応づけるDNS(Domain Name System)などは処理のオーバヘッドを小さくする必要があるため、UDPを使用している。また、IPネットワーク上で使用される音声や動画などのマルチメディアアプリケーションにもUDPが用いられている。

4 TCP/IPプロトコル群

●ネットワークアーキテクチャ

コンピュータシステム相互間を接続し、データ交換を行うためには、両者間で通信方式に関する約束事(プロトコル)を取り決めておく必要がある。「プロトコル」とは、もともと外交上の用語で国と国とが互いに守るべき約束事のことをいい、「通信プロトコル」とは、システムとシステムとが通信するときに守るべきルール、すなわち通信規約のことを指す。

通信に必要な機能には、物理的なコネクタの形状、電気的条件、データ伝送制御手順、データの解読など、さまざまな機能があるが、これらを一定のまとまった機能に分類することができ、また、分類された機能を階層構造の体系としてとらえることができる。このように通信機能を階層化し、それらの機能を実現するためのプロトコルを体系化したものを、ネットワークアーキテクチャという。

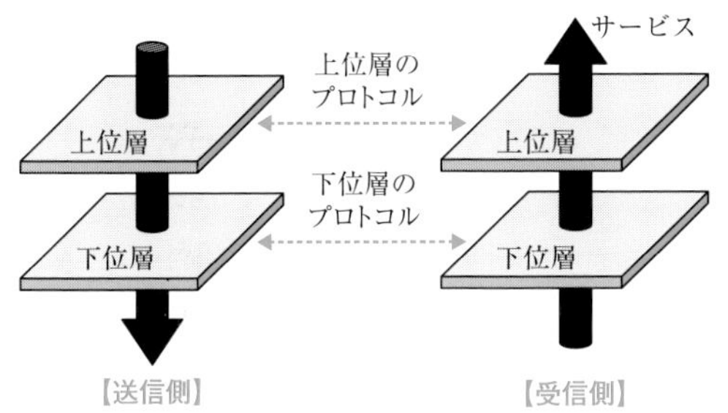

図3・5 ネットワークアーキテクチャ

補足

送信側では伝達するメッセージを上位層から順番に下位層に渡し、受信側では下位層から上位層に渡す。この過程で各層ごとに決められたプロトコルの処理を行う。

注意

そのシステム内で下位層から上位層に提供する機能をサービスという。通信相手の下位層から自分の上位層に提供されたり、自分の下位層から通信相手の上位層に提供したりするのではないことに注意する必要がある。また、プロトコルは、同一の階層間で取り決める。異なる階層間、たとえば、n層と$n+1$層の間のプロトコルは存在しない。

●OSI参照モデル

ネットワークアーキテクチャとして一般によく知られたものに、ISO/IEC7498で標準化され、ITU－T勧告X.200やJIS X 5003などにおいて同一の内容が規定されているOSI参照モデルがある。OSIはOpen System Interconnectionの略で、開放型システム間相互接続という。

OSI参照モデルは、システム間を物理層、データリンク層、ネットワーク層、トランスポート層、セッション層、プレゼンテーション層、アプリケーション層という7つの階層(レイヤ)に分類して、それぞれの層ごとにプロトコルを規定している。

これら7層のうち、通信網(ネットワーク)が提供するのは、第1層(物理層)から第3層(ネットワーク層)までの機能であり、この3つの層の機能により相手側との間に伝送路が設定される。なお、第4層(トランスポート層)以上については、基本的には端末間のプロトコルであり、通信網は関与しない。

表3・1　OSI参照モデルの各層の主な機能

	レイヤ名	主な機能
第7層	アプリケーション層	ファイル転送やデータベースアクセスなどの各種の適用業務に対する通信サービスの機能を規定する。
第6層	プレゼンテーション層	端末相互間の符号形式、データ構造、情報表現方式などの管理を行う。
第5層	セッション層	両端末間で同期のとれた会話の管理を行う。会話の開始、区切り、終了などを規定する。
第4層	トランスポート層	端末相互間でのデータの転送を確実に行うための機能、すなわちデータの送達確認、順序制御、フロー制御などを規定する。
第3層	ネットワーク層	データの通信経路の設定･解放を行うための呼制御手順、最適な通信経路を選択する機能(ルーティング機能)を規定する。
第2層	データリンク層	隣接するノード間(伝送装置間)でデータが誤りなく伝送できるようデータのフレーム構成、データの伝達確認、誤り検出方法などの伝送制御を規定する。情報を転送する際は、フレームという単位で伝送している。
第1層	物理層	最下位に位置づけられる層であり、コネクタの形状、電気的特性、信号の種類、伝送速度などの物理的機能を規定する。情報の授受はビット単位で行われる。

●TCP/IPプロトコル群

IPネットワークでは、ネットワークアーキテクチャの標準として、ネットワークインタフェース層、インターネット層、トランスポート層、アプリケーション層という4階層を基盤にしたTCP/IPプロトコル群が広く用いられている。

階層化アーキテクチャとしてはOSI参照モデルと同様であるが、制定された時期が異なっていることもあり、各階層の役割が全く同じというわけではない。しかし、共通点が多いので、2つの階層構造を比較することは可能である。

補足

たとえば、ARPやRARPは、ネットワークインタフェース層とインターネット層の中間に位置づけられるプロトコルである。

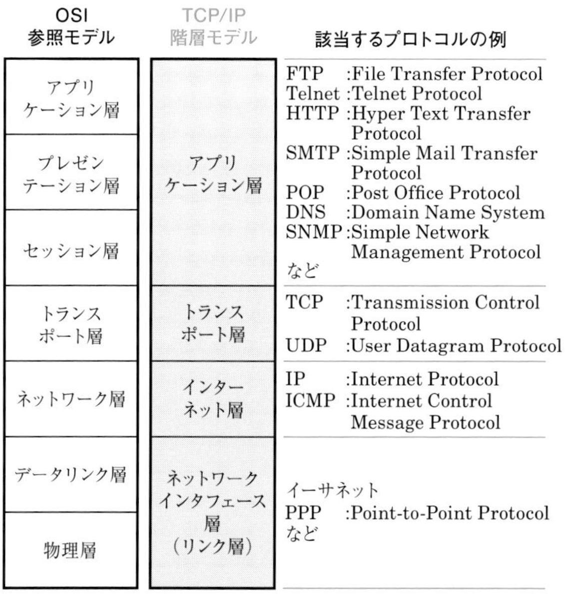

OSI参照モデル	TCP/IP階層モデル	該当するプロトコルの例
アプリケーション層	アプリケーション層	FTP :File Transfer Protocol Telnet :Telnet Protocol HTTP :Hyper Text Transfer Protocol SMTP :Simple Mail Transfer Protocol POP :Post Office Protocol DNS :Domain Name System SNMP :Simple Network Management Protocol など
プレゼンテーション層		
セッション層		
トランスポート層	トランスポート層	TCP :Transmission Control Protocol UDP :User Datagram Protocol
ネットワーク層	インターネット層	IP :Internet Protocol ICMP :Internet Control Message Protocol
データリンク層	ネットワークインタフェース層(リンク層)	イーサネット PPP :Point-to-Point Protocol など
物理層		

図3・6　OSI参照モデルとTCP/IP階層モデル

【TCP/IP階層モデルの各層の役割】

①ネットワークインタフェース層(リンク層)

物理メディアへの接続や、隣接する他のノードとの通信を行うためのデータリンクレベルでのアドレスやフレームフォーマットなどが規定されている。代表的なものとしては、LANではイーサネット、WANでは専用線接続や公衆電話網のダイヤルアップ接続などで使用されてきたPPPなどがある。

②インターネット層

ネットワークインタフェース層の直近上位に位置する階層であり、この層で現在最も普及しているのがIPである。また、IPに付随するプロトコルとして、ICMP(Internet Control Message Protocol)が使用されている。ICMPは、IPネットワーク上で検知されたエラーの状況やIPの経路確認など、各種情報の調査を行うプロトコルである。

③トランスポート層

インターネット層の直近上位に位置する階層であり、コンピュータ間のデータ転送を制御し、上位のアプリケーション層とのデータの受け渡しを行う。コンピュータの内部で行うトランスポート層とアプリケーション層の間のデータの受け渡しには、ポート番号を使用する。ポート番号には、アプリケーション(またはプロセス)を特定するための一意の番号が割り当てられる。

トランスポート層の代表的なプロトコルとして、TCPとUDPがある。

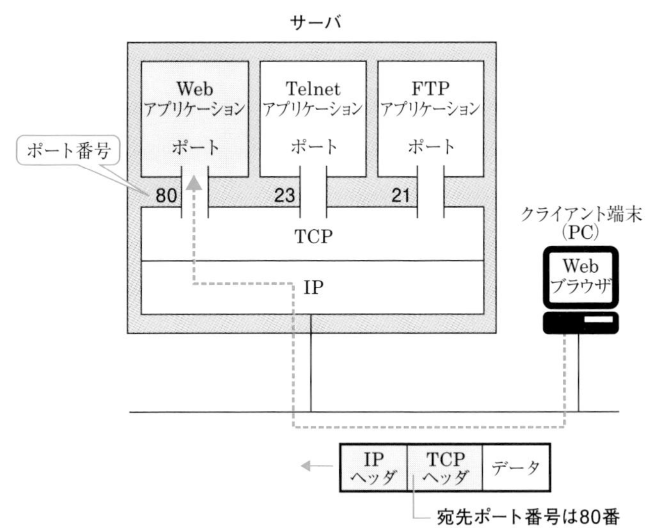

図3・7 TCP/IPのポート番号

④アプリケーション層

トランスポート層の直近上位に位置する階層であり、アプリケーションが用いる各種サービスのデータのやりとりについて規定している。図3・6に示すように、この層にはFTPやHTTP、SMTPなどさまざまなプロトコルがある。

補足

ユーザ端末からインターネットに接続する方式には、IPv4で使用されてきたPPPoE方式と、IPv6で新たに追加されたIPoE方式がある。
PPPoE方式は、ダイヤルアップ接続で使用されるPPPをイーサネットに適用し、インターネット接続事業者(ISP)が保有するネットワーク終端装置(NTE)を介して接続する方式で、ユーザのルータに設定されたIDとパスワードにより利用者認証を行い、レイヤ2接続する。ユーザ端末~NTE間で、IPパケットに認証情報を含むPPPoEヘッダを付与した情報をMACフレームにより転送する。
一方、IPoE方式では、NTEを介さず、ユーザ端末はISPが指定したネイティブ接続事業者(VNE)の設備にレイヤ3接続し、パケットの転送はルーティングのみで行う。ユーザ認証は不要で、回線認証のみが行われる。

補足

インターネット上のクライアント端末とサーバの間の通信では、ソケットといわれるIPアドレスとポート番号の組合せやプロトコル番号を指定することにより、通信を行う相互のアプリケーションなどが決められる。

さらに詳しく！

TCPの機能

TCPは、コネクションという仕組みにより、信頼性の高いデータ通信を実現している。コネクションはコンピュータが通信を開始する前に確立し、IPアドレスとポート番号の組合せで識別される。TCPにおけるコネクションの確立方法は、**3WAYハンドシェイク（スリーウェイハンドシェイク）**と呼ばれている。

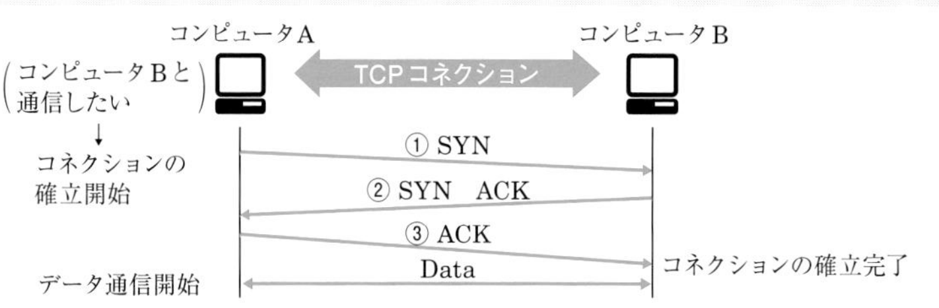

図3・8　TCPのコネクションの確立（3WAYハンドシェイク）

TCPは、データを確実に相手に届けるために、送信するすべてのデータにシーケンス番号（順序番号）を付け、受信側でデータの未達がないか確認している。また、送信したデータの確認応答（ACK）を受信することで、データが相手に届いたことを確認する。データ送信後、一定時間経過しても確認応答がなければ、データが相手に届いていないと判断し、そのデータを再送して確認応答を待つ。

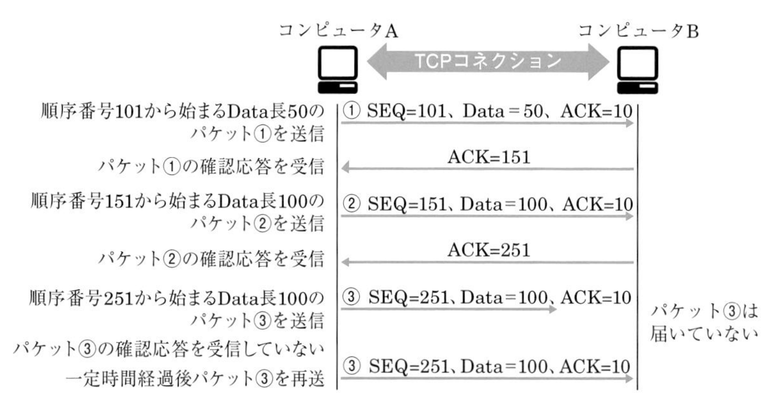

図3・9　シーケンス番号による送達確認

TCPは、通信相手のコンピュータの処理能力やネットワークの混み具合に合わせて、送信するデータ量を調整する**フロー制御機能**を持っている。このフロー制御では、**ウィンドウサイズ**が可変の**スライディングウィンドウ方式**が用いられている。TCPでは送達確認を行いながらデータを送信するが、一つ一つ確認応答（ACK）をとりながらデータを送信すると効率が悪い。そのため、受信側で受信可能なデータサイズをACKとともに送信側に通信し、送信側はそのサイズまでは連続してデータを送信している。これがスライディングウィンドウ方式である。

さらに、TCPは**輻輳**（ふくそう）**制御機能**も持っており、ネットワークが混雑しているときは送信データ量を抑え、空いているときは送信データ量を増加させることができる。

用語解説

ウィンドウサイズ
データの送信側が相手から確認応答を受信するまでに、連続して送信できるデータ量。

4 IPアドレス

1 IPアドレスの概要

IPネットワークを使用して通信を行うコンピュータは、それぞれを識別するための固有のアドレスを持つ必要がある。このアドレスが**IPアドレス**であり、IPネットワーク上でコンピュータを識別するための「住所」の役割を担っている。

IPパケットの中のIPヘッダには、パケットの送信元IPアドレスと宛先IPアドレスが含まれており、どのコンピュータがパケットを送信したか、どこにパケットを届けるのかを識別する。IPv4（IPバージョン4）の場合、このIPアドレスは**32ビット**の長さで構成されている。また、IPv4アドレスの枯渇を受けて現在急速に普及しているIPv6（IPバージョン6）アドレスでは**128ビット**である。

・IPv4アドレスの形式（32ビット）

11000000	10101000	00001010	00000001

32ビットを8ビットずつ「.」（ドット）で区切り、10進数で表示する。

・ドット付き10進表記

192	.168	.10	.1

コンピュータの中では0と1で表現される2進数で処理が行われるが、人が見ても簡単に理解し、また管理を容易にするために、IPv4では8ビットずつに分けて10進数に変換し「.」（ドット）で区切る方法がとられている。なお、これは「ドット付き10進表記」と呼ばれている。

図4・1　IPv4アドレスの表記

2 ネットワークIDとホストID

IPv4で使用する32ビットのIPアドレスは、個々のネットワークを識別するための**ネットワークID（ネットワークアドレス）**部分と、そのIPネットワーク内のコンピュータを識別するための**ホストID（ホストアドレス）**部分で構成されている。

このため、IPネットワークではすべてのコンピュータのIPアドレスを登録するのではなく、ネットワークIDだけを登録すれば通信したいコンピュータが存在する場所（エリア）を探し出すことができ、IPネットワークを容易に管理できるようになっている。

また、ネットワークIDは、規模に応じて柔軟にアドレスの割当てを行えるようにするために、複数の**クラス**に分けて管理されている。たとえば、先頭ビットが“0”のクラスはクラスAといわれ、上位8ビットがネットワークID、下位24ビットがホストIDとして使用される。このクラスAの割当て可能なネットワーク数は126（$=2^7-2$）、ホスト数は16,777,214（$=2^{24}-2$）である。

一方、先頭ビットが“110”のクラスCは上位24ビットがネットワークID、下位8ビットがホストIDであり、割当て可能なホスト数は254（$=2^8-2$）と少ないが、ネットワーク数は2,097,150（$=2^{21}-2$）と多い。

補足

IPv4からIPv6への切り替えはすぐにはできないので、移行期には両者が共存した状態で利用する必要がある。IPv4とIPv6の共存技術には、IPv6 over IPv4トンネリング、IPv4/IPv6デュアルスタック、トランスレータなどがある。
IPv6 over IPv4トンネリングは、IPv6パケットをIPv4パケットのペイロードとしてカプセル化（IPv6パケットの前にIPv4ヘッダを付加）して転送する技術で、IPv6機器どうしがIPv4ネットワークを介して通信を行うのに利用される。
IPv4/IPv6デュアルスタックは、1つの機器内でIPv4とIPv6の2つのプロトコルを同時に動作させ、通信相手がIPv4対応システムならIPv4プロトコルで通信を行い、通信相手がIPv6対応システムならIPv6プロトコルで通信を行うものである。
トランスレータは、IPv4とIPv6の差異を埋めて中継する装置である。

補足

ネットワークIDとホストIDを識別するための値を**サブネットマスク**という。ネットワークIDのビットの値を1、ホストIDのビットの値を0として表すことで、ネットワークIDの長さ（ビット数）とホストIDの長さを指定することができる。

補足

ネットワークIDおよびホストIDは、すべてのビットが「0」あるいは「1」のものは個別のコンピュータに割り当てることができない。左記の数式で“－2”となっているのは、そのためである。

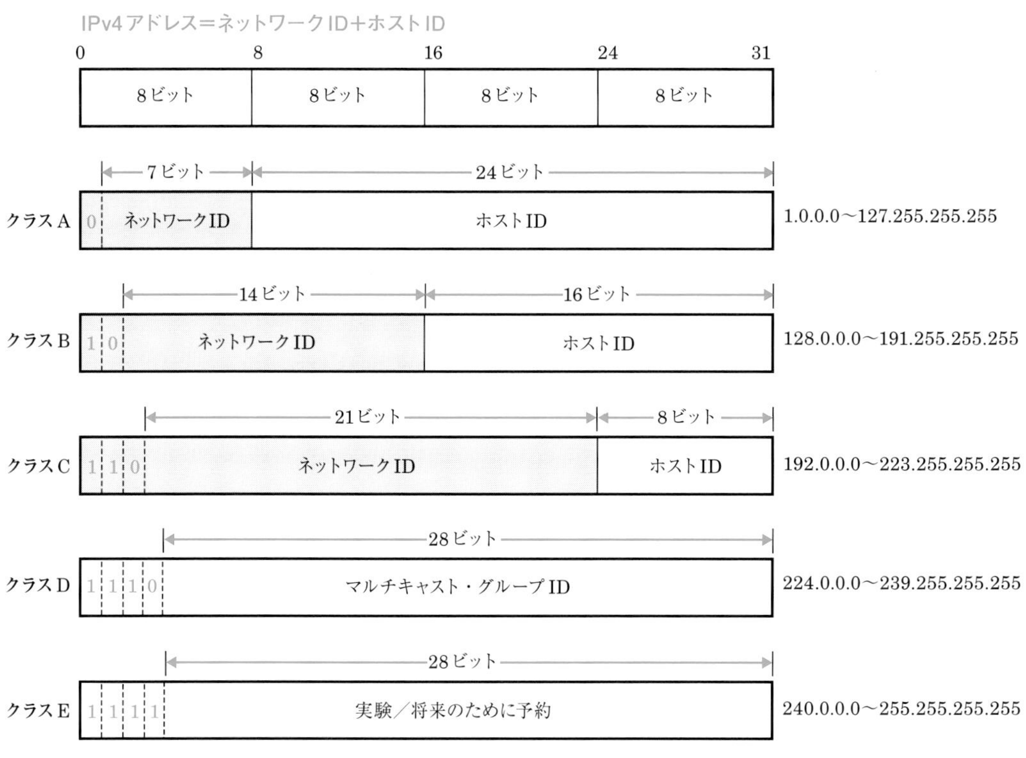

図4・2　IPv4アドレスのクラス

3 グローバルIPアドレスとプライベートIPアドレス

現在、インターネット上で使用されているIPアドレスは、ICANN（Internet Corporation for Assigned Names and Numbers）という国際的に組織された民間の非営利法人が一元的に管理している。この管理されているIPアドレスを**グローバルIPアドレス**と呼び、インターネット上の各コンピュータに一意に割り当てられている。

一方、企業内の閉じたネットワーク（イントラネット）でのみ利用し、独自にIPアドレスを設定できるようにするために**プライベートIPアドレス**が定義されている。現在、多くの企業のイントラネットでは、このプライベートIPアドレスを利用してネットワークシステムが構築されている。

ただし、プライベートIPアドレスは、閉じたネットワークでのみ用いられるため、インターネット上の他のネットワークやコンピュータと直接通信することはできない。そのため、企業内のイントラネットとインターネットの接続部分においてプライベートIPアドレスとグローバルIPアドレスを相互に変換する方法がとられている。これを**NAT**（Network Address Translation）という。NATを用いることにより、数に限りがあるグローバルIPアドレスを有効に利用することができる。

用語解説

ブロードキャスト、マルチキャスト、ユニキャスト
IPパケットの送信方法には、不特定多数の相手にデータを送信する「ブロードキャスト」、複数の相手に同じデータを一括で同報送信する「マルチキャスト」、単一のアドレスを指定して特定の相手にデータを送信する「ユニキャスト」がある。

補足

グローバルIPアドレスとプライベートIPアドレスを変換する技術には、NATの他に、NAPT（Network Address Port Translation）がある。NAPTはIPマスカレードとも呼ばれ、IPアドレスだけでなくポート番号も変換するので利用効率が良い。

4 IPv6アドレス

従来広く使われてきたIPv4アドレスは32ビットのアドレス空間であるため、最大でも世界人口より少ない2^{32}≒43億個程度しか使えず、アドレス枯渇が問題となっている。この問題を解決するために、アドレス空間を128ビットに拡張したIPv6(IPバージョン6)の仕様が策定された。IPv6では、2^{128}≒340澗(かん)(340兆の1兆倍の1兆倍)個という、ほぼ無限のIPアドレスを使うことができる。

ICANNにおいて、新規に割り当てできるIPv4アドレスの在庫が2011年2月に枯渇した。

●IPv6アドレスの表記

IPv6アドレスの表記を図4・3に示す。IPv4アドレスが32ビットを8ビットずつドット(.)で区切って、その内容を10進数で表示するのに対し、IPv6アドレスは、128ビットを16ビットずつコロン(:)で区切って、その内容を16進数で表示する。また、IPv6アドレスは一定のルールにしたがって、表記を次のように簡略化することができる。

注意

IPv6アドレスは、IPv4アドレスとは異なり128ビットを16ビットずつコロン(:)で区切って、その内容を16進数で表示する。また、この表記は簡略化することができる。

0100000001100000	0001001011011110	0010000010101100	0000000000000000
0000000000000000	0000000000000000	0000110010110000	1000000000101100

▼ 128ビットを16ビットずつ「:」(コロン)で区切り、16進数で表示する。

4060:12DE:20AC:0000:0000:0000:0CB0:802C

▼ 「:」で区切った単位において上位桁が「0」から始まる場合は、次のように省略することができる。

4060:12DE:20AC:0:0:0:CB0:802C

▼ 「0」が連続する部分は、1つのIPv6アドレスにつき1回に限り、「::」のように簡略化した形で表記することができる。

4060:12DE:20AC::CB0:802C

図4・3 IPv6アドレスの表記

ここで、IPv6アドレスの表記について補足して説明する。IPv6アドレスの上位部分はプレフィックス部、下位部分はインタフェースIDと呼ばれている。下に示すIPv6アドレスは、省略および簡略化された表記の一例であるが、この例において、2001:db8::/32の/32は、上位32ビットがプレフィックス部であることを表している。

2001:db8::/32

補足

IPv6アドレスのプレフィックス部は、ネットワークを識別するために使用される部分であり、IPv4アドレスのネットワークIDに相当する。また、IPv6アドレスのインタフェースIDは、ホストを識別するために使用され、IPv4アドレスのホストIDに相当する。

●IPv6アドレスの種類

IPv6アドレスは宛先の指定方法により、ユニキャストアドレス、マルチキャストアドレス、およびエニーキャストアドレスの3種類に大別される。

・ユニキャストアドレス

単一の宛先を指定するアドレスであり、1対1の通信に使用する。このユニキャストアドレスには、全世界でただ1つのグローバルユニキャストアドレスの他、同一リンク(ルータ越えをしない範囲)内でのみ有効なリンクローカルユニキャストアドレスなどがある。

グローバルユニキャストアドレスは上位(先頭)3ビットが“001”、リンクローカルユニキャストアドレスは上位10ビットが“1111111010”となっている。

・マルチキャストアドレス

グループを識別するアドレスで、マルチキャスト通信(送信された1つのデータを、グループに属するすべての端末が受信する通信)に使用する。上位8ビットがすべて1(すなわち“11111111”)であり、IPv6アドレスの表記法である16進数では「ff」と表される。

・エニーキャストアドレス

マルチキャストアドレスと同様にグループを識別するアドレスであるが、グループに属するすべての端末が受信するのではなく、グループの中で一番近くにある端末だけが受信する点がマルチキャストアドレスの場合とは異なる。

注意

リンクローカルユニキャストアドレスは、IPv6アドレスの表記法である16進数で表示すると、上位3桁(12ビット)がfe8になる。

IPv6アドレス

ユニキャストアドレス

グローバルユニキャストアドレス
全世界で一意に割り当てられるアドレス。

リンクローカルユニキャストアドレス
同一リンク内でのみ有効なアドレス。

IPv4互換アドレス
IPv6ノード間でIPv4ネットワークを介して通信するためのアドレス。

IPv4射影アドレス
IPv6に対応していないノードがIPv6ネットワークを利用するときのアドレス。

ループバックアドレス
自ノード宛てのパケットであることを示すアドレス。

未指定アドレス
IPアドレスを取得していないノードがパケットを送出する場合に送信元IPアドレスとして使用するアドレス。

マルチキャストアドレス
ノードの集合体(グループ)を示すアドレス。

エニーキャストアドレス
1つのアドレスを複数のノードで共有できる。そのエニーキャストアドレスを持つノードのうち最も近いノードにデータが転送される。

●グローバルユニキャストアドレス

nビット	mビット	128−n−mビット(一般に64ビット)
0 0 1 プレフィックス	サブネットID	インタフェースID

●リンクローカルユニキャストアドレス(fe80::/10)

10ビット	54ビット	64ビット
1 1 1 1 1 1 1 0 1 0	0 ……………… 0	インタフェースID

●IPv4互換アドレス(::/96)

80ビット	16ビット	32ビット
0 ……………………………… 0	0 …… 0	IPv4アドレス

●IPv4射影アドレス(::ffff:0:0/96)

●マルチキャストアドレス(ff00::/8)

8ビット	4ビット	4ビット	112ビット
1 1 1 1 1 1 1 1	フラグ	スコープ	グループID

図4・4　IPv6アドレスの種類

●アドレスの設定

IPアドレスの構成(設定)方法には、IPアドレスを固定したい場合に行う**手動設定**と、IPアドレスの管理を簡易化できる**自動設定**がある。手動設定と自動設定のどちらにするかは、使用するネットワーク環境に応じて選択する。

IPアドレスの自動設定とは、ホストを起動、すなわち機器をネットワークに接続、あるいは接続されている機器の電源を投入するだけで、その機器にIPアドレスが割り当てられることをいう。このIPアドレスの自動割当てを行うプロトコルは、IPv4では**DHCP**(Dynamic Host Configuration Protocol)といわれ、

DHCPサーバが、IPアドレスの割当て(貸出し)や、貸し出すアドレスの範囲・貸出し期間などの管理を行っている。また、IPv6においても、IPv4と同様にDHCPサーバからの自動割当てが可能であり、その手続を規定したプロトコルをDHCPv6という。これは、サーバがホストのアドレス情報を管理していることから、ステートフル自動設定といわれる。

さらに、IPv6では、ホストがIPアドレスを自動生成して設定するステートレス自動設定といわれる機能が追加されている。これは、ホストが起動すると、自分のMACアドレスを元に64ビットのインタフェースIDを生成し、ルータから取得した上位64ビットのプレフィックスを付加してアドレスを組み立てるものである。これにより、DHCPサーバがなくても自動設定が可能となる。プレフィックスの情報は、ルータが自分のネットワークに定期的に送信しているルータ広告パケット(RA：Router Advertisement)に含まれている。起動したホストは次のRAパケットを受信するまで待機する必要はなく、ルータ要請パケット(RS：Router Solicitation)をマルチキャストで送信することにより、RAパケットの送信をルータに催促(さいそく)することができる。

補足
イーサネットにおいて、IPv4アドレスからMACアドレスを求めるためのプロトコルはARPといわれ、MACアドレスからIPv4アドレスを求めるためのプロトコルはRARPといわれる。なお、パケットの送信は、通常は1つの相手に対して1回きりではなく、その後いくつも続けて同じ相手に送信するのが一般的であり、パケットを送信する都度アドレス解決処理をしていては効率が悪いので、ARPやRARPで得られたIPv4アドレスとMACアドレスの対応情報は一定時間(数分間)テーブルに保存される。

●アドレス解決

IPアドレスとMACアドレスの対応付けをすることをアドレス解決という。IPv4では、アドレス解決にARP(Address Resolution Protocol)といわれる、指定したIPアドレスの持ち主(ノード)からそのMACアドレスを返送してもらうプロトコルを用いる。これに対しIPv6では、近隣ホスト要請(NS：Neighbor Solicitation)パケットと近隣ホスト広告(NA：Neighbor Advertisement)パケットを使用する。具体的には、図4・5に示すように、まず、MACアドレスを求めるホストがマルチキャストでNSパケットを送信する(①)。次に、それに対応する該当ホストがNAパケットを返信することで(②)、アドレス解決を行っている。

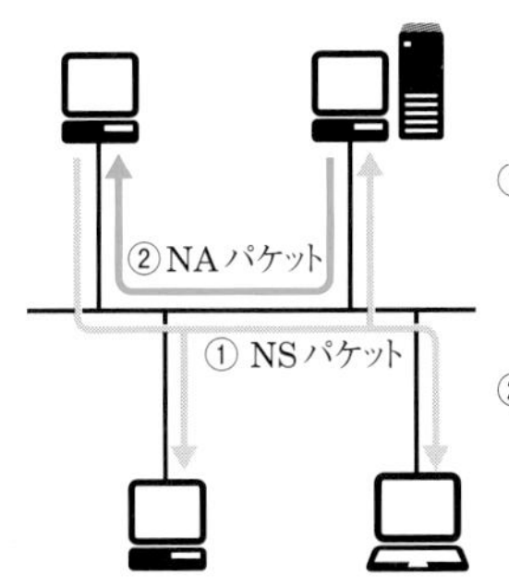

図4・5 IPv6のアドレス解決

理解度チェック

問1 企業内ネットワークなどの内部に閉じたネットワーク内のみで有効なプライベートIPアドレスと、インターネット上で割り当てられているグローバルIPアドレスとのアドレス変換機能は、（ア）といわれる。この機能はアドレスを隠ぺいすることから、セキュリティを高める効果を持っている。

① NAT ② DoS ③ DMZ ④ SSL ⑤ IDS

問2 IPv6アドレスの表記は、128ビットを（イ）に分け、各ブロックを16進数で表示し、各ブロックはコロン(：)で区切られる。

① 8ビットずつ16ブロック ② 16ビットずつ8ブロック ③ 32ビットずつ4ブロック

問3 IPv6アドレスは128ビットで構成され、マルチキャストアドレスは、16進数で表示すると128ビット列のうちの、（ウ）になる。

① 上位8ビットがff ② 下位8ビットがff ③ 上位12ビットがfe8
④ 下位12ビットがfe8 ⑤ 上位16ビットがfec0 ⑥ 下位16ビットがfec0

答 (ア) ① (イ) ② (ウ) ①

5 IPの経路情報

1 ICMP

●ICMPの概要

ICMP(Internet Control Message Protocol)は、TCP/IP階層モデルのインターネット層のプロトコルであり、IPネットワーク上で検知されたエラーの状況報告やIPの経路の状態(エラー条件)確認など各種情報の調査を行う。

ICMPは、たとえばIPパケットを受信したネットワーク上のルータが、そのIPパケットを次に転送すべきネットワークへの経路情報を持っていない場合に、「net unreachable：ネットワーク到達不可」というICMPエラーメッセージをIPパケットの送信元のコンピュータに返信する。このようにICMPはIPネットワーク上の不具合を検知する機能を持っている。

ネットワーク上のコンピュータの接続状況を確認するために使用されるpingコマンドは、ICMPのエコー要求メッセージとエコー応答メッセージを使用している。また、tracertコマンドは、ICMPのメッセージを使用して、宛先コンピュータまでに経由するルータのIPアドレス情報を収集している。

●ICMPv6

IPv6で用いられるICMPをICMPv6という。IETFの技術仕様RFC4443では、ICMPv6は、IPv6を構成する一部分として不可欠なものであり、すべてのIPv6ノードは完全にICMPv6を実装しなければならないと規定している。

ICMPv6メッセージには、ICMPと同様に、「到達不可」や「時間超過」などのエラーメッセージの他、pingが使用するエコー要求およびエコー応答や、近隣ホスト要請(NS)、近隣ホスト広告(NA)などの通報メッセージがある。さらに、アドレス自動構成に関する制御などを行う近隣探索(ND：Neighbor Discovery)の機能やマルチキャストグループの制御などを行うマルチキャスト受信者探索(MLD：Multicast Listener Discovery)の機能で用いられるメッセージなどもある。

補足

IETF(Internet Engineering Task Force)は、インターネットで利用される技術の標準化を策定する組織。IETFで策定された技術仕様はRFC(Request for Comments)として公開される。

補足

近隣探索は、経路決定のために、ルータ発見、プレフィックス発見、パラメータ発見、アドレス自動設定、アドレス解決、次ホップ決定、近隣停止発見、重複アドレス発見、リダイレクトなどの機能を提供する。

2 MTU値とMSS

●MTU値

IPが1回の転送で送信することのできるデータの大きさは無限ではなく、通信経路によってその最大長(ヘッダを含む)は異なり、MTU(Maximum Transmission Unit)値という値でそれぞれ表される。

MTU値は、データリンクごとに表5・1のように決まっている(OSやルータなどで変更は可能)。すなわち、ルータなどの通信機器がIPパケットを中継する場合、受信したIPパケットのサイズが出力側インタフェースのMTU値を超えていると、そのままでは通信機器はIPパケットを送出できないので、情報が宛先に到達できなくなる。そのため、IPv4では、通信経路上の各通信機器でIPパケットのサイズが出力側インタフェースのMTU値以下となるように分割して、IPパケットを再構成できるようになっている。この処理をフラグメント化という。

MTU値を超える大きさのIPパケットを受け取った機器がフラグメント化を行うかどうかは、IPヘッダのフラグフィールドにある**DFビット**(Don't Fragment フラグメント化禁止ビット)の値により決定される。DFビットが"0"(＝オフ)の場合はフラグメント化が許可される。また、"1"(＝オン)の場合はフラグメント化が禁止され、IPパケットは破棄される。

なお、フラグメント化されたIPパケットに後続のフラグメントがある場合は、IPヘッダのフラグフィールドにある**MFビット**(More Fragments 後続フラグメントビット)が"1"(＝オン)になる。

IPパケットの到達順序は、送信された順番通りとは限らない。そのため、フラグメント化されたIPパケットは、元のIPパケット全体における位置を指定して転送される。そして、フラグメント化されたIPパケットを受け取ったノードは、データの再組立てを行い、元のIPパケットに戻して処理を行う。

IPv4では、ルータなどの中継ノードがパケットのフラグメント化を行う。
一方、IPv6では、パケットのフラグメント化は送信元ノードでのみ行い、中継ノードでは行わない。

表5・1　主なデータリンク技術とMTU値

データリンク技術	MTU値(単位：バイト)
Ethernet(DIX)	1,500
ATM(IP over ATM)	9,180
PPP	1,500
PPPoE(RFC2516)	1,492
IPv4(RFC791)	最小68、最大65,535
IPv6(RFC2460)	最小1,280

●PMTUD

IPパケットの送信元から宛先までの経路上にあるパスにおいて、IPパケットが分割されずに転送できるMTU値を自動的に検出する機能のことを、**PMTUD**(Path MTU Discovery)という。送信元は、通知されたMTU値をもとに、パケットのサイズを調整して再送信する。

IPv6では、中継ルータの処理を軽減する必要があることから、パケットのフラグメント化は送信元のみで行い、ルータなどの中継機器では行わない。このため、送信元は、PMTUD機能を利用して宛先までの経路のMTU値を調べ、これにもとづいてフラグメント化を行い、パケットを送信する。そして、宛先ノードでデータを再構築する。

●MSS

MTU値に相当するトランスポート層のTCPのセグメントサイズからTCPヘッダを除いた最大セグメントサイズを、**MSS**(Maximum Segment Size 最大セグメント長)という。これは、1つのTCPセグメントで送信することができる最大データ長を示す。MSSを超えるサイズのデータを送信する場合は、IPがフラグメント化を行うか、破棄することになる。

MSS＝MTU値－(IPヘッダのサイズ＋TCPヘッダのサイズ)

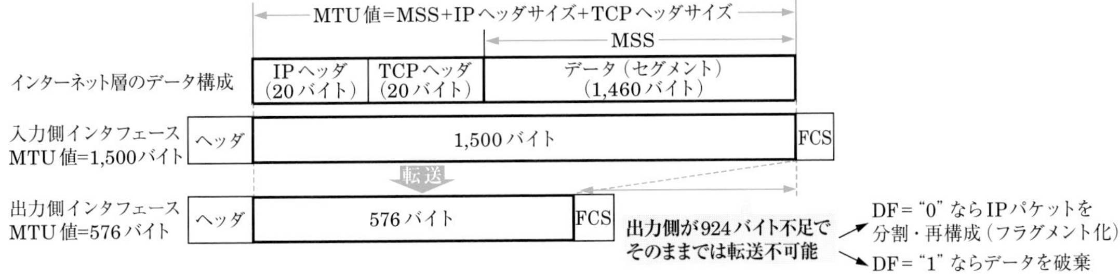

図5・1　フラグメント化の必要性

6 VoIP関連プロトコル

1 SIP

音声データや呼制御のデータをIPパケットで伝送する技術を、**VoIP**(Voice over Internet Protocol)という。

VoIPでは、回線交換方式の加入電話と同様に、通信端末間で通信相手を確認して呼び出し、通話するための条件や環境を整え、また、通話の終了後に元に戻すことが必要である。これらの制御を行うプロトコルを**呼制御プロトコル**またはシグナリングプロトコルという。現在主流となっている**SIP**(Session Initiation Protocol)は、IPネットワーク上で音声や動画などを双方向でリアルタイムにやりとりするために、クライアント/サーバ間におけるセッションを設定するプロトコルとして開発され、IETFのRFC3261として標準化されている。

SIPは、**アプリケーション層**の単独のプロトコルであり、IPやTCPなどの他のプロトコルと組み合わせて通信を実現する。インターネット層のプロトコルに依存しないため、IPv4とIPv6の両方で動作することができる。また、テキストベースのプロトコルフォーマット(SDP:Session Description Protocol セッション記述プロトコル)を採用しているため、拡張性に優れている。さらに、インターネット技術をベースにしているので、Webブラウザとの親和性が高い。このように、さまざまな利点を有していることから、現在、IP電話の呼制御プロトコルとして広く普及している。

補足

IP電話は、VoIP技術を使用した通話システムである。

補足

SIPはクライアント/サーバ型の通信であり、SIPサーバを経由した形態をとる。SIPサーバは、SIPに対応した端末の電話番号やIPアドレスの登録・変更・削除を行う登録サーバの機能や、端末に代わりSIPのメッセージを受信し転送するプロキシサーバの機能などを持つ。

SIPは、単数または複数の相手とのセッションを生成、変更、および切断するためのアプリケーション層制御プロトコルであり、IPv4およびIPv6の両方で動作する。

2 RTP、RTCP

VoIPでは、トランスポート層のプロトコルとして、コネクションレス型で低遅延のUDPを利用した**RTP**(Real－time Transport Protocol)と、RTPの制御を行う**RTCP**(RTP Control Protocol)を用いている。

●RTP

RTPは、IPネットワーク上で音声や動画などのデータストリーム(データの流れ)をリアルタイムに伝送するためのプロトコルである。

VoIPの音声パケットは、リアルタイム性が要求されるため、トランスポート層のプロトコルにTCPではなくUDPを使用している。RTPは、UDPと同じトランスポート層のプロトコルであるが、VoIPでは、UDPでRTPをカプセル化(格納)して伝送されることから、RTPはUDPの上位プロトコルとして位置づけられている。UDPには、パケットの順序を示すシーケンス番号などが用意されていないため、それを上位層のRTPで補う形になっている。

●RTCP

RTPでデータを送受信するためのセッションを制御するために、RTCPが用いられる。RTCPは、受信したパケットの破棄率や揺らぎ(パケットの到着時間のばらつき)などの統計情報を送信側へ通知する。送信側でその情報を転送動作に反映することにより、状況にあわせたリアルタイム通信が可能になる。

補足

VoIPにおける音声情報の伝送では、リアルタイム性が要求されることからTCPに比べて伝送遅延の小さいUDPを使用している。しかし、パケットは送信順に受信側に届くとは限らず、到着順のまま再生すると不自然な音声になることがある。また、UDPデータグラムは順序番号を持たないため受信側で送信順どおりに整列させることはできない。この対策として、UDPデータグラムにRTPヘッダを挿入し、そのシーケンス番号とタイムスタンプを利用して受信側のRTPサーバが送信順どおりに並べ替えるようにしている。なお、伝送中に喪失したパケットや大幅に遅延したパケットは、到着を待って処理しようとすると自然な音声の再生に支障が出るため、破棄する。

7 HDLC手順(参考)

1 HDLC手順の概要

通信回線を介して情報を確実かつ効率的に伝送するためには、通信相手との回線の接続・切断の手続きや、データを正しく届けるための誤り制御などを行う必要がある。このようなデータの伝送に付帯する制御や手続きを伝送制御といい、この一連の手順を伝送制御手順という。

ここでは、代表的な伝送制御手順であるハイレベルデータリンク制御(HDLC：High－level Data Link Control)手順について説明する。

HDLC手順は、データをフラグシーケンスという特定のビットパターンで包んだフレーム単位で伝送する方式である。フレームの区切りを示すフラグシーケンスのビットパターンは、ユーザが伝送するデータと区別できるように工夫されているため、任意のビットパターンのデータを伝送することができ、情報伝達のトランスペアレンシー(透過性)を実現している。

HDLC手順では、各フレームにシーケンス番号(順序番号)を付与してフレーム管理を行っている。このため、1つ1つ送達を確認しながら伝送する必要がなく、まとまった数のフレームを連続して伝送できるので、データの転送効率が良い。また、CRC方式による厳密な誤り制御を行っているため、高い信頼性を確保している。

補足
HDLC手順は、JIS X 5203により規格が定められていたが、既に国家標準としての役割を終えたとされ、2014年にJIS規格から除外された。

用語解説
CRC方式
一般に、サイクリックチェック方式とも呼ばれている。データのブロック単位を高次の多項式とみなし、これをあらかじめ定めた生成多項式で割ったときの余りを検査用ビット(CRC符号)として、データの末尾に付けて送出する。この検査用ビットは、n次の多項式を用いるときnビット長となる。受信側では、受信したデータを同じ生成多項式で割り算を行い、割り切れなければ誤りとする。CRC方式は高度な誤り検出方式であり、バースト誤り(一定時間密集して発生する誤り)に対しても厳密にチェックすることができる。

2 HDLC手順のフレーム構成

●フレームの構成

HDLC手順の伝送単位であるフレームは、図7・1のような構成になっている。

フラグシーケンス(F)	アドレスフィールド(A)	制御フィールド(C)	情報フィールド(*)(I)	フレーム検査シーケンス(FCS)	フラグシーケンス(F)
01111110	8ビット	8ビット	任意長	16ビット	01111110

(＊)情報フィールドを持たない場合もある。
F : flag　A : address　C : control　I : information　FCS : frame check sequence

図7・1 HDLC手順のフレーム構成

・フラグシーケンス

フレームの同期をとるためのフィールドであり、“01111110”の特定のビットパターンが規定されている。受信側では、このビットパターンを抽出することによりフレームの開始と終了を認識する。

なお、フラグシーケンス以外の箇所でこのビットパターンが現れるとフレーム同期がとれなくなるため、データ中に“1”が5個連続したら、その直後に送信側で“0”を挿入して、フラグシーケンスと同じビットパターンが現れないようにしている。

注意
データ中に“1”が5個連続したとき、その直後に“0”を挿入して送信する理由は、情報伝達のトランスペアレンシー(透過性)を確保するためである。
なお、受信側では、開始フラグシーケンスである“01111110”を受信後に、“1”が5個連続して次のビットが“0”であった場合、その“0”を除去して元のデータに復元する。

・**アドレスフィールド(アドレス部)**

8ビットで構成され、コマンドの宛先またはレスポンスの送信元を示す。このアドレスフィールドは、さらに8ビット単位で拡張することができる。

・**制御フィールド(制御部)**

8ビットで構成され、フレームの種別、コマンド／レスポンスの種別、送受信順序番号などの制御情報を設定する。

・**情報フィールド(情報部)**

送信するデータそのものが入る部分であり、そのビット長は任意である。

・**フレーム検査シーケンス(FCS:Frame Check Sequence)**

誤り制御を行うためのフィールドである。16ビットで構成され、CRC符号が使用されている。誤り制御の対象範囲は、アドレスフィールドから情報フィールドまでであり、フラグシーケンスの誤り制御は行っていない。

●フレームの種別

フレームには制御フィールドの形式によりIフレーム、Sフレーム、Uフレームの3種類がある。

F	A	C	I	FCS	F

フレームの呼称	制御フィールドのビット構成							
	b_1	b_2	b_3	b_4	b_5	b_6	b_7	b_8
情報(I)フレーム	0	N(S)			P/F	N(R)		
監視(S)フレーム	1	0	S		P/F	N(R)		
非番号制(U)フレーム	1	1	M		P/F	M		

N(S):送信順序番号
N(R):受信順序番号
S　:監視機能ビット
M　:修飾機能ビット
P/F　:ポール／ファイナルビット

P/F(ポール/ファイナルビット)は、送受信フレームの順序番号の確認や送信権を反転する機会の通知に用いられる。一次局が二次局に対してレスポンスを要求するときはPビット、二次局が一次局に対して、レスポンス要求に対する最新のフレームであることを示すときは、Fビットとなる。

図7・2　フレームの種別

・**Iフレーム(情報転送形式:Information)**

情報の転送に使用されるフレームであり、制御フィールドのb_1が"0"となっている。Iフレームの送信中は、制御フィールドの順序番号N(S)、N(R)により、常に相手側がどのフレームまで確実に受信したかを知ることができる。これにより、送信側は1フレームごとに相手側の受信を確認することなく、フレームを連続送信できる。

・**Sフレーム(監視形式:Supervisory)**

Iフレームの受信確認、受信可能通知、再送要求、一時送信休止要求など、データリンクの監視制御を行うために使用される。

・**Uフレーム(非番号制形式:Unnumbered)**

二次局や複合局の動作モード設定要求または応答、異常状態の報告などデータリンクの制御に使用される。

補足

P/Fビット(ポール／ファイナルビット)は、このビットがポール(P)ビットまたはファイナル(F)ビットであることを表したものである。コマンド(命令)フレームを送信する端末は、相手(コマンドフレームを受信する端末)にレスポンス(応答)フレームを返送することを要求したい場合に、コマンドフレームのPビットのビット値を1とする。Pビットの値が1のコマンドフレームを受信した端末がレスポンスフレームを返すときは、それがレスポンスフレームであることを示すためにFビットのビット値を1にして送信する。なお、応答を必要としない場合は、P/Fビットの値を0にして送信する。

補足

Sフレームでは情報フィールドの転送は行わない。Uフレームでは、制御情報の種類により、情報フィールドを転送する場合としない場合がある。

3 手順クラス

HDLC手順では、データ転送を行うための手順クラスとして、不平衡型手順クラス、平衡型手順クラスなどが用意されている。

●不平衡型手順クラス

データリンクが1つの一次局と複数の二次局で構成された手順クラスであり、データリンクの確立や障害の回復などの制御は一次局が責任を持ち、二次局は一次局の指示に従って動作をする。1つのデータリンク上で1対多の通信を行うため、一般にはポイント・ツー・マルチポイント構成となる。

命令や問合せとして一次局から二次局へ送信される情報をコマンドといい、二次局から一次局へ送信される応答をレスポンスという。コマンドおよびレスポンスにはすべてアドレスが付与されており、コマンドの場合は受け取る二次局のアドレスが、レスポンスの場合は送信した二次局のアドレスが付される。

●平衡型手順クラス

データリンクが2つの局で構成された手順クラスである。2つの局が1対1で通信を行い、双方が一次局と二次局の機能を併せ持つ複合局となり、互いにデータリンクの制御に関し責任を持つ。この場合の回線の接続形態は、両局が対等の関係になるためポイント・ツー・ポイント構成に限定される。

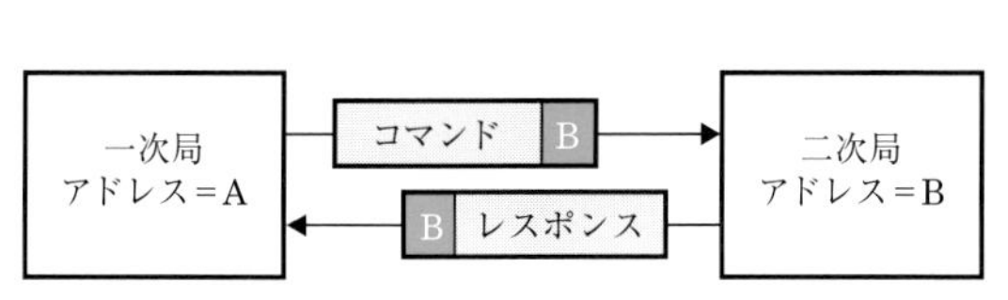

データリンクの制御は一次局が行い、二次局は一次局の指示に従う。

図7・3 不平衡型手順クラス

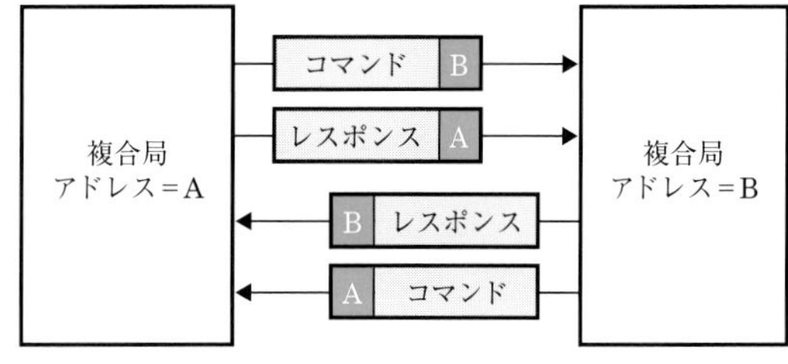

2つの局の双方は対等となり、それぞれ一次局と二次局の機能を持つ複合局となる。

図7・4 平衡型手順クラス

4 動作モード

HDLC手順のモードには、データリンクが設定されているときの動作モードと、データリンクが設定されていないときの非動作モードがあるが、ここでは動作モードについてのみ取り扱う。動作モードは、それぞれの手順クラスの中で送信の開始方法により、次の3つが規定されている。

●正規応答モード(NRM:Normal Response Mode)

不平衡型手順クラスのモードであり、二次局はすべて一次局のコマンドに制御され、一次局の許可を得たときのみレスポンスを送信することができる。

●非同期応答モード(ARM:Asynchronous Response Mode)

不平衡型手順クラスのモードであり、二次局はすべて一次局のコマンドに制御されるが、一次局の許可なしにレスポンスを送信することができる。

●非同期平衡モード(ABM：Asynchronous Balanced Mode)

平衡型手順クラスのモードであり、双方が複合局となり、相手の許可無しに互いにコマンドおよびレスポンスを送信することができる。

表7・1　動作モード

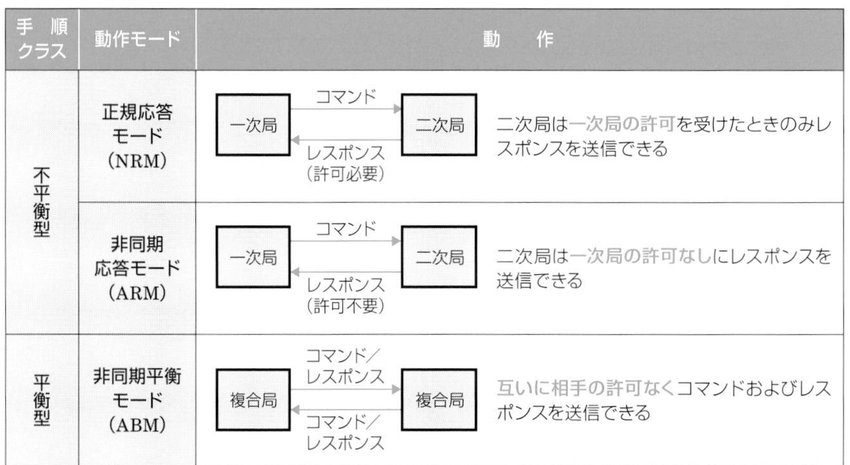

手順クラス	動作モード	動作
不平衡型	正規応答モード (NRM)	一次局 →コマンド→ 二次局、二次局 →レスポンス(許可必要)→ 一次局 二次局は一次局の許可を受けたときのみレスポンスを送信できる
不平衡型	非同期応答モード (ARM)	一次局 →コマンド→ 二次局、二次局 →レスポンス(許可不要)→ 一次局 二次局は一次局の許可なしにレスポンスを送信できる
平衡型	非同期平衡モード (ABM)	複合局 →コマンド／レスポンス→ 複合局、複合局 →コマンド／レスポンス→ 複合局 互いに相手の許可なくコマンドおよびレスポンスを送信できる

5 コマンド／レスポンスの種類

HDLC手順のフレームの形式に応じたコマンド／レスポンスを表7・2に示す。動作モードに関するコマンドには、**SNRM**、**SARM**、**SABM**、**DISC**があり、これらのコマンドに対するレスポンスとして、**UA**、**DM**、**RD**がある。また、接続制御信号の伝送には、UIコマンド／レスポンスが利用される。たとえば、非同期平衡モードを設定する場合は、SABMコマンドを送出し、相手局が受入れ可能な場合はUAレスポンスで応答する。

表7・2　コマンド／レスポンスの種類

フレーム種別	コマンド	レスポンス	名称	機能
情報(I)	I	I	Information	順序番号を付加して情報を転送
監視(S)	RR	RR	Receive Ready	Iフレームの受信可能
	RNR	RNR	Receive Not Ready	Iフレームの受信不可
	REJ	REJ	Reject	Iフレームの再送要求
非番号制(U)	SNRM		Set Normal Response Mode	正規応答モード(NRM)に設定
	SARM		Set Asynchronous Response Mode	非同期応答モード(ARM)に設定
	SABM		Set Asynchronous Balanced Mode	非同期平衡モード(ABM)に設定
	DISC		Disconnect	切断モードに移行し動作モードを終結
		UA	Unnumbered Acknowledgement	コマンドの受入れ可能を通知
		DM	Disconnect Mode	切断モードであることを通知し、モード設定のコマンドの受入れができないことを通知。または、モード設定コマンドの送信要求
		RD	Request Disconnect	切断モードへの移行を要求
	UI	UI	Unnumbered Information	順序番号に関係なく情報を転送(発呼要求、着呼、着呼受付、接続完了、復旧要求、切断指示等の接続制御情報の転送に利用)

8 WANの技術(I) 広域イーサネット

1 広域イーサネットの概要

広域イーサネットは、**WAN**(Wide Area Network)サービスの1つであり、イーサネット技術により遠隔地にあるLAN間を接続する。具体的には、ユーザの複数拠点におけるイーサネットLANを、電気通信事業者のイーサネット網経由で接続する。広域イーサネットでは、ユーザの拠点間を接続するネットワーク全体が1つの論理的なLANすなわち**VLAN**(Virtual LAN 仮想LAN)として構成され、ユーザの各拠点を、図8・1のような電気通信事業者により構築された論理的なバックボーンLANに接続した形態となる。

用語解説

VLAN
LANの物理的な接続構成とは別に、LANスイッチの機能を利用して、論理的に独立したLANセグメントに分割すること。VLANを設定すると、物理的に同一のLANスイッチに接続されていても、論理的には別々のLANとして構成される。

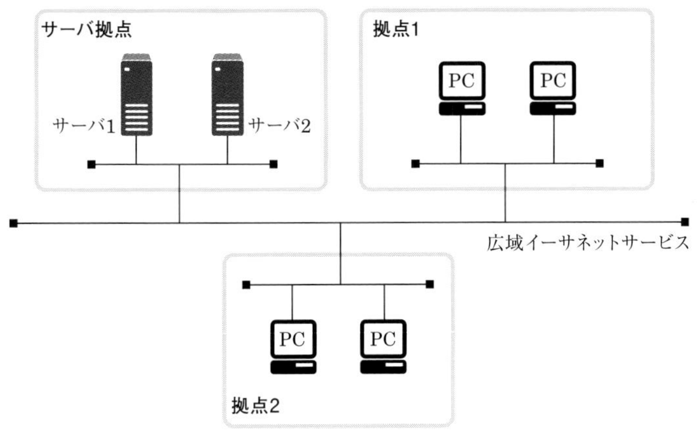

図8・1 広域イーサネットの論理接続イメージ

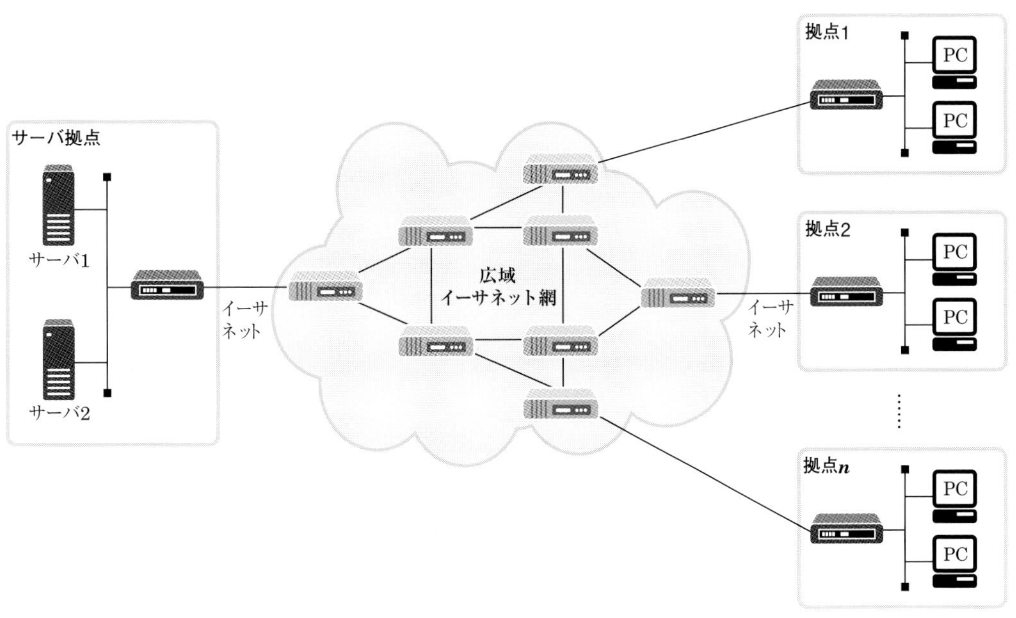

図8・2 広域イーサネットを使用したネットワーク

電気通信事業者の広域イーサネット網では、ユーザの拠点LANで構成されるLAN間接続ネットワークごとに別々のVLANとして識別を行う。そして、同一の広域イーサネット網を使用する他のユーザのLAN間接続ネットワーク、つまりVLANと論理的に分離する。

広域イーサネットは、データ転送の仕組みとして、OSI参照モデルのレイヤ2の機能を用いている。そのため、レイヤ3以上の通信プロトコルの使用に対する制約がなく、イーサネット上の規格を満足できるプロトコルであれば、IPに限らず、IPX、SNA、FNA、Apple Talk、EIGRP、OSPF、IS-ISなどの通信プロトコルを使用することができる。

また、企業ネットワーク内のルーティングを制御するルーティングプロトコルを、広域イーサネット網を経由して使用することも可能である。

注意

広域イーサネットは、一般に、LAN間のルーティングプロトコルの利用に制限がなく、IPに限らずApple TalkやSNAなどさまざまなプロトコルを用いることができる。

2 タグVLAN接続

タグVLAN接続は、各拠点内に構築された複数のユーザVLANを広域イーサネット網経由で接続し、拠点間をまたがったグループの作成を可能にする機能である。イーサネットフレームにタグを付与し、そのタグの中にある識別子により、各VLANを識別する。タグの付与方法は、IEEE802.1Qで標準化されており、図8・4のように、送信元アドレス(SA)とタイプの間に、タグ付きフレームであることを示すTPID (Tag Protocol Identifier)と、優先情報およびVLAN識別子を持つTCI (Tag Control Information)を挿入する。なお、その際、FCSは再計算のうえ置き換えられる。

補足

VLANタグは、次のような構成になっている(数値の単位はビット)。

TPID	TCI		
	PCP	CFI	VID
16	3	1	12

TPID：タグ付きフレームを表す値0x8100が入る。

PCP：優先度を0～7の8段階で表示する。

CFI：アドレス形式がイーサネットの場合は0、イーサネット以外なら1の値をとる。

VID：VLANを識別するための情報で、0～4,095の値をとる。

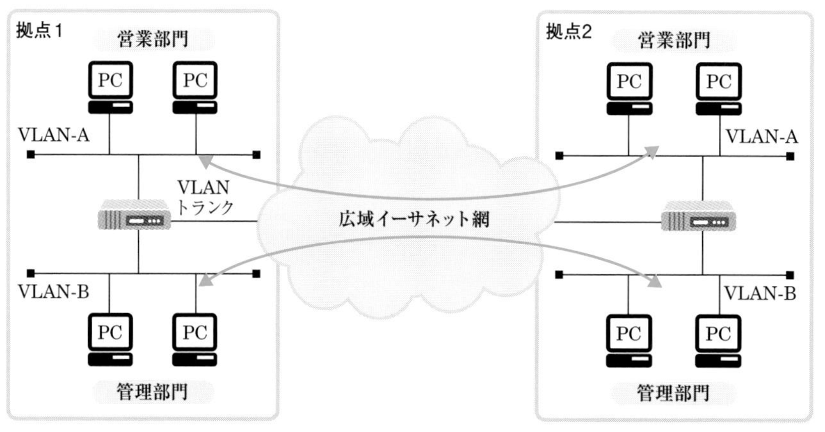

図8・3　タグVLAN接続

PA	DA	SA	TPID	TCI	タイプ	データ	FCS
8	6	6	2	2	2	46～1,500	4

単位：バイト

図8・4　タグの挿入

9 WANの技術(Ⅱ) IP－VPN

1 IP－VPNの概要

IP－VPNは、IP技術を用いて、電気通信事業者の網内に設置されたルータを利用する閉域接続型の通信サービスである。広域イーサネットサービスがレイヤ2の機能をデータ転送の仕組みとして使用するのに対し、IP－VPNはレイヤ3の機能を使用する。

IP－VPNは、TCP/IPネットワークを構築する際に、IPsecプロトコルを利用して、通信内容の暗号化による機密化と、認証による改ざん防止を実現する。これにより、ユーザは、エンド・ツー・エンドで機密性に優れた通信を行うことができる。

用語解説

IPsec
IPを利用したレイヤ3の暗号化・認証技術。

補足

IP－VPNと広域イーサネットの両方を使用しているユーザは、電気通信事業者が提供するゲートウェイを介して、IP－VPNと広域イーサネットの相互接続を行うことができる。

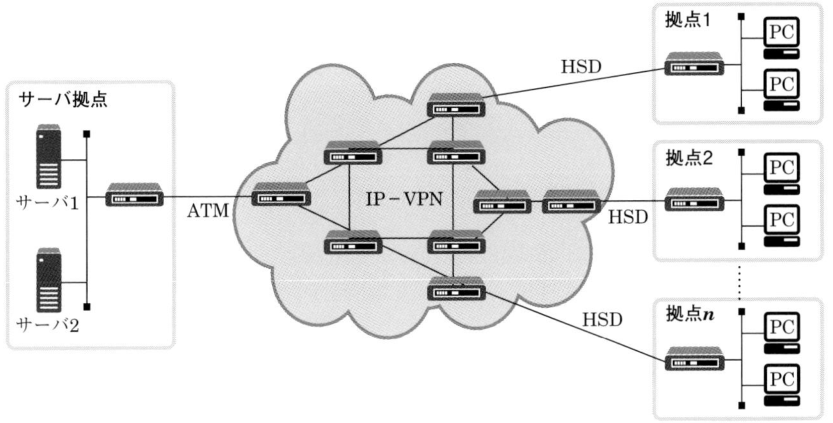

図9・1 IP－VPNを使用したネットワーク例

2 MPLS

IP－VPNは、MPLS(Multi－Protocol Label Switching)技術を利用して通信サービスを提供する。通常のIP網では、IPヘッダに記述された宛先IPアドレスをもとに、ルータが保持している経路情報から宛先のネットワークを特定してパケットを転送する。

これに対し、MPLS網では、IP網からIPパケットが転送されてくると、網の入口でIPヘッダの前にラベルという識別子を付与し、このラベル情報をもとにそのIPパケットを転送する。また、MPLS網の出口ではラベルが取り除かれ、IPパケットとしてIP網に転送される。このように、MPLS網の出入口にあって、ラベルの付与および除去を行うルータは、PE(Provider Edge)ルータまたはラベルエッジルータ(LER：Label Edge Router)などと呼ばれている。MPLS技術を利用することで、電気通信事業者内の基幹ネットワークを構成するルータの負荷を軽減するとともに、パケットの高速転送を実現している。

MPLS網は、図9・2に示すように、一般に、PEルータと、基幹ネットワークを構成するP(Provider)ルータ(LSR：Label Switching Routerともいわれ

注意

IP－VPNで利用可能なレイヤ3の通信プロトコルは原則、IPのみである。

補足

MPLS対応ルータなどのMPLS機器間は、LDP(Label Distribution Protocol)によりラベル情報を交換して、LSP(Label Switched Path)といわれる転送経路を維持する。

補足

ラベルは複数個付与すること(ラベルスタック)が可能で、Pルータは最も外側のラベルのみを参照し、付け替え(swap)て転送(フォワーディング)する。

る）から成る。また、ユーザのネットワークは、ユーザの拠点内に設置される**CE**（Customer Edge）**ルータ**を介してPEルータに接続される。

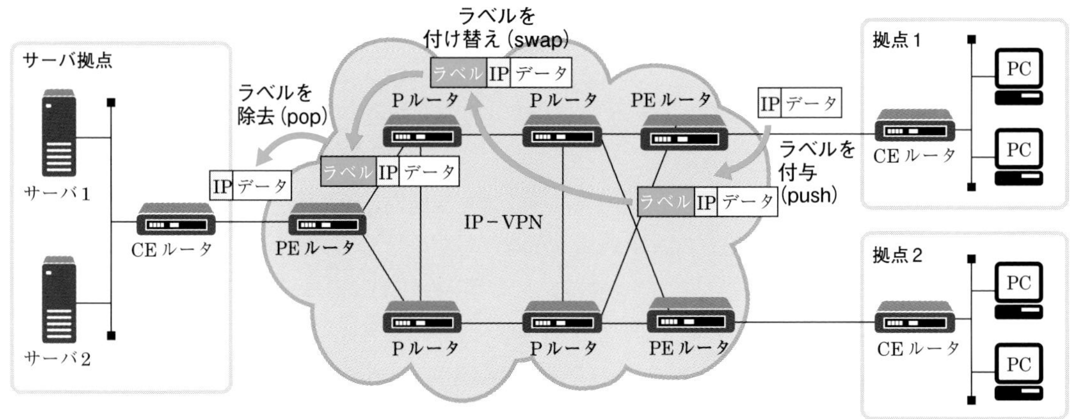

PEルータは、CEルータから受信したIPパケットの宛先IPアドレスをもとに、IPパケットにラベルを付与する。また、Pルータから受信したIPパケットからラベルを除去して、CEルータに送信する。Pルータでは、PEルータが付与したラベル情報を識別して、該当するPEルータ宛にIPパケットを転送する。

図9・2　MPLSの機能

3 EoMPLS

EoMPLS（Ethernet over MPLS）は、MPLS網において、LANで利用されているイーサネットフレームをカプセル化して転送する技術である。MPLSに直接イーサネットフレームを埋め込むEoMPLSは、遠隔地にあるイーサネットLANどうしを簡単に接続でき、拡張しやすいというメリットを持っている。

EoMPLSのフレームフォーマットを図9・3に示す。ユーザネットワークのアクセス回線から入力されたイーサネットフレームは、MPLSドメインの入口にあるPEルータで、先頭にある同期信号の**プリアンブル**（PA：PreAmble/SFD）と、末尾にある**FCS**（Frame Check Sequence）が除去される。そして、レイヤ2転送用の**MACヘッダ**と**MPLSヘッダ**（**Shimヘッダ**）が付与された後、これらをもとにした**FCS**がフレームの末尾に付与される。

補足

MPLSヘッダは、TラベルとVCラベルから成る。Tラベルは、転送経路を特定するためのラベルである。また、VCラベルは、ユーザを特定するためのラベルで、複数のユーザを個々に分離してVPN接続を行うのに用いる。MPLSドメインの出口側では、PEルータの直前にあるPルータがTラベルを取り除いてPEルータに転送する。そして、PEルータはVCラベルをもとに転送先のユーザネットワークのアクセス回線を特定し、VCラベルとMACヘッダを取り除いて、イーサネットフレームとしてアクセス回線に転送する。

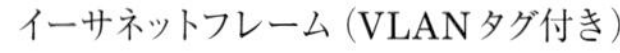

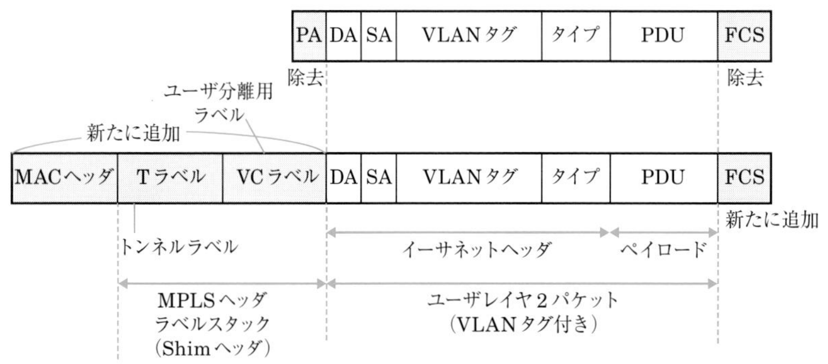

図9・3　EoMPLSのフレームフォーマット

10 光アクセス技術

1 FTTxの種類

光ファイバを利用するアクセス方式を総称して、**FTTx**という。「x」の部分で、どこまで光ファイバが敷設されているかを表している。FTTxの代表的なものに**FTTH**（Fiber To The Home）がある。

FTTHは、電気通信事業者が提供する光ファイバによる家庭向けの大容量・常時接続の高速データ通信サービスである。ユーザ宅に設置した**ONU**（Optical Network Unit 光加入者線網装置）と、電気通信事業者の収容局の**OSU**（Optical Subscriber Unit 光加入者線終端盤）とを光ファイバで接続する。なお、複数のOSUをまとめて1つの装置に収容したものを**OLT**（Optical Line Terminal 光加入者線終端装置）という。通常、電気通信事業者の収容局からの距離があるため、単一モード（シングルモード）の光ファイバが使用される。

FTTxには、この他、オフィスビルなどの建物内に設置したONUまで光ファイバを敷設し、そこから先はメタリックケーブルを使用する**FTTB**（Fiber To The Building）や、ONUを電柱などに設置し、ユーザ宅まではメタリックケーブルを使用する**FTTC**（Fiber To The Curb）がある。

FTTH　ユーザ宅のONUと電気通信事業者の収容局のOSUを光ファイバで接続する

電気通信事業者の収容局

OSU/OLT　光ファイバ　ユーザ宅　ONU

図10・1　FTTH、FTTB、FTTCのイメージ

> **補足**
> 光アクセスネットワークに**VDSL**（Very high-bit-rate DSL）を利用するケースもある。VDSLでは、一般に、電気通信事業者のビルから大規模集合住宅などのMDF（主配線盤）室までの区間に光ファイバケーブルを敷設し、集合メディア変換装置（メディアコンバータ）により光信号を電気信号に変換して各住戸に分配する。また、MDF室から各住戸への配線には、通信用PVC屋内線を用いた既設の電話用の宅内配線を使用する。なお、VDSLは、xDSL（電話用に敷設されたメタリックケーブルを用いて高速デジタル伝送を実現する技術）の1つである。xDSLには、この他、設備センタとユーザ間の通信に2対のメタリックケーブルを用いる**HDSL**（High-bit-rate DSL）等がある。

2 光アクセスネットワークの設備構成

光アクセスネットワークの設備構成は、次の3つに分類される。

● SS（Single Star）

SSは、ユーザ宅内のONUである光メディアコンバータ（MC）と電気通信事業者の収容局のOSUであるMCがポイント・ツー・ポイント（1対1）で接続された構成をとる。この構成は、回線と収容局側の保守・管理が容易であるが、光ファイバの敷設の設備投資が必要となる。

●ADS(Active Double Star)

ADSは、ポイント・ツー・マルチポイント(1対多)の形態をとる。ユーザ宅の近くにONUの機能(O/E・E/O変換機能)を持った**RT**(Remote Terminal 遠隔多重装置)を設置し、ユーザ宅内のDSU(Digital Service Unit デジタル回線終端装置)をメタリックケーブルで収容する。RTから収容局のOSUまでは、光ファイバによって接続される。複数のユーザからの電気信号は、RTで多重化され、光信号に変換されてOSUまで届けられる。

この構成は、1本の光ファイバを効率的に使えるが、RTの設置場所を確保する必要があるなどデメリットも抱えている。

●PON(Passive Optical Network)

PONは、ADSと同様にポイント・ツー・マルチポイント(1対多)の形態をとるが、中継路にすべて光ファイバを利用しているのが特徴である。各ユーザ宅からの光ファイバ回線は、電気通信事業者の収容局との間に設置された**光スプリッタ**で1本の光ファイバに集線され、収容局内のOSUで終端される。光スプリッタは光受動部品(パワー利得のない光部品)で、光信号を電気信号に変換することなく合・分波し、ユーザ側のONUと電気通信事業者側のOSU間を光信号のまま中継する。

なお、PONで使用されている光スプリッタでは、**光スターカプラ**という**パッシブ素子(受動素子)**が用いられているので、PONは**PDS**(Passive Double Star パッシブダブルスター)とも呼ばれる。PON方式は効率性が高いため、現在、光アクセス方式の主流となっている。

補足

O/E変換とは、光ファイバケーブルで伝送されてきた光(Optical)信号をメタリックケーブルで伝送するための電気(Electrical)信号に変換することをいう。
また、E/O変換とは、電気信号を光信号に変換することを指す。

補足

ADSとPON(PDS)は、電気通信事業者側を中心とした構成と、機能点を中心とした構成が、2段のスター型の構成であるため、「ダブルスター」と呼ばれている。

SS構成 ユーザ宅の装置と電気通信事業者の収容局の装置とを光ファイバで1対1で接続する。

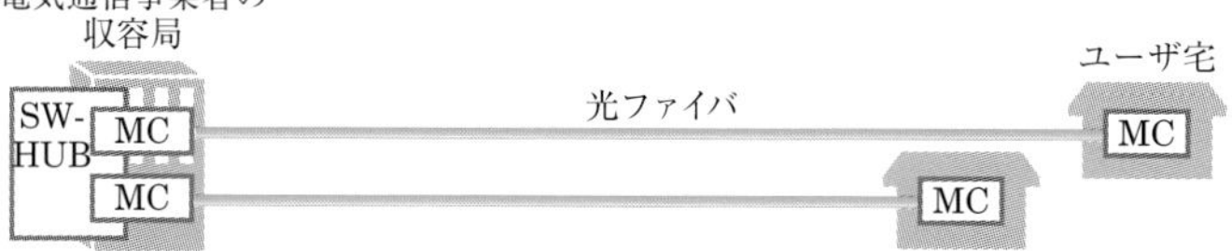

ADS構成 1本の光ファイバを複数のユーザで共有。RTからユーザ宅まではメタリックケーブルを使用する。

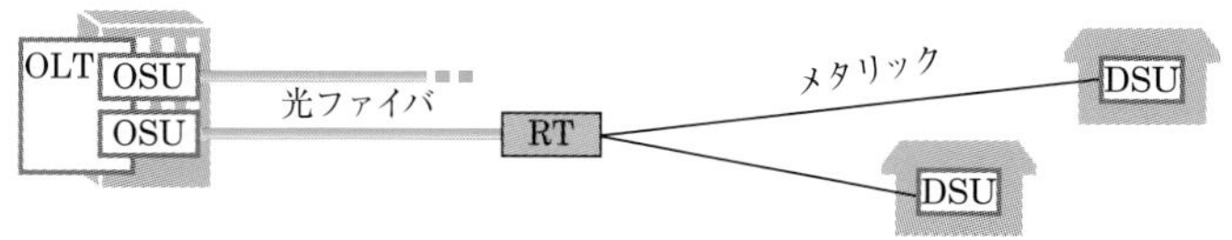

PON構成 OSUとONUの間に光スプリッタを設置して光信号を分岐する。

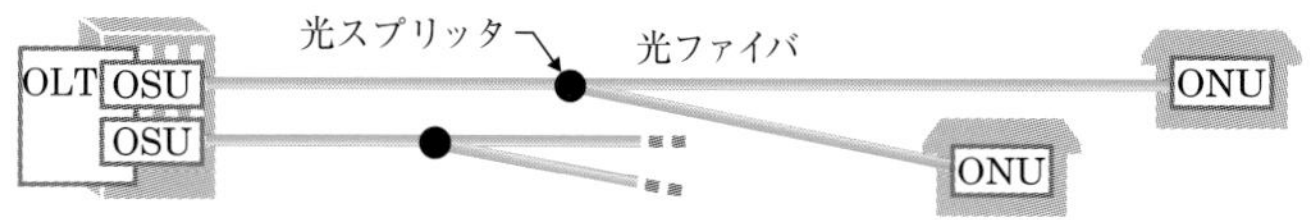

図10・2 光アクセスネットワークの設備構成

3 PON方式の主な種類

●**B－PON(Broadband PON)**

固定長のATMセルにより情報伝送を行う方式であり、ITU－TのG.983シリーズとして標準化されている。最大伝送速度は、上り・下りとも155Mbit/sのものと、上り155Mbit/s・下り622Mbit/sのものがある。

●**G－PON(Gigabit PON)**

ATMセルと可変長のGEMフレームを、GTCフレームという固定長のフレームに収容して伝送する。最大伝送速度は、上りが1.2Gbit/s、下りが2.4Gbit/sである。ITU－TのG.984シリーズとして標準化されている。

●**GE－PON(Gigabit Ethernet PON)**

イーサネットフレームをそのまま用いて、上り・下りともに最大1Gbit/sで情報伝送を行う方式であり、IEEE802.3ahとして標準化されている。IEEE802.3ahでは、各レイヤの機能について規定しており、レイヤ1には、物理媒体に依存する**PMD**(Physical Medium Dependent)**副層**、データを符号化する**PCS**(Physical Coding)**副層**、フレーム間隔の調整などを行う**RS**(Reconciliation)**副層**などが定められている。また、レイヤ2には、上り信号の制御などを行う**マルチポイントMACコントロール副層**、装置や回線の保守監視制御を行う**OAM**(Operation Administration Maintenance)**副層**などが規定されている。

これらのうち、たとえばマルチポイントMACコントロール副層は、OLT配下の各ONUに対して送信許可を通知し、各ONUからの上り信号を時間的に分離して衝突を回避する機能や、ネットワークに接続されたONUをOLTが自動的に発見し、**LLID**(Logical Link ID)といわれる識別子をそのONUに付与して通信リンクを自動的に確立する**P2MP**(Point to Multipoint)**ディスカバリ機能**を持っている。

GE－PONでは、1Gbit/sの上り帯域を複数(通常は最大**32台**)のONUで分け合うため、**帯域制御**が重要となる。この帯域制御には、**DBA**(Dynamic Bandwidth Allocation **動的帯域割当**)**機能**が利用されている。具体的には、上り帯域を使っていないONUにも帯域が割り当てられることによる無駄をなくすため、OLTに**DBAアルゴリズム**を搭載し、上りのトラヒック量に応じて帯域を柔軟に割り当てている。DBA機能は、**遅延制御**にも有効である。GE－PONでは、DBAアルゴリズムを用いて、ONUを低遅延クラスと通常遅延クラスに分け、低遅延クラスとして設定されたONUの上り信号を一定時間内に送信することで、遅延時間を短縮している。

●**10G－EPON(10Gigabit Ethernet PON)**

情報伝送速度が1Gbit/sのGE－PONが普及したことで、通信環境の快適さは飛躍的に向上した。しかし、近年、より高速な通信サービスを利用したいという要望や、映像配信など大容量の通信設備を必要とするサービスなどが急速に増えてきていることから、GE－PONよりもさらに高速な10Gbit/sの情報伝送速度を実現する10G－EPONへと通信サービスの需要がシフトしつつある。

補足

近年のアクセスネットワークではイーサネットフレームを用いることが多いため、GE－PON方式が一般的になりつつある。

補足

GE－PONにおける光ファイバの分岐数は、電気通信事業者により異なるが、OLTから配線された1心を最大32分岐する設備構成のものが多い。

10G－EPONでは、同一の光伝送路上で速度の異なる信号伝送が共存できるようにすることで、GE－PON用の既設の光伝送路を活用しながらGE－PONから10G－EPONへのスムーズな移行を可能にしている。

GE－PONと10G－EPONで共用するシステムでは、速度の異なる信号を1つの光伝送路上に共存させて伝送を行うために、OLTからONUへの下り方向では、**WDM**技術を用いて、10Gbit/sの信号に1.57 μm帯の波長を、1Gbit/sの信号に1.49 μm帯の波長を用い、それらの信号を受信するONUで波長フィルタにより10Gbit/sの信号であるか1Gbit/sの信号であるかを識別する。一方、ONUからOLTへの上り方向では、10Gbit/sと1Gbit/sで同じ1.31 μm帯の波長を用い、**TDMA**(時分割多元接続)技術により複数のONUからの信号を時間的に分割して伝送し、OLTはONUの送信タイミングを管理することで、信号到着のタイミングに応じて10Gbit/s用の信号なのか1Gbit/s用の信号なのかを識別する。このとき、ONUごとに送信する光信号の強度が異なっていることにも留意する必要がある。したがって、OLTに搭載される光受信器は、受信信号の通信速度と強度がそれぞれ異なる断片的な光信号を処理できるものでなければならない。このような光受信器は、**デュアルバースト受信器**(デュアルレート光バースト受信器)などといわれる。

4 宅内設備構成

光アクセスネットワークを利用する場合のユーザ宅内設備は、光コンセントとONUの間を光ファイバケーブルで接続し、ONUとルータ(またはホームゲートウェイ)との間およびルータ(またはホームゲートウェイ)とPCなどの機器との間をUTPケーブルで接続する構成をとるのが当初は一般的であった。このため、ONUとルータ(またはホームゲートウェイ)は個別に電源をとる必要があった。その後、2000年代に入ると技術開発が進み、ONUを小形の挿抜(そうばつ)モジュール化してルータ(またはホームゲートウェイ)などの機器の回路基板に直接接続することで、ONUは機器とのインタフェースから供給される電力で動作できるようになった。ONUを機器に装着するための仕様としてさまざまなものが開発されてきたが、現在は**SFP＋**(Small Form-factor Pluggable Plus)インタフェースが主流になっており、10Gbit/sまでの伝送速度に対応している。

理解度チェック

問1　光アクセスネットワークの設備構成のうち、電気通信事業者の設備から配線された光ファイバ回線を分岐することなく、電気通信事業者側の光加入者線終端装置とユーザ側の光加入者線終端装置との間を1対1で配線する構成は、［(ア)］といわれる。

①SS　②ADS　③HDSL　④HFC　⑤PDS

答 (ア) ①

11 CATVシステム技術

1 CATVの概要

CATV(CAble TeleVision)は、テレビの有線放送サービスである。初期のCATVは、山間部(さんかん)や離島(りとう)など地上波テレビ放送の電波を受信しにくい地域にテレビ放送を送信するための、難視聴(なんしちょう)解消を目的としたシステムであった。

しかし現在では、CATVは、インターネット通信やIP電話サービスなど、放送だけではなく通信にも空きチャンネルを利用するという、フルサービス化へと進化している。

CATVの空きチャンネルを利用して高速なインターネット通信を行うサービスを**CATVインターネット**という。現在主流のケーブルモデム規格であるDOCSIS3.0では、下りの最大伝送速度が約300Mbit/s、上りの最大伝送速度が約100Mbit/sという非対称の通信になっている。

2 CATVインターネットのネットワーク構成

CATVインターネットのネットワーク構成には、CATVセンタからユーザ宅まですべて光ファイバを用いたFTTH(Fiber to The Home)方式と、光ファイバと同軸ケーブルを組み合わせた**HFC**(Hybrid Fiber Coaxial)**方式**がある。一般的には、CATV映像サービスに用いられてきた既設の同軸ケーブルを利用することで、全区間に光ファイバを使用する場合に比べて建設コストを軽減でき、全区間で同軸ケーブルを使用する場合に比べて高速かつ高品質な伝送ができることから、HFC方式をとっている。

HFC方式では、CATVセンタからユーザ宅付近に設置された光ノード(光メディアコンバータ)までは光ファイバを使用し、光ノードからユーザ宅までは同軸ケーブルを使用する。また、インターネットに接続するため、ユーザ宅内には、一般に、**ケーブルモデム**が設置される。ケーブルモデムは、CATVセンタ内の**CMTS**(Cable Modem Termination System:ケーブルモデム終端装置)と同様に、インターネットデータの変調および復調を行う装置である。

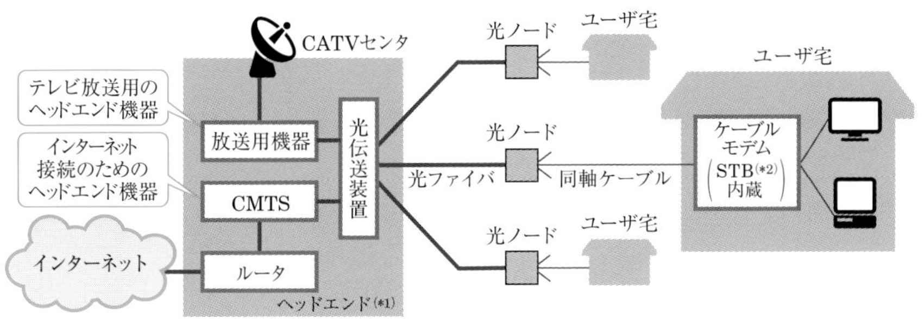

(*1) ヘッドエンド:放送・通信サービスを提供するための各種機器が収容されている施設。
(*2) STB:セットトップボックス。CATV放送信号等を受信して、一般のテレビ等で視聴可能な信号に変換する装置。

図11・1 CATVインターネットのネットワーク構成(概略図)

3 CATVインターネットの標準規格

CATV網を利用して、同軸ケーブルによりインターネットなどの双方向のデータ通信サービスを実現するための技術には、国際的に定められた標準規格がある。これは**DOCSIS**（Data Over Cable Service Interface Specifications）といわれ、アメリカのCableLabsという非営利組織が策定し、システム要件への適合性を認証している。

DOCSISの最初の規格（DOCSIS1.0）は1997年に策定され、その後バージョンアップを重ねて高速化や周波数利用効率の向上、誤り訂正機能やセキュリティの強化などが図られてきた。現在はバージョン3.0（DOCSIS3.0）対応の設備が主流であるが、近年はバージョン3.1（DOCSIS3.1）対応の設備への置換えも始まっている。また、どのバージョンでも、下り方向と上り方向で伝送速度が異なる非対称の通信となっている。

なお、各バージョンで下位互換性が維持されており、新しいバージョンに対応したCMTSに、古いバージョンにしか対応していないケーブルモデムからでもアクセスできるようになっている。これにより、たとえばCMTSもケーブルモデムも両方ともDOCSIS2.0対応の設備で運用していたのを、CATV事業者がCMTSを一方的にDOCSIS3.0対応の設備に更新しても、利用者はこれまで使用してきたDOCSIS2.0対応のケーブルモデムをそのまま使用できる。

●DOCSIS3.0

2006年に策定され、現在主流になっている。このバージョンの特徴として、**IPv6対応**、複数のチャネルを束ねて同期をとりながら伝送する**チャネルボンディング**技術による通信速度の向上、**AES**（Advanced Encryption Standard）暗号の採用によるセキュリティの大幅強化などが挙げられる。

・下り方向

CMTSからケーブルモデムへの伝送に使用する信号の周波数の範囲は、108M～1,002MHzである。1チャネルの帯域幅は以前のバージョンと同じ**6MHz**の固定で、シングルキャリアを256QAM変調して1チャネル当たりの最大伝送速度を約43Mbit/sとしている。チャネルボンディングは最少構成で4つのチャネルを束ねることとし、これにより最大160Mbit/sの伝送速度を実現している。規格上は30チャネル程度まで束ねることができ、その場合の最大伝送速度は1.2Gbit/sとなるが、実際には8チャネルを束ねて最大320Mbit/sとしているCATV事業者および製品が多い。また、誤り訂正符号として、内符号にトレリス（Trellis）符号を、外符号にリード・ソロモン（Reed-Solomon）符号を採用している。

・上り方向

ケーブルモデムからCMTSへの伝送では、5M～85MHzの周波数の信号を用い、シングルキャリアを64QAM変調してA－TDMA（Advanced Time Division Multiple Access）またはS－CDMA（Synchronous Code Division Multiple Access）方式により伝送する。1チャネルの帯域幅は、契約に応じて、0.2MHz、0.4MHz、0.8MHz、1.6MHz、3.2MHz、6.4MHzの6段階の固定になっており、

用語解説

リード・ソロモン符号
2元のBCH符号（後述）を多元に拡張したもので、多元BCH符号ともいわれる。複数のビットを1単位としたシンボルごとに誤りを訂正する。ビット誤りが連続して生じるバースト誤りに強い。

トレリス符号
雑音の多い伝送路で発生する誤りの訂正に適しており、1ビット当たりの信号電力密度対雑音電力密度比に対するビット誤り率特性を改善できる。

内符号と外符号
テレビ放送用の設備などでは、異なる方式を組み合わせて二重に符号化することで、雑音や符号誤りへの対策を強化していることが多い。伝送路から見て近い側の符号を内符号といい、遠い側の符号を外符号という。

1チャネル当たりの最大伝送速度は約30Mbit/sである。そして、チャネルボンディング技術により4つのチャネルを束ね、最大120Mbit/sの伝送速度を実現する。誤り訂正符号にはリード・ソロモン符号を採用している。

●DOCSIS3.1

2013年に策定され、CATVインターネットの次世代の規格として導入が進んできている。仕様の検討段階では、下りと上りの双方向で同じ10Gbit/sの伝送速度を可能にするフルデュプレックス・システムが計画されていたが、その実現は次のバージョンに持ち越され、このバージョンでも下り方向と上り方向が非対称の通信となっている。

・下り方向

CMTSからケーブルモデムへの伝送に使用する信号の周波数の範囲は、258M～1,218MHzを必須とし、さらに、下限は108MHzまで、上限は1,794MHzまで、任意に拡張することができる。1チャネルの帯域幅は24M～192MHzの可変となっており、4,096QAMで変調したサブキャリアを**OFDM**変調方式により多数束ねて伝送するマルチキャリア伝送を行うことで周波数利用効率を大幅に高め、最大約1G～10Gbit/sの伝送速度を実現している。また、誤り訂正符号として、内符号に**LDPC**（Low-Density Parity-Check 低密度パリティ検査）符号を、外符号にBCH（Bose（ボーズ）, Chaudhuri（チョードリ）, Hocquenghem（オッカンガム））符号を採用しており、その高い誤り訂正能力から変調レートを高めることが可能になり、スループットが向上している。

・上り方向

ケーブルモデムからCMTSへの伝送に使用する信号の周波数の範囲は、5M～204MHzを必須とし、さらに上限を任意に拡張することができる。1チャネルの帯域幅は6.4M～96MHzの可変で、4,096QAMで変調したサブキャリアを**OFDMA**変調方式により多数束ねて伝送するマルチキャリア伝送を行うことで、最大約200M～2.5Gbit/sの伝送速度を実現している。また、誤り訂正符号には、LDPC符号を採用している。

用語解説

LDPC符号
低密度なパリティ検査行列（含まれる0でない要素の割合が非常に低い）符号ブロック中の1のビットの数が偶数または奇数になるように冗長ビットを付加したもので定義される誤り訂正符号。通信路上で情報を連続して誤りなく伝送できる理論上の限界とされるシャノン限界に近い、誤りのほとんどない伝送を、実行可能な計算量で実現できる。

BCH符号
誤り訂正符号のうち、ブロック符号（入力情報ビットを一定のビット数にまとめ、これに一定ビット数のチェックビットを付加してブロックを生成し、ブロックごとに誤りを訂正するもの）に分類される。同じブロック符号に分類されるハミング符号は1つのブロックに対して1ビットの誤りしか訂正できないが、BCH符号では複数個の誤りを訂正できる。

理解度チェック

問1　CATV網を利用する高速データ通信の規格であるDOCSIS3.1は、使用周波数帯の拡張、誤り訂正符号としてのLDPC符号の採用、多重化方式にマルチキャリア方式で周波数利用効率の高い［（ア）］の採用などによって伝送速度の向上を図っている。

①CDMA　②FDMA　③OFDM　④TDMA

答（ア）③

演習問題

問1

1000BASE－Tでは、送信データを符号化した後、符号化された4組の5値情報を5段階の電圧に変換し、4対の撚り対線を用いて並列に伝送する （ア） といわれる変調方式により伝送に必要な周波数帯域を抑制している。

[① 4D－PAM5　② PAM5×5　③ PAM16　④ 4B／5B　⑤ 8B／10B]

解説

1000BASE－T（IEEE802.3ab）は、ツイストペアケーブルの心線4対すべてを用いて信号を並列伝送するギガビットイーサネットの規格である。信号の変調には、8B1Q4方式（データを8ビットごとに区切って符号化処理を行うもので、8ビットのビット列に誤り検出用の1ビットを加えた9ビットを、－2、－1、0、＋1、＋2の5値情報で表現される4組の信号から成る1つのシンボルに置き換える）により符号化された情報を、各符号の値に応じて5段階の電圧に変換する、**4D－PAM5**といわれる多値符号化変調方式が用いられる。

【答（ア）①】

問2

10GBASE－LRの物理層では、上位MAC副層からの送信データをブロック化し、このブロックに対してスクランブルを行った後、2ビットの同期ヘッダの付加を行う （イ） といわれる符号化方式が用いられる。

[① 1B／2B　② 4B／5B　③ 8B1Q4　④ 8B／10B　⑤ 64B／66B]

解説

10GBASE－LRの仕様はIEEE802.3aeで規定され、その物理層では、上位層であるMAC副層からの32ビットの送信データ2回分（64ビット）を1ブロックとして扱い、各ブロックに対し0または1が長期間連続しないようスクランブル処理を施し、さらに2ビットの同期ヘッダを付加して66ビットの符号に変換する。このような符号化方式は、**64B／66B**といわれる。

【答（イ）⑤】

問3

IPv6ヘッダにおいて、パケットがルータなどを通過するたびに値が一つずつ減らされ、値がゼロになるとそのパケットを破棄することに用いられるものは （ウ） といわれ、IPv4ヘッダにおけるTTLに相当する。

[① トラヒッククラス　② バージョン　③ ホップリミット
④ ネクストヘッダ　⑤ ペイロード長]

解説

IPネットワークでは、パケットの宛先が見つからないまま永久に転送され続けることのないように、ルータを通過できる回数が制限されている。この回数を数えるために使用する8ビットのフィールドがIPヘッダに設けられており、IPv4ではTTL（Time To Live）といわれ、IPv6では**ホップリミット**といわれる。送信元ノードにおいてTTLまたはホップリミットに値が設定され、ルータなどを通過するたびにその値は1ずつ減らされていき、値が0になるとそのパケットは破棄される。このとき、パケットを破棄したルータなどは、その旨を送信元ノードに通知する。

【答（ウ）③】

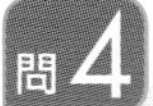

IPv6のアドレスについて述べた次の二つの記述は、 （エ） 。

A　IPv6のアドレスを大別すると、ユニキャストアドレス、マルチキャストアドレス及びブロードキャストアドレスの三つの種別がある。

B　IPv6のアドレス長128ビットのうち、上位16ビットを16進数で表示した値がfe80となるアドレスは、ユニキャストアドレスのうちのリンクローカルユニキャストアドレスである。

[①Aのみ正しい　②Bのみ正しい　③AもBも正しい　④AもBも正しくない]

解説

設問の記述は、**Bのみ正しい**。

A　IPv6アドレスは、単一の宛先を指定するユニキャストアドレス、グループを識別するマルチキャストアドレスおよびエニーキャストアドレスの3つに大別される。したがって、記述は誤り。

B　ユニキャストアドレスには、上位16ビットを16進数で表示した値がfe80であり同一セグメント内の相手との通信に使用されるリンクローカルユニキャストアドレスや、上位7ビットの値fc00::/7で判別され組織内のみで有効なユニークローカルユニキャストアドレスなどがある。したがって、記述は正しい。

【答（エ）②】

問5

IETFのRFC4443として標準化されたICMPv6などについて述べた次の二つの記述は、 （オ） 。

A　ICMPv6は、IPv6ノードで使用され、IPv6を構成する一部分であるが、IPv6ノードの使用形態によってはICMPv6を実装しなくてもよいと規定されている。

B　IPv6では、送信元ノードのみがパケットを分割することができ、中継ノードはパケットを分割しないで転送するため、PMTUD機能により、あらかじめ送信先ノードまでの間で転送可能なパケットの最大長を検出する。

[①Aのみ正しい　②Bのみ正しい　③AもBも正しい　④AもBも正しくない]

解説

設問の記述は、**Bのみ正しい**。

A　IETFが策定した技術文書RFC4443では、ICMPv6はIPv6を構成する一部分として必須であり、すべてのIPv6ノードは完全にICMPv6を実装しなければならないと規定している。したがって、記述は誤り。

B　IPv4では、中継ノード（ルータなど）は、受信したパケットのサイズが転送可能な最大のサイズ（MTU値）よりも大きいとき、そのパケットをフラグメント化（分割・再構成処理）し、転送可能なサイズに直して転送する。これに対して、IPv6では、中継ノードでのパケットの分割を禁止し、送信元ノードはPMTUD機能を用いて送信先ノードまでの間で転送可能なパケットの最大長を検出してからパケットを送出する。したがって、記述は正しい。

【答（オ）②】

広域イーサネットなどにおいて用いられるEoMPLSは、MPLS網内でイーサネットフレームを転送する技術であり、ユーザネットワークのアクセス回線から転送されたイーサネットフレームは、一般に、MPLSドメインの入口にあるラベルエッジルータでPA(PreAmble／SFD)とFCSが除去され、レイヤ2転送用の （カ） とMPLSヘッダ(Shimヘッダ)が付与される。

[① IPヘッダ　② TCPヘッダ　③ VLANタグ　④ VCラベル　⑤ MACヘッダ]

解説

MPLSドメイン(1つの管理ドメインに属するネットワークで、MPLSに対応する機器で構成されたもの)の入口にあるエッジルータ(ラベルエッジルータ)は、まず、ユーザネットワークのアクセス回線から入力されたイーサネットフレームの先頭にあるプリアンブル(PA)と、末尾にあるFCSを除去する。そして、先頭にレイヤ2転送用の**MACヘッダ**とラベル情報を格納するMPLSヘッダ(Shimヘッダ)を付加し、さらに、これらに対応したFCSを生成して末尾に付加する。 【答 (カ)⑤】

広域イーサネットについて述べた次の二つの記述は、 （キ） 。

A　IP－VPNがレイヤ3の機能をデータ転送の仕組みとして使用するのに対して、広域イーサネットはレイヤ2の機能をデータ転送の仕組みとして使用する。

B　広域イーサネットにおいて利用できるルーティングプロトコルには、EIGRP、IS－ISなどがある。

[① Aのみ正しい　② Bのみ正しい　③ AもBも正しい　④ AもBも正しくない]

解説

設問の記述は、**AもBも正しい**。

A　IP－VPNはレイヤ3の機能を、広域イーサネットはレイヤ2の機能を、それぞれデータ転送の仕組みとして使用する。したがって、記述は正しい。

B　広域イーサネットは、一般にLAN間のルーティングプロトコルの利用に制限がなく、OSPF、IS－IS、RIP、EIGRP、BGPなどさまざまなプロトコルを使用することができる。したがって、記述は正しい。 【答 (キ)③】

問8

CATVセンタからエンドユーザへ映像配信するCATVシステムにおいて、ヘッドエンド設備からアクセスネットワークの途中の光ノードまでの区間に光ファイバケーブルを用い、光ノードからユーザ宅までの区間に同軸ケーブルを用いるネットワークの形態は、一般に、 （ク） といわれる。

[① HFC　② ADSL　③ VDSL　④ FTTH　⑤ シェアドアクセス]

解説

近年、ケーブルテレビ事業者がケーブルテレビ放送用の設備(CATVシステム)を介して利用者にインターネットアクセスやIP電話などのサービスを提供できるようになっている。初期のCATVシステムでは、ケーブルテレビ事業者のヘッドエンド設備から利用者宅まですべて同軸ケーブルを用いて配線するのが一般的であったが、同軸ケーブルは伝送損失が大きいため光ファイバを利用することが多くなってきている。光ファイバを利用して配線するCATVシステムのうち、ヘッドエンド設備からアクセスネットワークの途中の分岐点までを光ファイバケーブルに置き換え、分岐点から各ユーザ宅までは同軸ケーブルで接続する光／メタルハイブリッドアクセス方式は、一般に、**HFC**(Hybrid Fiber Coaxial)方式といわれる。 【答 (ク)①】

光アクセスネットワークの設備構成などについて述べた次の記述のうち、誤っているものは、 (ケ) である。

① 光アクセスネットワークの設備構成のうち、電気通信事業者のビルから配線された光ファイバの1心を、分岐点において能動素子を用いた光／電気変換装置などを使用して分岐することにより、既存のメタリックケーブルを利用して複数のユーザへ配線する構成を採る方式は、ADS方式といわれる。
② 光アクセスネットワークの設備構成のうち、電気通信事業者のビルから配線された光ファイバの1心を、分岐点において光受動素子を用いて分岐し、個々のユーザの引込み区間にドロップ光ファイバケーブルを使用して配線する構成を採る方式は、PDS方式といわれる。
③ 光アクセスネットワークの設備構成のうち、電気通信事業者のビルから配線された光ファイバ心線を分岐することなく、電気通信事業者側とユーザ側に設置されたメディアコンバータなどとの間を1対1で接続する構成を採る方式は、HDSL方式といわれる。
④ 光アクセスネットワークには、波長分割多重伝送技術を使い、上り、下りで異なる波長の光信号を用いて、1心の光ファイバで上り、下り両方の信号を同時に送受信する全二重通信を行う方式がある。

解説

設問の記述のうち、誤っているものは、「**光アクセスネットワークの設備構成のうち、電気通信事業者のビルから配線された光ファイバ心線を分岐することなく、電気通信事業者側とユーザ側に設置されたメディアコンバータなどとの間を1対1で接続する構成を採る方式は、HDSL方式といわれる。**」である。光アクセスネットワークの設備構成には、SS方式、ADS方式、およびPDS(PON)方式がある。

①：ADS方式は、電気通信事業者のビルから配線された光ファイバの1心を、能動素子を用いた光／電気変換装置などを使用して分岐し、メタリックケーブルにより各ユーザへ配線する。したがって、記述は正しい。

②：PDS方式では、電気通信事業者のビルから配線された光ファイバの1心を、光受動素子(光スプリッタ)により分岐し、各ユーザへドロップ光ファイバケーブルを用いて配線する。したがって、記述は正しい。なお、PDSはPONとも呼ばれている。

③：SS方式についての説明なので、記述は誤り。なお、HDSL方式とは、設備センタとユーザ間の通信に2対のメタリックケーブルを用いるデジタル伝送方式で、上り／下りの伝送速度が同じものをいう。

④：PDS方式などでは、波長分割多重伝送技術を使用し、上り信号と下り信号に異なる波長の光を割り当てて、双方向の信号を同時に送受信する全二重通信を行っている。したがって、記述は正しい。

【答 (ケ)③】

第3章 情報セキュリティの技術

本章では、コンピュータウイルスや不正アクセス等の各種脅威や、これらの脅威から情報システムを防御するためのセキュリティ対策・管理技術について解説する。

1 情報システムに対する脅威

1 情報セキュリティとは

「情報」は企業経営に不可欠な要素であり、適切に保護する必要がある。情報に対し適切な保護がなされなければ、情報の漏洩（ろうえい）や改ざんなどといったリスクにさらされる。

JIS Q 27000：2019情報技術－セキュリティ技術－情報セキュリティマネジメントシステム－用語では、情報セキュリティを、「情報の機密性、完全性および可用性を維持すること」と定義している。

●機密性（Confidentiality）

認可されていない個人、エンティティまたはプロセスに対して、情報を使用させず、また、開示しない特性をいう。機密性に対するリスクや被害の例としては、不正アクセスや盗聴による機密情報漏洩、プライバシー侵害、著作権侵害などが挙げられる。

●完全性（Integrity）

正確さおよび完全さの特性をいう。完全性に対するリスクや被害の例としては、不正アクセスによる情報やデータの改ざんなどが挙げられる。

●可用性（Availability）

認可されたエンティティが要求したときに、アクセスおよび使用が可能である特性をいう。可用性に対するリスクや被害の例としては、コンピュータの故障、悪意のある者からの攻撃による情報システムのサービス停止などが挙げられる。

補足

JIS Q 27000では、左記の「機密性」「完全性」「可用性」に加え、さらに「真正性」「責任追跡性」「否認防止性」「信頼性」などの特性を維持することを含めることもあるとしている。

用語解説

エンティティ

「実体」「主体」などともいい、情報セキュリティの分野では、情報を使用する組織および人、情報を扱う設備、ソフトウェアおよび物理的媒体などを指す。

2 情報システムに対する脅威（Ⅰ）—コンピュータウイルス—

●コンピュータウイルスの定義

通商産業省（現在の経済産業省）が告示した「コンピュータウイルス対策基準」により、コンピュータウイルス（以下「ウイルス」と表記）は、第三者のプログラムやデータベースに対して意図的に何らかの被害を及ぼすように作られたプログラムであり、次の機能を1つ以上有するもの、と定義されている。

(1) 自己伝染機能

(2) 潜伏機能

(3) 発病機能

補足

コンピュータウイルス対策基準は、コンピュータウイルスに対する予防、発見、駆除、復旧等について実効性の高い対策をとりまとめたものである。

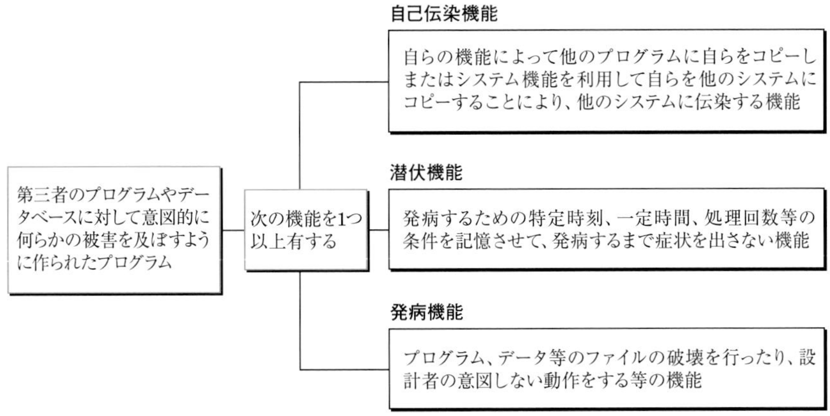

図1・1　コンピュータウイルスの定義

ウイルスは、一般に、ファイルからファイルに感染してプログラムやデータを破壊するなど、コンピュータの動作に悪影響を及ぼす。感染源としては、Webサイトや電子メール、USBメモリなどの外部記憶媒体の他、アプリケーションソフトウェアのマクロ機能を利用するものなどがある。

●ウイルスの分類

ウイルスは、感染対象や行動により、表1・1のように分類される。なお、最近では、ウイルス、ワーム、トロイの木馬など、不正な活動を行うために作られた悪意のあるソフトウェアを総称して、マルウェアと呼ぶことが多い。

表1・1　ウイルスの分類

分類		概要
狭義のウイルス	ファイル感染型	主としてプログラム実行ファイル(例：拡張子が".exe"や".com"のファイル)に感染する。プログラム実行時に発病し自己増殖する傾向がある。
	システム領域感染型	コンピュータのシステム領域(例：OS起動時に読み込まれるブートセクタなど)に感染する。OS起動時に実行され、電源を切るまでメモリに常駐する。
	複合感染型	ファイル感染型とシステム領域感染型の両方の特徴を持つ。
ワーム		他のファイルに感染することなく、単独のプログラムとして動作し、自己増殖する。ネットワークを利用して自分自身をコピーしながら、電子メールソフトウェアに登録されているメールアドレスに勝手にメールを送付し、自己増殖を繰り返す。
トロイの木馬		単独のプログラムとして動作し、有益なプログラムのように見せかけて不正な行為をする。たとえば、個人情報を盗み取ったり、コンピュータへの不正アクセスのためのバックドアを作ったりする。ただし、他のファイルに感染するといった自己増殖機能は持たない。

表1・1中の「狭義のウイルス」とは、ウイルスを感染対象別に分類したものを指す。広義のウイルスは行動別に分類され、表に示すように狭義のウイルス(感染行動型)、ワーム(拡散行動型)、トロイの木馬(単体行動型)となる。

ウイルスの分類については、表1・1の他にもポリモーフィック型(ミューテーション型)やメタモーフィック型などに細分化することがある。

ポリモーフィック型は、感染するたびに自分自身のコードの一部をランダムに暗号化し、自らの形態を変化させる。一方、メタモーフィック型は、自分自

補足

Webサイトを閲覧しただけでコンピュータをウイルスに感染させる攻撃手法をドライブ・バイ・ダウンロードという。また、この手法を利用した攻撃で、企業などのWebサイトを改ざんし悪意のあるコードを埋め込むものをガンブラーという。

補足

近年、WannaCryやLockyなど、勝手にファイルを暗号化したり、パスワードを設定・変更したりすることにより、PCにアクセス制限をかけ、制限を解除したければ金銭を支払えと要求してくる、身代金要求型のマルウェアが猛威を振るっている。これは一般にランサムウェア(ransomware)といわれ、大半はトロイの木馬としてPCに侵入する。

用語解説

バックドア
システムへの不正侵入者が、再び侵入する場合に備えて容易に侵入できるように設けた接続方法のこと。「裏口」を意味する。

補足

ウイルスの一種に、ボットと呼ばれるものがある。ボットは、感染したコンピュータを、ネットワークを通じて外部から操作するためのプログラムである。なお、ボットに感染したコンピュータで構成されたネットワークのことをボットネットという。

身のプログラムの順番を変更したり、別のコードに書き換えたりすることで、全く別のプログラムを装う。そのため、ウイルス対策ソフトウェアによる検出は困難である。

●ウイルスの感染対策

ウイルスの感染を防ぐ主な方法を以下に示す。

①セキュリティホールの解消

サーバやクライアントのセキュリティ上の脆弱(ぜいじゃく)な部分(**セキュリティホール**)を突かれてウイルスに感染するのを防止するためには、セキュリティパッチ(脆弱性を修正するプログラム)を適用する必要がある。セキュリティパッチは、OSだけでなくWebブラウザやメールソフトウェアなどにも適用する。

②ウイルス対策ソフトウェアによる検出

ウイルス対策ソフトウェアは、感染の有無を定期的にチェックしたり、電子メールの送受信時などにウイルスが含まれていないかどうかを監視することでウイルスを検出する。ウイルスの主な検出方法は次のとおりである。なお、新たに出現するウイルスに対応するため、ウイルス対策ソフトウェアのウイルス定義ファイルは、常に最新のものに更新しておく必要がある。

・パターンマッチング方式

既知のウイルスの特徴(パターン)が登録されているウイルス定義ファイルと、検査の対象となるファイルなどを比較して、パターンが一致するか否かでウイルスかどうかを判断する。この方式では、既知のウイルスの亜種については検出できる場合もあるが、未知のウイルスは検出できない。

・チェックサム方式

ファイルが改変されていないかどうか、ファイルの完全性をチェックする。具体的には、実行形式のファイルを検査して現在のチェックサムを求め、これと、あらかじめ登録しておいたウイルスに感染していないときのチェックサムとを照合して、相違があればファイルが改変されたと判断する。この方式では、未知のウイルスを検出できるが、検出自体はウイルスに感染してファイルが改変された後になる。

・ヒューリスティックスキャン方式

ウイルス定義ファイルに頼ることなく、ウイルスの構造や動作、属性を解析することにより検出するため、未知のウイルスの検出も可能である。

③オートラン機能の無効化

ウイルスに感染したUSBメモリなどの外部記憶媒体がWindows系OSを使用しているPCに接続されると、オートラン(autorun)機能といわれるプログラムの自動実行機能により不正プログラムが動作し、PCがウイルスに感染するおそれがあるので、OSの設定でオートラン機能を無効にしておくとよい。

3 情報システムに対する脅威(Ⅱ) —不正アクセス等—

情報システムに対する脅威には、ウイルスだけでなく、不正アクセスなどさまざまな不正行為がある。表1・2に例を示す。

ウイルス対策ソフトウェアのウイルス定義ファイルでは、セキュリティホールを塞ぐことはできない。セキュリティホールを塞ぐには、OSやソフトウェアの開発元から提供されるセキュリティパッチを適用する。

補足

ウイルスの振る舞いや、クラッカー(不正侵入者)の侵入方法などを調査・分析するために、意図的に脆弱性を持たせたシステムをインターネット上に設置することがある。このシステムを一般に、「ハニーポット」という。

チェックサム方式は、ファイルが改変されていないか調べることができるが、ウイルス名を特定することはできない。

不正アクセスなどによって、サーバの管理者権限を奪われた場合の被害を軽減する方法として、1人の管理者に付与する権限を必要最小限にする方法がある。これを**最小特権の原則**という。
また、サーバのより強固なセキュリティ対策として、情報通信事業者などが提供する施設でサーバの一部または全部を借りて自社の情報システムを運用する**ホスティング**も広く利用されている。

表1・2 ネットワーク等への不正アクセス等の例

名称	説明
盗聴	不正な手段で通信内容を盗み取る。なお、ネットワーク上を流れるIPパケットを盗聴してIDやパスワードなどを不正に入手する行為を、パケットスニッフィングという。
改ざん	管理者や送信者の許可を得ずに通信内容を勝手に変更する。
なりすまし	他人のユーザIDやパスワードなどを入手して、正規の使用者に見せかけて不正な通信を行う。スプーフィングともいう（送信元のIPアドレスを偽装して他のコンピュータになりすます攻撃をIPスプーフィングという）。
フィッシング	金融機関などの正規の電子メールやWebサイトを装い、暗証番号やクレジットカード番号などを入力させて個人情報を盗む。
スパイウェア	ユーザの個人情報やアクセス履歴などの情報を許可なく収集する。
キーロガー	キーボードから入力される情報を記録（ログ）に残して、パスワードやクレジットカード番号などを不正に入手する。
ポートスキャン	コンピュータに侵入するためにポートの使用状況を解析する。なお、ポートスキャンの一種で、標的ポートに接続してスリーウェイハンドシェイクによりシーケンスを実行し、コネクションが確立できることで標的ポートが開いていることを確認する方法を一般に、TCPスキャンと呼ぶ。
辞書攻撃	パスワードとして正規のユーザが使いそうな文字列（辞書に載っている単語など）のリストを用意しておき、これらをパスワードとして機械的に次々と指定して、ユーザのパスワードを解析し、不正侵入を試みる。
ブルートフォース攻撃	考えられるすべての暗号鍵や文字の組合せを試みることにより、暗号の解読やパスワードの解析を実行する。対策としては、パスワードを一定の回数以上連続して間違えた場合に一時的にログオン不能にするアカウントロックアウトが有効とされている。
パスワードリスト攻撃	他のサービスから不正に入手したIDとパスワードのリストを用いて、サービスへのログインを試みる。
踏み台攻撃	侵入に成功したコンピュータを足掛かり（踏み台）にして、さらに別のコンピュータを攻撃する。踏み台の例としては、他人のメールサーバを利用して大量のメールを配信するスパムメールの不正中継がある。
DoS（Denial of Service：サービス拒絶）攻撃	特定のサーバなどに、電子メールや不正な通信パケットを大量に送信することによって、システムのサービス提供を妨害する。なお、多数のコンピュータを踏み台にして、特定のサーバなどに対して同時に行う攻撃を、特にDDoS（Distributed Denial of Service 分散型サービス拒絶）攻撃という。 また、発信元のIPアドレスを攻撃対象のホストのIPアドレスに偽装したICMPエコー要求パケットを、ホストが所属するネットワークのブロードキャスト（一斉同報）アドレス宛に送信することで、そのホストを過負荷状態にするDoS攻撃を、一般に、スマーフ攻撃という。さらに、TCPコネクションを確立するための手順であるスリーウェイハンドシェイクを悪用したDoS攻撃の1つで、攻撃者が大量のSYNパケットを標的ホストに送信し、そのホストからの応答に返答しないことで、ホストの機能停止などを引き起こすものを、一般に、SYNフラッド攻撃という。
バッファオーバフロー攻撃	システムがあらかじめ想定しているサイズ以上のデータを送りつけて、バッファ（データを一時的に保存しておく領域）をあふれさせてシステムの機能を停止させたり管理者権限を奪取したりする。
ゼロデイ攻撃	コンピュータプログラムのセキュリティ上の脆弱性が公表される前、あるいは脆弱性の情報は公表されたがセキュリティパッチがまだない状態において、その脆弱性をねらって攻撃する。
SQLインジェクション	データベースと連動したWebアプリケーションに悪意のある入力データを与え、データベースへの問合せや操作を行う命令文を組み立てて、データベースを改ざんしたり情報を不正に入手したりする。
セッションハイジャック	攻撃者が、Webサーバとクライアント間の通信に割り込んで正規のユーザになりすますことによって、やりとりしている情報を盗んだり改ざんしたりする。
クロスサイトスクリプティング	標的となるWebサイトに、外部のWebサイトから攻撃用のスクリプトを混入させ、そのWebサイトを利用するユーザのWebブラウザ上で実行させる。
DNSキャッシュポイズニング	DNS（Domain Name System）サーバの脆弱性を利用し、偽りのドメイン管理情報を書き込むことにより、特定のドメインに到達できないようにしたり、悪意のあるWebサイトに誘導したりする。
サイドチャネル攻撃	暗号化処理を行っている装置から漏えいする電磁波、装置の消費電力量、処理時間の違いなどの物理的な特性を外部から測定し、秘密情報を盗み取る。

補足

システムに侵入した攻撃者が、自身の存在を隠蔽して不正な活動を行うために用いるソフトウェア群を、rootkit（ルートキット）という。

補足

ICカードに対する攻撃手法の1つに、ICチップの配線パターンに直接針を当てて信号を読み取るプロービングと呼ばれるものがある。

注意

OSやアプリケーションにあらかじめ用意されているアカウントは、一般に、デフォルトアカウントと呼ばれている。デフォルトアカウントは、一般に、秘密にされていないので、攻撃されないようにアカウントのIDとパスワードを変更することが望ましいとされている。

補足

検索エンジンの順位付けアルゴリズムを悪用して、不正なWebサイトのリンクを検索結果の上位に表示させる行為は、一般に、SEO（Search Engine Optimization）ポイズニングといわれる。

用語解説

スパムメール
不特定多数の相手に対し、了解なく、広告宣伝、ウイルス拡散、詐欺、勧誘などの目的で送信される電子メールで、迷惑メールともいう。主な対策として、ISPのフィルタリングサービスや、スパムメールブロック機能を持つセキュリティソフト、メールソフトなどを利用する。

DNSサーバ
DNSは、IPネットワーク上のホスト名（人間が識別しやすいように、ネットワーク上の各コンピュータに付けられている名前）とIPアドレスとの対応付けを行うシステムである。このDNSを実装しているコンピュータをDNSサーバという。

2 電子認証技術とデジタル署名技術(Ⅰ) 暗号化技術

1 暗号化技術の概要

暗号化技術とは、データに特定の処理を施し、内容を読み取れないようにする技術のことをいう。不正な手段によりデータが詐取されても、そのデータの内容を第三者にとって理解できないものにするために使用される。

暗号化される前の文を平文、暗号化された文を暗号文という。また、平文を暗号文に変換することを暗号化、暗号文から平文に戻すことを復号という。平文を暗号文に変換する際、あるいは暗号文から平文に戻す際、暗号化アルゴリズムと「鍵」と呼ばれる特定の値を組み合わせて、暗号化／復号の処理を行う。

代表的な暗号化方式には、共通鍵暗号方式と公開鍵暗号方式がある。次項以降で、各方式について説明する。

用語解説

暗号化アルゴリズム
暗号化の基本要件を実現するための処理手順。解読されにくい暗号の仕組みを提供する。これまでに、さまざまな暗号化アルゴリズムが考案され、実用化されている。

補足

暗号の強度は、一般に、暗号化に使用する鍵の長さが長いほど高い。

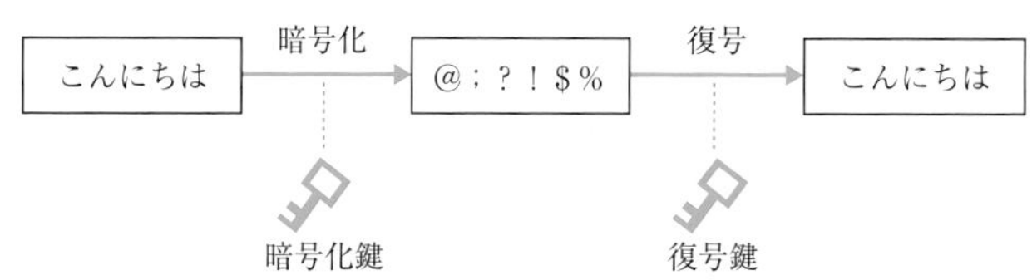

図2・1　暗号化と復号

2 共通鍵暗号方式

共通鍵暗号方式は、暗号化と復号に同一の鍵を使用する暗号方式である。情報をネットワーク上に送るとき、送信者は鍵を使用して平文を暗号文に変換し、受信者は同じ値の鍵を使用して、暗号文から元の平文を得る。

共通鍵暗号方式は比較的計算量が少なく、暗号化・復号の処理速度が速いことから、データ量の多い情報の秘匿に適している。しかし、暗号化と復号に同じ鍵を使用するため、その鍵を秘密に保持しなければならない。また、通信相手ごとに鍵を作成しなければならず、相手が増えればその分だけ必要な鍵が多くなるので、不特定多数の相手との通信には、鍵の配送や管理といった運用面が課題になる。

補足

共通鍵暗号方式は、暗号化する者と復号する者との間で鍵を秘密に保持しなければならないため、「秘密鍵暗号方式」とも呼ばれる。また、暗号化鍵と復号鍵が同一であることから、「対称鍵暗号方式」と呼ばれることもある。

注意

共通鍵暗号方式によりn人が相互間で通信を行う場合、異なる鍵の数は全体で

$$\frac{n(n-1)}{2}\text{個}$$

必要になる。

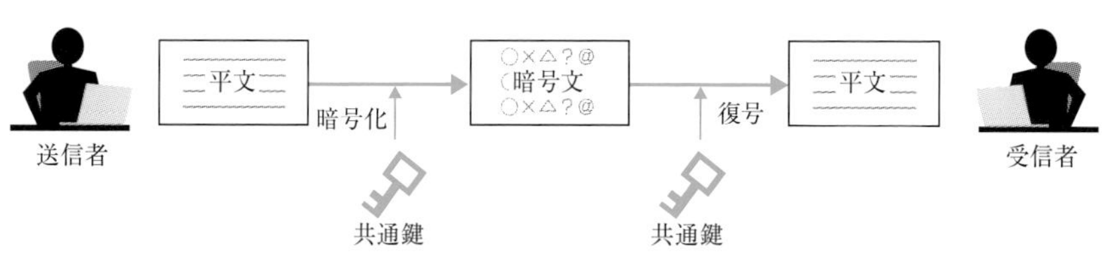

① 送信者と受信者は、同じ共通鍵のペアを持つ。
② 送信者は、共通鍵で平文を暗号化し、暗号文を受信者に送付する。
③ 受信者は、自分で保持していた共通鍵で暗号文を平文に戻す。

図2・2　共通鍵暗号方式の流れ

共通鍵暗号方式は、暗号化と復号の処理方法の違いから、ブロック暗号とストリーム暗号の2つに分類される。

●ブロック暗号

平文を一定のビット数ごとに区切って固定長のブロックに分割し、ブロック単位で転置(てんち)(一定の規則で情報の順序を入れ替える)と換字(かえじ)(変換表に従って文字を置き換える)の操作を複数回繰り返すことで暗号化／復号の処理を行う。代表的な暗号化技術にはDES(Data Encryption Standard)や3DES(Triple DES)、AES(Advanced Encryption Standard)などがあるが、現在はAES方式が推奨されている。

●ストリーム暗号

平文をブロックに区切らずに、先頭から順番にビット単位または文字単位で暗号化する方式である。まず、共通鍵を用いて鍵ストリーム(キーストリーム)として疑似乱数を生成する。そして、平文とEXOR(排他的論理和)演算をして暗号文を作る。また、復号時は、共通鍵を用いて鍵ストリームを生成し、暗号文とEXOR演算をすることで平文を得る。

この方式はブロック暗号と比べて暗号化／復号の処理速度が速い。代表的な暗号化技術としてRC4(Rivest's Cipher 4)が普及し、TCP/IPネットワークの暗号方式であるSSL/TLSや無線LANの暗号方式であるWEP・WPAなどにも採用されていたが、脆弱性が発見され、近年は使われなくなってきている。

用語解説

DES方式
1960年代にIBM社が開発した共通鍵暗号方式。1977年に米国の連邦情報処理基準に採用された。

3DES方式
IBM社が開発した暗号方式で、DESを3重に適用して暗号化の強度を高めたもの。

AES方式
DESの後継の暗号方式として、NIST(米国標準技術局)が公募し、2000年に採用された。鍵の長さとして128bit、192bitおよび256bitが利用可能であることから、DES方式と比較して強固な安全性を持つ。

RC4
米国RSA Data Security社が開発した鍵長が可変のストリーム暗号方式。

技術・理論 第3章

3 公開鍵暗号方式

公開鍵暗号方式は、秘密鍵と公開鍵という2つの独立した鍵を1対として使用する暗号方式である。一方の鍵は秘密に管理する必要がある秘密鍵であるが、他方の鍵は広く配布するための公開鍵である。図2・3のように、通信内容の秘匿に使用する場合は、一般に、暗号化に用いる鍵を公開して、復号に用いる鍵を秘密に保管する。

その手順は、まず、受信者側が公開鍵と秘密鍵の1対を暗号化アルゴリズムにより作成し、公開鍵だけを送信者に送付または公開する。次に、送信者側は、入手した公開鍵を使って平文を暗号化し、受信者宛てに送付する。受信者側は、自分の方で保持している秘密鍵を使って、暗号文を復号し、平文に戻す。

注意
暗号化と復号において、共通鍵暗号方式では同じ鍵を使用するが、公開鍵暗号方式では異なる鍵を使用する。

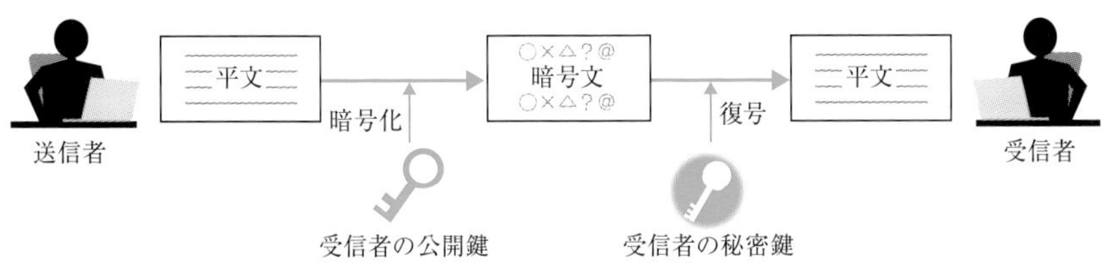

① 受信者は、1対の公開鍵と秘密鍵を作成し、公開鍵を送信者に送付または公開する。
② 送信者は、受信者の公開鍵を入手する。
③ 送信者は、受信者の公開鍵で平文を暗号化し、暗号文を受信者に送付する。
④ 受信者は、秘密鍵で暗号文を復号し、平文に戻す。

図2・3　公開鍵暗号方式の流れ

公開鍵暗号方式は暗号化と復号に異なる鍵を用いるため、暗号強度がほぼ同じ場合、共通鍵暗号方式に比べて計算量が多くなり、暗号化・復号の処理に時間がかかる。しかし、暗号化鍵を公開して多数の者に利用させるので、暗号化鍵／復号鍵(鍵ペア)が1組だけで済み、不特定多数の相手との通信を行う場合でも、鍵の管理が容易であることから、主に認証と鍵配送に用いられる。

公開鍵暗号方式で使用される暗号化アルゴリズムとしては、素因数分解の計算の複雑さを利用した**RSA**(Rivest-Shamir-Adleman scheme)が有名である。

公開鍵暗号方式は暗号化鍵と復号鍵が異なるため、「非対称鍵暗号方式」とも呼ばれる。

注意

公開鍵暗号方式によりn人が相互間で通信を行う場合、異なる鍵の数は全体で$2n$個必要となる。また、送信者が多数で受信者が1人の通信を公開鍵暗号方式により行う場合は、鍵の数は2個(受信者の公開鍵1個と受信者の秘密鍵1個の1ペア)で済む。

表2・1　共通鍵暗号方式と公開鍵暗号方式の比較

	共通鍵暗号方式	公開鍵暗号方式
鍵の同一性	暗号化鍵と復号鍵が同じ	暗号化鍵と復号鍵が異なる
鍵の管理	困難	容易
鍵の配送	必要	不要
処理速度	速い	遅い

4 ハイブリッド暗号方式

公開鍵暗号方式の長所(鍵の管理が容易)と共通鍵暗号方式の長所(処理が高速)を活かすため、これら2つの暗号方式を組み合わせた**ハイブリッド暗号方式**が多く用いられている。

具体的には、暗号化・復号に要する計算時間を短縮するために、送信者は平文の通信データを共通鍵で暗号化する(**共通鍵暗号方式**)。また、その共通鍵を安全に配送するために、あらかじめ入手しておいた送信相手(受信者)の公開鍵で暗号化する(**公開鍵暗号方式**)。

一方、暗号文と、公開鍵で暗号化された共通鍵を受け取った受信者は、まず、暗号化された共通鍵を、受信者自身の秘密鍵で復号する。そして、その復号した共通鍵を用いて暗号文を復号し、平文(元の通信データ)を取り出す。

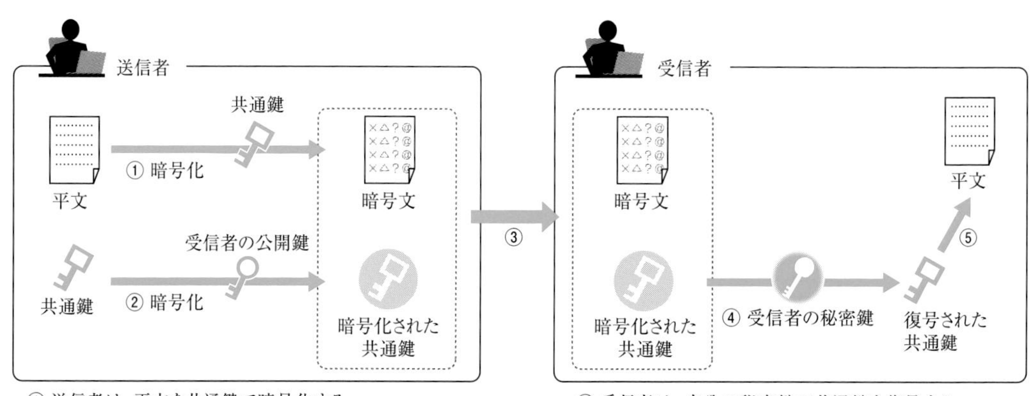

図2・4　ハイブリッド暗号方式の流れ

5 電子メールの暗号化

電子メールを暗号化する代表的な方法にPGPとS/MIMEがあり、いずれもハイブリッド暗号方式を採用している。

●PGP(Pretty Good Privacy)

PGPは、共通鍵暗号方式と公開鍵暗号方式を組み合わせた汎用的な暗号化ソフトウェアである。送信者は電子メールの内容を共通鍵で暗号化するとともに、その鍵を送信相手の公開鍵で暗号化する。また、送信者は送信者自身の身元を特定し、内容の改ざんを防ぐために、自分の秘密鍵を用いてデジタル署名を作成し、電子メールに付加する。

PGPでは、ユーザ自身が公開鍵の発行と管理を行う必要がある。たとえば、送信相手に公開鍵のファイルを送信するか、インターネット上の公開鍵サーバなどによって自分の公開鍵をインターネットユーザに公開する。そして、ユーザどうしが互いの公開鍵を保証し合う。

●S/MIME(Secure Multipurpose Internet Mail Extension)

S/MIMEは、PGPとは異なり、公開鍵を証明するための第三者機関(認証局)を必要とする。

電子メールの暗号化およびデジタル署名に関するインターネット標準規格に、S/MIMEがある。これは、電子メールでマルチメディア情報を扱う規格であるMIMEにセキュリティ機能を実装したものである。

S/MIMEは、PGPと同様に、電子メールの内容を共通鍵で暗号化し、その鍵を送信相手の公開鍵で暗号化する。その一方で、公開鍵の管理方法がPGPとは異なっており、PGPではユーザ自身が公開鍵の発行と管理を行うが、S/MIMEでは公開鍵を証明するために、第三者機関である認証局(CA)が発行するデジタル証明書を用いる。このように、S/MIMEでは、認証局を介在させることで、不特定多数の相手と安全に通信することが可能になる。

理解度チェック

問1 暗号について述べた次の二つの記述は、(ア)。

A 共通鍵暗号は、暗号化と復号に同じ鍵を使っており、代表的な共通鍵暗号としてAESがある。

B 公開鍵暗号は、暗号化と復号に異なる鍵を使っており、代表的な公開鍵暗号としてハッシュ関数を利用したRSAがある。

① Aのみ正しい ② Bのみ正しい ③ AもBも正しい ④ AもBも正しくない

問2 ハイブリッド暗号方式では、送信者は、共通鍵を使用して平文を暗号化し、その暗号化に使用した共通鍵を (イ) を使用して暗号化し、暗号文と併せて受信者に送る。

① 送信者の公開鍵 ② 受信者の公開鍵 ③ 送信者の秘密鍵 ④ 受信者の秘密鍵

問3 電子メールの盗聴やなりすましを防ぐとともに、改ざんの有無を確認するには、一般に、暗号化電子メールが使用される。 (ウ) は、第三者の認証機関により保証されたデジタル証明書を用いる電子メールの暗号化方式である。

① SSH ② IPsec ③ S/MIME ④ PGP

答 (ア) ① (イ) ② (ウ) ③

3 電子認証技術とデジタル署名技術(Ⅱ) 電子認証、PKI、デジタル署名

1 電子認証

インターネット経由で電子的に取引を行う場合などにおいては、さまざまな脅威から情報システムを守る必要がある。各種防御策のうち、取引の相手や取引される電子情報の正当性を確認することを**電子認証**と呼ぶ。ここで、電子認証の対象が人の場合は**本人認証**、メッセージの場合は**メッセージ認証**という。

●本人認証

電子情報の作成者または利用者が正当な資格を持つ本人であること(つまり、なりすましでないこと)を証明することを本人認証またはユーザ認証といい、確認に用いるものによって、**パスワード認証方式**や**バイオメトリック認証方式(生体認証方式)**などに分類される。

たとえば、パスワード認証方式では、本人だけが知っている秘密の文字列を提示して、認証を行うサーバが持つ情報と合致すれば、本人として認証する。最近では、より安全性の高い認証方法として、認証用のパスワードが1回しか使えない、いわゆる使い捨てパスワードを使用する**ワンタイムパスワード方式**が普及してきている。これには毎回異なる乱数(チャレンジコード)を用いる**チャレンジレスポンス方式**や、認証サーバとクライアントで時刻の同期をとり、時刻と個人識別番号によってパスワードを生成する**トークンカード方式**がある。

このうち、チャレンジレスポンス方式には、**CHAP**(Challenge Handshake Authentication Protocol)**方式**や**S/Key方式**などがある。CHAP方式では、サーバが毎回異なる乱数を生成してクライアントに送付し、クライアントは固定のパスフレーズと受け取った乱数をハッシュ関数で暗号化してワンタイムパスワードとする。一方、S/Key方式では、サーバがクライアントにチャレンジコードとしてシーケンス番号とシード(乱数)を送付し、クライアントは固定のパスフレーズとシードとを、シーケンス番号で指示された回数だけハッシュ関数で演算したものをワンタイムパスワードとする。

●メッセージ認証

電子情報の内容が偽造、破損または改ざんされていないことを証明することをメッセージ認証という。対象となる電子情報が改変されていないか確認するために、公開鍵暗号方式の秘密鍵を利用したデジタル署名が使われる。

2 PKI

PKI(Public Key Infrastructure **公開鍵基盤**)は、公開鍵暗号方式において公開鍵を安全にやりとりするための仕組みである。公開鍵暗号方式では、秘密鍵と公開鍵を1対として使用し、秘密鍵は本人だけが所持して外部に漏らさないようにするが、公開鍵は不特定多数に公開される。このため、なりすましを防ぐために、本人の公開鍵であることを証明する仕組みが必要になる。その仕組

用語解説

バイオメトリック認証方式
本人の身体的特徴(指紋、声紋、静脈、虹彩など)や行動的特徴(筆跡など)の普遍性、唯一性、永続性という3つの性質を利用する方式。
たとえば声紋による認証では、一般に、音声信号の周波数成分から声紋データを抽出し、その抽出データと事前に登録した同じ言葉の声紋データを照合して、合致すれば本人として認証する。

補足

ダイヤルアップ接続などで使われるPPP(Point to Point Protocol)は、ユーザ認証プロトコルとして、PAP(Password Authentication Protocol)およびCHAPを用いている。PAP認証では、認証のためのユーザIDとパスワードは暗号化されずにそのまま送られる。これに対しCHAP認証では、チャレンジレスポンス方式の仕組みを利用してネットワーク上でパスワードそのものを送らないことから、PAP認証よりもセキュリティレベルが高いとされている。

認証を要求する複数のシステムが存在する場合、一般に、個々のシステムごとに認証を行う必要がある。しかし、これでは利用者などの負担が大きいため、最初にいずれかのシステムで認証を行えば他のシステムにアクセスする際に認証を不要とする技術が一般に用いられている。これを「**SSO**(シングルサインオン)」という。

みの1つにPKIがある。PKIを活用することによって、次のような効果を得ることができる。

・機密性(暗号化により情報の漏洩を防ぎ、意図した特定の相手だけが情報を読める。)
・認証(通信相手側が確実に意図した当人であることを証明でき、詐欺などの防止につながる。)
・否認防止(送信側が情報を作成して送信した、ということを否定できない。)
・完全性(通信の間に情報が改ざんされていないことを保証する。)

補足
PKIの仕組みを利用するセキュリティプロトコルの代表的な例として、電子メールではS/MIME、WebサーバとWebブラウザ間の通信ではSSL/TLSがある。

補足
「認証」の意味を持つ英単語には2種類あり、Authenticationが2者間認証、Certificationが3者間認証となる。

技術・理論 第3章

●PKIシステムの構成要素

PKIは、次のような構成要素から成る。

①認証局(CA:Certification Authority):公開鍵証明書(デジタル証明書)を発行し、認証する機関
②登録局(RA:Registration Authority):公開鍵証明書の登録など管理機能を実現する機関
③検査局(VA:Validation Authority):公開鍵証明書が有効かどうかを知らせる機関
④公開鍵証明書:公開鍵とその所有者が正当であることを認証局が保証するもの
⑤証明書失効リスト(CRL:Certificate Revocation List):有効期限切れなどにより失効した公開鍵証明書の一覧表
⑥リポジトリ:公開鍵証明書とCRLを保管し、一般に公開する機関

認証局や登録局などの機関において、公開鍵証明書の発行、管理、運用を行うためのシステムが構成される。また、リポジトリでは、公開鍵証明書とCRLを保管して一般の人に公開する。PKIにより、このような適切な手続きで発行される公開鍵証明書は、電子署名法による法的効力を持つ。

補足
PKIを用いた認証方式では、認証局(CA)が公開鍵を公開している。認証する側は、その公開された公開鍵を利用して相手を認証するので、パスワードファイルなどの秘密のデータを保持する必要がなく安全である。

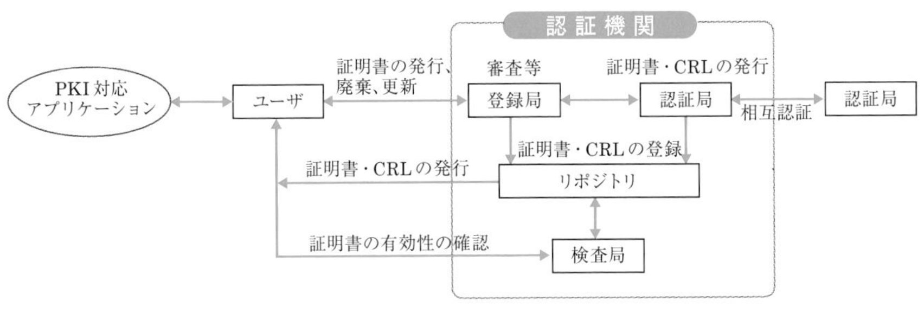

図3・1 PKIの基本モデル

●認証局の役割

PKIの仕組みでは、ネットワーク上で安全な取引を行いたい人(または組織)は、公開鍵を信頼できる第三者機関つまり認証局(CA)に登録する。認証局は、登録してきた人(組織)が間違いなく本人であることを確認したうえで、公開鍵証明書を発行する。

認証局どうしは、相互に認証することが可能である。相互認証を行った別々の認証局から認証を受けた人(組織)も、互いに認証することができる。認証局の信頼性は、さらに上位の認証局の認証を受けることで保証される。

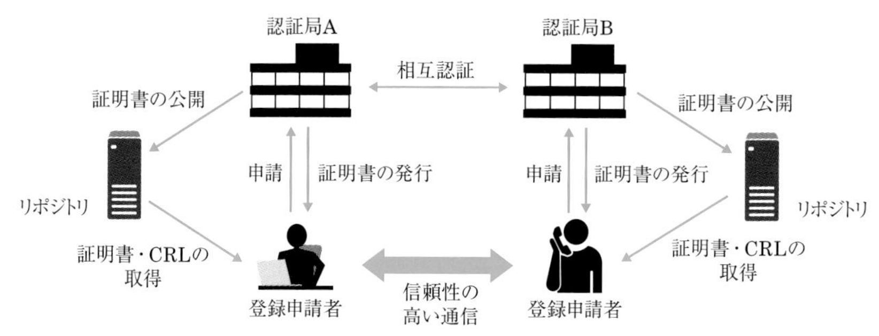

図3・2　認証局の役割

3 デジタル署名

デジタル署名とは、データの正当性を保証するためにデータ内に添付される、暗号化された情報のことをいう。

デジタル署名は、なりすましを防止する機能(認証)や、送信メッセージが改ざんされていないことを保証する機能(完全性)を持つ。また、これらに加え、送信メッセージが、メッセージ内に記されたデジタル署名を所有する本人からのものであると特定されるため、送信者は送ったことを否認できないという否認防止の機能も持つ。

注意
デジタル署名では、公開鍵暗号方式の秘密鍵によりメッセージダイジェスト(ハッシュ値)を暗号化することで、本人の特定を実現する。つまり、本人しかできない署名を、本人だけが所有する秘密鍵で暗号化することで本人を特定する。

●デジタル署名の流れ

デジタル署名の具体的な処理の流れは次のとおり。

・送信者側の処理

① ユーザは、CSR(Certificate Signing Request)という登録情報と公開鍵を認証局に提出し、公開鍵証明書の作成を申請する。
② CSRに含まれる登録情報や公開鍵の情報をもとに、認証局が公開鍵証明書を作成し、デジタル署名処理を行ったうえで、申請者(ユーザ)に発行する。
③ ハッシュ関数を使用して、送信する情報(平文メッセージ)のハッシュ値を求める。
④ ハッシュ値を自分の秘密鍵で暗号化してデジタル署名を作成する。
⑤ 平文メッセージ、デジタル署名、および公開鍵を含んだ公開鍵証明書を通信相手に送信する。

・受信者側の処理

⑥ 受信した公開鍵証明書から、送信者の公開鍵を入手する。
⑦ その公開鍵で、デジタル署名を復号(ハッシュ値を復元)する。
⑧ 受信した平文メッセージから、送信者と同じアルゴリズムを用いてハッシュ値を求める。
⑨ ⑦の結果と⑧の結果を照合する。両者が一致すれば、確かに送信者本人が送信したことと、通信路上で改ざんが行われなかったことが証明される。

用語解説
ハッシュ関数
可変長のデータから、固定長のビット列を出力する関数で、代表的なものにSHA-2(Secure Hash Algorithm-2)がある。得られた出力は「メッセージダイジェスト」または「ハッシュ」と呼ばれる。ハッシュ関数は、一方向性(出力値から入力データを推測できないこと)と衝突回避性(多数のデータから得られるハッシュ値が偶然同じになる可能性が非常に低いこと)を有している。

補足
受信者側では、公開鍵証明書が正しいものであるかどうかを、第三者機関(認証局)に問い合わせることができるため、なりすましを排除できる。

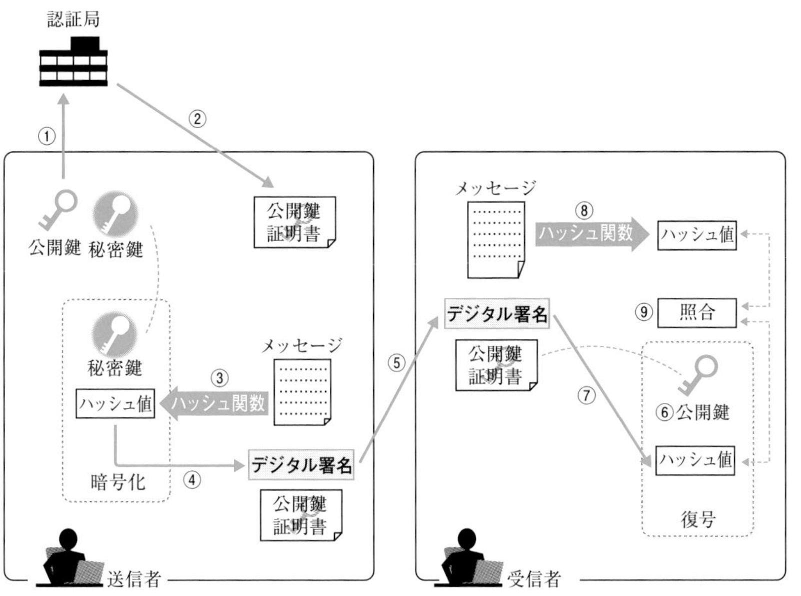

図3・3 デジタル署名の流れ

> **補足**
> 認証局に提出する公開鍵と対になった秘密鍵については、送信者側で厳重に保管する。

さらに詳しく!

公開鍵証明書(デジタル証明書)

公開鍵証明書は、公開鍵が本人のものであることを証明するデータであり、信頼できる第三者機関(認証機関)が発行する。その内容は、登録された公開鍵とその所有者の情報、認証機関に関する情報など、ITU－T勧告X.509により標準化されたもので構成されている。

公開鍵証明書には、これらの情報の他に、認証局の署名が付加される。この署名は、登録者の公開鍵に関する情報の**ハッシュ**を、認証局の秘密鍵で暗号化したものであり、**デジタル署名**と呼ばれる。

なお、公開鍵証明書は、市役所などから発行される印鑑証明書と対比させて整理することができる。公開鍵(＝印鑑)は、公開鍵証明書(＝印鑑証明書)によって保証され、また、公開鍵証明書はデジタル署名(＝市長印)により保証される。

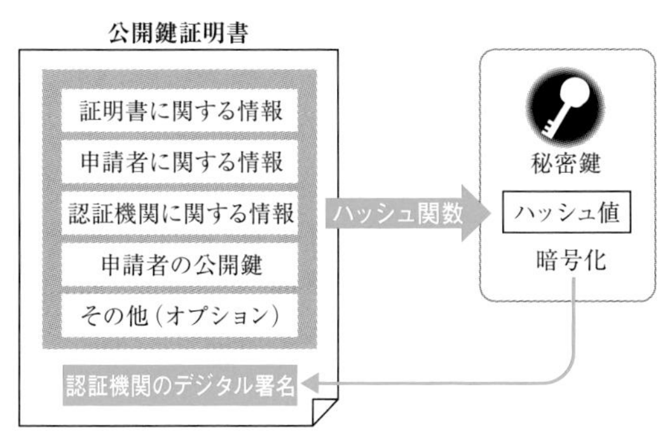

図3・4 公開鍵証明書の構成

4 端末設備とネットワークのセキュリティ

1 端末設備とネットワークのセキュリティの概要

端末設備とネットワークの主なセキュリティ対策としては、不正アクセス対策とウイルス対策が挙げられる。

不正アクセス対策では、ファイアウォールやIDS（Intrusion Detection System 侵入検知システム）の導入などが有効である。アクセスを限定しておき、もしも不正アクセスがあった場合には、速やかに分析・対応できるようにしておく。また、ウイルス対策では、ウイルス対策ソフトウェアの導入などが有効である。ただし、ウイルスの新種が日々発生しているので、ウイルス対策ソフトウェアで利用するウイルス定義ファイルのアップデートや、OS等へのセキュリティパッチの適用などを速やかに行うことが必要である。

なお、ウイルス対策については既に解説済みなので、ここでは、不正アクセス対策について解説する。

2 ファイアウォール

ファイアウォール（Firewall）は、不正アクセスを防ぐためにアクセス制御を実行するソフトウェア、機器、またはシステムであり、外部ネットワーク（インターネット）と内部ネットワーク（イントラネット）の境界に設置される。そして、特定の種類のパケットのみを通過させるような規則（フィルタリングルール）を設定し、このルールに基づいてインターネットとイントラネットの間を流れるパケットを制御し、不正なパケットの侵入を阻止する。

ファイアウォールの基本的な機能はアクセス制御機能であるが、この他、NAT（Network Address Translation）やNAPT（Network Address and Port Translation）によるネットワークアドレス変換機能、アクセスの履歴を記録するログ記録機能、ユーザ認証機能などがある。

●ファイアウォールの分類

ファイアウォールの主なアクセス制御方式として、次のものが挙げられる。

・パケットフィルタリング型

ネットワーク層およびトランスポート層で、パケットのヘッダ部の情報（宛先・送信元IPアドレスやポート番号など）に基づいてパケットの通過の可否を判断する。

・サーキットレベルゲートウェイ型

クライアントとサーバ間でバーチャルサーキット（仮想回線）を構築して、トランスポート層レベルの通信を中継し制御を行う。

・アプリケーションゲートウェイ型

HTTPやFTPなどアプリケーション層レベルの通信を中継し制御を行う。アプリケーションごとに別々にあるプロキシ（代理）プログラム経由で通信を中継することから、一般に、プロキシサーバとも呼ばれている。

補足

情報システムについて、セキュリティが十分であるかどうかを検証するために、既知の攻撃手法を用いてその情報システムへの侵入を試み、セキュリティホールを探し出すテスト手法を、ペネトレーションテストという。

補足

不正アクセス対策の一環として、ICカードなどを用いて入退室管理を厳重に行う必要がある。たとえばICカードの最新の記録において入室中となっている場合は、再入室できないようにする。また、未入室または既に退室となっている場合は、退室不可とする。このような仕組みをアンチパスバックといい、不正な入退室（ピギーバック）の防止策として活用されている。

用語解説

NAT
プライベートIPアドレスとグローバルIPアドレスを相互に変換する機能。内部のIPアドレスを外部からわからなくすることで、セキュリティを高めることができる。

NAPT
プライベートIPアドレスをグローバルIPアドレスに変換する際に、ポート番号も変換する機能でありIPマスカレードなどともいわれる。NATがグローバルIPアドレスとプライベートIPアドレスを1対1で変換するのに対して、NAPTは1つのグローバルIPアドレスに対して複数のプライベートIPアドレスを割り当てることができる。

●DMZ構成

ファイアウォールによって外部ネットワーク(インターネット)からも内部ネットワーク(イントラネット)からも隔離されたネットワークセグメントを、DMZ(DeMilitarized Zone 非武装地帯)という。ファイアウォールでは、外部ネットワークからDMZに対する通信は必要なプロトコルだけを許可する。また、外部ネットワークおよびDMZから内部ネットワークに対する通信は、内部からの通信に対する応答などを除き、すべて拒否する。これによって外部ネットワークから内部ネットワークへの脅威を低減させている。

DMZ構成ではネットワークは、外部セグメント、DMZ、内部セグメントという3つのゾーンに分けられる。

注意

ファイアウォールは、フィルタリングルールで許可されている正規の要求を装ったパケットは、不正なアクセスであっても通過させてしまう。そのため、不正アクセスを完全には防止することはできない。

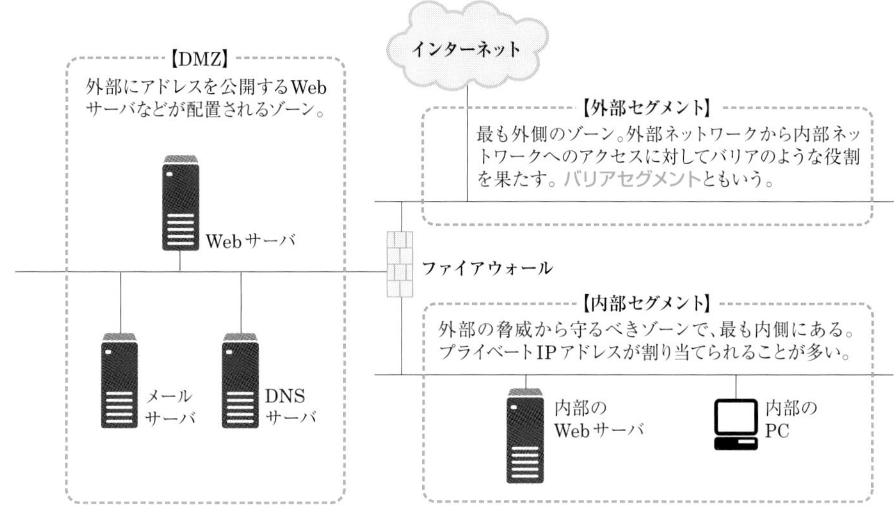

図4・1 ファイアウォールによる3つのゾーン分割

3 IDS

IDSは、外部ネットワーク(インターネット)から内部ネットワーク(イントラネット)への不正侵入や攻撃を監視し、検知するためのシステムである。一般に、侵入検知システムと呼ばれている。

IDSは、ファイアウォールだけでは防止できないような不正アクセス行為を検出する。具体的には、ネットワーク上やサーバ上の不審な動き(例:許可されていない不正なパケットの侵入、異常に高い負荷でサーバをダウンさせようとしている攻撃、ポートスキャン行為など)を常に監視する。監視の結果、疑わしい行為を検知すると、警告メッセージをネットワーク監視システムに送付して管理者に通知する。

●IDSの分類

IDSは、侵入検知を行う対象と方法から、ホスト型IDSとネットワーク型IDSに分けられる。

注意

ネットワーク型IDSは、ホスト型IDSとは異なり、ファイルの改ざんを検知する機能を有していない。

・ホスト型IDS(HIDS)

サーバ(ホスト)上の処理を監視し、不正アクセスを検知する。ホスト型IDSを利用するためには、保護の対象となるWebサーバなどに監視用ソフトウェアをインストールする。監視用ソフトウェアは、ホストごとに、OSやアプリケーションが生成するログ(システムログ、監査ログ、イベントログなど)やコマンド履歴などを監視する。

・ネットワーク型IDS(NIDS)

ネットワーク上を流れるパケットを監視し、不正アクセスを検知する。監視対象となるネットワークセグメント上に置かれたハードウェア装置が、すべてのトラヒックを監視する。

●IDSの侵入検知方法

IDSが不正侵入を検知する方法には次の2つがある。

・シグネチャ方式

現在のパケットと、過去に記録しておいた不正パケットのシグネチャ(特徴)を照合し、一致すれば不正侵入攻撃と認識して、アラート(警報)を送出する。

・アノマリ方式

正常な通信パターンから逸脱したアノマリ(異常)通信が発生した場合、不正侵入攻撃と認識してアラートを送出する。この方式は、未知の攻撃方法による不正侵入も検知することができる。

注意

ログは、情報システムにおけるセキュリティの調査などに用いられる。
UNIX系ではsyslogという仕組みにより、ログをリモートホストにリアルタイムに転送することができる。
しかし、syslogでは、大量のログを高速に転送するためにUDPを使用しているので、ログが欠落することがある(UDPはコネクションレス型のプロトコルであり、信頼性が低い)。

補足

IDSにおいて、正常な通信であるにもかかわらず不正と判断してしまう誤検知のことをフォルスポジティブという。
また、不正な通信を誤って正常と判断してしまうことをフォルスネガティブという。

4 VPN

VPN(Virtual Private Network 仮想私設網)とは、インターネットのような公衆網を利用して仮想的に構築する独自ネットワークのことをいう。もともとは、公衆電話網を専用網のように利用できる電話サービスの総称であった。

しかし、最近では、ネットワーク内に点在する各拠点のLANをインターネット経由で接続し、暗号化・認証等のセキュリティを確保した専用線のように利用する通信形態をVPNと呼ぶことが多くなった。なお、これまでのVPNと区別するため、インターネットVPNと呼ぶこともある。

VPNでは、さまざまなセキュリティプロトコルを用いて暗号化通信を実現する。

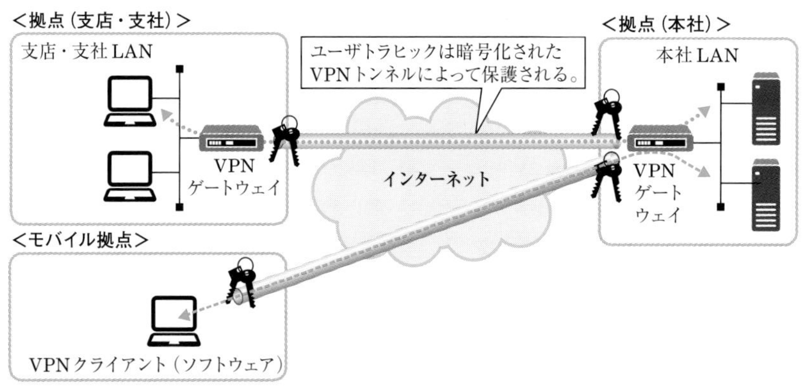

図4・2 インターネットVPNの利用形態

表4・1　VPNで利用される主なセキュリティプロトコル

プロトコル名	説　明
SSH(Secure Shell)	OSI参照モデルのアプリケーション層(レイヤ7)のプロトコルであり、強力な暗号化機能と認証機能により、サーバとリモートコンピュータとの間でセキュアなリモートログインを可能にしている。主にUNIX系OSを搭載したシステムで使用される。
SSL(Secure Socket Layer)/ **TLS**(Transport Layer Security)	トランスポート層(レイヤ4)のプロトコルであり、Webによる電子商取引などにおいて、WebサーバとWebクライアント間の通信データの暗号化と、Webサーバの認証を行う。 暗号化は、共通鍵暗号方式と公開鍵暗号方式を組み合わせたハイブリッド方式であり、共通鍵で通信データを暗号化し、その共通鍵自体を公開鍵で暗号化して通信相手に送信する。また、Webサーバの認証では、サーバの電子証明書に含まれる、認証局(CA)のデジタル署名を、認証局の公開鍵を使用して確認する。
IPsec (IP Security)	ネットワーク層(レイヤ3)のプロトコルであり、暗号化、認証、改ざん防止機能を持つ。IPsecは、認証ヘッダ(AH)により認証と改ざん防止を実現し、暗号ペイロード(ESP)により通信データを暗号化する。IPsecではIPパケットに新しいヘッダを付け加え、カプセル化して通信を行う。カプセル化のモードには、IPパケットのうちIPヘッダは平文のままで、後続のTCP/UDPヘッダおよびデータを暗号化して送信相手に送るトランスポートモードと、IPヘッダを含めてIPパケットを暗号化するトンネルモードの2つがある。
L2TP (Layer 2 Tunneling Protocol)	データリンク層(レイヤ2)のプロトコルであり、インターネット上などに仮想的なトンネルを生成し、PPP接続を行う。ただし、暗号化の機能はない。Microsoft社が推進していたPPTP (Point to Point Tunneling Protocol) とCisco Systems社のL2F (Layer 2 Forwarding Protocol) を統合したものであり、RFC 2661として IETFで標準化されている。

補足

暗号化にSSLを利用したVPNを、SSL－VPNという。SSLはWebブラウザに標準搭載されているため、クライアント側にVPN専用の装置を設置しなくても、SSL処理を行うことができる。
なお、SSLはRFC2246としてIETFで標準化されており、TLSと呼ばれている。

技術・理論　第3章

5　無線LANの情報セキュリティ

無線LANは伝送媒体に電波を使用するため、有線LANよりも不正アクセスや盗聴などの危険性が高い。無線LANにおける情報セキュリティ対策としては、次のものがある。

●端末認証

無線LANの主な端末認証方式として、SSID (Service Set Identifier)、MACアドレスフィルタリング、およびIEEE802.1Xの3つが挙げられる。

・SSID方式

SSIDは、最大32文字の英数字からなる無線LANのネットワーク識別子であり、アクセスポイントに設定される。アクセスポイントのSSIDと同一のSSIDが設定された無線端末のみが通信可能となる。ただし、アクセスポイントはSSIDを含んだビーコン信号を一定時間間隔ごとに送出しているため、正規のユーザ以外の者にアクセスポイントが検知されネットワークに接続されてしまうという危険性がある。これを防ぐ機能として、ANY接続拒否や、アクセスポイントからのビーコン信号の送出を停止するステルス機能などがある。

・MACアドレスフィルタリング方式

無線端末のMACアドレスをあらかじめアクセスポイントに登録しておく。そして、登録した端末のみに接続を許可し、未登録の端末からの接続は拒否する。

・IEEE802.1X方式

IEEE802.1X規格に対応するクライアントPC、アクセスポイントなどの

不特定多数の無線端末からの接続を許可するために、「ANY接続」という仕様が用意されている。アクセスポイントのSSIDの設定において、一般に、このANY接続を拒否する設定にすると、SSIDを空欄または「ANY」に設定している無線端末からは接続できなくなる。

用語解説

ビーコン信号
アクセスポイントが存在することを周囲の無線端末に知らせる信号。
左記のステルス機能においては、あらかじめ他の方法でSSIDを正規のユーザに伝えておき、アクセスポイントからは、このビーコン信号を送出しないようにすることでセキュリティを高めている。

LAN機器、および**RADIUS**（Remote Authentication Dial − In User Service）サーバが連携して、ユーザ認証を行う。この方式では、PCを無線LANに接続すると、PCに実装されたIEEE802.1Xクライアントから認証要求が送信され、IEEE802.1X対応スイッチがRADIUSサーバに問い合わせを行う。そして、認証に成功した場合のみアクセスポイントとの通信を許可する。

用語解説

RADIUS
ユーザ認証や課金管理の機能を持つ。もともとはダイヤルアップ接続のユーザ認証のために開発されたプロトコルである。

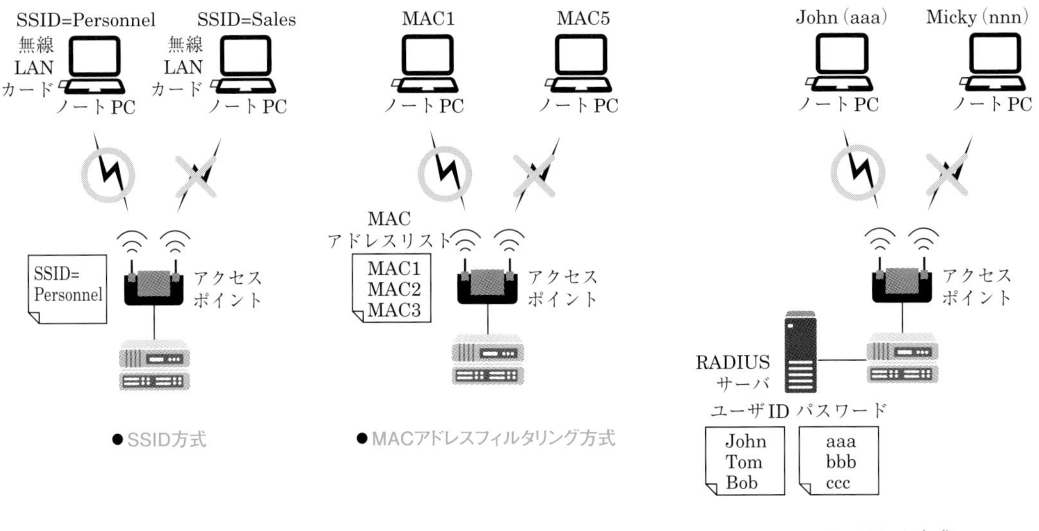

図4・3　無線LANの認証方式

暗号化

無線LANの暗号化方式には、従来、共通鍵暗号方式のうちのRC4というストリーム暗号技術をベースにした**WEP**（Wired Equivalent Privacy）が使用されることが多かった。しかし、WEPには多くの脆弱性があり、セキュリティの確保が困難になった。このため、WEPにユーザ認証機能を追加したWPA − PSK（Wi-Fi Protected Access − Pre Shared Key）やWPA2 − PSK、WPA3 − PSKなどの新しい暗号化技術が登場し、現在の主流になっている。

WPA−PSKは、暗号化プロトコルに**TKIP**（Temporal Key Integrity Protocol）を使用している。TKIPは、暗号化アルゴリズムにWEPと同じRC4を使用しているが、WEPが同じ暗号鍵を長時間使い続けるのに対し、TKIPではパケットごとに自動的に暗号鍵を更新するため暗号の解読がより困難になっている。

また、**WPA2−PSK**および**WPA3−PSK**では、暗号化アルゴリズムに**AES**（Advanced Encryption Standard）といわれるブロック暗号技術を採用したCCMP（Counter Mode-CBC MAC Protocol）やGCMP（Galois/Counter Mode Protocol）により暗号化を行うことで、WPA − PSKよりもさらに暗号の解読を困難にし、盗聴に対する安全性を高めている。最近登場した**WPA−SAE**は、暗号化の鍵に事前共有鍵（PSK：Pre-Shared Key）を使用せず、共通パスワードによる同等性同時認証（SAE：Simultaneous Authentication of Equals）を採用して外部からの鍵の推測を事実上不可能にしたものである。

補足

無線LANのセキュリティを規定するIEEE802.11iでは、認証技術としてIEEE802.1Xを、暗号化技術としてTKIPとAESをそれぞれ採用している。

街中を移動しながら電波を拾って解析することにより無線LANアクセスポイントを探し出し、不正に侵入する行為を**ウォードライビング**という。この被害に遭わないために、十分なセキュリティを確保しなければならない。

5 情報セキュリティ管理

1 情報セキュリティポリシー

●情報セキュリティポリシーの必要性

情報セキュリティポリシーは、企業や組織が保有する情報資産を適切に保護するために、セキュリティ対策に関する統一的な考え方や具体的な遵守事項を定めたものである。企業や組織の情報セキュリティを確保するためには、現場レベルから経営陣のレベルまで、情報セキュリティ管理の基本方針や基準を徹底的に意識づける必要がある。そのため、情報セキュリティ管理の運用が個人の判断に左右されることなく、組織として意思統一されるように、明文化された情報セキュリティポリシーを策定することが必要となる。

なお、情報セキュリティポリシーは策定後においても、情報セキュリティマネジメントの実施サイクル(PDCAサイクル)により実態に合っているかどうかを常に確認し、定期的に見直しや変更を行うことが求められる。

●情報セキュリティポリシーの構成

情報セキュリティポリシーは、基本方針(ポリシー)、対策基準(スタンダード)、および実施手順(プロシージャ)の3階層構造となっている。

・情報セキュリティ基本方針

情報セキュリティに関し、組織としての基本的な考え方・方針を定めたもので、組織内外に対する行動指針として用いることもある。

・情報セキュリティ対策基準

情報セキュリティ基本方針を遂行するために具現化した基準で、情報の取扱い基準(規定)や社内ネットワークの利用基準などがある。

・情報セキュリティ実施手順・規定など

情報セキュリティ対策基準を守るための詳細な手順や規定で、情報セキュリティ対策基準では記述しきれない個別の規定や具体的な手順書などがある。

補足

情報セキュリティポリシーは、次のP→D→C→A→P→D→C→A→P…を継続的に繰り返すことで常に適切なものにしておく必要がある。

P：Plan(計画)
基本方針・対策基準および実施手順を策定する。

D：Do(導入と運用)
組織全体への周知および教育を行い、全員がポリシーに則って行動する。

C：Check(点検と評価)
ポリシー導入の効果や新たに生じた問題点、社会状況や法令との適合性などを監視し、定期的に評価を行う。併せて遵守状況の監査も行う。

A：Act(見直しと改善)
点検・評価の結果を受けて、ポリシーの見直しおよび改善を行う。

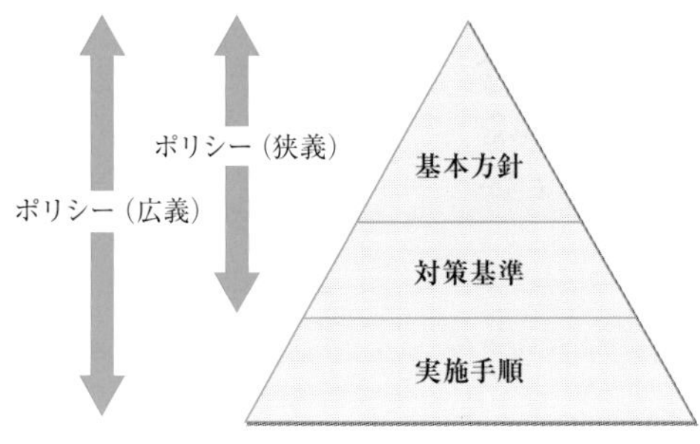

3階層のうち上位2階層を狭義の情報セキュリティポリシーと呼ぶことがある。

図5・1 情報セキュリティポリシーの階層構造

表5・1 情報セキュリティポリシーの策定手続例

① 組織・体制の確立	情報セキュリティ委員会を設け、その目的、権限、名称、業務、メンバー等を定める。
② 基本方針の策定	情報セキュリティ対策の目的や対象範囲など、組織の情報セキュリティに対する基本的な考え方を示す。
③ リスク分析	保護すべき情報資産を洗い出し、それらに対するリスクを評価する。
④ 対策基準の策定	リスク分析によって得られた各情報資産に対するそれぞれの対策について、体系的に対策基準を定める。
⑤ ポリシーの決定	策定されたポリシー案について、情報セキュリティ分野の専門家による評価、関係者の意見等を踏まえ、その妥当性を確認する。
⑥ 実施手順の策定	ポリシーに記述された内容を具体的な情報システムや業務においてどのような手順に従って実行していくかを定める。

●情報セキュリティポリシーと検疫ネットワーク

社内ネットワークへパーソナルコンピュータ(PC)を接続する際、あらかじめそのPCを隔離して検査を行い、情報セキュリティポリシーに適合しない場合は社内ネットワークに接続させない仕組みのことを、**検疫**(けんえき)**ネットワーク**という。

検疫ネットワークの隔離の方式には、DHCPサーバ方式、認証スイッチ方式、パーソナルファイアウォール(専用クライアント)方式がある。**DHCPサーバ方式**は、検疫ネットワーク接続用の仮のIPアドレスをPCに付与し、検査に合格した場合は社内ネットワークに接続できるIPアドレスを付与する方式である。また、**認証スイッチ方式**は、接続を求めてきたPCに検疫ネットワークのVLANを割り当てる方式であり、PCの状態を調べて感染などが確認された場合、治療後に社内ネットワークのVLANに切り替える。

さらに、**パーソナルファイアウォール方式**は、あらかじめPCに検疫用のソフトウェアをインストールしておき、検疫用のソフトウェアのフィルタリングを動的に変更して、アクセス先を検疫ネットワークに制限したり社内ネットワークにもアクセスできるようにしたりする方式である。

補足

PCからの情報漏洩を防止する対策の1つに、クライアント側の機能を可能な限り少なくした**シンクライアント**システム(thin client system)の導入がある。シンクライアントシステムは、ユーザが利用するコンピュータには必要最小限の処理をさせ、ほとんどの処理をサーバ側に集中させるシステムである。

2 情報セキュリティ管理

組織は、情報の漏洩(ろうえい)や滅失、改ざん等を防止するために、情報資産を適切に管理する必要がある。

用語解説

情報資産
情報および情報を管理するための仕組み(情報システム、情報を保管するための設備など)をいう。

●管理対象

情報セキュリティ管理の仕組みを検討し、実現するにあたり、まず初めに、セキュリティの管理対象を明確にする必要がある。管理対象が明確になれば、情報セキュリティ上の要求事項が明確になってくる。また、情報セキュリティ管理システムを構築する作業の負荷や、その後の運用管理などの活動全般にどのように影響するかを見極めることもできるようになる。

セキュリティの管理対象の決定は、①適用範囲、②要求事項の明確化、③情報資産の特定および識別の観点から検討し、合理的に行うことが重要になる。

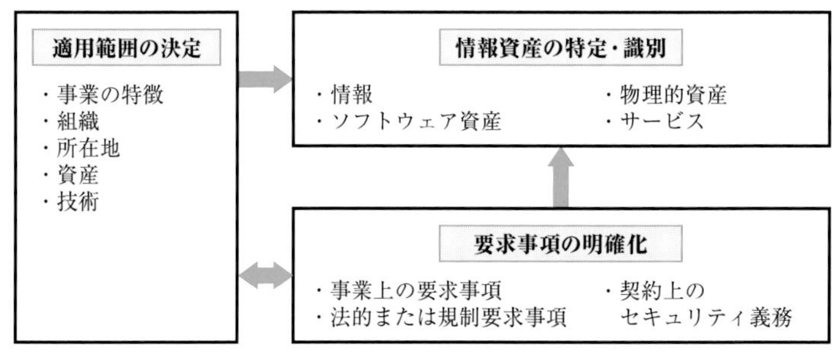

図5・2　情報セキュリティ管理対象の検討ポイント

●リスクアセスメント

管理対象を決定したら、次に、情報資産の重要度に応じて、各種のセキュリティ管理策を実施し、情報セキュリティシステムを構築していく。ここでは、まず、情報資産のリスクを特定するリスクアセスメントを実施する。リスクアセスメントには、リスク特定、リスク分析、リスク評価という3つのプロセスがある。

・リスク特定

リスクを発見、認識し、これらを記述するプロセスをいう。これには、リスクがどこ(何)から発生しているか、どのような事象が生じているか、また、原因は何か、結果として何が起こり得るかなどを特定することも含まれる。

・リスク分析

リスクの特質を理解し、リスクレベルを決定するプロセスをいう。リスクの算定もこれに含まれる。その手法には、ベースラインアプローチ、非形式的アプローチ、詳細リスク分析、組合せアプローチがある(表5・2)。一般には、すべての情報資産に対してベースラインアプローチを適用し一定水準の情報セキュリティを確保したうえで、特に重要な情報資産に対しては詳細リスク分析を行いリスクの見落としがないことを確認する組合せアプローチが、効率的にセキュリティを確保できる方法とされている。

表5・2　リスク分析の手法

リスク分析の手法	説　明
ベースラインアプローチ	既存の基準やガイドラインを参照することにより、組織で実現すべきセキュリティレベルの決定およびそのための管理策の選択を行い、さらに組織全体で抜けや漏れがないかを確認しながら補強していく手法である。
非形式的アプローチ	組織内にいる専門知識・経験を有する者や、外部のコンサルタントが、自身の知識・経験に基づいてリスクを評価する手法である。短期間で遂行でき、環境の変化にも迅速に対応できるなどの利点がある。
詳細リスク分析	組織の情報資産を洗い出し、情報資産ごとに資産価値、脅威、脆弱性、セキュリティ要件を識別し、評価する手法で、分析作業に多くの時間と労力がかかるが、適切な管理策の選択が可能になる。
組合せアプローチ	以上の手法を複数併用する手法で、ベースラインアプローチと詳細リスク分析を組合せて用いることが多い。

・リスク評価

リスクとその大きさをどの程度まで受け入れられるか、あるいは許容できるか(リスク受容)を判断し、リスクにどのように対応していくかを決定するために、リスク分析の結果をリスクの重大性を評価するための目安であるリスク基準と照らし合わせるプロセスをいう。

●リスク対応

リスクアセスメントを実施した後は、特定されたリスクへの対応方法を決定する。対応方法には、回避、受容、低減、移転、保有などがある。

なお、リスク対応により、新たにリスクが生じたり、既にあるリスクの性質が変化したりすることがある。

表5・3　リスク対応の方法

対応方法	説　明
リスク回避	リスクが高い活動の開始を取りやめる、活動を継続せず撤退するなど、リスクの原因となる活動をしないことでリスクを回避する。
リスク受容	リスクを伴う活動であることは認識しているが、機会を逃さないために敢えてリスクをとって活動する。
リスク低減	リスクの原因を取り除き、発生しにくくする。リスク軽減、リスク予防、リスク排除などともよばれる。JIS Q 27001において、それぞれの管理目的に対応した管理策が規定されているので、その中から適切なものを選択し、適用する。
リスク移転	業務委託や保険加入などによって、リスクを他者と共有する。
リスク保有	発生し得るリスクは把握しているが、対策をとることで大きな費用がかかってしまうため、具体的な対策をとらない。

●情報セキュリティマネジメントシステム

情報セキュリティマネジメントシステム(**ISMS**：Information Security Management Systems)は、情報資産を保護する情報セキュリティ管理システム仕様の国際規格である。組織は、この規格の要求事項に従い、ISMSを確立し、実施し、維持し、かつ、継続的に改善していく必要がある。わが国では、情報セキュリティ管理に関する国際標準(ISO/IEC27001)に基づき、日本情報処理開発協会(現・日本情報経済社会推進協会)を中心としてISMS適合性評価制度の評価基準を定めてきた。この評価基準は、現在JIS Q 27001として規格化されている。また、管理目的および管理策の詳細がJIS Q 27002で規定されている。

【規定されている管理策の例】

・情報セキュリティのための方針群は、これを定義し、管理層が承認し、発行し、従業員および関連する外部関係者に通知しなければならない。
・従業員および契約相手との雇用契約書には、情報セキュリティに関する各自の責任および組織の責任を記載しなければならない。
・経営陣は、組織の確立された方針および手順に従った情報セキュリティの適用を、すべての従業員および契約相手に要求しなければならない。
・相反する職務および責任範囲は、組織の資産に対する、認可されていないもしくは意図しない変更または不正使用の危険性を低減するために、分離しなければならない。
・情報および情報処理施設に関連する資産を特定しなければならない。また、これらの資産の目録を、作成し、維持しなければならない。
・情報のラベル付けに関する適切な一連の手順は、組織が採用した情報分類体系に従って策定し、実施しなければならない。
・組織が採用した分類体系に従って、取り外し可能な媒体の管理のための手順を実施しなければならない。
・情報を格納した媒体は、輸送の途中における、認可されていないアクセス、不正使用または破損から保護しなければならない。
・媒体が不要になった場合は、正式な手順を用いて、セキュリティを保って処分しなければならない。
・情報およびアプリケーションシステム機能へのアクセスは、アクセス制御方針に従って、制限しなければならない。
・セキュリティを保つべき領域は、認可された者だけにアクセスを許すことを確実にするために、適切な入退管理策によって保護しなければならない。
・情報セキュリティに影響を与える、組織、業務プロセス、情報処理設備およびシステムの変更は、管理しなければならない。

●残留リスクの承認

JIS Q 27001の管理策を適用しても、すべてのリスクを無くすことは困難である。また、時間やコストの制約があるために管理策を採用できない場合もある。このようにリスクに対応してもなお残るリスクを残留リスクという。リスクの残留については、経営陣の承認を得る必要がある。

補足

アクセス制御には主に次の方式がある。

強制アクセス制御
セキュリティポリシーに基づき、管理者がオブジェクトへのアクセス権限(閲覧、更新、実行など)を制限する。

任意アクセス制御
オブジェクトの所有者がアクセス権限を任意に設定できる。

ロールベースアクセス制御
ユーザの役割に応じてアクセス権限を設定し、必要なオブジェクトへのアクセスのみ可能とするよう制御する。

●セキュリティ管理システムの導入と運用

経営陣は、情報セキュリティ管理システム(ISMS：Information Security Management System)を導入し、運用することを承認する。

3 個人情報の管理

端末設備の工事などに関連して知り得た、特定の個人を識別できる情報(個人情報)については、「個人情報の保護に関する法律」(通称：個人情報保護法)の規定に基づく適正な取扱いが要求されている。

●「個人情報」の定義

個人情報保護法第2条〔定義〕第1項において、「個人情報」とは、生存する個人に関する情報であって、当該情報に含まれる氏名、生年月日その他の記述等により、特定の個人を識別することができるもの(他の情報と容易に照合することができ、それにより特定の個人を識別することができることとなるものを含む。)、または個人識別符号が含まれるものをいうとされている。

●個人情報の取扱い等

個人情報保護法では、個人情報を取り扱う事業者に対して、個人情報の厳密な管理を求めている。たとえば、第15条〔利用目的の特定〕第1項では、個人情報取扱事業者が個人情報を取り扱うに当たっては、その利用の目的をできる限り特定しなければならないと規定している。

また、第18条〔取得に際しての利用目的の通知等〕第1項では、個人情報取扱事業者は、個人情報を取得した場合は、あらかじめその利用目的を公表している場合を除き、速やかに、その利用目的を本人に通知し、または公表しなければならないとされている。

さらに、第22条〔委託先の監督〕では、個人情報取扱事業者は、個人データの取扱いの全部または一部を委託する場合は、その取扱いを委託された個人データの安全管理が図られるよう、委託を受けた者に対する必要かつ適切な監督を行わなければならないと規定している。

●個人情報取扱事業者の定義

「個人情報取扱事業者」とは、個人情報データベース等を事業の用に供している者をいう(第2条第5項)。ただし、国の機関、地方公共団体、独立行政法人等、地方独立行政法人については、他の法律で別に規定されているため、個人情報取扱事業者には該当しない。

特定の個人を識別できる情報が記述されていなくても、周知の情報を補って認識することにより特定の個人を識別できる情報は、個人情報に該当する。

用語解説

個人情報データベース等
個人情報を含む情報の集合物であって、次のもの(利用方法からみて個人の権利利益を害するおそれが少ないものとして政令で定めるものを除く)をいう。
① 特定の個人情報を電子計算機を用いて検索することができるように体系的に構成したもの
② ①の他、特定の個人情報を容易に検索することができるように体系的に構成したものとして政令で定めるもの

演習問題

問1

コンピュータウイルスは、一般に、自己伝染機能、潜伏機能及び （ア） 機能の三つの機能のうち一つ以上有するものとされている。

[① 免疫　② 分裂　③ 吸着　④ 発病　⑤ 破壊]

解説

経済産業省の「コンピュータウイルス対策基準」において、コンピュータウイルスは、第三者のプログラムやデータベースに対して意図的に何らかの被害を及ぼすように作られたプログラムであり、自己伝染機能、潜伏機能、**発病**機能のうち1つ以上有するものと定義されている。

【答（ア）④】

問2

ポートスキャンの方法の一つで、標的ポートに対してスリーウェイハンドシェイクによるシーケンスを実行し、コネクションが確立できたことにより標的ポートが開いていることを確認する方法は、一般に、 （イ） スキャンといわれる。

[① UDP　② FIN　③ SYN　④ TCP　⑤ ウイルス]

解説

インターネットでは、トランスポート層プロトコルにTCPとUDPが使用される。TCPの3ウェイハンドシェイクを利用してポートをスキャンする行為を**TCP**スキャンといい、この攻撃を受けたことはログ解析で確認できる。

【答（イ）④】

問3

認証及び暗号方式について述べた次の二つの記述は、 （ウ） 。

A　ハイブリッド暗号方式は、共通鍵暗号と公開鍵暗号を組み合わせた方式であり、PGP、SSLなどに利用されている。

B　1回の認証手続きに成功すれば、認証が必要な他の複数のサーバやアプリケーションへのアクセス時に認証手続きを省略可能とする仕組みは、一般に、パターンマッチングといわれる。

[① Aのみ正しい　② Bのみ正しい　③ AもBも正しい　④ AもBも正しくない]

解説

設問の記述は、**Aのみ正しい**。

A　共通鍵暗号方式と公開鍵暗号方式を組み合わせて使用し、それぞれの弱点を補い合う暗号技術をハイブリッド暗号方式という。これにより、共通鍵暗号方式を用いてデータの暗号化／復号を高速に処理するとともに、公開鍵暗号方式を用いて共通鍵の配送を行うことができる。この方式は、電子メールの暗号方式であるPGPやS／MIME、Webサーバとクライアントの間で暗号通信を行うためのSSL／TLSなどに利用されている。したがって、記述は正しい。

B　認証に一度成功すれば、認証が必要な他のサービスも認証手続きを経ずに利用可能とする仕組みは、シングルサインオンといわれる。したがって、記述は誤り。

【答（ウ）①】

ファイアウォールを通過するIPパケットに対して、ヘッダだけでなくペイロード部分のデータもチェックして動的にフィルタリングを行い、プロキシサーバとして動作する制御方式は、一般に、[(エ)]方式といわれる。

[① アプリケーションゲートウェイ　② ストアアンドフォワード
③ サーキットレベルゲートウェイ　④ パケットフィルタリング]

解説

ファイアウォールの方式には、送受信アドレスやプロトコルといったIPヘッダ情報に基づいてパケットの通過の可否を決定(アクセス制御)するパケットフィルタリング方式、IPヘッダとTCP/UDPヘッダを参照してアクセス制御を行うサーキットレベルゲートウェイ方式、IPやTCP/UDPのヘッダ情報だけでなくアプリケーション層(ペイロード部分)も加味してアクセス制御を行い、プロキシサーバとして動作する**アプリケーションゲートウェイ**方式がある。

【答 (エ)①】

問5

検疫ネットワークの実現方法のうち、ネットワークに接続したパーソナルコンピュータ(PC)に検疫ネットワーク用の仮のIPアドレスを付与し、検査に合格したPCに対して社内ネットワークに接続できるIPアドレスを払い出す方式は、一般に、[(オ)]方式といわれる。

[① パーソナルファイアウォール　② ゲートウェイ　③ 認証スイッチ
④ パケットフィルタリング　⑤ DHCPサーバ]

解説

検疫ネットワークの隔離方式の1つに、**DHCPサーバ**方式がある。これは、外部から持ち込まれたPCに対し、検疫ネットワーク用の仮のIPアドレスを付与して検疫ネットワークに接続させて、検査に合格した後、社内ネットワーク用のIPアドレスを払い出す方式である。

【答 (オ)⑤】

問6

JIS Q 27001：2014に規定されている、情報セキュリティマネジメントシステム(ISMS)の要求事項を満たすための管理策について述べた次の二つの記述は、[(カ)]。

A　情報セキュリティのための方針群は、これを定義し、管理層が承認し、発行し、全ての従業員に通知しなければならず、関連する外部関係者に対しては秘匿しなければならない。

B　情報セキュリティに影響を与える、組織、業務プロセス、情報処理設備及びシステムの変更は、管理しなければならない。

[① Aのみ正しい　② Bのみ正しい　③ AもBも正しい　④ AもBも正しくない]

解説

設問の記述は、**Bのみ正しい**。JIS Q 27001：2014に規定されている、ISMSの要求事項を満たすための管理策において、次のように明示されている。

・情報セキュリティのための方針群は、これを定義し、管理層が承認し、発行し、従業員および関連する外部関係者に通知しなければならない(附属書A.5.1.1 情報セキュリティのための方針群)。
・情報セキュリティに影響を与える、組織、業務プロセス、情報処理設備およびシステムの変更は、管理しなければならない(附属書A.12.1.2 変更管理)。

【答 (カ)②】

第4章 接続工事の技術及び施工管理

ここでは、LANの設計・配線工事と工事試験、接続工事の設計・施工・安全管理技術などについて解説する。

1 メタリックケーブルを用いたLANの配線工事

1 ツイストペアケーブル

ツイストペアケーブルは、2本1組の銅線を螺旋状に撚り合わせたもの(撚り対線)が4組束ねられた平衡形ケーブルであり、外部からの電磁波やノイズの影響を軽減する対策として外被の内側にシールド(遮蔽)が施されたSTP(Shielded Twisted Pair シールド付き撚り対線(シールド付きツイストペア))ケーブルと、シールドが施されていないUTP(Unshielded Twisted Pair 非シールド撚り対線(非シールドツイストペア))ケーブルがある。

UTPケーブルは、イーサネットLANの配線部材として最も普及しているケーブルであり、STPケーブルや光ファイバに比べて、拡張性、施工性、柔軟性、コストなどの面で優れている。

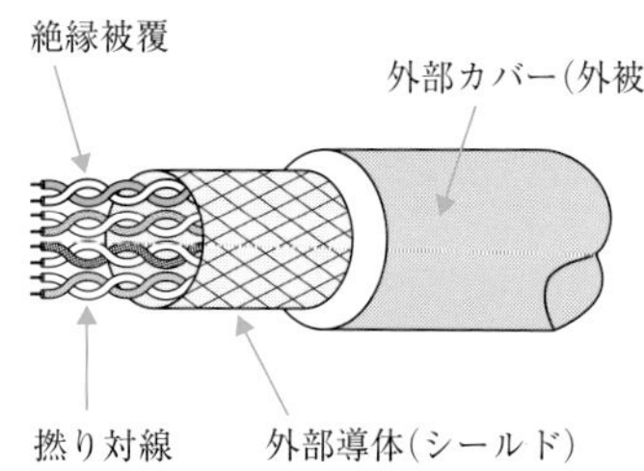

図1・1 STPケーブル

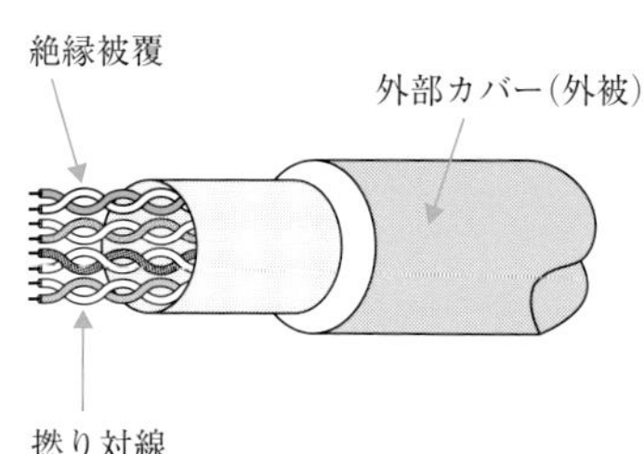

図1・2 UTPケーブル

ツイストペアケーブルの両端は、一般に、RJ－45モジュラプラグと呼ばれる8極8心のコネクタで成端される。

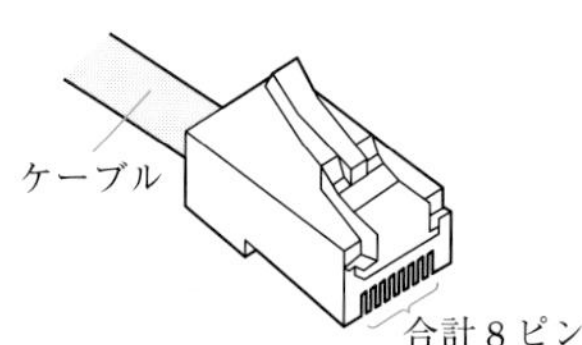

図1・3 RJ－45モジュラプラグ

補足

JIS X 5150-1では、1つの外被(シース)内に1つ以上のケーブルユニットを構成しているものをケーブルと呼んでいる。なお、ケーブルユニットとは、同一種類の1つ以上のケーブル構成要素(平衡対、カッド、単心ファイバ、同軸対といったケーブルの最小構成単位のこと)からなる1つの組立品をいい、スクリーンを含むこともある。

補足

UTPケーブルは近端漏話などの内部雑音の影響は受けにくいが、シールドが施されていないため、STPケーブルに比べて外部からの電磁妨害雑音に対する耐性は低い。

用語解説

成端
ケーブルの端にコネクタなどの接続器具を取り付けること。

2 伝送性能区分

平衡配線設備の伝送性能は、サポートするアプリケーションによって、表1・1のようにクラス分けされている。そして、クラス別に、反射減衰量、挿入損失(減衰量)、近端漏話、減衰対近端漏話比、減衰対遠端漏話比、直流ループ抵抗(DCループ抵抗)、直流抵抗不平衡(DC抵抗不平衡)、直流電流容量、耐電圧、電力容量、伝搬遅延、伝搬遅延時間差、不平衡減衰量およびカップリングアッテネーション、エイリアンクロストークといった、チャネルの性能パラメータが決められている。

また、平衡配線設備の伝送性能(平衡配線性能)をサポートする部材の分類はカテゴリという言葉で表され、クラスDからクラスFまで、およびクラスⅠ、クラスⅡの各クラスについて、表1・1の右欄のように区分されている。

表1・1 平衡配線性能と部材の選択(JIS X 5150－1より)

平衡配線設備の伝送性能クラス	伝送性能	各クラスの平衡配線性能をサポートする部材の区分
クラスA	100kHzまで	
クラスB	1MHzまで	
クラスC	16MHzまで	
クラスD	100MHzまで	カテゴリ5
クラスE	250MHzまで	カテゴリ6
クラスE_A	500MHzまで	カテゴリ6_A
クラスF	600MHzまで	カテゴリ7
クラスF_A	1,000MHzまで	カテゴリ7_A
クラスⅠ	2,000MHzまで	カテゴリ8.1
クラスⅡ	2,000MHzまで	カテゴリ8.2

3 配線と成端

LANなどに使用される情報配線設備は、端末機器(TE)エリアに設置され端末機器を接続するTEアウトレット、水平配線ケーブル、水平配線ケーブルの分岐点(CP)、フロア配線盤、配線盤間を接続するサブシステムケーブル、その他の配線盤で構成される。

配線盤間またはフロア配線盤とTEアウトレットとの間に敷設された伝送線路をパーマネントリンクという。パーマネントリンクは、両端の接続部を含むが、TEエリアコード、機器コード、パッチコード／ジャンパは含まないとされる。

平衡配線設備のパーマネントリンクでは、一般に、水平ケーブルの両端がRJ－45モジュラプラグで成端される。モジュラプラグのピンの配列は、ANSI/TIA-568で決められており、T568A規格とT568B規格がある。ハブとPCの間や、ハブのカスケード接続でストレートポートとクロスポートの間を接続する場合などに使われるストレートケーブルを作成する場合は、両端のプラグを同一規格で結線(けっせん)する。つまり、一方がT568Aであれば、他方もT568Aとする。また、PCどうしを接続する場合など、同じ種類のポートを直接結ぶために使われる

用語解説

アプリケーション
JIS X 5150-1において、通信配線設備によってサポートされた伝送方式および電力供給方式を含むシステムと定義されている。JIS X 5150：2016までは「応用システム」と呼ばれていた。

技術・理論 第4章

補足

LANの配線に関する検査規格は、国内規格であるJIS X 5150-1およびJIS X 5150-2、米国規格であるANSI/ TIA-568が広く使われている。

用語解説

機器コード
配線サブシステムの一端を配線盤内で伝送機器に接続するためのコード。

パッチコード
クロス接続(クロスコネクトを用いた接続)に用いるコード。

ジャンパ
クロス接続(クロスコネクトを用いた接続)に用いるケーブル、ケーブルユニットまたはケーブル要素で、コネクタが付属しないもの。

クロスケーブルを作成する場合は異なった規格、つまり一方がT568Aであれば、他方をT568Bで結線する。

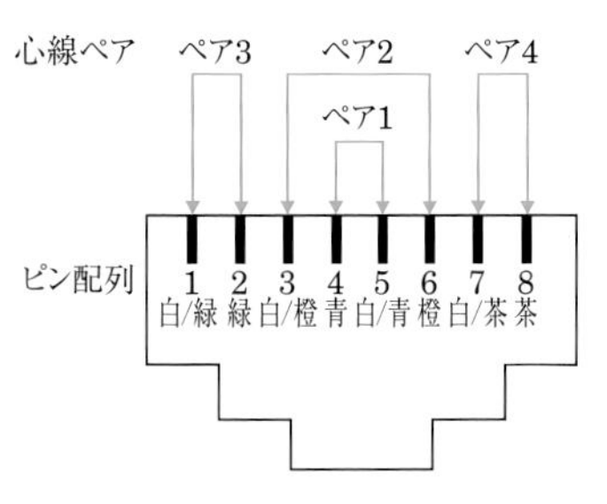

図1・4　T568Aのピン配列

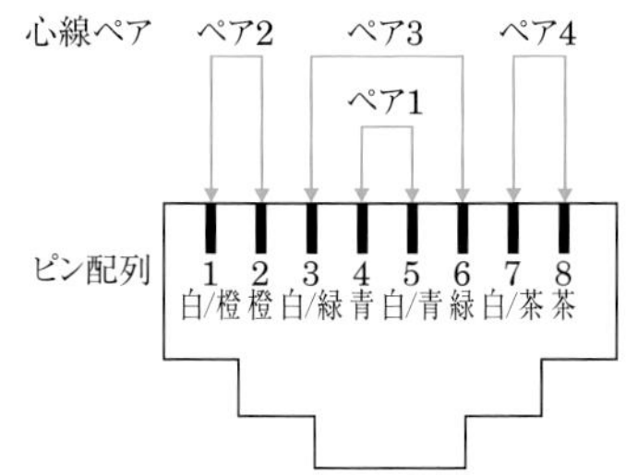

図1・5　T568Bのピン配列

T568Bにおける各ペアのピン番号の組合せは次のとおり。
- ペア1：4番と5番
- ペア2：1番と2番
- ペア3：3番と6番
- ペア4：7番と8番

補足

心線の被覆は、2本1組（ペア）で色分けされており、成端の際に識別しやすくなっている。具体的には、ペア1は青色対、ペア2は橙色対、ペア3は緑色対、ペア4は茶色対である。なお、いずれのペアにおいても、片方の心線の被覆には白のストライプが入っている。

4 施工ポイント

ユーザに高性能で高い安全性を保証する情報配線システムを提供するための施工ポイントを以下に示す。

・撚り対線の成端時における結線の配列を間違えないようにする。結線の配列違いには、リバースペア、クロスペア、スプリットペアなどがある。リバースペアとは、たとえば3－6ペアを相手側で6－3と結線することをいい、クロスペアとは、1－2ペアを3－6ペアに結線するようなことをいう。また、スプリットペアとは、撚り対のペアを1・2、3・6、4・5、7・8とすべきところを1・2、3・4、5・6、7・8のようにすることをいう。これらの配列違いにより、漏話特性の劣化や、PoE機能が使用できない原因となる場合がある。

●クロスペア

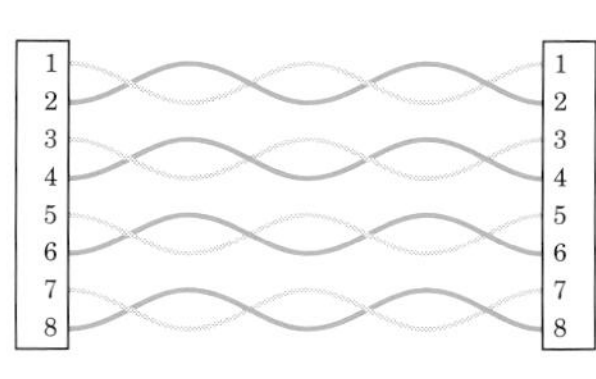

●スプリットペア

図1・6　結線の配列違い

・平衡ケーブル要素の終端に用いる器具は、絶縁体突刺（つきさし）接続（IPC）タイプまたは絶縁体圧接（あっせつ）接続（IDC）タイプを採用するのが望ましい。

・接続器具は、終端から接続器具（コネクタ）までのケーブル要素の撚り戻し長さが可能な限り短くなるように設計するのが望ましい。また、ケーブル外被（がいひ）の端と終端点との間の露出した対の長さが最小になるのが望ましい。さらに、終端および整形のために取り除く、または剥がす外被の長さは、必要最小限とするのが望ましい。

・結束（けっそく）バンドの締付（しめつ）けなどによってケーブルが受ける側圧（そくあつ）に十分注意する。

・同一のカテゴリの配線部材で構成し、異なったカテゴリの組合せは避ける。カテゴリの異なるケーブルや接続器具が1つのチャネル内に混在する場合、配線性能は最も低い性能要素のカテゴリで決定される。

・機器やパッチパネルが高密度で収納されるラック内などでは、小さな径のループおよび過剰なループ回数の余長（よちょう）処理を行わない。ケーブル間の同色対どうしにおいてエイリアンクロストークが発生し、トラブルになるおそれがある。
・比較的長い距離(数十m以上)にわたってケーブルを隣接させない。
・蛍光灯、エアコン、電動機などの電気的雑音源からケーブルをできる限り離隔する。

用語解説

エイリアンクロストーク
外因的漏話ともいい、JIS X 5150-1では、「あるチャネルの誘導対から他のチャネルの被誘導対への信号の結合」と定義している。
複数のUTPケーブルを長距離にわたって並行敷設したときに、隣り合った同色対どうしのケーブルから漏れ伝わるノイズである。

5 電話・情報設備の配線用図記号

端末設備の工事は、配線、機器およびそれらの取付位置、取付方法などを示す設計図面の通りに行う必要がある。図面は、誰が見ても同じ認識ができるよう、書き方には決められたルールが設けられている。その1つとして、使用する図記号が、JIS C 0303により規格化されている。

このうち、電話・情報設備用の主なものを、表1・2に示す。

表1・2 電話・情報設備の配線用図記号（JIS C 0303より抜粋）

図記号	名称	図記号	名称	図記号	名称
(T)	内線電話機	[TA]	ターミナルアダプタ	[□]	ボタン電話主装置
((T))	加入電話機	[―]	端子盤	(●)	電話用アウトレット
[FAX]	ファクシミリ	[MDF]	本配線盤	(■)	情報用アウトレット
[α]	保安器	[IDF]	中間配線盤	[RT] または [ルータ]	ルータ
[DSU]	デジタル回線終端装置	[PBX] または [⊠]	交換機		

理解度チェック

問1 LAN配線工事で使用するツイストペアケーブルのうち、ケーブル外被の内側をシールドしてケーブル心線を保護することにより、外部からの電磁波やノイズの影響を受けにくくしているケーブルは、一般に、［（ア）］ケーブルといわれる。
① STP ② UTP ③ 5C－FB ④ IV ⑤ CV

問2 UTPケーブルをRJ－45のモジュラジャックに結線するとき、配線規格568Bでは、ピン番号8番には［（イ）］色の心線が接続される。
① 橙 ② 青 ③ 緑 ④ 茶 ⑤ 白

問3 UTPケーブルのコネクタ成端時における結線の配列違いには、［（ウ）］などがあり、漏話特性の劣化やPoE機能が使用できないなどの原因となることがある。
① グランドループ ② パーマネントリンク ③ リバースペア ④ ショートリンク

答 (ア) ① (イ) ④ (ウ) ③

2 光ファイバケーブルを用いたLANの配線工事

1 石英系光ファイバとプラスチック系光ファイバ

光ファイバは、心線の主成分の種類により、石英系光ファイバ(SOF：Silica Optical Fiber)、プラスチック系光ファイバ(POF：Plastic Optical Fiber)などに大別される。

●石英系光ファイバ(SOF)

主成分は二酸化けい素(SiO_2)である。石英系光ファイバは伝送損失が小さいが、加工性が低いうえに高価であるため、通信事業者のアクセス設備からビルまたは住宅までの敷設に使用される。利用者側の設備ではプラスチック系光ファイバを使用することが多い。

●プラスチック系光ファイバ(POF)

石英系光ファイバに比べて伝送距離が短いが、口径が大きく取扱いが容易、曲げによる破断が起きにくい、電力設備からのノイズの影響を受けにくいなどのメリットがあり、建物内のLANケーブルなどの置換えとして使用される。

プラスチック系光ファイバは、さらにアクリル樹脂系POFとフッ素樹脂系POFに大別される。アクリル樹脂系POFは伝送距離は短いが、端面処理が容易、電力線との同時配線が可能など、施工上の制約が少ないことから、主にUTPケーブルの置換えとして住戸内の配線に使用される。一方、フッ素樹脂系POFは、アクリル樹脂系POFと比較して口径は小さいが、石英系光ファイバと共通の光源波長および光コネクタが利用できるため、ビル内幹線にも適用できる。

> **補足**
> プラスチック系光ファイバの光送信モジュールには、通常、光波長が650nm（赤）のLED（発光ダイオード）が用いられている。なお、1nm（1ナノメートル）は、10億分の1mである。

2 光ファイバの接続

光ファイバの接続においては、心線の軸が正確に合うように軸合せを行う必要がある。この軸がずれると接続損失が生じ、信号は大きく減衰する。

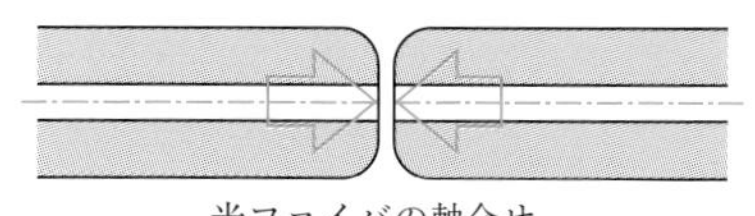

光ファイバの軸合せ

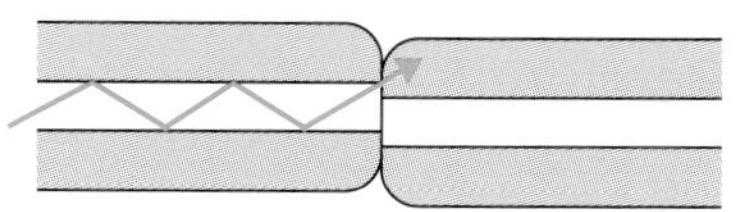

光ファイバの軸がずれると光信号は減衰する。

図2・1　軸合せと軸ずれによる信号損失

●接続方法①——融着接続法——

光ファイバの端面を融かして接続する方法で、融着接続機などの装置やその電源が必要になる。この方法の特徴は、接続面が融けて端面が整形され、同時に気泡の発生も抑制されることである。また、軸が多少偏心しても(ずれても)表面張力により軸の中心が自動的に合う作用が働き、安定した接続が可能となる。

接続手順としては、まず、光ファイバのクラッドを傷つけないように注意し

> **補足**
> 光ケーブル心線を接続する前に、次の作業を行う。
> - 外被除去作業
>   光ファイバコードの緩衝材やPVC(PolyVinyl Chloride ポリ塩化ビニル）シースなどの保護材を除去する。
> - 心線被覆除去作業
>   外被除去作業の後、心線の被覆材を除去する。まず、ストリッパ（心線の被覆を除去する器具）の清掃を行う。次に、心線の被覆部をストリッパに挟み込み、このストリッパを動かして被覆を除去する。

ながら被覆材を完全に除去し、光ファイバを軸に対し90°の角度で切断する。次に、電極間放電などにより端面を融かして接続(融着)する。その後、スクリーニング試験を経た接続部に、光学的な劣化ならびに機械的な劣化が生じない方法で補強を行う必要がある。

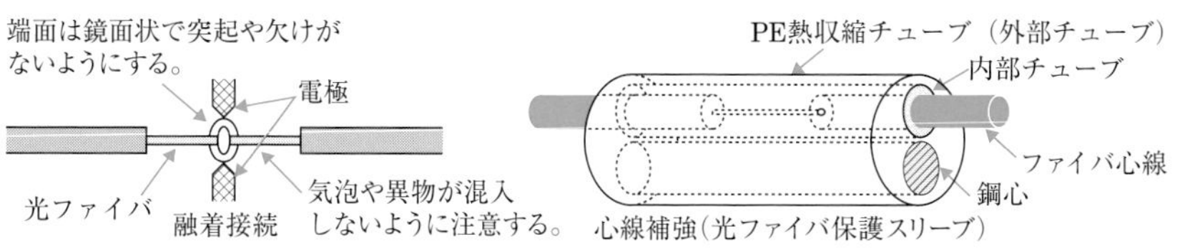

図2・2　融着接続法

●接続方法②――メカニカルスプライス法――

メカニカルスプライス法は、光ファイバの端面を突き合わせた状態で固定させる専用の部品を用いて、機械的に接続する方法である。接続部品の内部には、光ファイバの接合面で発生する反射を抑制するための屈折率整合剤があらかじめ充填されている。

メカニカルスプライス法はメカニカルスプライス工具が必要になるが、融着接続機などの特別な装置や電源は不要である。

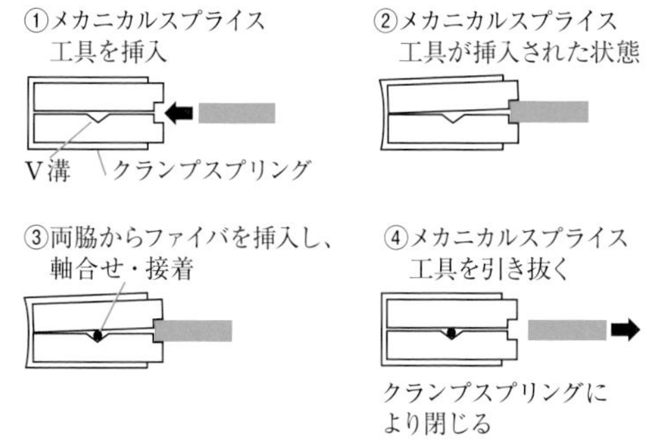

図2・3　メカニカルスプライス法

●接続方法③――コネクタ法――

光ファイバを光コネクタで機械的に接続する方法で、着脱作業が容易である。一般的にはフェルール型光コネクタが用いられている。フェルールとは、光ファイバのコアの中心をコネクタの中心に固定するための部品であり、コアの軸ずれを防止する。フェルールの中心には光ファイバ径よりわずかに大きい孔があり、光ファイバをその中に接着剤などで固定することにより、心線の正確な位置を確保している。

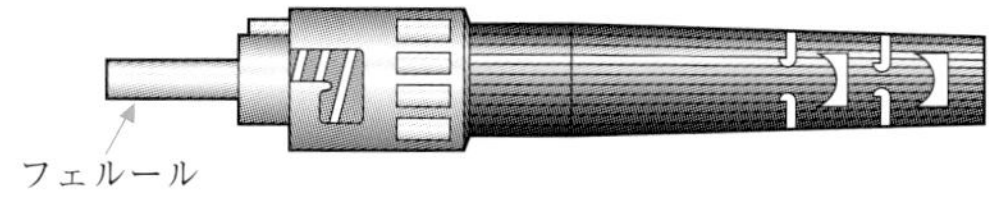

図2・4　フェルール型光コネクタ(単心用)の例

補足

光ファイバの融着接続部のスクリーニング試験では、光ファイバ心線に一定荷重を一定時間加えて引張試験を行う。スクリーニング(screening)には「審査してふるいにかける」という意味がある。

光ファイバの融着接続後、接続部に気泡が入った不具合を発見した場合は、光ファイバカッタのメンテナンスを行って接続をやり直す。

ピグテール型の光ファイバを用いた終端法は、光ファイバコードを現場で接続することにより終端する方法であり、融着接続機またはメカニカルスプライス工具が必要である。なお、ピグテール(ピッグテール)型とは、光ファイバの片側のみがあらかじめコネクタ成端されていて、反対側は何も処理されていないものをいう。
一方、現場コネクタ組立による終端法は、現場で組立が可能な光コネクタを用いて終端を行う方法であり、融着接続機やメカニカルスプライス工具などの接続機器は不要である。

補足

融着接続法およびメカニカルスプライス法は、いったん接続すると取りはずすことができないため永久接続法といわれる。

光ファイバ心線を1心どうし接続する単心用コネクタ（**SC**（Single Coupling）**コネクタ**など）では**スリーブ嵌合**（かんごう）**方式**により、また、1つのコネクタで2心以上の心線を一括接続する多心用コネクタ（**MT**（Mechanically Transferable Splicing）**コネクタ**など）では**ピン嵌合方式**により、それぞれ接続を行う。

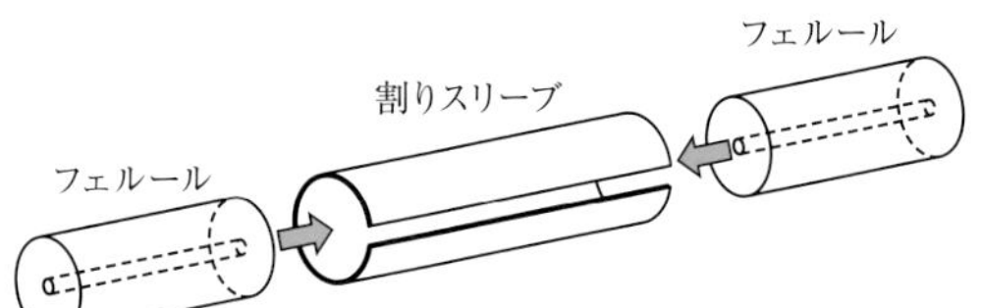

光ファイバをフェルールの中心孔に挿入し固定した後、フェルール端面を研磨する。次に、フェルールどうしを**割りスリーブ**内で突き合わせる。

図2・5　スリーブ嵌合方式

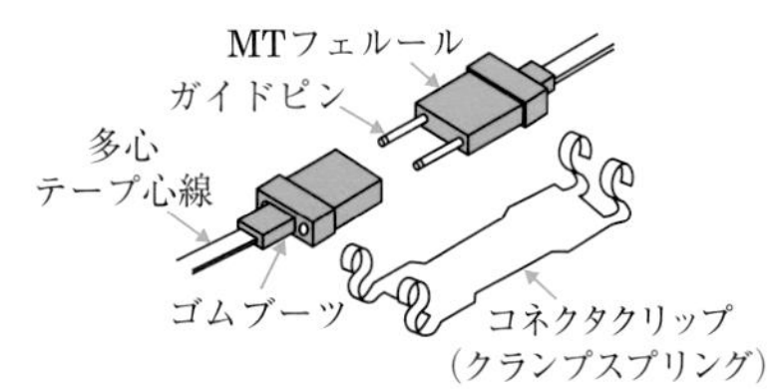

2本のピン（ガイドピン）を用いてフェルールどうしを突き合わせる。ピンの挿入または引き抜きにより、光ファイバの接続や切り離しを比較的簡単に行うことができる。

図2・6　ピン嵌合方式（MTコネクタ）

先述したSCコネクタは、単心用コネクタとして現在、最も普及しているが、光ファイバの普及拡大に伴（ともな）い、コネクタ内にメカニカルスプライス機構を有し、取付け作業を現場で容易に行える**外被把持型**（がいひはじがた）**ターミネーションコネクタ**が利用されるケースが増えてきている。

外被把持型ターミネーションコネクタには、一般に、ドロップ光ケーブル（引込線）とインドア光ケーブル（屋内配線）の接続や、屋内配線におけるインドア光ケーブルどうしの心線接続に用いられる**FA**（Field Assembly）**コネクタ**、架空用クロージャ内での心線接続に用いられる**FAS**（Field Assembly Small-sized）**コネクタ**などがある。

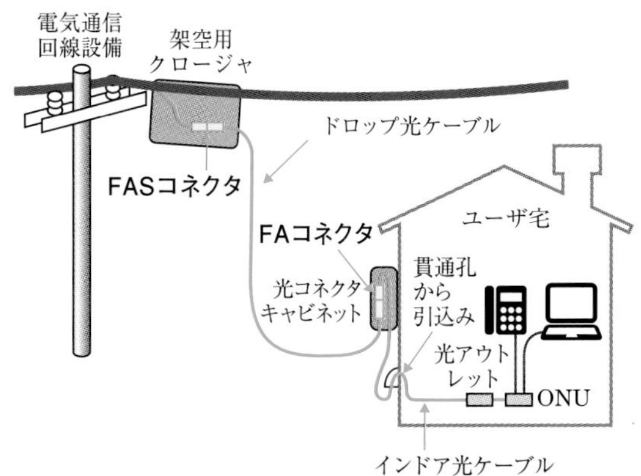

図2・7　FAコネクタとFASコネクタの取付け

補足

単心用コネクタには、SCコネクタの他、主にグレーデッドインデックス型光ファイバで用いられるFCコネクタもある。
多心用コネクタは主にテープ心線の接続に用いられ、代表的なものに、図2・6のようなフェルールどうしを突き合わせてクランプスプリングで締結するMTコネクタや、プッシュプル締結機構により挿抜作業が簡易化されデータセンタなどの高密度配線に適した**MPOコネクタ**などがある。

現場取付け可能なSC型の単心接続用の光コネクタで、ドロップ光ケーブルやインドア光ケーブルに直接取り付ける光コネクタを、「外被把持型ターミネーションコネクタ」という。

補足

ドロップ光ケーブルは柱上から家屋の壁に向かって引かれ、吊り線が外壁に引き留められる。
ドロップ光ケーブルを宅内まで引き通す配線構成の場合、引留め点から宅内に引き込む引込口までは固定部材で壁面に固定されるが、大型車両などがドロップ光ケーブルを引っかけて引きずってしまう、いわゆる「引っかけ事故」が起きたときに固定部材や壁面が損傷するのを防ぐために、吊り線の引留め点下部側に**切断配線クリート**を設け、強い張力がかかったときに切断することで事故の影響を軽減する。

用語解説

光アウトレット
宅内光配線において、外壁から引き込まれたドロップ光ケーブルまたは光コネクタキャビネットからのインドア光ケーブルと、居室内の光配線ケーブルを接続するのに用いる部材。一般に、居室内などの壁面に設置された埋込スイッチボックスなどを用いて設置される。

●光コネクタ等の挿入損失測定

光ファイバどうしの接続に、光コネクタ等の光ファイバ接続デバイスや、光受動部品を使用したときの挿入損失を測定する方法は、供試品(きょうしひん)の端子の形態別に、JIS C 61300－3－4：2017において表2・1のように規定されている。挿入損失の測定方法には、光検出器および信号処理用の電子回路で構成される光パワーメータを用いる**カットバック法**、**置換法**(ちかんほう)、および**挿入法**と、OTDR(光パルス試験機)を用いて後方散乱光のレベルを測定する**OTDR法**がある。

表2・1　供試品の端子の形態に対する測定方法(JIS C 61300－3－4：2017より抜粋)

タイプ	供試品の端子の形態	測定方法	
		基準測定法	代替測定法
1	光ファイバ対光ファイバ(光受動部品)	カットバック	OTDR
2	光ファイバ対光ファイバ(融着または現場取付形光コネクタ)	挿入(A)	カットバックまたはOTDR
3	光ファイバ対プラグ	カットバック	OTDR
4	プラグ対プラグ(光受動部品)	挿入(B)	挿入(C)、置換またはOTDR
5	プラグ対プラグ(光パッチコード)	挿入(B)	挿入(C)、置換またはOTDR
6	片端プラグ(ピッグテール)	挿入(B)	OTDR
7	レセプタクル対レセプタクル(光受動部品)	挿入(C)	置換またはOTDR
8	レセプタクル対プラグ(光受動部品)	挿入(C)	置換またはOTDR

以下、光パワーメータを用いる測定方法について説明する。

・カットバック法

供試品がタイプ1および2の場合は、供試品の一方の光ファイバをテンポラリジョイント(TJ)によって光源(S)に接続し、他方の光ファイバを光パワーメータ(D)の光検出器に接続して、P_1を測定する。次に、光ファイバをカットポイント(CP)で切断し、切断した供試品の光ファイバを光パワーメータに接続して、P_0を測定する。また、タイプ3の場合は、供試品の光コネクタプラグを基準アダプタを介して光ファイバピッグテール付き基準プラグに接続し、タイプ1と同様の方法で測定する。

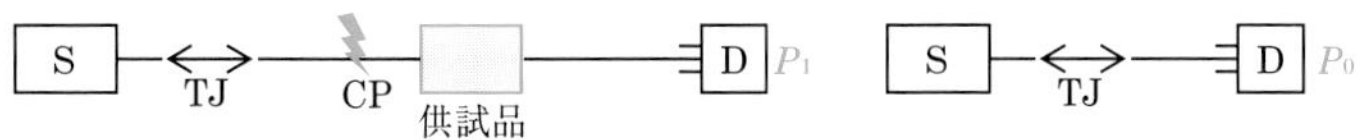

図2・8　カットバック法

・置換法

P_1を測定する際には供試品を接続し、P_0を測定する際には供試品の代わりに置換用光ファイバコードを接続して測定する方法である。供試品がタイプ4のときは、基準アダプタ(RA)を光源側の光ファイバ端の基準プラグ(RP)および測定用光ファイバコードの基準プラグ(RP)に接続する。P_1の測定において、

用語解説

光受動部品
光減衰器、受動分岐部品といったパワー利得のない光部品をいう。

挿入損失
供試品の挿入によって生じる光パワーの減衰値をいう。

供試品
JIS C 61300-1によれば、この規格で定める手順に従って試験する部品、装置などをいうとされている。被試験体またはDUT(Device Under Test)ともいわれる。

補足

OTDR法は、光ファイバ内の伝搬速度や光ファイバの後方散乱作用の影響により、一方向測定での測定誤差が他の測定方法に比べて大きくなることがあるが、供試品の両方向から測定し、2つの読取り値を平均化することで、誤差を打ち消して精度を上げることができる。

用語解説

テンポラリジョイント
JIS C 61300-3-4によれば、安定的に再現性良く低損失に2本の光ファイバの端面を一時的に整列する部品または機械的な固定具であるとされる。

供試品がタイプ7のときは、基準アダプタ(RA)は不要である。また、タイプ8のときは、基準アダプタ(RA)はできるだけ光源(S)に近い位置に置く必要があるが、レセプタクル側の基準アダプタ(RA)は不要である。

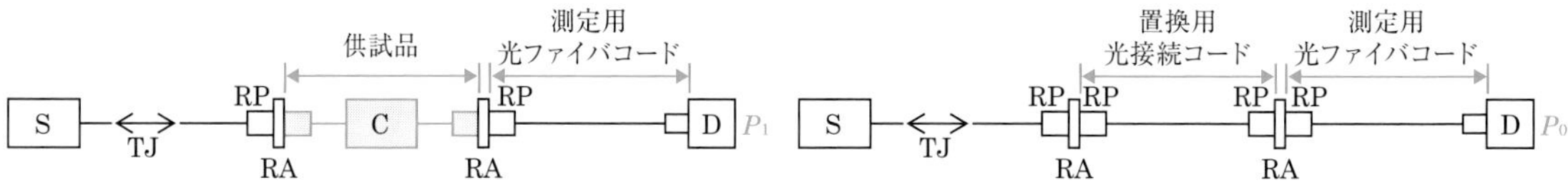

図2・9　置換法

・挿入法(A)

供試品がタイプ2のときは、まず、テンポラリジョイント(TJ)と光パワーメータ(D)の光検出器との間に規定長の光ファイバを接続してP_0を測定する。次に、光ファイバを切断し、融着または現場取付形光コネクタを取り付けてP_1を測定する。

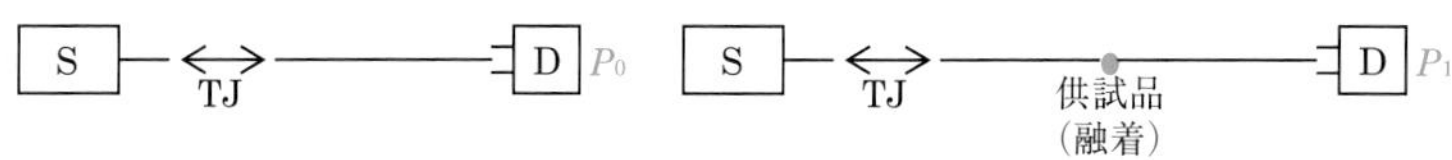

図2・10　挿入法(A)

用語解説

レセプタクル
プラグの差込口(コネクタの凹側)のうち、機器の筐体(外装)に作りつけられているものをレセプタクル(receptacle)という。一方、ケーブルまたはコードの終端部である(先端に取り付けられている)場合はジャック(jack)という。実際の現場では呼称の使い分けはあまりされておらず、JIS規格においても区別をしていないことは知っておいた方が良い。

・挿入法(B)

試供品がタイプ5および6の場合、テンポラリジョイント(TJ)に接続した光ファイバの基準プラグ(RP)に光パワーメータ(D)の光検出器を接続してP_0を測定する。次に、基準アダプタ(RA)と供試品を接続してP_1を測定する。

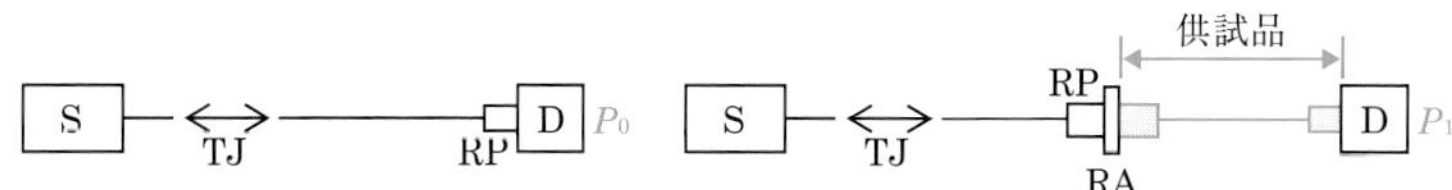

図2・11　挿入法(B)

・挿入法(C)

供試品がタイプ4および5の場合は、まず、測定用光ファイバコードを光パワーメータ(D)の光検出器とテンポラリジョイント(TJ)からの光コードとの間に接続してP_0を測定する。また、P_1を測定する場合は、供試品と別の基準アダプタ(RA)とを追加する。なお、タイプ7の場合はP_1の測定に基準アダプタ(RA)は不要である。また、タイプ8の場合は、P_1の測定に基準アダプタ(RA)が1個必要になる。

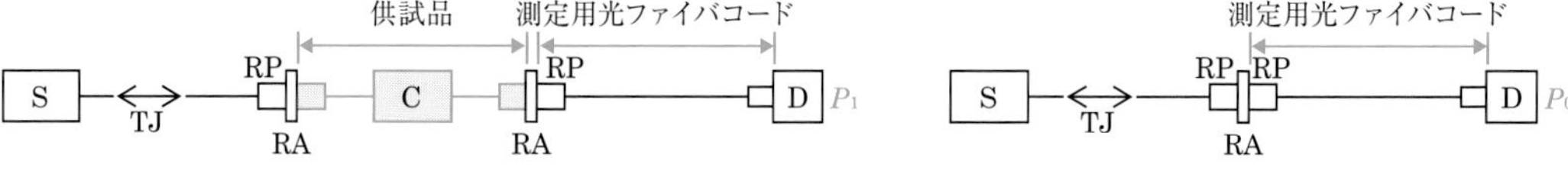

図2・12　挿入法(C)

3 光ケーブルの配線施工

光ケーブルの配線施工を行う際は、特に次の点に注意する必要がある。

●SCコネクタの半差し防止

SCコネクタは、光プラグを光アダプタまたは光レセプタクルに挿(さ)すだけで、光アダプタまたは光レセプタクルと光プラグが嵌(かん)合するプッシュオン機能を有している。光プラグの挿入時には、光アダプタまたは光レセプタクルのキー溝といわれるガイド溝と、光プラグの側面にあるキーリングといわれるガイド部分を合わせ、カチッと音がするまでしっかり差し込む。このとき、キーリングと同じ面に引いてある白線などの表示が完全に隠れていれば正しく嵌合できたことになる。一方、白線が見えている場合はプラグの差し込みが不十分であり、プラグの抜け落ちやぐらつきの原因になるので、接続作業をやり直す。

●曲げ半径

光ファイバは、側面から不均一な圧力が加わるとひずみが生じ、マイクロベンディングロスといわれる放射損失のために伝送損失が大きくなる。また、光ケーブルに過度の曲がりや強い側圧が加えられると、光ファイバ心線にひずみが残ることがある。そのため、配線の屈曲区間などでは、光ケーブルの許容曲げ半径および許容側圧を考慮して、設計・施工を行う必要がある。たとえば、光ケーブルの敷設中の許容曲げ半径は、一般にケーブル外径の**10〜20倍**、最終固定時は**6〜10倍**とすることとされている。

●光ケーブルの敷設

光ケーブルを敷設する際は、許容曲げ半径を確保するのはもちろんであるが、ねじれを起こしたり、過度の張力を加えたりしないように留意する。ここでは、**OITDA/TP 11/BW：2019ビルディング内光配線システム**で規定されている幹線系光ケーブルの敷設に関する事項を一部抜粋して説明する。

補足
OITDA/TP 11/BW：2019ビルディング内光配線システムは、JIS TS C 0017の有効期限切れに伴い、同規格を受け継いで光産業技術振興協会（OITDA）が技術資料として策定、公表しているものである。

・敷設準備作業

安全かつ効率的に敷設するために、あらかじめ、設計図による現場確認や、顧客との折衝、光ケーブルドラムの設置場所の確認、材料の算出を行っておく。

光ケーブルドラムは、床を傷つけないよう床に**シート**などを敷きその上に設置する。設置場所の搬入口が狭く光ケーブルドラムを搬入できないときは、光ケーブルを光ケーブルドラムから外し、**8の字取り**を行って巻き取り搬入する。

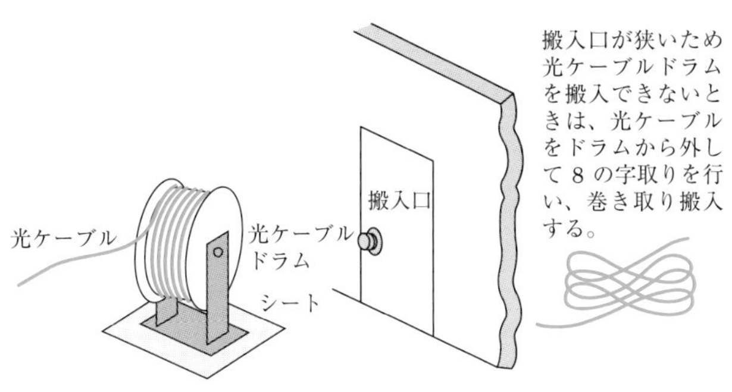

図2・13　光ケーブルドラムの設置と8の字取り

・光ケーブル牽引端（けんいんたん）の作成

光ケーブルを配管またはダクトに敷設する方法の1つに、ケーブル端にロープを連結して人力または牽引機によって牽引する方法がある。光ケーブルに牽引端がついていない場合は、牽引張力および光ケーブルの構造に応じて牽引端を作成する。

【牽引張力が小さい場合】

光ケーブルのテンションメンバ(抗張力体)が鋼線（こうせん）の場合は、図2・14のように鋼線を折り曲げて巻き付け、牽引端を作成する。なお、光ケーブルの中心にテンションメンバが入っていないか、またはテンションメンバがプラスチック製の場合は、図2・15のようにロープなどをケーブルに巻き付けることにより牽引端を作成する。

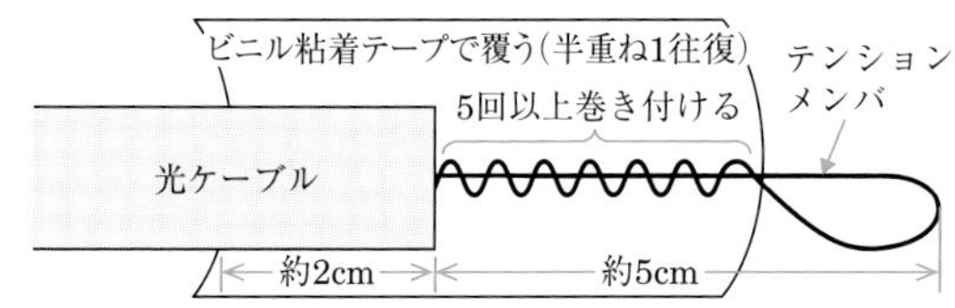

図2・14　テンションメンバが鋼線の場合

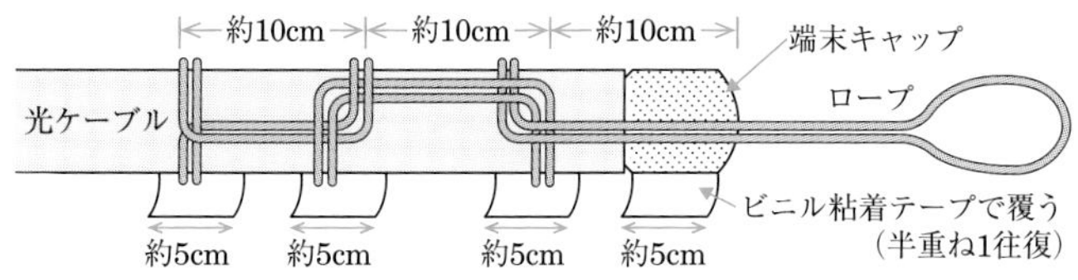

図2・15　テンションメンバがない場合、またはプラスチック製の場合

【牽引張力が大きい場合】

光ケーブルの中心にテンションメンバが入っている場合は、図2・16のような現場付（げんばづけ）プーリングアイを取り付ける。なお、光ケーブルの中心にテンションメンバが入っていない場合は、図2・17のようなケーブルグリップを取り付けて牽引端を作成する。

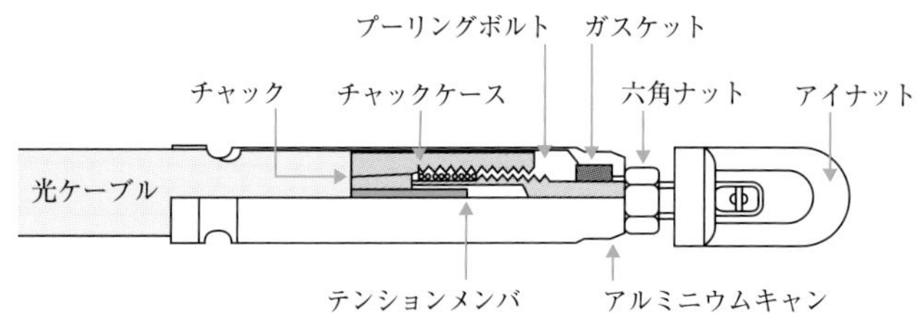

図2・16　現場付プーリングアイ

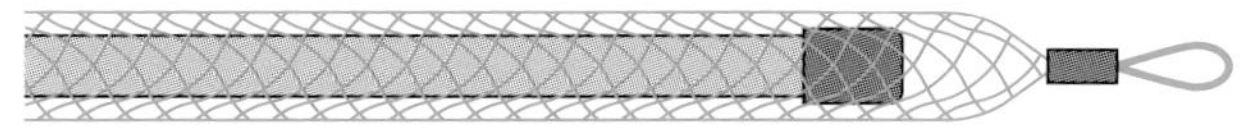

図2・17　ケーブルクリップ

用語解説

牽引端
光ケーブルを牽引するためのケーブル端末。

用語解説

プーリングアイ
光ケーブルを牽引する際に、ケーブル端末に取り付ける延線金具。過度な張力などが加わらないようケーブルを保護する役割を担う。

・**光ケーブルの牽引**

ケーブルを牽引する方向は現場の状況に応じて決めるが、通常は、光ケーブルを引き上げる方向とする。また、牽引速度は、安全性を考慮し**20m/min以下**を目安とする。

牽引時に強い張力がかかるときには、光ケーブル牽引端と牽引用ロープとの間に図2・18のような**撚り返し金物**を取り付け、光ケーブルのねじれ防止を図る。

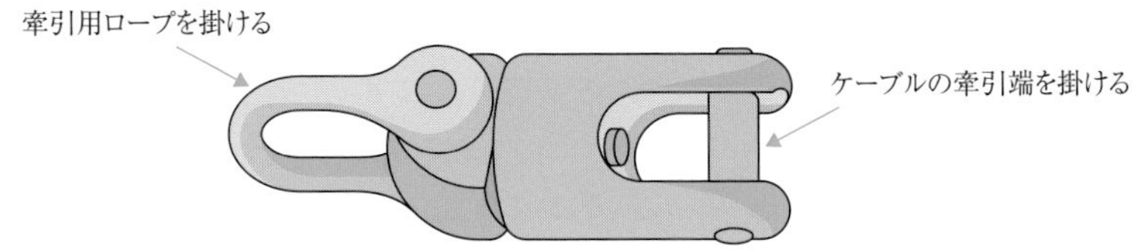

図2・18　撚り返し金物

・**光ケーブルの固定**

ケーブルの種類によっては、傾斜および垂直ラックでは、長さが**40m**以上の場合、ケーブルの自重によりシースおよびケーブルコアのズレが生じないよう、図2・19のように、許容曲げ半径以上の**円形固定方法による中間留め**や**蛇行布設**を行う。

水平ラック上では**5m以下**の間隔、また垂直ラック上では**3m以下**の間隔でケーブル縛(しば)りひもなどで固定する。なお、その際はケーブルに食い込むほどきつく縛ってはならない。

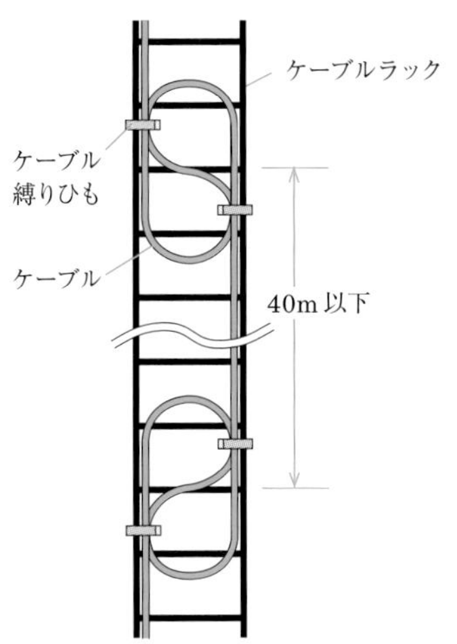

図2・19　円形固定方法

●余長収納

光ファイバの接続部には、再接続、張力の除去などのために一定の余長が必要である。OITDA/TP 11/BW：2019によると、光ファイバを接続する際の余長は、接続装置に光ファイバを取り付けたり再接続したりするために**1m～2m**

程度必要になることから、接続部を収納する配線盤には、接続部収納用品(接続部を固定する機能)および余長収納用品(余長を収納する機能)が必要であるとされている。接続部が移動すると光ファイバに無理な曲げや力が加わるため、接続部はしっかりと固定する。また、余長の収納時に、余長収納用品の蓋(ふた)で光ファイバを挟まないように注意する。

●配線設備

光ケーブルを配線するために用いられる設備としては、配線盤、ケーブルラック、金属ダクト、電線管などがある。

・配線盤

OITDA/TP 11/BW：2019において、配線盤は、「ケーブルを接続するための構成要素(パッチコード、パッチパネルなど)の集まり」と定義されている。また、その中で光ケーブルを接続し、その接続を収容することを目的とするものとされている。機器室、配線室、ケーブルラック、壁、空きスペースなどに設置され、ケーブルが配線盤を起点としてケーブルラック、ダクト、配管などさまざまな配線経路に布設される。その種類は、用途、機能、接続形態、設置方法によって分類される。

用途による分類では、ビル内配線盤(BD)、フロア配線盤(FD)、通信アウトレット(TO)に大別される。ビル内配線盤は、ビルの外からのケーブル引込み点に設置され、引き込まれたケーブルと建物内の幹線ケーブルの接続に用いられる。フロア配線盤は、各フロアに設置され、幹線ケーブルを各フロアケーブルに分岐接続するのに用いられる。通信アウトレットは、フロアケーブルの終端(ワークエリアなど)に設置され、フロアケーブルと端末機器につながっているケーブルを接続するのに用いられる。

機能による分類には、相互接続、交差接続、成端がある。相互接続は、ケーブルとケーブルを相互に直接接続または分岐接続するもので、配線盤内では心線が融着接続またはメカニカル接続によって永久接続される。交差接続は、配線盤内でケーブルが光コネクタにより終端されているため、ケーブルとケーブルまたはケーブルとコードなどの心線接続を光コネクタアダプタとジャンパコードを介して自由に選択・変更できるようになっており、需要の変動、支障移転、移動などによる心線の切替えに対応できる。成端は、ケーブル末端での接続処理で機器などへの接続端となるもので、配線盤内でケーブルが光コネクタにより終端され、機器などは光コネクタアダプタを介して光コネクタ付きコードで接続される。

接続形態による分類では、融着接続、メカニカル接続、コネクタ接続、ジャンパ接続、変換接続に大別される。融着接続は、光ファイバ心線同士を放電加熱により溶かして直接接続する永久接続方法である。メカニカル接続は、光ファイバ同士を突き合わせ、軸合せを行ってこれを機械的に固定する永久接続方法である。コネクタ接続は、光コネクタの形状に合った光コネクタアダプタを介して接続する方法で、光コネクタアダプタが並べられたアダプタパネルに接続する。ジャンパ接続は、コネクタ付きケーブルと他のコネクタ付きケーブルの

用語解説

パッチコード
パッチパネル上での接続に使用するコネクタ付きのコード。クロスコネクト(パッチコードまたはジャンパを用いた配線サブシステム間の受動的な接続)に使用する。

パッチパネル
複数のコネクタを持ち、パッチコードを抜き差しして接続替えの作業や管理を容易に行えるようにしたユニット。

間を両端光コネクタ付き光コードで接続する方式で、接続変更を容易に行える特徴がある。変換接続は、要素の異なるケーブルへの変換、テープ心線からファンアウト(FO)コードを使用した単心線への変換、スプリッタやWDMカプラを用いた複数の単心線への分波などといった、要素の異なるケーブルへの接続方法である。

設置方法による分類では、床置き(自立形)、壁面取付け、ラック内取付け、二重床(フリーアクセス)または装置内取付けに大別される。中規模以上の接続では、一般に配線盤の寸法および質量が大きくなることから床置きとし、床にアンカボルトで固定するなどの耐震処理を施す。なお、中規模の接続でも配線盤が比較的小形・軽量になる場合は壁面取付けとし、アンカボルトやボードアンカで壁面に固定する。また、大規模な機器や装置類への接続を行う場合や、多心高密度の接続になる場合は、ラック内取付けとなることがある。一方、心線数が比較的少ない接続の場合は、省スペース化を目的として機能を必要最小限に絞ったコンパクトな設計を行い、二重床内設置や装置内取付けとすることがある。

・ケーブルラック

電力用、通信用などのケーブルを多数敷設する場合に用いられる配線設備であり、配線の敷設・増設に際し、金属管や金属ダクトに比べて融通性がある。ケーブルラックの支持間隔は、原則として、鋼製のもので2.0m以下、アルミニウム製のもので1.5m以下とする。また、耐震止めのため、大梁(おおばり)下・壁面(かべづら)・柱面(はしらづら)に耐震金物を取り付ける。

・金属ダクト

多数の電線などを納める部分に用いられる配線設備である。経済産業省が定める「電気設備技術基準の解釈」では、金属ダクトは、幅が50mmを超え、かつ厚さが1.2mm以上の鉄板またはこれと同等以上の強度を持つ金属製のものであって、堅ろうに製作したものを使用することになっている。

また、金属ダクトを天井などに取り付ける場合、金属ダクトの支持間隔は3m(取扱者以外の者が出入りできないように設備した場所で垂直に取り付ける場合は6m)以下とし、かつ、堅(けん)ろうに取り付ける。さらに、金属ダクトに納める電線などの断面積(絶縁被覆の断面積を含む)は、金属ダクト断面積の20%以下とする(制御回路や出退表示灯などの配線のみを収める場合は50%以下でもよい)。

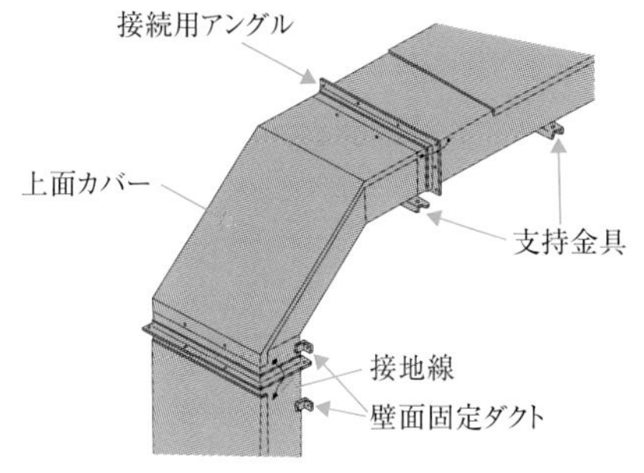

図2・20　金属ダクト

用語解説

テープ心線
石英系光ファイバをUV硬化性樹脂(紫外線(UV)を照射すると紫外線のエネルギーにより液体から固体に急速に変化する樹脂)で被覆した0.25mm径のUV心線を複数本(一般に、2本、4本、8本、12本のいずれか)1列に並べ、UV硬化性樹脂で一括被覆したもの。心線の融着接続が一括でできるため作業時間の大幅な短縮につながり、また、光ケーブルを高密度化できる利点もある。

ファンアウトコード
テープ心線をコネクタ付き単心コードに分岐するためのコード。テープ心線との接続部分から先端のコネクタに向かって扇子のように広がった形状になっていることから、fan-outといわれる。

補足

ケーブルラックへのケーブルの敷設は、原則として一段配列とされている。

・**電線管**

電線などを保護するために用いられる。電線管には、金属管(鋼製(こうせい)電線管)と合成樹脂管があり、金属管はさらに、薄鋼(うすこう)電線管、厚鋼(あつこう)電線管、ねじなし電線管の3種類に大別される。

なお、既存の集合住宅などでは、光ファイバ敷設用の電線管を新たに設備するのは難しいため、MDFから各戸へ敷設されたメタリック電話線などが収容されている既設の配管内の隙間を利用して光ファイバを敷設する工法が開発されている。この工法では、断面積が小さく、外被に低摩擦かつ耐摩耗性(たいまもう)のある素材を用いた**細径低摩擦(さいけいていまさつ)インドア光ケーブル**が用いられることが多い。このケーブルは曲げ剛性(ごうせい)が強化されており、ケーブルを牽引する引き込み工法だけでなく、ケーブルを管内に押し込んでいく押し込み工法にも対応できる。

用語解説

曲げ剛性
外から力が加わっても曲がりにくい性質をいう。

補足

ユーザ宅内における光ケーブルの敷設では、細径低摩擦インドア光ケーブルをベースとして、その両側に保護部を持つ構造とし、固定ピンを用いて壁面に固定したり、カーペット下に配線したりできる**露出配線用フラット型インドア光ケーブル**を用いることがある。

4 各種配線方式

光ケーブルを配線する方式には、**フロアダクト方式**、**セルラダクト方式**、**フリーアクセスフロア方式**などがある。

●フロアダクト方式

図2・21のように、コンクリートの床スラブ内に、鋼製のケーブルダクトを一定間隔で縦横格子(こうし)状に配置して埋め込み、そのケーブルダクト中に配線を通す工法である。コンセント回路などの電力供給、電話、OA配線など通信・情報配線に用いる。埋設(まいせつ)されたダクトからの電線およびケーブル引出しは、**インサートスタット**を介して行う。フロアダクト配線方式の一般的な形態には、床下に電力用のケーブルダクトと通信用のケーブルダクトを埋め込んだ**2ウェイ方式**や、電力用・電話用・情報用のそれぞれのケーブルダクトを埋め込んだ**3ウェイ方式**(図2・22)などがある。

補足

一般に、ケーブルダクトには、60cm間隔で配線引出し孔が空けられており、そこから配線を引き出せる。インサートスタットは、フロアダクトと床面に設置されたアウトレットとの間を繋ぐ高さ調整用の短い管である。

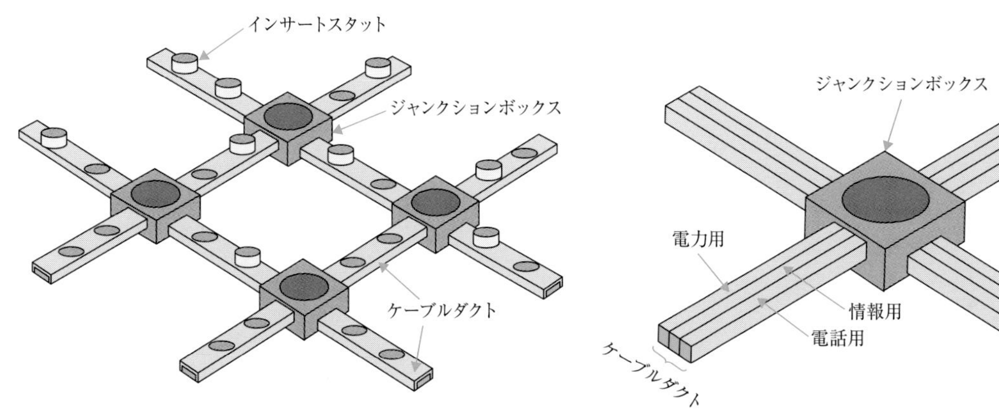

図2・21　フロアダクト方式

図2・22　3ウェイ方式

●セルラダクト方式

事務所内などの配線工事において、図2・23のように建物の床型枠材(ゆかかたわくざい)として用いられる波形(なみがた)デッキプレートの溝の部分を、カバープレートで閉鎖して配線路として使用する配線収納方式である。一般に、配線ルートおよび配線引出し口を固定できる場合に適用される。配線の保護性が良好で、フロアダクト方式に比べて断面積が大きいため配線収容本数を多くとることができ、施工時に配線引出し口の位置を比較的自由に決められる等の特徴がある。

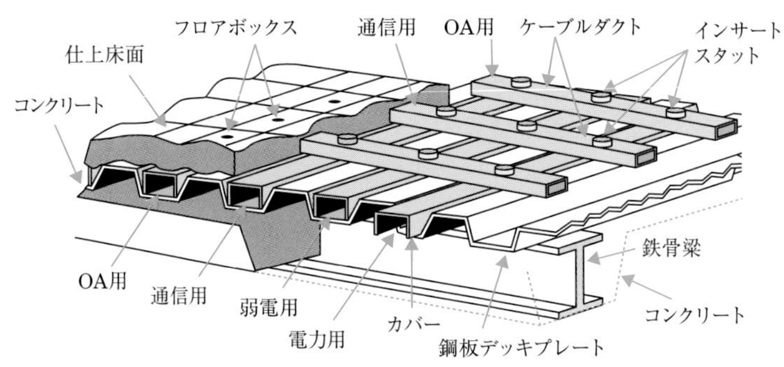

図2・23　セルラダクト方式

●フリーアクセスフロア方式

床(ゆか)スラブ(床版(しょうばん))上に脚付きのパネルなどを敷き詰め、スラブとパネルの間の空間を使って自由に配線できるようにしている。

・パネルおよび支柱分離形(支持脚調整式簡易二重床)

図2・24のように、床上に高さ調整が可能な支持脚(しじきゃく)(支柱)を立て、その上にスチール製のパネルを敷き詰めることにより二重床を形成し、パネルと床の間の空間を配線スペースとして利用する。床高さの選択範囲が広く大きいため、配線の自由度が最も高く、配線容量も最も大きい。支持脚の床レベル調整ナットによって床スラブの不陸(ふりく)を±10mm程度吸収できる。なお、不陸とは、高さが一様でないことをいう。床スラブは施工誤差を生じやすく、同一の床面上に高低差ができてしまう。そこで、不陸を吸収する機能(**不陸対応性**)により、パネル間の段差の発生を防いでいる。

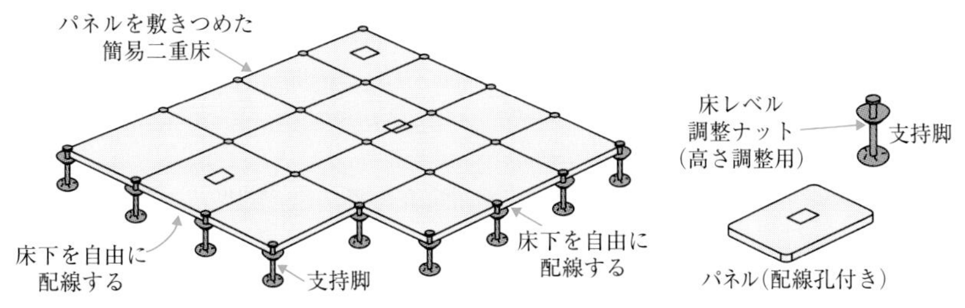

図2・24　パネルおよび支柱分離形

パネルおよび支柱分離形や後述するパネルおよび支柱一体形では、支持脚部分においてケーブルにキンクなどが発生しやすくなるため、一般に、ケーブルを電線保護管に収容し、その電線保護管を固定するなどして、ケーブルに無理な圧力や張力(ちょうりょく)が加わらないように配線する。

・パネルおよび支柱一体形(置敷式簡易二重床)

図2・25のようなプラスチック製の支持脚(支柱)付きパネルを床に敷き詰めて二重床を形成し、パネルと床の間の空間を配線スペースとして利用する。支持脚のねじ要素を調整することで床スラブの不陸を±10mm程度吸収できる。

・置敷(おきじき)形(置敷溝配線床)

図2・26のように、配線溝が形成されたコンクリート製パネルを直接床に置く方式で、ネットワークフロアともいわれる。配線や増設・変更の作業が比較的容易で、配線後は配線溝に溝カバーで蓋をする。床スラブの不陸を吸収することはできないが、パネル寸法を小さくすることで段差の発生を抑制できる。

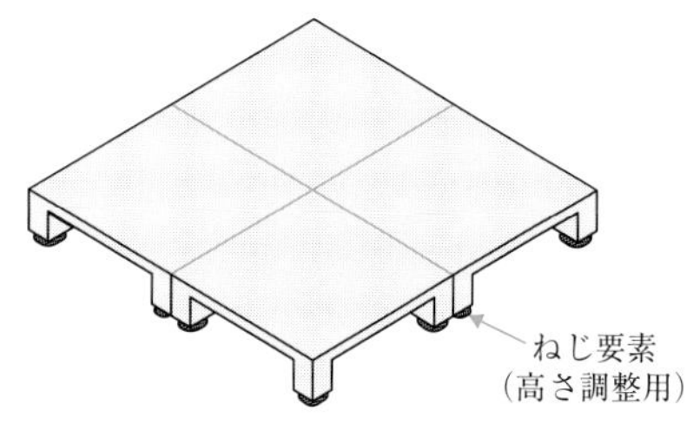

図2・25　パネルおよび支柱一体形

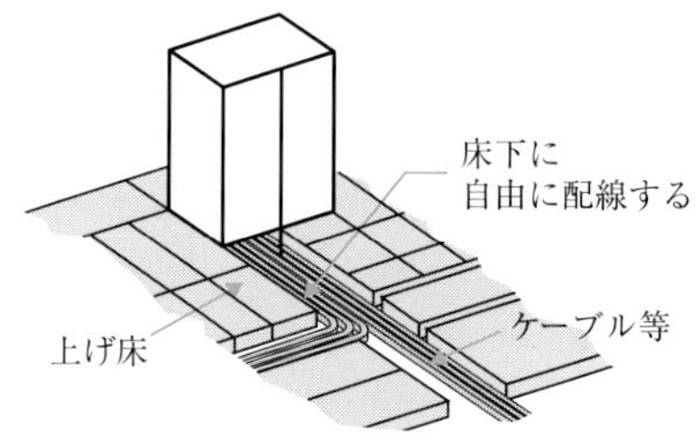

図2・26　置敷形

フリーアクセスフロアの3つの方式を配線空間の大きい順に挙げると、パネルおよび支柱分離形、パネルおよび支柱一体形、置敷形の順になる。次の表2・2は、各方式の特徴についてまとめたものである。

表2・2　フリーアクセスフロアの分類と各方式の特徴(OITDA/TP 11/BW：2019より抜粋)

分　類	パネルおよび支柱分離形	パネルおよび支柱一体形	置敷形
工　法	床スラブと接合する支柱に、着脱可能なパネルを載置する工法	パネルの四隅に支柱を取り付けた工法。パネルと支柱とは分離できない。	パネルおよび支柱一体構成。パネルと支柱とは分離できない。
布　設	床スラブに接着剤または鋲によって支柱を接合し、パネルの脱落防止機能を持つ支柱頂部の台座にパネルを布設する。	パネルおよび支柱一体構成を構造床に敷き並べる。	パネルおよび支柱一体構成体を床スラブ上に敷き並べる。
不陸(床スラブ施工誤差)対応性	支柱の床レベル調整ナットによって±10mm程度を吸収する。	支柱のねじ要素の調整によって±10mm程度を吸収する。	パネル寸法を小さくすることによってパネル間の段差の発生を防止する。床スラブ自体の施工誤差は吸収できない。
配線空間	床高さの選択範囲が広く最も大きい。	比較的大きい。	小さい。

5　光ファイバの損失に関連する特性試験

光ファイバの損失に関連する特性試験の方法は、JIS C 6823：2010光ファイバ損失試験方法で規定されている。

●損失試験

損失試験の方法は、光パワーメータを用いるカットバック法および挿入損失法、光パルス試験器を用いるOTDR法、および損失波長係数を3～5程度の少数の波長で測定した損失と特性行列から求める損失波長モデルの4種類がある。

損失波長モデルは、シングルモード光ファイバのみを測定対象とする。

①カットバック法

被測定光ファイバに入射した光パワーと、出射した光パワーを測定する方法である。具体的には、図2・27のように、入射地点近くで切断した光ファイバから放射される光パワー$P_1(\lambda)$と、光ファイバ末端から放射される光パワー$P_2(\lambda)$を、入射条件を変えずに光ファイバの2つの地点で測定する。

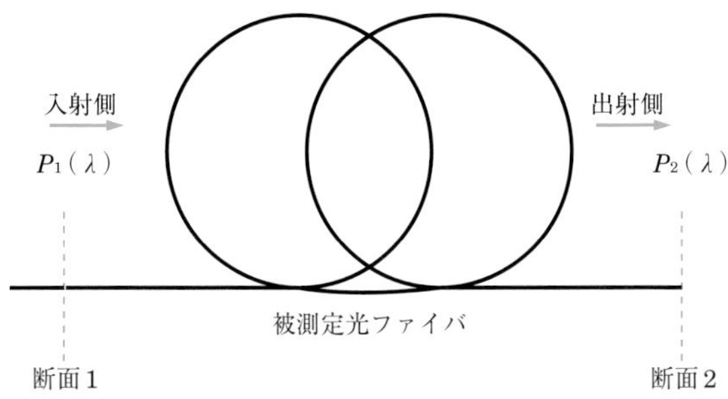

$$A(\lambda) = 10\,log_{10}\left|\frac{P_1(\lambda)}{P_2(\lambda)}\right|$$

$A(\lambda)$：断面1と断面2との間の波長λでの損失〔dB〕
$P_1(\lambda)$：光ファイバ入射側断面1を通過する光パワー〔mW〕
$P_2(\lambda)$：光ファイバ出射側断面2を通過する光パワー〔mW〕

図2・27　カットバック法

②挿入損失法

原理的にはカットバック法と同様であるが、基準入力レベル$P_1(\lambda)$を励振（れいしん）装置の出力から放射される光パワーとしているところが異なる。精度はカットバック法よりも劣るが、被測定光ファイバおよび両端に固定される端子に対して非破壊で損失試験を行える利点がある。光ファイバ長手方向での損失の解析に使用することはできないが、事前に$P_1(\lambda)$を測定しておけば、温度や外力（がいりょく）など環境条件の変化に対し連続的な損失変動を測定できる。

③OTDR法

OTDR(Optical Time Domain Reflectometer)法は、光ファイバの単一方向の測定であり、光ファイバの異なる箇所から先端までの後方散乱光パワーおよびフレネル反射光を測定する。後方散乱光およびフレネル反射光は、破断点までの距離に比例した時間が経過した後に入射端に戻ってくるので、光ファイバの長さ、損失値、および破断点の位置を測定することができる。

OTDR法による測定波形のグラフは、一般に、縦軸にOTDR信号レベル〔dB〕、横軸に入力端からの距離を表示する。均一な光ファイバ心線の部分では緩やかな右下がりの直線状になり、融着接続点や曲げにより損失が生じている部分では右下がりの段差状になる。また、近端（きんたん）(入力端)、遠端（えんたん）(終端)、および光コネクタで接続された箇所は、山型のフレネル反射が観測される。なお、OTDRに接続した光ファイバの近端から10m前後の範囲は、測定不能区間(デッドゾーン)となる。このため、その範囲での破断点を検出する場合は、赤色光源を用いて目視で行う必要がある。

用語解説

後方散乱光
光ファイバに光パルスを入射して伝搬させるとコア内の微小な屈折率の揺らぎによって生ずるレイリー散乱光の一部が入射端に戻ってくる現象をいう。

フレネル反射光
光ファイバの破断点で急峻な屈折率の変化があるために生じる反射現象をいう。

補足

OTDR法について、JIS C 6823：2010で次のように規定されている。
OTDR法による測定は、光ファイバ内の伝搬速度および光ファイバの後方散乱作用に影響され、光ファイバ損失を正確に測定できない場合があるが、被測定光ファイバの両端からの後方散乱光を測定し、この2つのOTDR波形を平均化することによって、光ファイバの損失試験に用いることができる。

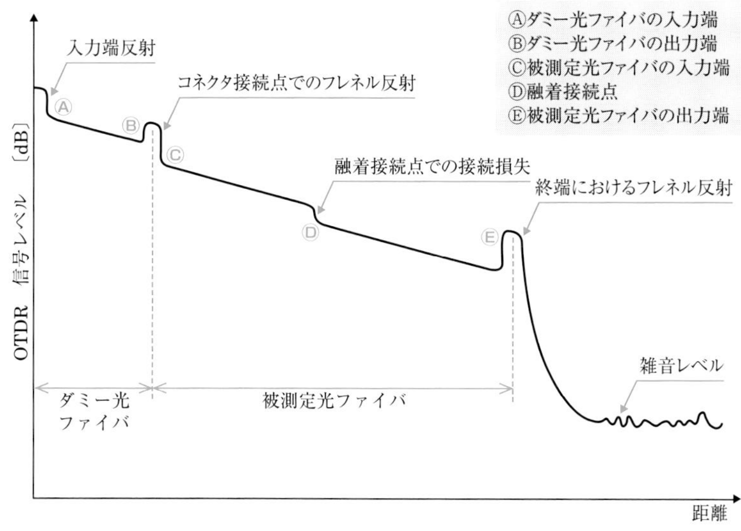

図2・28　OTDR法による不連続点での測定波形例

JIS C 6823：2010 光ファイバ損失試験方法によると、OTDR(光パルス試験器)は、測定分解能および測定距離のトレードオフを最適化するため、複数のパルス幅と繰返し周波数とを選択できる制御器を備えてもよいとされている。また、短距離測定の場合は、最適な分解能を与えるために、短いパルス幅が必要であり、長距離測定の場合は、非線形現象の影響のない範囲内で光ピークパワーを大きくすることによって、ダイナミックレンジを大きくすることができるとされている。

④損失波長モデル

3つから5つ程度の指定した波長で直接測定した離散値をもとに、行列とベクトルを用いて計算し、損失波長特性全体の損失係数を予測する方法である。

●光導通試験

光導通試験では、被測定光ファイバを伝送器と受信器との間に接続する。そして、光ファイバの一端から光を注入し、その結果生じる他端での出力パワーを測定する。もし、損失の増加(dB)が規定値を超えていれば、光ファイバは破断(不導通)しているとみなす。

図2・29は、光導通試験の一般的な構成を示したものである。伝送器内には、安定化直流電源で駆動される光源がある。これは、大きな放物面を持つ白色光源や発光ダイオード(LED)などから成る。また、受信器は、光検出器、増幅器、表示器などで構成される。これら伝送器および受信器の両端部には、光ファイバの位置を合わせるための装置が設置される。

補足

JIS X 5151：2018光情報配線試験の附属書Cでは、OTDRの測定能力を決める基本パラメータとして、ダイナミックレンジ、平均化時間、レーザのパルス幅を規定している。ダイナミックレンジは、光ファイバから発生する後方散乱光が雑音レベルに到達するまでの範囲を示すもので、光ファイバに対して、レーザのパルスパワーが増加した場合、有効パルス幅が増加した場合、雑音レベルが低下(たとえば平均化時間の増加、パルス幅の増加および帯域幅の減少)した場合に増加する。

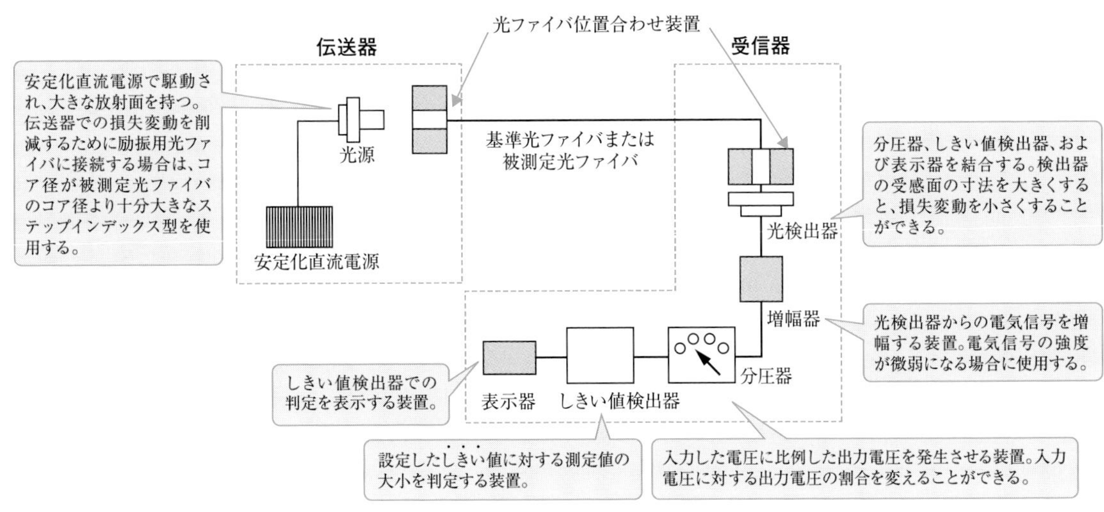

図2・29 光導通試験の一般的な構成

理解度チェック

問1 光ファイバどうしを接続するときに用いられるコネクタには、（ア）を極力発生させないことが求められる。
① 分散 ② 屈折 ③ 接続損失

問2 現場取付け可能な単心接続用の光コネクタのうち、ドロップ光ファイバケーブルとインドア光ファイバケーブルの接続や宅内配線における光ローゼット内での心線接続に用いられる光コネクタは、（イ）コネクタといわれる。
① SC ② FA ③ MT

問3 JIS C 6823：2010光ファイバ損失試験方法において規定されているカットバック法、挿入損失法、OTDR法および損失波長モデルのうち、シングルモード光ファイバのみに適用されるのは、（ウ）である。
① カットバック法 ② 挿入損失法 ③ OTDR法 ④ 損失波長モデル

答 (ア) ③ (イ) ② (ウ) ④

3 汎用情報配線設備規格

1 オフィス施設に適用する情報配線規格の概要

JISでは、単一または複数のビルで構成されるオフィス施設で使用する汎用配線設備に関する規格として、**JIS X 5150－2：2021汎用情報配線設備―第2部：オフィス施設**を作成し、公表している。規格の対象は、具体的には、音声やデータ、テキスト、画像、影像などの広範囲のサービスに使用できる平衡配線設備および光ファイバ配線設備が想定されている。

補足

JIS X 5150-2：2021は、国際標準化機構が制定したISO/IEC 11801-2：2017を基に、技術的な内容を変更することなく作成した規格である。

●汎用配線システムの構造

図3・1は、汎用配線システムの構造を示したものである。図中の英略号の意味は、それぞれ次のとおりである。

・**CD：構内配線盤**(Campus Distributor)

構内幹線配線設備を接続する起点となる配線盤のこと。構内幹線ケーブルが放射状に接続される。

・**BD：ビル内配線盤**(Building Distributor)

1つ以上のビル幹線ケーブルを終端し、構内幹線ケーブルを接続する配線盤のこと。

・**FD：フロア配線盤**(Floor Distributor)

水平ケーブルと他の配線サブシステムまたは機器とを接続するために使用する配線盤のこと。

用語解説

配線盤

JIS X 5150-1:2021では、配線サブシステムと他の配線サブシステムまたは伝送機器との終端および接続を可能にする機能要素と定義している。

配線設備

情報機器の接続を可能にする電気通信ケーブル、コード、接続器具のシステム。ただし、ケーブルラックや配管といった配線用設備はこれには含まれない。

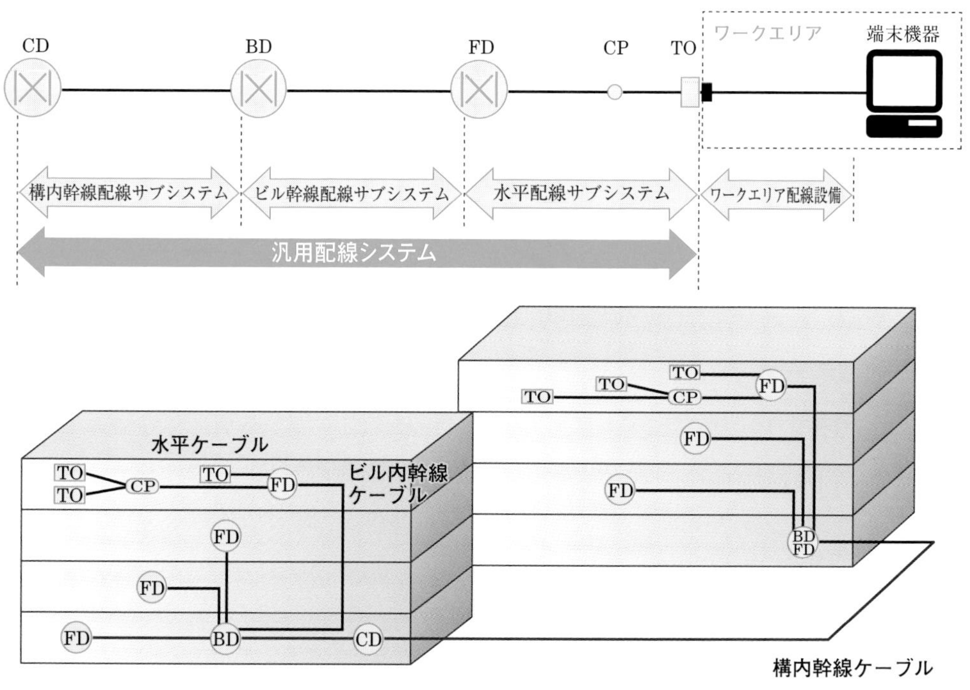

図3・1 汎用配線システムの構造

・**CP：分岐点**(Consolidation Point)

フロア配線盤と端末機器アウトレットの間の水平配線サブシステム内に設けられた接続点のこと。

・**TO：通信アウトレット**(Telecommunications Outlet)

ワークエリアに設置され、端末機器にインタフェースを提供する接続器具のこと。なお、汎用情報配線設備の一般要件を規定したJIS X 5150－1：2021では、端末機器アウトレット(Terminal equipment Outlet)としている。

●汎用配線システムのサブシステム

汎用配線システムは、構内幹線配線サブシステム、ビル幹線配線サブシステム、水平配線サブシステムという3種類の配線サブシステムで構成される。配線サブシステム間の接続には、アプリケーション固有の機器を用いた能動的な接続と、固有の機器を用いない受動的な接続がある。能動的な接続では、インタコネクトまたはクロスコネクトのいずれかによりアプリケーション固有の機器に接続する。また、受動的な接続では、パッチコードまたはジャンパのいずれかを用いたクロスコネクト接続とする。なお、構内幹線配線サブシステムおよびビル幹線配線サブシステムについては、**JIS X 5150－1：2021汎用情報配線設備―第1部：一般要件**の規定を引用している。

・構内幹線配線サブシステム

構内幹線配線サブシステムは、構内配線盤からビル内配線盤までの施設である。これには、構内幹線ケーブル、ビル内引込み設備内の配線要素、構内配線盤内およびビル内配線盤内のジャンパおよびパッチコード、構内幹線ケーブルに終端される接続器具が含まれる。

構内配線盤は構内に1つ、ビル内配線盤は構内のビル各棟に1つずつ存在するのが原則である。ただし、大きなビル群では1棟のビル内に複数のビル配線盤を設置する場合がある。また、構内にビルが1棟しかなく、それが1つの構内配線盤で十分に賄えるほど小さい場合には、構内幹線配線サブシステムがなくてもよい。

・ビル幹線配線サブシステム

ビル幹線配線サブシステムは、ビル内配線盤からフロア配線盤までの施設である。これには、ビル幹線ケーブル、ビル内配線盤とフロア配線盤の両方の配線盤内のジャンパおよびパッチコード、両方の配線盤においてビル幹線ケーブルが終端される接続器具が含まれる。

・水平配線サブシステム

水平配線サブシステムは、フロア配線盤からそれに接続された通信アウトレットまでの施設である。これには、水平ケーブル(分岐点が存在している場合は水平ケーブルおよびCPコード)、フロア配線盤内のジャンパおよびパッチコード、通信アウトレットにおける水平ケーブル(分岐点が存在している場合はCPコード)の機械的な終端、フロア配線盤における水平ケーブルの接続器具を含んだ機械的な終端(例：インタコネクトまたはクロスコネクト)、分岐点(任意追加)、通信アウトレットが含まれる。

補足

JIS X 5150-1：2021は、ISO/IEC 11801-1：2017を基に、技術的な内容を変更することなく作成した規格である。

用語解説

構内幹線ケーブル
構内幹線配線サブシステム内の配線盤間を接続する固定ケーブル。

構内
1つ以上の建物(ビル)を含めた施設のこと。

ビル幹線ケーブル
ビル幹線配線サブシステム内で配線盤間を接続する固定ケーブル。

水平ケーブル
フロア配線盤と通信アウトレットを接続するケーブル。分岐点がある場合はフロア配線盤と分岐点を接続する。なお、分岐点と端末機器アウトレットの間の配線設備は、CPコードといわれる。

2 汎用配線設備の設計における主な留意点

JIS X 5150－2：2021では、汎用配線設備の設計において留意すべき事項が規定されている、ここでは、それらのうち主な事項を抜粋して説明する。

・各フロアに最低1個のフロア配線盤(FD)を設置しなければならない。また、床面積が1,000m^2を超える場合にはフロアの床面積1,000m^2ごとに最低1個のフロア配線盤を設置することが望ましい。

・接続器具は、それぞれの導体に対し直接接続すること。また、どのようなものであっても複数の入力導体または出力導体に接触させてはならない。

・ワークエリアコードおよび機器コードは、チャネルの設計で考慮しなければならない。

・パッチコードおよびジャンパの性能への寄与は、チャネルの設計の中で考慮しなければならない。

・利用可能なフロア全体に通信アウトレット(TO)を設置することが望ましい。通信アウトレットを高密度に配置すれば、配線設備の変更に柔軟に対応できる。個別に設置しても1か所にまとめて設置してもよいが、設置にあたっては次の要件(a項~f項)に従う必要がある。

(a)それぞれの個別のワークエリアに、少なくとも2つ設置しなければならない。

(b)1つ目のアウトレットは、4対ケーブル用とすることが望ましい。

(c)2つ目のアウトレットは、光ファイバまたは4対ケーブル用とすることが望ましい。

(d)それぞれの通信アウトレットに、目視できる恒久的な識別子(目印)を付けなければならない。

(e)バラン(平衡－不平衡変換器)やインピーダンス整合アダプタなどの機器を用いる場合は、アウトレットの外部に置かなければならない。

(f)ワークエリアコード、機器コード、パッチコードおよびジャンパの性能への寄与は、平衡配線設備および光ファイバ配線設備のチャネルの要件が確実に満たされるように考慮しなければならない。

・複数利用者TO組立品(MUTO組立品)を使用する場合には、次の追加要件(a項~e項)を満たさなければならない。

(a)複数利用者TO組立品は、各ワークエリアグループが少なくとも1つの複数利用者TO組立品によって機能を提供するように開放型ワークエリアに配置しなければならない。

(b)複数利用者TO組立品は、最大で12のワークエリアに対応するように制限することが望ましい。

(c)複数利用者TO組立品は、建物の柱または恒久的な壁面のような恒久的で利用者がアクセスしやすい場所に配置することが望ましい。

(d)複数利用者TO組立品は、閉塞(へいそく)した場所に取り付けてはならない。

(e)ワークエリアコードの長さは、ワークエリアでのケーブルの管理を確実にするために制限することが望ましい。

補足

ロビーなど床面積当たりの人数が少ない場合は、隣接階に設置されているフロア配線盤からその階にサービスを提供してもよいことになっている。また、複数の配線盤の機能を1つに統合することも問題ない。

用語解説

ワークエリアコード
通信アウトレットに端末機器を接続するためのコード。

ワークエリア
複数の利用者が通信端末機器を使用する建物内のスペース。

通信アウトレット
端末機器にインタフェースを提供する接続器具。JIS X 5150-1：2021 の規格内では、端末機器アウトレットと呼ぶことにしている。

個別ワークエリア
1人の利用者が使用するために割り当てる建物内のスペース。

補足

汎用配線設備の一般的な施工においては、1組のTOが単一のワークエリアをサポートする。このようなTOの組を単一利用者TO組立品(TO組立品)という。これに対して、オープンオフィス環境では、1組のTOが複数のワークエリアに対応することが許容される。複数のワークエリアに対応させたTOの組は、複数利用者TO組立品(MUTO組立品)といわれる。

・フロア配線盤とそれに接続される任意のTOとの間の水平配線設備には、1つの分岐点(CP)を設けることができる。分岐点は受動的な接続器具だけで構成しなければならず、クロスコネクト接続として使用してはならない。分岐点を使用する場合は、次の追加要件(a項〜d項)に適合しなければならない。

(a)分岐点は、各ワークエリアグループが**少なくとも1つ**の分岐点によって提供されるように配置しなければならない。

(b)分岐点は、**最大で12のワークエリア**に対する対応に制限することが望ましい。

(c)分岐点は、アクセスしやすい場所に配置することが望ましい。

(d)分岐点は、管理システムの一部でなければならない。

3 汎用配線設備の伝送性能

JIS X 5150 − 2：2021では、汎用配線設備の性能要件を、図3・2に示すチャネルおよびリンク(パーマネントリンク、CPリンク)について規定している。

補足

チャネルはEQP(LANスイッチ、ハブなどの機器)とTE(端末機器)との間の伝送経路のことである。インタコネクトチャネルは、ワークエリアコードと機器コードを含んだ構成の配線サブシステムとなり、クロスコネクトチャネルはワークエリアコード、パッチコードまたはジャンパ、および機器コードを含んだ構成の配線サブシステムとなる。また、分岐点を任意に追加したり、2つ以上のサブシステムを接続して構成することもできる。両端の接続部(EQPに機器コードを接続するためのコネクタとワークエリアコードをTEに接続するためのコネクタ)は含まない。これに対して、パーマネントリンクは、敷設された配線設備両端の接続部を含む。

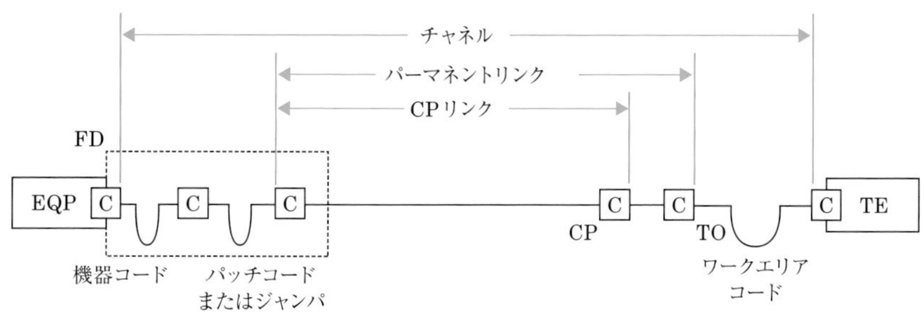

図3・2 チャネル、パーマネントリンクおよびCPリンク

●チャネル性能要件

チャネルは、任意のアプリケーション固有の2台の機器間を接続する固定ケーブルで、受動要素のケーブル、接続器具、コードおよびジャンパだけで構成される。その伝送性能要件は、平衡配線設備と光ファイバ配線設備についてそれぞれ規定されている。

・平衡配線設備の伝送性能要件

平衡配線設備の伝送性能要件は、幹線平衡配線設備、水平平衡配線設備、ケーブルを共用する平衡配線設備についてそれぞれ規定されているが、ここでは、幹線平衡配線設備および水平平衡配線設備の伝送性能要件を説明する。

幹線平衡配線設備は、要求に応じて、JIS X 5150 − 1：2021で規定されている平衡配線の伝送性能(249頁の表1・1参照)のうちクラスA〜F_Aのチャネル性能を提供しなければならない。

また、水平平衡配線設備は、平衡配線の伝送性能の**クラスE**またはそれより良いチャネル性能を提供しなければならないとされている。さらに、データ転送速度が1Gbit/sを超えるアプリケーションをサポートするためには、クラスE_Aまたはそれよりも良い性能とするのが望ましい。

・光ファイバ配線設備の伝送性能要件

光ファイバ配線設備に使用する部材は、サポートされるアプリケーションおよび要求されるチャネル長さを考慮して選択する。この際、意図した耐用年数の間にアプリケーションが変更される場合があることも考慮するのが望ましい。

配線設備は、関連アプリケーションをサポートできるチャネル性能を提供するために、チャネル減衰量およびチャネル長さの2つのパラメータが要件に適合しているケーブル化した光ファイバを用いて設計しなければならない。

●リンク性能要件

リンクは、両端での接続を含む2つの配線システム間の伝送線路で、受動要素のケーブルおよび接続部で構成される。リンクには、パーマネントリンクとCPリンクがあり、**パーマネントリンク**は、水平配線においてはフロア配線盤と通信アウトレットとの間の、幹線配線においては配線盤間の、両端の接続部を含む伝送線路である。また、**CPリンク**は、フロア配線盤と分岐点との間の両端の接続器具を含む配線で、パーマネントリンクの一部となっている。

リンクは、構成する部材間のインタフェースの構造および材料間の互換性により、計画した耐用期間中において必要な性能を確実に維持しなければならない。リンク性能が適合しなければならない要件は、平衡配線設備、光ファイバ配線設備とも、JIS X 5150－1：2021に規定されている。

・平衡配線設備のリンク性能要件

平衡リンクの公称インピーダンスは、**100Ω**とされている。この値は、適切な設計および適切な配線部材の選択により達成される。

平衡リンクの要件は、「反射減衰量」、「挿入損失(減衰量)」、「対間近端漏話」、「電力和近端漏話」、「対間減衰対近端漏話比」、「電力和対間減衰対近端漏話比」、「対間減衰対遠端漏話比」、「電力和対間減衰対遠端漏話比」、「直流ループ抵抗(DCループ抵抗)」、「直流抵抗不平衡(DC不平衡)」、「伝搬遅延」、「伝搬遅延時間差」、「近端不平衡減衰量」、「遠端不平衡減衰量」、「カップリングアッテネーション」、「電力和エイリアン近端漏話」、「平均電力和エイリアン近端漏話」、「クラスE_A、クラスF_AクラスⅠおよびクラスⅡの2点接続リンクまたは3点接続リンクの電力和減衰対エイリアン遠端漏話比」、「平均電力和減衰対エイリアン遠端漏話比」、「スクリーン付リンクのエイリアンクロストークおよびカップリングアッテネーション」がクラスごとに規定されている。なお、挿入損失(*IL*)が**3.0〔dB〕未満**の周波数における**反射減衰量**(*RL*)の値と、挿入損失が**4.0〔dB〕未満**の周波数における**対間近端漏話**(*NEXT*)および**電力和近端漏話**(*PS NEXT*)の値については、参考とする(いわゆる**3dB/4dBルール**)。

・光ファイバ配線設備のリンク性能要件

規定波長におけるリンクの減衰量は、その波長での部材の規定減衰量を超えてはならない。

用語解説

挿入損失
信号源と等価インピーダンスの負荷との間に部品を挿入したために生じる損失をいう。部品の挿入前に伝送される電力量と挿入後に伝送される電力量の比で表し、単位にデシベル〔dB〕を用いる。

4 平衡配線設備の基本配線構成

●平衡配線部材の選択

JIS X 5150 − 2：2021で規定されている平衡配線設備の基本配線構成において、平衡配線部材は、アプリケーションをサポートする配線クラスに適合したものを選択する。

・カテゴリ6部材は、クラスE平衡配線性能をサポートする。

・カテゴリ6_A部材またはカテゴリ8.1部材は、クラスE_A平衡配線性能をサポートする。

・カテゴリ7部材は、クラスF平衡配線性能をサポートする。

・カテゴリ7_A部材またはカテゴリ8.2部材は、クラスF_A平衡配線性能をサポートする。

個々の配線チャネルで使用する部材の公称インピーダンスは、同一にしなければならない。公称インピーダンスの異なる部材同士を接続すると、その接続点で信号の反射を生じることになる。基本配線構成は、20℃での部材の性能に基づいており、運用温度が20℃を超える場合には、ケーブル性能に対する温度の影響を考慮して、長さを減らさなければならない。また、1つのチャネルの中にカテゴリの違うケーブルと接続器具が混在しているとき、その配線性能は最も低い部材のカテゴリによって決定される。

●他の配線規格との比較

表3・1は、JIS X 5150 − 2：2021（ISO/IEC11801 − 2：2017）で規定される配線クラスと各クラスの平衡配線性能をサポートする部材のカテゴリの対応、および米国における構内ツイストペア情報配線規格（ANSI/TIA-568.2-D：2017）との対応関係を示したものである。この表からわかるように、JIS規格およびISO/IEC規格が配線設備（システム）としての性能を「クラス」、部材（配線要素）としての性能を「カテゴリ」で規定しているのに対し、ANSI/TIA規格では、システムと配線要素のどちらも「カテゴリ」で規定している。

また、ANSI/TIA規格による性能測定では「3dB/4dBルール」のうち「4dBルール」は適用されず、近端漏話および電力和近端漏話の適合判定は挿入損失の測定結果にかかわらず規格値どおりに行う。

表3・1　JIS規格とANSI/TIA規格の比較

伝送性能	JIS X 5150−1：2021（ISO/IEC11801−1：2017）		ANSI/TIA-568.2-D：2017	
	配線設備性能	部材性能	配線システム性能	配線要素性能
250MHz	クラスE	カテゴリ6	カテゴリ6	カテゴリ6
500MHz	クラスE_A	カテゴリ6_A	カテゴリ6A	カテゴリ6A
600MHz	クラスF	カテゴリ7	—	—
1,000MHz	クラスF_A	カテゴリ7_A	—	—
2,000MHz	クラスⅠ、Ⅱ	カテゴリ8.1、8.2	カテゴリ8	カテゴリ8

補足

平衡配線設備性能クラスのクラスⅠおよびⅡは、最大配線長さ30m、最大伝送周波数2,000MHzに対応する、データセンタ配線への適用を想定した仕様である。クラスⅠ配線設備性能はカテゴリ8.1部材によりサポートされ、クラスⅡ配線設備性能はカテゴリ8.2部材によりサポートされる。

なお、データセンタ向けのアプリケーションは、IEEE802.3bq：2016において、クラスⅠ配線設備性能により最大25Gbit/sの伝送速度（理論値）を実現する25GBASE-Tと、クラスⅡ配線設備性能により最大40Gbit/sの伝送速度（理論値）を実現する40GBASE-Tが規定されている。

補足

カテゴリ8.1部材は、カテゴリ6_A部材の仕様をもとに開発されたものであるため、データセンタ配線ではなく汎用配線設備に適用される場合にはクラスE_A配線設備をサポートする。4対一括で遮蔽を施すS/UTP構造のケーブルなどが該当し、このケーブルの終端にはRJ-45コネクタを使用する。

また、カテゴリ8.2部材は、カテゴリ7_A部材の仕様をもとに開発されたものであるため、汎用配線設備に適用される場合にはクラスF_A配線設備をサポートする。対ごとに遮蔽を施しさらに4対全体に遮蔽を施すS/FTP構造のケーブルなどが該当し、このようなケーブルの終端にはTARAコネクタやARJ45コネクタなどの特殊な仕様のコネクタを使用する。

5 水平配線設備

●水平配線設備モデル

水平配線設備は、ユーザがさまざまな端末機器を用いるワークエリア配線に接続される配線である。たとえば、図3・3のような構成になる。

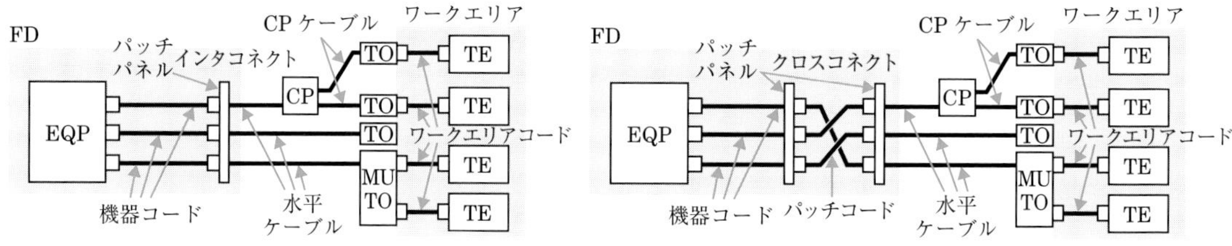

図3・3 水平配線の例

JIS X 5150－2：2021では、水平配線設備の範囲と図3・2に示すチャネル仕様の相互関係を表すモデルとして、**インタコネクト－TOモデル**、**クロスコネクト－TOモデル**、インタコネクト－CP－TOモデル、クロスコネクト－CP－TOモデルの4つのモデルが規定されている。

・インタコネクト－TOモデル（図3・4(a)）

1つのインタコネクトおよび1つのTOだけを含むチャネルを示す。水平ケーブルは、FDをTOまたはMUTOに接続する。また、チャネルには、機器コードおよびワークエリアコードを構成するコードを含んでいる。

・クロスコネクト－TOモデル（図3・4(b)）

インタコネクト－TOモデルにクロスコネクトとして追加の接続点を含んでいるチャネルを示す。水平ケーブルは、FDをTOまたはMUTOに接続する。また、チャネルには、パッチコードまたはジャンパ、機器コードおよびワークエリアコードを構成するコードを含んでいる。

用語解説

インタコネクト
パッチコードやジャンパを用いることなく行う配線サブシステムへの受動的な（増幅や変調などを行わない）接続。

クロスコネクト
パッチコードまたはジャンパを用いて行う配線サブシステム間の受動的な接続。

(a) インタコネクト－TOモデル

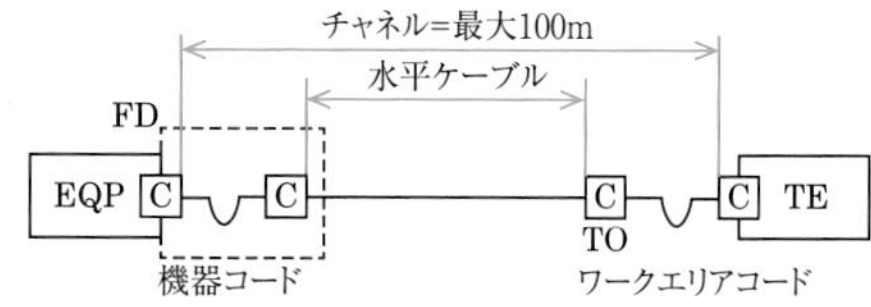

(b) クロスコネクト－TOモデル

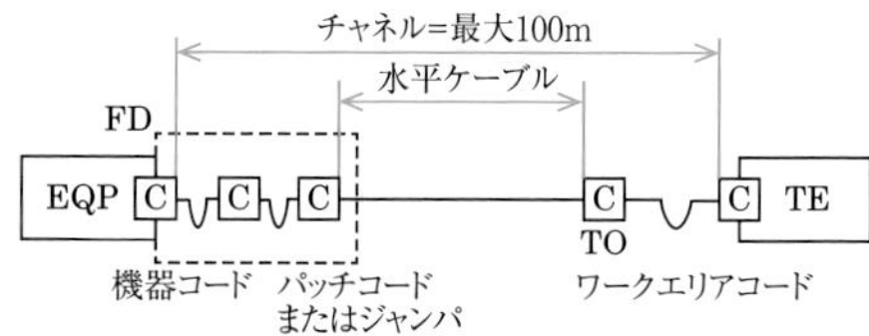

(c) インタコネクト－CP－TOモデル

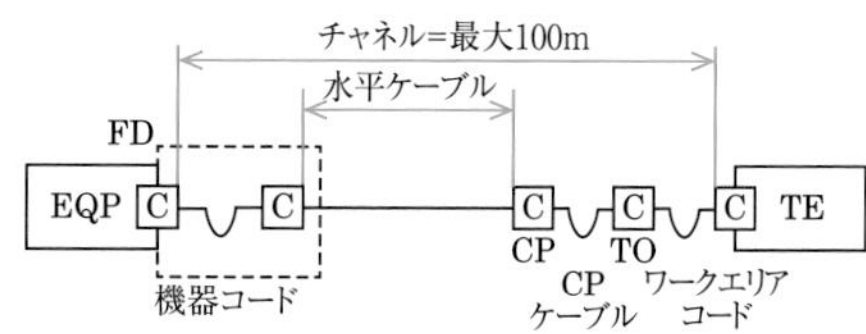

(d) クロスコネクト－CP－TOモデル

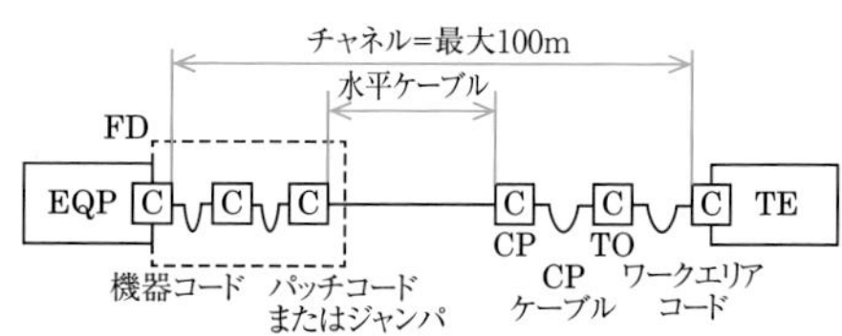

図3・4 水平配線設備モデル（JIS X 5150－2：2021）

・インタコネクト－CP－TOモデル(図3・4(c))

インタコネクト、CPおよびTOを含むチャネルを示す。水平ケーブルは、FDをCPに接続する。また、機器コード、CPケーブルおよびワークエリアコードを構成するコードを含んでいる。

・クロスコネクト－CP－TOモデル(図3・4(d))

インタコネクト－CP－TOモデルにクロスコネクトとして追加の接続点を含んでいるチャネルを示す。水平ケーブルは、FDをTOまたはMUTOに接続する。また、パッチコードまたはジャンパ、機器コード、CPケーブルおよびワークエリアコードを構成するコードを含んでいる。

●水平リンク長さの式

水平配線設備のチャネル内で用いる水平ケーブルの最大長さは、チャネル内で用いるコードの全長に依存し、表3・2に規定する式によって決定しなければならない。これにより、異なった挿入損失をもつワークエリアコード、CPケーブル、パッチコード、ジャンパおよび機器コードに用いるケーブルにも対応することができる。

表3・2 水平リンク長さの式(JIS X 5150－2：2021)

モデル	図番号	式	
		クラスEおよびE_A	クラスFおよびF_A
インタコネクト－TO	図3・4(a)	$I_h = 104 - I_a \times X$	$I_h = 105 - I_a \times X$
クロスコネクト－TO	図3・4(b)	$I_h = 103 - I_a \times X$	$I_h = 103 - I_a \times X$
インタコネクト－CP－TO	図3・4(c)	$I_h = 103 - I_a \times X - I_c \times Y$	$I_h = 103 - I_a \times X - I_c \times Y$
クロスコネクト－CP－TO	図3・4(d)	$I_h = 102 - I_a \times X - I_c \times Y$	$I_h = 102 - I_a \times X - I_c \times Y$

記号説明
I_h：水平ケーブルの最大長さ(m)
I_a：パッチコードまたはジャンパ、機器コードおよびワークエリアコードの長さの総和(m)
I_c：CPケーブルの長さ(m)
X：水平ケーブルの挿入損失(dB/m)に対するコードケーブルの挿入損失(dB/m)の比
Y：水平ケーブルの挿入損失(dB/m)に対するCPケーブルの挿入損失(dB/m)の比
20℃を超える運用温度では、I_hの値は次のとおり減じる。
a) スクリーン付平衡ケーブルでは、20℃～60℃で1℃当たり0.2%減じる。
b) 非スクリーン平衡ケーブルでは、20℃～40℃で1℃当たり0.4%減じる。
c) 非スクリーン平衡ケーブルでは、40℃～60℃で1℃当たり0.6%減じる。
これらはデフォルト値であり、ケーブルの実際の特性が不明な場合に用いることが望ましい。
計画した運用温度が60℃を超える場合は、製造業者または提供者の情報を参照しなければならない。

補足

たとえばクロスコネクト－TOモデル、クラスEチャネルで、パッチコードまたはジャンパ、機器コードおよびワークエリアコードの長さの総和が12m、使用温度20℃、コードの挿入損失(dB/m)が水平ケーブルの挿入損失(dB/m)に対して50%増のとき、水平ケーブルの最大長さは、表3・2の式「$I_h = 103 - I_a \times X$」より、次のように求められる。

$I_h = 103 - 12 \times 1.5$
$= 103 - 18 = 85$〔m〕

●水平配線設備の設計

JIS X 5150－2：2021では、水平配線設備を設計する際に適用する制限事項を次のように規定している。

・チャネルの物理長さは、**100m**を超えてはならない。

・水平ケーブルの物理長さは、**90m**を超えてはならない。パッチコード、機器コードおよびワークエリアコードの合計長さが**10mを超える場合**は、表3・2に従って水平ケーブルの許容物理長さを減らさなければならない。

・分岐点(CP)は、フロア配線盤から少なくとも**15m以上**離れた位置に置かなければならない。

・複数利用者TO組立品を用いる場合には、ワークエリアコードの長さは、**20m**を超えないことが望ましい。

・パッチコードまたはジャンパの長さは、**5m**を超えないことが望ましい。

6 構内およびビル幹線配線システム

構内幹線配線サブシステムおよびビル幹線配線サブシステムの性能要件は、JIS X 5150－1：2021で規定されている。

●平衡配線部材の選択

各クラスの配線性能をサポートする部材は、次のように規定されている。

・カテゴリ5部材は、クラスD平衡配線性能をサポートする。
・カテゴリ6部材は、クラスE平衡配線性能をサポートする。
・カテゴリ6_A部材またはカテゴリ8.1部材は、クラスE_A平衡配線性能をサポートする。
・カテゴリ7部材は、クラスF平衡配線性能をサポートする。
・カテゴリ7_A部材またはカテゴリ8.2部材は、クラスF_A平衡配線性能をサポートする。

●幹線配線モデル

図3・5は、構内幹線配線サブシステムおよびビル幹線配線サブシステムの配線範囲とチャネル仕様との相互関係モデルを示したものである。このモデルは、クラスD～クラスF_Aの幹線チャネルの最大構成を表している。チャネルは、両端にクロスコネクトを含んでいる。

チャネルにはパッチコードまたはジャンパ、および機器コードを構成する追加のコードが含まれるが、これらのコード内の可とうケーブルは幹線ケーブルで用いられるケーブルよりも挿入損失が高い。このため、所与のクラスのチャネルの範囲内で使用するケーブル長は、表3・3に示す式によって決定しなければならない。

補足
可とうケーブルとは、曲げに強く折れにくいケーブルのことを指す。

なお、クラスD、E、E_A、FおよびF_Aには、次の一般制限事項を適用する。

・チャネルの物理長は、**100m**を超えてはならない。
・チャネル内で4つの接続点がある場合には、幹線ケーブルの物理長は**少なくとも15m**にすることが望ましい。

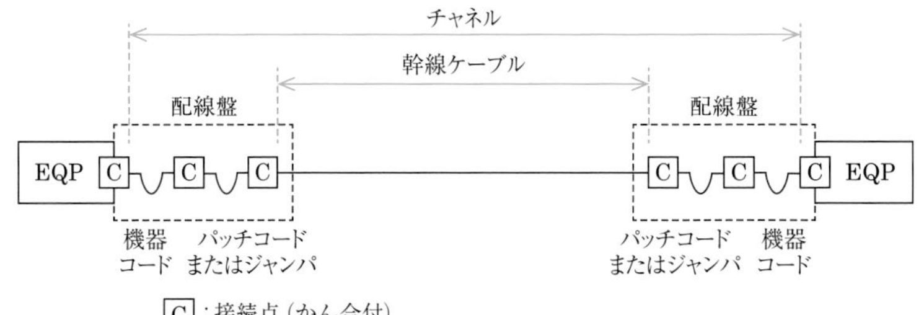

図3・5　幹線配線モデル（JIS X 5150－1：2021）

●幹線リンク長の式

所与のクラスのチャネルの範囲内で用いるケーブル長は、パッチコード、ジャンパおよび機器コードに用いるより挿入損失の高いケーブルに適応させるために、表3・3で示す式によって決定しなければならない。

幹線ケーブルの最大長は、チャネル内で用いるコードの総長によって決まり、それぞれのコードの最大長は設計段階で定めなければならない。これらの長さが配線システムの運用中に定めた長さを超えないよう配線管理システムで担保する必要がある。

表3・3　幹線リンク長の式（JIS X 5150－1：2021）

部材カテゴリ	クラス[a]							
	A	B	C	D	E	E_A	F	F_A
5	2,000	$I_b=250-I_a\times X$	$I_b=170-I_a\times X$	$I_b=105-I_a\times X$	－	－	－	－
6	2,000	$I_b=260-I_a\times X$	$I_b=185-I_a\times X$	$I_b=111-I_a\times X$	$I_b=102-I_a\times X$	－	－	－
6_Aまたは8.1	2,000	$I_b=260-I_a\times X$	$I_b=189-I_a\times X$	$I_b=114-I_a\times X$	$I_b=105-I_a\times X$	$I_b=102-I_a\times X$	－	－
7	2,000	$I_b=260-I_a\times X$	$I_b=190-I_a\times X$	$I_b=115-I_a\times X$	$I_b=106-I_a\times X$	$I_b=104-I_a\times X$	$I_b=102-I_a\times X$	－
7_Aまたは8.2	2,000	$I_b=260-I_a\times X$	$I_b=192-I_a\times X$	$I_b=117-I_a\times X$	$I_b=108-I_a\times X$	$I_b=107-I_a\times X$	$I_b=102-I_a\times X$	$I_b=107-I_a\times X$

記号説明
I_b：幹線ケーブルの最大長（m）
I_a：パッチコードまたはジャンパ、および機器コード総和（m）
X：幹線ケーブルの挿入損失（dB/m）に対するコードケーブルの挿入損失（dB/m）の比

a）スクリーン付平衡ケーブルでは、20℃～60℃で1℃当たり0.2%減じる。
b）非スクリーン平衡ケーブルでは、20℃～40℃で1℃当たり0.4%減じる。
c）非スクリーン平衡ケーブルでは、40℃～60℃で1℃当たり0.6%減じる。
これらは既定値であり、ケーブルの実際の特性が不明な場合に用いることを推奨する。
計画した運用温度が60℃を超える場合には、製造業者または供給業者の情報を参考にしなければならない。
チャネルに含まれる接続数が図3・5に示すモデルとは異なる場合、*NEXT*、*RL*および*ACR-F*性能は、検証した方がよい。

注記　チャネルに含まれる接続数が図3・5に示すモデルとは異なる場合、固定ケーブル長は、カテゴリ5のケーブルでは1接続当たり2mを減じ、カテゴリが6、6_A、7および7_Aのケーブルでは1接続当たり1mを減じる（モデルより接続数が多い場合）または増やす（モデルより接続数が少ない場合）。
註[a]　チャネル長が100mを超える場合、伝搬遅延、伝搬遅延時間差またはDC接続によって制限されるアプリケーションは、サポートされない場合がある。

理解度チェック

問1　JIS X 5150-2：2021オフィス施設の水平配線設備設計について述べた次の二つの記述は、（ア）。

A　分岐点は、フロア配線盤から少なくとも15メートル以上離れた位置に置かなければならない。

B　パッチコードまたはジャンパの長さは、5メートルを超えないことが望ましい。

①Aのみ正しい　②Bのみ正しい　③AもBも正しい　④AもBも正しくない

答（ア）③

4 コマンド等によるLANの工事試験

1 pingコマンドを用いたLANの通信確認試験

LANに接続されたコンピュータの接続状況をICMPメッセージを用いて診断するプログラムを、pingコマンドという。pingコマンドでは、接続が正常かどうか確認したいコンピュータのIPアドレスを指定し、実行する。このとき送信するデータのデフォルトサイズ(初期設定値)は、Windowsでは32バイト、Linuxやmac OSなどでは56バイトとなっているが、これらの数値は－lオプションで変更することができる。

正常に接続できれば図4・1(a)のように「IPアドレス からの応答」、異常があれば(b)のように「要求がタイムアウトしました」と画面上に表示される。

なお、pingコマンドを実行する端末自身の接続の正常性を確認する場合は、ループバックアドレスを指定して実行する。

補足

pingコマンド入力画面で、pingの後に宛先を入力するが、宛先の指定には、IPアドレス以外にも、URLを用いることができる。

用語解説

ループバックアドレス
端末自身の接続状況を調べるためには、端末自身を送信元と宛先の双方に設定する「折返しテスト」を行う必要がある。ループバックアドレスは、この折返しテストを行うために規定されている特別なIPアドレスである。

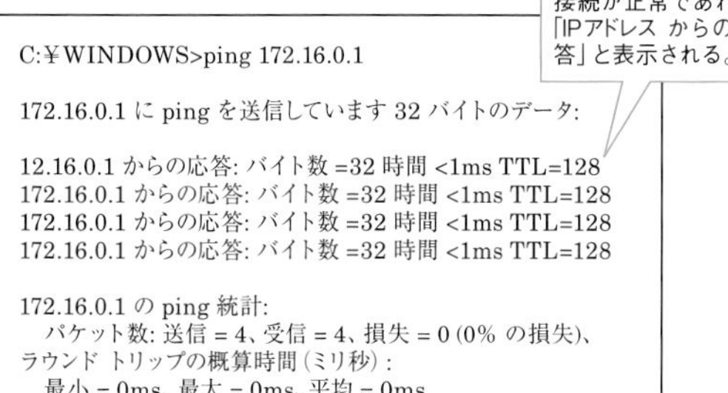

```
C:¥WINDOWS>ping 172.16.0.1

172.16.0.1 に ping を送信しています 32 バイトのデータ:

12.16.0.1 からの応答: バイト数 =32 時間 <1ms TTL=128
172.16.0.1 からの応答: バイト数 =32 時間 <1ms TTL=128
172.16.0.1 からの応答: バイト数 =32 時間 <1ms TTL=128
172.16.0.1 からの応答: バイト数 =32 時間 <1ms TTL=128

172.16.0.1 の ping 統計:
    パケット数: 送信 = 4、受信 = 4、損失 = 0 (0% の損失)、
ラウンド トリップの概算時間 (ミリ秒):
    最小 = 0ms、最大 = 0ms、平均 = 0ms
```


(a) 正常に接続できた場合

```
C:¥WINDOWS>ping 202.247.3.134

202.247.3.134 に ping を送信しています 32 バイトのデータ:

要求がタイムアウトしました。
要求がタイムアウトしました。
要求がタイムアウトしました。
要求がタイムアウトしました。

202.247.3.134 の ping 統計:

    パケット数: 送信 = 4、受信 = 0、損失 = 4 (100% の損失)、
```

異常があり接続できなければ「要求がタイムアウトしました」と表示される。

(b) 異常があり接続できない場合

図4・1 Windows端末上におけるpingコマンド実行例

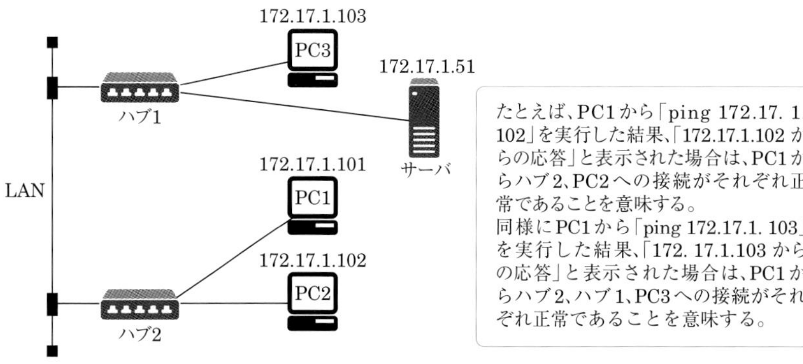

図4・2 pingコマンドの活用例

LANの工事試験では、ping以外にも、さまざまなコマンドが用いられる。たとえば、IPパケットの経路を確認するときはtracertコマンドを、また、IPアドレス、サブネットマスク、デフォルトゲートウェイといったTCP/IP設定情報を確認するときはipconfigコマンドをそれぞれ実行する。

補足

tracertコマンドでは、ICMPの生存時間(TTL：Time To Live)超過による到達不能メッセージを利用してパスを追跡する。そして、パケットが宛先に到達するまでに経由する各ルータと各ホップ(パケットを転送する装置)の往復時間(RTT：Round Trip Time)に関するコマンドラインレポートを出力する。

2 レイヤ2スイッチのLEDランプ表示によるLANの配線確認

レイヤ2スイッチには、電源LEDなどの他に、複数のLEDランプが接続ポートごとに用意され、これらの表示状況からLANの状態を判断できる。

一般に、10BASE－Tおよび100BASE－TXに対応したレイヤ2スイッチは、表4・1のようなLEDランプを有している場合が多い。たとえばLINK(リンク)ランプが点灯していれば、LANポートがLANケーブルと正しく接続され、通電していることを意味する。しかし、消灯していれば、LANケーブルの不良や、LANポート自体の故障、あるいは接続相手先装置の異常などが考えられる。

表4・1 レイヤ2スイッチのLEDランプ例

LEDランプ	LED表示例	意　味
LINK(リンク)	点灯：接続有り 消灯：接続無し	LANポート(RJ−45)が正しくLANケーブルと接続され通電していることを意味する。
SPEED(通信速度)	点灯(緑：100Mbit/s) (オレンジ：10Mbit/s) 消灯：接続無し	現在利用している速度(10BASE－Tや100BASE－TX)を意味する。
DUPLEX(全二重／半二重)(製品によっては、半二重通信時に発生するコリジョンLEDも兼用する。)	点灯(緑：全二重) (オレンジ：半二重) 消灯：接続無し	現在利用している伝送方式(全二重方式や半二重方式)を意味する。
ACTIVITY(動作)	点灯：通信中 消灯：通信無し	LANポートで信号を送受信した瞬間に点灯し、データ通信中に点滅する。

技術・理論 第4章

3 VoIPアダプタのLEDランプ表示による正常性の確認

VoIPアダプタのLEDランプには、一般に、表4・2のようなものがある。これらにより、装置の現在の状態を把握できるようになっている。

補足
デジタル式PBXやアナログ電話機などをIP電話網に接続して使用するために、2線－4線変換機能、コーデック、IPパケット化、シグナリング処理などの機能を備えた装置を一般にVoIPゲートウェイという。このうち、個人・家庭向けのIP電話サービスを利用するためのものはVoIPアダプタと呼ばれることが多い。

表4・2 VoIPアダプタのLEDランプ例

LEDランプ	表示の意味
電源ランプ	点灯時には電源が「入」であることを、消灯時には「切」であることを表す。
アラームランプ	一般に、消灯時には装置の状態が正常であることを、点灯時には故障の発生またはファームウェアの更新中を表す。
PPPランプ	PPP (Point-to-Point Protocol)接続状態を表示するランプで、一般に、点灯時には接続中を、消灯時には切断状態を、点滅時には接続手続中を表す。
VoIPランプ	IP電話サービスの状態を表示するランプで、一般に、点灯時には通話可を、消灯時には通話不可を、点滅時には通話中・着信中・呼出中を表す。
電話ランプ	アナログ電話サービスの状態を表示するランプで、一般に、点灯時には通話可を、消灯時には通話不可を、点滅時には通話中・着信中・呼出中を表す。
WANランプ	回線終端装置等との間の通信状態を表示するランプで、点灯時にはデータ通信可(リンクの確立)を表し、消灯時にはデータ通信不可を表す。また、データの送受信が正常に行われているときは点灯または点滅する。
LANランプ	LAN端末等との間の通信状態を表示するランプで、点灯時にはデータ通信可(リンクの確立)を表し、消灯時にはデータ通信不可を表す。また、データの送受信が正常に行われているときは点灯または点滅する。

5 IPボタン電話装置およびIP－PBXの設計・工事

1 IPボタン電話装置およびIP－PBXの配線

IPボタン電話装置およびIP－PBXは、IP電話に対応した装置である。IP電話は、デジタル符号化した音声データや呼制御データをIPパケットに格納して送受信するVoIP技術を利用した通話システムである。

IPボタン電話装置は、小規模のネットワークで使用する簡易のIP－PBXであり、機能についてもIP－PBXと大きな差はない。これらの装置は、IP－VPNなどの外部のIPネットワークやISDNなどの加入者線を通じた外線からの着信機能や、外線への発信機能に加え、内線どうしの通話機能、保留機能、転送機能などを持っている。

IPボタン電話装置およびIP－PBX、そしてIP電話の端末機器であるIP電話機の配線は、基本的にはLAN配線システムと同じである。一般的にルータやスイッチングハブを使用したスター型のトポロジであり、RJ－45という8ピンのモジュラプラグで成端されたUTPケーブルを使用する。

IP電話システムで使用するIP電話機は、ハブ機能を持つものが多い。ハブ機能付きのIP電話機を使用すると、スイッチングハブに接続されたデスク上のIP電話機のPC接続ポートに、ストレートケーブルでPCを接続することができ、配線を簡単に行うことができる。

しかし、IP電話機のPC接続ポートに接続されたケーブルをPCに接続せずにスイッチングハブに接続すると、スイッチングハブとハブ機能を持つIP電話機とがループする配線となる。このような誤った配線を行うと、ネットワーク中にブロードキャストフレームが大量に発生する**ブロードキャストストーム**が生じ、ネットワークがダウンしてしまうので注意が必要である。

ループの発生を防ぐためのプロトコルとして、IEEE802.1Dで標準化された**STP**（スパニングツリープロトコル）がある。

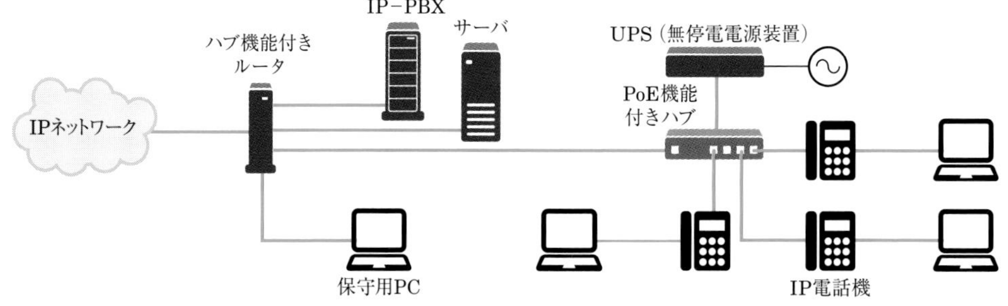

図5・1　IP－PBX等の配線例

2 IPボタン電話装置およびIP－PBXの設計・工事を行う際の留意点

IPボタン電話装置およびIP－PBX、そして端末機器であるIP電話機の配線で使用するUTPケーブルは、外部からの電磁波の干渉を受けやすい。そのため、IPボタン電話装置の主装置やIP－PBXは、電磁雑音を発生するおそれのある機器から離れた場所に設置する必要がある。

高周波ミシンや電気溶接機などの機器は、人工的な電磁雑音を発生することがある。これらの不要電磁波は、場合によってはIPボタン電話装置を構成する電子回路、有線ケーブル、無線ネットワークに悪影響を与え、異常動作や通話雑音の原因になる。

また、IPボタン電話装置やIP－PBXの電源系統および接地系統の配線は、特に空調機に使用される電動機からの誘導ノイズを発生しやすいため、別系統の配線で施工する。これらを同一系統にすると、誘導ノイズがIPボタン電話装置などに回り込み、機器の故障や誤作動、通話品質の低下を引き起こすことがある。

3 各種システムデータの設定

IPボタン電話装置の工事における各種システムデータの設定は、**初期データ設定モード**と**システムデータ設定モード**に大別される。

初期データ設定モードでは、IPボタン電話装置の機器の構成情報、IPアドレス情報などがシステムデータとして設定される。一方、システムデータ設定モードでは、接続される内線電話機の種別、各種サービスの種別、加入者線の種別などが設定される。

なお、各種システムデータの設定には、システムデータ電話機から設定する方法と遠隔保守用PCから設定する方法がある。一般に、遠隔保守用PCからのシステムデータの設定中は、システムデータ電話機から設定を行うことができない。また、システムデータの設定を有効にするには、システムを再起動する必要がある。

理解度チェック

問1　LAN工事でハブの増設などを行った際に、レイヤ2スイッチと増設したハブを誤接続して、接続にループができると、（ア）がループ内を回り続け、レイヤ2スイッチのLEDランプのうち、一般に、リンクランプやコリジョンランプといわれるLEDランプが異常な点滅を繰り返して、通信が不能になることがある。

① ブロードキャストフレーム　② ポーズフレーム　③ ユニキャストフレーム
④ マルチリンクフレーム　⑤ プリアンブル

問2　IPボタン電話装置の工事における各種システムデータの設定は、（イ）設定モードとシステムデータ設定モードに大別される。

① 初期データ　② 加入者線種別　③ サービス種別

答（ア）①（イ）①

6 施工管理技術

1 施工計画

●施工計画の策定手順

発注者から工事の依頼があると、工事着手前に**施工計画**を策定する。施工計画は、一般に、次の手順で策定する。

まず、施工にあたって、契約書や要求仕様書などの**契約条件**を確認し発注者の要望をよく理解する必要がある。また、**現地調査**を行い、必要な部品や工具、足場など、工事に必要なものを確認する。

次に、施工計画の**基本方針**を定めて、大まかな作業項目と日程を決定した後、関係箇所や部品、作業員の手配を行う。工事の規模にもよるが、現場事務所や作業員詰所（つめしょ）などが必要な場合には、工事現場に必要な**仮設備**（かりせつび）の概略計画を立てる。

最後に、基本方針で定めた概略計画に基づいて、日、週単位の作業計画から時間単位の**工程の詳細計画**を立案する。

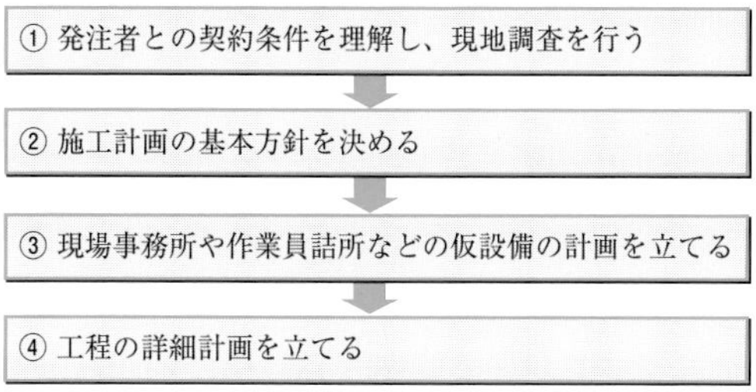

> **補足**
> 必要があれば、工期や施工方法について発注者に確認し、了解を得る。また、道路使用許可を官庁等に申請するなど必要な手続きを行う。

① 発注者との契約条件を理解し、現地調査を行う
↓
② 施工計画の基本方針を決める
↓
③ 現場事務所や作業員詰所などの仮設備の計画を立てる
↓
④ 工程の詳細計画を立てる

図6・1　施工計画の策定手順

施工計画を策定することによって、契約時点よりも工事の内容(工期、工数、必要部品など)が一層明確になり、また、工事費も見積（みつ）り時点より確度が高くなる。しかし、契約の方式が出来高払（できだかばら）いでなく**請負契約**（うけおい）の場合には、契約した工事費の見直しは難しい。したがって、契約時点で工事費を見積もるにあたっては、不測の事態に対処するため余裕分として予備費をみておかなければ赤字になるおそれがある。

> **補足**
> 請負契約は、当事者の一方(請負人)が相手方に対し仕事の完成を約束し、他方(注文者)がこの仕事の完成に対する報酬を支払うことを約束することにより成立する契約である。一般に、契約条件に大幅な変更が生じる場合、それを双方が承知しない限り、請負代金を変更することができない。そのため、契約後、施工計画が作成され見積りが変わったとしても、請負代金を変更するのは難しい。

●施工計画書の作成

工事着手前に**施工計画書**を作成し、工事の発注者の監督員などに提出する。施工計画書は、工事図面とともに重要な図書の1つであり、次のような事柄を目的としている。

・契約
・作業量(工数・人件費)の見積り
・作業の順序・段取（だんど）り
・全体計画の策定
・計画と実績の差異の検証
・**アローダイアグラム**(別名：**PERT**(Program Evaluation and Review

> **補足**
> 施工計画書の記載項目としては、工事の概要、計画工程表、施工方法、環境対策などがある。

Technique）図またはネットワーク式工程表）などの前段階として、作業順序と待ち時間の確認

・発注者、設計者、および監督員への施工計画の説明・調整

・現場担当者および作業員への作業内容、作業方法の説明・理解、など

●総合工程表の作成

工事全体を把握するための重要な図書としては、施工計画書の他に、総合工程表が挙げられる。総合工程表は、作業の進捗（しんちょく）を大局的（たいきょくてき）に把握するために見積り段階で作成するものであり、すべての工事を記載する。電気通信設備の主要工事だけでなく付随作業である仮設工事や清掃作業も記載し、作業工程の視覚化を図る。なお、その際、他の関連設備工事と作業順序を調整して、複数の工事や作業が日程的・場所的に輻輳（ふくそう）しないように留意する。

総合工程表を作成するにあたっては、1日平均作業量、必要作業量、および作業可能日数、また、屋外（おくがい）の作業がある場合は天候も考慮に入れる。こうすることで、無理がない余裕のあるものとなる。総合工程表で、すべての作業を明確化することによって、手戻りや手待ちのない経済的な人員配置が可能となる。

●作業手順書の作成

端末設備等に係る工事などを行う場合は、作業手順書を必ず作成する。これは、工事を安全に行い、かつ、工事の品質を安定に保ちつつ効率的に作業を進めるための手順書であり、必ず作業者全員が理解したうえで、この作業手順書に基づき作業を実施する必要がある。

補足
作業手順書は、工事の全体を表すのが望ましいが、作業場所や工期によって工事を区分できる場合には、該当工事だけの作業手順を示すことがある。

2 工程管理

●PDCAサイクル

工程管理の主な役割は、生産活動時間の効率化・短縮化であり、その内容は次のとおりである。

・納期遵守（じゅんしゅ）

・生産期間の短縮

・設備・人員の稼働率（かどうりつ）向上

・生産活動の安定化

・操業度維持・生産量達成

・仕掛（しかかり）量の適正化・低減、など

これらの事柄を簡単にいうと、QCD（Quality＝品質、Cost＝コスト、Delivery＝納期）、およびS（Safety=安全）の管理である。これは品質管理でいうところのPDCA（Plan、Do、Check、Actすなわち計画、実施、評価、改善）サイクルと同じ手順で実施される。工程管理は、一般に、このPDCAサイクルに沿って次の手順で実施される。

①Plan（計画）：過去の実績や将来の予測などをもとにして業務計画を作成する。

②Do（実施）：計画に沿って業務を行う。

③Check（評価）：工事の実施が計画に沿っているかどうかを確認する。

④Act（改善）：実施が計画に沿っていない部分を調べて改善を行う。

この4段階を順次行って1周したら、最後のActを次のPDCAサイクルにつなげ、螺旋(らせん)を描くように1周ごとにサイクルを向上させる。こうして継続的に業務改善を行っていく。この螺旋状の仕組みを**スパイラルアップ**という。

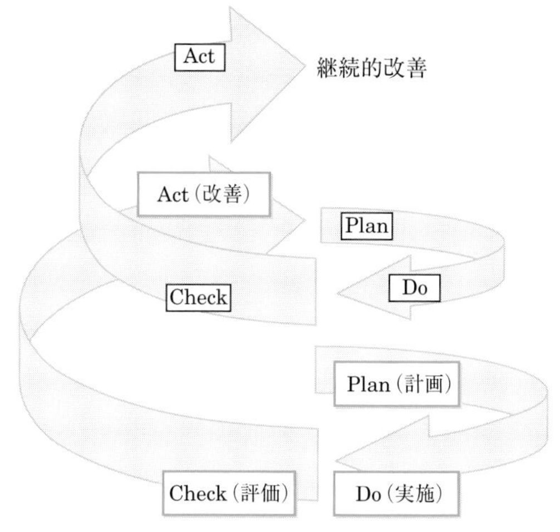

図6・2　スパイラルアップ

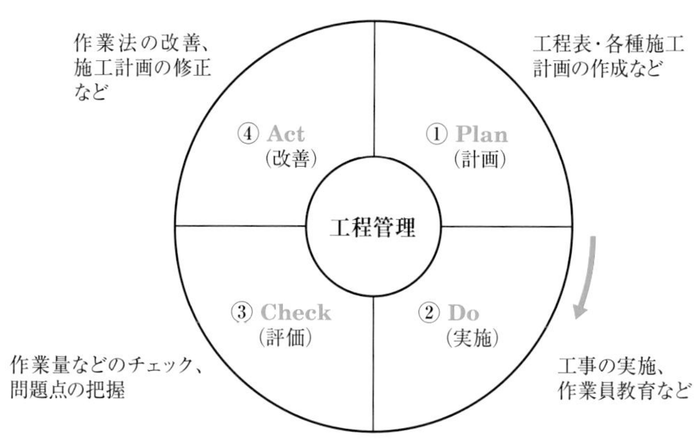

図6・3　一般的な工程管理の順序

●施工速度、コスト、および品質

工程管理は、**品質**、**コスト**、**納期**、**安全**などを確保するために、無理が生じない適切な**施工速度**を**総合工程表**に沿って維持することを目的とする。なお、工程管理では不測の事態に備えて弾力的に運用できる予備日を設けるようにする。

・採算速度

損益分岐点の施工出来高を上回る出来高をあげる速度をいう。これは、必要な人工(にんく)(マンパワー)を全工期にわたって均一化することで、施工の段取り待ち・機械待ちによる工事者、機械などの損失時間を最小にするようにして得られる。

ここで、施工出来高と工事原価の関係を図6・4に示す。施工出来高をX、固定原価をF、変動原価をaX(aは比例定数)とすれば、損益分岐点は、工事原価

用語解説

出来高
出来形(できがた:作業手順書に従って工事が完了した部分)を金額に換算して表したもの。

損益分岐点
一定期間における売上高と総原価(固定原価+変動原価)が等しく、事業・製品の損益が均衡する売上高または営業量水準のこと。売上高や営業量が損益分岐点を超えれば利益が発生し、達しなければ損失が発生する。

$Y = F + aX$と施工出来高$Y = X$の交点となり、このときの施工出来高X^*で収支が等しくなる。施工出来高X^*における施工速度は「最低採算速度」と呼ばれ、採算のとれる状態にするためには、施工出来高をX^*以上に上げることが必要であり、X^*を下回る場合は損失となる。

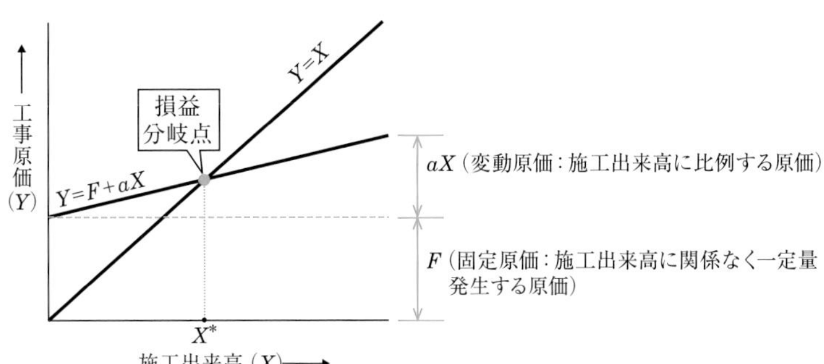

図6・4　施工出来高と工事原価

注意

施工出来高に対する変動原価の割合が同じ場合、固定原価が大きいほど、一般に、損益分岐点における施工出来高は大きくなる。

・経済速度

工事費が最小となる経済的な施工速度をいう。同種の工事を同時に行い、極端な工期短縮や段取り・機械待ちを行わないことなどにより、工事費を最小にすることができる。

図6・5は、工程、原価、および品質の関係を表したものである。一般に、工程を速くすれば原価は安くなるが、経済速度以上に速くすると突貫（とっかん）工事となり原価は増大する。また、経済速度よりも遅い工程では、手待ちなどが発生して不要な工程が増すため、この場合も原価は増大してしまう。したがって、最も経済的に工事を実施するためには、突貫工事を避け、経済速度において最大限の施工量を達成するよう留意する。

ただし、原価が最小になりさえすればよいわけではなく、施工の品質も考慮する必要がある。図6・5より、工程を速くすれば品質は悪くなり、工程を遅くすれば品質は良くなることがわかる。また、品質を良くしようとすると、それに伴って原価は高くなり、原価を安くしようとすると品質は悪くなる。

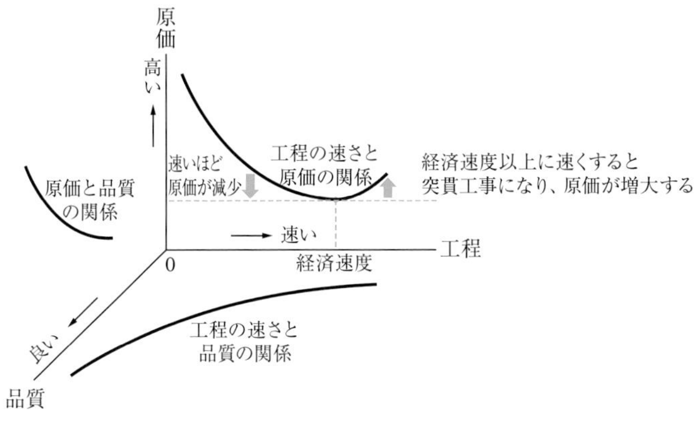

図6・5　工程、原価、品質の関係

・直接費と間接費

施工速度は、**直接費**に比例し、**間接費**に反比例する。直接費は、実際の工事で直接消費される費用で、材料費、機械経費、労務費などがこれに該当する。施工速度を速めると、短期に人工(マンパワー)を投入することになるため労務費が増加し、一般に、直接費は増加する。一方、間接費は直接費以外の工事費用であり、現場管理費、減価償却費(げんかしょうきゃくひ)、事務経費などがこれに該当する。間接費は工期に比例して増加するため、施工速度を速めて工期を短縮すると、一般に、間接費は減少する。

直接費と間接費を合計したものを**総費用(工事原価)**といい、施工計画では総費用が最小になるように最適な工期を決定する。図6・6は、一般的な**工期・建設費曲線**を示したものである。図中の総費用曲線上で総費用が最小となる点が、最適工期となる。

図中の用語について説明すると、まず、**ノーマルタイム**とは、直接費が最小になるような施工速度で工事を行った場合にかかる時間のことをいう。ここから左に行くほど、施工速度を速め工期を短縮することになるが、速度が速いほど直接費は増大していく。また、右に行くほど工期を長くとったことになるが、この場合は手待ちが多くなるだけで費用は増大する。このノーマルタイムで施工したときにかかる直接費を**ノーマルコスト**という。

一方、**クラッシュタイム**とは、これ以上どれだけ直接費を追加しても工期を短縮できない最小限の時間をいう。このクラッシュタイムに達したときの直接費を**クラッシュコスト**という。

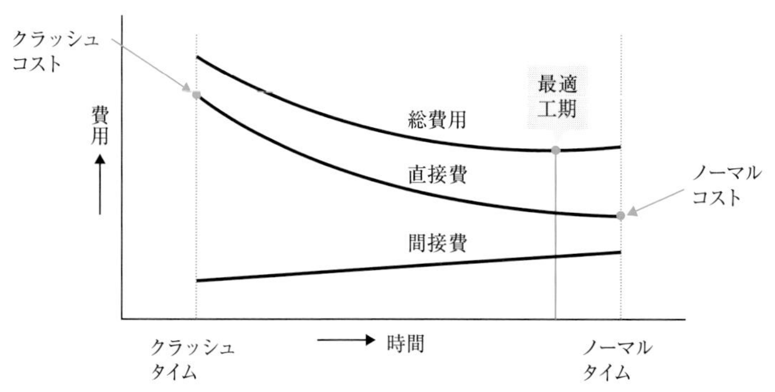

図6・6　工期・建設費曲線

工期・建設費曲線において、総費用(直接費＋間接費)が最小となる点は、最適工期を示す。

3 各種工程管理図表

工程管理図表には、横線(よこせん)式工程表、曲線式工程表、アローダイアグラムなどがある。

●横線式工程表

工程の進捗度合いを横線棒グラフで表した図表であり、次のようなものがある。

・バーチャート

図6・7のように、縦軸に工事を構成する作業を列記し、横軸に各作業に必要な工期（日数）をとって、各作業の工期を開始日から完了日まで横棒で記入した図表である。横軸に日数をとるため各作業の所要日数がわかり、さらに作業の流れが左から右に移行していることから、作業間の関連を大まかに把握することができる。

> **補足**
> バーチャートは各作業に必要な日数を、また、ガントチャートは工事の進み具合をそれぞれ検討するために用いられる。

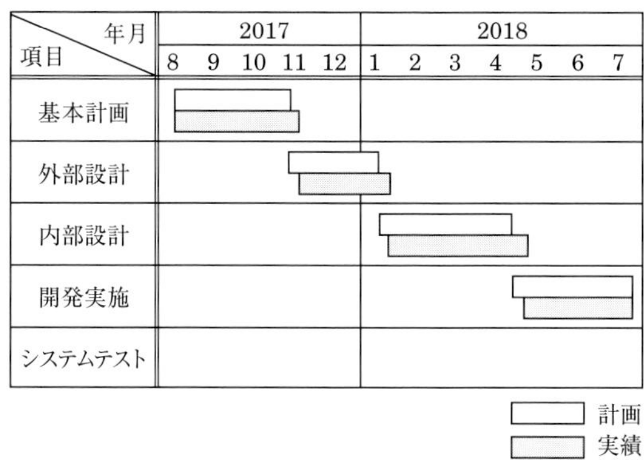

図6・7　バーチャート

・ガントチャート

図6・8のように、縦軸に工事を構成する作業を列記し、横軸に各作業の完了時点を100%とした達成度を横棒で記入した図表である。各作業の進捗状況（達成度合い）はよくわかるが、どの作業が全体の工期に影響を及ぼすかはわからない。

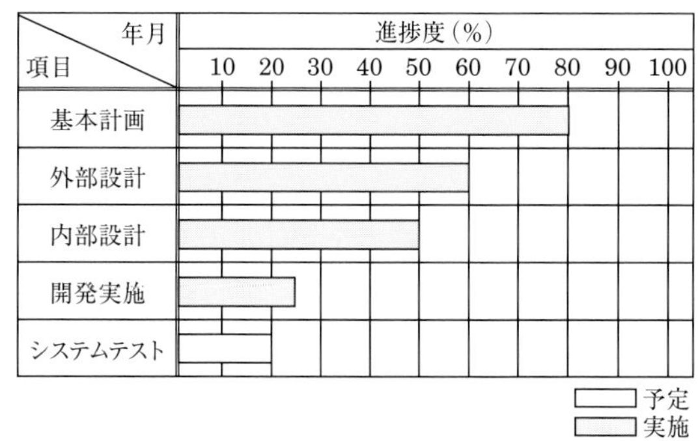

図6・8　ガントチャート

●曲線式工程表

・斜線式工程表

トンネル工事のように工事区間が線状に長く、かつ、一定の方向にしか進捗できない工事によく用いられる図表である。各工程の作業を1本の線で表現し、作業期間、着手地点、作業方向などを示すことができる。

> 曲線式工程表という名称は、斜線式工程表、グラフ式工程表、バナナ曲線などの総称として用いられている場合も多い。

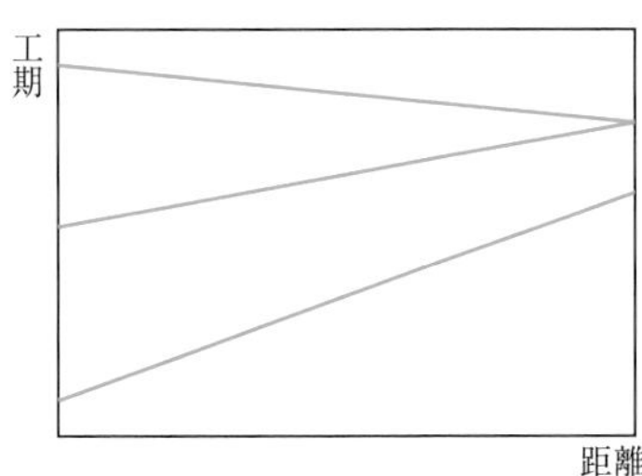

図6・9　斜線式工程表

> **補足**
> 斜線式工程表は、「座標式工程表」とも呼ばれている。

・グラフ式工程表

縦軸に出来高または工事作業量比〔%〕、横軸に工期(日数)をとり、作業ごとの工程を線で表した図表である。進捗状況や、予定と実績との差異(さい)がわかりやすい。

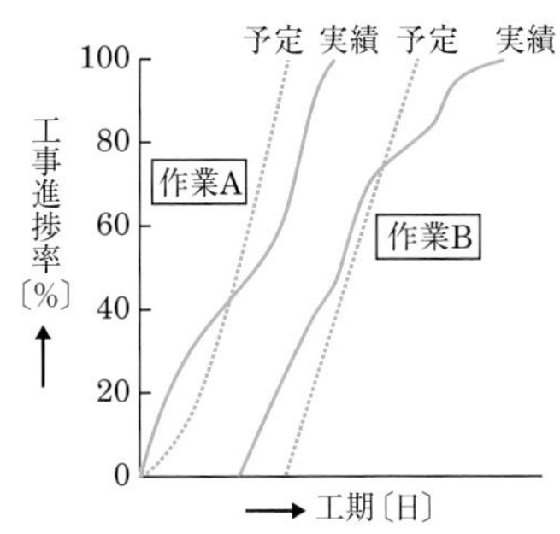

図6・10　グラフ式工程表

・出来高累計曲線

縦軸に工事出来高または施工量の累計〔%〕、横軸に工期の時間経過率〔%〕をとって、各暦日(れきじつ)の全体工事に対する出来高比率を求め、これを累計して全体工事をグラフで示した図表である。出来高累計曲線は主に工事の遅延の有無を査定するために用いられる。工事開始前に、予定出来高の曲線(**予定工程曲線**)を作り、工事の進捗に従って定期的に実績を調査し、実施出来高の曲線(**実施工程曲線**)を書き入れる。そして、予定工程曲線と実施工程曲線を比較して工事の進捗の度合い、つまり進んでいるか遅れているかを判断する。

> **補足**
> 出来高累計曲線は、毎日の出来高が一定であればグラフは直線状になる。しかし現実にはさまざまな要因により日ごとに差異が生じるため、一般に、図6・11のような緩やかなS字形の曲線となる。

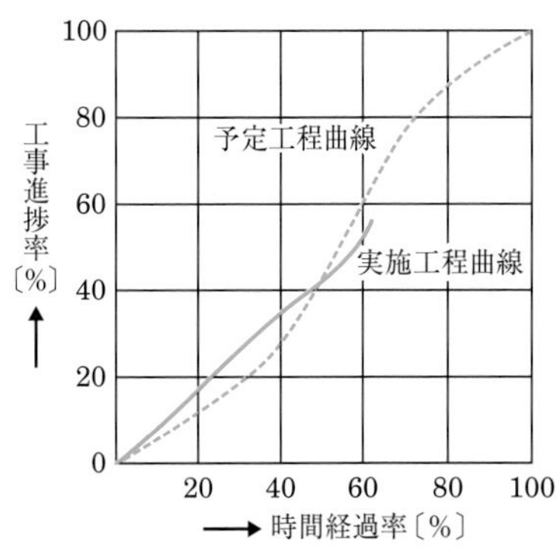

図6・11　出来高累計曲線

・**工程管理曲線(バナナ曲線)**

縦軸に工程進捗率(出来高)〔%〕、横軸に時間経過率〔%〕をとり、工程として安全な時間内での完成率の範囲を示したもので、管理の目的、過去の工事実績などを考慮して設定されている。上下の許容限界曲線で囲まれた部分がバナナのような形状をしていることから、**バナナ曲線**とも呼ばれている。

実施工程曲線が**上方**(じょうほう)**許容限界曲線**を上回っている場合は、工程が予定よりも進み過ぎており、無理や無駄が生じていることが多く、品質悪化やコスト高につながる。また、実施工程曲線が**下方**(かほう)**許容限界曲線**を下回っている場合は、計画よりも工程が遅れていることを意味する。

なお、一般に、**S字曲線**といわれる予定工程曲線が上方・下方許容限界曲線内にあるときは、**予定工程曲線**の中央部(工程の中期)ができるだけ緩(ゆる)やかな勾配(こうばい)になるよう初期および終期の工程を調整する。

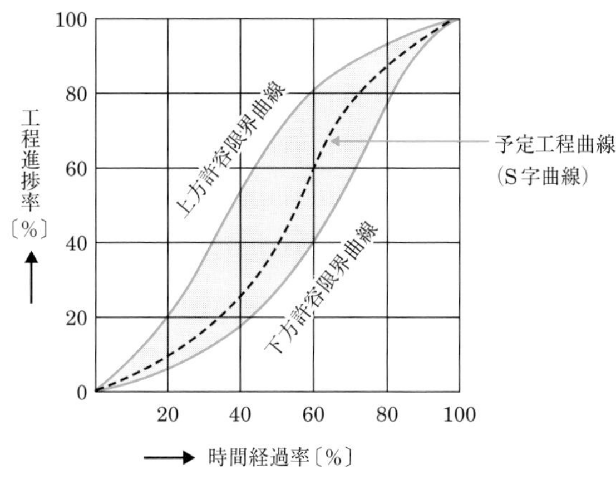

図6・12 バナナ曲線

注意

実施工程曲線が上方許容限界曲線を上回っているとき、または下方許容限界曲線を下回っているときは、工程計画が適切でないと判断できるため、対策を講ずる必要がある。

●アローダイアグラム

アローダイアグラムは、工程管理に用いられるツールの1つで、**PERT図**または**ネットワーク式工程表**ともいわれる。工事全体を個々の独立した作業に分解し、これらの作業を実施順序に従って矢線(やせん)で表すことにより、作業間の関連を明確にし、作業の流れを視覚的に理解できるようにしたものである。

【アローダイアグラムの特徴】

・複雑な作業の手順が明確に図示されるため、工事の担当者間で細部(さいぶ)にわたる具体的な情報伝達が容易になる。

・1つの作業の遅れが他の作業に及ぼす影響や工期全体への影響が明確になる。

・各作業の出来高の進捗状況、連係関係が明確で、工程の全体像がわかりやすくなる。

・計画段階で**クリティカルパス**(最長経路)がわかる。クリティカルパスとは、工事の開始点から終了点までの多くの経路(パス)のうち、最も長い時間(日数)を要する経路をいい、この経路の所要日数を短縮すれば全体の計画日程が短縮されることになる。クリティカルパスは全体工程の中で重要な位置を

注意

クリティカルパスは必ずしも1つとは限らず、複数存在する場合もある。

占めるため、この経路に速やかに着手できるように、複数の前工程を重点的に管理することが求められる。万一、クリティカルパス上の作業に遅れが生じると工程全体の遅れを招くことになる。なお、これ以外の経路についても十分に工程管理を行い、個々の工期を遵守する必要がある。

【アローダイアグラムの書き方】

作業は、実線の矢線(アロー)で示す。矢線の尾部(びぶ)は作業の開始、頭部(とうぶ)(矢)は作業の終了を意味する。また、作業の開始時点・終了時点を結合点(イベント)といい、○で示す。一般に、結合点には識別用の番号が付されているが、これを結合点番号(イベント番号)という。

ある機械を組み立てるのにすべての部品が揃わなければ組立て作業を始めることができないように、結合点に入ってくる作業がすべて完了した後でなければ、その結合点から出る作業に着手することができない。なお、矢線の長さは作業に要する時間とは無関係である。

仮想作業(ダミーアロー)は、破線(はせん)の矢線で示す。これは、アローで示された作業相互間の依存関係を示し、実際の作業ではないため、所要時間はゼロである。

アローダイアグラムで用いる記号の意味を表6・1に示す。

注意

アローダイアグラムでは、同じ始点と終点の結合点番号で示される作業を2つ以上存在させると進捗管理が難しくなるため、このような表記の仕方はルール違反としている。

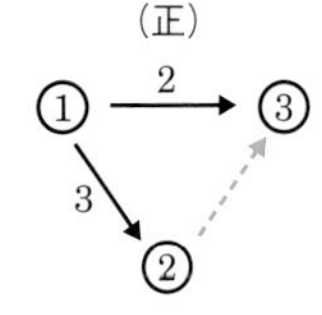

表6・1　アローダイアグラムの基本ルールその1(記号)

記号	名称	説明
──→	作業	時間を必要とする要素作業を示す。
○	結合点	作業と作業の区切りで、作業の終了時点、および次の作業の開始時点を示す。結合点に入ってくるアロー(作業)が終了しなければ、結合点から出て行くアロー(作業)を開始できない。したがって、複数の作業の終了がある場合には、すべての作業が完了しなければ、次の作業を開始できないことになる。
------→	ダミー	所要時間ゼロで、単に作業の順序関係を示す。

アローダイアグラムで使用する主な用語を、表6・2に示す。

表6・2　アローダイアグラムの基本ルールその2(用語)

用語	説明
最早(さいそう)結合点時刻	全工程の開始からその結合点(イベント)に先行する作業が終了するまでにかかる最短の時間(日数)。つまり、その結合点から始まる作業を最も早く開始できる時刻(日数)を指す。 最早結合点時刻は、次の式で求められる。 最早結合点時刻=直前の結合点の最早結合点時刻+作業の所要時間 なお、複数の経路が合流する結合点では、各経路の到達時刻(日数)のうち最も大きい値が、その結合点の最早結合点時刻となる。
最遅(さいち)結合点時刻	後続作業すべてに遅れが生じないように、先行作業を完了しておかなければならない最も遅い時刻(日数)を指す。 最遅結合点時刻は、次の式で求められる。 最遅結合点時刻=次の結合点の最遅結合点時刻−作業の所要時間 なお、複数の経路に分岐する結合点では、それぞれの経路について計算し、最も小さい値が、その結合点の最遅結合点時刻となる。
余裕時間(フロート)	全工程に影響を及ぼさない範囲で各作業に許される遅延時間を指す。 余裕時間は、次の式で求められる。 余裕時間=最遅結合点時刻−最早結合点時刻
自由余裕時間(フリーフロート)	その作業の完了が遅れても、それに続く作業の開始に遅延が生じない遅れの限度を指し、次の式で求められる。 自由余裕時間=終点の最早結合点時刻−(始点の最早結合点時刻+作業の所要時間)
全余裕時間(トータルフロート)	その作業の完了が遅れても、全工程には遅延が生じない遅れの限度を指し、次の式で求められる。 全余裕時間=終点の最遅結合点時刻−(始点の最早結合点時刻+作業の所要時間)

例題1

ここでは、図6・13に示すアローダイアグラムのクリティカルパスの所要日数を求めてみよう。

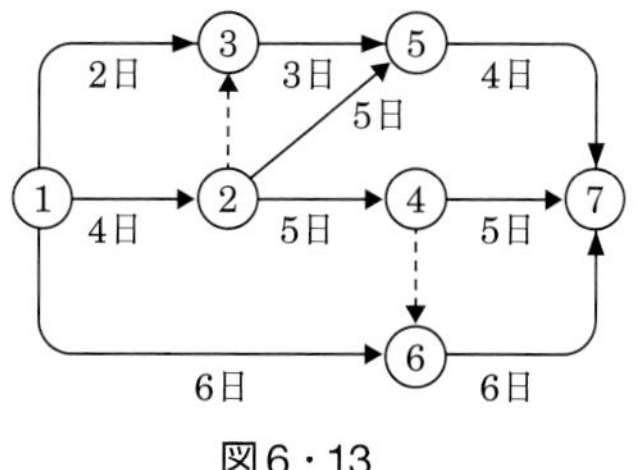

図6・13

図6・13では①→③→⑤→⑦、①→②→⑤→⑦、①→②→④→⑦、①→⑥→⑦という4つの流れがある。これら4つの所要日数は、次のようにして求められる。

①→③→⑤→⑦：2 + 3 + 4 = 9〔日〕
①→②→⑤→⑦：4 + 5 + 4 = 13〔日〕
①→②→④→⑦：4 + 5 + 5 = 14〔日〕
①→⑥→⑦　　：6 + 6 = 12〔日〕

ところが、②→③および④→⑥へダミーの矢印があり、①→②の作業が終了するまで③→⑤の作業を開始することができず、また、②→④の作業が終了するまで⑥→⑦の作業を開始することができないため、①→②→③→⑤→⑦および①→②→④→⑥→⑦の所要日数も考慮しなければならない。

①→②→③→⑤→⑦：4 + 3 + 4 = 11〔日〕
①→②→④→⑥→⑦：4 + 5 + 6 = 15〔日〕

以上から、所要日数の最も多い①→②→④→⑥→⑦がクリティカルパスとなり、その所要日数は、15日である。

例題2

次に、図6・14に示すアローダイアグラムの結合点(イベント)番号5における最早結合点時刻(日数)を求めてみよう。

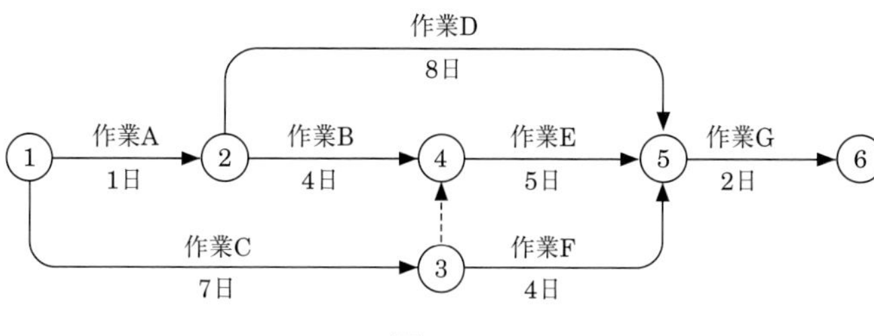

図6・14

イベント番号1からイベント番号5に到達する流れは①→②→⑤、①→②→④→⑤、①→③→④→⑤、①→③→⑤の4パターンある。それぞれの流れについて所要日数を求めると次のようになる。

①→②→⑤　　：1 + 8 = 9〔日〕
①→②→④→⑤：1 + 4 + 5 = 10〔日〕
①→③→④→⑤：7 + 0 + 5 = 12〔日〕
①→③→⑤　　：7 + 4 = 11〔日〕

ここで、所要日数の最も多い①→③→④→⑤の流れが終了してからイベント番号5以降の作業を開始することになるので、イベント番号5における最早結合点時刻は、12日である。なお、ここでは、ダミーの矢印(破線)が表している作業の所要日数が0日であることに注意する。

4 継続的改善のための技法

JIS Q 9024：2003 マネジメントシステムのパフォーマンス改善において、「継続的改善」とは、問題または課題を特定して、問題解決または課題達成を繰り返し行う改善をいうとされている。ここでは、JIS Q 9024で規定されている「継続的改善のための技法」について説明する。

●数値データに対する技法

・パレート図

項目別に層別(そうべつ)して、出現頻度の大きさの順に並べた棒グラフと、その累積和を示した折れ線グラフで構成される。改善すべき問題が全体に及ぼす影響などを確認するために使用する。

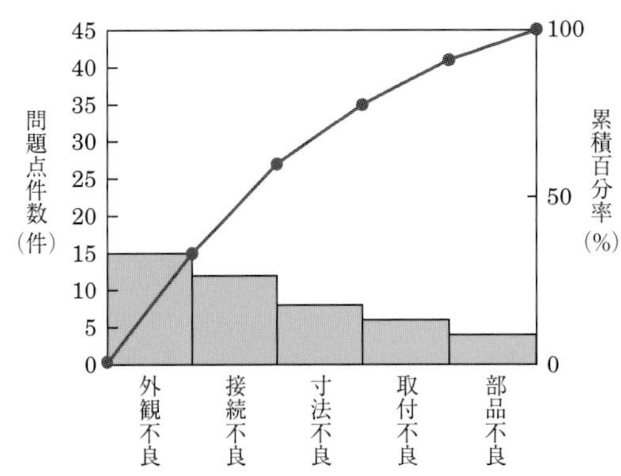

図6・15　パレート図（例）

・ヒストグラム

データの存在する範囲をいくつかの区間に分け、各区間を底辺(ていへん)とし、その区間に属するデータの出現度数に比例する面積を持つ柱（長方形）を並べたもので、母集団の分布の形などを把握するために用いられる。

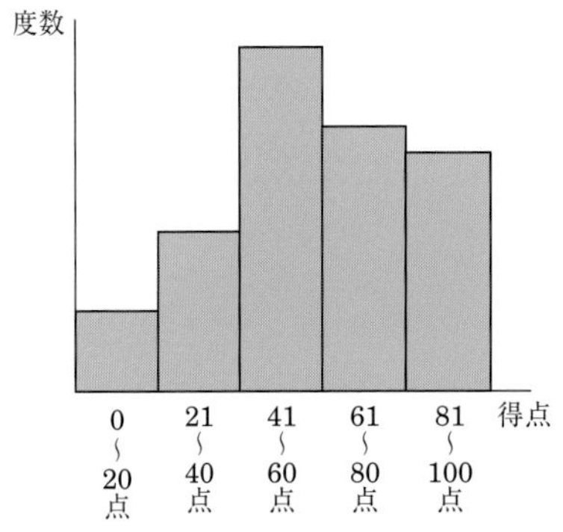

図6・16　ヒストグラム（例）

補足

パレート図は、一般に、次の手順で作成する。
①データの分類項目を決定する。
②一定の期間内で、データを収集する。
③分類項目別にデータを集計する。
④分類項目ごとに累積数を求めて、全データ数に対する百分率（%）を算出する。
⑤項目が大きい順に棒グラフにする。
⑥項目の累積百分率を折れ線グラフにする。
⑦図の作成者など、必要事項を記入する。

補足

ヒストグラムは、データの平均値や範囲などを把握するために用いられる。この技法によって、工程の異常を検知したり、規格・標準値の適合状態を確認したりすることができる。

・チェックシート

計数データを収集する際に、分類項目のどこに集中しているかを見やすくした表または図である。

補足

チェックシートは、作業の点検漏れを防ぐだけでなく、パレート図などの作成に使用可能なデータを提供することもできる。

工事名	○○○○○		日付	20XX年4月1日
工程名	□□□□			
確認方法	△△△△△△法		作成者	陸照込
項目＼時刻	10:00	12:00	14:00	16:00
チェック項目1	𤴓	正	下	正
チェック項目2	丅	丅	一	下
チェック項目3	正丅	丅	正正正一	正正
チェック項目4	正	正𤴓	正下	正一
チェック項目5	丅	正一	下	
合計	20	24	31	24

図6・17　チェックシート(例)

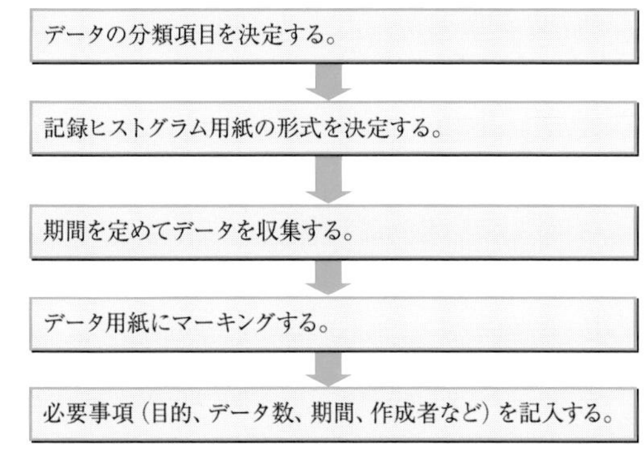

図6・18　JIS Q 9024で規定されているチェックシート作成手順

・散布図（さんぷず）

2つの特性を横軸と縦軸とし、観測値を打点して作るグラフである。2つの特性の相関（そうかん）関係を見るために使用する。

次頁の図6・19のように、X(横軸)の値が増えるとY(縦軸)の値も増える傾向にあるとき、XとYは「正の相関関係」にあるという。また、Xの値が増えるとYの値が減る傾向にあるとき、XとYは「負の相関関係」にあるという。このように相関関係があるときは、Xを管理すればYも管理することが可能である。しかし、相関関係にない場合は、Yに影響を与えるX以外の要因を探し出す必要がある。

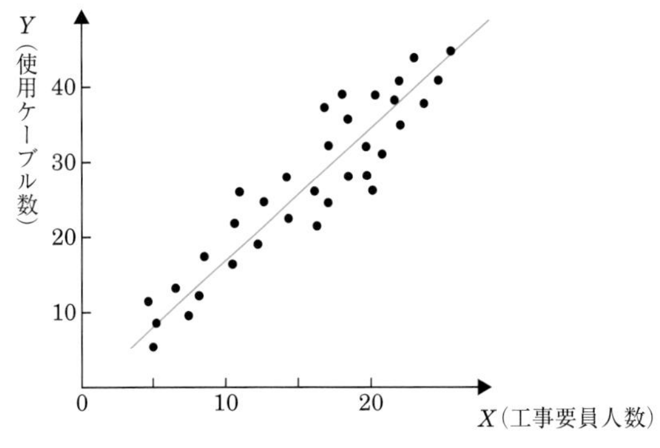

図6・19　散布図（例）

・管理図（シューハート管理図）

図6・20のように、上側管理限界線（UCL）や下側管理限界線（LCL）などを持つ図であり、工程が安定した状態にあるかどうかなどを調べるために使用する。管理図では、折れ線グラフ上の各点が管理限界線の外側または線上に現れた場合などに、工程に異常が発生していると判断する。UCLおよびLCLの2つの管理限界線は、一般に、中心線（CL）の上下3σ（σ（シグマ）は標準偏差を表す）に設置され、上下それぞれのσ単位で領域Ⓐ～Ⓒに分けられる。

管理図の打点が、上側・下側のいずれかの管理限界を外れるか、管理限界を外れることはないものの一連の打点が異常なパターンを示している場合は、管理外れになったとみなし、作業を止めて工程や作業方法などの見直しを行う。打点のパターンが異常かどうかを判定するのに用いるルールは、JIS Z 9020－2：2016管理図―第2部：シューハート管理図の「8　異常判定ルール」に、次のように規定されている。

ルール1：一つまたは複数の点がゾーンⒶを超えたところ（管理限界の外側）にある

ルール2：連－中心線の片側の七つ以上の連続する点

ルール3：トレンド－全体的に増加または減少する連続する七つの点

ルール4：明らかに不規則ではないパターン

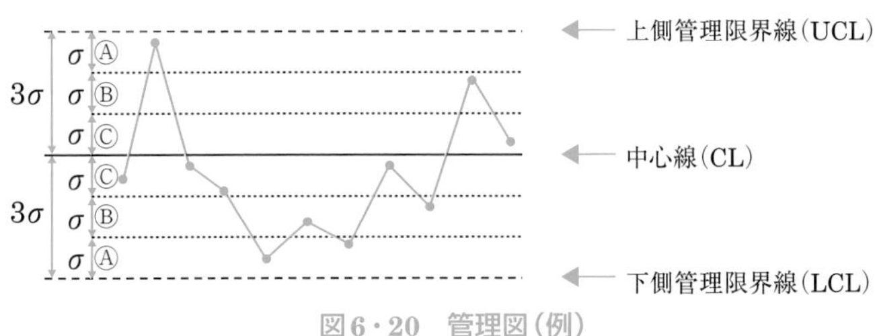

図6・20　管理図（例）

数値データに対する技法には、これまでに説明した図表の他にも、**グラフ**、**マトリックス・データ解析**、**層別**がある。グラフを使用目的別に分類すると、内訳を表す代表的なものとして**円グラフ**および**帯グラフ**があり、推移を表す代

補足

散布図の作成手順としては、まず、期間を定めてデータをとる。次に、縦軸と横軸に目盛を入れて対のデータを打点する。そして、データ数や期間など必要事項を記入する。

注意

管理図は、JIS Q 9024：2003において「連続した観測値または群にある統計量の値を、通常は時間順またはサンプル番号順に打点した、上側管理限界線、および／または、下側管理限界線を持つ図」と定義されている。

用語解説

マトリックス・データ解析
行列に配置した数値データを解析する多変量解析の手法の1つ。通常、大量の数値データを解析して項目を集約し、評価項目間の差を明確にするために使用する。

層別
収集したデータを、ある共通点により複数のグループに分類する。そして、グループ間の特性発生の違いを見つけて、ばらつきの原因を分析するために使用する。

表的なものとして**折れ線グラフ**、**Zグラフ**などがある。

●言語データに対する技法

言語データに基づいて、問題の形成、原因の探索、最適手段の追求、施策の評価、対策の立案、実行計画などを解析する技法である。たとえば、図6・21に示す**特性要因図**は、特定の結果(特性)と要因との関係を系統的に表すものである。主軸を右方向矢印で書き、その先端に解決すべき問題などを書き込む。特性要因図は、魚の骨のような形をしているので**フィッシュボーン**とも呼ばれている。

言語データに対する技法には、この他、複雑な原因の絡み合う問題についてその因果関係を論理的につないだ**連関図**や、目的を設定し、その目的に到達する手段を系統的に展開した**系統図**などがある。

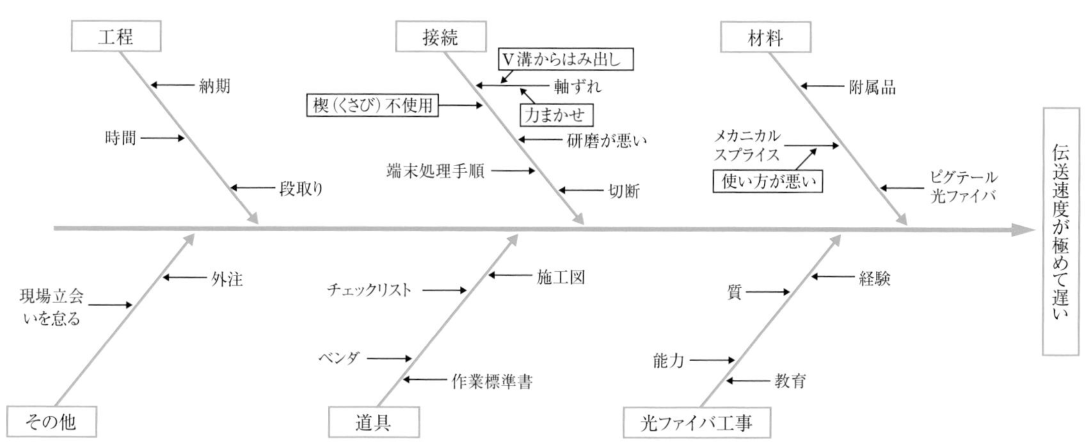

図6・21 特性要因図(例)

理解度チェック

問1 工程管理における施工速度について述べた次の記述のうち、誤っているものは、［(ア)］である。

① 直接工事費は、一般に、施工速度を速めると増加する。
② 損益分岐点の施工出来高を上回る出来高をあげる施工速度は、採算速度といわれる。
③ 間接工事費は、一般に、施工速度を速めると増加する。
④ 工事費が最小となる経済的な施工速度は、経済速度といわれる。

問2 施工管理などのツールの一つである、アローダイアグラムの基本ルールなどについて述べた次の記述のうち、誤っているものは、［(イ)］である。

① アクティビティ(作業)の矢線の長さは、所要日数に無関係である。
② イベント(結合点)番号は、同じ番号が二つ以上あってはならない。
③ ダミー(疑似作業)は、所要日数が0(ゼロ)で作業相互間の関係を表す。
④ クリティカルパスは、開始点から終了点に至る経路の中で、最も所要日数の長い経路をいい、1本だけである。

答 (ア) ③ (イ) ④

7 安全管理技術

1 安全管理

安全管理とは、リスクを予測し、そのリスクを事前に排除することにより事故を予防することである。つまり、安全管理はリスク管理（リスクマネジメント）そのものであるということができる。リスクに対する認識の度合いは、各個人の知識・経験・能力などにより異なるので、安全管理を徹底させるためには教育・訓練が必要となる。

安全管理の具体的行動の1つに、リスクアセスメントがある。リスクアセスメントは、JIS Q 0073：2010において、「リスク特定、リスク分析およびリスク評価のプロセス全体」と定義されている。リスク特定では、リスクを発見し、確認し、記録する。リスク分析は、リスクの理解を広めるために行う。リスク評価では、リスクのレベルと種類の重大さを決定するために、リスクの推定レベルと状況の確定時に決定するリスク基準とを比較する。

リスクアセスメントを行うにあたって、どのような技法を選択し、どのように適用するかが、JIS Q 31010：2022に規定されている。その代表的な技法の1つに、ブレーンストーミング法があり、「何らかの性質をもった1つ以上の主題に関連するアイデアを出すために、一団の人々を刺激および奨励するために使用するプロセス」と説明されている。その基本原則には、自由奔放なアイデアを歓迎しどんなに突飛なものであっても決して批判しない、質より量を重視してできるだけ多くのアイデアを出す、他人のアイデアに自分のアイデアを結合し改良していく、などがある。

用語解説

リスク
目的に対する不確かさの影響。

リスクマネジメント
リスクについて、組織を指揮統制するための調整された活動。

2 安全教育

安全教育は、作業における不安全行動の要因を除去するための指導教育であり、知識教育、技能教育、態度教育などに分けて行われる。

安全教育は、職場で作業者の安全を守るために、どのような危険があるのか、どのように行動すればよいのか、どのようなことを心がけていなければならないのかなどを、作業者自身に十分認識させ、危険が発生した際に俊敏に対処できるようにすることを目的として行われる。

●知識教育

作業手順や機械・道具の使用方法、保護具の着用などを熟知させることにより不安全行動を減らすことと、規則を遵守することが安全性を高めるのに必要であることを認識させるために行う。

●技能教育

作業の仕方を身に付けさせるために行うものであり、技能訓練ともいわれる。一般に、①習う準備をさせ、②作業を説明し、③実際に行わせてみて、④教えたあとをみる、という「仕事の教え方の4段階法」により行う。

補足

「仕事の教え方の4段階法」は、米国のチャールズ・R・アレン氏が開発した具体的な職業指導法である4段階職業指導法（the "Show, Tell, Do, and Check" method of job instruction）であり、現在、日本のOJTの基本になっている。

●態度教育

安全を最優先にする気風・気質を組織全体に浸透させるために行う。たとえば、ヘルメットを単に頭に載せただけで固定しなかったり、高所で作業するのに墜落制止用器具(いわゆる安全帯)をつけなかったり、脚立(きゃたつ)の天板に両足をそろえて作業したり、道具や資材を整理整頓せず床に雑然と置いたままにしておきそれらを飛び越えながら現場を駆け回ったりするのは大事故のもとである。態度教育を行うにあたって、教える側にとって大切なのは、厳しい態度でのぞむこと、自尊心を傷つけないこと、理由を明確にすることである。また、教えられる側は、ヒヤリとした体験やたとえ小さなものでも被災体験などを教訓として生かしていくことと、十分に意見交換を行うことが大切である。

3 安全衛生活動

職場での事故を防止するためには、安全衛生管理に係る自主的な活動を継続的に行う仕組みが必要である。この仕組みを**労働安全衛生マネジメントシステム(OSHMS**：Occupational Safety and Health Management System)という。

具体的には、事業場における安全衛生水準の向上を図ることを目的として、事業者が一連の過程を定め、「安全衛生に関する方針の表明」、「危険性または有害性などの調査およびその結果に基づき講ずる措置」、「安全衛生に関する目標の設定」、「安全衛生に関する計画の作成・実施・評価および改善の活動」を自主的に行うものとされている。

OSHMSにおける日常的な安全衛生活動には、**危険予知(KY)活動**、**4S活動(運動)**、**ヒヤリ・ハット事例の収集**およびこれに係る対策の実施、作業開始時のミーティング(**TBM**)、**安全パトロール**などがある。

●危険予知(KY)活動

危険予知(KY)活動とは、ヒューマンエラーによる作業事故や人身事故を防止するための活動のことをいう。作業にとりかかる前に短時間のミーティングを開き、その作業に潜(ひそ)む危険を話し合い、危険に気づく。そして、これらの危険への対策を決め、行動目標を立て、一人ひとりが指差し確認をしながら実践していくといったプロセスを日々実行する。一般には、**危険予知訓練(KYT)**を行い、これによって得られた成果を実践していく。

危険予知訓練は危機感覚を養うことを目的としており、その基本手法に、**KYT基礎4ラウンド法**がある。これは、5〜6名程度の受講者が次の第1〜第4ラウンド(段階)を経て、作業現場に潜む危険の発見や解決方法などについて学習する手法である。

・第1ラウンド(現状把握)

イラストで描かれた作業現場の状況について、リーダーが全メンバーと本音(ほんね)で話し合い、職場・作業にどのような危険要因が潜んでいるか、事例を列挙させる。

・第2ラウンド(本質追求)

第1ラウンドで挙げられた危険要因の中から、関心の高いもの、重大事故に

補足

職場における安全対策には、フェールセーフによるものと、フールプルーフによるものがある。フェールセーフ(fail safe)は、装置やシステムなどが故障したとき、あらかじめ定められた1つの安全な状態をとるよう設計しておくことをいう。また、フールプルーフ(fool proof)は、人為的に不適切な操作または過失による誤った操作などをしないように装置やシステムを設計し、万一そのような操作が行われても事故につながらないようにしておくことをいう。

補足

作業者の錯覚、誤判断、誤操作を防ぎ、作業の正確性を高める方法として「指差し呼称」は非常に重要である。一般に、何もしない場合と比較して、「呼称」して作業する場合、「指差し」して作業する場合、「指差し呼称」して作業する場合の順序で作業の正確度が高くなるといわれている。

つながるもの、および緊急に対策が必要なものについて、2～3項目に絞り込みを行う。

・第3ラウンド(対策樹立)

第2ラウンドで絞り込まれた危険要因についてどのように対処すべきか、具体的かつ実現可能な対策として意見を出し合う。

・第4ラウンド(目標設定)

第3ラウンドで挙げられた対策の中から重点実施項目を絞り込み、実施するための行動目標を設定する。

危険予知活動の事例を次に示す。

【危険予知活動の事例】

① 職場の小単位で、現場の作業、設備、環境などを見ながら、もしくはイラストを活用して、作業の中に潜む危険要因を摘出し、その対策を話し合う。

② 作業の開始時に、職場の実態に合ったイラストやヒヤリ・ハットの事例を使い、安全対策の目標を定めてから作業に取りかかる。

③ 随時作業や非定常作業では、参加メンバーや作業が不規則となるが、危険予知活動は必ず行う。

④ 日々のミーティングで短時間に行い、危険に対する感受性と作業を安全に遂行する能力を高める。

⑤ 工事責任者は、工事における設備事故等の発生を防止するため、ミーティングなどで当日の作業にあたっての危険要因事項の把握・確認を行う。これにより、作業者の安全の確保を図る。

補足

労働安全衛生法において、安全委員会の設置に関して規定されている。同法に基づく労働安全衛生規則では、「定期的(月1回以上)に開催する」ことと、「事業者は、安全委員会の開催のつど、遅滞なく、その議事の概要を労働者に周知すること」が義務づけられている。この安全委員会で安全管理の基本的実施事項が決定され、その内容が安全ミーティングで関係者全員に周知徹底される。なお、一般に、安全委員会は、衛生委員会とあわせて「安全衛生委員会」として行われることが多い。

●4S活動(運動)

4Sとは、表7・1のように、整理・整頓・清掃・清潔という4つの事柄の読みをローマ字で表したときの頭文字をとったものである。なお、JIS Z 8141では、4Sに躾(Shitsuke)を加えて5Sとしている。

表7・1　4S活動(運動)

活動	ローマ字読み	意味
整理	Seiri	必要なものと不要なものを区分して、不要なものについては捨てるなどの処分をすること。
整頓	Seiton	必要なものを必要なときにすぐに使えるように、決められた場所に準備しておくこと。
清掃	Seisou	必要なものに付着した汚物を取り除くこと。
清潔	Seiketsu	整理、整頓、清掃の3Sを繰り返し、常にきれいな状態にしておくこと。

●ヒヤリ・ハット事例収集等

ヒヤリ・ハットとは、危険を感じたときの「ヒヤリとした」「ハッとした」という日本語の造語(ぞうご)で、事故には至らなかったものの、作業者が危うく事故になるところだったと感じた体験をいう。1件の重大事故の背後には29件の軽微な事故や災害があり、さらにその背後には、事故や災害には至らなかったもののヒヤリとしたり、ハッとした事例が300件近く存在するという経験則があるが、これはハインリッヒの法則といわれる。

ヒヤリ・ハットを限りなく0に近づけていくことが重大事故の防止につながり、ヒヤリ・ハット事例の収集活動や改善活動を日常的に行っていく必要がある。ヒヤリ・ハット報告制度は、作業者に経験したヒヤリ・ハット事例を報告してもらい、情報を全員で共有したり、作業環境や作業手順を改善するなどして、重大事故の発生を防ごうとするものである。ヒヤリ・ハットの原因が報告した作業者自身にあった場合にその責任を追及すると、人間の心理としてその後はヒヤリ・ハットを隠そうとするようになるので、ヒヤリ・ハット報告制度を定着させ、有効に運用していくためには、いかなる原因で生じたヒヤリ・ハットであっても、報告者を責めないようにしなければならない。

補足

米国の損害保険会社の社員であったH.W.ハインリッヒ氏は、ある工場で発生した数千件に及ぶ労働災害を統計的に調査し、左記のような経験則を導き出した。「ハインリッヒの法則」という名称は、同氏の名前に由来している。

●ほう・れん・そう運動

報告・連絡・相談を推進することにより組織を強化し、人間関係が良好な働きやすい職場環境を構築していく活動をいう。また、これを徹底することにより、事故の原因となりうる事象についての情報を全員で共有できるため、事故撲滅を目指す安全活動としても有効であるといわれている。

●ツールボックスミーティング(TBM)

端末設備等の工事現場の安全活動として、作業開始前に、安全などの打合せのために職場で開くミーティングをいう。作業グループ別に始業点検により安全確認を行い、その日の作業での危険箇所の確認などを行う。

●安全パトロール

安全衛生管理者、または工事施工・安全管理の責任者が作業場所の安全点検・巡視(安全パトロール)を行う。そして、設備や作業方法に危険のおそれがあるときは、直ちにその危険を防止するために必要な措置を講じる。

安全点検・巡視から改善までは、一般的に、①「安全点検・職場巡視の実施」→②「点検結果のまとめ」→③「問題点の洗い出しと評価」→④「改善措置の実施および確認」→⑤「日常点検、臨時の巡視などによる再チェック」→⑥「一連の経過の記録、整理」という流れで行われる。

4 安全施工サイクル

厚生労働省の「元方(もとかた)事業者による建設現場安全管理指針」では、施工と安全管理が一体となった安全施工サイクル活動を展開することが定められている。

安全施工サイクルは、安全に関する1日のPDCA(Plan－Do－Check－Act)サイクルであり、一般に、図7・1の手順で行われる。「安全朝礼」および「安全工程ミーティング」はPlan(計画)、「作業開始前点検」はDo(実行)、「安全パトロール」、「作業中の指導・監督」、および「安全工程打合せ」はCheck(評価)、「持ち場後片付(あとかたづ)け」および「終業時の確認」はAct(改善)となる。安全施工サイクルの目的は、このPDCAサイクルを毎日継続的に行い、繰り返すことにより、「安全」を日常作業の中に定着させることである。

補足

元方事業者とは、「1つの場所において行う事業の仕事の一部を請負人に請け負わせている者」をいう。「元方事業者による建設現場安全管理指針」は、建設現場などにおいて元方事業者が実施することが望ましい安全管理の具体的手法を示したものである。
これは、建設現場の安全管理水準の向上を促進し、建設業における労働災害の防止を目的としている。

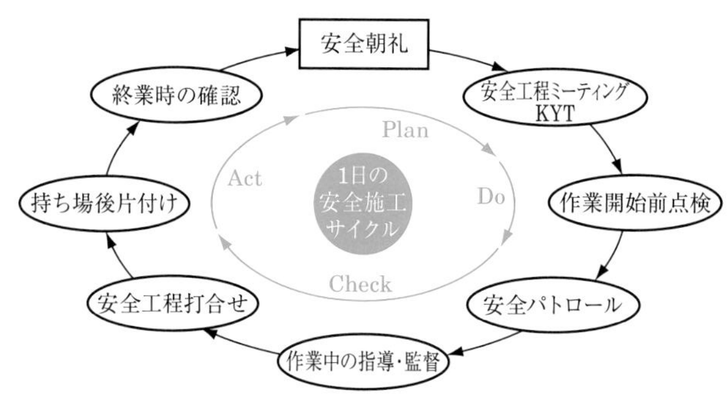

図7・1　安全施工サイクル

5 危険防止等の措置

職場における労働者の安全を確保するための法令として、**労働安全衛生法**および**労働安全衛生規則**が制定されている。また、法令に基づき、厚生労働省が具体的な施策についてガイドラインを作成し、通知を行っている。これらの法令・通知では、たとえば次のような事項を規定している。

●墜落等による危険の防止

・作業床の設置等

高さが2m以上の箇所で作業を行う場合において、墜落により労働者に危険を及ぼすおそれがあるときは、足場を組み立てる等の方法により作業床(ゆか)を設けなければならない。作業床を設けることが困難な場合は、防網(ぼうもう)を張り、労働者に要求性能墜落制止用器具を使用させるなど墜落による労働者の危険を防止するための措置を講じなければならない。

・悪天候時の作業禁止

高さが2m以上の箇所で作業を行う場合において、強風、大雨、大雪などの悪天候のため、当該作業の実施について危険が予想されるときは、当該作業に労働者を従事させてはならない。ここで、強風とは10分間の平均風速が10m/s以上の風をいい、大雨とは1回の降雨量が50mm以上の降雨をいい、大雪とは1回の降雪量が25cm以上の降雪をいうとされている。

・照度の保持

高さが2m以上の箇所で作業を行う場合は、当該作業を安全に行うため必要な照度(しょうど)を保持しなければならない。

・昇降するための設備の設置等

高さまたは深さが1.5mを超える箇所で作業を行うときは、当該作業に従事する労働者が安全に昇降するための設備(例：移動はしご、脚立(きゃたつ))等を設けなければならない。安全に昇降するための設備等を設けることが作業の性質上著しく困難なときは、この限りでない。

移動はしごについては、次に定めるところに適合したものでなければ使用してはならない。

(a)丈夫な構造とすること。

用語解説

墜落制止用器具
作業者が転落した場合に地面に激突するのを防止するための帯状の器具のこと。平成31年2月の規則改正以前には「安全帯」という呼称が用いられていた。労働安全衛生規則の要求性能を満たすものとしてフルハーネス型を使用するのが原則であるが、高さが6.75m以下の場合は1本吊りの胴ベルト型を使用することもできる。なお、U字吊りの胴ベルト型のものは、墜落を制止できないため使用できないことになった。

(b)材料は、著しい損傷、腐食等がないものとすること。
(c)幅は、30cm以上とすること。
(d)すべり止め装置の取付けその他転位を防止するために必要な措置を講ずること。

また、脚立については、次に定めるところに適合したものでなければ使用してはならない。

(a)丈夫な構造とすること。
(b)材料は、著しい損傷、腐食等がないものとすること。
(c)足と水平面との角度を75°以下とし、かつ、折りたたみ式のものにあっては、足と水平面との角度を確実に保つための金具などを備えること。
(d)踏み面(づら)は、作業を安全に行うため必要な面積を有すること。

移動はしごについては、はしごの上端または下端をしっかり固定すること、踏み面に滑り止めシールを貼ること、滑りにくい靴や手袋を着用すること、また、脚立については、天板に乗って作業することを禁止し安全な代替策を検討すること、脚立をまたいで作業せず片側に乗ることで3点支持をとりながら作業を行うこと、昇降の際に荷物を持たず3点支持を維持することなどが、厚生労働省から通知されている。

用語解説
3点支持
両手、両足の4点のうち3点で体を支えること。

●作業環境測定

高温・多湿な環境下で作業を続けていると、体内の水分と塩分のバランスが悪くなったり、体内の調整機能が破綻したりすることにより、めまいや失神、筋肉痛や筋肉の硬直、大量の発汗(はっかん)、頭痛や不快感、吐き気、嘔吐(おうと)、倦怠(けんたい)感、虚脱感、意識障害、痙攣(けいれん)、手足の運動障害、高体温などの症状が現れることがある。これらの症状を総称して、熱中症という。

近年、熱中症が原因での事故や労働災害が増加していることから、職場における熱中症の予防策について、2009(平成21)年に厚生労働省労働基準局長名で通知(基発第0619001号)がなされ、熱中症を予防するために、暑さ指数(*WBGT*:Wet-Bulb Globe Temperature 湿球黒球温度〔℃〕)を活用することとし、作業環境管理、作業管理、健康管理、労働衛生教育、救急処置を通じてその値を低減する取組みが行われている。**暑さ指数**(*WBGT*)とは、労働環境において、作業者が受ける暑熱環境による熱ストレスの評価を行うための指標の1つで、気温、湿度および日射・輻射熱の要素を取り入れて、蒸し暑さを1つの単位で総合的に表した指数をいう。暑さ指数の値が作業内容に応じて設定された基準値を超えるか超えるおそれがある場合には、冷房等の熱中症予防対策を作業の状況に応じて実施する必要がある。

演習問題

問1

UTPケーブルをRJ－45のモジュラジャックに結線するとき、配線規格T568Bでは、ピン番号4番には外被が［（ア）］色の心線が接続される。

［①青　②橙　③緑　④白　⑤茶］

解説

LANケーブルを成端するモジュラコネクタの配線規格は、ANSI/TIA（米国国家規格協会/米国通信工業会）によりT568AとT568Bの2つが定められており、それぞれのピン配列は、図－1、図－2のとおりである。UTPケーブルの心線の色は、緑（G：Green）、橙（O：Orange）、青（BL：Blue）、茶（B：Brown）の4色と、これらの各色に白（W：White）のストライプを入れた8種類があるが、図－2より、T568Bでは、ピン番号4番には**青色**（O）の心線が接続される。

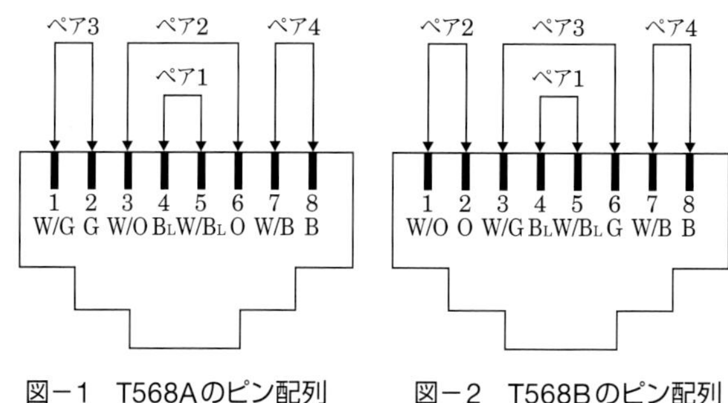

図－1　T568Aのピン配列　　図－2　T568Bのピン配列

【答（ア）①】

問2

JIS X 5150－2：2021のオフィス施設の平衡配線設備における水平配線設備の規格について述べた次の二つの記述は、［（イ）］。

A　チャネルの物理長さは、100メートルを超えてはならない。また、水平ケーブルの物理長さは、90メートルを超えてはならない。

B　複数利用者通信アウトレット組立品を用いる場合には、ワークエリアコードの長さは、15メートルを超えてはならない。

［①Aのみ正しい　②Bのみ正しい　③AもBも正しい　④AもBも正しくない］

解説

設問の記述は、**Aのみ正しい**。JIS X 5150－2：2021汎用情報配線設備―第2部：オフィス施設の「8. 基本配線構成― 8.2 平衡配線設備―8.2.2 水平配線設備―8.2.2.2 範囲」において、次のように規定されている。

・チャネルの物理長さは、100mを超えてはならない。
・水平ケーブルの物理長さは、90mを超えてはならない。パッチコード、機器コードおよびワークエリアコードの合計長さが10mを超える場合、規定された水平リンク長さの式に従って水平ケーブルの許容物理長さを減らさなければならない。
・分岐点（CP）は、フロア配線盤から少なくとも15m以上離れた位置に置かなければならない。
・複数利用者TO組立品を用いる場合には、ワークエリアコードの長さは、20mを超えないことが望ましい。
・パッチコードまたはジャンパの長さは、5mを超えないことが望ましい。

【答（イ）①】

問3

光ファイバの接続に光コネクタを使用したときの挿入損失を測定する方法は、光コネクタ供試品の端子の形態別にJISで規定されており、片端プラグ(ピッグテール)のときの基準測定方法は、［（ウ）］である。

[① カットバック法　② マンドレル巻き法　③ 挿入法(B)　④ ワイヤメッシュ法　⑤ 置換え法]

解説

JIS C 61300-3-4において、片端プラグ(ピッグテール)のときの基準測定方法は、**挿入法(B)**とされている。
【答（ウ）③】

問4

OITDA／TP 11／BW：2019ビルディング内光配線システムでは、幹線系光ファイバケーブル施工時のけん引速度は、布設の安全性を考慮し、1分当たり［（エ）］メートル以下を目安としている。

なお、OITDA／TP 11／BW：2019は、JIS TS C 0017の有効期限切れに伴い同規格を受け継いで光産業技術振興協会(OITDA)が技術資料として策定、公表しているものである。

[① 10　② 20　③ 30　④ 40　⑤ 50]

解説

OITDA／TP 11／BW：2019ビルディング内光配線システムの「6. 光ケーブルの布設及び配線盤設置—6.2 幹線系光ケーブル布設—6.2.1 実装形光ケーブル布設—1) けん引速度」において、光ケーブルのけん引速度は安全性を考慮し、**20**〔m／min〕以下を目安とすると規定されている。
【答（エ）②】

問5

JIS C 6823：2010光ファイバ損失試験方法におけるOTDR法について述べた次の二つの記述は、［（オ）］。

A　OTDR法は、光ファイバの単一方向の測定であり、光ファイバの異なる箇所から光ファイバの先端まで後方散乱光パワーを測定する方法である。

B　OTDR法での測定は、光ファイバ内の伝搬速度及び光ファイバの後方散乱作用に影響され、光ファイバ損失を正確に測定できないことがあるが、被測定光ファイバの両端からの後方散乱光を測定し、この二つのOTDR波形を平均化することによって、光ファイバの損失試験に用いることができる。

[① Aのみ正しい　② Bのみ正しい　③ AもBも正しい　④ AもBも正しくない]

解説

設問の記述は、**AもBも正しい**。JIS C 6823：2010光ファイバ損失試験方法の附属書C（損失試験：方法C—OTDR法）の「C.1 概要」に、「OTDR法は、光ファイバの単一方向の測定であり、光ファイバの異なる箇所から光ファイバの先端まで後方散乱光パワーを測定する方法となる。この測定は光ファイバ内の伝搬速度および光ファイバの後方散乱作用に影響され、光ファイバ損失を正確に測定できないことがある。しかし、この方法は被測定光ファイバの両端からの後方散乱光を測定し、この二つのOTDR波形を平均化することによって、光ファイバの損失試験に用いることができる。」と記述されている。
【答（オ）③】

問6

現場取付け可能なSC型の単心接続用の光コネクタのうち、光コネクタキャビネットなどで使用され、ドロップ光ファイバケーブルやインドア光ファイバケーブルに直接取り付ける光コネクタは、［（カ）］コネクタといわれる。

［① MT　② MU　③ MPO　④ FC　⑤ 外被把持型ターミネーション］

解説

FTTHの設備構成として普及しているPON方式では、ユーザ宅に設置されるONUは、光ファイバおよび光スプリッタを介して設備センタに設置されているOLTに接続される。利用者宅には、一般に、ドロップ光ファイバ（引込線）が引き込まれ、ドロップ光ファイバとユーザ宅内のインドア光ファイバ（屋内配線）を接続する場合は、メカニカルスプライスや外被把持型ターミネーションコネクタが利用される。

外被把持型ターミネーションコネクタは、特殊な機械装置や接着剤などが不要で、現場においてドロップ光ファイバやインドア光ファイバに直接取り付ける作業を簡便に行えるようにした光コネクタである。

【答（カ）⑤】

問7

UTPケーブルの配線は、一般に、ケーブルルートの変更などに伴うケーブル終端部の多少の延長・移動を想定して施工されるが、機器・パッチパネルが高密度で収納されるラック内などでは、小さな径のループ及び過剰なループ回数の余長処理を行うと、ケーブル間の同色対どうしにおいて［（キ）］が発生し、トラブルの原因となるおそれがある。

［① スプリットペア　② リバースペア　③ グランドループ
④ エイリアンクロストーク　⑤ パーマネントリンク］

解説

高密度で収納されるラック内などにおいて、小さな径のループおよび過剰なループ回数の余長処理を行うと、長距離の並行敷設と同じになり、**エイリアンクロストーク**が発生しやすくなる。エイリアンクロストークとは、複数のUTPケーブルを長距離に並行敷設したときに、隣り合った同色対どうしのケーブルから漏れ伝わるノイズのことである。

【答（キ）④】

問8

JIS X 5150－1：2021の平衡配線設備の伝送性能において、挿入損失が3.0〔dB〕未満の周波数における［（ク）］の値は、参考とすると規定されている。

［① 伝搬遅延時間差　② 反射減衰量　③ 不平衡減衰量
④ 近端漏話減衰量　⑤ 遠端漏話減衰量］

解説

JIS X 5150－1：2021の「6. チャネルの性能要件―6.3 平衡配線設備の伝送性能」に、挿入損失（IL）が3.0〔dB〕未満の周波数における**反射減衰量**（RL）の値は参考とする、挿入損失が4.0〔dB〕未満となる周波数における対間近端漏話（$NEXT$）および電力和近端漏話（$PS\ NEXT$）の値は参考とする、などと規定されている。

【答（ク）②】

JIS X 5150－2：2021では、図－3に示す水平配線設備モデルにおいて、クロスコネクト－TOモデル、クラスEのチャネルの場合、パッチコード又はジャンパ、機器コード及びワークエリアコードの長さの総和が14メートルのとき、水平ケーブルの最大長さは［（ケ）］メートルとなる。ただし、運用温度は20〔℃〕、コードの挿入損失〔dB／m〕は水平ケーブルの挿入損失〔dB／m〕に対して50パーセント増とする。

［① 80　② 81　③ 82　④ 83　⑤ 84］

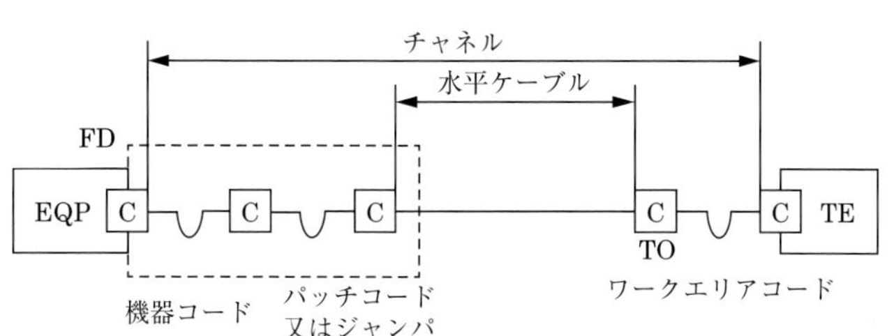

図－3

解説

図－3の水平配線設備モデルは、クロスコネクト－TOモデル、クラスEのチャネルであり、水平ケーブルの最大長さは、JIS X 5150－2：2021の表3に示されている水平リンク長さの式より、$I_h = 103 - I_a \times X$〔m〕の式で求められる。ここで、パッチコードまたはジャンパ、機器コードおよびワークエリアコードの長さの総和が14〔m〕なので、$I_a = 14$となる。また、コードケーブルの挿入損失〔dB／m〕が水平ケーブルの挿入損失〔dB／m〕に対して50％増（1.5倍）なので、$X = 1.5$であり、水平ケーブルの最大長さは$I_h = 103 - I_a \times X = 103 - 14 \times 1.5 = 103 - 21 =$ **82**〔m〕となる。なお、運用温度は20〔℃〕以下なので、計算結果から値を減じる必要はない。

【答（ケ）③】

問10

工事実施に必要な施工計画書について述べた次の二つの記述は、［（コ）］。

A　施工計画書は、工事の発注者の現場代理人が工事着手前に作成し、工事の受注者の監督員などに提示するものである。

B　施工計画書は、工事目的物を完成するために必要な手順、工法などを記載したものであり、記載項目として、工事概要、計画工程表、施工方法、環境対策などがある。

［① Aのみ正しい　② Bのみ正しい　③ AもBも正しい　④ AもBも正しくない］

解説

設問の記述は、**Bのみ正しい**。

A　工事の受注者またはその現場代理人は、工事の着手前に施工計画書を作成し、発注者の監督員などに提出する必要がある。したがって、記述は誤り。

B　施工計画書の記載項目としては、工事概要、計画工程表、現場組織表、施工方法、施工管理計画、安全管理、緊急時の体制および対応、環境対策などがある。したがって、記述は正しい。【答（コ）②】

問11

図－4に示す、間接費、直接費及び総費用を表す一般的な工期・建設費曲線について述べた次の記述のうち、誤っているものは、（サ）である。

［① A曲線は間接費を表し、間接費は、一般に、施工速度を遅くして工期を延長するほど増加する。
② B曲線は直接費を表し、直接費は、一般に、施工速度を速くして工期を短縮するほど増加する。
③ C曲線は間接費と直接費を合計した総費用を表し、総費用が最小となるD点における工期は、最適工期を示す。
④ クラッシュタイムは、直接費を大幅に増やせば更に短縮が可能である。］

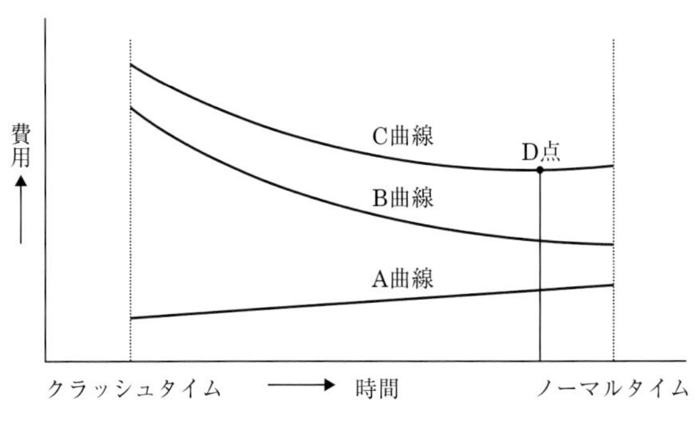

図－4

解説

クラッシュタイムとは、これ以上どれだけ直接費を追加しても工期を短縮できない最小限の時間をいう。よって、「**クラッシュタイムは、直接費を大幅に増やせば更に短縮が可能である。**」が誤りである。

【答（サ）④】

問12

図－5に示すアローダイアグラムにおいて、作業Bを2日、作業Iを3日それぞれ短縮すると、全体工期は、（シ）日短縮できる。

［①1　②2　③3　④4　⑤5］

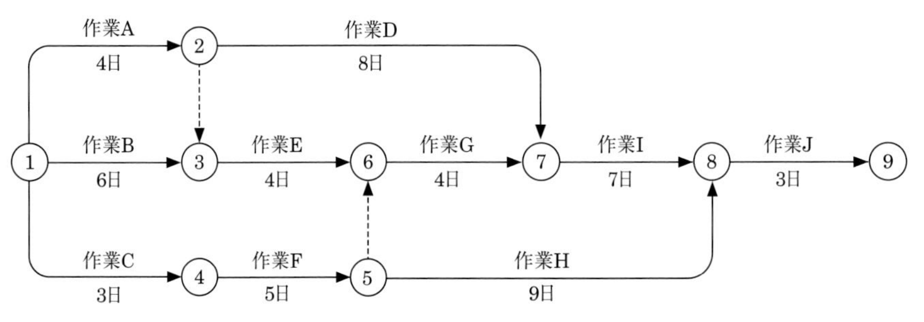

図－5

解説

作業Bと作業Iの短縮前のクリティカルパスは①→③→⑥→⑦→⑧→⑨の作業経路で、その所要日数は24日である。また、短縮後のクリティカルパスは①→④→⑤→⑧→⑨の作業経路で、その所要日数は20日である。したがって、作業Bと作業Iの短縮により、全体工期は**4**日短縮できる。

【答（シ）④】

端末設備の接続に関する法規

第1章　電気通信事業法

第2章　工事担任者規則、
技術基準適合認定等規則

第3章　端末設備等規則

第4章　有線電気通信法、
有線電気通信設備令

第5章　不正アクセス禁止法、電子署名法

第1章 電気通信事業法

電気通信事業法は昭和60年4月に施行された。民間の経営手法により事業運営を効率化し、また、多数の事業者が市場の評価を受けることで良質かつ低廉な電気通信サービスが提供されることが期待されている。

1 総　則

1 電気通信事業法の目的（第1条）

条文

この法律は、電気通信事業の公共性に鑑み、その運営を適正かつ合理的なものとするとともに、その公正な競争を促進することにより、電気通信役務の円滑な提供を確保するとともにその利用者等の利益を保護し、もって電気通信の健全な発達及び国民の利便の確保を図り、公共の福祉を増進することを目的とする。

電気通信事業法は、電気通信事業の公正な競争を促進することで、良質で低廉な電気通信サービスが提供され、社会全体の利益すなわち公共の福祉を増進することを目的としている。

2 用語の定義（第2条）

条文

この法律において、次の各号に掲げる用語の意義は、当該各号に定めるところによる。

(1)　電気通信　有線、無線その他の電磁的方式により、符号、音響又は影像を送り、伝え、又は受けることをいう。

(2)　電気通信設備　電気通信を行うための機械、器具、線路その他の電気的設備をいう。

(3)　電気通信役務　電気通信設備を用いて他人の通信を媒介し、その他電気通信設備を他人の通信の用に供することをいう。

(4)　電気通信事業　電気通信役務を他人の需要に応ずるために提供する事業（放送法（昭和25年法律第132号）第118条第1項に規定する放送局設備供給役務に係る事業を除く。）をいう。

(5)　電気通信事業者　電気通信事業を営むことについて、第9条の登録を受けた者及び第16条第1項（同条第2項の規定により読み替えて適用する場合を含む。）の規定による届出をした者をいう。

(6)　電気通信業務　電気通信事業者の行う電気通信役務の提供の業務をいう。

(7)　利用者　次のイ又はロに掲げる者をいう。

イ　電気通信事業者又は第164条第1項第三号に掲げる電気通信事業（以

補足

用語の定義については他の条文でも規定されている。たとえば第12条の2第4項において、「移動端末設備」は次のように定義づけられている。「移動端末設備とは、利用者の電気通信設備であって、移動する無線局の無線設備であるものをいう。」

下「第三号事業」という。）を営む者との間に電気通信役務の提供を受ける契約を締結する者その他これに準ずる者として総務省令で定める者

ロ　電気通信事業者又は第三号事業を営む者から電気通信役務（これらの者が営む電気通信事業に係るものに限る。）の提供を受ける者（イに掲げる者を除く。）

■電気通信役務の提供を受ける契約を締結する者に準ずる者（施行規則第2条の2）

電気通信事業法第2条第七号イの総務省令で定める者は、電気通信事業者又は電気通信事業法第164条第1項第三号に掲げる電気通信事業（以下「第三号事業」という。）を営む者から、その提供する電気通信役務を継続的に利用するための識別符号（電気通信事業法第27条の12第二号に規定する識別符号であって、当該識別符号に係る電気通信役務を利用しようとする者が提供する氏名（法人にあっては、当該法人の名称）、電話番号、電子メールアドレス又はこれらを組み合わせた情報に基づき作成されるものをいう。）を付与された者（電気通信事業者又は第三号事業を営む者との間に電気通信役務の提供を受ける契約を締結する者を除く。）とする。

■電気通信役務の種類（施行規則第2条第2項）

電気通信事業法施行規則において、次の各号に掲げる用語の意義は、当該各号に定めるところによる。

(1)　**音声伝送役務**　おおむね**4キロヘルツ**帯域の音声その他の音響を伝送交換する機能を有する電気通信設備を他人の通信の用に供する電気通信役務であってデータ伝送役務以外のもの

(2)　**データ伝送役務**　専ら**符号又は影像**を伝送交換するための電気通信設備を他人の通信の用に供する電気通信役務

(3)　**専用役務**　**特定の者**に電気通信設備を専用させる電気通信役務

(4)　**特定移動通信役務**　電気通信事業法第12条の2第4項第二号のニに規定する特定移動端末設備と接続される伝送路設備を用いる電気通信役務

(5)〜(8)　略

●電気通信

情報の伝達手段として、有線電気通信、無線電気通信、光通信などの電磁波を利用するものと定義している。

●電気通信設備

端末設備をはじめ、各種入出力装置、交換機、搬送装置、無線設備、ケーブル、電力設備など電気通信を行うために必要な設備全体の総称である。

●電気通信役務

「他人の通信を媒介する」とは、たとえば図1・1において、Aの所有する電気通信設備を利用してBとCの通信を扱う場合をいい、その他、Aの設備をA以

外の者が使用する場合を「他人の通信の用に供する」という。

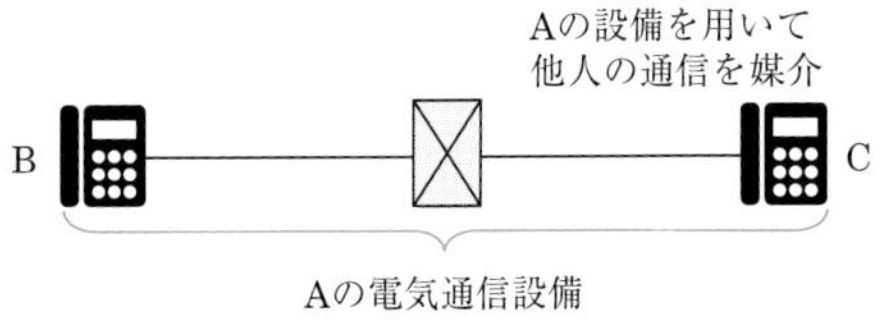

図1・1　電気通信役務（他人の通信を媒介する場合）

●電気通信事業

「他人の需要に応ずる」とは、不特定の利用者の申込みに対して電気通信役務を提供することをいう。

3 検閲の禁止（第3条）　条文

電気通信事業者の取扱中に係る通信は、検閲してはならない。

4 秘密の保護（第4条）　条文

電気通信事業者の取扱中に係る通信の秘密は、侵してはならない。

2　電気通信事業に従事する者は、在職中電気通信事業者の取扱中に係る通信に関して知り得た他人の秘密を守らなければならない。その職を退いた後においても、同様とする。

用語解説

検閲

国または公的機関が強権的に通信の内容を調べること。

補足

第3条および第4条は、通信の秘密の保護に関する憲法の規定を受けて定められたものである。

理解度チェック

問1　電気通信事業法の目的について述べた次の文章のうち、Ⓐ、Ⓑの下線部分は、［（ア）］。

電気通信事業法は、電気通信事業の公共性に鑑み、その運営を適正かつ合理的なものとするとともに、その公正な競争を促進することにより、電気通信役務の円滑な提供を確保するとともにⒶその利用者等の利益を保護し、もって電気通信の健全な発達及び国民の利便の確保を図り、Ⓑ国民経済の発展を増進することを目的とする。

①Ⓐのみ正しい　②Ⓑのみ正しい　③ⒶもⒷも正しい　④ⒶもⒷも正しくない

問2　電気通信事業法施行規則に規定する「用語」について述べた次の二つの記述は、［（イ）］。

A　音声伝送役務とは、おおむね4キロヘルツ帯域の音声その他の音響を伝送交換する機能を有する電気通信設備を他人の通信の用に供する電気通信役務であってデータ伝送役務以外のものをいう。

B　データ伝送役務とは、専ら符号又は影像を伝送交換するための電気通信設備を他人の通信の用に供する電気通信役務をいう。

①Aのみ正しい　②Bのみ正しい　③AもBも正しい　④AもBも正しくない

答（ア）①（イ）③

2 電気通信事業

1 利用の公平(第6条)

条文

電気通信事業者は、電気通信役務の提供について、不当な差別的取扱いをしてはならない。

補足

電気通信役務(えきむ)の提供について、特定の利用者に対し不当な差別的取扱いをすることを禁じている。

2 基礎的電気通信役務の提供(第7条)

条文

基礎的電気通信役務(国民生活に不可欠であるためあまねく日本全国における提供が確保されるべき次に掲げる電気通信役務をいう。以下同じ。)を提供する電気通信事業者は、その適切、公平かつ安定的な提供に努めなければならない。

(1) 電話に係る電気通信役務であって総務省令で定めるもの(以下「第一号基礎的電気通信役務」という。)

(2) 高速度データ伝送電気通信役務(その一端が利用者の電気通信設備と接続される伝送路設備及びこれと一体として設置される電気通信設備であって、符号、音響又は影像を高速度で送信し、及び受信することが可能なもの(専らインターネットへの接続を可能とする電気通信役務を提供するために設置される電気通信設備として総務省令で定めるものを除く。)を用いて他人の通信を媒介する電気通信役務をいう。第110条の5第1項において同じ。)であって総務省令で定めるもの(以下「第二号基礎的電気通信役務」という。)

用語解説

基礎的電気通信役務
日本全国いつでもどこでも利用可能とすべき基礎的な電気通信サービスのこと。
第25条第1項において、「基礎的電気通信役務を提供する電気通信事業者は、正当な理由がなければ、その業務区域における基礎的電気通信役務の提供を拒んではならない」と規定されている。

法規第1章

●第二号基礎的電気通信役務

2022年6月の法改正により、アナログ電話サービスや公衆電話サービス等の従来の基礎的電気通信役務を第一号基礎的電気通信役務と規定し、新たに一定のブロードバンド通信サービスについて第二号基礎的電気通信役務と規定することになった。

これは、近年における社会環境の変化をふまえ、場所や時間の制約を受けない柔軟な働き方や暮らしを実現することをめざした施策である。ブロードバンド通信サービスを日本国内のあらゆる場所で利用可能とすることで、デジタル技術を活用してテレワーク、遠隔医療、遠隔教育などを継続的に行えるようになることが期待されている。

補足

電気通信は、国民生活および社会経済の中枢的役割を果たしており、非常事態においては特にその役割が重要となるため、警察・防災機関等への優先的使用を確保している。

3 重要通信の確保(第8条)

条文

電気通信事業者は、天災、事変その他の非常事態が発生し、又は発生するおそれがあるときは、災害の予防若しくは救援、交通、通信若しくは電力の供給の確保又は秩序の維持のために必要な事項を内容とする通信を優先的に取り扱わなければならない。公共の利益のため緊急に行うことを要

電気通信事業者は、重要通信を優先的に取り扱うために、電気通信業務の一部を停止することができる。

するその他の通信であって総務省令で定めるものについても、同様とする。

2　前項の場合において、電気通信事業者は、必要があるときは、総務省令で定める基準に従い、電気通信業務の一部を停止することができる。

3　電気通信事業者は、第1項に規定する通信（以下「重要通信」という。）の円滑な実施を他の電気通信事業者と相互に連携を図りつつ確保するため、他の電気通信事業者と電気通信設備を相互に接続する場合には、総務省令で定めるところにより、重要通信の優先的な取扱いについて取り決めることその他の必要な措置を講じなければならない。

■緊急に行うことを要する通信（施行規則第55条）

電気通信事業法第8条第1項の「総務省令で定めるもの」とは、次の表の左欄に掲げる事項を内容とする通信であって、同表の右欄に掲げる機関等において行われるものとする。

通信の内容	機関等
一．火災、集団的疫病、交通機関の重大な事故その他人命の安全に係る事態が発生し、又は発生するおそれがある場合において、その予防、救援、復旧等に関し、緊急を要する事項	(1)　予防、救援、復旧等に直接関係がある機関相互間 (2)　左記の事態が発生し、又は発生するおそれがあることを知った者と(1)の機関との間
二．治安の維持のため緊急を要する事項	(1)　警察機関相互間 (2)　海上保安機関相互間 (3)　警察機関と海上保安機関との間 (4)　犯罪が発生し、又は発生するおそれがあることを知った者と警察機関又は海上保安機関との間
三．国会議員又は地方公共団体の長若しくはその議会の議員の選挙の執行又はその結果に関し、緊急を要する事項	選挙管理機関相互間
四．天災、事変その他の災害に際し、災害状況の報道を内容とするもの	新聞社等の機関相互間
五．気象、水象、地象若しくは地動の観測の報告又は警報に関する事項であって、緊急に通報することを要する事項	気象機関相互間
六．水道、ガス等の国民の日常生活に必要不可欠な役務の提供その他生活基盤を維持するため緊急を要する事項	左記の通信を行う者相互間

4 電気通信事業の登録（第9条）　条文

電気通信事業を営もうとする者は、総務大臣の登録を受けなければならない。ただし、次に掲げる場合は、この限りでない。

(1)　その者の設置する電気通信回線設備（送信の場所と受信の場所との間を接続する伝送路設備及びこれと一体として設置される交換設備並びにこれらの附属設備をいう。以下同じ。）の規模及び当該電気通信回線設備を設置する区域の範囲が総務省令で定める基準を超えない場合。

(2)　その者の設置する電気通信回線設備が電波法（昭和25年法律第131号）第7条第2項第六号に規定する基幹放送に加えて基幹放送以外の無線通

用語解説

電気通信回線設備
電気通信事業者が提供する電話網等の電気通信ネットワークを意味するものであり、電気通信設備のうち端末設備および自営電気通信設備を除いたものをいう。

信の送信をする無線局の無線設備である場合（前号に掲げる場合を除く）。

■登録を要しない電気通信事業（施行規則第3条第1項）

電気通信事業法第9条第一号の総務省令で定める基準は、設置する電気通信回線設備が次の各号のいずれにも該当することとする。

(1) 端末系伝送路設備（端末設備又は自営電気通信設備と接続される伝送路設備をいう。以下同じ。）の設置の区域が一の市町村（特別区を含む。）の区域（地方自治法（昭和22年法律第67号）第252条の19第1項の指定都市にあってはその区又は総合区の区域）を超えないこと。

(2) 中継系伝送路設備（端末系伝送路設備以外の伝送路設備をいう。以下同じ。）の設置の区間が一の都道府県の区域を超えないこと。

注意

電気通信事業を営もうとする者は総務大臣の「登録」を受けなければならない。ただし、施行規則第3条第1項に規定された要件を満たす者については、「届出」でよいとされている。

5 電気通信事業の届出（第16条）

条文

電気通信事業を営もうとする者（第9条の登録を受けるべき者を除く。）は、総務省令で定めるところにより、次の事項を記載した書類を添えて、その旨を総務大臣に届け出なければならない。

(1) 氏名又は名称及び住所並びに法人にあっては、その代表者の氏名

(2) 外国法人等にあっては、国内における代表者又は国内における代理人の氏名又は名称及び国内の住所

(3) 業務区域

(4) 電気通信設備の概要（第44条第1項に規定する事業用電気通信設備を設置する場合に限る。）

(5) その他総務省令で定める事項

2〜6 略

法規第1章

6 業務の改善命令（第29条）

条文

総務大臣は、次の各号のいずれかに該当すると認めるときは、電気通信事業者に対し、利用者の利益又は公共の利益を確保するために必要な限度において、業務の方法の改善その他の措置をとるべきことを命ずることができる。

(1) 電気通信事業者の業務の方法に関し通信の秘密の確保に支障があるとき。

(2) 電気通信事業者が特定の者に対し不当な差別的取扱いを行っているとき。

(3) 電気通信事業者が重要通信に関する事項について適切に配慮していないとき。

(4) 電気通信事業者が提供する電気通信役務（基礎的電気通信役務（届出契約約款に定める料金その他の提供条件により提供されるものに限る。）又は指定電気通信役務（保障契約約款に定める料金その他の提供条件により提供されるものに限る。）を除く。次号から第七号までにおいて同じ。）

補足

事業の運営が適正かつ合理的でないため、電気通信の健全な発達または国民の利便の確保に支障が生じるおそれがあるとき等においても、総務大臣は、電気通信事業者に対し、利用者の利益または公共の利益を確保するために必要な限度において、業務の方法の改善その他の措置をとるように命じることができる。

に関する料金についてその額の算出方法が適正かつ明確でないため、利用者の利益を阻害しているとき。

(5) 電気通信事業者が提供する電気通信役務に関する料金その他の提供条件が他の電気通信事業者との間に不当な競争を引き起こすものであり、その他社会的経済的事情に照らして著しく不適当であるため、利用者の利益を阻害しているとき。

(6) 電気通信事業者が提供する電気通信役務に関する提供条件(料金を除く。次号において同じ。)において、電気通信事業者及びその利用者の責任に関する事項並びに電気通信設備の設置の工事その他の工事に関する費用の負担の方法が適正かつ明確でないため、利用者の利益を阻害しているとき。

(7) 電気通信事業者が提供する電気通信役務に関する提供条件が電気通信回線設備の使用の態様を不当に制限するものであるとき。

(8) 事故により電気通信役務の提供に支障が生じている場合に電気通信事業者がその支障を除去するために必要な修理その他の措置を速やかに行わないとき。

(9)〜(12) 略

2 略

7 電気通信設備の維持(第41条) 条文

電気通信回線設備を設置する電気通信事業者は、その電気通信事業の用に供する電気通信設備(第3項に規定する電気通信設備、専らドメイン名電気通信役務を提供する電気通信事業の用に供する電気通信設備及びその損壊又は故障等による利用者の利益に及ぼす影響が軽微なものとして総務省令で定める電気通信設備を除く。)を総務省令で定める技術基準に適合するように維持しなければならない。

2 基礎的電気通信役務を提供する電気通信事業者は、その基礎的電気通信役務を提供する電気通信事業の用に供する電気通信設備(前項及び次項に規定する電気通信設備並びに専らドメイン名電気通信役務を提供する電気通信事業の用に供する電気通信設備を除く。)を総務省令で定める技術基準に適合するように維持しなければならない。

3 第108条第1項の規定により指定された第一種適格電気通信事業者は、その第一号基礎的電気通信役務を提供する電気通信事業の用に供する電気通信設備(専らドメイン名電気通信役務を提供する電気通信事業の用に供する電気通信設備を除く。)を総務省令で定める技術基準に適合するように維持しなければならない。

4 総務大臣は、総務省令で定めるところにより、電気通信役務(基礎的電気通信役務及びドメイン名電気通信役務を除く。)のうち、内容、利用者の範囲等からみて利用者の利益に及ぼす影響が大きいものとして総務省令で定める電気通信役務を提供する電気通信事業者を、その電気通信事業の用に供する電気通信設備を適正に管理すべき電気通信事業者として指定するこ

補足

第41条は、利用者が良好な電気通信サービスの提供を受けられるように、事業用電気通信設備が常に一定の技術基準を満たしておくことを義務づけている。

用語解説

インターネット利用の普及に伴い新たな電気通信役務として「ドメイン名電気通信役務」が規定された。これに関する用語は、第164条第2項において次のように定義されている。

ドメイン名電気通信役務
入力されたドメイン名の一部または全部に対応してIPアドレスを出力する機能を有する電気通信設備を電気通信事業者の通信の用に供する電気通信役務のうち、確実かつ安定的な提供を確保する必要があるものとして総務省令で定めるもの。

ドメイン名
インターネットにおいて電気通信事業者が受信の場所にある電気通信設備を識別するために使用する番号、記号その他の符号のうち、IPアドレスに代わって使用されるものとして総務省令で定めるもの。

IPアドレス
インターネットにおいて電気通信事業者が受信の場所にある電気通信設備を識別するために使用する番号、記号その他の符号のうち、当該電気通信設備に固有のものとして総務省令で定めるもの。

とができる。

5　前項の規定により指定された電気通信事業者は、同項の総務省令で定める電気通信役務を提供する電気通信事業の用に供する電気通信設備（第1項に規定する電気通信設備を除く。）を総務省令で定める技術基準に適合するように維持しなければならない。

6　第1項から第3項まで及び前項の技術基準は、これにより次の事項が確保されるものとして定められなければならない。

(1)　電気通信設備の損壊又は故障により、電気通信役務の提供に著しい支障を及ぼさないようにすること。

(2)　電気通信役務の品質が適正であるようにすること。

(3)　通信の秘密が侵されないようにすること。

(4)　利用者又は他の電気通信事業者の接続する電気通信設備を損傷し、又はその機能に障害を与えないようにすること。

(5)　他の電気通信事業者の接続する電気通信設備との責任の分界が明確であるようにすること。

補足

第41条の2において次のように規定されている。「ドメイン名電気通信役務を提供する電気通信事業者は、そのドメイン名電気通信役務を提供する電気通信事業の用に供する電気通信設備を当該電気通信設備の管理に関する国際的な標準に適合するように維持しなければならない。」

8 技術基準適合命令(第43条)

条文

総務大臣は、第41条第1項に規定する電気通信設備が同項の総務省令で定める技術基準に適合していないと認めるときは、当該電気通信設備を設置する電気通信事業者に対し、その技術基準に適合するように当該設備を修理し、若しくは改造することを命じ、又はその使用を制限することができる。

2　略

9 管理規程(第44条)

条文

電気通信事業者は、総務省令で定めるところにより、第41条第1項から第5項まで（第4項を除く。）又は第41条の2のいずれかに規定する電気通信設備（以下「事業用電気通信設備」という。）の管理規程を定め、電気通信事業の開始前に、総務大臣に届け出なければならない。

2　管理規程は、電気通信役務の確実かつ安定的な提供を確保するために電気通信事業者が遵守すべき次に掲げる事項に関し、総務省令で定めるところにより、必要な内容を定めたものでなければならない。

(1)　電気通信役務の確実かつ安定的な提供を確保するための事業用電気通信設備の管理の方針に関する事項

(2)　電気通信役務の確実かつ安定的な提供を確保するための事業用電気通信設備の管理の体制に関する事項

(3)　電気通信役務の確実かつ安定的な提供を確保するための事業用電気通信設備の管理の方法に関する事項

(4)　第44条の3第1項に規定する電気通信設備統括管理者の選任に関する

補足

管理規程の変更命令について、第44条の2第1項で次のように規定されている。
「総務大臣は、電気通信事業者が前条第1項又は第3項の規定により届け出た管理規程が同条第2項の規定に適合しないと認めるときは、当該電気通信事業者に対し、これを変更すべきことを命ずることができる。」
また、同条第2項において、「総務大臣は、電気通信事業者が管理規程を遵守していないと認めるときは、当該電気通信事業者に対し、電気通信役務の確実かつ安定的な提供を確保するために必要な限度において、管理規程を遵守すべきことを命ずることができる。」としている。

事項

3〜4　略

10 電気通信主任技術者（第45条）

条文

電気通信事業者は、事業用電気通信設備の工事、維持及び運用に関し総務省令で定める事項を監督させるため、総務省令で定めるところにより、電気通信主任技術者資格者証の交付を受けている者のうちから、電気通信主任技術者を選任しなければならない。ただし、その事業用電気通信設備が小規模である場合その他総務省令で定める場合は、この限りでない。

2〜3　略

補足

次の条件①〜③をすべて満たす場合は、電気通信主任技術者を選任しなくてもよいとされている。

① 設備の設置の範囲が一の市町村の区域内である。
② 当該区域における利用者数が30,000未満である。
③ 一定の業務経験等を有する者を配置している。

理解度チェック

問1　総務大臣は、電気通信事業者が重要通信に関する事項について［（ア）］していないと認めるときは、電気通信事業者に対し、利用者の利益又は公共の利益を確保するために必要な限度において、業務の方法の改善その他の措置をとるべきことを命ずることができる。

① 技術基準に適合　② 総務省へ届出　③ 安全を確保　④ 適切に配慮

答（ア）④

3 端末設備の接続等

1 端末設備の接続の技術基準(第52条) 条文

電気通信事業者は、利用者から端末設備(電気通信回線設備の一端に接続される電気通信設備であって、一の部分の設置の場所が他の部分の設置の場所と同一の構内(これに準ずる区域内を含む。)又は同一の建物内であるものをいう。以下同じ。)をその電気通信回線設備(その損壊又は故障等による利用者の利益に及ぼす影響が軽微なものとして総務省令で定めるものを除く。第69条第1項及び第2項並びに第70条第1項において同じ。)に接続すべき旨の請求を受けたときは、その接続が総務省令で定める技術基準(当該電気通信事業者又は当該電気通信事業者とその電気通信設備を接続する他の電気通信事業者であって総務省令で定めるものが総務大臣の認可を受けて定める技術的条件を含む。次項並びに第69条第1項及び第2項において同じ。)に適合しない場合その他総務省令で定める場合を除き、その請求を拒むことができない。

2 前項の総務省令で定める技術基準は、これにより次の事項が確保されるものとして定められなければならない。

(1) 電気通信回線設備を損傷し、又はその機能に障害を与えないようにすること。

(2) 電気通信回線設備を利用する他の利用者に迷惑を及ぼさないようにすること。

(3) 電気通信事業者の設置する電気通信回線設備と利用者の接続する端末設備との責任の分界が明確であるようにすること。

■利用者からの端末設備の接続請求を拒める場合(施行規則第31条)

電気通信事業法第52条第1項の総務省令で定める場合は、利用者から、端末設備であって電波を使用するもの(別に告示で定めるものを除く。)及び公衆電話機その他利用者による接続が著しく不適当なものの接続の請求を受けた場合とする。

2 端末機器技術基準適合認定(第53条) 条文

第86条第1項の規定により登録を受けた者(以下「登録認定機関」という。)は、その登録に係る技術基準適合認定(前条第1項の総務省令で定める技術基準に適合していることの認定をいう。以下同じ。)を受けようとする者から求めがあった場合には、総務省令で定めるところにより審査を行い、当該求めに係る端末機器(総務省令で定める種類の端末設備の機器をいう。以下同じ。)が前条第1項の総務省令で定める技術基準に適合していると認めるときに限り、技術基準適合認定を行うものとする。

用語解説

端末設備
電気通信回線設備の一端に接続する電気通信設備であって、その設置場所が同一の構内または同一の建物内にあるものをいう。一方、電気通信事業者以外の者が設置する電気通信設備で同一の構内等になく、複数の敷地または建物にまたがって設置されるものは「自営電気通信設備」に分類される。

補足

「他の電気通信事業者であって総務省令で定めるもの」とは、端末設備が直接接続される電気通信回線設備を設置する電気通信事業者との間で、総務大臣の認可を受けて技術的条件を定めることを合意している者をいう。

補足

電波を使用する端末設備のうち接続を拒否できないものとして告示されているものには、微弱な電波を使用するもの、小電力コードレス電話、小電力セキュリティシステム、小電力データ通信システム、デジタルコードレス電話、高速無線LAN端末、携帯無線通信等の端末設備がある。

2　登録認定機関は、その登録に係る技術基準適合認定をしたときは、総務省令で定めるところにより、その端末機器に技術基準適合認定をした旨の表示を付さなければならない。

3　何人も、前項(第104条第4項において準用する場合を含む。)、第58条(第104条第7項において準用する場合を含む。)、第65条、第68条の2又は第68条の8第3項の規定により表示を付する場合を除くほか、国内において端末機器又は端末機器を組み込んだ製品にこれらの表示又はこれらと紛らわしい表示を付してはならない。

注意

利用者が端末設備を接続する場合、本来、電気通信事業者の検査が必要である。しかし、端末機器についてあらかじめ登録認定機関による技術基準適合認定を受けておけば技術基準への適合性が保証されるため、電気通信事業者の検査を受けなくても利用者はその端末機器を使用することができる。

3 妨害防止命令(第54条)　条文

総務大臣は、登録認定機関による技術基準適合認定を受けた端末機器であって前条第2項又は第68条の8第3項の表示が付されているものが、第52条第1項の総務省令で定める技術基準に適合しておらず、かつ、当該端末機器の使用により電気通信回線設備を利用する他の利用者の通信に妨害を与えるおそれがあると認める場合において、当該妨害の拡大を防止するために特に必要があると認めるときは、当該技術基準適合認定を受けた者に対し、当該端末機器による妨害の拡大を防止するために必要な措置を講ずべきことを命ずることができる。

4 表示が付されていないものとみなす場合(第55条)　条文

登録認定機関による技術基準適合認定を受けた端末機器であって第53条第2項又は第68条の8第3項の規定により表示が付されているものが第52条第1項の総務省令で定める技術基準に適合していない場合において、総務大臣が電気通信回線設備を利用する他の利用者の通信への妨害の発生を防止するため特に必要があると認めるときは、当該端末機器は、第53条第2項又は第68条の8第3項の規定による表示が付されていないものとみなす。

2　総務大臣は、前項の規定により端末機器について表示が付されていないものとみなされたときは、その旨を公示しなければならない。

5 技術基準適合自己確認等(第63条)　条文

端末機器のうち、端末機器の技術基準、使用の態様等を勘案して、電気通信回線設備を利用する他の利用者の通信に著しく妨害を与えるおそれが少ないものとして総務省令で定めるもの(以下「特定端末機器」という。)の製造業者又は輸入業者は、その特定端末機器を、第52条第1項の総務省令で定める技術基準に適合するものとして、その設計(当該設計に合致することの確認の方法を含む。)について自ら確認することができる。

2　製造業者又は輸入業者は、総務省令で定めるところにより検証を行い、その特定端末機器の設計が第52条第1項の総務省令で定める技術基準に適合するものであり、かつ、当該設計に基づく特定端末機器のいずれもが当該設計に合致するものとなることを確保することができると認めるときに限り、前項の規定による確認（次項において「技術基準適合自己確認」という。）を行うものとする。

3～6　略

6 同一の表示を付することができる場合（第68条の2）

条文

第53条第2項（第104条第4項において準用する場合を含む。）、第58条（第104条第7項において準用する場合を含む。）若しくは第65条又は第68条の8第3項の規定により表示が付されている端末機器（第55条第1項（第61条、前条並びに第104条第4項及び第7項において準用する場合を含む。）の規定により表示が付されていないものとみなされたものを除く。以下「適合表示端末機器」という。）を組み込んだ製品を取り扱うことを業とする者は、総務省令で定めるところにより、製品に組み込まれた適合表示端末機器に付されている表示と同一の表示を当該製品に付することができる。

用語解説

適合表示端末機器
登録認定機関等が端末機器技術基準適合認定をした旨の表示が付されており、その表示が有効である端末機器のこと。

7 端末設備の接続の検査（第69条）

条文

利用者は、適合表示端末機器を接続する場合その他総務省令で定める場合を除き、電気通信事業者の電気通信回線設備に端末設備を接続したときは、当該電気通信事業者の検査を受け、その接続が第52条第1項の総務省令で定める技術基準に適合していると認められた後でなければ、これを使用してはならない。これを変更したときも、同様とする。

2　電気通信回線設備を設置する電気通信事業者は、端末設備に異常がある場合その他電気通信役務の円滑な提供に支障がある場合において必要と認めるときは、利用者に対し、その端末設備の接続が第52条第1項の総務省令で定める技術基準に適合するかどうかの検査を受けるべきことを求めることができる。この場合において、当該利用者は、正当な理由がある場合その他総務省令で定める場合を除き、その請求を拒んではならない。

3　前項の規定は、第52条第1項の規定により認可を受けた同項の総務省令で定める電気通信事業者について準用する。この場合において、前項中「総務省令で定める技術基準」とあるのは、「規定により認可を受けた技術的条件」と読み替えるものとする。

4　第1項及び第2項（前項において準用する場合を含む。）の検査に従事する者は、端末設備の設置の場所に立ち入るときは、その身分を示す証明書を携帯し、関係人に提示しなければならない。

■端末設備の接続の検査（施行規則第32条）

電気通信事業法第69条第1項の総務省令で定める場合は、次のとおりとする。

(1) 端末設備を同一の構内において移動するとき。

(2) 通話の用に供しない端末設備又は網制御に関する機能を有しない端末設備を増設し、取り替え、又は改造するとき。

(3) 防衛省が、電気通信事業者の検査に係る端末設備の接続について、電気通信事業法第52条第1項の技術基準に適合するかどうかを判断するために必要な資料を提出したとき。

(4) 電気通信事業者が、その端末設備の接続につき検査を省略しても電気通信事業法第52条第1項の技術基準（当該電気通信事業者及び同項の総務省令で定める他の電気通信事業者が同項の総務大臣の認可を受けて定める技術的条件を含む。）に適合しないおそれがないと認められる場合であって、検査を省略することが適当であるとしてその旨を定め公示したものを接続するとき。

(5) 電気通信事業者が、電気通信事業法第52条第1項の規定に基づき総務大臣の認可を受けて定める技術的条件（利用者の端末設備が送信型対電気通信設備サイバー攻撃を行うことの禁止に関するもの及び不正アクセス行為の禁止等に関する法律（平成11年法律第128号）第2条第3項に規定するアクセス制御機能に係る同条第2項に規定する識別符号の設定に関するものを除く。）に適合していること（電気通信事業法第52条第1項に規定する技術基準に適合していることを含む。）について、電気通信事業法第53条第1項に規定する登録認定機関又は電気通信事業法第104条第2項に規定する承認認定機関が認定をした端末機器を接続したとき。

(6) 専らその全部又は一部を電気通信事業を営む者が提供する電気通信役務を利用して行う放送の受信のために使用される端末設備であるとき。

(7) 本邦に入国する者が、自ら持ち込む端末設備（法第52条第1項に定める技術基準に相当する技術基準として総務大臣が別に告示する技術基準に適合しているものに限る。）であって、当該者の入国の日から同日以後90日を経過する日までの間に限り使用するものを接続するとき。

(8) 電波法（昭和25年法律第131号）第4条の2第2項の規定による届出に係る無線設備である端末設備（法第52条第1項に定める技術基準に相当する技術基準として総務大臣が別に告示する技術基準に適合しているものに限る。）であって、当該届出の日から同日以後180日を経過する日までの間に限り使用するものを接続するとき。

2 電気通信事業法第69条第2項の総務省令で定める場合は、次のとおりとする。

(1) 電気通信事業者が、利用者の営業時間外及び日没から日出までの間において検査を受けるべきことを求めるとき。

(2) 防衛省が、電気通信事業者の検査に係る端末設備の接続について、電

施行規則第32条第1項では、端末設備の接続の検査が不要なケースについて規定している。たとえば、端末設備を同一の構内において移動するときは、端末設備の接続の検査は不要である。また、通話の用に供しない端末設備や網制御に関する機能を持たない端末設備を増設、取り替え、または改造するときも同様に、接続の検査は不要である。

利用者は次の場合、端末設備の接続の検査の請求を拒否することができる。

- 電気通信事業者が、利用者の営業時間外や日没から日出までの間に検査を受けるように求めるとき。
- 防衛省が、技術基準に適合するかどうかの判断に必要な資料を提出したとき。

気通信事業法第52条第1項の技術基準に適合するかどうかを判断するために必要な資料を提出したとき。

8 自営電気通信設備の接続(第70条) 条文

電気通信事業者は、電気通信回線設備を設置する電気通信事業者以外の者からその電気通信設備(端末設備以外のものに限る。以下「自営電気通信設備」という。)をその電気通信回線設備に接続すべき旨の請求を受けたときは、次に掲げる場合を除き、その請求を拒むことができない。

(1) その自営電気通信設備の接続が、総務省令で定める技術基準(当該電気通信事業者又は当該電気通信事業者とその電気通信設備を接続する他の電気通信事業者であって総務省令で定めるものが総務大臣の認可を受けて定める技術的条件を含む。次項において同じ。)に適合しないとき。

(2) その自営電気通信設備を接続することにより当該電気通信事業者の電気通信回線設備の保持が経営上困難となることについて当該電気通信事業者が総務大臣の認定を受けたとき。

2 第52条第2項の規定は前項第一号の総務省令で定める技術基準について、前条の規定は同項の請求に係る自営電気通信設備の接続の検査について、それぞれ準用する。この場合において、同条第1項中「第52条第1項の総務省令で定める技術基準」とあるのは「次条第1項第一号の総務省令で定める技術基準(同号の規定により認可を受けた技術的条件を含む。次項において同じ。)」と、同条第2項及び第3項中「第52条第1項」とあるのは「次条第1項第一号」と、同項中「同項」とあるのは「同号」と読み替えるものとする。

電気通信事業者は、電気通信回線設備を設置する電気通信事業者以外の者から自営電気通信設備をその電気通信回線設備に接続するよう請求を受けても、次の場合は拒むことができる。
- その自営電気通信設備の接続が、総務省令で定める技術基準に適合しないとき。
- その自営電気通信設備を接続することにより、当該電気通信事業者の電気通信回線設備の保持が経営上困難となることについて当該電気通信事業者が総務大臣の認定を受けたとき。

9 工事担任者による工事の実施及び監督(第71条) 条文

利用者は、端末設備又は自営電気通信設備を接続するときは、工事担任者資格者証の交付を受けている者(以下「工事担任者」という。)に、当該工事担任者資格者証の種類に応じ、これに係る工事を行わせ、又は実地に監督させなければならない。ただし、総務省令で定める場合は、この限りでない。

2 工事担任者は、その工事の実施又は監督の職務を誠実に行わなければならない。

補足

「実地に」とは、「実際に工事の現場で」という意味である。

10 工事担任者資格者証(第72条) 条文

工事担任者資格者証の種類及び工事担任者が行い、又は監督することができる端末設備若しくは自営電気通信設備の接続に係る工事の範囲は、総務省令で定める。

2 第46条〔電気通信主任技術者資格者証〕第3項から第5項まで及び第47条

補足

工事担任者資格者証の種類および工事の範囲は、「工事担任者規則」で定められている。

〔電気通信主任技術者資格者証の返納〕の規定は、工事担任者資格者証について準用する。この場合において、第46条第3項第一号中「電気通信主任技術者試験」とあるのは「工事担任者試験」と、同項第三号中「専門的知識及び能力」とあるのは「知識及び技能」と読み替えるものとする。

■第46条第3項から第5項までを読み替えた条文

3　総務大臣は、次の各号のいずれかに該当する者に対し、工事担任者資格者証を交付する。

(1)　工事担任者試験に合格した者

(2)　工事担任者資格者証の交付を受けようとする者の養成課程で、総務大臣が総務省令で定める基準に適合するものであることの認定をしたものを修了した者

(3)　前2号に掲げる者と同等以上の知識及び技能を有すると総務大臣が認定した者

4　総務大臣は、前項の規定にかかわらず、次の各号のいずれかに該当する者に対しては、工事担任者資格者証の交付を行わないことができる。

(1)　次条の規定により工事担任者資格者証の返納を命ぜられ、その日から1年を経過しない者

(2)　この法律の規定により罰金以上の刑に処せられ、その執行を終わり、又はその執行を受けることがなくなった日から2年を経過しない者

5　工事担任者資格者証の交付に関する手続的事項は、総務省令で定める。

■第47条の読替え〔工事担任者資格者証の返納〕

総務大臣は、工事担任者資格者証を受けている者がこの法律又はこの法律に基づく命令の規定に違反したときは、その工事担任者資格者証の返納を命ずることができる。

注意

総務大臣は、下記の者に対して工事担任者資格者証を交付しなくてもよいとされている。

・工事担任者資格者証の交付を受けている者が電気通信事業法または同法に基づく命令の規定に違反してその工事担任者資格者証の返納を命ぜられ、その日から「1年」が経過していない者

・電気通信事業法の規定により罰金以上の刑に処せられ、その執行を終わり、またはその執行を受けることがなくなった日から「2年」が経過していない者

11　工事担任者試験（第73条）　条文

工事担任者試験は、端末設備及び自営電気通信設備の接続に関して必要な知識及び技能について行う。

2　略

理解度チェック

問1　利用者は、端末設備又は自営電気通信設備を［（ア）］するときは、工事担任者資格者証の交付を受けている者に、当該工事担任者資格者証の種類に応じ、これに係る工事を行わせ、又は実地に監督させなければならない。ただし、総務省令で定める場合は、この限りでない。

① 開通　② 接続　③ 設置

答（ア）②

演習問題

問1

電気通信事業法又は電気通信事業法施行規則に規定する用語について述べた次の文章のうち、誤っているものは、（ア）である。

① データ伝送役務とは、専ら符号又は影像を伝送交換するための電気通信設備を他人の通信の用に供する電気通信役務をいう。
② 電気通信設備とは、電気通信を行うための機械、器具、線路その他の電気的設備をいう。
③ 音声伝送役務とは、おおむね4キロヘルツ帯域の音声その他の音響を伝送交換する機能を有する電気通信設備を他人の通信の用に供する電気通信役務であって専用役務以外のものをいう。
④ 電気通信回線設備とは、送信の場所と受信の場所との間を接続する伝送路設備及びこれと一体として設置される交換設備並びにこれらの附属設備をいう。

解説

電気通信事業法第2条〔定義〕および同法施行規則第2条〔用語〕に関する問題である。
①：電気通信事業法施行規則第2条第2項第二号に規定する内容と一致しているので、文章は正しい。
②：電気通信事業法第2条第二号に規定する内容と一致しているので、文章は正しい。
③：電気通信事業法施行規則第2条第2項第一号の規定により、音声伝送役務とは、おおむね4キロヘルツ帯域の音声その他の音響を伝送交換する機能を有する電気通信設備を他人の通信の用に供する電気通信役務であってデータ伝送役務以外のものをいうとされているので、文章は誤り。
④：電気通信事業法第9条第一号に規定する内容と一致しているので、文章は正しい。

よって、解答群中の文章のうち、誤っているものは、「**音声伝送役務とは、おおむね4キロヘルツ帯域の音声その他の音響を伝送交換する機能を有する電気通信設備を他人の通信の用に供する電気通信役務であって専用役務以外のものをいう。**」である。

【答（ア）③】

問2

総務大臣が電気通信事業者に対し、利用者の利益又は公共の利益を確保するために必要な限度において、業務の方法の改善その他の措置をとるべきことを命ずることができる場合について述べた次の文章のうち、誤っているものは、（イ）である。

① 電気通信事業者の業務の方法に関し通信の秘密の確保に支障があるとき。
② 電気通信事業者が提供する電気通信役務に関する提供条件が端末設備の使用の態様を不当に制限するものであるとき。
③ 事故により電気通信役務の提供に支障が生じている場合に電気通信事業者がその支障を除去するために必要な修理その他の措置を速やかに行わないとき。
④ 電気通信事業者が重要通信に関する事項について適切に配慮していないとき。

解説

電気通信事業法第29条〔業務の改善命令〕第1項に関する問題である。
①：同項第一号に規定する内容と一致しているので、文章は正しい。
②：同項第七号の規定により、電気通信事業者が提供する電気通信役務に関する提供条件が電気通信回線設備の使用の態様を不当に制限するものであるときとされているので、文章は誤り。
③：同項第八号に規定する内容と一致しているので、文章は正しい。
④：同項第三号に規定する内容と一致しているので、文章は正しい。

よって、解答群中の文章のうち、誤っているものは、「**電気通信事業者が提供する電気通信役務に関する提供条件が端末設備の使用の態様を不当に制限するものであるとき。**」である。　【答（イ）②】

問3

電気通信事業法に規定する「端末設備の接続の技術基準」及び「技術基準適合命令」について述べた次の二つの文章は、［（ウ）］。

A　端末設備の接続の技術基準により確保されるものの一つとして、端末設備を損傷し、又はその機能に障害を与えないようにすることがある。

B　総務大臣は、電気通信事業法に規定する電気通信設備が総務省令で定める技術基準に適合していないと認めるときは、当該電気通信設備を設置する電気通信事業者に対し、その技術基準に適合するように当該設備を修理し、若しくは改造することを命じ、又はその使用を制限することができる。

[① Aのみ正しい　② Bのみ正しい　③ AもBも正しい　④ AもBも正しくない]

解説

電気通信事業法第43条〔技術基準適合命令〕および第52条〔端末設備の接続の技術基準〕に関する問題である。

A　第52条第2項の規定により、端末設備の接続の技術基準は、これにより次の事項が確保されるものとして定められなければならないとされている。

一　電気通信回線設備を損傷し、またはその機能に障害を与えないようにすること。

二　電気通信回線設備を利用する他の利用者に迷惑を及ぼさないようにすること。

三　電気通信事業者の設置する電気通信回線設備と利用者の接続する端末設備との責任の分界が明確であるようにすること。

設問の文章は「一」の規定により誤りである。

B　第43条第1項に規定する内容と一致しているので、文章は正しい。

よって、設問の文章は、**Bのみ正しい**。　【答（ウ）②】

問4

利用者は、適合表示端末機器を接続する場合その他総務省令で定める場合を除き、電気通信事業者の電気通信回線設備に端末設備を接続したときは、当該電気通信事業者の［（エ）］を受け、その接続が電気通信事業法に規定する端末設備の接続の技術基準に適合していると認められた後でなければ、これを使用してはならない。これを変更したときも、同様とする。

[① 登録　② 審査　③ 査察　④ 検査　⑤ 認可]

解説

電気通信事業法第69条〔端末設備の接続の検査〕第1項の規定により、利用者は、適合表示端末機器を接続する場合その他総務省令で定める場合を除き、電気通信事業者の電気通信回線設備に端末設備を接続したときは、当該電気通信事業者の**検査**を受け、その接続が第52条〔端末設備の接続の技術基準〕第1項の技術基準に適合していると認められた後でなければ、これを使用してはならない。これを変更したときも、同様とするとされている。　【答（エ）④】

電気通信事業法に規定する「工事担任者資格者証」について述べた次の二つの文章は、［（オ）］。

A　総務大臣は、電気通信事業法の規定により工事担任者資格者証の返納を命ぜられ、その日から1年を経過しない者に対し、工事担任者資格者証の交付を行わないことができる。

B　総務大臣は、工事担任者資格者証の交付を受けようとする者の養成課程で、総務大臣が総務省令で定める基準に適合するものであることの認定をしたものを修了した者と同等以上の知識及び技能を有すると総務大臣が認定した者に対し、工事担任者資格者証を交付する。

［① Aのみ正しい　② Bのみ正しい　③ AもBも正しい　④ AもBも正しくない］

解説

電気通信事業法第72条〔工事担任者資格者証〕第2項で準用する第46条〔電気通信主任技術者資格者証〕に関する問題である。

A　同条第4項の規定により、総務大臣は、次の各号のいずれかに該当する者に対しては、工事担任者資格者証の交付を行わないことができるとされている。設問の文章は、「一」に規定する内容と一致しているので正しい。

一　電気通信事業法または同法に基づく命令の規定に違反して、工事担任者資格者証の返納を命ぜられ、その日から1年を経過しない者

二　電気通信事業法の規定により罰金以上の刑に処せられ、その執行を終わり、またはその執行を受けることがなくなった日から2年を経過しない者

B　同条第3項の規定により、総務大臣は、次の各号のいずれかに該当する者に対し、工事担任者資格者証を交付するとされている。設問の文章は、「三」に規定する内容と一致しているので正しい。

一　工事担任者試験に合格した者

二　工事担任者資格者証の交付を受けようとする者の養成課程で、総務大臣が総務省令で定める基準に適合するものであることの認定をしたものを修了した者

三　前2号に掲げる者と同等以上の知識および技能を有すると総務大臣が認定した者

よって、設問の文章は、**AもBも正しい**。　【答（オ）③】

電気通信事業法に基づき、公共の利益のため緊急に行うことを要するその他の通信として総務省令で定める通信には、火災、集団的疫病、交通機関の重大な事故その他［（カ）］に係る事態が発生し、又は発生するおそれがある場合において、その予防、救援、復旧等に関し、緊急を要する事項を内容とする通信であって、予防、救援、復旧等に直接関係がある機関相互間において行われるものがある。

［① 安全の確保　② 秩序の回復　③ 国民の生活　④ 治安の維持　⑤ 人命の安全］

解説

電気通信事業法第8条〔重要通信の確保〕第1項の規定により、電気通信事業者は、天災、事変その他の非常事態が発生し、または発生するおそれがあるときは、災害の予防もしくは救援、交通、通信もしくは電力の供給の確保または秩序の維持のために必要な事項を内容とする通信を優先的に取り扱わなければならない。公共の利益のため緊急に行うことを要するその他の通信であって総務省令で定めるものについても、同様とするとされている。

この総務省令（電気通信事業法施行規則第55条〔緊急に行うことを要する通信〕）で定めるものに、火災、集団的疫病、交通機関の重大な事故その他**人命の安全**に係る事態が発生し、または発生するおそれがある場合において、その予防、救援、復旧等に関し、緊急を要する事項を内容とする通信であって、予防、救援、復旧等に直接関係がある機関相互間において行われるものがある。また、この他にも、天災、事変その他の災害に際し、災害状況の報道を内容とする通信であって、新聞社等の機関相互間において行われるもの等がある。　【答（カ）⑤】

第2章 工事担任者規則、技術基準適合認定等規則

工事担任者規則では、工事担任者を要しない工事、資格者証の種類および工事の範囲、交付·再交付·返納の手続など、工事担任者に関する事柄が規定されている。

また、端末機器の技術基準適合認定等に関する規則では、認定の対象となる端末機器や、認定を受けた端末機器である旨を表示する方法などが規定されている。

1 工事担任者規則

1 工事担任者を要しない工事(第3条) 条文

法第71条第1項ただし書の総務省令で定める場合は、次のとおりとする。

(1) 専用設備(電気通信事業法施行規則(昭和60年郵政省令第25号)第2条第2項に規定する専用の役務に係る電気通信設備をいう。)に端末設備又は自営電気通信設備(以下「端末設備等」という。)を接続するとき。

(2) 船舶又は航空機に設置する端末設備(総務大臣が別に告示するものに限る。)を接続するとき。

(3) 適合表示端末機器、電気通信事業法施行規則第32条第1項第四号に規定する端末設備、同項第五号に規定する端末機器又は同項第七号に規定する端末設備を総務大臣が別に告示する方式により接続するとき。

■工事担任者を要しない船舶又は航空機に設置する端末設備

(平成2年郵政省告示第717号)

(1) 海事衛星通信の用に供する船舶地球局設備又は航空機地球局設備に接続する端末設備

(2) 岸壁に係留する船舶に、臨時に設置する端末設備

■工事担任者を要しない端末機器の接続方式(昭和60年郵政省告示第224号)

(1) プラグジャック方式により接続する接続の方式

(2) アダプタ式ジャック方式により接続する接続の方式

(3) 音響結合方式により接続する接続の方式

(4) 電波により接続する接続の方式

用語解説

専用設備

いわゆる専用線のことであり、特定の地点間に回線を設置し、利用者はその回線を占有する。

専用設備は、公衆網のように誰とでも通信が可能であるものとは異なり、特定の利用者間のみで通信に用いられるものである。したがって、端末設備等の接続工事が正しく行われず技術基準に適合しなくても自己の損失を招くだけであり、他に影響を及ぼすことはないので、工事担任者は不要とされている。

補足

- 「プラグジャック方式による接続」
  現在一般に使用されているコネクタのこと。
- 「アダプタ式ジャック方式による接続」
  ネジ留め式ローゼットにはめ込んでプラグジャック方式に変換するためのアダプタのこと。
- 「音響結合方式による接続」
  データ信号を音声帯域の音に変換して伝送する場合に、電話機の送受話器に音響カプラをはめこんで結合させる。
- 「電波による接続」
  携帯無線通信の移動機は、電気通信回線設備と無線で接続される。このため、接続工事は発生しない。

2 資格者証の種類及び工事の範囲(第4条) 条文

法第72条第1項の工事担任者資格者証(以下「資格者証」という。)の種類及び工事担任者が行い、又は監督することができる端末設備等の接続に係る工事の範囲は、次の表に掲げるとおりとする。

資格者証の種類	工事の範囲
第1級アナログ通信	アナログ伝送路設備(アナログ信号を入出力とする電気通信回線設備をいう。以下同じ。)に端末設備等を接続するための工事及び総合デジタル通信用設備に端末設備等を接続するための工事
第2級アナログ通信	アナログ伝送路設備に端末設備を接続するための工事(端末設備に収容される電気通信回線の数が1のものに限る。)及び総合デジタル通信用設備に端末設備を接続するための工事(総合デジタル通信回線の数が基本インタフェースで1のものに限る。)
第1級デジタル通信	デジタル伝送路設備(デジタル信号を入出力とする電気通信回線設備をいう。以下同じ。)に端末設備等を接続するための工事。ただし、総合デジタル通信用設備に端末設備等を接続するための工事を除く。
第2級デジタル通信	デジタル伝送路設備に端末設備等を接続するための工事(接続点におけるデジタル信号の入出力速度が毎秒1ギガビット以下であって、主としてインターネットに接続するための回線に係るものに限る。)。ただし、総合デジタル通信用設備に端末設備等を接続するための工事を除く。
総合通信	アナログ伝送路設備又はデジタル伝送路設備に端末設備等を接続するための工事

第2級アナログ通信の工事担任者は、自営電気通信設備を接続するための工事を行うことができない。表に規定されている工事の範囲の表現で、第2級アナログ通信の工事の範囲の文中では「端末設備」と記されており、その他の資格においては「端末設備等」となっている点に注意する必要がある。

法規第2章

●工事担任者資格者証の種類

工事担任者規則の改正により(令和3年4月1日施行)、工事担任者資格者証の種類が上記のとおりとなった。

工事担任者資格者証は、端末設備等(端末設備または自営電気通信設備をいう。)を接続する電気通信回線の種類や工事の規模等に応じて、5種類が規定されている。アナログ伝送路設備および総合デジタル通信用設備(ISDN)に端末設備等を接続するための工事を行う「アナログ通信」と、デジタル伝送路設備(ISDNを除く)に端末設備等を接続するための工事を行う「デジタル通信」に分かれ、さらにこれらを統合した「総合通信」がある。

●アナログ伝送路設備

アナログ伝送路設備とは、端末設備との接続点において入出力される信号がアナログ信号である電気通信回線設備をいう。電気通信回線設備の内部でデジタル方式で伝送されていても、端末設備との接続点での入出力信号がアナログであればアナログ伝送路設備となる。

●デジタル伝送路設備

デジタル伝送路設備とは、端末設備との接続点において入出力される信号がデジタル信号である電気通信回線設備をいう。総合デジタル通信用設備(ISDN)もデジタル伝送路設備であるが、これについては第1級アナログ通信、第2級アナログ通信、および総合通信の工事担任者が接続工事を行う。

3 資格者証の交付(第38条)

条文

総務大臣は、前条の申請があったときは、別表第11号に定める様式の資格者証を交付する。

2　前項の規定により資格者証の交付を受けた者は、端末設備等の接続に関する知識及び技術の向上を図るように努めなければならない。

〔別表第11号　略〕

工事担任者資格者証には有効期限はなく永久ライセンスとなっているが、端末設備等の接続に関する知識および技術の向上を図ることが努力義務として課されている。

補足

資格者証の交付を受けようとする者は、申請書に、氏名および生年月日を証明する書類などを添えて、総務大臣に提出する(第37条第1項)。なお、申請は、試験に合格した日、養成課程を修了した日、または試験合格者や養成課程修了者と同等以上の専門的知識・能力を持つと総務大臣により認定された日から、3ヵ月以内に行わなければならないとされている(同条第2項)。

4 資格者証の再交付(第40条)

条文

工事担任者は、氏名に変更を生じたとき又は資格者証を汚し、破り若しくは失ったために資格者証の再交付の申請をしようとするときは、別表第12号に定める様式の申請書に次に掲げる書類を添えて、総務大臣に提出しなければならない。

(1)　資格者証(資格者証を失った場合を除く。)

(2)　写真1枚

(3)　氏名の変更の事実を証する書類(氏名に変更を生じたときに限る。)

2　総務大臣は、前項の申請があったときは、資格者証を再交付する。

〔別表第12号　略〕

注意

- 氏名変更のとき
  ⇒ 再交付
- 資格者証を汚し、破り、失ったとき
  ⇒ 再交付
- 返納を命じられたとき
  ⇒ 10日以内に返納
- 資格者証の再交付を受けた後で、失った資格者証を発見したとき
  ⇒ 10日以内に返納

5 資格者証の返納(第41条)

条文

法第72条第2項において準用する法第47条の規定により資格者証の返納を命ぜられた者は、その処分を受けた日から10日以内にその資格者証を総務大臣に返納しなければならない。資格者証の再交付を受けた後失った資格者証を発見したときも同様とする。

理解度チェック

問1　工事担任者資格者証の返納を命ぜられた者は、その処分を受けた日から (ア) 以内にその資格者証を総務大臣に返納しなければならない。

① 10日　② 1週間　③ 2週間

答 (ア) ①

2 端末機器の技術基準適合認定等に関する規則

1 対象とする端末機器(第3条)

条文

法第53条第1項の総務省令で定める種類の端末設備の機器は、次の端末機器とする。

(1) アナログ電話用設備(電話用設備(電気通信事業の用に供する電気通信回線設備であって、主として音声の伝送交換を目的とする電気通信役務の用に供するものをいう。以下同じ。)であって、端末設備又は自営電気通信設備を接続する点においてアナログ信号を入出力とするものをいう。)又は移動電話用設備(電話用設備であって、端末設備又は自営電気通信設備との接続において電波を使用するものをいう。)に接続される電話機、構内交換設備、ボタン電話装置、変復調装置、ファクシミリその他総務大臣が別に告示する端末機器(第三号に掲げるものを除く。)

(2) インターネットプロトコル電話用設備(電話用設備(電気通信番号規則別表第1号に掲げる固定電話番号を使用して提供する音声伝送役務の用に供するものに限る。)であって、端末設備又は自営電気通信設備との接続においてインターネットプロトコルを使用するものをいう。)に接続される電話機、構内交換設備、ボタン電話装置、符号変換装置(インターネットプロトコルと音声信号を相互に符号変換する装置をいう。)、ファクシミリその他呼の制御を行う端末機器

(3) インターネットプロトコル移動電話用設備(移動電話用設備(電気通信番号規則別表第4号に掲げる音声伝送携帯電話番号を使用して提供する音声伝送役務の用に供するものに限る。)であって、端末設備又は自営電気通信設備との接続においてインターネットプロトコルを使用するものをいう。)に接続される端末機器

(4) 無線呼出用設備(電気通信事業の用に供する電気通信回線設備であって、無線によって利用者に対する呼出し(これに付随する通報を含む。)を行うことを目的とする電気通信役務の用に供するものをいう。)に接続される端末機器

(5) 総合デジタル通信用設備(電気通信事業の用に供する電気通信回線設備であって、主として64キロビット毎秒を単位とするデジタル信号の伝送速度により符号、音声その他の音響又は影像を統合して伝送交換することを目的とする電気通信役務の用に供するものをいう。)に接続される端末機器

(6) 専用通信回線設備(電気通信事業の用に供する電気通信回線設備であって、特定の利用者に当該設備を専用させる電気通信役務の用に供するものをいう。)又はデジタルデータ伝送用設備(電気通信事業の用に供する電気通信回線設備であって、デジタル方式により専ら符号又は影像の伝送交換を目的とする電気通信役務の用に供するものをいう。)に接続される端末機器

注意

登録認定機関が行う技術基準適合認定の対象となる端末設備の機器は、次のとおりである。

- アナログ電話用設備または移動電話用設備に接続される電話機、構内交換設備、ボタン電話装置、変復調装置、ファクシミリその他総務大臣が別に告示する端末機器
- インターネットプロトコル電話用設備に接続される電話機、構内交換設備、ボタン電話装置、符号変換装置、ファクシミリその他呼の制御を行う端末機器
- インターネットプロトコル移動電話用設備に接続される端末機器
- 無線呼出用設備に接続される端末機器
- 総合デジタル通信用設備に接続される端末機器
- 専用通信回線設備またはデジタルデータ伝送用設備に接続される端末機器

補足

第3条第一号の「総務大臣が別に告示する端末機器」は次のとおり。

■技術基準適合認定及び設計についての認証の対象となるその他の端末機器(平成16年総務省告示第95号)

(1) 監視通知装置
(2) 画像蓄積処理装置
(3) 音声蓄積装置
(4) 音声補助装置
(5) データ端末装置((1)から(4)までに掲げるものを除く。)
(6) 網制御装置
(7) 信号受信表示装置
(8) 集中処理装置
(9) 通信管理装置

法規 第2章

2　略

2 表示(第10条)

条文

法第53条第2項の規定により表示を付するときは、次に掲げる方法のいずれかによるものとする。

(1) 様式第7号による表示を技術基準適合認定を受けた端末機器の見やすい箇所に付す方法(当該表示を付すことが困難又は不合理である端末機器にあっては、当該端末機器に付属する取扱説明書及び包装又は容器の見やすい箇所に付す方法)

(2) 様式第7号による表示を技術基準適合認定を受けた端末機器に電磁的方法(電子的方法、磁気的方法その他の人の知覚によっては認識することができない方法をいう。以下同じ。)により記録し、当該端末機器の映像面に直ちに明瞭な状態で表示することができるようにする方法

(3) 様式第7号による表示を技術基準適合認定を受けた端末機器に電磁的方法により記録し、当該表示を特定の操作によって当該端末機器に接続した製品の映像面に直ちに明瞭な状態で表示することができるようにする方法

2、3　略

■様式第7号(第10条、第22条、第29条及び第38条関係)

表示は、次の様式に記号[A]及び技術基準適合認定番号又は記号[T]及び設計認証番号を付加したものとする。

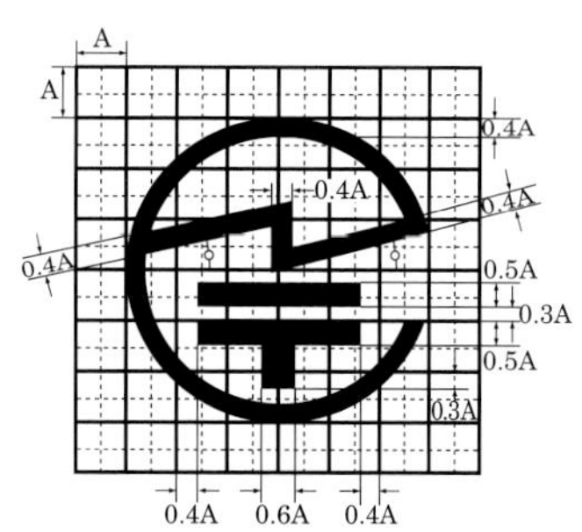

注1　大きさは、表示を容易に識別することができるものであること。
2　材料は、容易に損傷しないものであること(電磁的方法によって表示を付す場合を除く。)。
3　色彩は、適宜とする。ただし、表示を容易に識別することができるものであること。
4　技術基準適合認定番号又は設計認証番号の最後の3文字は総務大臣が別に定める登録認定機関又は承認認定機関の区別とし、最初の文字は端末機器の種類に従い次表に定めるとおりとし、その他の文字等は総務大臣が別に定めるとおりとすること。なお、技術基準適合認定又は設計認証が、2以上の種類の端末機器が構造上一体となっているものについて同時になされたものであるときには、当該種類の端末機器について、次の表に掲げる記号を列記するものとする。

端末機器の種類	記号
(1) アナログ電話用設備又は移動電話用設備に接続される電話機、構内交換設備、ボタン電話装置、変復調装置、ファクシミリその他総務大臣が別に告示する端末機器(インターネットプロトコル移動電話用設備に接続される端末機器を除く)	A
(2) インターネットプロトコル電話用設備に接続される電話機、構内交換設備、ボタン電話装置、符号変換装置、ファクシミリその他呼の制御を行う端末機器	E
(3) インターネットプロトコル移動電話用設備に接続される端末機器	F
(4) 無線呼出用設備に接続される端末機器	B
(5) 総合デジタル通信用設備に接続される端末機器	C
(6) 専用通信回線設備又はデジタルデータ伝送用設備に接続される端末機器	D

補足

技術基準適合認定をした旨の表示は、〒のマークに記号[A]および技術基準適合認定番号を付加して行う。また、設計について認証を受けた旨の表示は、〒のマークに記号[T]および設計認証番号を付加して行う。

注意

技術基準適合認定番号の最初の文字は次のとおり。

- アナログ電話用設備または移動電話用設備に接続される端末機器 ⇒A
- インターネットプロトコル電話用設備に接続される端末機器 ⇒E
- インターネットプロトコル移動電話用設備に接続される端末機器 ⇒F
- 無線呼出用設備に接続される端末機器 ⇒B
- 総合デジタル通信用設備に接続される端末機器 ⇒C
- 専用通信回線設備またはデジタルデータ伝送用設備に接続される端末機器 ⇒D

演習問題

問1

工事担任者の工事の範囲について述べた次の二つの文章は、（ア）。

A　第一級デジタル通信の工事担任者は、デジタル伝送路設備に端末設備等を接続するための工事を行い、又は監督することができる。ただし、総合デジタル通信用設備に端末設備等を接続するための工事を除く。

B　第二級デジタル通信の工事担任者は、デジタル伝送路設備に端末設備等を接続するための工事のうち、接続点におけるデジタル信号の入出力速度が毎秒1ギガビット以下であって、主としてインターネットに接続するための回線に係るものに限る工事を行い、又は監督することができる。ただし、総合デジタル通信用設備に端末設備等を接続するための工事を除く。

[①Aのみ正しい　②Bのみ正しい　③AもBも正しい　④AもBも正しくない]

解説

工事担任者規則第4条〔資格者証の種類及び工事の範囲〕に関する問題である。AおよびBは、いずれも同条の表に規定する内容と一致している。したがって、設問の文章は、**AもBも正しい**。【答（ア）③】

問2

工事担任者資格者証の交付を受けた者は、端末設備等の接続に関する（イ）の向上を図るように努めなければならない。

[① 理解及び技能　② 知識及び技術　③ 範囲及び判断　④ 基礎及び理論]

解説

工事担任者規則第38条〔資格者証の交付〕第2項の規定により、工事担任者資格者証の交付を受けた者は、端末設備等の接続に関する**知識および技術**の向上を図るように努めなければならないとされている。【答（イ）②】

問3

端末機器の技術基準適合認定について述べた次の二つの文章は、（ウ）。

A　インターネットプロトコル電話用設備に接続される構内交換設備は、技術基準適合認定の対象となる端末機器である。

B　技術基準適合認定を受けたデジタルデータ伝送用設備に接続される端末機器に表示される技術基準適合認定番号の最初の文字は、Cである。

[①Aのみ正しい　②Bのみ正しい　③AもBも正しい　④AもBも正しくない]

解説

端末機器の技術基準適合認定等に関する規則第3条〔対象とする端末機器〕および第10条〔表示〕に関する問題である。

A　第3条第1項第二号に規定する内容と一致しているので、文章は正しい。

B　第10条第1項に基づく様式第7号注4の規定により、デジタルデータ伝送用設備に接続される端末機器に表示される技術基準適合認定番号の最初の文字はDとされているので、文章は誤り。

よって、設問の文章は、**Aのみ正しい**。【答（ウ）①】

第3章 端末設備等規則

端末設備等規則は、端末設備の接続の技術基準を定めたものである。第1条から第9条までの規定はすべての端末設備に適用されるが、第10条以降は、アナログ電話用設備やデジタルデータ伝送用設備等の電気通信回線設備に接続される端末設備ごとに分類して規定されている。

1 総　則

1 用語の定義(第2条)

条文

この規則において使用する用語は、法において使用する用語の例による。

2　この規則の規定の解釈については、次の定義に従うものとする。

(1) 「電話用設備」とは、電気通信事業の用に供する電気通信回線設備であって、主として音声の伝送交換を目的とする電気通信役務の用に供するものをいう。

(2) 「アナログ電話用設備」とは、電話用設備であって、端末設備又は自営電気通信設備を接続する点においてアナログ信号を入出力とするものをいう。

(3) 「アナログ電話端末」とは、端末設備であって、アナログ電話用設備に接続される点において2線式の接続形式で接続されるものをいう。

(4) 「移動電話用設備」とは、電話用設備であって、端末設備又は自営電気通信設備との接続において電波を使用するものをいう。

(5) 「移動電話端末」とは、端末設備であって、移動電話用設備(インターネットプロトコル移動電話用設備を除く。)に接続されるものをいう。

(6) 「インターネットプロトコル電話用設備」とは、電話用設備(電気通信番号規則別表第1号に掲げる固定電話番号を使用して提供する音声伝送役務の用に供するものに限る。)であって、端末設備又は自営電気通信設備との接続においてインターネットプロトコルを使用するものをいう。

(7) 「インターネットプロトコル電話端末」とは、端末設備であって、インターネットプロトコル電話用設備に接続されるものをいう。

(8) 「インターネットプロトコル移動電話用設備」とは、移動電話用設備(電気通信番号規則別表第4号に掲げる音声伝送携帯電話番号を使用して提供する音声伝送役務の用に供するものに限る。)であって、端末設備又は自営電気通信設備との接続においてインターネットプロトコルを使用するものをいう。

(9) 「インターネットプロトコル移動電話端末」とは、端末設備であって、インターネットプロトコル移動電話用設備に接続されるものをいう。

(10) 「無線呼出用設備」とは、電気通信事業の用に供する電気通信回線設備であって、無線によって利用者に対する呼出し(これに付随する通報を含む。)を行うことを目的とする電気通信役務の用に供するものをいう。

⑾ 「無線呼出端末」とは、端末設備であって、無線呼出用設備に接続されるものをいう。

⑿ 「総合デジタル通信用設備」とは、電気通信事業の用に供する電気通信回線設備であって、主として64キロビット毎秒を単位とするデジタル信号の伝送速度により、符号、音声その他の音響又は影像を統合して伝送交換することを目的とする電気通信役務の用に供するものをいう。

⒀ 「総合デジタル通信端末」とは、端末設備であって、総合デジタル通信用設備に接続されるものをいう。

⒁ 「専用通信回線設備」とは、電気通信事業の用に供する電気通信回線設備であって、特定の利用者に当該設備を専用させる電気通信役務の用に供するものをいう。

⒂ 「デジタルデータ伝送用設備」とは、電気通信事業の用に供する電気通信回線設備であって、デジタル方式により、専ら符号又は影像の伝送交換を目的とする電気通信役務の用に供するものをいう。

⒃ 「専用通信回線設備等端末」とは、端末設備であって、専用通信回線設備又はデジタルデータ伝送用設備に接続されるものをいう。

⒄ 「発信」とは、通信を行う相手を呼び出すための動作をいう。

⒅ 「応答」とは、電気通信回線からの呼出しに応ずるための動作をいう。

⒆ 「選択信号」とは、主として相手の端末設備を指定するために使用する信号をいう。

⒇ 「直流回路」とは、端末設備又は自営電気通信設備を接続する点において2線式の接続形式を有するアナログ電話用設備に接続して電気通信事業者の交換設備の動作の開始及び終了の制御を行うための回路をいう。

(21) 「絶対レベル」とは、一の皮相電力の1ミリワットに対する比をデシベルで表したものをいう。

(22) 「通話チャネル」とは、移動電話用設備と移動電話端末又はインターネットプロトコル移動電話端末の間に設定され、主として音声の伝送に使用する通信路をいう。

(23) 「制御チャネル」とは、移動電話用設備と移動電話端末又はインターネットプロトコル移動電話端末の間に設定され、主として制御信号の伝送に使用する通信路をいう。

(24) 「呼設定用メッセージ」とは、呼設定メッセージ又は応答メッセージをいう。

(25) 「呼切断用メッセージ」とは、切断メッセージ、解放メッセージ又は解放完了メッセージをいう。

●電話用設備

主として音声の伝送交換を目的とする電気通信回線設備のことである。ファクシミリ網やデータ交換網は、データの伝送交換を目的としたものであるので、電話用設備には該当しない。

●アナログ電話用設備

一般電話網のことをいう。一般の電話網では、モデムを介してデータの伝送交換を行う場合もあるが基本的には音声の伝送交換を目的としている。なお、ISDNは、端末設備との接続点における入出力信号がデジタル信号なので、アナログ電話用設備には該当しない。

●アナログ電話端末

電話機やファクシミリ等の一般電話網に接続される端末設備のことをいう。アナログ電話用設備との接続形式が「2線式」と規定されているので、2線式以外のインタフェースを有する端末設備はアナログ電話端末ではない。たとえば、4線式で全二重通信を行うデータ端末等はその信号がアナログであってもアナログ電話端末には該当しない。

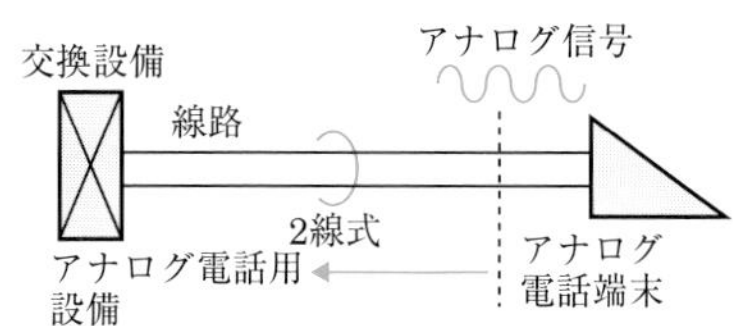

図1・1　アナログ電話端末

●移動電話用設備

携帯無線通信の電話網のことをいう。

●移動電話端末

携帯無線通信の端末装置、いわゆる携帯電話機のことをいう。

●インターネットプロトコル電話用設備

IP電話のことをいう。IP電話は、音声信号をパケットと呼ばれる小さなデータに分割し、IPネットワーク上で送受信することで音声通話を実現する。

●インターネットプロトコル電話端末

IP電話システムに対応した電話機のことをいう。

●インターネットプロトコル移動電話用設備

IP移動電話(VoLTE：Voice over LTE)を指す。LTE(Long Term Evolution)のネットワークを使用してVoIPによる音声通話を実現する。

> **補足**
> LTEは、3G(第3世代)携帯電話のデータ通信を高速化した規格であり、3.9G(第3.9世代)とも呼ばれている。

●インターネットプロトコル移動電話端末

IP移動電話システムに対応した電話機のことをいう。

●無線呼出用設備

電気通信事業の用に供する電気通信回線設備であって、無線によって利用者に対する呼出し(これに付随する通報を含む。)を行うことを目的とする電気通信役務の用に供するものをいう。

●無線呼出端末

無線呼出用設備に接続される端末設備のことをいう。

●総合デジタル通信用設備

いわゆるISDNのことをいう。従来の電気通信網は、音声、データ、ファクシミリ、画像等の情報をそれぞれの信号の特性に応じて個別に構築していたが、デジタル技術の発達により、すべての情報をデジタル化して、1つの網で伝送することができるようになり、サービスの統合化が可能となった。

●総合デジタル通信端末

ISDN端末やターミナルアダプタ(TA)のことをいう。

●専用通信回線設備

いわゆる専用線のことであり、特定の利用者間に設置され、その利用者のみがサービスを専有する。

●デジタルデータ伝送用設備

デジタルデータのみを扱う交換網や通信回線のことをいい、IP網等が該当する。

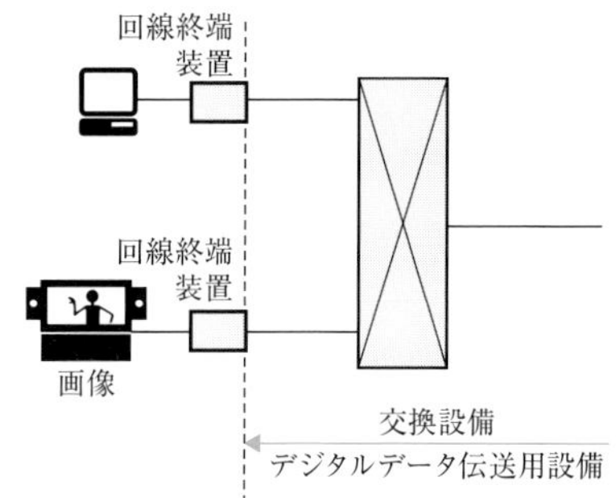

図1・2　デジタルデータ伝送用設備

●専用通信回線設備等端末

専用通信回線設備またはデジタルデータ伝送用設備を利用して通信を行うための端末であり、ONU等が該当する。

●発信

通信を行う相手を呼び出すための動作をいう。電話番号をダイヤルする等の動作が該当する。

●応答

電気通信回線からの呼出しに応じるための動作をいう。電話がかかってきたときに送受器を上げる等の動作が該当する。

●選択信号

接続すべき通信相手の番号等を、発信側の端末設備から交換機へ伝達するための信号である。一般の電話網で使用する選択信号には、ダイヤルパルスと押しボタンダイヤル信号がある。ダイヤルパルスでは直流電流の断続によるパルスの数で伝達し、押しボタンダイヤル信号では2周波の交流信号の組合せで伝達する。

●直流回路

いわゆる直流ループ制御回路のことをいう。端末設備の直流回路を閉じると電気通信事業者の交換設備との間に直流電流が流れ、交換設備は動作を開始する。また、直流回路を開くと電流は流れなくなり、通話が終了する。

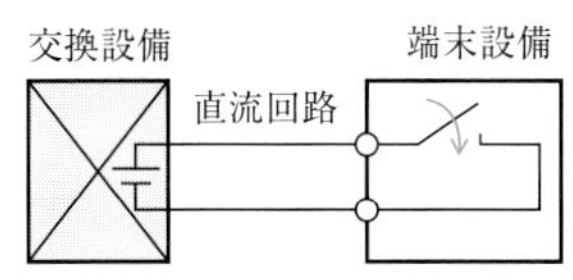

直流回路を閉じると電流が流れ、
交換設備は電流を検知すると起動する。

図1・3　直流回路

●絶対レベル

一の皮相電力の1mWに対する比をデシベル(dBm)で表したものである。通常用いられるdBmと同じ意味である。

補足

電力x〔mW〕の絶対レベルX〔dBm〕は、次の式で求められる。

$$X〔\mathrm{dBm}〕=10\,log_{10}\frac{x〔\mathrm{mW}〕}{1〔\mathrm{mW}〕}$$

●通話チャネル

移動電話用設備と移動電話端末またはインターネットプロトコル移動電話端末の間に設定され、主として音声の伝送に使用する通信路をいう。

●制御チャネル

移動電話用設備と移動電話端末またはインターネットプロトコル移動電話端末の間に設定され、主として制御信号の伝送に使用する通信路をいう。

●呼設定用メッセージ

総合デジタル通信用設備と総合デジタル通信端末との間の通信路を設定するためのメッセージであり、呼設定メッセージまたは応答メッセージをいう。

●呼切断用メッセージ

総合デジタル通信用設備と総合デジタル通信端末との間の通信路を切断または解放するためのメッセージであり、切断メッセージ、解放メッセージまたは解放完了メッセージをいう。

理解度チェック

問1　デジタルデータ伝送用設備とは、電気通信事業の用に供する電気通信回線設備であって、デジタル方式により、［（ア）］の伝送交換を目的とする電気通信役務の用に供するものをいう。
①主として音声その他の音響　②専ら符号または影像　③専ら監視信号または制御信号

問2　選択信号とは、主として相手の［（イ）］を指定するために使用する信号をいう。
①端末設備　②配線設備　③電源設備

問3　絶対レベルとは、一の［（ウ）］の1ミリワットに対する比をデシベルで表したものをいう。
①有効電力　②皮相電力　③無効電力

答（ア）②（イ）①（ウ）②

2 責任の分界、安全性等

1 責任の分界(第3条) 条文

利用者の接続する端末設備(以下「端末設備」という。)は、事業用電気通信設備との責任の分界を明確にするため、事業用電気通信設備との間に分界点を有しなければならない。

2 分界点における接続の方式は、端末設備を電気通信回線ごとに事業用電気通信設備から容易に切り離せるものでなければならない。

本条は、端末設備の接続の技術基準で確保すべき3原則(電気通信事業法第52条第2項)の1つである責任の分界の明確化を受けて定められたものである。故障時にその原因が利用者側の設備にあるのか事業者側の設備にあるのかを判別できるようにすることを目的としている。

なお、第2項の「電気通信回線ごとに」とは、ある回線を切り離すために別の回線を切り離す必要が生じることなく1回線ずつ別々に切り離すことができるという意味である。

補足

「端末設備を電気通信回線ごとに事業用電気通信設備から容易に切り離せる」方式としては、電話機のプラグジャック方式が一般的である。その他、ローゼットによるネジ留め方式、音響結合方式等もこれに該当する。

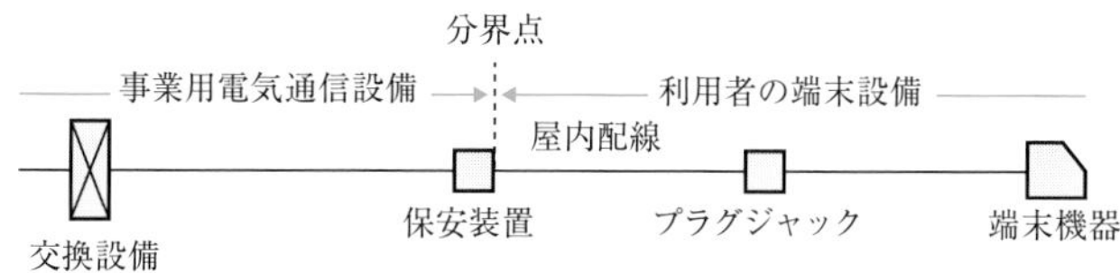

図2・1 分界点の例

2 漏えいする通信の識別禁止(第4条) 条文

端末設備は、事業用電気通信設備から漏えいする通信の内容を意図的に識別する機能を有してはならない。

補足

「通信の内容を意図的に識別する機能」とは、他の電気通信回線から漏えいする通信の内容が聞き取れるように増幅する機能や、暗号化された情報を解読する機能のことをいう。

3 鳴音の発生防止(第5条) 条文

端末設備は、事業用電気通信設備との間で鳴音(電気的又は音響的結合により生ずる発振状態をいう。)を発生することを防止するために総務大臣が別に告示する条件を満たすものでなければならない。

用語解説

鳴音
端末設備に入力した信号が電気的に反射したり、端末設備のスピーカから出た音響が再びマイクに入力されたりして、相手の端末設備との間で正帰還ループが形成され発振状態となること。いわゆるハウリングのことである。

4 絶縁抵抗等(第6条) 条文

端末設備の機器は、その電源回路と筐(きょう)体及びその電源回路と事業用電気通信設備との間に次の絶縁抵抗及び絶縁耐力を有しなければならない。

(1) 絶縁抵抗は、使用電圧が300ボルト以下の場合にあっては、0.2メガオー

法規第3章

ム以上であり、300ボルトを超え750ボルト以下の直流及び300ボルトを超え600ボルト以下の交流の場合にあっては、0.4メガオーム以上であること。

(2) 絶縁耐力は、使用電圧が750ボルトを超える直流及び600ボルトを超える交流の場合にあっては、その使用電圧の1.5倍の電圧を連続して10分間加えたときこれに耐えること。

2 端末設備の機器の金属製の台及び筐体は、接地抵抗が100オーム以下となるように接地しなければならない。ただし、安全な場所に危険のないように設置する場合にあっては、この限りでない。

端末設備の機器の絶縁抵抗値は、使用する電圧の値に応じて次のように定められている。
・300V以下の場合
⇒0.2MΩ以上
・300Vを超え750V以下の直流および300Vを超え600V以下の交流の場合
⇒0.4MΩ以上

用語解説

接地抵抗
地中に埋設した接地棒と大地の間の電気抵抗。

5 過大音響衝撃の発生防止(第7条)

条文

通話機能を有する端末設備は、通話中に受話器から過大な音響衝撃が発生することを防止する機能を備えなければならない。

6 配線設備等(第8条)

条文

利用者が端末設備を事業用電気通信設備に接続する際に使用する線路及び保安器その他の機器(以下「配線設備等」という。)は、次の各号により設置されなければならない。

(1) 配線設備等の評価雑音電力(通信回線が受ける妨害であって人間の聴覚率を考慮して定められる実効的雑音電力をいい、誘導によるものを含む。)は、絶対レベルで表した値で定常時においてマイナス64デシベル以下であり、かつ、最大時においてマイナス58デシベル以下であること。

(2) 配線設備等の電線相互間及び電線と大地間の絶縁抵抗は、直流200ボルト以上の一の電圧で測定した値で1メガオーム以上であること。

(3) 配線設備等と強電流電線との関係については有線電気通信設備令(昭和28年政令第131号)第11条から第15条まで及び第18条に適合するものであること。

(4) 事業用電気通信設備を損傷し、又はその機能に障害を与えないようにするため、総務大臣が別に告示するところにより配線設備等の設置の方法を定める場合にあっては、その方法によるものであること。

用語解説

評価雑音電力
人間の聴覚は600Hzから2,000Hzまでは感度がよく、これ以外の周波数では感度が悪くなる特性を有している。雑音電力を、この聴覚の周波数特性により重みづけして評価したものが、評価雑音電力である。
配線設備等の評価雑音電力は、絶対レベルで表した値で、定常時に−64dBm以下、最大時に−58dBm以下でなければならない。

配線設備等の電線相互間および電線と大地間の絶縁抵抗は、直流200V以上の1つの電圧で測定した値で、1MΩ以上でなければならない。

7 端末設備内において電波を使用する端末設備(第9条)

条文

端末設備を構成する一の部分と他の部分相互間において電波を使用する端末設備は、次の各号の条件に適合するものでなければならない。

(1) 総務大臣が別に告示する条件に適合する識別符号(端末設備に使用される無線設備を識別するための符号であって、通信路の設定に当たってその照合が行われるものをいう。)を有すること。

(2) 使用する電波の周波数が空き状態であるかどうかについて、総務大臣が別に告示するところにより判定を行い、空き状態である場合にのみ通信路を設定するものであること。ただし、総務大臣が別に告示するものについては、この限りでない。

(3) 使用される無線設備は、一の筐体に収められており、かつ、容易に開けることができないこと。ただし、総務大臣が別に告示するものについては、この限りでない。

補足

第9条は、コードレス電話や無線LAN端末のように、親機と子機との間で電波を使用するものに適用される規定であり、携帯無線通信の移動局のように端末設備と電気通信回線設備との間で電波を使用する端末設備には適用されない。

●識別符号

識別符号は、混信による通信妨害や通信内容の漏えい、通信料金の誤課金等を防止することを目的としている。総務大臣の告示により、端末設備の種類別に識別符号のサイズが定められている。

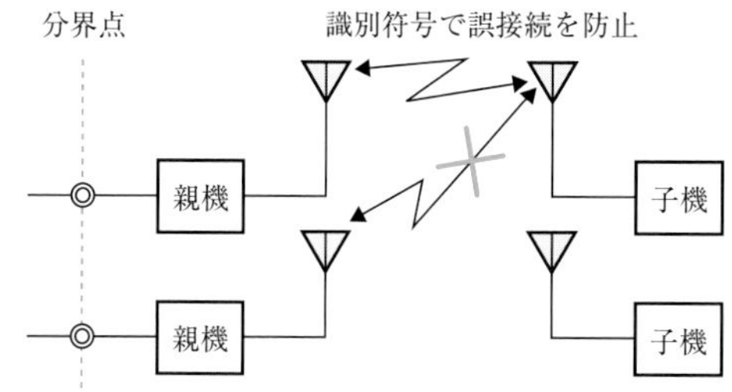

図2・2 識別符号による誤接続防止

表2・1 端末設備内において電波を使用する端末設備の識別符号等の条件(抜粋)

端末の種別	識別符号長	空きチャネルの判定	筐体の条件
微弱無線局	19ビット以上(25、28、29、48ビットを除く)	受信機入力電圧 2μV以下	一の筐体に収めなければならない。ただし、次の装置は一の筐体に収めなくてもよい。 ・電源装置、送話器および受話器 ・受信専用空中線 ・操作器、表示器、音量調整器等 ・小電力セキュリティシステムについては、この他、制御装置、周波数切替装置、送受信の切替器、識別符号設定器およびデータ信号用附属装置等
コードレス電話(アナログコードレス)	25または28ビット	受信機入力電圧 2μV以下	
時分割多元接続方式狭帯域デジタルコードレス電話	親機 29ビット 子機 28ビット	受信機入力電圧 159μV以下	
時分割多元接続方式広帯域デジタルコードレス電話	親機 40ビット 子機 36ビット	親機受信電力 原則−82dBm以下 子機受信電力 連続2フレームで−62dBm以下	
小電力セキュリティシステム	48ビット	不要	
小電力データ通信システムおよび5.2GHz帯高出力データ通信システム	48ビット(使用する電波の周波数によっては19ビット以上とする場合あり)	電波の検出または演算による信号の検出等	次の条件を満たす場合は、同一の筐体に収めなくてもよい。 ・高周波部および変調部が容易に開けられない。 ・送信装置識別装置、呼出符号記憶装置および識別装置が容易に取り外しできない。
700MHz帯高度道路交通システムの固定局または基地局	48ビット以上	受信機入力電力 −53dBm未満	

●空き状態の判定

空き状態の判定の受信レベルについては、総務大臣の告示により規定されている。たとえば、使用する無線設備が「微弱無線局の無線設備」や「コードレス電話の無線局の無線設備」の場合は、受信機入力電圧が2 μV以下のときに、使用する電波の周波数が空き状態であると判定する。

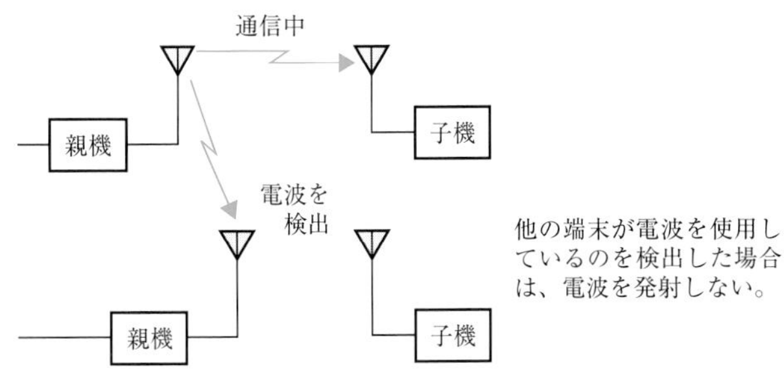

図2・3　電波の空き状態の判定

●無線設備の同一筐(きょう)体への収容

この規定は、送信機能や識別符号を故意に改造または変更して他の通信に妨害を与えることを防止するために定められたものである。なお、送信機能や識別符号の書き換えが容易に行えない場合は、一の筐体に収めなくてもよく、その条件については総務大臣の告示で定められている。たとえば、超広帯域無線システムの無線局の無線設備であって、その筐体が容易に開けることができない構造のものは、一の筐体に収めることを要しないとされている。

補足

告示では左記の他にも、一の筐体に収める必要がない無線設備の装置として、電源装置や、送話器、受話器等を挙げている。

理解度チェック

問1　端末設備は、［（ア）］との間で鳴音(電気的または音響的結合により生ずる発振状態をいう。)を発生することを防止するために総務大臣が別に告示する条件を満たすものでなければならない。

① 他の端末設備　② 伝送路設備　③ 事業用電気通信設備

問2　端末設備の機器の金属製の台および筐体は、接地抵抗が［（イ）］オーム以下となるように接地しなければならない。ただし、安全な場所に危険のないように設置する場合にあっては、この限りでない。

① 50　② 100　③ 200

問3　端末設備を構成する一の部分と他の部分相互間において電波を使用する端末設備が有しなければならない識別符号とは、端末設備に使用される［（ウ）］するための符号であって、通信路の設定に当たってその照合が行われるものをいう。

① 無線設備を識別　② 電波の周波数を選択　③ 通信路を認識

答 (ア) ③ (イ) ② (ウ) ①

3 アナログ電話端末

1 基本的機能(第10条) 条文

アナログ電話端末の直流回路は、発信又は応答を行うとき閉じ、通信が終了したとき開くものでなければならない。

補足
アナログ電話端末の直流回路を閉じると、交換設備と端末設備との間に直流電流が流れ、交換設備はこれを検知することにより端末設備の発信または応答を判別する。
また、直流回路を開くと直流電流が流れなくなり、これにより交換設備は通信の終了を判別する。

2 発信の機能(第11条) 条文

アナログ電話端末は、発信に関する次の機能を備えなければならない。

(1) 自動的に選択信号を送出する場合にあっては、直流回路を閉じてから3秒以上経過後に選択信号の送出を開始するものであること。ただし、電気通信回線からの発信音又はこれに相当する可聴音を確認した後に選択信号を送出する場合にあっては、この限りでない。

(2) 発信に際して相手の端末設備からの応答を自動的に確認する場合にあっては、電気通信回線からの応答が確認できない場合選択信号送出終了後2分以内に直流回路を開くものであること。

(3) 自動再発信(応答のない相手に対し引き続いて繰り返し自動的に行う発信をいう。以下同じ。)を行う場合(自動再発信の回数が15回以内の場合を除く。)にあっては、その回数は最初の発信から3分間に2回以内であること。この場合において、最初の発信から3分を超えて行われる発信は、別の発信とみなす。

(4) 前号の規定は、火災、盗難その他の非常の場合にあっては、適用しない。

3 選択信号の条件(第12条) 条文

アナログ電話端末の選択信号は、次の条件に適合するものでなければならない。

(1) ダイヤルパルスにあっては、別表第1号の条件

(2) 押しボタンダイヤル信号にあっては、別表第2号の条件

別表第1号　ダイヤルパルスの条件

第1　ダイヤルパルス数

ダイヤル番号とダイヤルパルス数は同一であること。ただし、「0」は、10パルスとする。

第2　ダイヤルパルスの信号

ダイヤルパルスの種類	ダイヤルパルス速度	ダイヤルパルスメーク率	ミニマムポーズ
10パルス毎秒方式	10±1.0パルス毎秒以内	30%以上42%以下	600ms以上
20パルス毎秒方式	20±1.6パルス毎秒以内	30%以上36%以下	450ms以上

注1　ダイヤルパルス速度とは、1秒間に断続するパルス数をいう。
　2　ダイヤルパルスメーク率とは、ダイヤルパルスの接(メーク)と断(ブレーク)の時間の割合をいい、次式で定義するものとする。

法規第3章

ダイヤルパルスメーク率＝｛接時間÷（接時間＋断時間）｝×100％

3　ミニマムポーズとは、隣接するパルス列間の休止時間の最小値をいう。

別表第2号　押しボタンダイヤル信号の条件

第1　ダイヤル番号の周波数

略

第2　その他の条件

項　目		条　件
信号周波数偏差		信号周波数の±1.5％以内
信号送出電力の許容範囲	低群周波数	図1に示す。
	高群周波数	図2に示す。
	2周波電力差	5dB以内、かつ、低群周波数の電力が高群周波数の電力を超えないこと。
信号送出時間		50ms以上
ミニマムポーズ		30ms以上
周　期		120ms以上

注1　低群周波数とは、697Hz、770Hz、852Hz及び941Hzをいい、高群周波数とは、1,209Hz、1,336Hz、1,477Hz及び1,633Hzをいう。

2　ミニマムポーズとは、隣接する信号間の休止時間の最小値をいう。

3　周期とは、信号送出時間とミニマムポーズの和をいう。

図1　信号送出電力許容範囲（低群周波数）

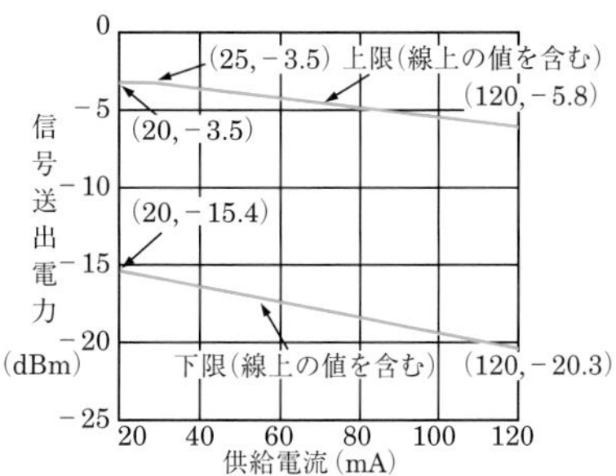

注1　供給電流が20mA未満の場合の信号送出電力は、−15.4dBm以上−3.5dBm以下であること。供給電流が120mAを超える場合の信号送出電力は、−20.3dBm以上−5.8dBm以下であること。

2　dBmは、絶対レベルを表す単位とする。

図2　信号送出電力許容範囲（高群周波数）

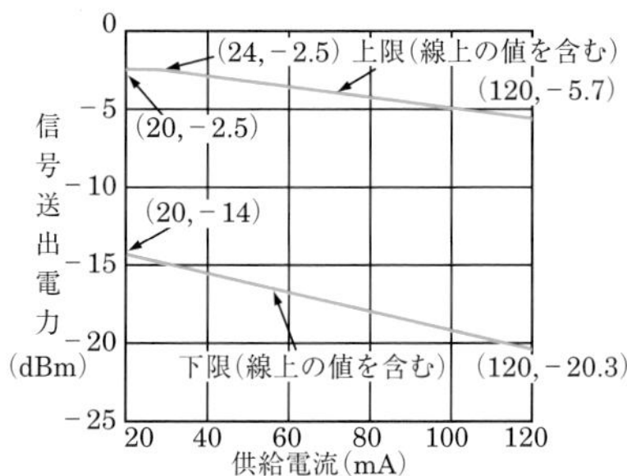

注1　供給電流が20mA未満の場合の信号送出電力は、−14dBm以上−2.5dBm以下であること。供給電流が120mAを超える場合の信号送出電力は、−20.3dBm以上−5.7dBm以下であること。

2　dBmは、絶対レベルを表す単位とする。

補足

押しボタンダイヤル信号は、低群周波数1つと高群周波数1つの組合せにより構成されている。低群と高群それぞれ4つの周波数が規定されているので、これらの組合せで16種類の押しボタンダイヤル信号が規定できる。なお、現在一般的に使用されているのは、1〜9、0、#、✱の12種類である。

押しボタンダイヤル信号の主な条件は次のとおり。

- 低群周波数
  ⇒ 600Hzから1,000Hzまでの範囲内にある特定の4つの周波数
- 高群周波数
  ⇒ 1,200Hzから1,700Hzまでの範囲内にある特定の4つの周波数
- 信号周波数偏差
  ⇒ 信号周波数の±1.5％以内
- 2周波電力差
  ⇒ 5dB以内、かつ、低群周波数の電力が高群周波数の電力を超えないこと
- 信号送出時間
  ⇒ 50ms以上
- ミニマムポーズ
  ⇒ 30ms以上
- 周期
  ⇒ 120ms以上

4　緊急通報機能（第12条の2）　条文

アナログ電話端末であって、通話の用に供するものは、電気通信番号規則別表第12号に掲げる緊急通報番号を使用した警察機関、海上保安機関又は消防機関への通報（以下「緊急通報」という。）を発信する機能を備えなければならない。

補足

緊急通報に用いる電気通信番号として、

警察機関	110
海上保安機関	118
消防機関	119

が規定されている。

5　直流回路の電気的条件等（第13条）　条文

直流回路を閉じているときのアナログ電話端末の直流回路の電気的条件は、次のとおりでなければならない。

(1) 直流回路の直流抵抗値は、20ミリアンペア以上120ミリアンペア以下の電流で測定した値で50オーム以上300オーム以下であること。ただし、直流回路の直流抵抗値と電気通信事業者の交換設備からアナログ電話端末までの線路の直流抵抗値の和が50オーム以上1,700オーム以下の場合にあっては、この限りでない。

(2) ダイヤルパルスによる選択信号送出時における直流回路の静電容量は、3マイクロファラド以下であること。

2 直流回路を開いているときのアナログ電話端末の直流回路の電気的条件は、次のとおりでなければならない。

(1) 直流回路の直流抵抗値は、1メガオーム以上であること。

(2) 直流回路と大地の間の絶縁抵抗は、直流200ボルト以上の一の電圧で測定した値で1メガオーム以上であること。

(3) 呼出信号受信時における直流回路の静電容量は、3マイクロファラド以下であり、インピーダンスは、75ボルト、16ヘルツの交流に対して2キロオーム以上であること。

3 アナログ電話端末は、電気通信回線に対して直流の電圧を加えるものであってはならない。

6 送出電力(第14条) 条文

アナログ電話端末の送出電力の許容範囲は、通話の用に供する場合を除き、別表第3号のとおりとする。

別表第3号　アナログ電話端末の送出電力の許容範囲

項　目		アナログ電話端末の送出電力の許容範囲
4kHzまでの送出電力		−8dBm(平均レベル)以下で、かつ0dBm(最大レベル)を超えないこと。
不要送出レベル	4kHzから8kHzまで	−20dBm以下
	8kHzから12kHzまで	−40dBm以下
	12kHz以上の各4kHz帯域	−60dBm以下

注1 平均レベルとは、端末設備の使用状態における平均的なレベル(実効値)であり、最大レベルとは、端末設備の送出レベルが最も高くなる状態でのレベル(実効値)とする。
2 送出電力及び不要送出レベルは、平衡600オームのインピーダンスを接続して測定した値を絶対レベルで表した値とする。
3 dBmは、絶対レベルを表す単位とする。

補足
送出電力は4kHzごとに許容範囲が定められている。4kHzまでは通信に利用されるが、4kHz以上の周波数は本来通信には必要のない高調波であるため「不要送出レベル」としている。

7 漏話減衰量(第15条) 条文

複数の電気通信回線と接続されるアナログ電話端末の回線相互間の漏話減衰量は、1,500ヘルツにおいて70デシベル以上でなければならない。

4 移動電話端末

1 基本的機能(第17条) 条文

移動電話端末は、次の機能を備えなければならない。

(1) 発信を行う場合にあっては、発信を要求する信号を送出するものであること。

(2) 応答を行う場合にあっては、応答を確認する信号を送出するものであること。

(3) 通信を終了する場合にあっては、チャネル(通話チャネル及び制御チャネルをいう。以下同じ。)を切断する信号を送出するものであること。

2 発信の機能(第18条) 条文

移動電話端末は、発信に関する次の機能を備えなければならない。

(1) 発信に際して相手の端末設備からの応答を自動的に確認する場合にあっては、電気通信回線からの応答が確認できない場合選択信号送出終了後1分以内にチャネルを切断する信号を送出し、送信を停止するものであること。

(2) 自動再発信を行う場合にあっては、その回数は2回以内であること。ただし、最初の発信から3分を超えた場合にあっては、別の発信とみなす。

(3) 前号の規定は、火災、盗難その他の非常の場合にあっては、適用しない。

注意

第18条第一号の規定(相手の端末設備からの応答を自動的に確認する場合)については、固定系端末の場合(2分以内)との違いに注意する必要がある。

補足

第20条において、移動電話端末は、総務大臣が別に告示する条件に適合するランダムアクセス制御を行う機能を備えなければならないとされている。ランダムアクセス制御機能とは、複数の移動電話端末からの送信が衝突した場合、再び送信が衝突することを避けるために各移動電話端末がそれぞれ不規則な遅延時間の後に再び送信することをいう。

3 送信タイミング(第19条) 条文

移動電話端末は、総務大臣が別に告示する条件に適合する送信タイミングで送信する機能を備えなければならない。

4 緊急通報機能(第28条の2) 条文

移動電話端末であって、通話の用に供するものは、緊急通報を発信する機能を備えなければならない。

補足

「緊急通報」とは、電気通信番号規則別表第12号に掲げる緊急通報番号を使用した警察機関、海上保安機関または消防機関への通報をいう。

5 漏話減衰量(第31条) 条文

複数の電気通信回線と接続される移動電話端末の回線相互間の漏話減衰量は、1,500ヘルツにおいて70デシベル以上でなければならない。

5 インターネットプロトコル電話端末

1 基本的機能（第32条の2）

条文

インターネットプロトコル電話端末は、次の機能を備えなければならない。

(1) 発信又は応答を行う場合にあっては、呼の設定を行うためのメッセージ又は当該メッセージに対応するためのメッセージを送出するものであること。

(2) 通信を終了する場合にあっては、呼の切断、解放若しくは取消しを行うためのメッセージ又は当該メッセージに対応するためのメッセージ（以下「通信終了メッセージ」という。）を送出するものであること。

2 発信の機能（第32条の3）

条文

インターネットプロトコル電話端末は、発信に関する次の機能を備えなければならない。

(1) 発信に際して相手の端末設備からの応答を自動的に確認する場合にあっては、電気通信回線からの応答が確認できない場合呼の設定を行うためのメッセージ送出終了後2分以内に通信終了メッセージを送出するものであること。

(2) 自動再発信を行う場合（自動再発信の回数が15回以内の場合を除く。）にあっては、その回数は最初の発信から3分間に2回以内であること。この場合において、最初の発信から3分を超えて行われる発信は、別の発信とみなす。

(3) 前号の規定は、火災、盗難その他の非常の場合にあっては、適用しない。

3 識別情報登録（第32条の4）

条文

インターネットプロトコル電話端末のうち、識別情報（インターネットプロトコル電話端末を識別するための情報をいう。以下同じ。）の登録要求（インターネットプロトコル電話端末が、インターネットプロトコル電話用設備に識別情報の登録を行うための要求をいう。以下同じ。）を行うものは、識別情報の登録がなされない場合であって、再び登録要求を行おうとするときは、次の機能を備えなければならない。

(1) インターネットプロトコル電話用設備からの待機時間を指示する信号を受信する場合にあっては、当該待機時間に従い登録要求を行うための信号を送信するものであること。

(2) インターネットプロトコル電話用設備からの待機時間を指示する信号を受信しない場合にあっては、端末設備ごとに適切に設定された待機時間の後に登録要求を行うための信号を送信するものであること。

2 前項の規定は、火災、盗難その他の非常の場合にあっては、適用しない。

補足

インターネットプロトコル電話端末が備えるべき機能としては、この他、輻輳（ふくそう）通知機能が第32条の5で規定されている。これは、インターネットプロトコル電話用設備から輻輳が発生している旨の信号を受信した場合に、その旨を利用者に通知する機能である。
輻輳とは、ネットワーク上に大量のトラヒックが発生して混雑することをいう。利用者が再送信を行うと輻輳がさらに拡大するおそれがあるため、本条はこれを防止することを目的としている。

4 緊急通報機能(第32条の6)

条文

インターネットプロトコル電話端末であって、通話の用に供するものは、緊急通報を発信する機能を備えなければならない。

補足

緊急通報機能は、アナログ電話端末(第12条の2)、移動電話端末(第28条の2)、インターネットプロトコル移動電話端末(第32条の23)、総合デジタル通信端末(第34条の4)についても、ほぼ同様に規定されている。

5 電気的条件等(第32条の7)

条文

インターネットプロトコル電話端末は、総務大臣が別に告示する電気的条件及び光学的条件のいずれかの条件に適合するものでなければならない。

2 インターネットプロトコル電話端末は、電気通信回線に対して直流の電圧を加えるものであってはならない。ただし、前項に規定する総務大臣が別に告示する条件において直流重畳が認められる場合にあっては、この限りでない。

6 アナログ電話端末等と通信する場合の送出電力(第32条の8)

条文

インターネットプロトコル電話端末がアナログ電話端末等と通信する場合にあっては、通話の用に供する場合を除き、インターネットプロトコル電話用設備とアナログ電話用設備との接続点においてデジタル信号をアナログ信号に変換した送出電力は、別表第5号のとおりとする。

別表第5号　インターネットプロトコル電話端末又は総合デジタル通信端末のアナログ電話端末等と通信する場合の送出電力

項　目	インターネットプロトコル電話端末又は総合デジタル通信端末のアナログ電話端末等と通信する場合の送出電力
送出電力	－3dBm(平均レベル)以下

注1　平均レベルとは、端末設備の使用状態における平均的なレベル(実効値)とする。
2　送出電力は、端末設備又は自営電気通信設備を接続する点において2線式の接続形式を有するアナログ電話用設備とインターネットプロトコル電話用設備又は総合デジタル通信用設備との接続点において、アナログ信号を入出力とする2線式接続に変換し、平衡600Ωのインピーダンスを接続して測定した値を絶対レベルで表した値とする。
3　dBmは、絶対レベルを表す単位とする。

理解度チェック

問1　インターネットプロトコル電話端末は、自動再発信を行う場合(自動再発信の回数が15回以内の場合を除く。)にあっては、その回数は最初の発信から3分間に (ア) 回以内であること。この場合において、最初の発信から3分を超えて行われる発信は、別の発信とみなす。なお、この規定は、火災、盗難その他の非常の場合にあっては、適用しない。

①1　②2　③3

答 (ア) ②

6 インターネットプロトコル移動電話端末

1 基本的機能（第32条の10） 条文

インターネットプロトコル移動電話端末は、次の機能を備えなければならない。

(1) 発信を行う場合にあっては、発信を要求する信号を送出するものであること。

(2) 応答を行う場合にあっては、応答を確認する信号を送出するものであること。

(3) 通信を終了する場合にあっては、チャネルを切断する信号を送出するものであること。

(4) 発信又は応答を行う場合にあっては、呼の設定を行うためのメッセージ又は当該メッセージに対応するためのメッセージを送出するものであること。

(5) 通信を終了する場合にあっては、通信終了メッセージを送出するものであること。

補足

通信終了メッセージとは、呼の切断、解放もしくは取消しを行うためのメッセージ、または当該メッセージに対応するためのメッセージのことをいう。

2 発信の機能（第32条の11） 条文

インターネットプロトコル移動電話端末は、発信に関する次の機能を備えなければならない。

(1) 発信に際して相手の端末設備からの応答を自動的に確認する場合にあっては、電気通信回線からの応答が確認できない場合呼の設定を行うためのメッセージ送出終了後128秒以内に通信終了メッセージを送出するものであること。

(2) 自動再発信を行う場合にあっては、その回数は3回以内であること。ただし、最初の発信から3分を超えた場合にあっては、別の発信とみなす。

(3) 前号の規定は、火災、盗難その他の非常の場合にあっては、適用しない。

3 送信タイミング（第32条の12） 条文

インターネットプロトコル移動電話端末は、総務大臣が別に告示する条件に適合する送信タイミングで送信する機能を備えなければならない。

法規 第3章

4 位置登録制御（第32条の15） 条文

インターネットプロトコル移動電話端末は、総務大臣が別に告示する条件に適合する位置登録制御（インターネットプロトコル移動電話端末が、インターネットプロトコル移動電話用設備に位置情報（インターネットプロトコル移動電話端末の位置を示す情報をいう。）の登録を行うことをいう。）を行う機能を備えなければならない。

5 チャネル切替指示に従う機能（第32条の16） 条文

インターネットプロトコル移動電話端末は、インターネットプロトコル移動電話用設備からのチャネルを指定する信号を受信した場合にあっては、指定されたチャネルに切り替える機能を備えなければならない。

6 受信レベル通知機能（第32条の17） 条文

インターネットプロトコル移動電話端末は、総務大臣が別に告示する条件に適合する受信レベルの通知に関する機能を備えなければならない。

7 送信停止指示に従う機能（第32条の18） 条文

インターネットプロトコル移動電話端末は、インターネットプロトコル移動電話用設備からのチャネルの切断を要求する信号を受信した場合にあっては、その確認をする信号を送出し、送信を停止する機能を備えなければならない。

8 受信レベル等の劣化時の自動的な送信停止機能（第32条の19） 条文

インターネットプロトコル移動電話端末は、通信中の受信レベル又は伝送品質が著しく劣化した場合にあっては、自動的に送信を停止する機能を備えなければならない。

9 故障時の自動的な送信停止機能（第32条の20） 条文

インターネットプロトコル移動電話端末は、故障により送信が継続的に行われる場合にあっては、自動的にその送信を停止する機能を備えなければならない。

10 重要通信確保のための機能(第32条の21) 条文

インターネットプロトコル移動電話端末は、重要通信を確保するため、インターネットプロトコル移動電話用設備からの発信の規制を要求する信号を受信した場合にあっては、発信しない機能を備えなければならない。

11 ふくそう通知機能(第32条の22) 条文

インターネットプロトコル移動電話端末は、インターネットプロトコル移動電話用設備からふくそうが発生している旨の信号を受信した場合にその旨を利用者に通知するための機能を備えなければならない。

12 緊急通報機能(第32条の23) 条文

インターネットプロトコル移動電話端末であって、通話の用に供するものは、緊急通報を発信する機能を備えなければならない。

補足

インターネットプロトコル移動電話端末が備えるべき機能としては、この他、インターネットプロトコル移動電話端末の固有情報の変更を防止する機能が第32条の24で規定されている。この固有情報とは、インターネットプロトコル移動電話端末を特定するための情報であって、チャネルの設定に当たって使用されるものをいう。

理解度チェック

問1 インターネットプロトコル移動電話端末は、発信を行う場合にあっては、発信を［（ア）］する信号を送出するものでなければならない。

① 開始　② 要求　③ 確認

問2 インターネットプロトコル移動電話端末は、応答を行う場合にあっては、応答を［（イ）］する信号を送出するものでなければならない。

① 確認　② 完了　③ 取消し

問3 インターネットプロトコル移動電話端末は、発信に際して相手の端末設備からの応答を自動的に確認する場合にあっては、電気通信回線からの応答が確認できない場合呼の設定を行うためのメッセージ送出終了後［（ウ）］秒以内に通信終了メッセージを送出するものでなければならない。

① 3　② 64　③ 128

答 (ア) ②（イ）①（ウ）③

7 専用通信回線設備等端末

1 電気的条件等(第34条の8) 条文

専用通信回線設備等端末は、総務大臣が別に告示する電気的条件及び光学的条件のいずれかの条件に適合するものでなければならない。

2 専用通信回線設備等端末は、電気通信回線に対して直流の電圧を加えるものであってはならない。ただし、前項に規定する総務大臣が別に告示する条件において直流重畳が認められる場合にあっては、この限りでない。

■インターネットプロトコル電話端末及び専用通信回線設備等端末の電気的条件及び光学的条件 (平成23年総務省告示第87号)

(1) メタリック伝送路インタフェースの3.4キロヘルツ帯アナログ専用回線に接続される専用通信回線設備等端末は、別表第1号の条件とする。

(2) メタリック伝送路インタフェースのインターネットプロトコル電話端末及び専用通信回線設備等端末は、別表第2号の条件とする。

(3) 同軸インタフェースのインターネットプロトコル電話端末及び専用通信回線設備等端末は、別表第3号の条件とする。

(4) 光伝送路インタフェースのインターネットプロトコル電話端末及び専用通信回線設備等端末(映像伝送を目的とするものを除く。)は、別表第4号の条件とする。

(5) 無線設備を使用する専用通信回線設備等端末は、別表第5号の条件とする。

(6) その他インタフェースのインターネットプロトコル電話端末及び専用通信回線設備等端末は、別表第6号の条件とする。

別表第1号 メタリック伝送路インタフェースの3.4kHz帯アナログ専用回線に接続される専用通信回線設備等端末

周波数帯域		送出電力、送出電流及び送出電圧等の条件
4kHzまでの送出電力		平均レベルは−8dBm以下で、かつ、最大レベルは0dBm以下。端末設備は、電気通信回線に直流の電圧を加えないこと。ただし、直流重畳が認められる場合にあっては次のとおりとする。 送出電流 45mA以下 送出電圧(線間) 100V以下 送出電圧(対地) 50V以下
不要送出レベル	4kHzから8kHzまで	−20dBm以下
	8kHzから12kHzまで	−40dBm以下
	12kHz以上の各4kHz帯域	−60dBm以下

注1 平均レベルとは、端末設備の使用状態における平均的なレベル(実効値)であり、最大レベルとは、端末設備の送出レベルが最も高くなる状態でのレベル(実効値)とする。
2 送出電力及び不要送出レベルは、平衡600Ωのインピーダンスを接続して測定した値を絶対レベルで表した値とする。
3 送出電圧は、回路開放時にも適用する。
4 送出電流は、回路短絡時の電流とする。
5 パルス符号を送出する場合のms単位で表したパルス幅の数値は20以上とし、mA単位で表した送出電流の数値はパルス幅の数値以下とする。

別表第2号　メタリック伝送路インタフェースのインターネットプロトコル電話端末及び専用通信回線設備等端末〔抜粋〕

インタフェースの種類	送出電圧
TTC標準JJ－50.10	110Ωの負荷抵抗に対して6.9V(P－P)以下
ITU－T勧告G.961(TCM方式)	110Ωの負荷抵抗に対して、7.2V(0－P)以下(孤立パルス中央値(時間軸方向))

別表第3号　同軸インタフェースのインターネットプロトコル電話端末及び専用通信回線設備等端末〔略〕

別表第4号　光伝送路インタフェースのインターネットプロトコル電話端末及び専用通信回線設備等端末〔抜粋〕

伝送路速度	光出力
6.312Mb/s以下	－7dBm(平均レベル)以下
6.312Mb/sを超え155.52Mb/s以下	＋3dBm(平均レベル)以下

別表第5号　無線設備を使用する専用通信回線設備等端末〔略〕

別表第6号　その他インタフェースのインターネットプロトコル電話端末及び専用通信回線設備等端末〔略〕

メタリック伝送路における専用通信回線設備等端末の送出電圧は、TCM方式(ITU－T勧告G.961)の場合、110Ωの負荷抵抗に対して7.2V(0－P)以下(孤立パルス中央値(時間軸方向))でなければならない。また、光伝送路における光出力は、6.312Mb/s以下の伝送路速度においては－7dBm(平均レベル)以下でなければならない。

2 漏話減衰量(第34条の9)　条文

複数の電気通信回線と接続される専用通信回線設備等端末の回線相互間の漏話減衰量は、1,500ヘルツにおいて70デシベル以上でなければならない。

補足

専用通信回線設備等端末の回線相互間の漏話減衰量の規定値は、アナログ電話端末および移動電話端末の場合と同一である(第15条、第31条)。

3 インターネットプロトコルを使用する専用通信回線設備等端末(第34条の10)　条文

専用通信回線設備等端末(デジタルデータ伝送用設備に接続されるものに限る。以下この条において同じ。)であって、デジタルデータ伝送用設備との接続においてインターネットプロトコルを使用するもののうち、電気通信回線設備を介して接続することにより当該専用通信回線設備等端末に備えられた電気通信の機能(送受信に係るものに限る。以下この条において同じ。)に係る設定を変更できるものは、次の各号の条件に適合するもの又はこれと同等以上のものでなければならない。ただし、次の各号の条件に係る機能又はこれらと同等以上の機能を利用者が任意のソフトウェアにより随時かつ容易に変更することができる専用通信回線設備等端末については、この限りでない。

(1)　当該専用通信回線設備等端末に備えられた電気通信の機能に係る設定を変更するためのアクセス制御機能(不正アクセス行為の禁止等に関す

る法律(平成11年法律第128号)第2条第3項に規定するアクセス制御機能をいう。以下同じ。)を有すること。

(2) 前号のアクセス制御機能に係る識別符号(不正アクセス行為の禁止等に関する法律第2条第2項に規定する識別符号をいう。以下同じ。)であって、初めて当該専用通信回線設備等端末を利用するときにあらかじめ設定されているもの(二以上の符号の組合せによる場合は、少なくとも一の符号に係るもの。)の変更を促す機能若しくはこれに準ずるものを有すること又は当該識別符号について当該専用通信回線設備等端末の機器ごとに異なるものが付されていること若しくはこれに準ずる措置が講じられていること。

(3) 当該専用通信回線設備等端末の電気通信の機能に係るソフトウェアを更新できること。

(4) 当該専用通信回線設備等端末への電力の供給が停止した場合であっても、第一号のアクセス制御機能に係る設定及び前号の機能により更新されたソフトウェアを維持できること。

理解度チェック

問1 専用通信回線設備等端末は、総務大臣が別に告示する電気的条件および［（ア）］的条件のいずれかの条件に適合するものでなければならない。

① 光学　② 機械　③ 物理

問2 複数の電気通信回線と接続される専用通信回線設備等端末の回線相互間の漏話減衰量は、1,500ヘルツにおいて［（イ）］デシベル以上でなければならない。

① 25　② 50　③ 70

答 (ア) ① (イ) ③

演習問題

問1

用語について述べた次の文章のうち、誤っているものは、(ア) である。

[① アナログ電話端末とは、端末設備であって、アナログ電話用設備に接続される点において2線式の接続形式で接続されるものをいう。
② 移動電話用設備とは、電話用設備であって、端末設備又は自営電気通信設備との接続において電波を使用するものをいう。
③ 総合デジタル通信端末とは、端末設備であって、総合デジタル通信用設備に接続されるものをいう。
④ インターネットプロトコル電話端末とは、端末設備であって、インターネットプロトコル電話用設備又はデジタルデータ伝送用設備に接続されるものをいう。
⑤ 絶対レベルとは、一の皮相電力の1ミリワットに対する比をデシベルで表したものをいう。]

解説

端末設備等規則第2条〔定義〕第2項に関する問題である。
①：同項第三号に規定する内容と一致しているので、文章は正しい。
②：同項第四号に規定する内容と一致しているので、文章は正しい。
③：同項第十三号に規定する内容と一致しているので、文章は正しい。
④：同項第七号の規定により、インターネットプロトコル電話端末とは、端末設備であって、インターネットプロトコル電話用設備に接続されるものをいうとされているので、文章は誤り。
⑤：同項第二十一号に規定する内容と一致しているので、文章は正しい。

よって、解答群中の文章のうち、誤っているものは、「**インターネットプロトコル電話端末とは、端末設備であって、インターネットプロトコル電話用設備又はデジタルデータ伝送用設備に接続されるものをいう。**」である。

【答(ア)④】

問2

「責任の分界」及び「安全性等」について述べた次の二つの文章は、(イ)。

A　分界点における接続の方式は、端末設備を電気通信回線ごとに事業用電気通信設備から容易に切り離せるものでなければならない。

B　端末設備は、自営電気通信設備から漏えいする通信の内容を意図的に識別する機能を有してはならない。

[① Aのみ正しい　② Bのみ正しい　③ AもBも正しい　④ AもBも正しくない]

解説

端末設備等規則第3条〔責任の分界〕および第4条〔漏えいする通信の識別禁止〕に関する問題である。
A　第3条第2項に規定する内容と一致しているので、文章は正しい。
B　第4条の規定により、端末設備は、事業用電気通信設備から漏えいする通信の内容を意図的に識別する機能を有してはならないとされているので、文章は誤り。

よって、設問の文章は、**Aのみ正しい**。

【答(イ)①】

問3

安全性等について述べた次の二つの文章は、[(ウ)]。

A　端末設備は、事業用電気通信設備との間で鳴音(電気的又は音響的結合により生ずる発振状態をいう。)を発生することを防止するために総務大臣が別に告示する条件を満たすものでなければならない。

B　通話機能を有する端末設備は、通話中に受話器から過大な誘導雑音が発生することを防止する機能を備えなければならない。

[①Aのみ正しい　②Bのみ正しい　③AもBも正しい　④AもBも正しくない]

解説

端末設備等規則第5条〔鳴音の発生防止〕および第7条〔過大音響衝撃の発生防止〕に関する問題である。

A　第5条に規定する内容と一致しているので、文章は正しい。

B　第7条の規定により、通話機能を有する端末設備は、通話中に受話器から過大な音響衝撃が発生することを防止する機能を備えなければならないとされているので、文章は誤り。

よって、設問の文章は、**Aのみ正しい**。

【答 (ウ)①】

問4

配線設備等の電線相互間及び電線と大地間の絶縁抵抗は、直流200ボルト以上の一の電圧で測定した値で[(エ)]メガオーム以上でなければならない。

[①1　②2　③5　④10]

解説

端末設備等規則第8条〔配線設備等〕第二号の規定により、配線設備等の電線相互間および電線と大地間の絶縁抵抗は、直流200V以上の一の電圧で測定した値で**1MΩ**以上でなければならないとされている。

【答 (エ)①】

問5

「端末設備内において電波を使用する端末設備」について述べた次の二つの文章は、[(オ)]。

A　総務大臣が別に告示する条件に適合する呼出符号(端末設備に使用される無線設備を識別するための符号であって、通信路の設定に当たってその照合が行われるものをいう。)を有すること。

B　使用する電波の周波数が空き状態であるかどうかについて、総務大臣が別に告示するところにより判定を行い、空き状態である場合にのみ通信路を設定するものであること。ただし、総務大臣が別に告示するものについては、この限りでない。

[①Aのみ正しい　②Bのみ正しい　③AもBも正しい　④AもBも正しくない]

解説

端末設備等規則第9条〔端末設備内において電波を使用する端末設備〕に関する問題である。

A　同条第一号の規定により、端末設備を構成する一の部分と他の部分相互間において電波を使用する端末設備は、総務大臣が別に告示する条件に適合する識別符号(端末設備に使用される無線設備を識別するための符号であって、通信路の設定に当たってその照合が行われるものをいう。)を有するものでなければならないとされているので、文章は誤り。

B　同条第二号に規定する内容と一致しているので、文章は正しい。

よって、設問の文章は、**Bのみ正しい**。

【答 (オ)②】

問6

端末設備を構成する一の部分と他の部分相互間において電波を使用する端末設備にあっては、使用される無線設備は、一の筐(きょう)体に収められており、かつ、容易に［（カ）］ことができないものでなければならない。ただし、総務大臣が別に告示するものについては、この限りでない。

［① 交換する　② 取り外す　③ 照合する　④ 開ける　⑤ 改造する］

解説

端末設備等規則第9条〔端末設備内において電波を使用する端末設備〕第三号の規定により、端末設備を構成する一の部分と他の部分相互間において電波を使用する端末設備にあっては、総務大臣が別に告示するものを除き、使用される無線設備は、一の筐(きょう)体に収められており、かつ、容易に**開ける**ことができないものでなければならないとされている。

【答（カ）④】

問7

アナログ電話端末の「選択信号の条件」における押しボタンダイヤル信号について述べた次の文章のうち、正しいものは、［（キ）］である。

① 低群周波数は、600ヘルツから900ヘルツまでの範囲内における特定の四つの周波数で規定されている。
② 高群周波数は、1,200ヘルツから1,600ヘルツまでの範囲内における特定の四つの周波数で規定されている。
③ ミニマムポーズは、30ミリ秒以上でなければならない。
④ 周期とは、信号送出時間と信号受信時間の和をいう。
⑤ 信号送出時間は、120ミリ秒以上でなければならない。

解説

端末設備等規則第12条〔選択信号の条件〕第二号に基づく別表第2号「押しボタンダイヤル信号の条件」に関する問題である。

①、②：同号第2の注1の規定により、低群周波数とは、697Hz、770Hz、852Hzおよび941Hzをいい、高群周波数とは、1,209Hz、1,336Hz、1,477Hzおよび1,633Hzをいうとされている（図－1）。つまり、低群周波数は、600Hzから1,000Hzまでの範囲内における特定の4つの周波数で規定されており、高群周波数は、1,200Hzから1,700Hzまでの範囲内における特定の4つの周波数で規定されている。したがって、①および②の文章は誤りである。

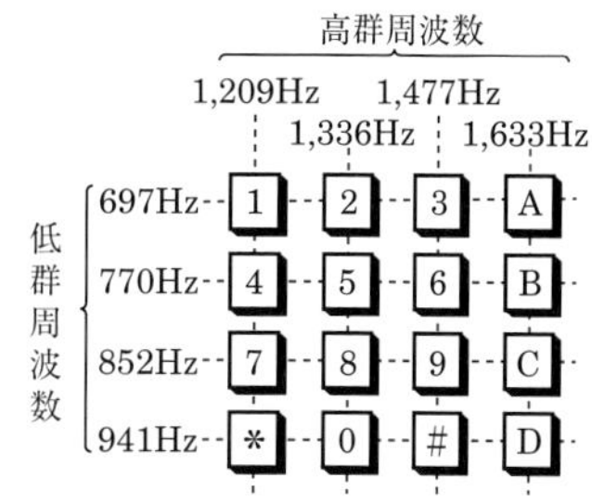

図－1　押しボタンダイヤル信号の周波数

③、⑤：同号第2の規定により、信号送出時間は50ms以上、ミニマムポーズは30ms以上、周期は120ms以上でなければならないとされている。したがって、③の文章は正しいが、⑤の文章は誤りである。なお、周期は50ms以上（信号送出時間）＋30ms以上（ミニマムポーズ）＝80ms以上であるが、余裕を持たせて120ms以上としている。

④：同号第2の注3の規定により、周期とは、信号送出時間とミニマムポーズの和をいうとされているので、文章は誤り。

よって、解答群中の文章のうち、正しいものは、「**ミニマムポーズは、30ミリ秒以上でなければならない。**」である。

【答（キ）③】

問8

移動電話端末の「漏話減衰量」において、複数の電気通信回線と接続される移動電話端末の回線相互間の漏話減衰量は、1,500ヘルツにおいて［（ク）］デシベル以上でなければならないと規定されている。

[① 58　② 64　③ 70　④ 80　⑤ 90]

解説

端末設備等規則第31条〔漏話減衰量〕の規定により、複数の電気通信回線と接続される移動電話端末の回線相互間の漏話減衰量は、1,500Hzにおいて**70**dB以上でなければならないとされている。

【答（ク）③】

問9

インターネットプロトコル電話端末の「基本的機能」について述べた次の二つの文章は、［（ケ）］。

A　発信又は応答を行う場合にあっては、呼の設定を行うためのメッセージ又は当該メッセージに対応するためのメッセージを送出するものであること。

B　通信を終了する場合にあっては、呼の切断、解放若しくは取消しを行うためのメッセージ又は当該メッセージに対応するためのメッセージ（「通信終了メッセージ」という。）を送出するものであること。

[① Aのみ正しい　② Bのみ正しい　③ AもBも正しい　④ AもBも正しくない]

解説

端末設備等規則第32条の2〔基本的機能〕の規定により、インターネットプロトコル電話端末は、次の機能を備えなければならない。

一　発信または応答を行う場合にあっては、呼の設定を行うためのメッセージまたは当該メッセージに対応するためのメッセージを送出するものであること。

二　通信を終了する場合にあっては、呼の切断、解放もしくは取消しを行うためのメッセージまたは当該メッセージに対応するためのメッセージ（「通信終了メッセージ」という。）を送出するものであること。

よって、設問の文章は、**AもBも正しい**。

【答（ケ）③】

問10

インターネットプロトコル移動電話端末の「基本的機能」、「発信の機能」又は「送信タイミング」について述べた次の文章のうち、誤っているものは、［（コ）］である。

① 発信を行う場合にあっては、発信を要求する信号を送出するものであること。
② 応答を行う場合にあっては、応答を確認する信号を送出するものであること。
③ 通信を終了する場合にあっては、チャネルを切断する信号を送出するものであること。
④ 発信に際して相手の端末設備からの応答を自動的に確認する場合にあっては、電気通信回線からの応答が確認できない場合呼の設定を行うためのメッセージ送出終了後100秒以内に通信終了メッセージを送出するものであること。
⑤ インターネットプロトコル移動電話端末は、総務大臣が別に告示する条件に適合する送信タイミングで送信する機能を備えなければならない。

解説

端末設備等規則第32条の10〔基本的機能〕、第32条の11〔発信の機能〕および第32条の12〔送信タイミング〕に関する問題である。インターネットプロトコル移動電話端末とは、IP移動電話（VoLTE：Voice over LTE）システムに対応した電話機のことをいう。

①：第32条の10第一号に規定する内容と一致しているので、文章は正しい。
②：第32条の10第二号に規定する内容と一致しているので、文章は正しい。
③：第32条の10第三号に規定する内容と一致しているので、文章は正しい。
④：第32条の11第一号の規定により、インターネットプロトコル移動電話端末は、発信に際して相手の端末設備からの応答を自動的に確認する場合にあっては、電気通信回線からの応答が確認できない場合呼の設定を行うためのメッセージ送出終了後128秒以内に通信終了メッセージを送出する機能を備えなければならないとされている。したがって、文章は誤り。
⑤：第32条の12に規定する内容と一致しているので、文章は正しい。

よって、解答群中の文章のうち、誤っているものは、「**発信に際して相手の端末設備からの応答を自動的に確認する場合にあっては、電気通信回線からの応答が確認できない場合呼の設定を行うためのメッセージ送出終了後100秒以内に通信終了メッセージを送出するものであること。**」である。 〖答（コ）④〗

問11

専用通信回線設備等端末の「電気的条件等」について述べた次の二つの文章は、[（サ）]。

A　専用通信回線設備等端末は、電気通信回線に対して直流の電圧を加えるものであってはならない。ただし、総務大臣が別に告示する条件において直流重畳が認められる場合にあっては、この限りでない。

B　専用通信回線設備等端末は、総務大臣が別に告示する電気的条件及び磁気的条件のいずれかの条件に適合するものでなければならない。

[① Aのみ正しい　② Bのみ正しい　③ AもBも正しい　④ AもBも正しくない]

解説

端末設備等規則第34条の8〔電気的条件等〕に関する問題である。

A　同条第2項に規定する内容と一致しているので、文章は正しい。
B　同条第1項の規定により、専用通信回線設備等端末は、総務大臣が別に告示する電気的条件および光学的条件のいずれかの条件に適合するものでなければならないとされているので、文章は誤り。

よって、設問の文章は、**Aのみ正しい。** 〖答（サ）①〗

第4章 有線電気通信法、有線電気通信設備令

有線電気通信法は有線電気通信に関する基本法であり、有線電気通信設備の設置者や目的、用途を問わず、わが国にあるすべての有線電気通信設備に適用される。また、有線電気通信設備令は、有線電気通信設備の技術基準について規定したものである。

1 有線電気通信法

1 有線電気通信法の目的(第1条)

条文

この法律は、有線電気通信設備の設置及び使用を規律し、有線電気通信に関する秩序を確立することによって、公共の福祉の増進に寄与することを目的とする。

有線電気通信法は、他に妨害を与えない限り有線電気通信設備の設置を自由とすることを基本理念としており、総務大臣への設置の届出、技術基準への適合義務等を規定することにより秩序が保たれるよう規律されている。

2 用語の定義(第2条)

条文

この法律において「有線電気通信」とは、送信の場所と受信の場所との間の線条その他の導体を利用して、電磁的方式により、符号、音響又は影像を送り、伝え、又は受けることをいう。

2　この法律において「有線電気通信設備」とは、有線電気通信を行うための機械、器具、線路その他の電気的設備(無線通信用の有線連絡線を含む。)をいう。

●**有線電気通信**

送信の場所と受信の場所との間の線条その他の導体を利用して、電磁的方式により、符号、音響または影像を送り、伝え、または受けることをいう。

電磁的方式には、銅線、ケーブル等で電気信号を伝搬させる方式の他に、導波管の中で電磁波を伝搬させる方法や、光ファイバで光を伝搬させる方法が含まれる。

●**有線電気通信設備**

有線電気通信を行うための機械、器具、線路その他の電気的設備(無線通信用の有線連絡線を含む。)をいう。

3 有線電気通信設備の届出(第3条)

条文

有線電気通信設備を設置しようとする者は、次の事項を記載した書類を添えて、設置の工事の開始の日の2週間前まで(工事を要しないときは、設

置の日から2週間以内）に、その旨を総務大臣に届け出なければならない。
(1)　有線電気通信の方式の別
(2)　設備の設置の場所
(3)　設備の概要
2　前項の届出をする者は、その届出に係る有線電気通信設備が次に掲げる設備（総務省令で定めるものを除く。）に該当するものであるときは、同項各号の事項のほか、その使用の態様その他総務省令で定める事項を併せて届け出なければならない。
(1)　2人以上の者が共同して設置するもの
(2)　他人（電気通信事業者（電気通信事業法（昭和59年法律第86号）第2条第五号に規定する電気通信事業者をいう。以下同じ。）を除く。）の設置した有線電気通信設備と相互に接続されるもの
(3)　他人の通信の用に供されるもの
3　有線電気通信設備を設置した者は、第1項各号の事項若しくは前項の届出に係る事項を変更しようとするとき、又は同項に規定する設備に該当しない設備をこれに該当するものに変更しようとするときは、変更の工事の開始の日の2週間前まで（工事を要しないときは、変更の日から2週間以内）に、その旨を総務大臣に届け出なければならない。
4　略

有線電気通信設備を設置しようとする者は、設置工事を開始する日の2週間前までに、その旨を総務大臣に届け出なければならない。ただし、工事を必要としない場合は、設置の日から2週間以内に届け出ればよい。

法規第4章

4　本邦外にわたる有線電気通信設備（第4条）　条文

本邦内の場所と本邦外の場所との間の有線電気通信設備は、電気通信事業者がその事業の用に供する設備として設置する場合を除き、設置してはならない。ただし、特別の事由がある場合において、総務大臣の許可を受けたときは、この限りでない。

補足

第4条は、国際通信に用いる有線電気通信設備の設置を原則として禁止したものである。

5　技術基準（第5条）　条文

有線電気通信設備（政令で定めるものを除く。）は、政令で定める技術基準に適合するものでなければならない。
2　前項の技術基準は、これにより次の事項が確保されるものとして定められなければならない。
(1)　有線電気通信設備は、他人の設置する有線電気通信設備に妨害を与えないようにすること。
(2)　有線電気通信設備は、人体に危害を及ぼし、又は物件に損傷を与えないようにすること。

有線電気通信設備は、有線電気通信設備令で定める技術基準に適合しなければならない。この技術基準は、次の①および②の観点から定められている。
①他人が設置する有線電気通信設備に、妨害を与えないようにすること。
②人体に危害を及ぼしたり、物件に損傷を与えたりしないようにすること。

6 設備の検査等(第6条)

条文

総務大臣は、この法律の施行に必要な限度において、有線電気通信設備を設置した者からその設備に関する報告を徴し、又はその職員に、その事務所、営業所、工場若しくは事業場に立ち入り、その設備若しくは帳簿書類を検査させることができる。

2　前項の規定により立入検査をする職員は、その身分を示す証明書を携帯し、関係人に提示しなければならない。

3　第1項の規定による検査の権限は、犯罪捜査のために認められたものと解してはならない。

7 設備の改善等の措置(第7条)

条文

総務大臣は、有線電気通信設備を設置した者に対し、その設備が第5条の技術基準に適合しないため他人の設置する有線電気通信設備に妨害を与え、又は人体に危害を及ぼし、若しくは物件に損傷を与えると認めるときは、その妨害、危害又は損傷の防止又は除去のため必要な限度において、その設備の使用の停止又は改造、修理その他の措置を命ずることができる。

2　略

補足

第7条は、有線電気通信設備が技術基準に適合していないと認められる場合に、総務大臣が有線電気通信設備の設置者に対して行うことができる事項を示したものである。

8 非常事態における通信の確保(第8条)

条文

総務大臣は、天災、事変その他の非常事態が発生し、又は発生するおそれがあるときは、有線電気通信設備を設置した者に対し、災害の予防若しくは救援、交通、通信若しくは電力の供給の確保若しくは秩序の維持のために必要な通信を行い、又はこれらの通信を行うためその有線電気通信設備を他の者に使用させ、若しくはこれを他の有線電気通信設備に接続すべきことを命ずることができる。

2〜3　略

補足

天災等の非常事態においては、被害状況の情報把握、復旧、救援活動等の対策を講じるうえで、電気通信の確保が不可欠であることから、総務大臣に所要の措置をとる権限を与えている。

理解度チェック

問1　有線電気通信法は、有線電気通信設備の設置および使用を規律し、有線電気通信に関する［(ア)］を確立することによって、公共の福祉の増進に寄与することを目的とする。

① 規約　② 秩序　③ 運営方針

問2　有線電気通信とは、送信の場所と受信の場所との間の線条その他の導体を利用して、［(イ)］方式により、符号、音響または影像を送り、伝え、または受けることをいう。

① 電気的　② 光学的　③ 電磁的

答 (ア) ②　(イ) ③

2 有線電気通信設備令

1 用語の定義(第1条) 条文

この政令及びこの政令に基づく命令の規定の解釈に関しては、次の定義に従うものとする。

(1) 電線　有線電気通信(送信の場所と受信の場所との間の線条その他の導体を利用して、電磁的方式により信号を行うことを含む。)を行うための導体(絶縁物又は保護物で被覆されている場合は、これらの物を含む。)であって、強電流電線に重畳される通信回線に係るもの以外のもの

(2) 絶縁電線　絶縁物のみで被覆されている電線

(3) ケーブル　光ファイバ並びに光ファイバ以外の絶縁物及び保護物で被覆されている電線

(4) 強電流電線　強電流電気の伝送を行うための導体(絶縁物又は保護物で被覆されている場合は、これらの物を含む。)

(5) 線路　送信の場所と受信の場所との間に設置されている電線及びこれに係る中継器その他の機器(これらを支持し、又は保蔵するための工作物を含む。)

(6) 支持物　電柱、支線、つり線その他電線又は強電流電線を支持するための工作物

(7) 離隔距離　線路と他の物体(線路を含む。)とが気象条件による位置の変化により最も接近した場合におけるこれらの物の間の距離

(8) 音声周波　周波数が200ヘルツを超え、3,500ヘルツ以下の電磁波

(9) 高周波　周波数が3,500ヘルツを超える電磁波

(10) 絶対レベル　一の皮相電力の1ミリワットに対する比をデシベルで表わしたもの

(11) 平衡度　通信回線の中性点と大地との間に起電力を加えた場合におけるこれらの間に生ずる電圧と通信回線の端子間に生ずる電圧との比をデシベルで表わしたもの

■用語の定義(施行規則第1条)

この省令の規定の解釈に関しては、次の定義に従うものとする。

(1) 令　有線電気通信設備令(昭和28年政令第131号)

(2) 強電流裸電線　絶縁物で被覆されていない強電流電線

(3) 強電流絶縁電線　絶縁物のみで被覆されている強電流電線

(4) 強電流ケーブル　絶縁物及び保護物で被覆されている強電流電線

(5) 電車線　電車にその動力用の電気を供給するために使用する接触強電流裸電線及び鋼索鉄道の車両内の装置に電気を供給するために使用する接触強電流裸電線

(6) 低周波　周波数が200ヘルツ以下の電磁波

(7) 最大音量　通信回線に伝送される音響の電力を別に告示するところに

法規 第4章

より測定した値

(8) **低圧**　直流にあっては**750ボルト以下**、交流にあっては**600ボルト以下**の電圧

(9) **高圧**　直流にあっては**750ボルト**を、交流にあっては**600ボルトを超え、7,000ボルト以下**の電圧

(10) **特別高圧**　**7,000ボルトを超える**電圧

●電線

電話線のような電気通信回線に用いられる導体をいう。導体を被覆している絶縁物および保護物は電線に含まれるが、強電流電線に重畳される通信回線に係るものは、電線には含まれない。

補足

「強電流」は弱電流に対する用語であるが、これらの区分について明確な定義はない。ただし、概念的には次のように区分されている。
・強電流
⇒電力線に流れる電流
・弱電流
⇒電話、画像、データ等の通信に用いられる電流

●絶縁電線

ポリエチレン、ポリ塩化ビニル等の絶縁物のみで被覆されている電線をいう。アナログ電話端末用の屋内配線は、一般に絶縁電線である。

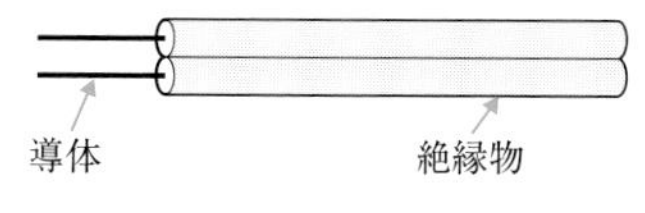

図2・1　絶縁電線

●ケーブル

UTPケーブルや同軸ケーブルなどのように絶縁物および保護物で被覆されている電線をいう。

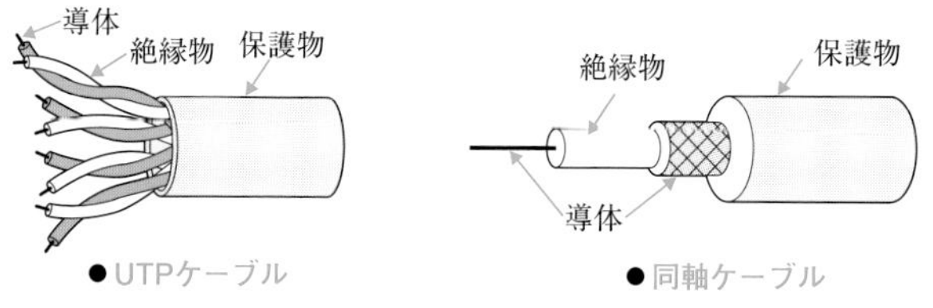

図2・2　ケーブル

●強電流電線

電力の送電を行う、いわゆる電力線を示す。

●線路

線路は、送信の場所と受信の場所との間に設置されている電線の他、電柱、支線等の支持物や、中継器、保安器も含む。ただし、強電流電線は線路には含まれない。

●支持物

電柱、支線、つり線その他電線または強電流電線を支持するための工作物をいう。

●離隔距離

線路と他の物体(線路を含む)の位置が風や温度上昇等の気象条件により変化しても、これらの間の規定距離が確保できるよう、最も接近した状態を離隔距

離としている。

●低周波、音声周波、高周波

有線電気通信で用いる電磁波の周波数の区分は、次のように定義されている。

低周波	音声周波	高周波
200Hz以下の電磁波	200Hzを超え3,500Hz以下の電磁波	3,500Hzを超える電磁波

（区分点：0、200Hz、3,500Hz）

図2・3　周波数の区分

●絶対レベル

一の皮相電力の1mWに対する比をデシベル（dBm）で表わしたものをいう。

●平衡度

平衡度とは、通信回線の中性点と大地との間に起電力を加えた場合における、これらの間に生じる電圧と通信回線の端子間に生じる電圧との比をデシベル（dB）で表わしたものをいう。すなわち図2・4において、起電力Eを加えた場合に生じる電圧V_1と電圧V_2との比をデシベルで表わしたものをいう。

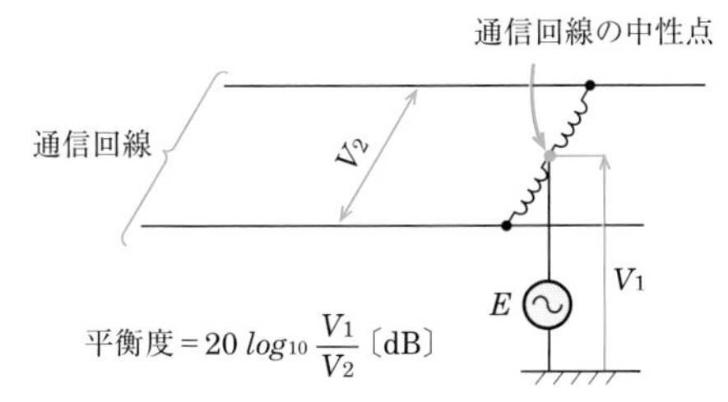

図2・4　平衡度

●低圧、高圧、特別高圧

電圧の区分については、次のように定義されている。

	低圧	高圧	特別高圧
直流	低圧（750V以下）	高圧（750V超～7,000V以下）	特別高圧（7,000V超）
交流	低圧（600V以下）	高圧（600V超～7,000V以下）	特別高圧（7,000V超）

（区分点：直流 750V、7,000V／交流 600V、7,000V）

図2・5　電圧の区分

2 使用可能な電線の種類（第2条の2）　条文

有線電気通信設備に使用する電線は、絶縁電線又はケーブルでなければならない。ただし、総務省令で定める場合は、この限りでない。

■使用可能な電線の種類（施行規則第1条の2）

令第2条の2ただし書に規定する総務省令で定める場合は、絶縁電線又はケーブルを使用することが困難な場合において、他人の設置する有線電気通信設備に妨害を与えるおそれがなく、かつ、人体に危害を及ぼし、又は物件に損傷を与えるおそれのないように設置する場合とする。

補足

絶縁物で被覆されていない裸電線は導体が露出した構造となっている。そのため安全性の確保および他の設備への妨害防止の観点から問題であり、原則として使用が禁止されている。

3 通信回線の平衡度(第3条) 条文

通信回線(導体が光ファイバであるものを除く。以下同じ。)の平衡度は、1,000ヘルツの交流において34デシベル以上でなければならない。ただし、総務省令で定める場合は、この限りでない。

2　前項の平衡度は、総務省令で定める方法により測定するものとする。

補足

光ファイバは電流、電圧が発生しないので、第3条の規定は適用されない。

■一定の平衡度を要しない場合(施行規則第2条)

令第3条第1項ただし書に規定する総務省令で定める場合は、次の各号に掲げる場合とする。

(1)　通信回線が、線路に直流又は低周波の電流を送るものであるとき。

(2)　通信回線が、他人の設置する有線電気通信設備に対して妨害を与えるおそれがない電線を使用するものであるとき。

(3)　通信回線が、強電流電線に重畳されるものであるとき。

(4)　通信回線が、他の通信回線に対して与える妨害が絶対レベルで表した値でマイナス58デシベル以下であるとき。ただし、イ又はロに規定する場合は、この限りでない。

イ　通信回線が、線路に音声周波又は高周波の電流を送る通信回線であって増幅器があるものに対して与える妨害が、その受端の増幅器の入力側において絶対レベルで表した値で、被妨害回線の線路の電流の周波数が音声周波であるときは、マイナス70デシベル以下、高周波であるときは、マイナス85デシベル以下であるとき。

ロ　通信回線が、線路に直流又は低周波の電流を送る通信回線であって大地帰路方式のものに対して与える妨害が、その妨害をうける通信回線の受信電流の5パーセント(その受信電流が5ミリアンペア以下であるときは、0.25ミリアンペア)以下であるとき。

(5)　被妨害回線を設置する者が承諾するとき。

2～4　略

4 線路の電圧及び通信回線の電力(第4条) 条文

通信回線の線路の電圧は、100ボルト以下でなければならない。ただし、電線としてケーブルのみを使用するとき、又は人体に危害を及ぼし、若しくは物件に損傷を与えるおそれがないときは、この限りでない。

2　通信回線の電力は、絶対レベルで表わした値で、その周波数が音声周波であるときは、プラス10デシベル以下、高周波であるときは、プラス20デシベル以下でなければならない。ただし、総務省令で定める場合は、この限りでない。

- 通信回線(光ファイバを除く)の線路の電圧
  ⇒原則100V以下
- 通信回線(光ファイバを除く)の電力
  ⇒周波数が音声周波のときは原則＋10 dBm以下、高周波のときは原則＋20 dBm以下

5 架空電線の支持物（第5条）　条文

架空電線の支持物は、その架空電線が他人の設置した架空電線又は架空強電流電線と交差し、又は接近するときは、次の各号により設置しなければならない。ただし、その他人の承諾を得たとき、又は人体に危害を及ぼし、若しくは物件に損傷を与えないように必要な設備をしたときは、この限りでない。

(1)　他人の設置した架空電線又は架空強電流電線を挟み、又はこれらの間を通ることがないようにすること。

(2)　架空強電流電線（当該架空電線の支持物に架設されるものを除く。）との間の離隔距離は、総務省令で定める値以上とすること。

■架空電線の支持物と架空強電流電線との間の離隔距離（施行規則第4条）

令第5条第二号に規定する総務省令で定める値は、次の各号の場合において、それぞれ当該各号のとおりとする。

(1)　架空強電流電線の使用電圧が低圧又は高圧であるときは、次の表の左欄に掲げる架空強電流電線の使用電圧及び種別に従い、それぞれ同表の右欄に掲げる値以上とすること。

架空強電流電線の使用電圧及び種別		離隔距離
低圧		30センチメートル
高圧	強電流ケーブル	30センチメートル
	その他の強電流電線	60センチメートル

(2)　架空強電流電線の使用電圧が特別高圧であるときは、次の表の左欄に掲げる架空強電流電線の使用電圧及び種別に従い、それぞれ同表の右欄に掲げる値以上とすること。

架空強電流電線の使用電圧及び種別		離隔距離
35,000ボルト以下のもの	強電流ケーブル	50センチメートル
	特別高圧強電流絶縁電線	1メートル
	その他の強電流電線	2メートル
35,000ボルトを超え60,000ボルト以下のもの		2メートル
60,000ボルトを超えるもの		2メートルに使用電圧が60,000ボルトを超える10,000ボルト又はその端数ごとに12センチメートルを加えた値

6 架空電線の支持物（第6条）　条文

道路上に設置する電柱、架空電線と架空強電流電線とを架設する電柱その他の総務省令で定める電柱は、総務省令で定める安全係数をもたなければならない。

2　略

補足

支線と支柱で他人の電線を挟んだり、支持物が他人の電線の間を貫通していると、支持物が倒壊したときに他人の電線に損傷を与えるおそれがある。第5条は、このような危険を防ぐことを目的としている。

用語解説

電柱の安全係数

電柱に外から加えられてもその大きさまでは問題なくその電柱を使用できる力の値に対して、さらに強い力が加わったときに、それに耐えるだけの強度の余裕をどれだけ持たせるかを倍率で表したもの。安全率ともいう。その電柱に架設する物の重量、電線の不平均張力および総務省令で定める風圧荷重が加わるものとして計算する。

不平均張力は、風速の分布が場所によって異なっていたり電柱の設置間隔が均一でなかったりするために生じる、電線の張力の差のことをいう。

風圧荷重は、風が吹いているときに電柱に架設されたケーブルに加わる力のことをいう。設置される場所や季節により加わる力の大きさを想定した値が総務省令で定められており、電柱の強度や地盤の支持力はそれに耐えるように設計する必要がある。

7 架空電線の支持物（第7条の2）　条文

架空電線の支持物には、取扱者が昇降に使用する足場金具等を地表上1.8メートル未満の高さに取り付けてはならない。ただし、総務省令で定める場合は、この限りでない。

補足

第7条の2の規定により、架空電線の支持物には、取扱者が昇降に使用する足場金具等を地表上1.8m未満の高さに取り付けてはならないとされている。ただし、次の場合は、この規定は適用されない。

- 足場金具等が、支持物の内部に格納できる構造であるとき。
- 支持物の周囲に取扱者以外の者が立ち入らないように、さく、塀その他これに類する物を設けるとき。
- 支持物を、人が容易に立ち入るおそれがない場所に設置するとき。

8 架空電線の高さ（第8条）　条文

架空電線の高さは、その架空電線が道路上にあるとき、鉄道又は軌道を横断するとき、及び河川を横断するときは、総務省令で定めるところによらなければならない。

■架空電線の高さ（施行規則第7条）

令第8条に規定する総務省令で定める架空電線の高さは、次の各号によらなければならない。

(1) 架空電線が道路上にあるときは、横断歩道橋の上にあるときを除き、路面から5メートル（交通に支障を及ぼすおそれが少ない場合で工事上やむを得ないときは、歩道と車道との区別がある道路の歩道上においては、2.5メートル、その他の道路上においては、4.5メートル）以上であること。

(2) 架空電線が横断歩道橋の上にあるときは、その路面から3メートル以上であること。

(3) 架空電線が鉄道又は軌道を横断するときは、軌条面から6メートル（車両の運行に支障を及ぼすおそれがない高さが6メートルより低い場合は、その高さ）以上であること。

(4) 架空電線が河川を横断するときは、舟行に支障を及ぼすおそれがない高さであること。

9 架空電線と他人の設置した架空電線等との関係（第9条、第10条、第11条、第12条）　条文

架空電線は原則として、他人の設置した架空電線との離隔距離、および他人の建造物との離隔距離が、30cm超となるように設置しなければならない。

第9条

架空電線は、他人の設置した架空電線との離隔距離が30センチメートル以下となるように設置してはならない。ただし、その他人の承諾を得たとき、又は設置しようとする架空電線（これに係る中継器その他の機器を含む。以下この条において同じ。）が、その他人の設置した架空電線に係る作業に支障を及ぼさず、かつ、その他人の設置した架空電線に損傷を与えない場合として総務省令で定めるときは、この限りでない。

第10条

架空電線は、他人の建造物との離隔距離が30センチメートル以下となる

ように設置してはならない。ただし、その他人の承諾を得たときは、この限りでない。

第11条

架空電線は、架空強電流電線と交差するとき、又は架空強電流電線との水平距離がその架空電線若しくは架空強電流電線の支持物のうちいずれか高いものの高さに相当する距離以下となるときは、総務省令で定めるところによらなければ、設置してはならない。

第12条

架空電線は、総務省令で定めるところによらなければ、架空強電流電線と同一の支持物に架設してはならない。

■架空強電流電線と同一の支持物に架設する架空電線（施行規則第14条）

令第12条の規定により、架空電線を低圧又は高圧の架空強電流電線と二以上の同一の支持物に連続して架設するときは、次の各号によらなければならない。

(1) 架空電線を架空強電流電線の下とし、架空強電流電線の腕金類と別の腕金類に架設すること。ただし、架空強電流電線が低圧であって高圧強電流絶縁電線、特別高圧強電流絶縁電線若しくは強電流ケーブルであるとき、又は架空電線の導体が架空地線（架空強電流線路に使用するものに限る。以下同じ。）に内蔵若しくは外接して設置される光ファイバであるときは、この限りでない。

(2) 架空電線と架空強電流電線との離隔距離は、次の表の左欄に掲げる架空強電流電線の使用電圧及び種別に従い、それぞれ同表の右欄に掲げる値以上とすること。

架空強電流電線の使用電圧及び種別		離隔距離
低圧	高圧強電流絶縁電線、特別高圧強電流絶縁電線又は強電流ケーブル	30センチメートル
	強電流絶縁電線	75センチメートル（強電流電線の設置者の承諾を得たときは60センチメートル（架空電線が別に告示する条件に適合する場合であって、強電流電線の設置者の承諾を得たときは30センチメートル））
高圧	強電流ケーブル	50センチメートル（架空電線が別に告示する条件に適合する場合であって、強電流電線の設置者の承諾を得たときは30センチメートル）
	その他の強電流電線	1.5メートル（強電流電線の設置者の承諾を得たときは1メートル（架空電線が別に告示する条件に適合する場合であって、強電流電線の設置者の承諾を得たときは60センチメートル））

補足

架空電線が架空強電流電線と交差する場合や、架空強電流電線との水平距離が支持物の高さ以下となる場合、支持物が倒壊したときに他方の支持物に影響を及ぼしたり、架空電線または架空強電流電線が損傷するおそれがある。第11条はこのような事態を未然に防ぐことを目的としている。

なお、架空電線の具体的な設置条件は、施行規則第8条～第13条で規定されており、主に次のことが定められている。

・原則として、架空電線は架空強電流電線の下に設置すること。

・架空強電流電線の電圧、種別に応じた離隔距離を確保すること。

10 強電流電線に重畳される通信回線(第13条) 条文

強電流電線に重畳される通信回線は、次の各号により設置しなければならない。

(1) 重畳される部分とその他の部分とを安全に分離し、且つ、開閉できるようにすること。

(2) 重畳される部分に異常電圧が生じた場合において、その他の部分を保護するため総務省令で定める保安装置を設置すること。

11 屋内電線(第17条、第18条) 条文

第17条

屋内電線(光ファイバを除く。以下この条において同じ。)と大地との間及び屋内電線相互間の絶縁抵抗は、直流100ボルトの電圧で測定した値で、1メグオーム以上でなければならない。

第18条

屋内電線は、屋内強電流電線との離隔距離が30センチメートル以下となるときは、総務省令で定めるところによらなければ、設置してはならない。

■屋内電線と屋内強電流電線との交差又は接近(施行規則第18条)

令第18条の規定により、屋内電線が低圧の屋内強電流電線と交差し、又は同条に規定する距離以内に接近する場合には、屋内電線は、次の各号に規定するところにより設置しなければならない。

(1) 屋内電線と屋内強電流電線との離隔距離は、10センチメートル(屋内強電流電線が強電流裸電線であるときは、30センチメートル)以上とすること。ただし、屋内強電流電線が300ボルト以下である場合において、屋内電線と屋内強電流電線との間に絶縁性の隔壁を設置するとき、又は屋内強電流電線が絶縁管(絶縁性、難燃性及び耐水性のものに限る。)に収めて設置されているときは、この限りでない。

(2) 屋内強電流電線が、接地工事をした金属製の、又は絶縁度の高い管、ダクト、ボックスその他これに類するもの(以下「管等」という。)に収めて設置されているとき、又は強電流ケーブルであるときは、屋内電線は、屋内強電流電線を収容する管等又は強電流ケーブルに接触しないように設置すること。

(3) 屋内電線と屋内強電流電線とを同一の管等に収めて設置しないこと。ただし、次のいずれかに該当する場合は、この限りでない。

イ 屋内電線と屋内強電流電線との間に堅ろうな隔壁を設け、かつ、金属製部分に特別保安接地工事を施したダクト又はボックスの中に屋内電線と屋内強電流電線を収めて設置するとき。

ロ 屋内電線が、特別保安接地工事を施した金属製の電気的遮へい層を有するケーブルであるとき。

補足

第17条において、印加電圧が100Vとなっているのは、線路の電圧が最大100Vとされているためである。なお、条文中の「メグオーム」は、「メガオーム」と同じ単位である。

注意

屋内電線と低圧の屋内強電流電線との離隔距離は、10cm(屋内強電流電線が強電流裸電線であるときは、30cm)以上にしなければならない。ただし、屋内強電流電線が300V以下で次の場合は、この限りでないとされている。

- 屋内電線と屋内強電流電線との間に絶縁性の隔壁を設置するとき。
- 屋内強電流電線が絶縁管(絶縁性、難燃性および耐水性のものに限る。)に収めて設置されているとき。

ハ　屋内電線が、光ファイバその他金属以外のもので構成されているとき。

2　令第18条の規定により、屋内電線が高圧の屋内強電流電線と交差し、又は同条に規定する距離以内に接近する場合には、屋内電線と屋内強電流電線との離隔距離が15センチメートル以上となるように設置しなければならない。ただし、屋内強電流電線が強電流ケーブルであって、屋内電線と屋内強電流電線との間に耐火性のある堅ろうな隔壁を設けるとき、又は屋内強電流電線を耐火性のある堅ろうな管に収めて設置するときは、この限りでない。

3　令第18条の規定により、屋内電線が特別高圧の屋内強電流電線であって、ケーブルであるものから同条に規定する距離に接近する場合には、屋内電線は、屋内強電流電線と接触しないように設置しなければならない。

12 有線電気通信設備の保安（第19条）　条文

有線電気通信設備は、総務省令で定めるところにより、絶縁機能、避雷機能その他の保安機能をもたなければならない。

■保安機能（施行規則第19条）

令第19条の規定により、有線電気通信設備には、第15条、第17条及び次項第三号に規定するほか、次の各号に規定するところにより保安装置を設置しなければならない。ただし、その線路が地中電線であって、架空電線と接続しないものである場合、又は導体が光ファイバである場合は、この限りでない。

(1)　屋内の有線電気通信設備と引込線との接続箇所及び線路の一部に裸線及びケーブルを使用する場合におけるそのケーブルとケーブル以外の電線との接続箇所に、交流500ボルト以下で動作する避雷器及び7アンペア以下で動作するヒューズ若しくは500ミリアンペア以下で動作する熱線輪からなる保安装置又はこれと同等の保安機能を有する装置を設置すること。ただし、雷又は強電流電線との混触により、人体に危害を及ぼし、若しくは物件に損傷を与えるおそれがない場合は、この限りでない。

(2)　前号の避雷器の接地線を架空電線の支持物又は建造物の壁面に沿って設置するときは、第14条第3項の規定によること。

2～5　略

補足

第19条は、落雷または強電流電線との混触等による異常電圧、異常電流から、通信設備を保護するための規定である。ただし、線路が地中電線であって架空電線と接続されない場合や、導体が光ファイバの場合は除かれる。

理解度チェック

問1　絶縁電線とは、（ア）で被覆されている電線をいう。
①保護物のみ　②絶縁物のみ　③絶縁物および保護物

問2　屋内電線は、屋内強電流電線との離隔距離が（イ）センチメートル以下となるときは、総務省令で定めるところによらなければ、設置してはならない。
①10　②15　③30

答（ア）②（イ）③

演習問題

問1

有線電気通信法に規定する有線電気通信設備（政令で定めるものを除く。）の技術基準により確保されるべき事項について述べた次の二つの文章は、［（ア）］。

A　有線電気通信設備は、通信の秘密の確保に支障を与えないようにすること。

B　有線電気通信設備は、人体に危害を及ぼし、又は物件に損傷を与えないようにすること。

［① Aのみ正しい　② Bのみ正しい　③ AもBも正しい　④ AもBも正しくない］

解説

有線電気通信法第5条〔技術基準〕第2項の規定により、有線電気通信設備（政令で定めるものを除く。）の技術基準は、これにより次の事項が確保されるものとして定められなければならないとされている。

一　有線電気通信設備は、他人の設置する有線電気通信設備に妨害を与えないようにすること。

二　有線電気通信設備は、人体に危害を及ぼし、または物件に損傷を与えないようにすること。

設問のAの文章については、このような規定は存在しないので誤りである。一方、Bの文章は、「二」に規定する内容と一致しているので正しい。よって、設問の文章は、**Bのみ正しい**。【答（ア）②】

問2

総務大臣は、天災、事変その他の非常事態が発生し、又は発生するおそれがあるときは、有線電気通信設備を設置した者に対し、災害の予防若しくは救援、交通、通信若しくは［（イ）］若しくは秩序の維持のために必要な通信を行い、又はこれらの通信を行うためその有線電気通信設備を他の者に使用させ、若しくはこれを他の有線電気通信設備に接続すべきことを命ずることができる。

［① 財産の保全　② 電力の供給の確保　③ 人命の救助　④ 妨害の除去］

解説

有線電気通信法第8条〔非常事態における通信の確保〕第1項の規定により、総務大臣は、天災、事変その他の非常事態が発生し、または発生するおそれがあるときは、有線電気通信設備を設置した者に対し、災害の予防もしくは救援、交通、通信もしくは**電力の供給の確保**もしくは秩序の維持のために必要な通信を行い、またはこれらの通信を行うためその有線電気通信設備を他の者に使用させ、もしくはこれを他の有線電気通信設備に接続すべきことを命ずることができるとされている。【答（イ）②】

問3

有線電気通信設備令に規定する用語について述べた次の文章のうち、正しいものは、［（ウ）］である。

① ケーブルとは、光ファイバ以外の絶縁物のみで被覆されている電線をいう。
② 強電流電線とは、強電流電気の伝送を行うための導体のほか、つり線、支線などの工作物を含めたものをいう。
③ 絶対レベルとは、一の有効電力の1ミリワットに対する比をデシベルで表わしたものをいう。
④ 高周波とは、周波数が3,000ヘルツを超える電磁波をいう。
⑤ 離隔距離とは、線路と他の物体（線路を含む。）とが気象条件による位置の変化により最も接近した場合におけるこれらの物の間の距離をいう。

解説

有線電気通信設備令第1条〔定義〕に関する問題である。

①：同条第三号の規定により、ケーブルとは、光ファイバ並びに光ファイバ以外の絶縁物および保護物で被覆されている電線をいうとされているので、文章は誤り。

②：同条第四号の規定により、強電流電線とは、強電流電気の伝送を行うための導体(絶縁物または保護物で被覆されている場合は、これらの物を含む)をいうとされている。つまり、つり線、支線などの工作物は強電流電線には含まれないので、文章は誤り。

③：同条第十号の規定により、絶対レベルとは、一の皮相電力の1mWに対する比をデシベルで表わしたものをいうとされているので、文章は誤り。

④：同条第九号の規定により、高周波とは、周波数が3,500Hzを超える電磁波をいうとされているので、文章は誤り。

⑤：同条第七号に規定する内容と一致しているので、文章は正しい。

よって、解答群中の文章のうち、正しいものは、「**離隔距離とは、線路と他の物体(線路を含む。)とが気象条件による位置の変化により最も接近した場合におけるこれらの物の間の距離をいう。**」である。

【答（ウ）⑤】

「架空電線と他人の設置した架空電線等との関係」について述べた次の二つの文章は、［（エ）］。

A　架空電線は、他人の建造物との離隔距離が30センチメートル以下となるように設置してはならない。ただし、その他人の承諾を得たときは、この限りでない。

B　架空電線は、架空強電流電線との水平距離がその架空電線若しくは架空強電流電線の支持物のうちいずれか低いものの高さに相当する距離以下となるときは、総務省令で定めるところによらなければ、設置してはならない。

[①Aのみ正しい　②Bのみ正しい　③AもBも正しい　④AもBも正しくない]

解説

有線電気通信設備令第10条〔架空電線と他人の設置した架空電線等との関係〕および第11条に関する問題である。

A　第10条に規定する内容と一致しているので、文章は正しい。

B　第11条の規定により、架空電線は、架空強電流電線と交差するとき、または架空強電流電線との水平距離がその架空電線もしくは架空強電流電線の支持物のうちいずれか高いものの高さに相当する距離以下となるときは、総務省令で定めるところによらなければ、設置してはならないとされている。したがって、文章は誤り。

よって、設問の文章は、**Aのみ正しい**。

【答（エ）①】

架空電線の支持物と架空強電流電線との間の離隔距離は、架空強電流電線の使用電圧が特別高圧で35,000ボルト以下、使用する電線の種別が［（オ）］の場合、50センチメートル以上でなければならない。

[①強電流裸電線　②電車線その他の強電流電線
③強電流ケーブル　④特別高圧強電流絶縁電線]

解説

有線電気通信設備令第5条〔架空電線の支持物〕第二号の規定に基づく有線電気通信設備令施行規則第4条〔架空電線の支持物と架空強電流電線との間の離隔距離〕第二号の規定により、架空電線の支持物と架空強電流電線との間の離隔距離は、架空強電流電線の使用電圧が特別高圧で35,000V以下、使用する電線の種別が**強電流ケーブル**の場合は、50cm以上でなければならないとされている。なお、使用電圧が特別高圧で35,000V以下、使用する電線の種別が特別高圧強電流絶縁電線の場合は1m以上、その他の強電流電線の場合は2m以上と規定されている。

【答（オ）③】

第5章 不正アクセス禁止法、電子署名法

近年、コンピュータウイルスやワーム、ハッキングといったネットワーク犯罪が急増している。そのため、ネットワーク利用における情報セキュリティ対策が急務となっている。

本章では、ネットワークを介して行われる不正アクセスを禁止する「不正アクセス禁止法」と、電子商取引におけるネット詐欺等の防止を目的とした「電子署名法」について解説する。

1 不正アクセス禁止法

1 不正アクセス禁止法の目的（第1条）

条文

この法律は、不正アクセス行為を禁止するとともに、これについての罰則及びその再発防止のための都道府県公安委員会による援助措置等を定めることにより、電気通信回線を通じて行われる電子計算機に係る犯罪の防止及びアクセス制御機能により実現される電気通信に関する秩序の維持を図り、もって高度情報通信社会の健全な発展に寄与することを目的とする。

不正アクセス禁止法（正式名称「不正アクセス行為の禁止等に関する法律」）は、アクセス権限のない者が、他人のユーザID・パスワードを無断で使用したりセキュリティホールを攻撃したりすることによって、ネットワークを介してコンピュータに不正にアクセスする行為等を禁止する法律である。

本法は、不正アクセス行為を禁止するとともに、罰則や再発防止措置等を定めることによって、電気通信回線（ネットワーク）を通じて行われる電子計算機（コンピュータ）に係る犯罪の防止および電気通信に関する秩序の維持を図り、高度情報通信社会の健全な発展に寄与することを目的としている。

補足

不正アクセス行為そのものだけでなく、他人のID・パスワードを利用権者以外の者に提供する行為（不正アクセスを助長する行為）や、不正アクセスを行うために他人のID・パスワードを保管する行為等も禁止されている。

2 用語の定義（第2条）

条文

この法律において「アクセス管理者」とは、電気通信回線に接続している電子計算機（以下「特定電子計算機」という。）の利用（当該電気通信回線を通じて行うものに限る。以下「特定利用」という。）につき当該特定電子計算機の動作を管理する者をいう。

2　この法律において「識別符号」とは、特定電子計算機の特定利用をすることについて当該特定利用に係るアクセス管理者の許諾を得た者（以下「利用権者」という。）及び当該アクセス管理者（以下この項において「利用権者等」という。）に、当該アクセス管理者において当該利用権者等を他の利用権者等と区別して識別することができるように付される符号であって、次のいずれかに該当するもの又は次のいずれかに該当する符号とその他の符号を組み合わせたものをいう。

(1) 当該アクセス管理者によってその内容をみだりに第三者に知らせてはならないものとされている符号
(2) 当該利用権者等の身体の全部若しくは一部の影像又は音声を用いて当該アクセス管理者が定める方法により作成される符号
(3) 当該利用権者等の署名を用いて当該アクセス管理者が定める方法により作成される符号

3 この法律において「アクセス制御機能」とは、特定電子計算機の特定利用を自動的に制御するために当該特定利用に係るアクセス管理者によって当該特定電子計算機又は当該特定電子計算機に電気通信回線を介して接続された他の特定電子計算機に付加されている機能であって、当該特定利用をしようとする者により当該機能を有する特定電子計算機に入力された符号が当該特定利用に係る識別符号(識別符号を用いて当該アクセス管理者の定める方法により作成される符号と当該識別符号の一部を組み合わせた符号を含む。次項第一号及び第二号において同じ。)であることを確認して、当該特定利用の制限の全部又は一部を解除するものをいう。

4 この法律において「不正アクセス行為」とは、次の各号のいずれかに該当する行為をいう。
(1) アクセス制御機能を有する特定電子計算機に電気通信回線を通じて当該アクセス制御機能に係る他人の識別符号を入力して当該特定電子計算機を作動させ、当該アクセス制御機能により制限されている特定利用をし得る状態にさせる行為(当該アクセス制御機能を付加したアクセス管理者がするもの及び当該アクセス管理者又は当該識別符号に係る利用権者の承諾を得てするものを除く。)
(2) アクセス制御機能を有する特定電子計算機に電気通信回線を通じて当該アクセス制御機能による特定利用の制限を免れることができる情報(識別符号であるものを除く。)又は指令を入力して当該特定電子計算機を作動させ、その制限されている特定利用をし得る状態にさせる行為(当該アクセス制御機能を付加したアクセス管理者がするもの及び当該アクセス管理者の承諾を得てするものを除く。次号において同じ。)
(3) 電気通信回線を介して接続された他の特定電子計算機が有するアクセス制御機能によりその特定利用を制限されている特定電子計算機に電気通信回線を通じてその制限を免れることができる情報又は指令を入力して当該特定電子計算機を作動させ、その制限されている特定利用をし得る状態にさせる行為

●アクセス管理者

ネットワークに接続されたコンピュータの利用(当該ネットワークを通じて行うものに限る。)につき、当該コンピュータの動作を管理する者をいう。

●利用権者

ネットワークに接続されたコンピュータを利用(当該ネットワークを通じて

行うものに限る。)することについて、アクセス管理者の許諾を得た者をいう。

●識別符号

利用権者およびアクセス管理者を、他の利用者から区別するための符号であって、次のいずれかに該当するもの、または次のいずれかに該当する符号とその他の符号を組み合わせたものをいう。

① アクセス管理者によってその内容をみだりに第三者に知らせてはならないものとされている符号。具体的には、パスワードのように、第三者が知ることができない情報を指す。

② アクセス管理者および利用権者の身体の全部もしくは一部の影像または音声を用いて当該アクセス管理者が定める方法により作成される符号。具体的には、指紋や虹彩、声紋等の身体的特徴を符号化したものを指す。

③ アクセス管理者および利用権者の署名を用いて、当該アクセス管理者が定める方法により作成される符号。具体的には、筆跡の筆圧や形状等の特徴を数値化・符号化したものを指す。

①はユーザID等の「その他の符号」と組み合わせて使用することが多い。②および③は、単独で認証に使用されることが多いが、ユーザID等と組み合わせて使用する場合もある。

●アクセス制御機能

ネットワーク上のコンピュータに入力された符号が、当該コンピュータを利用するための識別符号であることを確認して、その利用の制限の全部または一部を解除する機能をいう。

たとえば、ユーザIDおよびパスワードを入力させ、それが正しければ利用可能な状態にし、誤っていれば利用制限を解除せず利用を拒否する。

●不正アクセス行為

たとえば、正規の利用権者である他人のユーザIDやパスワードを無断で使用して利用の制限を解除する行為や、セキュリティホールを突いて識別符号以外の情報または指令を入力して利用の制限を解除させる行為等が、不正アクセス行為に該当する。

3 不正アクセス行為の禁止(第3条)　条文

何人も、不正アクセス行為をしてはならない。

4 他人の識別符号を不正に取得する行為の禁止(第4条)　条文

何人も、不正アクセス行為(第2条第4項第一号に該当するものに限る。第6条及び第12条第二号において同じ。)の用に供する目的で、アクセス制御機能に係る**他人の識別符号を取得**してはならない。

補足

第4条および第6条では、不正アクセス行為(第2条第4項第一号に該当する行為に限る)に用いるために、他人のユーザID、パスワード等を不正に取得したり保管してはならないとしている。
また、第5条では不正アクセスを助長する行為を、第7条ではユーザID、パスワード等の入力を不正に要求する行為すなわち「フィッシング」を、それぞれ禁止している。なお、フィッシングとは、金融機関等の正規のWebサイトを装い、クレジットカード番号等さまざまな個人情報を盗むことをいう。

5 不正アクセス行為を助長する行為の禁止（第5条） 条文

何人も、業務その他正当な理由による場合を除いては、アクセス制御機能に係る他人の識別符号を、当該アクセス制御機能に係るアクセス管理者及び当該識別符号に係る利用権者以外の者に提供してはならない。

6 他人の識別符号を不正に保管する行為の禁止（第6条） 条文

何人も、不正アクセス行為の用に供する目的で、不正に取得されたアクセス制御機能に係る他人の識別符号を保管してはならない。

7 識別符号の入力を不正に要求する行為の禁止（第7条） 条文

何人も、アクセス制御機能を特定電子計算機に付加したアクセス管理者になりすまし、その他当該アクセス管理者であると誤認させて、次に掲げる行為をしてはならない。ただし、当該アクセス管理者の承諾を得てする場合は、この限りでない。

(1) 当該アクセス管理者が当該アクセス制御機能に係る識別符号を付された利用権者に対し当該識別符号を特定電子計算機に入力することを求める旨の情報を、電気通信回線に接続して行う自動公衆送信（公衆によって直接受信されることを目的として公衆からの求めに応じ自動的に送信を行うことをいい、放送又は有線放送に該当するものを除く。）を利用して公衆が閲覧することができる状態に置く行為

(2) 当該アクセス管理者が当該アクセス制御機能に係る識別符号を付された利用権者に対し当該識別符号を特定電子計算機に入力することを求める旨の情報を、電子メール（特定電子メールの送信の適正化等に関する法律第2条第一号に規定する電子メールをいう。）により当該利用権者に送信する行為

8 アクセス管理者による防御措置（第8条） 条文

アクセス制御機能を特定電子計算機に付加したアクセス管理者は、当該アクセス制御機能に係る識別符号又はこれを当該アクセス制御機能により確認するために用いる符号の適正な管理に努めるとともに、常に当該アクセス制御機能の有効性を検証し、必要があると認めるときは速やかにその機能の高度化その他当該特定電子計算機を不正アクセス行為から防御するため必要な措置を講ずるよう努めるものとする。

補足

第8条は、アクセス管理者に対し、コンピュータを不正アクセス行為から防御するために必要な措置を講ずるよう努力義務を課したものである。

2 電子署名法

1 電子署名法の目的(第1条)

条文

この法律は、電子署名に関し、電磁的記録の真正な成立の推定、特定認証業務に関する認定の制度その他必要な事項を定めることにより、電子署名の円滑な利用の確保による情報の電磁的方式による流通及び情報処理の促進を図り、もって国民生活の向上及び国民経済の健全な発展に寄与することを目的とする。

電子商取引を普及・発展させていくためには、消費者が安心して取引を行えるような制度や技術を確立することが不可欠であり、電子商取引上のトラブルを防止したり、トラブルが発生したとしても適切な救済措置がとられることが重要である。電子署名法(正式名称「電子署名及び認証業務に関する法律」)は、このような認識のもとに制定された。

2 用語の定義(第2条)

条文

この法律において「電子署名」とは、電磁的記録(電子的方式、磁気的方式その他人の知覚によっては認識することができない方式で作られる記録であって、電子計算機による情報処理の用に供されるものをいう。以下同じ。)に記録することができる情報について行われる措置であって、次の要件のいずれにも該当するものをいう。

(1) 当該情報が当該措置を行った者の作成に係るものであることを示すためのものであること。

(2) 当該情報について改変が行われていないかどうかを確認することができるものであること。

2 この法律において「認証業務」とは、自らが行う電子署名についてその業務を利用する者(以下「利用者」という。)その他の者の求めに応じ、当該利用者が電子署名を行ったものであることを確認するために用いられる事項が当該利用者に係るものであることを証明する業務をいう。

3 この法律において「特定認証業務」とは、電子署名のうち、その方式に応じて本人だけが行うことができるものとして主務省令で定める基準に適合するものについて行われる認証業務をいう。

■特定認証業務(施行規則第2条)

法第2条第3項の主務省令で定める基準は、電子署名の安全性が次のいずれかの有する困難性に基づくものであることとする。

(1) ほぼ同じ大きさの2つの素数の積である2,048ビット以上の整数の素因数分解

(2) 大きさ2,048ビット以上の有限体の乗法群における離散対数の計算

(3) 楕円曲線上の点がなす大きさ224ビット以上の群における離散対数の計算

(4) 前3号に掲げるものに相当する困難性を有するものとして主務大臣が認めるもの

●電子署名

電磁的記録(電子的方式、磁気的方式その他人の知覚によっては認識することができない方式で作られる記録であって、電子計算機による情報処理の用に供されるものをいう。)に記録することができる情報について行われる措置であって、次の要件のいずれにも該当するものをいう。

① 当該情報が当該措置を行った者の作成に係るものであることを示すためのものであること。

② 当該情報について改変が行われていないかどうかを確認することができるものであること。

●認証業務

自らが行う電子署名について、その業務の利用者その他の者の求めに応じ、当該利用者が電子署名を行ったものであることを確認するために用いられる事項が当該利用者に係るものであることを証明する業務をいう。

わかりやすくいえば、電子署名が本人のものであること等を証明する業務をいう。

●特定認証業務

電子署名のうち、その方式に応じて本人だけが行うことができるものとして、主務省令で定める基準に適合するものについて行われる認証業務をいう。

本人確認の方法等が一定の基準を満たした認証業務は、主務大臣からその認定を受けることができる。この認定制度は、認証業務の信頼性を判断するための目安を一般に提供することを目的としており、認定を受けるかどうかは認証業務を行う事業者の判断に委ねられている。なお、主務大臣は、総務大臣、法務大臣、および経済産業大臣である。

3 電磁的記録の真正な成立の推定(第3条) 条文

電磁的記録であって情報を表すために作成されたもの(公務員が職務上作成したものを除く。)は、当該電磁的記録に記録された情報について本人による電子署名(これを行うために必要な符号及び物件を適正に管理することにより、本人だけが行うことができることとなるものに限る。)が行われているときは、真正に成立したものと推定する。

補足

電磁的記録が「真正に成立した」とは、その電磁的記録が作成者本人の意思に基づいて作成されたということである。
真正に成立したと推定されることにより、印鑑が押されている文書や、手書きの署名と同等の法的効力が発生する。

演習問題

問1

不正アクセス行為の禁止等に関する法律は、不正アクセス行為を禁止するとともに、これについての罰則及びその再発防止のための都道府県公安委員会による援助措置等を定めることにより、電気通信回線を通じて行われる電子計算機に係る犯罪の防止及び （ア） により実現される電気通信に関する秩序の維持を図り、もって高度情報通信社会の健全な発展に寄与することを目的とする。

[① 盗聴防止機能　② 適切な情報管理　③ 監視体制の強化　④ アクセス制御機能]

解説

不正アクセス行為の禁止等に関する法律(略称「不正アクセス禁止法」)第1条〔目的〕の規定により、この法律は、不正アクセス行為を禁止するとともに、これについての罰則およびその再発防止のための都道府県公安委員会による援助措置等を定めることにより、電気通信回線を通じて行われる電子計算機に係る犯罪の防止および**アクセス制御機能**により実現される電気通信に関する秩序の維持を図り、もって高度情報通信社会の健全な発展に寄与することを目的とするとされている。

【答 (ア)④】

問2

不正アクセス行為の禁止等に関する法律に規定する事項について述べた次の二つの文章は、 （イ） 。

A　アクセス管理者とは、特定電子計算機の利用(電気通信回線を通じて行うものに限る。)につき当該特定電子計算機の機能を特定利用する者をいう。

B　アクセス制御機能を特定電子計算機に付加したアクセス管理者は、当該アクセス制御機能に係る識別符号又はこれを当該アクセス制御機能により確認するために用いる符号の適正な管理に努めるとともに、常に当該アクセス制御機能の有効性を検証し、必要があると認めるときは速やかにその機能の高度化その他当該特定電子計算機を不正アクセス行為から防御するため必要な措置を講ずるよう努めるものとする。

[① Aのみ正しい　② Bのみ正しい　③ AもBも正しい　④ AもBも正しくない]

解説

不正アクセス行為の禁止等に関する法律第2条〔定義〕および第8条〔アクセス管理者による防御措置〕に関する問題である。

A　第2条第1項の規定により、アクセス管理者とは、電気通信回線に接続している電子計算機(以下「特定電子計算機」という。)の利用(当該電気通信回線を通じて行うものに限る。)につき当該特定電子計算機の動作を管理する者をいうとされているので、文章は誤り。

B　第8条に規定する内容と一致しているので、文章は正しい。なお、設問文中の「アクセス制御機能」は、第2条第3項で次のように定義づけられている。「アクセス制御機能とは、特定電子計算機の特定利用を自動的に制御するために当該特定利用に係るアクセス管理者によって当該特定電子計算機または当該特定電子計算機に電気通信回線を介して接続された他の特定電子計算機に付加されている機能であって、当該特定利用をしようとする者により当該機能を有する特定電子計算機に入力された符号が当該特定利用に係る識別符号であることを確認して、当該特定利用の制限の全部または一部を解除するものをいう」。このアクセス制御機能は、ユーザID・パスワードの真偽を判定することで、不正行為を未然に防ぐことを目的としている。

よって、設問の文章は、**Bのみ正しい**。

【答 (イ)②】

問3

電子署名及び認証業務に関する法律は、電子署名に関し、電磁的記録の真正な成立の推定、特定認証業務に関する認定の制度その他必要な事項を定めることにより、電子署名の円滑な利用の確保による情報の電磁的方式による （ウ） 及び情報処理の促進を図り、もって国民生活の向上及び国民経済の健全な発展に寄与することを目的とする。

［① 流通　② 発達　③ 成立　④ 特定］

解説

電子署名及び認証業務に関する法律（略称「電子署名法」）第1条〔目的〕の規定により、この法律は、電子署名に関し、電磁的記録の真正な成立の推定、特定認証業務に関する認定の制度その他必要な事項を定めることにより、電子署名の円滑な利用の確保による情報の電磁的方式による**流通**および情報処理の促進を図り、もって国民生活の向上および国民経済の健全な発展に寄与することを目的とするとされている。

【答（ウ）①】

問4

電子署名及び認証業務に関する法律において電子署名とは、電磁的記録（電子的方式、磁気的方式その他人の知覚によっては認識することができない方式で作られる記録であって、電子計算機による情報処理の用に供されるものをいう。）に記録することができる情報について行われる措置であって、次の（ⅰ）及び（ⅱ）の要件のいずれにも該当するものをいう。

（ⅰ）当該情報が当該措置を行った者の （エ） に係るものであることを示すためのものであること。

（ⅱ）当該情報について改変が行われていないかどうかを確認することができるものであること。

［① 真偽　② 特定　③ 証明　④ 符号　⑤ 作成］

解説

電子署名及び認証業務に関する法律第2条〔定義〕第1項の規定により、「電子署名」とは、電磁的記録（電子的方式、磁気的方式その他人の知覚によっては認識することができない方式で作られる記録であって、電子計算機による情報処理の用に供されるものをいう。）に記録することができる情報について行われる措置であって、次の要件のいずれにも該当するものをいうとされている。

一　当該情報が当該措置を行った者の**作成**に係るものであることを示すためのものであること。

二　当該情報について改変が行われていないかどうかを確認することができるものであること。

【答（エ）⑤】

問5

電子署名及び認証業務に関する法律において、特定認証業務とは、電子署名のうち、その方式に応じて （オ） だけが行うことができるものとして主務省令で定める基準に適合するものについて行われる認証業務をいう。

［① 本人　② アクセス管理者　③ 公務員　④ 第三者　⑤ 主務大臣］

解説

電子署名及び認証業務に関する法律第2条〔定義〕第3項の規定により、「特定認証業務」とは、電子署名のうち、その方式に応じて**本人**だけが行うことができるものとして主務省令で定める基準に適合するものについて行われる認証業務をいうとされている。

【答（オ）①】

科目別索引

電気通信技術の基礎

■英数字

■ア行

■カ行

■サ行

■マ行

■ヤ行

■ラ行

端末設備の接続のための技術及び理論

■英数字

■マ行

■ヤ行

■ラ行

■ワ行

端末設備の接続に関する法規

■ア行

■カ行

工事担任者 第1級デジタル通信 標準テキスト 第2版

2021年 3月 3日 第1版第1刷発行
2021年11月22日 第1版第2刷発行
2023年 3月 8日 第2版第1刷発行

編 者 株式会社リックテレコム
書籍出版部
発行人 新関 卓哉
編集担当 古川 美知子、塩澤 明
発行所 株式会社リックテレコム
〒113-0034 東京都文京区湯島3—7—7
電話 03(3834)8380(代表)
振替 00160—0—133646
URL https://www.ric.co.jp/

装丁 長久 雅行
組版 ㈱リッククリエイト
印刷・製本 シナノ印刷㈱

● 訂正等
本書の記載内容には万全を期しておりますが、万一誤りや情報内容の変更が生じた場合には、当社ホームページの正誤表サイトに掲載しますので、下記よりご確認ください。
＊正誤表サイトURL
https://www.ric.co.jp/book/errata-list/1

● 本書の内容に関するお問い合わせ
FAXまたは下記のWebサイトにて受け付けます。回答に万全を期すため、電話でのご質問にはお答えできませんのでご了承ください。
・FAX：03-3834-8043
・読者お問い合わせサイト：https://www.ric.co.jp/book/のページから「書籍内容についてのお問い合わせ」をクリックしてください。

製本には細心の注意を払っておりますが、万一、乱丁・落丁(ページの乱れや抜け)がございましたら、当該書籍をお送りください。送料当社負担にてお取り替え致します。

ISBN978—4—86594—352—8